엔드 오브 타임

일러두기
이 책을 옮긴 물리학자 박병철의 '옮긴이 주'는 본문 아래 주석으로 처리했습니다.

UNTIL THE END OF TIME

브라이언 그린이 말하는 세상의 시작과 진화 그리고 끝

엔드 오브 타임

UNTIL THE END OF TIME

브라이언 그린

박병철 옮김

와이즈베리
WISEBERRY

물리학의 궁극적인 목표에 관한 담론 중, '모든 것의 이론'이 언제부터인가 전문가들 사이에서 반 농담처럼 언급된 바 있다. 이것이 결국 심각하게 확산하며 이제는 과학을 좋아하는 일반인들도 자주 논하는 경지에 이르렀다. 조금 더 구체적으로는 '우주 자체가 무엇으로 만들어졌는가'라는 질문이 관건이다. 즉 20세기 물리학이 모든 물질의 구성요소는 파악했다고 믿지만, 시공간 자체의 구성을 기술하는 이론은 없기 때문에 이를 학문이 풀어야 할 마지막 수수께끼로 간주하는 것이다. 그런데 우주와 물질을 이해했다고 해서 정말 '모든 것'의 이론을 구축했다 할 수 있는가 묻는 것 또한 자연스럽다. 가령 우리 인생에서 가장 중요하다고 느껴지는 것들, 즉 가치관, 문화, 사랑, 의미 등등을 과연 물리학적 이론으로 설명할 수 있겠는가?

브라이언 그린이 쓴 이번 책의 주제가 이것이다.《엔드 오브 타임》은 이러한 질문에 대한 물리학자의 철저한 시각을 우주 자체의 과학적 역사를 배경으로 기술하고자 한 노력의 산물이다. 그린은 시간의 시작과 끝에 대해 '엔트로피 증가'를 중심으로 설명하면서도 두 극단 사이의 모든 현상, 특히 그중 인간의 근원에 대한 집요한 호기심을 표현한다. 인간의 근원이란 생명의 근원, 의식의 근원, 자유 의지의 근원, 언어의 근원, 종교의 근원 등등 이 모든 것들을 포함하는 것이다.

이런 방대한 소재들로 책을 구성하는 것은 당연히 쉽지 않았을 것이다. 그러나 진정한 학자라면 누구나 꿈꾸는 종류의 저서이기도 하다. 나는 이 책을 읽으면서 동의하기 어려운 내용도 많이 보았다. 그러나 저자의 풍부한 재치와 분상력은 세속 나를 끌이들였고, '반대하면서도 생각하게 만드는' 변증법적 구절을 계속 마주치면서 언젠가 나도 이렇듯 방대한 이야기를 자신 있게 쓰고 싶다는 이상한 포부를 느끼기도 했다. 나는 수학자로서 '세상을 수학적으로 본다는 것이 무엇인가'라는 질문을 자주 받으면서도 만족스러운 답을 한 번도 주지 못했다. 이 책의 독자는 세상 모든 것을 바라보는 물리학자의 관점을 저자의 열정을 통해 경험할 수 있을 것이다. 그리고 그 경험은 이론의 옳고 그름을 떠나 독자의 시야를 넓혀줄 것이라고 자신할 수 있다.

'시간의 끝'은 무엇을 의미하는가? 시간이 무엇이냐는 질문만큼 어려울 것도 같지만, 사실 그보다 훨씬 쉬운 개념이다. 다만 그린의 첫 번째 저서《엘러건트 유니버스》에 대한〈뉴욕타임스〉의 서평에 나왔듯 '수학적 배경 없이 설명한 것이 가장 어려운 내용 중 하나'일 뿐이다. 그러나 그 책에 비해《엔드 오브 타임》은 저자의 훨씬 개인적인 시각, 어쩌면 저자의 감정이 많이 들어간 글로 이루어졌기 때문에, 오히려 같은 인간으로서 공감을 통해 어려운 이론을 직관적으로 파악할 수 있는 문을 열어 주기도 한다. 배경 지식을 찬찬히 찾아가며 자세히 읽으면 독자는 '과학적 이해'에서 오는 만족과 '흥미로운 스토리'의 즐거움, 그리고 '인문학적 정서'를 통한 위안을 동시에 얻을 수 있을 것이다.

– 김민형 워릭대 수학과 석좌교수,《수학이 필요한 순간》저자

물리 교양서적 분야 베스트셀러 작가인 브라이언 그린이 우주는 말할 것도 없고 생명, 의식, 언어, 종교, 예술, 죽음을 포함한 세상 모든 것을 주제로 쓴 책이다. 저자는 깊고 심오한 내용의 글로 정평이 나 있지만, 이번에는 상상을 초월한 넓이를 보여준다. 멋지다 못해 경외감마저 느껴진다. 이 책을 통해 물리학이 제공하는 인간 지성의 극한을 체험해보시라.

– 김상욱 경희대 물리학과 교수,《떨림과 울림》저자

이 책은 빅뱅에서 시간의 종말까지 우주의 시공간을 여행하면서, 엔트로피와 진화의 거대한 흐름이 물질, 생명 그리고 의식의 형성과 그 절묘한 종말에 이르기까지 이 세상을 어떻게 형성해 가는지 명쾌하게 설명해준다. 모든 곳에 이르며 모든 것을 지배하는 영원한 존재를 찾고자 갈망한다면 주저 없이 이 책을 읽어보라. 특별한 감동으로 여러분을 인도할 것이다.

– 최강석 서울대 수의학과 교수,《바이러스 쇼크》저자

새천년을 막 시작할 무렵, 버클리대학교 연구실에 앉아 컴퓨터 계산이 끝나길 기다리는 지루한 시간의 틈을 내 브라이언 그린의《엘러건트 유니버스》를 읽었던 기억이 새롭다. 책이 너무 재미있어 시간을 아껴 한 글자라도 더 보겠다고 하다가 그만 숨 쉬기를 잊을

뻔했다. 이미 세계적인 초끈이론가로 이름을 올렸던 그린을 세계적인 과학 저술가로 탈바꿈시킨 책이다. 지난 20년 사이 그린은 과학 대중화의 상징적 인물로 자리매김했다. 그의 신작《엔드 오브 타임》을 받아 들고 또 한 번 숨이 멎을 뻔했다. 20년 전과는 사뭇 다른 세계관으로 무장한 그린이 독자를 찾아왔다. 초끈이론이나 우주론을 소개했던 그동안의 저작이 '환원주의자'란 옷을 입은 그린이 쓴 책이라면, 이번 저술은 '거대 역사적(big history)' 관점이란 새 옷으로 환골탈태한 그린의 작품이다. 엔트로피라는 우주의 발현적 원리가 어떻게 마법처럼 초기 우주의 용광로에서 물질을, 생명을 하나하나 만들어 냈는가 설명한다. 초끈학자가 생명 현상을 이해하겠다고 도전하는 모습에서 치명적 매력이 느껴진다. 이미 양자역학의 창시자 슈뢰딩거가 1943년《생명이란 무엇인가?》를 출판하면서 시작된 도전이긴 하다. 그린은 21세기의 슈뢰딩거가 되고 싶은 것일까? 그의 전매특허인 입자물리학과 미분기하학과 다양체 이론의 울타리를 넘어 정보, 생물, 인지, 의지, 언어라는 논제를 파헤친다. 그린이 이 책에서 보여 주길 원하는 진정한 통섭의 모습은 최종 이론의 모습만큼이나 아득하고 고차원적인 주제다. 이런 시도에 성공이나 실패란 결론은 없다. 그저 아름다운 시도가 있을 뿐. 그린의 명석함은《엘러건트 유니버스》에서나《엔드 오브 타임》에서나 비슷한 휘도로 빛난다. 독자가 그린의 어떤 모습을 더 오래오래 기억할까? 시간이 답을 줄 것이다. 초끈학자가 철학을 하고 역사책을 쓰다니. 통섭의 시대가 도래한 느낌이다.

— 한정훈 성균관대 물리학과 교수,《물질의 물리학》저자

모든 것이 가능한 우주적 순간에 보내는 러브레터.

— 데니스 오버바이,〈뉴욕타임스〉

브라이언 그린은 자신의 개인적 이야기, 과학적 아이디어와 개념 및 사실을 유쾌한 태피스트리로 엮고 있다. 이 책에서 주목할 만한 것은, 간단한 해법이 없을 뿐 아니라 결코 해결되지 않을 수도 있는 깊은 문제들을 그가 어떻게 파고들었는가 하는 것이다.

— 프리얌바다 나타라잔,〈월스트리트저널〉

명석하고 호기심 가득한 마음이 심오한 문제들과 씨름하는 것을 보는 일은 엄청난 기쁨이다.

— 존 케오그,〈북리스트〉

아이디어가 가득하다. 그린의 이야기에는 오로라 보레알리스에 매혹된 철학자 헨리 데이비드 소로의 메아리가 있다. 그리고 수필가인 랠프 월도 에머슨의 "숭고한 법칙은 원자와 은하계를 통해 무관심하게 작용한다."라는 선언 역시 이 책과 통한다. 때문에 이번 책은 그간의 다른 우주 이야기 이상이라고 할 수 있다.

– 필립 볼, 〈네이처〉

호기심 많은 독자들은 브라이언 그린의 매혹적인 탐험을 통해 풍부한 보상을 받게 될 것이다.

– 〈퍼블리셔스위클리〉

서문

"내가 수학을 좋아하는 이유는 한번 진리로 판명되기만 하면 영원히 진리로 남기 때문이다."[1] 참으로 직설적이고 간결하면서 귀가 번쩍 뜨이는 말이다. 내가 대학교 2학년 때 심리학 과목 담당 교수가 인간 동기 이론에 관한 과제를 내준 적이 있는데, 보고서를 작성하던 중 관련 사례를 수집하기 위해 나보다 나이가 많은 한 친구(그는 수학과 대학원생으로 평소 나에게 많은 것을 가르쳐 주었다)에게 왜 수학과에 갔냐고 물었더니 위와 같은 대답이 돌아왔다. 그전까지만 해도 나는 수학을 그런 식으로 생각해 본 적이 단 한 번도 없었다. 나에게 수학이란 숫자에 제곱근을 취하거나 0으로 나누면서 즐거움을 만끽하는 이상한 집단의 추상적인 게임일 뿐이었다. 그런데 이 한마디를 듣는 순간, 머릿속에 전구가 번쩍 켜졌다. 정말로 그렇다. *이것이 바로 수학의 매력이다!* 논리와 공리에 위배되지 않는 한도 안에서 창의력을 발휘하면 난공불락의 진리가 탄생한다. 피타고라스^{Pythagoras}가 태어나기 전부터 영원한 미래까지, 평면 위에 그려진 모든 직각삼각형은 피타고라스의 정리를 만족한다. 여기에 예외란 있을 수 없다. 물론 농구공의 표면처럼 휘어진 곡면 위에 그린 삼각형은 피타고라스의 정리를 만족하지 않는다.

그러나 가정과 배경을 고정시키고 새로운 증명 결과를 여러 번 재확인하면, 당신이 얻은 결과는 역사에 길이 남는다. 산을 오르거나 사막을 헤맬 필요도 없고, 위험을 무릅쓰고 지하 동굴을 탐험할 필요도 없다. 그저 책상 앞에 편안히 앉아 종이 위에 무언가를 끄적이는 것만으로도 영원불멸의 결과물을 창조할 수 있으니, 이 얼마나 매력적인 직업인가?

이 사실을 깨닫는 순간, 새로운 세상이 열렸다. 그 후로 나는 수학과 물리학에 심취하면서도 그 이유를 자문한 적이 한 번도 없다. 문제를 풀고 우주의 작동 원리를 배우는 것만으로도 충분히 매력적이었기 때문이다. 자연의 진리는 한시적이고 단명한 일상을 초월해 있었기에, 나는 확신을 갖고 수학과 물리학에 전념할 수 있었다. 그러나 여기에는 젊은 시절의 과도한 감수성도 크게 한몫했던 것 같다. 변하지 않는 것에 최고의 가치를 부여했던 나는 어떤 형태로든 영원불변의 진리를 찾는 여행에 동참하고 싶었다. 어떤 정당이 정권을 잡건, 월드시리즈에서 어느 팀이 우승하건, 어떤 영화가 아카데미상을 받건 간에, 세속과 무관한 초월적 대상을 탐구하는 데 인생을 걸기로 작정한 것이다.

그래도 심리학 강좌에서 받아 온 과제는 어떻게든 완성해야 했다. 과제의 내용은 인간의 행동 유발 동기에 관한 이론을 개발하는 것이었는데, 글을 쓰려고 할 때마다 머릿속이 온통 모호한 생각으로 가득 차서 갈피를 잡을 수가 없었다. 논리적인 아이디어를 올바른 언어로 서술하는 일이라면 얼마든지 할 수 있을 것 같은데, 모호한 개념을 모호한 언어로 써 내려가자니 그야말로 죽을 맛이었다. 어느 날 기숙사 학생 대표와 저녁 식사를 같이 하면서 이 이야기를 했더니, 그는 오스발트 슈펭글러Oswald Spengler의 대표작인 《서구의 몰락Decline of the West》을 읽어 보라고 했다. 그가 이 책을 권한 이유는 역사가이자 철학자로 유명한 슈펭글러가 수학과 과학에도 전문가 못지 않은 식견을 갖고 있었기 때문이다.

그 책에 언급된 내용(정치적 내분에 대한 예측과 파시즘을 신봉하는 듯한 저자의 태도 등)은 특정 이데올로기를 옹호하는 데 사용되어 찬사와 비난을 동시에 받았다고 하지만, 나는 과학과 관련된 부분만 골라서 읽었기 때문에 그런 것은 잘 모르겠다. 슈펭글러는 유클리드 기하학과 미적분학이 물리학과 수학을 바꿔 놓은 것처럼, 눈에 보이지 않는 영향이 각기 다른 문화권에 퍼져 나가는 패턴을 일련의 원리로 정리해 놓았는데[2] 무엇보다도 나에게 익숙한 언어로 쓰여졌다는 점이 마음에 들었고, 역사책이 수학과 물리학을 진보의 척도로 삼았다는 점도 특이했다. 그런데 가벼운 마음으로 책을 읽어 내려가다가 다음 문구에 도달했을 때 입이 딱 벌어졌다. "인간은 죽음을 아는 유일한 존재다. 그 외의 모든 생명체들도 늙기는 마찬가지지만, 자신이 영원하다는 착각 속에서 살아가고 있다. 모든 종교와 과학, 그리고 철학은 죽음을 극복하려는 몸부림에서 탄생한 것이다."[3]

나의 폐부를 찌른 것은 마지막 문장이었다. 인간에게 모든 동기를 부여해 온 원천이 죽음이라고 생각하니 모든 것이 분명해졌다. 수학적 증명은 영원불멸하기 때문에 매력적이고, 자연의 법칙도 영원히 변치 않기 때문에 우리에게 경외감을 느끼게 한다. 인간이 영원한 대상을 추구하는 이유는 자신의 삶이 영원하지 않다는 사실을 잘 알고 있기 때문이다. 수학과 물리학에 대하여 내가 새롭게 알게 된 사실과 영원함의 매력을 고려할 때 크게 틀린 말은 아닐 것이다. 이것이 바로 대학 시절에 내가 생각했던 인간 동기 이론이다. 죽음은 인간의 행동을 자극하는 가장 강력한 동기 중 하나다.

이 결론을 계속 생각하다 보니 더욱 크고 중요한 무언가가 남아 있는 것 같았다. 슈펭글러가 말한 대로 종교와 철학, 그리고 과학은 죽음의 한계에 부딪힌 인간이 불멸의 가치를 추구한 끝에 얻은 결과물이다. 그런데 과연 이것이 전부일까? 지그문트 프로이트$^{Sigmund\ Freud}$의 초기 제자이자 인간의 창조 활동을 깊이 파고 들었던 오스트리아의 정신분석가 오토 랭크$^{Otto\ Rank}$의 주장에 따르면 여기서 멈출 이유가 없다. 그는 예술가를 가리켜 "개인의 단명한 삶을 불멸의 존재로 승화시키기 위해 무언가를 창조하는 사람"이라고 했다.[4] 그리고 프랑스의 사상가 장 폴 사르트르$^{Jean-Paul\ Sartre}$는 여기서 한 걸음 더 나아가 "'나'라는 존재가 영원하다는 환상이 깨지는 순간, 삶의 의미는 사라진다."고 했다.[5] 그러나 예술 활동에서 과학적 발견에 이르는 다양한 문화에 삶의 유한한 속성이 반영되어 있는 것도 사실이다.

어느 쪽이 맞는 걸까? 삶과 죽음의 양면성에서 탄생한 인류 문명이 수학과 물리학을 이용하여 통일장이론$^{unified\ field\ theory}$을 탐구하게 될 줄 그 누가 알았을까?

잠깐 숨 좀 돌리자. 대학 시절을 회상하다가 너무 멀리 간 것 같다. 어쨌거나 당시에 내가 느꼈던 경외감은 물리학을 공부하다가 갑자기 무언가를 깨달았을 때 느끼는 희열과 차원이 다른 것이었다. 그 후로 근 40년 동안 물리학에 전념하면서 가끔은 이 문제를 뒤로 미뤄놓기도 했지만, 뇌리에서 잊은 적은 단 한 번도 없었다. 통일장이론과 우주론에 깊이 빠졌다가도 인간의 삶이 유한하다는 사실을 떠올리기만 하면 항상 마음이 무거웠고, 그럴 때마다 시간의 기원에 대한 궁금증은 커져만 갔다. 나는 인간의 모든 행동을 하나의 논리로 설명하는 것이 원리적으로 불가능하다고 생각한다. 이런 식의 설명은 나의 경험과 일치하지 않을뿐더러, 체질에 맞지도 않는다 (물리학도 마찬가지다. 통일장이론은 자연의 모든 힘을 하나의 이론으로 설명하는 것이 목적인데, 지금 학계에는 수많은 후보 이론이 난립한 상태다). 삶이 언젠가 끝난다는 생각은 나의 행동거지에 큰 영향을 미쳤지만, 나의 모든 행동을 포괄적으로 설명하지는 못했다. 약간의 개인적 차이는 있겠지만 다른 사람의 생각도 나와 거의 비슷할 것이다.

인간은 여러 시대와 문화에 걸쳐 영속성永續性에 커다란 가치를 부여해 왔다. 그 방법도 다양하여 절대적 가치를 추구하거나 선조에게 물려받은 유산을 보존하는 경우도 있고, 거대한 기념물을 건설하거나 불변의 법칙을 찾기도 한다. 어떤 물질도 영원히 존재할 수 없는 이 세상에서 '영원'은 인간에게 강력한 동기를 부여해 왔다.

실험 장비와 관측 도구, 그리고 수학적 분석법으로 중무장한 현대의 과학자들은 역사상 처음으로 미래에 대한 확신을 갖고 앞으로 나아가고 있다. 물론 곳곳에 짙은 안개가 끼어 있어서 목적지가 또렷하게 보이진 않지만 전체적인 그림이 거의 드러나 있기 때문에, 충분한 증거를 모으면 방대한 규모의 시간 속에 자신을 끼워 맞출 수 있을 것이다.

앞으로 우리는 시간대를 거슬러 가면서 언젠가 붕괴될 우주에 별과 은하, 그리고 생명과 의식 등 질서 정연한 피조물을 창조한 물리학 원리를 살펴볼 것이다. 그리고 "인간의 삶이 유한한 것처럼 모든 생명 현상과 정신精神도 유한하다."는 주장에 대해서도 생각해 볼 예정이다. 실제로 어느 단계에 이르면 어떤 형태로든 조직화된 물질은 존재할 수 없다. 이런 상황에서 자기 성찰이 가능한 존재들이 현실을 어떻게 극복해 나갈지도 생각해 볼 것이다. 우리가 아는 한 인간은 불변의 법칙으로부터 탄생했지만, 영원의 시간과 비교할 때 아주 짧은 시간 동안 존재하다가 사라질 운명이다. 우리는 뚜렷한 목적 없이 작용하는 법칙의 지배를 받으면서도 "나는 지금 어디로 가고 있는가?"라며 끊임없이 자문하고 있다. 존재 이유가 확실치 않은 법칙에 자신의 운명이 좌우되고 있는데도, 그 안에서 의미와 목적을 찾고 있는 것이다.

이 책에서 우리는 시간이 처음 흐르기 시작했던 시점부터 종말의 순간

(또는 그와 비슷한 순간)에 이르기까지, 우주가 어떤 길을 걸어 왔고 또 앞으로 어떤 길을 가게 될지 알아볼 것이다. 그리고 이 과정에서 '잠시도 가만히 있지 못하는' 인간의 마음이 만물의 무상함에 어떤 식으로 반응해 왔는지도 알아볼 것이다.

이 여행길에서 우리의 길을 안내하는 길잡이는 다름 아닌 '과학적 탐구 방법'이다. 단, 가능한 한 일상생활 속의 유사한 사례와 비유를 통해 이야기를 풀어 갈 것이며, 편의를 위해 전문 용어를 남발하는 무책임한 행동은 하지 않을 것을 약속하는 바다. 어쩔 수 없이 어려운 개념을 도입해야 하는 경우에는 독자들이 길을 잃지 않도록 본문에 간략한 설명을 추가했고, 수학적으로 복잡한 내용은 후주에 자세한 설명을 달아 놓았으니 참고하기 바란다. 그리고 이 책에서 언급된 내용을 좀 더 자세히 알고 싶거나 다른 각도의 설명을 원하는 독자들에게는 참고문헌에 소개된 관련 서적이 도움이 될 것이다.

거창한 주제를 한정된 페이지 안에 담느라 내용이 다소 빡빡해진 감이 있어서, 중간중간에 발길을 잠시 멈추고 우리의 현 위치를 되돌아보는 식으로 책을 구성했다. 지금부터 과학이라는 엔진이 장착된 우주선을 타고 인간과 우주를 향해 신나는 모험을 떠나 보자.

차례

1장

영원함의 매력

시작과 끝, 그리고 그 너머

시작과 끝, 그리고 그 너머

모든 생명은 때가 되면 죽는다. 지구에 최초의 생명체가 탄생한 후 대략 30억 년에 걸쳐 복잡한 생명체로 진화하는 동안, 죽음의 칼날은 그들의 삶에 그림자를 드리우고 집요하게 따라다녔다. 바다에서 탄생한 생명체는 육지로, 하늘로 진출하면서 삶의 영역을 꾸준히 넓혀 왔지만, 은하의 별보다 많았던 탄생과 죽음의 대차대조표는 앞으로 시간이 흐를수록 더욱 정교한 균형을 이룰 것이다. 생명이 번성하는 과정은 예측하기 어렵지만, 그들의 마지막은 이미 결정되어 있다.

죽음은 지평선 밑으로 사라지는 태양처럼 피할 수 없는 현실이며, 오직 인간만이 간파할 수 있는 현실이기도 하다. 인간이 출현하기 한참 전에 지구에 생존했던 생명체들도 천둥, 번개를 동반한 비구름과 대규모 화산 활동, 그리고 초대형 지진을 겪으면서 살길을 모색했지만, 이것은 눈앞에 닥친 위험을 피하기 위한 본능적 행동이었다. 대부분의 생명체들은 지금 벌어지고 있는 상황만 인식할 뿐이다. 그러나 당신과 나를 포함한 인간은 아득한 과거에 일어났던 사건에 기초하여 미래를 예측할 수 있다. 다시 말해서, 인류의 미래에 어두운 그림자가 드리워져 있음을 알고 있다는 뜻이다.

정말 두려운 현실이다. 도망갈 수도 없고, 숨을 곳도 없다. 우리는 이 냉혹한 현실을 깨달은 후 깊은 의식 속에 묻어 두거나 애써 무시한 채 살아가지만, 의식을 한 꺼풀 벗겨 내면 불편한 진실이 모습을 드러낸다. 미국의 철학자 윌리엄 제임스William James는 이것을 두고 '기쁨의 원천에 서식하는 벌레'라고 했다.[1] 일과 놀이, 갈망, 노력, 사랑 등 인생을 풍부하게 만드는 모든 요소들은 다양한 실로 짠 직물처럼 우리의 삶 속에 치밀하게 엮여 있다가 죽음과 함께 모두 사라져 버린다.

물론 죽음을 항상 떠올리면서 살아가는 사람은 없다. 그런 것은 정신 건강에도 별 도움이 되지 않는다. 우리의 관심은 주로 세속적인 것에 집중되어 있다. 우리는 피할 수 없는 숙명을 그냥 받아들이고, 다른 곳에 에너지를 투입한다. 그러나 삶이 유한하다는 생각은 항상 뇌리에 남아 무언가를 선택하거나 도전할 때마다 지대한 영향을 미치고 있다. 마음은 셰익스피어나 베토벤, 또는 아인슈타인처럼 하늘 높이 날아오르고 싶은데 육체는 땅에 묶인 채 언젠가는 먼지로 돌아갈 운명이니, 참으로 역설적인 상황이 아닐 수 없다. 문화인류학자 어니스트 베커Ernest Becker는 말한다. "인간은 두 부분으로 나뉘어 있다. 우리의 의식은 자신을 자연에서 가장 특별하고 고귀한 존재로 여기고 있지만 육체는 결국 땅 속에 묻혀 썩어 갈 운명이다."[2] 그의 주장에 의하면 인간은 '고귀한 존재'라는 관념에 사로잡혀 죽음을 부정하는 경향이 있다. 그래서 개인의 수명보다 훨씬 오래 지속될 단체(가족, 팀, 사회, 종교, 국가 등)에 헌신하면서 영원에 대한 갈망을 진정시키기도 하고, 자신의 삶을 담은 상징적 인공물을 세우는 데 일생을 바치기도 한다. 미국의 사상가 랠프 월도 에머슨Ralph Waldo Emerson은 "인간은 죽음의 공포로부터 벗어나기 위해 아름다움을 추구한다."고 했다.[3] 개중에는 보통 사람들이 가질 수 없는 육체적 우월감이나 권력, 또는 부富를 통해 죽음을 극복하려고 애쓰는 사람도 있다.

영원을 향한 염원은 지난 수천 년에 걸쳐 문화권에서 공통적으로 나타나는 현상이다. 사후 세계에 대한 예언과 환생의 가르침, 그리고 바람에 흩어지는 만다라mandara * 등은 단명한 삶에 어떻게든 의미를 부여하고 영원에 가까워지려는 몸부림의 결과였다. 그리고 최근 100년 사이에 눈부시게 발전한 과학 덕분에, 우리는 빅뱅big bang에서 시작된 우주의 역사뿐만 아니라 먼 훗날 닥쳐 올 미래까지 명쾌하게 설명할 수 있게 되었다. 영원 자체는 방정식을 초월할 수도 있지만, 지금까지 알려진 분석 결과에 의하면 우주도 영원한 존재가 아니다. 행성과 별, 태양계, 은하, 블랙홀black hole에서 소용돌이치는 성운에 이르기까지, 그 어떤 것도 영원하지 않다. 개개의 생명체도 유한하지만, 사실 생명 자체도 유한하다. 칼 세이건Carl Sagan이 '햇살에 흩날리는 먼지'라고 표현했던 지구는 장차 불모지로 변할 우주에 핀 무상한 꽃이다. 지구뿐만이 아니다. 가까이 있건 멀리 있건, 우주의 모든 물질은 아주 잠깐 동안 존재하면서 쏟아지는 별빛을 반주 삼아 자신만의 춤을 추고 있다.

그러나 지구에서 태어난 우리 인간은 선조로부터 물려받은 유산에 빼어난 통찰과 창조력, 창의력을 가미하여 방대한 양의 지식을 축적해 왔다. 인간 개인은 단명한 존재지만, "만물은 어디서 왔으며 어디로 가고 있는가? 우주는 어떤 섭리를 따라 운영되고 있는가?"라는 질문의 답을 찾으려는 노

---

* 탱화(幀畵), 우주의 모든 덕(德)을 그림으로 나타낸 불화.

력은 인류가 존재하는 한 결코 멈추지 않을 것이다.

영원한 가치를 추구하는 인간과 그들이 쌓아 온 과학적 지식 – 이것이 바로 이 책의 주제다.

거의 모든 것에 관한 이야기

인간은 이야기를 좋아하는 유일한 종種이다. 우리는 현실 세계에서 찾은 다양한 패턴을 하나로 엮어서 흥미로운 이야기를 만들어 냈고, 그 이야기를 듣는 사람은 놀라고, 즐거워하고, 가끔은 공포에 떨기도 한다. 여기서 중요한 것은 그 이야기가 여러 가지 버전으로 존재한다는 것이다. 인류의 지식을 망라한 도서관에서 서가를 아무리 뒤져도, 자연에 대한 모든 이해를 한 권으로 요약한 책은 찾을 수 없다. 그 대신 우리에게는 다양한 영역을 탐구하면서 얻은 지식과 경험, 그리고 이로부터 알게 된 현실의 패턴을 각기 다른 언어와 어휘로 정리한 여러 권의 책이 주어져 있다. 지구 같은 행성에서 피카소에 이르는 모든 현실적 객체들을 환원주의reductionism*적 관점에서 서술하려면 양성자proton와 중성자neutron, 그리고 전자electron와 같은 입자를 도입해야 하며, 생명의 출현과 진화를 분자와 세포의 생화학적 과정으로 설명하려면 신진대사와 복제, 변이, 적응 등과 같은 생명 현상을 도입해야 한다. 그리고 인간의 마음이 작동하는 방식을 이해하려면 신경의 기본 단위인 뉴런neuron과 정보, 사고思考, 인식에서 생존 본능까지 고려해야 하며, 이 모든 것은 신화와 종교, 문학과 철학, 예술과 음악 등 인간의 정신

---

* 복잡하고 추상적인 사상이나 개념을 단일 요소로부터 설명하는 철학 사조. 물리학에서는 "모든 만물은 기본 입자로 이루어져 있고, 구성 요소가 같으면 동일한 물질이다."라는 뜻으로 통용된다.

활동에 충실히 반영되어 있다.

이 모든 것은 지구 전역에 흩어져 있는 수많은 사상가들이 심혈을 기울여 만들어 낸 이야기이며, 지금도 한창 진행 중이다. 쿼크quark*에서 의식意識에 이르는 이야기는 거대한 연대기를 방불케 하지만, 그 안에는 다양한 사연들이 복잡하게 얽혀 있다. 《돈키호테Don Quixote》는 살짝 정신병기가 있는 평범한 남자 알론소 키하노Alonso Quijano가 영웅이 되고 싶은 마음에 스스로를 돈키호테라 칭하며 무사 수업을 떠나 다양한 모험을 겪는다는 이야기다. 이 소설을 집필한 미겔 데 세르반테스Miguel de Cervantes는 숨 쉬고, 생각하고, 느끼는 인간이었다. 그는 살아 있는 동안 생체의 에너지 변환 과정(음식물 섭취, 소화, 배설 등)을 통해 뼈와 근육을 유지했고, 이 모든 것은 원자와 분자의 운동에서 비롯되었으며, 원자와 분자는 지구라는 행성에서 수십억 년 동안 생명 활동에 관여해 왔다. 그리고 지구는 먼 옛날 초신성supernova이 폭발하면서 사방으로 흩어진 잔해로부터 탄생했고, 초신성의 기원은 빅뱅까지 거슬러 올라간다. 그러나 우리는 돈키호테의 무용담을 읽으며 인간의 본성에 대해 생각하고, 돈키호테의 기행奇行에 동질감을 느낀다. 돈키호테라는 인간의 특성을 원자와 분자의 운동으로 서술하거나, 세르반테스가 글을 쓰는 동안 그의 두뇌에서 일어난 신경 전달 과정으로 서술했다면 독자들에게 아무런 감흥도 불러일으키지 못했을 것이다. 모든 이야기는 주제에 따라 적절한 수준의 현실감을 유지하면서 알맞은 언어로 서술되어야 소기의 목적을 달성할 수 있다.

언젠가 우리는 현실과 소설, 과학과 상상을 망라하여 모든 사람의 마음과

---

* 하드론(hadron)을 구성하는 기본 입자.

모든 이야기를 하나로 엮을 수 있을 것이다. 우리의 지식과 이해력이 충분히 깊어지면 오귀스트 로댕Auguste Rodin의 조각상 '칼레의 시민The Burghers of Calais'을 보고 사람들이 느끼는 벅찬 감정을 입자에 기초한 통일장이론으로 설명할 수 있을지도 모른다. 회전하는 접시에 반사된 불빛에서 힌트를 얻어 물리학의 기본 법칙을 새롭게 써 내려간 리처드 파인먼Richard Feynman의 영감 어린 정신 세계를 평범한 사람도 이해하는 날이 올 수도 있다. 언젠가는 마음과 물질의 작동 원리를 완전히 이해하여 블랙홀에서 베토벤까지, 그리고 양자역학에서 월트 휘트먼Walt Whitman*의 마음까지, 모든 것을 속속들이 알게 될 것이다. 그러나 지금 당장 우리의 능력이 여기에 한참 못 미친다 해도 이미 알려진 이야기(과학적이고 창조적이면서 상상력을 자극하는 이야기)에 몰입하다 보면 꽤 많은 것을 얻을 수 있다. 한때 논쟁의 대상이 되었건, 확실한 결론에 도달했건 간에, 기원과 발달 과정을 추적하면 그 이야기가 우주의 특정 시간대에 어떤 역할을 했으며, 어떤 가치를 인정받아 역사에 남게 되었는지 알 수 있다.[4]

각 장章에 걸쳐 여러 이야기를 모아 놓은 이 책에서, 독자들은 각 이야기의 주인공들이 공유하고 있는 두 가지 힘을 발견하게 될 것이다. 첫 번째 주인공은 2장의 주제인 엔트로피entropy다. 그동안 여러 과학 서적에서 '무질서도'나 '항상 증가하는 양'으로 소개되어 독자들에게도 친숙한 개념이겠지만, 사실 엔트로피는 물리계의 미래에 다양성을 부여하고 가끔은 물리계가 자신(엔트로피)의 흐름에 역행하도록 만드는 미묘한 양이다. 빅뱅의 여파로 탄생한 입자들이 엔트로피 증가 법칙(열역학 제2법칙)을 비웃기라

---

* 미국의 시인.

도 하듯이 별과 은하, 행성 등 질서 정연한 천체를 형성하고, 우주에서 가장 정교한 구조를 가진 생명체까지 만든 것이 그 대표적 사례다(이 내용은 3장에서 다룰 예정이다). 이와 같은 흐름이 촉발된 원인을 추적하다 보면 우리의 두 번째 주제인 '진화^{evolution}'에 도달하게 된다.

진화는 살아 있는 계의 점진적 변화를 초래하는 원동력이지만, 자연선택에 의한 진화는 최초의 생명체가 탄생하기 전부터 작용하고 있었다. 아득한 과거부터 분자는 자연에서 온전한 형태로 살아남기 위해 자기들끼리 치열한 경쟁을 벌였는데, 이 내용은 4장에서 다룰 예정이다. 소위 분자진화론$^{molecular\ Darwinism}$으로 불리는 분자들 사이의 화학전투$^{chemical\ combat}$가 반복되면서 생명체를 구성하는 최초의 분자가 탄생한 것으로 추정된다. 이 분야는 지금 한창 연구 중이어서 명쾌한 결론을 내리기 어렵지만, 지난 수십 년 동안 이룬 업적을 보면 올바른 길로 가고 있는 것 같다. 엔트로피와 진화는 서로 협조하여 생명의 출현을 유도한 최적의 파트너였을지도 모른다. 언뜻 생각하면 둘의 조합은 별로 어울릴 것 같지 않지만(엔트로피는 무질서도를 증가시키므로 생명체의 진화를 방해할 것 같다), 최근에 엔트로피를 수학적으로 분석한 결과에 따르면 태양과 같은 반영구적 에너지원이 확보된 상태에서 자원이 한정된 행성의 분자들이 서로 경쟁을 하다 보면 생명체(또는 생명체와 비슷한 객체)가 탄생할 확률이 의외로 높다.

이 가설은 아직 검증 단계에 있지만, 지구 탄생 후 10억 년쯤 지난 시기에 진화압$^{進化壓,\ evolutionary\ pressure*}$이 강하게 작용하여 찰스 다윈의 표준 진화가 진행되었다는 것만은 분명한 사실이다. DNA가 복제되는 중에 우주선$^{+}$

---

* 생명체가 특정 방향으로 진화하도록 유도하는 환경적 요인.

宙線, cosmic ray*에 노출되어 돌연변이가 무작위로 일어나도 생명체의 건강 상태나 적응 능력에는 큰 변화가 없지만 운이 좋으면 생존에 유리한 쪽으로 변이가 일어날 수도 있고, 이렇게 획득한 형질은 후손에게 전달될 가능성이 높다. 생존에 유리한 형질을 타고난 개체는 성체로 성장하여 후손을 퍼뜨릴 기회가 그만큼 많을 것이기 때문이다. 이런 식으로 세대가 거듭되다 보면 적응력이 뛰어난 개체들이 광범위하게 퍼져서 새로운 생태계를 형성하게 된다.

이 변화가 수십억 년에 걸쳐 반복된 끝에 드디어 인지력을 가진 생명체가 지구에 등장했고, 개중에는 무언가를 인지할 뿐만 아니라 자신이 인지하고 있다는 사실까지 인지하는 수준으로 진화했다. 자아 인식self-awareness이 드디어 탄생한 것이다. 이 생명체들은 자신을 되돌아보며 중요한 의문을 떠올렸다. "소용돌이치는 물질이 어떻게 생각하고 느낄 수 있는가?" 이 분야를 연구하는 학자들은 기계론적 관점에서 다양한 설명을 제시했는데, 공통적인 주장은 다음과 같이 요약된다. "두뇌의 구성 요소와 기능, 그리고 연결망에 대하여 아직 알아야 할 것이 많이 남아 있지만, 필요한 지식이 모두 확보되면 의식을 과학적으로 설명할 수 있다." 인간의 의식을 연구하는 일부 학자들은 "의식의 기원과 작동 원리를 밝히는 것이야말로 우리에게 주어진 최고의 수수께끼이며, 이 문제를 해결하려면 마음뿐만 아니라 현실의 특성을 고려한 새로운 관점이 도입되어야 한다."고 주장하고 있다. 이와 관련된 내용은 5장에서 다루기로 한다.

인간의 정교한 인지력이 행동에 미치는 영향에 대해서는 학자들의 의견

---

* 우주에서 지구로 쏟아지는 고에너지 입자빔.

이 대체로 일치하는 편이다. 홍적세洪績世, Pleistocene*에 우리의 선조들은 수만 세대에 걸쳐 무리를 지어 수렵 생활을 하면서 조직을 체계화하고, 계획을 세우고, 의견을 교환하고, 가르치고, 평가하고, 판단하고, 문제를 해결하는 정신 능력을 키웠으며, 개인의 능력이 함양되면서 소규모 단체가 무리 전체에 미치는 영향력도 커져 갔다. 이런 순서에 입각하여 6장에서는 언어 습득력과 이야기 전달 능력을 키워 온 과정을 돌아보고, 7장에서는 특정 주제로 넘어가서 인간이 종교에 관심을 갖게 된 계기를 되짚어 볼 예정이며, 8장에서는 창의적 표현을 추구해 온 인간의 역사를 되돌아볼 것이다.

학자들은 이 모든 발달 과정을 이해하기 위해 다양한 설명을 내놓았다. 우리의 길을 안내해 줄 가장 중요한 등불은 인간의 행동에 직접 적용되는 다윈의 진화론이다. 두뇌는 진화압을 통해 개선되어 온 또 하나의 생물학적 구조물로서, 인간의 행동 방식과 외부 자극에 반응하는 패턴을 보여 준다. 지난 수십 년 동안 인지과학자와 진화생물학자들은 이 관점을 더욱 발전시켜서 우리 몸의 생물학적 구조와 행동 패턴이 다윈의 자연선택에 의해 형성되었음을 입증했다. 그러므로 문화의 역사를 되돌아보는 우리의 여정에서 인간의 어떤 행동이 생존과 번식에 유리하게 작용했는지 주의 깊게 살펴볼 필요가 있다. 그러나 대치형 엄지손가락opposable thumb**이나 직립보행과 달리(이런 것은 특정 분야의 적응력과 관련된 생리학적 특성이다), 인간의 두뇌 중 상당 부분은 '행동'보다 '성향'을 좌우하는 쪽으로 진화해 왔고, 지금도 우리의 삶은 두뇌의 성향에 지대한 영향을 받는다. 물론 인간의 행

---

* 250만~12,000년 전.
** 엄지손가락이 나머지 네 손가락과 마주보도록 손바닥을 감는 능력. 인간은 이 능력 덕분에 다양한 도구를 만들 수 있었다.

동도 복잡하고 신중하면서 자기 성찰적인 마음의 영향을 받아 왔다.

우리의 여정에 앞길을 밝혀 줄 두 번째 등불은 삶의 내면에서 함양된 정교한 인지 능력이다. 과거에 여러 사상가들이 닦아 놓은 길을 따라가다 보면 "인간은 인지력을 통해 강력한 힘을 얻었고 그 덕분에 모든 지구 생명체들 중 최상위에 오를 수 있었다."는 결론에 도달하게 된다. 또한 정신적 기능은 현실의 작은 부분에 집착하는 것을 방지하여 전체적인 그림을 그리고, 주변 환경을 자신이 원하는 형태로 바꾸고, 혁신을 도모할 수 있게 해 준다. 인간은 환경을 정교하게 조작하는 능력이 있기에 세상을 바라보는 관점을 바꾸고, 과거를 되돌아보고, 미래를 예측할 수 있다. 이런 능력이 없었다면 "나는 생각한다. 그러므로 나는 존재한다."는 르네 데카르트 René Descartes의 결론은 "나는 존재한다. 그러므로 나는 죽을 것이다."라는 비관적 후속 결론을 낳았을 것이다.

완곡하게 말해서, 현실은 다소 당혹스럽다. 그러나 대부분의 사람들은 현실을 받아들인다. 인류가 생존할 수 있었던 비결 중 하나는 마음에 들지 않는 현실을 삶의 일부로 수용했기 때문이다. 어떻게 그럴 수 있었을까?[25] 과거에 우리의 선조들은 지구가 우주의 중심이라고 철석같이 믿으면서, 인류가 언젠가 사라질 수도 있다는 가능성을 애써 무시해 왔다. 간단히 말해서 인류의 종말을 '결코 있을 수 없는 일'이라고 생각한 것이다. 우리는 창조 과정을 제어하고 유한한 모든 것을 극복한다는 마음으로 그림과 조각, 음악 등 예술 작품을 만들어 낸다. 헤라클레스 Hercules*와 거웨인 Sir Gawain**, 그

---

* 그리스신화에 등장하는 힘이 장사인 영웅.
** 원탁의 기사. 아더왕의 조카.

리고 헤르미오네^{Hermione*}가 지금도 영웅으로 회자되는 이유는 (물론 전해 오는 이야기일 뿐이지만) 이들이 죽음을 '정복 가능한 대상'으로 간주했기 때문이다. 게다가 우리는 과학을 통해 현실 세계의 작동 원리를 이해하고, 과거에 선조들이 신의 영역으로 치부했던 능력을 보유하게 되었다. 인간 특유의 창조력을 십분 발휘하여 태생적인 약점을 보완한 것이다.

그러나 동기$^{動機, motive}$는 시대에 따라 끊임없이 변하기 때문에, 특정 행동을 유발한 영감^{靈感}을 추적하는 것은 결코 쉬운 일이 아니다. 15만 년 전에 우리의 선조들이 라스코 동굴$^{Lascaux cave**}$에 사슴을 그려 넣고, 20세기 초에 알베르트 아인슈타인$^{Albert Einstein}$이 일반상대성이론$^{general relativity}$을 구축할 수 있었던 것은 자연에서 패턴을 찾아내고 조직화하는 능력 덕분이었다. 창조적 행동을 추구하는 습성은 안전한 거처와 생존에 집중하면서 과도하게 진화한 대용량 두뇌의 부산물일지도 모른다. 이 문제에 관해서는 다양한 이론이 제시되어 있지만, 아직 결론은 내려지지 않은 상태다. 한 가지 확실한 것은 이집트의 피라미드에서 베토벤의 9번 교향곡과 양자역학에 이르기까지, 인간은 다양한 창조물을 상상하고, 만들고, 경험해 왔다는 것이다. 우리는 영원한 존재가 아님에도 불구하고 창의력을 십분 발휘하여 영원을 상징하는 콘텐츠를 부지런히 개발해 왔다.

우리는 수천 년 앞을 내다보면서 우주의 기원과 원자, 별, 행성의 구성 성분을 탐구하고 생명과 의식^{意識}, 문화의 발달 과정을 추적해 왔다. 새로운 사실이 밝혀질 때마다 우리의 근심은 더 커지기도 하고 가끔은 위안을 얻기

---

* 스파르타의 왕 메넬라오스와 미녀 헬레네 사이에서 태어난 딸. 헤르미오네가 아홉 살 때 그녀의 어머니 헬레네는 트로이의 왕자 파리스와 도피 행각을 벌였고, 그 바람에 트로이 전쟁이 발발했다.
** 프랑스 남서부의 구석기시대 동굴유적지. 들소와 말, 사슴 등 동물을 그린 벽화로 유명하다.

도 하겠지만, 영원한 가치를 추구하는 본성은 인간이 존재하는 한 결코 사라지지 않을 것이다.

정보와 의식, 그리고 영원

영원永遠은 상상하기 어려울 정도로 긴 시간이며, 그 사이에 수많은 사건이 일어날 것이다. 숨 가쁘게 달리는 미래학자들과 홍수처럼 쏟아져 나오는 할리우드의 공상과학 영화들은 미래의 문명을 꽤 실감나게 보여 주고 있다. 수백, 수천 년 후라고 하면 꽤 먼 미래 같지만, 우주적 규모에서 보면 '눈 깜짝할 새'에 불과하다. 하루가 다르게 발전하는 신기술을 적용하여 미래의 삶을 상상하는 것은 물론 흥미진진한 일이지만, 안타깝게도 현실은 영화처럼 극적으로 전개되지 않는다. 우리가 내다볼 수 있는 미래는 수십 년에서 수백 년, 기껏해야 수천 년 정도인데, 우주적 시간 규모에서 볼 때 이런 예측은 별 의미가 없다. 한 가지 다행인 것은 이 책에서 탐구할 내용의 기초가 그런 대로 탄탄하게 다져져 있다는 점이다. 나의 목적은 우주의 미래를 대략적으로, 그러나 풍부한 색상으로 그려 내는 것이다. 모든 세부 사항을 일일이 고려하지 않아도 도중에 길을 잃지 않는다면 우리의 미래를 꽤 정확하게 예측할 수 있으리라 생각한다.

인간이 사라지고 없는 미래는 우리의 관심사가 아니다. 겉으로 대놓고 말하진 않지만, 우리는 미래를 상상할 때 '우리의 관심을 끌거나 우리가 아끼는 것들로 가득 찬 세상'을 떠올리곤 한다. 앞으로 진화는 생명과 마음을 생물학적이면서 컴퓨터를 닮은 형태로 이끌어 갈 것이다(또는 그 외의 형태일 수도 있다. 누가 알겠는가?). 물리적 요소와 자연 환경이 어떻게 변할지는 알 수 없지만, 대부분의 사람들은 아무리 긴 세월이 흘러도 스스로 생각할 줄 아는 지적 생명체가 존재할 것이라고 믿는 경향이 있다.

이것은 우리의 여정에 중요한 질문을 제기한다. 의식적 사고는 영원히 계속될 것인가? 아니면 태즈메이니아 호랑이Tasmanian tiger*나 상아부리 딱다구리ivory-billed woodpecker**처럼 가끔씩 나타났다가 결국 사라지고 말 것인가? 개인의 의식은 나의 관심사가 아니기 때문에, 이 질문은 개인의 마음을 보존하는 첨단 기술(냉동 인간, 컴퓨터 의식 등)과 어떤 관계도 없다. 내가 궁금한 것은 사고라는 현상이 인간의 두뇌나 슈퍼 컴퓨터, 또는 얽힌 관계에 있는 입자 등 물리적 과정의 도움을 받아 영원히 지속될 수 있는지의 여부다.

그렇지 않을 이유가 어디 있는가? 인간의 경우를 생각해 보자. 인간의 사고는 우연히 조성된 일련의 환경과 함께 탄생했으며, 이로부터 인간의 사고가 수성Mercury이나 핼리 혜성이 아닌 지구에서 탄생한 이유도 설명할 수 있다. 우리가 지금 이곳에서 사고를 펼칠 수 있는 이유는 지구의 환경이 생명 현상과 사고에 우호적이었기 때문이다. 그래서 기후가 조금만 변해도 온갖 부작용이 나타나는 것이다. 그렇다면 우주 전체에도 인간의 사고처럼 필연적이고 국지적인 관심사가 존재할까? 심증적으로는 있을 것 같지만 뚜렷한 증거는 없다. 사고를 물리적 과정으로 간주하면(이 가정의 타당성은 나중에 확인할 것이다) 현재의 지구이건 다른 시간대의 다른 행성이건, 까다로운 환경 조건이 충족되어야 사고가 진행될 수 있다고 주장해도 크게 틀린 말은 아니다. 그러므로 우주의 대략적인 진화 과정을 살펴보면 시간과 공간을 거쳐 진화하는 환경 조건이 지적 생명체에게 무한정 우호적일 수 있

---

* 호랑이처럼 몸에 줄무늬가 나 있는 개과 동물. 1930년대에 멸종되었다.
** 1940년대 중반에 멸종된 것으로 발표되었다가 2000년대 초에 다시 발견되었다.

는지도 알게 될 것이다.

우리의 길을 안내할 가이드는 입자물리학과 천체물리학, 그리고 우주론 cosmology이다. 이 분야를 활용하면 가까운 미래뿐만 아니라 빅뱅 후 지금까지 흐른 시간보다 훨씬 먼 미래까지 예측할 수 있다. 물론 여기에는 커다란 불확실성이 존재하지만, 다른 모든 과학자들이 그렇듯이 나도 자연이 우리의 자만심을 누그러뜨리고 상상조차 하지 못했던 놀라움을 선사할 것이라고 굳게 믿는다. 그러나 우리가 얻은 관측 결과와 계산 결과, 그리고 새로 발견한 것(이 내용은 9장과 10장에서 다룰 예정이다)에만 집중하는 것은 별로 바람직하지 않다. 행성과 별, 태양계, 은하, 심지어는 블랙홀조차도 잠시 존재하다가 사라질 운명이기 때문이다. 이들은 양자역학과 일반상대성이론의 법칙에 의거하여 일련의 물리적 과정을 겪다가 입자 단위로 산산이 분해되어 차갑고 조용한 우주를 정처 없이 표류하게 될 것이다.

이토록 변화무쌍한 우주에서 의식적 사고는 어떻게 명맥을 유지해 나갈 것인가? 이 질문의 답을 찾으려면 다시 한번 엔트로피를 소환해야 한다. 그리고 엔트로피의 흔적을 추적하다 보면 사고라는 행위가 언제, 어디서, 누구에 의해 실행되었건 간에 주변 환경에 축적된 폐기물 때문에 심각한 방해를 받을 수도 있다는, 암울하지만 피할 수 없는 가능성에 직면하게 된다. 먼 미래에는 스스로 생각할 줄 아는 모든 것들이 자신이 생성한 열기에 깡그리 타 버려서, 사고 자체가 물리적으로 불가능해질 수도 있다.

앞으로 독자들은 보수적인 가정에 기초하여 "사고는 영원히 지속될 수 없다."고 주장하는 가설을 접하게 될 것이며, 이와 반대로 생명과 사고에 더 우호적인 버전의 우주도 만나게 될 것이다. 그러나 가장 직설적인 메시지는 지적인 생명체가 단명한다는 것이다. 자기 성찰이 가능한 생명체가 존재할 수 있는 기간은 우주적 시간대에서 아주 짧을 수도 있다. 냉정한 관점에서 우주의 역사를 대충 훑어보기만 한다면 생명체는 아예 눈에 띄지도 않을 것이다. 러시아 태생의 미국작가 블라디미르 나보코프 Vladimir Nabokov 는 인간의 삶이 "두 어둠 사이에 빛이 새어 들어오는 작은 틈"이라고 했는데,[6] 이 표현은 생명 자체에도 똑같이 적용된다.

우리는 삶의 단명함을 한탄하면서 영원을 상징하는 것들로부터 위안을 얻는다. 미래에 당신과 나는 더 이상 존재하지 않고, 우리의 후손들이 이곳에서 삶을 이어 나갈 것이다. 당신과 내가 한 일, 당신과 내가 만든 것, 그리고 당신과 내가 남긴 것들은 미래의 생명과 사고에 어떤 방식으로든 영향을 미치겠지만, 먼 미래에는 생명과 사고가 아예 존재하지 않고 우주는 텅 빈 공간으로 남을 것이다.

그렇다면 우리의 미래는 어떻게 되는가?

미래에 대한 고찰

인간은 우주와 관련하여 새로운 사실이 발견될 때마다 지식의 한 부분으로 흡수하는 경향이 있다. 우리는 통일장이론을 배우고, 블랙홀의 특성을 배우고, 시간의 특성을 배운다. 새로운 사실을 깨닫는 순간은 더할 나위 없이 짜릿하고, 세기적 발견을 접하면 온 마음을 빼앗긴다. 정교하면서도 추상적인 과학은 우리를 생각하게 만들고, 가끔은 머리를 넘어 가슴 깊은 곳에 스며들기도 한다. 그러나 과학이 이성과 감정을 동시에 자극하면 막강한 힘을 발휘할 수 있다.

대표적 사례가 있다. 몇 년 전까지만 해도 나는 우주의 미래에 대한 과학적 예측을 생각할 때 주로 머리를 사용했다. 이와 관련된 자료(주로 논문)를 '수학으로 표현된 흥미진진하면서 추상적인 영감의 집합'으로 간주한 것이다. 그러던 중 어느 날 문득 내가 진정으로 모든 삶과, 모든 사고와, 모든 노력과, 모든 업적을 신중하게 생각한다면 다른 식으로 받아들일 수도 있다는 사실을 깨달았다. 정말로 그랬다. 개개의 단어에 담긴 의미를 습관처럼 흘려 넘기지 않고 진지한 마음으로 받아들였더니, 모든 것이 훨씬 생생하게 다가왔다. 솔직히 말해서 처음에는 모든 것이 암울하게 보였다. 지난 수십 년 동안 물리학을 연구하면서 남들보다 많이 안다고 우쭐해지거나 자연의 치밀한 구조에 경이로움을 느낀 적은 종종 있었지만, 수학과 물리학으로 얻은 결과에서 두려움을 느낀 것은 그때가 처음이었다.

그 후로 감정이 서서히 정제되어, 지금은 먼 미래를 생각할 때 마음이 평온해지면서 모든 것이 서로 연결되어 있음을 느낀다. 그리고 나라는 존재는 '경험이라는 선물에 감사하는 마음'에 파묻혀서 별로 중요하지 않은 것처럼 느껴진다. 독자들은 "이 친구가 대체 무슨 말을 하고 있는 거야?"라며 의아해할지도 모르겠다. 사실 대부분의 독자들은 나와 개인적 친분이 없으므로, 좀 더 자세히 설명해야 감이 잡힐 것이다. 나는 엄밀하고 까다롭기로 악명 높은 수학과 물리학으로 먹고사는 사람이다. 내가 속한 세계에서는 명확한 계산을 통해 입증된 방정식으로 모든 것이 결정되며, 방정식으로 예측된 값과 실험을 통해 얻은 값은 소수점 이하 열 번째 자리(또는 그 이상)까지 정확하게 일치한다. 그래서 내가 생전 처음으로 '평온한 관계'를 느꼈을 때(그때 나는 뉴욕시의 한 스타벅스 매장에 있었다), 나 자신을 도저히 믿을 수가 없었다. 종업원이 얼그레이에 상한 두유를 넣은 걸까? 아니면 내가 스트레스에 시달리다가 기어이 정신줄을 놓은 것일까?

곰곰이 생각해 보니 둘 다 아니었다. 우리는 자신의 흔적을 남김으로써 짧은 삶의 허무함을 위안해 온 오랜 혈통의 후손이 아니던가. 그 흔적이 오래 남을수록 자신의 삶은 더욱 중요하게 느껴진다. 미국의 철학자 로버트 노직Robert Nozick은 "죽음은 당신의 삶을 지워 버린다… 그러나 완전히 지워지려면 한 인간의 삶에 담긴 의미가 남김없이 파괴되어야 하고, 이렇게 될 때까지는 꽤 긴 시간이 소요된다."고 했다.[7] 나처럼 전통적 종교를 믿지 않는 사람들은 '지워 버린다'는 말을 애써 무시하고 오래 지속되는 것에 집중하는 경향이 있다. 나는 이런 가치관 속에서 양육되고, 교육받고, 경험과 경력을 쌓아 왔다. 어린 시절부터 나의 주된 관심사는 항상 먼 미래를 내다보면서 오래 지속될 무언가를 추구하는 것이었기에, 결국 시공간과 자연의 법칙을 수학적으로 분석하는 물리학자가 되었다. 달리 무슨 일을 할 수 있겠는가? 지금 이 순간을 초월한 곳에 집중하면서 살고 싶다면, 사실 물리학자만 한 직업도 없다. 그러나 과학적 발견 자체는 또 다른 관점을 제시한다. 생명과 사고는 우주의 방대한 시간대에서 아주 작은 오아시스와도 같다. 경이롭기 그지없는 온갖 물리적 과정들은 우아한 수학 법칙의 지배를 받고 있지만, 생명과 마음이 우주에 존재할 수 있는 기간은 별로 길지 않다. 별과 행성, 그리고 생명체가 존재하지 않는 미래의 우주를 생각할 때, 지금 이 시대는 참으로 특별하다.

이것이 바로 내가 스타벅스에서 얼그레이를 마시다가 문득 떠오른 느낌이다. 이날 나는 앞서 말한 대로 평온한 마음과 함께 모든 것이 서로 연결되어 있음을 느꼈고, 암울한 미래보다 '일시적이지만 경이로운 현재'가 더욱 강렬하게 다가왔다. 그것은 과거에 수많은 시인과 철학자, 작가, 예술가, 그리고 영적 스승들이 남긴 교훈, 즉 "삶은 과거도, 미래도 아닌 지금 여기에만 존재한다."는 교훈의 우주적 버전이었다. 이런 생각을 항상 염두에 두고 살아가기란 결코 쉬운 일이 아니지만, 그동안 수많은 사람들이 이 교훈에서 영감을 얻었다. 미국의 시인 에밀리 디킨슨Emily Dickinson은 "영원은 수없이 많은 '지금'으로 이루어져 있다."고 했고,[8] 초월주의자이자 시인이었던 헨리 소로^{Henry Thoreau}도 "매 순간에 담긴 영원"을 이야기했다.[9] 이런 느낌은 시간을 (시작에서 끝까지) 전체적으로 바라볼 때 더욱 강렬해진다. 방대한 우주와 유구한 시간 속에서, '지금 여기^{here and now}'는 정말로 특별하면서 순간적인 개념이다.

이 책의 목적은 '지금 여기'의 특별함을 명확하게 보여 주는 것이다. 이제 우리는 과학이라는 우주선을 타고 우주의 시작에서 끝에 이르는 기나긴 여행을 떠날 참이다. 이 여행길에서 초기의 혼돈으로부터 생명과 마음이 탄생하게 된 과정을 살펴볼 것이며, 자신이 단명하다는 사실을 알고 있는 상태에서 호기심 많고, 열정적이고, 근심 많고, 자기 성찰적이고, 창의적이면서 회의적인 마음이 어떤 일을 할 수 있는지 알아볼 것이다. 그리고 이와 더불어 종교의 탄생과 창조적 표현에 대한 욕구, 과학의 약진, 진리 탐구, 그리고 영원에 대한 갈망이 우리의 삶을 어떻게 바꿔 놓았는지도 깊이 생각해 보기로 한다. 프란츠 카프카^{Franz Kafka*}가 '절대 사라지지 않는 것'이라고 표현했던[10] 영원에 대한 갈망은 미래로 향하는 여정의 핵심 키워드이며, 우리는 여기에 기초하여 행성과 별, 은하, 블랙홀에서 생명과 마음에 이르는 모든 현실적 존재의 미래를 평가할 것이다.

이 여정에서 눈에 띄게 빛을 발하는 것은 무언가를 발견하려는 인간의 정신이다. 우리는 거대한 현실을 파악하기 위해 노력하는 야심 찬 탐험가다. 지난 수백 년 사이에 인간은 물질과 마음, 그리고 우주의 비밀을 상당 부분 알아냈고, 이런 노력은 앞으로 수천 년 동안 계속될 것이다. 과학자들은 현실 세계를 지배하는 수학 법칙이 우리의 행동 규범이나 아름다움의

---

* 오스트리아–헝가리제국의 유대계 작가. 실존주의 문학의 선구자.

기준, 인간관계, 그리고 이해와 목적을 추구하는 노력과 무관하다는 것을 입증했지만, 언어와 이야기, 예술과 신화, 종교와 과학은 냉정하고 엄격한 우주의 역학 법칙을 이용하여 일관성과 가치, 그리고 의미를 찾아왔다. 물론 이런 과정이 영원히 지속된다는 보장은 없다. 모든 생명은 일시적이며, 우리가 애써 이해한 내용도 언젠가는 모두 사라질 것이다. 이 세상에 영원한 것은 없고, 절대적인 것도 없다. 그러므로 가치와 목적을 추구하는 여정에서 우리에게 필요한 영감과 해답은 우리 스스로 찾아야 한다. 태양의 가호 아래 잠시 동안 존재하면서 존재의 의미를 찾는 것이야말로 우리에게 주어진 가장 고귀한 임무다.

자, 지금부터 본격적인 여행을 시작해 보자.

2장

시간의 언어

과거와 미래, 그리고 변화

과거와 미래, 그리고 변화

1948년 1월 28일 저녁, 영국 BBC 라디오에서 슈베르트의 가단조 현악 4중주*와 영국 민요를 틀어 주던 중 철학자이자 수학자인 버트런드 러셀 Bertrand Russell과 예수회 사제 프레더릭 코플스턴Frederick Copleston이 "신은 존재하는가?"라는 주제로 벌였던 토론을 내보냈다.[1] 러셀은 인도주의 원칙과 철학에 관한 저술로 1950년에 노벨 문학상을 수상했지만, 창조주의 존재를 문제 삼는 발언으로 종교계에 물의를 일으켜 케임브리지대학교와 뉴욕 시립대학교에서 해고 통지서를 받는 등 우상 파괴적 성향이 짙은 사람이었다.

이 대담에서 러셀이 펼쳤던 주장은 우리의 여정과 밀접하게 관련되어 있다. 그는 단호한 어조로 다음과 같이 말했다. "과학적 증거에 비춰 볼 때 지

---

* D. 810, 로자문데(Rosamunde)라는 제목으로 알려져 있다.

구는 비참한 결말을 향해 나아가고 있으며, 우주 전체도 결국은 죽음을 맞이할 운명이다. 이것이 존재의 목적이라면 나는 그 목적을 추구하고 싶지 않다. 그러므로 나는 신을 믿을 이유가 없다고 생각한다."[2] 신학과 관련된 내용은 나중에 다루기로 하고, 지금 당장은 러셀이 말한 '우주적 죽음'에 초점을 맞춰 보자. 그가 이런 주장을 펼친 것은 19세기에 발견된 어떤 물리법칙 때문이었다.

1800년대 중반에 발명된 증기 기관steam engine은 유럽의 산업 혁명을 주도하면서 주 동력원으로 떠올랐고, 그 덕분에 대부분의 수공업이 기계공업으로 대치되었다. 그러나 문제는 증기 기관의 열효율(소비된 연료와 유용한 일의 비율)이 심하게 낮다는 점이었다. 나무와 석탄을 태워서 얻은 열의 95%가 폐기물로 방출되어 환경을 오염시켰으니, 제아무리 편리한 기계라해도 대책 없이 남용했다간 지구 전체가 폐기물로 덮일 판이었다. 그리하여 일부 과학자들은 효율을 높이기 위해 증기 기관의 물리적 원리를 깊이파고들기 시작했고, 수십 년이 지난 후에 그 유명한 '열역학 제2법칙the second law of thermodynamics'이 탄생했다.

이 법칙을 일상적인 용어로 풀어쓰면 다음과 같다. "제아무리 기발한 방법을 동원해도 폐기물이 양산되는 것을 막을 방법은 없다." 열역학 제2법칙(이하 제2법칙)이 중요하게 취급되는 이유는 증기 기관뿐만 아니라 모든만물에 적용되는 범우주적 법칙이기 때문이다. 생명이 있건 없건, 내부 구조가 어떻게 생겼건 간에, 모든 물질과 에너지는 무조건 제2법칙을 따른다. 이 법칙에 의하면 우주에 존재하는 모든 만물은 소모되고, 퇴화하고, 쇠퇴할 수밖에 없다.

이렇게 일상적인 언어로 풀어 놓고 보니, 러셀이 그토록 부정적인 주장을 펼친 이유가 피부에 와닿는 것 같다. 생산적인 에너지가 무용한 열로 전환되면서 미래는 끊임없이 악화된다. 현실을 유지하는 배터리가 꾸준히 소모되고 있는 형국이다. 그러나 과학을 좀 더 깊이 이해하면 지금까지 말한 내용이 다소 모호해진다. 우주는 빅뱅 후 지금까지 제2법칙에 순응해 오면서도 아름다움과 질서를 창출했고, 질서의 최상급인 생명체까지 탄생시켰다. 그러므로 제2법칙을 잘 활용하면 러셀이 말했던 암울한 미래를 피해 갈 수 있을지도 모른다. 우리의 여정을 안내할 가이드는 엔트로피와 정보, 에너지 등을 다루는 과학이므로, 본격적인 장도에 오르기 전에 제2법칙에 대해 좀 더 자세히 알아 둘 필요가 있다.

증기 기관

시끄럽게 돌아가는 증기 기관에서 삶의 의미를 찾자는 것은 아니다. 그러나 (종류에 상관없이) 에너지의 진화 과정을 이해하려면 불타는 연료에서 열을 흡수하여 기차 바퀴를 돌리고, 탄광에서 펌프를 작동시키는 엔진의 원리를 알아야 한다. 또한 에너지의 진화 과정은 미래의 물질과 마음, 그리고 우주의 모든 구조에 중요한 영향을 미친다. 그러니 삶과 죽음, 목적과 의미 같은 고차원적인 세상에서 잠시 내려와 덜컹대며 돌아가는 18세기 증기 기관의 세계로 들어가 보자.

증기 기관의 원리는 단순하면서도 매우 독창적이다. 용기에 담긴 수증기에 열을 가하면 부피가 커지면서 밖으로 밀어내는 힘이 작용한다. 증기 기관은 증기로 가득 찬 용기에 열을 가하여 발생한 힘으로 정교하게 장착된 피스톤을 왕복시켜서 유용한 일을 하는 장치다. 증기가 가열되면 바깥쪽으로 팽창하면서 피스톤을 밀어내고, 이 힘으로 기차 바퀴나 곡물 분쇄기, 또는 직조기가 작동된다. 팽창한 증기는 온도가 내려가면서 다시 부피가 줄어들고, 처음 위치로 되돌아온 피스톤은 계속 주입되는 열기에 의해 똑같은 운동을 반복한다. 이 주기 운동은 연료가 고갈되어 더 이상 열에너지를 공급할 수 없을 때까지 빠른 속도로 계속되는데, 이것이 바로 증기 기관의 원리다.[3]

역사책에는 산업 혁명을 주도했던 증기 기관의 역할이 유난히 강조되어 있지만, 이와 관련된 기초 과학도 결코 무시할 수 없었다. 증기 기관을 수학적으로 이해하는 것이 과연 가능한 일인가? 열을 유용한 일로 변환하는 효율에 절대로 넘을 수 없는 원리적 한계가 존재하는가? 기계적 구조나 사용된 재료와 무관하게 모든 증기 기관의 기본 과정을 물리학의 원리로 설명할 수 있는가?

프랑스의 물리학자이자 군사 엔지니어였던 사디 카르노Sadi Carnot는 열기관과 관련된 문제를 파고들다가 1824년에 〈불의 원동력에 관한 고찰 Reflections on the Motive Power of Fire〉이라는 논문을 발표하면서 열과 에너지, 그리고 일work을 다루는 열역학thermodynamics을 탄생시켰다.[4] 그의 이론은 난해한 부분이 많아서 따라잡기가 쉽지 않았지만, 20세기 들어 수많은 과학자들에게 영감을 불어넣으며 새로운 물리학으로 자리 잡게 된다.

통계적 관점

아이작 뉴턴Isaac Newton이 수학으로 서술한 전통 과학적 관점에 의하면, 모든 물체는 확고한 물리 법칙을 따라 움직인다. 특정 시간에 물체의 위치와 속도, 그리고 물체에 작용하는 힘을 알고 있으면 뉴턴의 운동 방정식을 풀어서 물체의 운동 궤적을 예측할 수 있다. 지구의 중력에 끌리는 달月이건, 중견수를 향해 날아가는 야구공이건 간에, 이 예측은 실제 관측 결과와 매우 정확하게 일치하는 것으로 판명되었다.

　그러나 여기에는 약간의 문제가 있다. 독자들은 고등학교 시절 물리 시간에 거시적 물체의 궤적을 계산할 때, 문제를 크게 단순화시켜서 풀었을 것이다(대부분의 물리 교사들은 굳이 이 사실을 학생들에게 강조하지 않기 때문에, 별생각 없이 넘어갔을 수도 있다). 예를 들어 달이나 야구공의 궤적을 계산할 때 내부 구조를 완전히 무시하고 하나의 무거운 입자로 간주하는 식이다. 이것은 물체의 운동을 대략적으로 서술한 '근사적 이론'에 불과하다. 소금 한 알갱이도 수십억 × 수십억 개의 분자로 이루어져 있다. 그러나 우리는 달의 궤적을 계산할 때 고요의 바다Sea of Tranquility*에서 어지럽게 날아다니는 먼지 분자를 전혀 고려하지 않는다. 또는 야구공의 궤적을 계산할 때에도 공의 중심부에 있는 코르크 분자의 진동을 조금도 고려하지 않고, 공 전체를 하나의 입자로 간주한다. 우리의 관심은 달이나 야구공의 전체적인 운동이기 때문에 세세한 사항은 무시해도 상관없다. 이렇게 단순화된 모형에 대하여 뉴턴의 물리학은 막강한 위력을 발휘한다.[5]

　그러나 19세기 과학자들이 증기 기관을 다루다가 직면했던 문제는 근본적으로 다르다. 뜨거운 증기는 달이나 야구공 같은 고체가 아니기 때문이다. 피스톤이 한 번 움직일 때마다 밀어내는 수증기 분자(물 분자)의 수는 수조 × 수조 개에 달하며, 이들은 피스톤과 용기 내벽에 수시로 부딪히고 자기들끼리 충돌하는 등 엄청나게 복잡한 운동을 하고 있다. 이런 운동이 없다면 증기 기관은 처음부터 작동하지 않았을 것이다. 문제는 제아무리 똑똑한 사람이나 계산 능력이 뛰어난 컴퓨터라 해도, 그토록 많은 입자의

＊　달의 북반구에 있는 평탄한 지형. 1969년에 아폴로 11호가 이곳에 착륙했다.

궤적을 일일이 계산할 수 없다는 것이다. 정말로 방법이 없는 것일까?

언뜻 생각하면 넘을 수 없는 장벽에 부딪힌 것 같지만, 관점을 바꾸면 해결책이 보인다. 큰 집단을 단순화하면 경우에 따라 중요한 정보를 얻을 수도 있기 때문이다. 한 가지 예를 들어 보자. 당신은 다음 재채기가 언제 나올지 예측할 수 있는가? 제아무리 뛰어난 의사라 해도 어림없는 소리다. 그러나 고려 대상을 한 개인이 아닌 전체 인구로 확장하면 '앞으로 1초 사이에 전 세계에서 약 8만 명이 재채기를 할 것'이라고 예측할 수 있다.[6] 통계적 관점을 도입하면 지구의 수많은 인구는 예측을 방해하는 요인이 아니라 예측에 반드시 필요한 핵심 요소로 돌변한다. 일반적으로 대규모 집단은 개체 수준에서 알 수 없는 통계적 규칙을 갖고 있다.

여러 개의 원자와 분자로 이루어진 물리계를 분석하는 방법은 제임스 클러크 맥스웰James Clerk Maxwell과 루돌프 클라우지우스Rudolf Clausius, 그리고 루트비히 볼츠만Ludwig Boltzman 등에 의해 개발되었다. 이들은 각 입자의 자세한 궤적을 규명하는 대신 모든 입자의 평균적인 거동을 서술함으로써 수학적 계산이 가능하게 만들었고, 이로부터 우리에게 필요한 물리적 특성을 알아낼 수 있었다. 예를 들어 수증기가 피스톤을 밀어내는 압력은 물 분자 개개의 운동 궤적과 무관하다. 기체의 압력은 매 초마다 용기의 벽에 부딪히는 분자의 개수와 관련되어 있으며, 이 값은 분자의 개별적 운동이 아닌 '평균적 거동'에 의해 결정된다. 우리에게 필요한 정보는 바로 이런 것이다. 그리고 다행히도 이 값은 입자의 수가 아무리 많아도 계산 가능하다. 자칫하면 막다른 길에 갇힐 뻔한 물리학을 통계역학이 구원한 것이다.

요즘은 유권자의 정치적 성향이나 집단유전학, 또는 인터넷에 나도는 빅데이터를 분석할 때 주로 통계적 방법을 사용한다. 우리는 어린 시절부터 대규모 집단에 대한 통계적 분석을 수시로 접하면서 살아왔기 때문에 '통계'라는 단어에 매우 친숙한 편이다. 그러나 19~20세기 초까지만 해도 통계적 논리는 물리학이 유지해 왔던 정밀도를 한참 벗어난 '대충 물리학'으로 간주되었다. 게다가 20세기 초에는 세계적으로 유명한 과학자들 중에서도 원자와 분자의 존재(통계적 접근법의 기초)를 믿지 않는 사람들이 꽤 많았다.

반대론자들의 완강한 저항에도 불구하고, 통계적 논리가 자리를 잡을 때까지는 그리 오랜 시간이 걸리지 않았다. 1905년에 아인슈타인은 물에 떠 있는 꽃가루 입자가 불규칙적으로 움직이는 현상*을 "물은 아주 작은 분자(H_2O)로 이루어져 있다."는 가정하에 수학적으로 말끔하게 설명했다. 그의 이론에 의하면 물 분자들은 꽃가루 입자와 연속적으로 충돌하고, 그 효과가 꽃가루의 불규칙적인 운동으로 나타난다. 그리고 입자의 집합을 통계적으로 분석하여 내린 결론들이 그 무렵에 발표된 실험 결과와 정확하게 일치하면서 통계적 접근법의 입지가 더욱 확고해졌다. 열과 관련된 과정을 통계적으로 분석하는 기초가 마련된 것이다.

열의 통계적 분석은 커다란 성공을 거두었고, 그 덕분에 물리학자들은 증기 기관뿐만 아니라 지구의 대기와 태양의 코로나corona**, 그리고 중성자별을 구성하는 수많은 입자의 움직임에 이르기까지, 일반적인 열물리계thermal system의 거동을 체계적으로 이해할 수 있게 되었다. 그렇다면 이 모든 것은 러셀이 말했던 "죽음을 향해 다가가는 우주"와 무슨 관계일까? 좋은 질문이다. 이제 거의 다 왔으니 조금만 기다려 주기 바란다. 몇 단계만 더 거

---

* 이것을 브라운 운동(Brownian motion)이라 한다.
** 태양에서 발생하는 태양풍의 근원.

치면 위의 질문에 답할 수 있다. 다음 단계는 지금까지 언급된 내용에 기초하여 미래를 예측하는 것이다. 이제 곧 알게 되겠지만 과거와는 완전 딴판이다.

'이것'에서 '저것'으로

과거와 미래의 차이는 우리가 겪는 경험의 기본이자 가장 중요한 요소다. 우리는 과거에 태어나 미래에 죽을 것이며, 그 사이에 수많은 사건을 경험한다. 이 사건들을 순차적으로 나열하면 그럴듯하게 보이지만, 시간의 역순으로 나열하면 코미디가 따로 없다. 반 고흐는 천재적인 영감을 떠올려 〈별이 빛나는 밤Starry Night〉을 그렸지만, 이미 완성된 그림 위에 붓을 거꾸로 휘둘러서 텅 빈 캔버스로 되돌릴 수는 없다. 타이타닉호Titanic는 빙산에 부딪혀 선체가 찢어졌지만, 엔진을 반대 방향으로 작동하여 왔던 길을 되돌아가면서 찢어진 부분을 다시 붙일 수는 없다. 또한 우리 모두는 성장하면서 나이를 먹지만, 생체 시계를 거꾸로 돌려서 젊음을 되찾을 수는 없다.

비가역성irreversibility은 모든 사물과 사건이 미래로 진행하는 데 반드시 필요한 핵심 개념이므로, 물리 법칙을 분석하면 시간이 거꾸로 흐르지 않는 이유를 쉽게 찾을 수 있을 것 같다. 그러나 지난 수백 년 동안 과학자들이 개발한 방정식을 아무리 분석해 봐도, 시간의 역행을 방지하는 법칙은 존재하지 않는다. 뉴턴의 고전역학과 맥스웰의 전자기학, 아인슈타인의 상대성이론, 그리고 수십 명의 물리학자들이 개발한 양자물리학은 한 가지 확고한 공통점을 갖고 있다. "어떤 이론이건, 물리 법칙은 과거와 미래를 차별하지 않는다."는 공통점이 바로 그것이다. 물리계의 현재 상태가 주어졌을 때 계의 과거와 미래는 똑같은 방정식에 의해 결정되며, 시간이 과거로 흐른다고 해서 수학적으로 문제될 것은 전혀 없다. 우리에게 과거와 미래는 하늘과 땅 이상으로 큰 차이가 있지만, 물리 법칙은 둘을 조금도 차별하지 않는다. 축구 경기장 전광판에 표시된 시계가 경과된 시간을 표시하건 남은 시간을 표시하건 아무런 문제가 없듯이, 물리 법칙은 미래로 가는 시간과 과거로 가는 시간을 구별하지 않는 것이다. 다시 말해서 물리 법칙이 여러 사건의 순차적 발생을 허용한다면, 그 반대 순서로 발생하는 것도 똑같이 허용된다는 뜻이다.[7]

대학생 시절 강의 시간에 이런 이야기를 처음 들었을 때, 나는 말도 안 된다고 생각했다. 올림픽 다이빙 선수가 물속에서 발끝부터 튀어나와 수직으로 날아오르다가 공중제비를 몇 바퀴 돌고 점핑 보드에 사뿐하게 착지하는 모습을 본 적이 있는가? 동영상을 거꾸로 재생한다면 모를까. 현실 세계에서는 절대로 있을 수 없는 일이다. 바닥에 흩어진 스테인드글라스 조각들이 갑자기 튀어 올라 스스로 조립되어 멋진 조명등으로 복원되는 일도 없다. 영화 필름을 거꾸로 돌렸을 때 웃음이 유발되는 이유는 도저히 일어날 수 없는 사건이 연달아 일어나기 때문이다. 그러나 거꾸로 진행되는 동영상도 수학적으로는 물리 법칙에 전혀 위배되지 않는다.

그런데 우리의 경험은 왜 한쪽 방향으로 치우쳐 있을까? 우리는 왜 특정 방향으로 진행되는 사건에만 익숙하고, 반대로 진행되는 사건은 볼 수 없는 걸까? 그 해답은 우주 진화의 비밀이 담긴 '엔트로피'에서 찾을 수 있다.

엔트로피(대략적인 설명)

엔트로피는 물리학의 기본 개념이지만 혼동의 소지가 다분하다. 요즘은 일상적인 대화에서도 엔트로피가 종종 화젯거리로 등장하고 있는데, 주변 상황이 질서에서 무질서로 변하거나 좋은 것에서 나쁜 것으로 변하는 이유를 설명할 때 주로 언급된다. 물론 여기에 잘못된 것은 없다. 나도 이런 식으로 엔트로피를 종종 언급해 왔다. 그러나 우리의 여정에서 길을 잃지 않으려면 엔트로피의 의미를 좀 더 정확하게 알아 둘 필요가 있다(러셀이 예견했던 암울한 미래도 엔트로피와 밀접하게 관련되어 있다).

간단한 사례에서 시작해 보자. 당신이 1센트짜리 동전 100개를 상자에 넣고 열심히 흔든 후 테이블 위에 쏟아부었는데, 모든 동전의 앞면이 위를 향하고 있다면 입이 딱 벌어질 것이다. 왜 그런가? 직관적으로는 놀라는 게 당연하지만, 그 이유를 찬찬히 생각해 보자. 뒷면이 단 1개도 안 나왔다는 것은 동전 100개가 상자 속에서 무작위로 섞인 후 테이블에 부딪혀서 이리저리 구르다가 한결같이 앞면이 위를 향한 채 정지했다는 뜻이다. 이런 특별한 경우가 나올 확률은 지극히 낮다. 그렇다면 동전 99개가 앞면이 나오고 단 1개만 뒷면이 나오는 경우를 생각해 보자. 이것도 확률이 낮기는 마찬가지지만, 경우의 수를 따지면 100개 모두 앞면이 나오는 경우보다 100배나 많다. 모든 동전에 1부터 100까지 고유 번호를 매겨 놓았다면 뒷면이 나온 동전이 1번 동전일 수도 있고, 2번 동전일 수도 있고⋯ 100번 동전일 수도 있기 때문이다. 그러므로 99개가 앞면이 나오고 1개가 뒷면이 나올 확률은 100개 모두 앞면이 나올 확률보다 100배나 높다.

다른 경우도 생각해 보자. 100개 중 2개가 뒷면이 나오는 경우의 수는 4,950가지다(1번과 2번 동전, 3번과 4번 동전, 5번과 6번 동전 등등⋯). 내친김에 좀 더 계산을 해 보면 동전 3개가 뒷면이 나오는 경우는 161,700가지이고, 4개가 뒷면이 나오는 경우는 약 400만 가지이며, 5개가 뒷면이 나오는 경우는 약 7,500만 가지나 된다. 구체적인 계산법은 중요하지 않다(앞으로 언급될 다른 개념들도 수학적인 설명은 가능한 한 생략할 것이다). 여기서 중요한 것은 뒷면의 개수가 많을수록 경우의 수가 급격하게 증가한다는 사실이다. 경우의 수가 가장 많은 것은 앞면과 뒷면이 모두 50개씩 나오는 경우인데, 그 값은 무려 1,000억 × 10억 × 10억 가지에 달한다(정확한 값은 100,891,344,545,564,193,334,812,497,256이다).[8] 그러므로 앞면과 뒷면이 50개씩 나올 확률은 100개 모두 앞면이 나올 확률보다 1,000억 × 10억 × 10억 배나 높다.* 100개 모두 앞면이 나왔을 때 입이 딱 벌어지는 것은 바로 이런 이유 때문이다.

대부분의 사람들은 동전 무더기의 거동을 직관적으로 분석할 때, 용기 속 수증기의 거동을 분석했던 맥스웰과 볼츠만의 방법을 그대로 따르고 있다. 위에 제시한 설명도 여기에 기초한 것이다. 과학자들이 수증기 분자를 낱개로 분석하지 않는 것처럼, 우리도 동전 무더기의 분포를 낱개로 분석하지 않는다. 29번 동전이 앞면이 나왔는지, 71번 동전이 뒷면이 나왔는지는 중요하지 않다. 중요한 것은 전체적인 분포 상태이며, 우리의 관심을 끄는 것은 앞면과 뒷면의 비율이다. 앞면이 뒷면보다 많이 나왔는가? 2배인가? 3배인가? 아니면 앞면과 뒷면이 거의 비슷한가? 동전 100개를 여러 번 던졌을 때 앞면과 뒷면의 비율이 달라지면 금방 눈에 띈다. 그러나 비율은 똑같으면서 앞면(또는 뒷면)이 나온 동전의 번호만 달라진다면 그 차이는 거의 눈에 띄지 않는다. 예를 들어 동전 100개를 던진 후 뒷면이 나온 23, 46, 92번 동전을 앞면으로 뒤집고 앞면이 나온 17, 52, 81번 동전을 뒷면으로 뒤집었다고 하자. 똑같이 3개씩 뒤집었으므로 앞면과 뒷면의 비율은 달라지지 않는다. 그렇다면 당신은 두 경우의 차이를 구별할 수 있겠는가? 초능

---

* 100개 모두 앞면(또는 뒷면)이 나오는 경우의 수는 단 한 가지뿐이다.

력 보유자라면 모를까, 우리처럼 평범한 사람들에게는 어림도 없는 일이다. 나는 동전 100개를 던졌을 때 나올 수 있는 결과를 몇 개의 그룹으로 나누었다. 각 그룹은 앞면(또는 뒷면)이 나온 동전의 개수가 같은데, 어떤 동전이 앞면인지는 중요하지 않다(사실 구별할 수도 없다). 그리고 뒷면이 나온 동전이 1개도 없는 경우와 뒷면이 1개 나온 경우, 2개 나온 경우, 3개, 4개, … 50개 나온 경우의 수를 계산했다.

여기서 중요한 것은 각 그룹의 '희귀성'이 동일하지 않다는 점이다. 평등은커녕, 최고 1,000억 × 10억 × 10억 배까지 차이가 난다. 그래서 동전 100개를 마구 섞은 후 테이블에 던졌을 때 100개 모두 앞면(또는 뒷면)이 나오면 소스라치게 놀라고(이 그룹의 멤버는 단 1개뿐이다), 뒷면이 1개 나오면 조금 덜 놀라고(멤버 수 = 100), 뒷면이 2개 나오면 1개 나온 경우보다 보다 조금 덜 놀라고(멤버 수 = 4,950), 앞면과 뒷면이 50개씩 나오면 너무 평범해서 하품이 나온다(멤버 수 = 약 1,000억 × 10억 × 10억). 그룹의 멤버 수가 많을수록 그와 같은 결과가 나올 확률이 높아진다. 그러므로 우리에게 중요한 것은 각 그룹의 크기다.

당신이 평소에 이런 생각을 해 본 적이 없다면, 엔트로피의 기본 개념에 대한 설명이 완료되었다는 것을 눈치채지 못할 수도 있다. 주어진 배열(그룹)의 엔트로피는 그룹의 크기, 즉 '서로 구별되지 않는 멤버의 수'와 같다.[9] 그러므로 멤버가 많은 배열은 엔트로피가 높고, 멤버가 적은 배열은 엔트로피가 낮다. 여러 개의 동전을 상자에 넣고 무작위로 흔든 후 테이블 위에 쏟았을 때 나타난 배열은 엔트로피가 높은 그룹에 속할 가능성이 높다. 엔트로피가 높을수록 멤버의 수가 많기 때문이다.

바로 이런 이유 때문에 일상적인 대화에서 엔트로피를 '질서를 망가뜨리는 주범'으로 간주해도 큰 문제가 없는 것이다. 당신의 사무실이 오랫동안 정리를 하지 않아 완전히 난장판이 되었다고 가정해 보자. 책상 위에 온갖 서류 더미가 너저분하게 쌓여 있고, 펜과 포스트잇, 명함, 클립 등이 사방에 어지럽게 널려 있다. 이런 상태에서는 각 물건의 위치를 바꿔도 무질서도가 크게 달라지지 않는다. 예를 들어 빨간색 펜과 검은색 펜의 위치를 맞바꿔도 난장판은 별로 개선되지 않는다. 다시 말해서 '현재의 무질서도를 유지한 채 바꿀 수 있는 배열의 수'가 엄청나게 많다. 이것은 동전의 경우 '멤버의 수가 많은 그룹'에 해당한다. 따라서 어지럽게 널려 있는 사무실은 엔트로피가 높다. 그러던 어느 날, 참다못한 당신은 마음을 굳게 먹고 사무실을 말끔하게 정리했다. 서류는 항목별로 정리하여 책꽂이에 알파벳순으로 꽂아 넣고, 펜은 색상순으로, 포스트잇과 클립은 크기순으로 정리하여 사무용품 정리함에 차곡차곡 쌓아 놓았다. 이런 상태에서는 물건의 배열을 조금만 바꿔도 무질서도가 크게 증가한다. 즉, '현재의 정돈된 상태를 유지한 채 바꿀 수 있는 배열의 수'가 몇 개 되지 않는다. 따라서 정돈된 상태는 '멤버의 수가 적은 그룹'에 해당하여 엔트로피가 낮다. 동전의 경우와 마찬가지로 너저분한 배열은 정돈된 배열보다 경우의 수가 많기 때문에 엔트로피가 높은 것이다.

엔트로피의 진정한 의미

앞에서 동전을 예로 든 이유는 과학자들이 증기 기관 안에서 이리저리 움직이는 물 분자나 지금 당신이 숨 쉬고 있는 방 안에 떠다니는 공기 분자와 같이 수많은 입자로 이루어져 있는 물리계를 분석할 때, 동전과 동일한 방법을 사용하기 때문이다. 수증기나 공기의 상태를 분석할 때에는 동전의 경우와 마찬가지로 입자의 개별적 상태를 무시하고(특정 분자가 이곳에 있는지, 또는 저곳에 있는지는 중요하지 않다) 겉으로 보기에 비슷한 배열을 하나의 그룹으로 묶으면 특정한 물리적 상태가 나타날 확률을 계산할 수 있다. 여러 개의 동전을 테이블에 던졌을 때 각 동전의 상태보다 앞면과 뒷면의 비율에 집중하는 이유는 전체적인 외관이 동전의 개별적 상태보다 눈에 훨씬 잘 띄기 때문이다. 그렇다면 수많은 분자로 이루어진 기체의 경우 '비슷한 배열'의 기준은 과연 무엇일까?

지금 당신의 방을 가득 채우고 있는 공기를 예로 들어 보자. 당신이 초능력자가 아니라면 산소 분자가 창문에 부딪혔는지, 질소 분자가 바닥에 부딪혀서 튀어 올랐는지 알 길이 없고, 알 수가 없으니 관심을 가질 필요도 없다. 공기에 관한 한 당신의 관심은 "숨 쉬기에 충분한 양이 방 안에 남아 있는가?"일 텐데, 방에서 자다가 질식했다는 사례는 들어본 적이 없으니 이것도 신경 쓸 필요 없다. 그 외에 뭐가 또 있을까? 그렇다. 공기의 온도가 너무 높아서 폐가 타들어 가면 곤란하다. 그리고 공기의 압력이 너무 높으면 고막이 파열될 수도 있다. 그러므로 공기와 관련하여 당신이 신경 써야 할 항목은 공기의 부피와 온도, 그리고 압력이다. 맥스웰과 볼츠만에서 현대에 이르는 모든 물리학자들은 이 세 가지 거시적 특성에 기초하여 기체의 특성을 분석했다.

2개의 용기 A, B에 기체가 들어 있을 때, 각 분자의 위치와 속도가 다르다 해도 A와 B의 부피와 온도, 그리고 압력이 같으면 두 배열은 외관상 동일하게 보인다. 이런 경우 동전의 사례처럼 동일하게 보이는 분자 배열을 하나로 묶어서 그룹을 만들면 각 그룹의 멤버들은 '동일한 거시 상태macrostate'에 놓이게 되고, 각 거시 상태의 엔트로피는 외관상 동일한 멤버의 수로 정의된다. 방에 히터를 켜지 않고(즉, 온도를 바꾸지 않고), 밀폐형 칸막이를 설치하지 않고(부피를 바꾸지 않고), 산소를 추가하지 않아도(압력을 바꾸지 않아도), 공기 분자의 배열은 매 순간마다 달라진다. 그러나 온도와 부피, 그리고 압력이 일정하기 때문에 시간에 따라 달라지는 모든 배열은 동일한 그룹에 속한다.

외관상 동일한 배열을 하나의 그룹으로 묶었을 때 얻는 이득은 가히 상상을 초월한다. 무작위로 허공에 던져진 동전 무더기의 최종 상태가 '멤버의 수가 많은 그룹'에 속할 확률이 높은 것처럼, 무작위로 부딪히는 입자들도 마찬가지다. 증기 기관 속의 수증기이건 방 안의 공기이건 간에, 가장 빈번하게 나타나는 전형적인 배열(멤버의 수가 가장 많은 배열)을 알면 계의 거시적 물리량을 예측할 수 있다. 우리에게 중요한 것은 바로 이런 양이다. 물론 이것은 통계에 입각한 예측이지만, 입자의 수가 충분히 많으면 맞을 확률이 매우 높다. 여기서 중요한 것은 수많은 입자의 궤적을 일일이 계산하지 않고서도 원하는 답을 얻어냈다는 점이다.

이 논리를 적용하려면 일상적인 배열(높은 엔트로피)과 특별한 배열(낮은 엔트로피)을 정확하게 구별할 수 있어야 한다. 다시 말해서, 계의 거시적 특성에 영향을 주지 않은 채 바꿀 수 있는 배열의 수를 헤아릴 수 있어야 한다는 뜻이다. 샤워를 마친 후 증기로 가득 찬 욕실을 예로 들어 보자. 증기의 엔트로피를 결정하려면 거시적 특성(부피, 온도, 압력)이 동일한 상태에서 분자의 가능한 배열 수(모든 분자가 가질 수 있는 위치와 속도의 가짓수)를 알아야 한다.[10]

H_2O 분자의 개수를 수학적으로 헤아리는 것은 동전의 수를 헤아리는 것보다 훨씬 어렵지만, 대학교 물리학과 2학년이면 배우는 내용이다. 그러나 이보다는 수증기의 부피와 온도, 그리고 압력이 엔트로피에 미치는 영향을 분석하는 것이 훨씬 효율적이다.

먼저 부피부터 생각해 보자. 욕실에 떠다니는 H_2O 분자(수증기 분자)들이 한쪽 구석에 모여들어서 그곳만 밀도가 높아지고 다른 곳은 텅 비었다고 상상해 보라. 이런 상태에서 분자를 재배열하면 좁은 고밀도 지역을 벗어나기만 해도 전체적인 상태(거시적 특성)가 달라지기 때문에, 거시적 특성을 바꾸지 않고 분자를 재배열하는 방법의 수가 크게 제한된다. 반면에 수증기 분자들이 욕실 전체에 골고루 퍼져 있으면 재배열하는 방법이 엄청나게 많아진다. 화장대 근처에 있는 분자를 조명등 근처에 있는 분자와 맞바꾸건, 창문 근처의 분자와 맞바꾸건, 또는 샤워 커튼 근처에 있는 분자와 맞바꾸건, 전체적인 배열은 달라지지 않기 때문이다. 또한 욕실이 클수록 각 분자들이 점유할 수 있는 위치가 많아지므로, 분자를 재배열하는 방법의 수가 많아진다. 그러므로 분자들이 좁은 영역에 빽빽하게 모여 있으면 엔트로피가 낮고, 넓은 영역에 골고루 퍼져 있으면 엔트로피가 높다.

그 다음에 고려할 것은 온도다. 분자 규모에서 온도는 과연 무슨 의미일까? 답은 잘 알려져 있다. 여러 개의 분자로 이루어진 물체에서 온도란 분자의 평균 속도를 의미한다.[11] 일반적으로 분자의 평균 속도가 느린 물체는 차갑고, 평균 속도가 빠른 물체는 뜨겁다. 그러므로 온도가 엔트로피에 미치는 영향을 알아낸다는 것은 분자의 평균 속도가 엔트로피에 미치는 영향을 알아내는 것과 같은 이야기다. (수)증기의 부피를 분자의 위치 변화로 이해했던 앞의 논리를 비슷하게 적용하면 된다. 증기의 온도가 낮으면 거시적 특성을 유지한 채 분자의 속도를 재배열할 수 있는 경우의 수가 별로 많지 않다. 예를 들어 일부 분자의 속도를 높이면서 온도를 그대로 유지하려면 다른 분자의 속도를 낮춰야 한다. 그런데 증기의 온도가 낮으면(즉, 분자의 평균 속도가 느리면) 속도를 바꿀 여지가 별로 없다. 분자의 속도는 0보다 작을 수 없기 때문이다.* 그러므로 낮은 온도에서는 분자가 취할 수 있는 속도의 범위가 제한되고, 분자를 재배열할 수 있는 경우의 수도 줄어들어서 엔트로피가 작다. 반면에 증기의 온도가 높으면 재배열할 수 있는 여지가 많아진다. 온도가 높다는 것은 분자 속도의 평균값이 크다는 뜻이고, 속도의 평균값이 크면 (평균값을 유지한 채) 속도를 바꿀 수 있는 폭이 넓어지기 때문이다. 즉, 뜨거운 증기는 가시적 특성을 바꾸지 않은 채 재배열할 수 있는 경우의 수가 많으므로 엔트로피가 크다.

마지막으로, 압력과 엔트로피의 관계를 생각해 보자. 당신의 피부나 욕실의 벽에 가해지는 증기의 압력은 H_2O 분자들이 그곳을 연속적으로 때리면서 나타나는 현상이다. 1개의 분자가 가하는 충격은 극히 미미하지만, 개수가 많으면 당신의 감각이 느낄 수 있을 정도로 큰 힘을 발휘한다. 즉, 한순간에 충돌하는 분자의 수가 많을수록 압력이 높다. 그러므로 부피와 온도가 고정되어 있을 때 욕실의 증기압은 욕실 안에 있는 분자의 수에 의해 결정되며, 이 값이 엔트로피에 미치는 영향은 아주 쉽게 계산할 수 있다. H_2O 분자의 수가 작으면(샤워를 번개같이 해치운 경우) 재배열될 수 있는 경우의 수가 적어서 엔트로피가 작고, H_2O 분자가 많으면(느긋하게 샤워를 한 경우) 재배열될 수 있는 경우의 수가 많아서 엔트로피가 크다.

결론은 이렇다. 분자의 수가 작거나, 온도가 낮거나, 점유 공간의 부피가 작으면 엔트로피가 작고, 분자의 수가 많거나, 온도가 높거나, 점유 공간의 부피가 크면 엔트로피가 크다.

지금까지 언급된 내용을 바탕으로, 엔트로피와 관련하여 '항상 옳지는 않지만 경험에 비춰 볼 때 거의 사실에 가까운' 명제 하나를 강조하고자 한다.

---

* [후주 11]을 읽어 본 독자는 알겠지만, 기체의 온도는 기체 분자의 속도의 제곱의 평균에 비례한다. 그런데 무언가를 제곱한 수는 항상 양수이므로 최솟값은 0이다. 즉, 온도는 0보다 낮을 수 없다. 이렇게 정의된 온도를 절대온도(absolute temperature)라 한다.

간단히 말해서, 당신이 경험하는 상태는 거의 대부분 엔트로피가 높은 상태라는 것이다. 고-엔트로피 상태는 구성 입자의 다양한 배열을 통해 구현될 수 있으므로 전형적이고 평범하면서 흔한 상태다. 반면에 당신이 저-엔트로피 상태와 접하면 일단 주의를 기울일 필요가 있다. 엔트로피가 낮다는 것은 거시 상태를 유지하면서 바꿀 수 있는 배열의 수가 적다는 뜻이어서, 고-엔트로피 상태보다 드물게 나타나기 때문이다. 욕실 안의 수증기가 골고루 분포된 경우보다 한쪽 구석에 몰려 있는 경우가 훨씬 드물게 나타난다. 아니, 후자의 경우는 거의 불가능하다고 봐도 무방하다. 당신이 느긋하게 샤워를 마치고 거울을 바라보고 있는데, 욕실 안에 있는 모든 수증기가 갑자기 거울 앞의 조그만 정육면체 영역 안에 모여든다면 무슨 생각을 떠올리겠는가? 이런 현상을 당연하게 받아들일 사람은 없다. 아마도 당신은 "누군가가 욕실의 공기를 인위적으로 조작하여 나를 질식시키려 하고 있다."고 생각할 것이다. 자연적인 상태에서 이런 일이 발생할 확률이 0은 아니지만, 나는 당신이 사는 동안 이런 일이 절대 자발적으로 일어나지 않는다는 쪽에 내 목숨을 걸 수 있다. 테이블 위에 놓여 있는 100개의 동전이 모두 앞면을 보이고 있으면 무언가 조작되었다는 의구심이 드는 것처럼(누군가가 뒷면이 나온 동전을 모두 앞면으로 뒤집어 놓지 않았을까?), 엔트로피가 낮은 상태에 직면하면 일단 조작되었을 가능성을 의심해 볼 필요가 있다.

이 논리는 계란이나 거미집, 또는 머그잔처럼 일상적인 물체에도 똑같이 적용된다. 질서 정연하게 가공된 물체는 자연적으로 만들어지지 않기 때문에, 반드시 설명이 필요하다. 무작위로 움직이는 입자들이 저절로 뭉쳐서 계란이나 개미집, 또는 머그잔이 만들어질 수도 있지만, 이런 일이 실제로 일어날 확률은 거의 0에 가깝다. 그래서 우리는 이런 물체를 볼 때마다 생명 활동이나 생명체의 의지가 개입되었다고 생각한다. 계란과 개미집, 그리고 머그잔은 자연에 존재하는 입자의 무작위 배열에 특별한 형태의 생명 활동이 개입되어 질서 정연한 배열로 재탄생한 것이다. 생명이 질서를 창출하는 과정은 나중에 다루기로 하고, 지금은 "엔트로피가 낮은 질서 정연한 배열이 만들어지려면 무언가를 조직화하는 강력한 힘이 발휘되어야 한다."는 사실을 기억하는 것으로 충분하다.

1800년대 말에 오스트리아의 물리학자 볼츠만은 이 아이디어에 기초하여 과거와 현재의 차이를 설명할 수 있다고 믿었다. 그가 제시한 답은 제2법칙에 명시된 엔트로피와 밀접하게 관련되어 있다.

열역학의 법칙들

엔트로피와 제2법칙은 일반 대중들 사이에 널리 알려져 있지만, 열역학 제1법칙(이하 제1법칙)은 그 정도로 유명하지 않다. 그러나 제2법칙을 완전하게 이해하려면 제1법칙을 알아야 한다. 이 법칙은 흔히 '에너지 보존 법칙'으로 알려져 있다. 즉, 물리계의 처음 상태 에너지가 얼마였건 간에, 임의의 물리적 과정이 진행된 후 나중 상태의 에너지는 처음 상태의 에너지와 같다. 여기서 말하는 에너지에는 운동에너지kinetic energy(움직임에 의한 에너지)와 위치에너지potential energy(압축된 용수철의 에너지처럼 겉으로 드러나지 않고 저장된 에너지), 복사에너지radiation(전자기장이나 중력장과 같은 장field에 의해 운반되는 에너지), 열에너지heat(원자와 분자의 무작위운동) 등 모든 형태의 에너지가 포함된다. 우리는 에너지를 소모품처럼 생각하는 경향이 있지만, 들어가고 나가고 소모된 에너지를 모두 고려하면 제1법칙은 절대로 틀리는 법이 없다.[12]

제2법칙은 엔트로피에 초점이 맞춰져 있다. 제1법칙은 보존 법칙이지만,

제2법칙은 증가 법칙이다. 이 법칙에 의하면 엔트로피는 시간이 흐름에 따라 증가하는 경향이 있다. '경향'이라는 느슨한 단어를 쓴 이유는 엔트로피가 아주 드물게 감소하는 경우도 있기 때문이다. 그러나 거의 모든 물리적 과정에서 엔트로피는 증가한다. 일상적인 언어로 표현하면 시간이 흐름에 따라 특별한 배열은 평범한 배열로 변하고(공들여 다림질한 셔츠를 몇 번 입으면 곳곳에 구김살이 생긴다), 질서는 무질서로 변한다(차고를 말끔히 정리해도 몇 주가 지나면 온갖 공구와 상자, 운동용품 등으로 어질러진다). 이렇게 설명하면 직관적으로 금방 이해가 갈 것이다. 그러나 볼츠만의 통계역학에 입각하여 엔트로피를 정의하면 제2법칙이 정확하게 표현되고, 이 법칙이 성립하는 이유도 확실하게 이해할 수 있다.

이 모든 것은 결국 '숫자놀이'로 귀결된다. 다시 동전의 경우로 되돌아가 보자. 당신은 동전 한 무더기를 테이블 위에 펼쳐 놓고 모두 앞면이 위를 향하도록 손으로 일일이 뒤집어서 저-엔트로피 상태를 만들어 놓았다. 그리고 테이블을 심하게 흔들었더니 동전 몇 개가 뒤집어지면서 엔트로피가 높아졌다. 이 상태에서 테이블을 다시 흔들어서 '모든 동전의 앞면이 위를 향한 배열'로 되돌릴 수 있을까? 불가능하진 않지만 엄청나게 어렵다. 뒷면이 위를 향한 동전만 뒤집어지도록 테이블을 적절하게, 아니, 절묘하게 흔들어야 한다. 이것을 놓고 내기를 한다면 '안 된다'는 쪽에 거는 편이 신상에 좋다. 동전이 처음 상태(모두 앞면이 나온 상태)로 되돌아갈 확률보다는 앞면과 뒷면이 무작위로 섞일 확률이 압도적으로 높기 때문이다. 테이블을 흔들면 뒷면이 보였던 동전이 앞면으로 뒤집어질 수도 있지만, 이보다는 앞면이었던 동전이 뒷면으로 뒤집히는 경우가 훨씬 많다. 여기에는 우아한 수학도, 추상적인 개념도 필요 없다. 모두 앞면이 위로 향한 동전 무더기(이것을 앞면 동전이라 하자)에서 시작하여 테이블을 무작위로 흔들면 뒷면이 위로 향한 동전(이것을 뒷면 동전이라 하자)의 수가 많아진다. 즉, 엔트로피가 증가한다.

테이블을 계속 흔들면 뒷면 동전의 수가 점점 많아지다가 앞면과 뒷면의 비율이 50:50 근처에 도달하면 매 순간 앞면에서 뒷면으로 변하는 동전의 수와 뒷면에서 앞면으로 변하는 동전의 수가 비슷해진다. 그리고 동전 무더기는 대부분의 시간을 '엔트로피가 가장 높은 그룹의 멤버들 사이를 오락가락하면서' 보내게 된다.

이것은 동전뿐만 아니라 모든 경우에 적용되는 논리다. 오븐에서 빵을 구우면 잠시 후 빵 냄새가 부엌 전체에 골고루 퍼진다. 처음에는 빵에서 방출된 분자가 오븐 근처에 집중되어 있지만, 시간이 흐를수록 넓은 영역으로 퍼져 나간다. 왜 그럴까? 그 이유는 동전의 앞면과 뒷면의 비율이 50:50을 향해 수렴하는 이유와 같다. 빵에서 방출된 냄새 분자가 배열될 수 있는 방법의 수는 좁은 영역에 모여 있을 때보다 부엌 전체에 골고루 퍼져 있을 때 훨씬 많기 때문이다. 즉, 무작위로 부딪히고 휘둘리는 분자들은 안으로 뭉칠 확률보다 밖으로 퍼져 나갈 확률이 압도적으로 높다. 그러므로 분자들이 오븐 근처에 모인 저-엔트로피 배열은 시간이 흐름에 따라 집 안 전체에 골고루 퍼진 고-엔트로피 배열로 자연스럽게 이동한다.[13]

좀 더 일반적으로 말해서, 엔트로피가 가장 높은 상태에 있지 않은 물리계는 장차 그 상태로 옮겨 갈 가능성이 매우 높다. 빵 냄새의 사례는 가장 기본적인 논리에 기초한 것이다. 고-엔트로피 상태에서 가능한 배열의 수는 저-엔트로피 상태의 배열 수보다 압도적으로 많기 때문에(이것이 바로 엔트로피의 정의였다) 분자들이 무작위로 움직이다 보면 엔트로피가 높은 상태로 이동하게 된다. 이 변화는 엔트로피가 최대치에 도달할 때까지 계속되며, 최대 엔트로피에 도달한 후에는 무수히 많은 동일 배열(엔트로피가

같은 멤버들) 사이를 오락가락하면서 최대 엔트로피를 유지한다.[14]

이것이 바로 제2법칙이며, 이 법칙이 성립하는 이유다.

에너지와 엔트로피

열역학 제1법칙은 에너지 보존 법칙이고 제2법칙은 엔트로피 증가 법칙이므로, 독자들은 두 법칙이 완전히 다르다고 생각할지도 모른다. 그러나두 법칙은 깊은 곳에서 밀접하게 연결되어 있으며, 둘 사이의 관계는 "모든에너지가 다 같은 형태로 생성되는 것은 아니다."라는 중요한 사실을 말해주고 있다.

막대형 다이너마이트를 예로 들어 보자. 다이너마이트의 에너지는 작은공간에 효율적으로 응축되어 있기 때문에 필요한 순간에 쉽게 사용할 수있다. 에너지가 필요한 곳에 다이너마이트를 설치하고, 도화선에 불을 붙이면 된다. 폭발이 일어난 후에도 다이너마이트의 에너지는 사라지지 않고어딘가에 존재한다. 이것이 바로 열역학 제1법칙이다. 그러나 이 에너지는넓은 영역에 혼란스러운 운동을 일으키면서 다른 형태로 바뀌었기 때문에재활용이 거의 불가능하다. 즉, 에너지의 총량은 보존되지만 에너지의 특성은 얼마든지 달라질 수 있다.

폭발 전 다이너마이트에 내장된 에너지는 고품질 에너지에 해당한다. 즉,에너지가 좁은 영역에 집중되어 있고 사용하기도 쉽다. 그러나 폭발이 일어난 후에는 이 에너지가 '넓게 퍼져 있으면서 활용하기도 어려운' 저품질에너지로 바뀐다. 또한 다이너마이트기 폭발하면 제2법칙에 나라 실서가무질서로 바뀌므로(즉, 저-엔트로피 상태에서 고-엔트로피 상태로 바뀌므로)낮은 엔트로피는 고품질 에너지에, 높은 엔트로피는 저품질 에너지에 대응시킬 수 있다. 높고 낮은 것, 크고 작은 것이 자주 나와서 좀 헷갈리겠지만, 이 정도는 기억해 두는 것이 좋다. 아무튼 여기서 중요한 것은 제2법칙의 숨은 의미다. 제1법칙은 시간이 흘러도 에너지의 총량이 변하지 않는다고 선언한 반면, 제2법칙은 시간이 흐를수록 에너지의 품질이 저하된다고 선언하고 있다.

미래는 왜 과거와 다를까? 답은 간단하다. 미래에 발휘되는 에너지는 과거에 발휘되었던 에너지보다 품질이 떨어지기 때문이다. 미래는 과거보다 엔트로피가 높다.

이것이 바로 볼츠만이 구축했던 통계 이론의 핵심이다.

볼츠만과 빅뱅

볼츠만은 역사적 발견을 코앞에 두고 있었으나, 제2법칙을 완전히 이해할 때까지는 적지 않은 시간이 소요되었다.

제2법칙은 기존의 전통적인 물리 법칙과 달리, 무언가를 단언하는 법칙이 아니다. 이 법칙에 의하면 엔트로피는 시간이 흐를수록 증가하는 경향이 있지만, 특별한 경우에는 감소할 수도 있다. 다만, 엔트로피가 감소할 확률이 엄청나게 작은 것뿐이다. 얼마나 작다는 말인가? 앞에서 동전 문제를 다룰 때 이 값을 계산한 적이 있다. 동전 100개를 무작위로 섞어서 테이블 위에 뿌렸을 때 100개 모두 앞면이 나올 확률은 앞면 50개, 뒷면 50개가 나올 확률의 1000억 × 10억 × 10억분의 1밖에 되지 않는다. 앞면과 뒷면이 각각 50개씩 나온 고-엔트로피 배열을 다시 흔들어서 모두 앞면이 나온 배열을 만들 수도 있지만, 확률이 워낙 작으므로 불가능하다고 봐도 무방하다.

동전보다 훨씬 많은 분자로 이루어진 물리계의 경우, 엔트로피가 감소할 확률은 훨씬 작아진다. 빵을 구우면 10억 × 10억 개가 넘는 냄새 분자들이 방출되는데, 이들이 방 전체에 골고루 퍼지는 배열의 수는 오븐으로 다시 모인 배열의 수보다 압도적으로 많다. 물론 이 분자들이 이리저리 부딪히면서 무작위로 움직이다가 왔던 길을 되돌아가 오븐 근처에 집결하고, 요리 과정이 거꾸로 진행되어 빵이 차가운 반죽으로 되돌아갈 수도 있다. 그러나 이런 일이 실제로 일어날 확률은 캔버스에 물감을 제멋대로 뿌려서 다빈치의 모나리자가 재현될 확률보다 낮다. 여기서 중요한 것은 엔트로피가 증가해도 제2법칙에 위배되지 않는다는 점이다. 확률은 지극히 낮지만, 물리계의 엔트로피는 감소할 수도 있다.

그렇다고 내 말을 오해하면 안 된다. 엔트로피가 감소할 수도 있다면, 언젠가는 따뜻한 빵이 차가운 반죽으로 변하거나, 충돌 사고로 부서진 자동차가 원래 모습으로 되돌아가거나, 불타고 남은 재가 빳빳한 종이로 복원되는 광경을 볼 수 있다는 말인가? 아니다. 이론적으로는 가능하지만 확률이 너무 작아서 아무리 오래 기다려도 볼 수 없다. 나는 지금 기적을 논하는 것이 아니라, 중요한 원리를 강조하는 중이다. 앞서 말한 대로 물리 법칙은 과거와 미래를 차별하지 않기 때문에, 모든 물리적 과정은 역방향으로 (미래에서 과거로) 진행될 수도 있다. 그런데 바로 이 법칙들이 엔트로피의 시간에 따른 변화를 포함한 모든 현상을 관장하고 있으므로, 엔트로피가 오직 커지기만 한다는 주장은 의심의 여지가 있다. 사실이 그렇다. 깨지는 유리에서 몸의 노화에 이르기까지, 당신이 겪는 모든 일상적 현상들은 반대 방향으로 진행될 수도 있다. 다만 그 확률이 엄청나게 작을 뿐이다.

과거와 미래의 차이는 바로 여기서 비롯된다. 엔트로피가 아직 최대치에 도달하지 않은 현재에서 시간이 더 흐르면 제2법칙에 의해 엔트로피가 증가할 확률이 엄청나게 높으므로, 과거와 다른 미래가 펼쳐지는 것이다.* 최대 엔트로피에 도달하지 않은 배열은 며칠을 굶은 상태에서 음식을 찾는 사람처럼 엔트로피가 최대인 상태를 향해 달려간다. 성급한 물리학자가 과거와 미래의 다른 점을 찾다가 이 사실을 깨달았다면, 드디어 답을 알아냈다며 쾌재를 부를지도 모른다.

그러나 아직 끝난 것이 아니다. 완전한 답을 얻으려면 지금 우리가 최대 엔트로피에 한참 못 미치는 특별한 상태(행성과 별에서 공작과 사람에 이르는 질서 정연한 구조물이 존재하는 상태)에 있는 이유를 설명해야 한다. 지금의 엔트로피가 이미 최댓값에 도달했다면 과거와 미래는 별반 차이가 없을 것이다. 앞면과 뒷면이 50개씩 나온 동전을 아무리 흔들어도 배열이 크게 변하지 않는 것처럼, 엔트로피가 최대인 우주는 무수히 많은 유사 배열(멤버) 사이를 오락가락하면서 지루한 나날을 보내고 있을 것이다. 이것은 수증기가 균일한 밀도로 가득 찬 욕실의 우주적 버전에 해당한다.[15] 다행히도 지금처럼 엔트로피가 최대에 도달하지 않은 상태는 최대에 도달한 상태보다 훨씬 흥미진진하고 볼거리도 많다. 엔트로피에 증가할 여지가 남아 있으면 입자가 전체적인 구조에 유입되면서 거시적인 변화가 일어나기 때문이다. 그렇다면 현재의 저-엔트로피 상태는 어떻게 생성되었을까?

제2법칙을 따라가다 보면 오늘의 상태는 오늘보다 엔트로피가 낮은 어제의 상태에서 비롯되었다는 결론이 내려진다. 이 논리를 계속 적용하면 어제는 그저께, 그저께는 그그저께…로 소급되다가 결국은 엔트로피가 가장 낮았던 우주의 기원, 즉 빅뱅까지 도달하게 된다. 빅뱅이 일어나던 무렵

---

* 다들 알다시피 확률은 아무리 커도 100%를 넘지 못한다. 따라서 "확률이 엄청나게 높다"는 것은 99.99999999…%라는 뜻이다.

에 엔트로피가 상상을 초월할 정도로 낮아서 지금도 최고 엔트로피에 도달하지 않았기 때문에 과거와 다른 미래가 펼쳐지고 있는 것이다.

그렇다면 우주는 왜 그토록 질서 정연한 상태에서 시작되었을까? 이 질문은 3장에서 우주론을 논할 때 함께 다룰 예정이다. 지금은 우리의 생존이 전적으로 '질서'에 의존하고 있음을 기억하는 것으로 충분하다. 우리의 신체 기능이 제대로 작동하려면 몸속의 모든 분자들이 정교한 생명 활동을 수행해야 하고, 또 다른 생명체인 음식물을 섭취하여 고품질 에너지를 공급받아야 하며, 고도로 정밀한 도구와 온갖 생존 시설이 갖춰진 서식지도 있어야 한다. 과거에 저-엔트로피 상태의 환경이 조성되지 않았다면 인간은 애초부터 존재하지도 않았을 것이다.

열과 엔트로피

나는 이 우주가 끊임없이 쇠퇴하고 있다는 러셀의 한탄 섞인 발언을 소개하면서 이 장을 시작했다. 이제 제2법칙을 통해 엔트로피가 증가한다는 사실을 알았고 엔트로피가 증가한다는 것은 곧 무질서도가 증가한다는 뜻이니, 러셀이 미래를 비관적으로 바라본 것도 무리가 아니었다. 그러나 생명과 마음, 그리고 물질이 직면하게 될 미래(이것은 다음 장의 주제이기도 하다)를 정확하게 예측하려면 제2법칙의 현대적 해석과 18세기 중반에 개발된 초기 버전의 연결 고리를 찾아야 한다. 제2법칙의 초기 버전은 증기 기관을 다루는 사람들을 위한 법칙이어서 '연료를 태워서 기계를 돌리면 열과 폐기물이 생성된다'는 부분에 초점이 맞춰져 있었고, 입자의 배열이나 확률에 대해서는 아무런 언급도 하지 않았다. 엔트로피의 증가를 통계적 관점에서 서술한 20세기 버전과 완전히 딴판이다. 그러나 두 버전은 직접적으로 연결되어 있으며, 이 관계는 증기 기관에 투입된 고품질 에너지가 저품질 열로 바뀌는 것이 우주 전역에서 일어나는 퇴화 과정의 한 사례임을 보여 주고 있다.

제2법칙의 구 버전과 신 버전의 관계를 두 단계에 걸쳐 알아보자. 먼저 엔트로피와 열의 관계를 살펴본 후, 다음 절에서 제2법칙의 통계적 서술과 열의 개념을 하나로 묶을 것이다.

달궈진 프라이팬의 손잡이를 손으로 쥐면 뜨거운 열기가 당신의 손에 전달된다. 이 과정에서 정말로 무언가가 프라이팬에서 손으로 '흐르는' 것일까? 한때 과학자들은 이 질문에 대해 '그렇다^{yes}'라는 답을 생각한 적이 있었다. 그들은 강이 상류에서 하류로 흐르는 것처럼, '칼로리^{calorie}'라는 유동성 물질이 뜨거운 물체에서 차가운 물체로 흐른다고 생각했다. 그 후 물질의 성분에 대한 이해가 깊어지면서 다른 설명이 제시되었다. 뜨거운 프라이팬의 손잡이를 잡으면 빠르게 움직이는 프라이팬의 분자가 느리게 움직이는 당신 손의 분자와 충돌한다. 그런데 빠른 물체 A와 느린 물체 B가 충돌하면 A는 충돌 전보다 느려지고 B는 충돌 전보다 빨라지는 것이 일반적인 현상이다. 따라서 프라이팬 손잡이의 분자는 느려지고 당신 손의 분자는 빨라진다. 그리고 당신은 이 변화를 속도가 아닌 온도로 체감한다. 손의 분자가 빨라져서 온도가 올라간 것이다(속도가 지나치게 빠르면 조직이 손상되는데, 이런 경우 우리는 '손을 데었다'고 표현한다). 한편, 프라이팬의 손잡이는 분자의 속도가 느려지고, 그 결과 온도가 내려간다. 이 과정에서 프라이팬과 손 사이에 교환된 물질은 하나도 없다. 프라이팬의 분자는 프라이팬에 남아 있고, 당신 손의 분자는 손에 그대로 남아 있다. 다른 점이라곤 전화를 통해 정보가 전달되듯이, 프라이팬에 속한 분자의 요동이 당신 손의 분자에 전달된 것뿐이다. 프라이팬에서 손으로 전달된 것은 물질이 아니라

'분자의 평균 속도'라는 물리량이며, 이것이 바로 열의 흐름$^{flow\ of\ heat}$이다.

이런 식의 설명은 엔트로피에도 똑같이 적용된다. 손의 온도가 올라가면 분자들이 더 자주 부딪히면서 분자가 가질 수 있는 속도의 폭이 넓어지고 (즉, 거시적 특성이 동일한 배열의 종류가 많아지고), 그 결과 손의 엔트로피가 증가한다. 한편 프라이팬 손잡이에서는 분자의 속도가 느려져서 이들이 가질 수 있는 속도의 폭이 좁아지고(즉, 거시적 특성이 동일한 배열의 종류가 줄어들고), 그 결과 프라이팬 손잡이의 엔트로피가 감소한다.

뭐라고? 엔트로피가 감소한다고? 그렇다. 온도가 낮아지면 엔트로피는 감소한다. 그러나 이것은 동전 한 무더기를 던졌을 때 '드문 배열'이 나오는 통계적 행운과는 아무런 관계도 없다. 뜨거운 프라이팬의 손잡이를 손으로 잡을 때마다 프라이팬의 엔트로피는 감소한다. 그런데도 내가 태연한 이유는 제2법칙에서 말하는 엔트로피가 '상호 작용 하는 계의 총 엔트로피'이기 때문이다. 당신의 손은 프라이팬의 손잡이와 상호 작용을 교환했기 때문에, 제2법칙을 적용하려면 손과 프라이팬 손잡이를 하나의 계로 간주해야 한다(좀 더 엄밀하게는 프라이팬 전체와 버너, 그리고 주변의 공기까지 포함해야 한다). 이 모든 것을 고려하여 엔트로피의 변화를 계산해 보면 손에 나타난 엔트로피의 증가량이 프라이팬의 엔트로피 감소량보다 많아서 결국 총 엔트로피는 증가한다.

열과 마찬가지로 엔트로피도 '흐름'으로 이해할 수 있다. 앞의 사례에서 엔트로피는 프라이팬에서 당신의 손으로 흘러들어 갔다. 그 결과 손잡이는 좀 더 질서 정연해졌고, 당신의 손은 조금 무질서해졌다. 다시 한번 강조하건대 손잡이에서 손으로 흐른 것은 물실이 아니라 엔트로피이며, 이는 곧 두 물체(프라이팬의 손잡이와 당신의 손) 사이에 상호작용이 있었음을 의미한다. 그 결과 각 물체에서 분자의 평균 속도(온도)가 달라졌고 엔트로피도 변했지만, 결국 총 엔트로피는 증가했다.

위의 설명에서 알 수 있듯이, 열과 엔트로피의 흐름은 서로 밀접하게 연관되어 있다. 열을 흡수한다는 것은 에너지를 흡수한다는 뜻이고, 분자의 무작위 운동을 통해 운반된 에너지는 다른 분자의 속도를 높이거나 넓게 퍼지게 만들어서 엔트로피의 증가를 초래한다. 그러므로 A에서 B로 엔트로피가 이동하려면 그 방향으로 열이 흘러야 한다. 열이 A에서 B로 흐르면 엔트로피가 A에서 B로 이동한다. 간단히 말해서 엔트로피는 흐르는 열의 파동을 타고 이동하는 셈이다.

이제 열과 엔트로피의 관계를 알았으니 제2법칙으로 넘어가 보자.

열과 제2법칙

모든 사건은 왜 한쪽 방향으로만 진행되는 것일까? 물리 법칙은 과거와 미래를 차별하지 않는다는데, 우리는 왜 거꾸로 진행되는 사건을 볼 수 없는 것일까? 그 답은 제2법칙을 재서술한 볼츠만의 통계적 버전에서 찾을 수 있다. 엔트로피는 미래로 갈 때 증가할 확률이 압도적으로 높고, 그 역방향으로 진행될 확률(엔트로피가 감소할 확률)은 엄청나게 낮다. 이것을 제2법칙의 구식 버전(증기 기관이 열과 폐기물을 양산한다는 법칙)과 어떻게 연결지을 수 있을까?

두 버전은 출발점(가역성과 증기 기관)이 매우 비슷한데, 그 이유는 증기 기관이 주기 운동에 기초하고 있기 때문이다. 팽창하는 증기에 의해 피스톤이 바깥쪽으로 밀려났다가 다시 원위치로 돌아와 이전과 같은 운동을 반복하고, 증기도 다른 부품과 마찬가지로 원래의 부피와 온도, 압력으로 되돌아와서 다시 피스톤을 밀어내는 식이다. 새로운 주기가 시작될 때 모든 분자들이 이전 주기와 똑같은 위치나 속도를 회복할 필요는 없으며, 전체적인 배열(엔진의 거시 상태)이 이전 주기와 같으면 된다.

이것을 엔트로피와 어떻게 연결 지을 수 있을까? 엔트로피는 정의에 의해 '동일한 거시 상태에 대응되는 미시 상태의 개수'이므로, 새로운 주기가 시작될 때 증기 기관의 거시 상태가 재설정되려면 엔트로피도 재설정되어야 한다. 즉, 한 주기가 진행되는 동안 증기 기관이 얻은 엔트로피(연료를 태워서 발생한 열과 부품 사이의 마찰에서 발생한 열 때문에 증가한 엔트로피)는 주기가 끝날 때 외부로 방출되어야 한다. 증기 기관은 이것을 어떻게 구현했을까? 앞서 말한 바와 같이 열이 전달되면 엔트로피도 함께 전달되므로, 증기 기관이 동일한 거시 상태에서 다음 주기를 시작하려면 *주변에 열을 방출하는 수밖에 없다.* 이것이 바로 제2법칙에 대한 구식 버전과 신식 버전의 연결 고리다. 구식 버전에서는 쓸모없어진 열이 외부로 방출된다고 했고(버트런드 러셀이 말했던 쇠퇴의 원인), 신식 버전에서는 이것을 통계적 관점에서 서술했다.[16]

이것으로 우리의 목적은 일단락되었다. 책을 빨리 읽고 싶다면 여기서 다음 절로 넘어가도 된다. 그러나 앞에서 미처 다루지 못한 내용이 남아 있으니, 가능하면 마저 읽을 것을 권한다. 독자들은 이런 의문을 떠올릴지도 모른다. "증기 기관이 불타는 연료에서 열을 흡수한 후(즉, 엔트로피를 흡수한 후) 다시 열을 외부로 방출한다면(엔트로피를 방출한다면), 어떻게 기관차를 가동하는 등 유용한 일을 할 수 있다는 말인가?" 답은 이렇다. 증기 기관이 방출하는 열에너지는 흡수한 열에너지보다 작지만 한 주기에서 생성된 엔트로피는 말끔하게 세서넌다. 그 비결은 다음과 같다.

증기 기관은 타는 연료로부터 열과 엔트로피를 흡수한 후 온도가 낮은 외부로 열과 엔트로피를 방출한다. 여기서 중요한 것은 연료와 외부의 온도 차다. 똑같은 난방기 2개가 더운 방과 추운 방에서 작동한다고 상상해 보라. 추운 방에서는 차가운 공기 분자들이 난방기에서 방출된 뜨거운 공기 분자와 충돌하여 속도가 빨라지고, 이런 분자들이 방 안에 넓게 퍼지면서 엔트로피가 큰 폭으로 증가한다. 반면에 더운 방에서는 공기 분자들이 이미 빠르게 움직이면서 방안에 골고루 퍼져 있으므로, 난방기에서 방출된 분자와 충돌해도 엔트로피의 증가 폭이 별로 크지 않다(신년 축하 파티가 한창 시끌벅적하게 벌어지고 있는 홀에서는 갑자기 요란한 음악을 틀어도 사람들의 움직임에 별 영향을 주지 않지만, 틱세곰파$^{Thiksay\ Monastery}$*에서 똑같은 음악을 틀면 명상에 빠져 있던 승려들이 일제히 깨어나 움직이는 것과 마찬가지다. 전자의 경우는 변하는 것이 거의 없는 반면, 후자의 경우에는 변화가 금방 눈에 뜨인다). 두 장소에는 똑같은 난방기에서 동일한 양의 열이 방출되고 있지만, 추운 방의 엔트로피가 훨씬 크게 증가한다. 즉, 온도가 낮은 환경에서는 똑같은 열이 유입되어도 엔트로피의 증가량이 크다. 그래서 증기 기관은 유입된 열의 일부만을 차가운 외부로 방출해도 뜨거운 연료에서 얻은 모든 엔트로피를 처분할 수 있는 것이다. 물론 남은 열은 피스톤을 밀어내는 등 기계를 작동시키는 데 사용된다.

나의 설명은 이것으로 끝이다. 그러나 세부 사항 때문에 전체적인 결론이 달라질 수는 없다. 모든 물리계는 시간이 흐름에 따라 저-엔트로피 상태에서 고-엔트로피 상태로 이동하려는 경향이 있으며, 이 경향은 거의 예외를 찾아볼 수 없을 정도로 강력하다. 그러므로 증기 기관과 같은 물리계가 초기의 성능을 유지하려면 엔트로피가 내부에 쌓이지 않도록 외부로 꾸준히

---

* 인도의 라다크에 있는 라마교 사원.

방출해야 하며, 이를 위해서는 주변에 열을 방출할 수밖에 없다.

엔트로피 2단계 과정

지금까지 펼친 논리를 주의 깊게 따라왔다면, 과거에 증기 기관이 아무리 널리 보급되었어도 우리의 결론이 18세기 열 기관 이론보다 훨씬 근본적이고 일반적이라는 사실을 알았을 것이다. 우리의 분석은 어떤 상황에서도 계산 가능한 '엔트로피의 회계학'으로, 우주 전역에 적용되기 때문에 잘 알아 둘 필요가 있다. 지금도 우주 곳곳에서는 증기 기관 내부의 엔트로피가 주변 환경으로 방출되는 것과 유사한 사건이 수시로 일어나고 있다. 계의 엔트로피가 감소하는 과정을 '엔트로피 2단계 과정entropic two-step'이라 부르기로 하자. 하나의 물리계 안에서 엔트로피는 감소할 수도 있지만 주변 환경의 엔트로피 증가량이 내부의 감소량보다 많기 때문에, 엔트로피의 총량은 항상 증가한다. 그렇지 않다면 제2법칙은 진작에 폐기되었을 것이다.

시간이 흐를수록 무질서해지는 우주에서 별과 행성, 인간과 같은 질서 정연한 구조가 형성될 수 있었던 것은 순전히 엔트로피 2단계 과정 덕분이었다. 물리계에 흐르는 에너지(석탄을 태워서 발생한 에너지는 수증기를 통해 외부에 일을 한 후 증기 기관 밖으로 방출된다)는 엔트로피를 외부로 방출하면서 질서를 유지하고, 심지어는 질서를 창출할 수도 있다.

생명과 마음, 그리고 마음이 중요하게 여기는 거의 모든 것들은 바로 이 '엔트로피의 춤'을 통해 존재하게 되었다.

당신의 몸이 곧 증기 기관이다

증기 기관의 엔트로피가 매 주기마다 처음 값으로 재설정되지 않는다면 어떤 일이 벌어질까? 이는 곧 증기 기관이 폐기된 열을 방출하지 못한다는 뜻이므로, 주기가 반복될수록 뜨거워지다가 결국은 고장을 일으킬 것이다. 증기 기관이 이런 일을 겪는다면 사용자는 매우 불편하겠지만, 이 상태에서 고장이 나지 않는다면 인간도 죽음에서 해방될 수 있다. 갑자기 웬 영생 타령이냐고? 그럴 만한 이유가 있다. 인간의 생명 활동이 증기 기관의 작동 원리와 비슷하기 때문이다.

아마도 대부분의 독자들은 자신이 증기 기관이라고 생각해 본 적이 한 번도 없을 것이다. 나 역시 나 자신을 되돌아볼 때 군이 증기 기관을 떠올리지 않는다. 그러나 한번 생각해 보라. 당신의 생명 활동은 증기 기관 못지 않게 주기적이다. 매일 식사와 호흡을 통해 에너지를 흡수하고, 이 에너지로 내-외부의 육체 활동을 유지하고 있지 않은가. 심지어 당신이 떠올리는 생각(두뇌에서 일어나는 분자의 움직임)도 에너지 변환 과정을 통해 동력을 얻고 있다. 그러므로 증기 기관처럼 여분의 열을 밖으로 방출하지 않으면 (즉, 엔트로피를 리셋하지 않으면) 생존할 수 없다. 이것이 바로 생명 활동의 물리적 정의이며, 생명체가 살아 있는 한 끊임없이 반복된다. 지금도 우리 몸에서는 여분의 열이 적외선의 형태로 방출되고 있다. 적외선 고글infrared goggle(야간투시경)을 착용한 군인들이 밤에도 적군을 식별할 수 있는 것은 우리의 몸이 증기 기관과 비슷한 방식으로 작동되고 있기 때문이다.

이제 독자들은 러셀이 미래를 내다보며 어떤 감정을 느꼈는지 좀 더 실감나게 이해할 수 있을 것이다. 우리는 가차 없이 증가하는 엔트로피와 대책 없이 쌓여 가는 폐기물을 줄이기 위해 한바탕 전쟁을 치르고 있다. 일상생활 속에서 양산된 폐기물과 엔트로피를 자연이 흡수해 주지 않는다면 인류는 살아남을 수 없다. 과연 우주는 폐기물을 무한정 흡수하는 초대형 폐기장의 역할을 할 수 있을까? 인간을 비롯한 생명체들은 엔트로피 2단계 과정의 춤을 영원히 출 수 있을까? 아니면 우리가 양산한 열과 폐기물을 우주가 더 이상 흡수할 수 없는 한계점에 도달하여, 모든 생명과 마음이 종말을 맞이하게 될 것인가? 러셀은 그의 저서인《나는 왜 기독교인이 아닌가 Why I Am Not a Christian》에서 다음과 같이 묻는다. "모든 시대에 걸친 노동과 헌신, 모든 천재들이 떠올렸던 영감과 번뜩이는 깨달음이 태양계의 소멸과 함께 사라지고, 인류가 이룩한 모든 업적은 결국 폐허가 된 우주의 잔해로 묻히고 말 것인가?"[17]

이 질문의 답은 다음 장에서 생각해 보기로 하자. 그러나 생명과 마음의 앞날을 논하려면 이들이 탄생하는 데 엔트로피와 제2법칙이 어떤 기여를 했는지 알아야 한다. 그리고 이 기원을 추적하다 보면 모든 것의 기원인 빅뱅에 도달하게 된다.

3장

기원과 엔트로피

창조에서 구조체로

창조에서 구조체로

　과학자들이 수학의 도움을 받아 우주의 기원인 빅뱅 직후를 들여다볼 수 있게 되었을 때, 전통적 종교계의 일부 인사들은 "과학과 종교의 심오한 관계가 밝혀지거나 심각한 충돌이 일어날 것"이라고 했다. 나 역시 사람들과 과학 이야기를 나누다 보면 "창조주에 대해서는 어떻게 생각하십니까?"라는 질문을 자주 받는다. 이때 분위기가 어색해지지 않으려면 과학과 종교에 적절히 양다리를 걸친 채 어느 쪽도 자극하지 않는 답을 내놓아야 한다. 자세한 내용은 나중에 다루기로 하고, 일단은 2장 끝 부분에서 제기했던 질문의 답부터 찾아보자. 제2법칙에 의거하여 우주의 무질서가 가차 없이 증가해 왔다면, 원자와 분자, 별, 은하, 생명, 그리고 마음과 같은 고도로 정교하고 질서 정연한 구조체는 어떻게 생성되었을까? 우주가 거대한 폭발에서 탄생했다면, 그 지옥 같은 불구덩이 속에서 어떻게 은하수의 회전하는 팔과, 지구의 아름다운 풍경과, 복잡하기 그지없는 인간의 두뇌와, 예술, 음악, 시, 문학, 그리고 정교한 과학이 탄생했다는 말인가?

오래된 버전이긴 하지만, 한 가지 답은 '초월적 지성이 혼돈에서 질서를 창조했다'는 것이다. 마찬가지로 현대 문명에서 매일같이 접하는 질서는 모두 지성의 산물이다. 그러나 제2법칙을 적절하게 해석하면 굳이 지적 설계자(창조주)를 도입할 필요가 없다. 별의 내부처럼 에너지와 질서가 집중된 지역은 우주가 제2법칙에 따라 더 큰 무질서로 나아가면서 자연스럽게 생성된 결과물이다. 창조주의 의지가 개입되지 않아도 무질서에서 질서가 창출된다니 다소 의아하게 들리겠지만, 실제로 이런 지역은 우주를 고-엔트로피 상태로 몰아가는 촉매 역할을 한다. 그리고 바로 이런 과정에서 생명이 탄생했다.

우주는 처음 탄생할 때부터 질서와 무질서가 한데 어울려 춤을 추는 거대한 무도회장이었고, 앞으로도 그럴 것이다. 이제 그 시작점으로 되돌아가 보자.

빅뱅 스케치

1920년대 중반에 물리학자이자 예수회 수사였던 조르주 르메트르Georges Lemaître는 얼마 전 아인슈타인이 구축한 일반상대성이론을 연구하던 중 '우주는 거대한 폭발에서 탄생했고, 그 후로 계속 팽창하고 있다'는 놀라운 결론에 도달했다. 매사추세츠 공과대학Massachusetts Institute of Technology, MIT에서 물리학 박사 학위를 받은 그는 일반상대성이론의 장방정식field equation을 우주 전체에 적용한 최초의 물리학자이기도 했다. 당시만 해도 이론의 원조인 아인슈타인은 '우주에 존재하는 시간, 공간, 물질은 시작과 중간, 그리고 끝이 있지만, 우주 자체는 시작도 끝도 없이 영원히 그 모습으로 존재한다'고 굳게 믿고 있었다. 그래서 아인슈타인은 르메트르를 만난 자리에서 다음과 같이 쏘아붙였다. "자네의 계산 능력은 인정하지만, 물리적 식견은 정말 형편없네!"[1] 방정식을 다루는 수학적 기술은 뛰어난데, 거기서 얻은 결과들 중 어떤 것이 물리적 실체를 서술하는지 판별하는 능력이 부족하다는 뜻이다.

그로부터 몇 년 후, 아인슈타인은 과학 역사상 가장 시끌벅적했던 전환점을 맞이하게 된다. 미국의 천문학자 에드윈 허블Edwin Hubble이 윌슨산 천문대Mount Wilson Observatory에서 하늘을 관측하던 중, 멀리 있는 은하들이 지구로부터 일제히 멀어지고 있다는 사실을 발견한 것이다. 더욱 놀라운 것은 지구로부터 멀리 떨어진 은하일수록 멀어지는 속도가 빨랐다는 점이다. 이것은 르메트르의 계산과 정확하게 일치하는 결과였기에, 아인슈타인은 '물리적 식견이 형편없는' 후배 물리학자의 주장을 수용할 수밖에 없었다. 우주도 우리처럼 생일이 있었던 것이다.[2]

이와 비슷한 시기에 러시아의 물리학자 알렉산더 프리드먼Alexander Friedmann도 르메트르와 비슷한 계산을 수행하여 '우주는 팽창하거나 수축한다'는 결론에 도달했다. 그 후 두 사람이 얻은 결과를 토대로 우주론이라는 새로운 분야가 탄생했고, 여기서 예견된 현상이 지상의 천체 망원경과 관측 위성, 그리고 우주 망원경을 통해 연달아 관측되면서 우주의 과거, 현재, 미래를 서술하는 가장 정확한 이론으로 입지를 굳혔다. 현대우주론에 의하면 관측 가능한 우주(가장 강력한 망원경의 관측 범위 안에 존재하는 모든 것)는 지금으로부터 약 140억 년 전에 초고온-초고밀도의 작은 덩어리 안에 응축되어 있다가 거대한 폭발을 겪으면서 빠르게 팽창하기 시작했다. 그 후 뜨거웠던 공간이 서서히 식으면서 입자의 속도가 느려졌고, 이들이 하나로 뭉쳐 별과 행성 등 다양한 천체가 형성되었으며, 태양계의 지구라는 행성에는 생명체가 등장하여 근 40억 년 만에 인간으로 진화했다.

위의 두 문장으로 우주의 140억 년 역사가 요약되었다. 내가 봐도 정말 대단하다. 그러나 우리의 목적을 이루려면 좀 더 자세히 알아야 한다. 아무런 의지나 생각 없이, 설계도나 사전 계획도 없이, 원자에서 생명체에 이르는 정교한 질서가 어떻게 생성되었을까? 이토록 질서 정연한 구조체들은 무질서가 무한정 증가한다는 제2법칙과 어떻게 양립할 수 있을까? 우주라는 무대에서 엔트로피 2단계 과정은 어떤 역할을 했을까? 이 질문의 답을 찾는 것이 우리의 목적이다.

이 목적을 이루려면 우주의 다양한 특성을 자세히 알아야 한다. 제일 먼저 떠오르는 의문은 이것이다. 태초의 작은 덩어리는 무엇 때문에 팽창하기 시작했을까? 다시 말해서, 무엇이 빅뱅을 유발했을까?

밀어내는 중력

이 세상에는 상반된 것이 사방에 널려 있어서 반대말도 많다. 물리학에서 말하는 질서와 무질서, 물질과 반물질, 양과 음도 서로 상반된 관계다. 그러나 뉴턴 이후로 중력은 반대 개념이 없는 독불장군으로 군림해 왔다. 인력과 척력이 모두 존재하는 전자기력과 달리, 중력은 오직 인력으로만 작용하는 힘처럼 보인다. 뉴턴의 이론에 의하면 입자이건 행성이건, 중력은 두 물체가 서로 잡아당기는 쪽으로만 작용한다. 왜 그럴까? 대부분의 물리학자들은 이것이 중력의 고유한 특성이어서 그냥 받아들이는 수밖에 없다고 생각했으나, 아인슈타인이 모든 것을 바꿔 놓았다. 그의 일반상대성이론에 의하면 중력은 밀어내는 쪽으로 작용할 수도 있다. 그 옛날 뉴턴은 밀어내는 중력을 전혀 고려하지 않았고 우리도 그런 힘을 겪은 적이 없지만, 이론적으로는 얼마든지 가능하다. 아인슈타인의 장방정식에 의하면 별이나 행성처럼 질량이 뭉쳐 있는 천체는 우리가 알고 있는 대로 잡아당기는 중력을 행사하지만, 어떤 특별한 상황에서는 중력이 물체를 밀어낼 수도 있다.

아인슈타인 외에 일반상대성이론을 연구하는 일부 과학자들도 밀어내는 중력의 존재를 알고 있었지만, 현실 세계에 적용되기까지는 무려 50여 년이 걸렸다. 그 주인공은 미국의 물리학자 앨런 거스$^{Alan\ Guth}$다. 그는 MIT에서 박사과정을 마친 후 포스트닥^{postdoctoral}(박사후과정)의 신분으로 빅뱅을 연구하던 중, '밀어내는 중력을 도입하면 우주의 오랜 미스터리가 풀린다'는 놀라운 사실을 알아냈다. 앞서 말한 대로 아인슈타인의 우주는 팽창하는 우주를 허용하고 있으며, 수십 년 동안 축적된 관측 데이터는 이것이 사실임을 확실하게 입증했다. 그렇다면 140억 년 전에 대체 어떤 힘이 팽창을 유발했을까? 이 질문 앞에서는 아인슈타인의 방정식도 한없이 무력해졌다. 그러던 중 1979년 12월의 어느 날, 거스가 늦은 밤까지 계산에 몰두하다가 드디어 답을 알아낸 것이다.

거스는 공간이 '우주 연료$^{cosmic\ fuel}$'*라는 특별한 물질로 가득 차 있고, 그 안에 포함된 에너지가 별이나 행성처럼 특정 지역에 집중되지 않고 공간 전체에 골고루 퍼져 있다면, 중력이 밀어내는 쪽으로 작용한다는 사실을 깨달았다. 그의 계산에 의하면 지름이 10억 × 10억 × 10억분의 1미터밖에 안 되는 작디작은 영역에 특별한 형태의 에너지장이 형성되어 있고(이것을 인플라톤^{inflaton}이라 한다. 급속 팽창을 뜻하는 인플레이션^{inflation}의 오타가 아니다!), 이 에너지가 욕실의 수증기처럼 균일하게 분포되어 있으면, 밀어내는 중력이 폭발적으로 작용하여 순식간에 현재의 관측 가능한 우주만큼 팽창

---

* 저자가 지은 이름이어서 물리학 용어사전에는 나와 있지 않다.

할 수 있다. 간단히 말해서, 밀어내는 중력이 빅뱅을 일으켰다는 이야기다.[3]

1980년대 초에 구소련의 물리학자 안드레이 린데Andrei Linde와 미국의 폴 스타인하트Paul Steinhardt, 그리고 안드레아스 알브레히트Andreas Albrecht는 구스의 연구를 이어받아 '인플레이션 우주론inflationary cosmology'의 첫 번째 버전을 완성했고, 그 후 수십 년에 걸쳐 수학 계산과 컴퓨터 시뮬레이션이 홍수처럼 쏟아지면서 이들의 가설에 막강한 힘을 실어 주었다. 게다가 지금까지 입수된 방대한 양의 천문 관측 데이터도 인플레이션 이론이 옳다는 것을 입증하고 있다. 이와 관련된 내용은 다른 책이나 논문에 잘 정리되어 있으므로 자세한 이야기는 생략하고, 여기서는 많은 물리학자들이 인플레이션 우주론의 최고 업적으로 꼽는 '마이크로파 우주배경복사cosmic microwave background radiation'에 대해 알아보기로 한다. 이제 곧 알게 되겠지만, 별과 은하의 형성 과정에 얽힌 비밀도 이 안에 모두 들어 있다.

잔광(殘光)

초기 우주가 급속도로 팽창함에 따라 뜨거웠던 열기도 넓은 영역으로 퍼져 나갔고, 그 결과 우주 공간의 온도는 서서히 내려가기 시작했다.[4] 인플레이션 이론이 개발되기 한참 전인 1940년대에 물리학자들은 공간이 팽창함에 따라 기세가 누그러진 원시 우주의 열이 온화한 빛으로 변하여, 오늘날에도 우주 전역을 가득 채우고 있을 것이라고 생각했다. '창조의 잔광afterglow of creation', 또는 '우주배경복사'로 명명된 이 빅뱅의 잔해는 한동안 이론상으로만 존재하다가 1960년대에 벨연구소Bell Laboratory의 아르노 펜지아스Arno Penzias와 로버트 윌슨Robert Wilson에 의해 발견되었다. 두 사람은 전파 망원경의 수신 상태를 점검하던 중에 우연히 절대온도 2.7K(섭씨 −270.3°C)에 해당하는 복사파를 감지했는데, 얼마 후 이것이 우주배경복사로 판명되어 노벨상까지 받았다. 당신이 1960년대에 살았다면 자신도 모르는 사이에 우주배경복사를 눈으로 본 적이 있을 것이다. 구식 TV에서 방송시간이 끝난 후 화면에 나타나는 영상잡음image noise의 일부가 바로 우주배경복사의 흔적이었다.

인플레이션 우주론은 20세기 초에 개발된 양자역학을 도입하여 우주배경복사의 분포를 더욱 정확하게 계산했다. 독자들은 이렇게 생각할지도 모른다. "우리의 관심사는 우주적 규모에서 일어난 빅뱅인데, 원자 이하의 미시 세계에 적용되는 양자역학이 무슨 도움이 된다는 말인가?" 그럴듯한 지적이다. 게다가 인플레이션 우주론마저 없었다면 양자역학보다 직관이 더 유용했을 것이다. 그러나 탄성섬유로 짠 스판덱스 옷감을 길게 잡아당기면 복잡하게 얽힌 실의 미세 구조가 보이는 것처럼, 인플레이션으로 공간이 팽창하면 작은 영역에 숨어 있던 양자적 구조가 보이기 시작한다. 인플레이션 팽창에 의해 미시 세계가 확장되면서 양자적 특성이 하늘을 가로질러 선명하게 드러나는 것이다.

인플레이션과 가장 밀접하게 관련된 양자적 효과는 1927년에 독일의 물리학자 베르너 하이젠베르크Werner Heisenberg가 발견하여 고전물리학을 역사의 뒤안길로 밀어낸 '양자적 불확정성 원리quantum mechanical uncertainty principle'다. 뉴턴의 고전물리학에 의하면 모든 입자는 위치나 속도 같은 명확한 특성을 갖고 있어서, 마음만 먹으면 얼마든지 정확하게 측정할 수 있다. 그러나 20세기 초에 양자역학을 개발하던 물리학자들은 '미시 세계로 가면 물리적 특성이 희미해지면서 불확정성이 나타난다'는 사실을 알게 되었다. 비유적으로 말하면 고전물리학이 자연을 바라볼 때 썼던 안경은 렌즈가 매우 깨끗해서 모든 것이 선명하게 보였던 반면, 양자역학의 안경은 김이 잔뜩 서려서 물리량의 정확한 값을 알 수 없는 것과 비슷하다. 우리가 살고 있는 거시 세계에서는 양자 안개가 너무 얇아서 고전물리학과 양자역학의 차이가 거의 드러나지 않지만, 미시 세계로 가면 바로 그 양자 안개 때문에 모든 것이 희미하게 보인다.

양자 세계에 낀 안개를 말끔하게 걷어 낼 수는 없을까? 안타깝게도 불가능하다. 하이젠베르크의 불확정성 원리에 의하면 관측 장비의 정밀도를 아무리 높여도, 절대 극복할 수 없는 최소한의 안개가 항상 끼어 있기 때문이다. 그러나 이런 식의 설명에는 오해의 소지가 있다. 양자적 현실이 또렷하지 않다는 것은 고전적 관점과 비교했을 때 그렇다는 뜻이다. 고전물리학이 양자역학보다 먼저 발견된 것은 체계가 비교적 단순하고, 인간이 식별할 수 있는 범위 안에서 꽤 정확했기 때문이다. 그러나 양자역학은 인간의 오감으로 도저히 도달할 수 없는 미시 세계를 다루는 이론이며, 오히려 진정한 양자적 현실을 대략적으로 서술한 것이 고전물리학이다.

왜 현실은 양자역학의 법칙을 따르는 것일까? 나도 모른다. 이 질문에 답할 수 있는 사람은 어디에도 없다. 그저 지난 한 세기 동안 계산된 이론적 결과들이 수많은 실험 결과와 정확하게 일치했기에 옳은 이론이라고 믿는 것뿐이다. 그러나 양자역학의 결과들은 우리의 일상적인 경험과 비교조차 안 되는 작은 영역에 집중되어 있기 때문에, 고전물리학처럼 피부에 와닿는 이론은 아니다. 만일 인간의 감각이 양자영역을 느낄 정도로 정교했다면 우리의 직관은 양자적 현상을 기초로 형성되었을 것이고, 양자역학은 우리에게 제2의 천성으로 굳어졌을 것이다. 지금 뉴턴의 물리학이 뼛속에 각인되어 있는 것처럼(탁자에서 떨어지는 유리잔을 재빨리 잡을 수 있는 것은 고전역학으로 계산된 물체의 궤적을 직관적으로 알고 있기 때문이다), 양자적 현상에도 거의 본능적으로 반응할 것이다. 그러나 우리에게는 이런 직관이 없으므로 수학과 실험을 통해 양자적 현실을 간접적으로 이해하는 수밖에 없다.

가장 널리 알려진 사례는 입자의 운동이다. 입자의 궤적을 올바르게 이해하려면 고전물리학으로 계산된 깔끔한 궤적에 양자적 불확정성(끊임없이 일어나는 요동)을 추가해야 한다. 입자가 이곳에서 저곳으로 이동할 때 고전물리학으로 계산된 궤적은 가느다란 펜으로 깔끔하게 그릴 수 있지만, 양자역학적 궤적은 젖은 종이에 굵은 펜으로 그린 선처럼 넓게 번지는 경향이 있다.[5] 그러나 양자역학은 입자의 궤적보다 훨씬 중요한 문제를 해결했다. 양자적 불확정성 원리는 우주론에서 인플라톤장inflaton field에 의한 공간의 팽창을 설명할 때 핵심적 역할을 한다. 앞에서 나는 인플라톤장의 값이 공간의 모든 지점에서 균일하다고 했지만, 사실은 양자적 불확정성 때문에 약간의 차이를 보이게 된다. 고전적 균일함에 불확정성의 결과인 양자적 요동이 더해지면서 장의 값(또는 에너지의 값)이 조금 커지거나 작아지는 것이다.

인플레이션 팽창이 급속도로 진행됨에 따라 이 작은 차이가 공간을 가로질러 넓게 퍼지면서 주변보다 조금 더 뜨겁거나 차가운 지역이 생겨났지만 온도 차가 그리 크지는 않았다. 1980년대에 수학자들이 이 계산을 수행한 결과 온도의 차이가 기껏해야 10만분의 1도를 넘지 않는 것으로 드러났지만, 분석 방법만 정확하면 아무리 미세한 온도 차도 식별할 수 있다. 당시 실행된 수학적 분석에 따르면 넓게 퍼진 양자요동quantum fluctuation은 전 공간에 걸쳐 특별한 온도 분포를 형성하는데, 이것은 범죄 현장에 범인이 남긴 지문처럼 우주의 과거를 추적하는 데 결정적 실마리를 제공한다. 물론 이론적 계산만으로는 충분치 않다. 여기서 얻은 결과를 실제 우주의 온도 분포와 비교해야 이론의 진위 여부를 알 수 있다. 다행히 1990년대에 우주 망원경이 관측 데이터를 보내오면서 우주의 온도 분포 지도를 작성할 수 있었다(지상 망원경으로 얻은 데이터는 대기에 의한 왜곡이 심해서 정확한 온도 분포를 얻기 어렵다).

이 내용은 좀 더 자세히 알아 둘 필요가 있다. 물리학자들은 아인슈타인의 장방정식에 거스가 제안했던 '공간을 가득 채우고 있는 가상의 에너지장'을 포함시키고, 여기에 하이젠베르크의 불확정성 원리를 적용하여 초기 우주를 설명한다. 과학자들은 인플레이션을 수학적으로 분석하여 지역에 따른 온도 차이가 마치 화석처럼 특별한 패턴으로 남는다는 것을 알아냈다. 그렇다면 이 분석 결과를 확인해 줄 관측 데이터는 있을까? 그렇다. 있다. 빅뱅이 일어나고 약 140억 년이 지난 후에, 은하수의 한 변방에서 이제 막 과학에 눈을 뜬 종種이 고성능 온도계가 탑재된 관측위성을 궤도에 띄워서 밤하늘의 정확한 온도 분포를 관측했고, 여기서 얻은 데이터는 분석 결과와 거의 정확하게 일치했다.

이로써 자연을 서술하는 수학의 능력이 다시 한번 입증되었다. 그러나 이것만으로는 인플레이션 팽창이 실제로 일어났다고 단정 지을 수 없다. 수십억 년 전에 일어난 우주적 사건을 추적하는 데 필요한 에너지의 규모가 실험실에서 관측 가능한 한계보다 1천조 배 이상 크다면, 우리가 할 수 있는 최선은 관측 데이터와 계산 결과를 일일이 짜 맞춰서 믿을 만한 설명을 내놓는 것이다. 관측 데이터를 설명하는 유일한 길이 인플레이션 팽창 분석이라면 믿을 수밖에 없겠지만, 지금은 일부 과학자들이 상상력을 총동원하여 다른 설명을 제안한 상태다(이 내용은 10장에서 다룰 예정이다). 물론 과학자라면 가능성이 있는 모든 이론에 귀를 기울여야 한다. 그러나 인플레이션은 지난 40년 동안 가장 믿을 만한 우주론으로 군림해 왔으므로[6], 앞으로 이 책에서는 인플레이션 이론에 기초하여 논리를 전개해 나갈 것이다.

이 점을 염두에 두고, 지금부터 무질서를 향해 나아가는 제2법칙과 인플레이션이 어떤 식으로 결합되었는지 알아보자.

빅뱅과 제2법칙

과학은 지난 수백 년 사이에 비약적으로 발전했다. 그러나 독일의 철학자이자 수학자였던 고트프리트 라이프니츠^{Gottfried Leibniz}(1648~1716)가 "우주는 왜 텅 비어 있지 않고 무언가가 존재하게 되었는가?"라는 질문을 제기한 후로 지금까지, 어느 누구도 만족할 만한 답을 제시하지 못했다. 질문의 난이도가 그때나 지금이나 비슷하다는 이야기다. 물론 창의적인 아이디어와 파격적인 이론을 제시한 사람은 많이 있었지만, 우주의 기원을 탐구할 때 우리가 찾는 답은 과거의 사례를 따질 필요가 없고, 질문의 내용을 뒤로 퇴보시키지 않으면서, 후속 질문(사물은 왜 이렇지 않고 저렇게 되었는가? 물리 법칙은 왜 이런 형태가 아니라 저런 형태인가? 등등)에 영향을 받지 않아야 한다. 이 모든 조건을 만족하는 답은 아직 등장하지 않았다.

그러나 인플레이션은 경우가 다르다. 인플레이션 이론을 전개하려면 시간과 공간, 팽창을 유발한 우주 연료(인플라통장), 그리고 다변수 미적분학과 선형대수 및 미분기하학에 기초한 양자역학과 일반상대성이론 등이 필요하다. 인플레이션과 관련된 물리 법칙을 골라내는 원리 같은 것은 없기 때문에 물리학자들은 관측과 실험, 그리고 수학적 직관에 기초하여 법칙을 찾는다. 그 후 법칙이 발견되면 수학적으로 분석하여 초기 우주의 팽창이 어떤 환경에서 진행되었는지를 알아내고, 이 모든 작업이 성공적으로 완료되면 방정식을 이용하여 인플레이션 이후에 일어난 사건을 예측한다.

지금으로선 이것이 우리가 할 수 있는 최선이다. 깔끔한 이론과는 거리가 한참 멀지만, 비웃음을 살 정도는 아니라고 본다. 무려 140억 년 전에 일어난 일을 수학적으로 서술하고, 이로부터 천체 망원경에 어떤 광경이 잡힐지 예측할 수 있다는 것은 누가 뭐라 해도 대단한 성과다. 물론 "시간과 공간은 어떻게 창조되었는가?", "우리의 길을 인도하는 수학은 어디서 탄생했는가?", "우주에 무언가가 존재하는 이유는 무엇인가?" 등 많은 질문이 남아 있지만, 우주의 역사를 추적하는 데 반드시 필요한 통찰력을 얻은 것만은 분명한 사실이다.

나의 목적은 이 통찰력을 십분 활용하여, 엔트로피와 무질서도가 끊임없이 증가하는 우주에서 질서가 창조된 과정을 이해하는 것이다. 일단은 앞 장에서 제기했던 문제부터 생각해 보자. 빅뱅 이후로 엔트로피가 꾸준히 증가했다면 초기 우주의 엔트로피는 지금보다 훨씬 낮았을 것이다.[7]

이 논리를 어떻게 받아들여야 할까? 우리는 테이블에 던져진 동전 무더기나 욕실에 가득 찬 수증기, 또는 집 안에 골고루 퍼진 빵 냄새와 같은 고-엔트로피 배열을 접하면 "그래서 뭐가 어쨌는데?"라며 시큰둥한 반응을 보이곤 한다. 고-엔트로피 배열은 일상적이고 평범한 배열이어서 별로 놀랍지 않다. 그러나 어쩌다가 저-엔트로피 배열과 마주치면 반응이 완전히 달라진다. 이런 배열은 매우 드물고 특별하기 때문에, 어떤 식으로든 설명되어야 한다.

그렇다면 과연 초기 우주의 저-엔트로피 상태는 어떻게 형성되었을까? 이 질문은 과학과 철학에 커다란 고민거리를 안겨 주었다. 초기 우주는 어떤 힘에 의해, 또는 어떤 과정을 통해 저-엔트로피 상태가 되었을까? 동전 100개가 모두 윗면을 드러낸 채 최저 엔트로피 상태로 테이블 위에 놓여 있는 경우는 간단한 설명으로 해결된다. 동전을 무작위로 뿌린 게 아니라, 누군가가 의도적으로 정리해 놓은 것이 분명하다. 그렇다면 초기 우주의 저-엔트로피 배열은 누가, 또는 무엇이 만들어 놓았는가? 우주의 기원에 대한 완벽한 이론이 없으면 어떤 과학도 답을 제시할 수 없다. 나 역시 이 질문의 답을 생각하면서 숱한 밤을 새웠지만, 사실 고민할 가치가 있는 문제인지조차 불분명하다. 우주가 텅 비어 있지 않고 무언가가 존재하게 된 이유를 모른다는 것은 그 '무언가'가 얼마나 특별한지, 또는 얼마나 평범한 존재인지 모른다는 뜻이기도 하다. 초기 우주에 주어진 세부 조건이 그저 어깨를 으쓱하고 넘어갈 일인지(고-엔트로피), 아니면 두 눈 크게 뜨고 바라봐야 할 일인지(저-엔트로피)를 판단하려면, 그 조건들이 형성된 과정을 알아야 한다.

우주론학자들이 생각해 낸 시나리오 중 하나는 초기 우주가 극도로 혼란스럽고 역동적이어서, 공간을 가로지르는 인플라톤장의 값이 끓는 물의 표면처럼 격렬하게 요동쳤다는 것이다. 이런 상황에서 밀어내는 중력이 작용하여 빅뱅이 촉발되려면 인플라톤장의 값이 균일하게 분포되어 있는 작은 영역이 존재해야 한다(값이 완전히 같진 않더라도, 양자요동의 오차 범위 안에서 같아야 한다). 그러나 그 격렬한 요동의 와중에 장의 값이 균일한 지역을 찾는 것은 펄펄 끓는 물에서 갑자기 평평해진 부위를 찾는 것만큼 어려운 일이다. 장담하건대, 당신은 이런 광경을 본 적이 없다. 불가능하기 때문이 아니라, 확률이 거의 0에 가깝기 때문이다. 거품이 무작위로 요동치는 끓는 물속에서 여러 개의 거품이 같은 시간에 같은 높이를 지나가며 평평하고 균일한 수면(엔트로피가 낮은 지역)이 형성되려면 기막힌 우연이 연달아 일어나야 한다. 이와 마찬가지로, 요란하게 물결치는 인플라톤장이 작은 영역에서 균일한 값을 획득하여 인플레이션을 유발하려면, 끓는 물의 경우보다 훨씬 기막힌 우연이 훨씬 자주 일어나야 한다. 이 특별하고, 질서 정연하고, 엔트로피가 극도로 낮은 균일한 배열이 어떻게 형성되었는지 설명하지 못

하는 한, 물리학자는 한시도 마음이 편할 수 없다.[8]

　일부 과학자들은 단순한 교훈에서 위안을 찾고 있다. '충분히 오래 기다리면 발생 확률이 아무리 낮은 사건도 결국은 일어난다'는 교훈이 바로 그것이다. 동전 100개를 하염없이 뿌리다 보면 언젠가는 모두 앞면이 나오는 기적 같은 광경을 보게 될 것이다. 그렇다고 정말로 시도해 볼 사람은 없겠지만, 아무튼 확률이 0이 아닌 한 언젠가는 일어난다. 이와 비슷하게 인플라톤장의 값이 들쭉날쭉한 혼돈 속에서도 언젠가는 작은 영역 안에서 장의 값이 균일해질 수도 있다. 이런 기막힌 우연이 발생하면 질서가 창출되고 엔트로피는 감소하지만, 통계적으로 가능성이 전혀 없는 것은 아니다(물론 자주 일어나지는 않는다). 우연에 지나치게 의존하는 듯한 느낌이 들지만, 따지고 보면 반드시 그렇지도 않다. 이 모든 사건은 우리가 빅뱅이라고 부르는 급속 팽창이 시작되기 전에 일어났기 때문에, 그 근처에서 팔짱을 끼고 바닥에 발을 툭툭 두드리며 인플레이션이 일어나기를 기다리는 목격자는 존재하지 않았다. 그러므로 인플라톤장이 생성된 시점에서 인플레이션이 시작될 때까지 충분히 긴 시간 동안 뜸을 들였다고 해도 딱히 문제될 것은 없다. 작은 영역에서 인플라톤장의 값이 균일해질 때까지 기다렸다가, 행운이 찾아온 순간 빅뱅이 촉발되어 공간이 팽창하고 우주적 사건이 일어나기 시작했다.

　그렇다고 해서 근본적인 문제들(시간과 공간의 기원, 인플라톤장의 기원, 수학의 기원 등)이 해결되는 것은 아니지만, 혼돈으로 가득 찬 환경에서 질서정연한 상태(저-엔트로피 상태)가 형성된 이유를 설명할 수는 있다. 공간의 작은 영역이 한참을 기다린 끝에 드디어 통계적으로 매우 회귀한 저-엔트로피 상태에 놓여서 밀어내는 중력이 가동되고, 그 결과 우주는 급격하게 팽창하기 시작했다. 이것이 바로 빅뱅이다.

물론 인플레이션은 다른 식으로 설명될 수도 있다. 인플레이션 이론의 선구자 중 한 사람인 안드레이 린데는 "우주론학자 세 명이 있으면 인플레이션에 대한 의견은 아홉 가지로 나뉜다."라고 말했다.[9] 간단히 말해서, 작은 영역에 인플라톤장이 균일한 값으로 통일된 이유는 아직 분명치 않다. 그저 초기 우주가 매우 질서 정연한 저-엔트로피 상태로 어떻게든 전환되어 빅뱅이 일어났다고 가정할 뿐이다.

썩 마음에 들진 않겠지만, 일단 이것을 출발점으로 삼아 우리의 여정을 시작해 보자. 빅뱅 후 제2법칙에 따라 무질서도가 마냥 증가하는 우주에서 별과 은하처럼 질서 정연한 물체들은 어떻게 형성될 수 있었을까?

물질의 기원과 별의 탄생

빅뱅 직후 10억 × 10억 × 10억분의 1초 사이에, 밀어내는 중력이 작용하면서 작디작았던 영역이 오늘날 관측 가능한 우주보다 훨씬 큰 규모까지 팽창했다.[10] 공간은 여전히 인플라톤장으로 가득 차 있었지만, 향후 아주 짧은 시간 동안 이 상태도 급격한 변화를 맞이하게 된다. 팽창하는 비누 거품의 표면에 저장된 에너지처럼, 인플라톤장으로 가득 찬 채 팽창하는 공간의 에너지는 극도로 불안정하다. 비누 거품이 터지면 에너지가 비눗방울 안개로 변하듯이, 인플라톤장도 결국 '터져서' 에너지가 입자 안개로 변했다.

이때 형성된 입자의 정체는 알 길이 없지만, 학교에서 배운 평범한 입자는 아니었을 것이다. 그로부터 몇 분이 지난 후, 우주 전역에서 입자의 반응이 빠르게 진행되어(무거운 입자는 여러 개의 가벼운 입자로 분해되고, 친화력이 높은 입자들은 하나로 뭉쳐 복합 입자가 되었다) 원시 욕조가 양성자와 중성자, 전자 등 우리에게 친숙한 입자로 가득 차게 되었다(오랜 세월에 걸친 천문관측을 통해 그 존재가 간접적으로 입증된 암흑물질$^{dark\ matter}$도 있었을 것이다[11]). 빅뱅이 일어나고 아주 짧은 시간 만에 우주는 뜨겁고 균일한 입자의 안개로 가득 찼고, 이들은 팽창하는 공간을 따라 넓게 퍼져 나갔다.

인플라톤장의 양자요동은 빅뱅의 잔광에 국소적인 온도 변화를 초래했고, 인플레이션이 끝날 무렵에는 입자의 밀도*도 지역에 따라 조금씩 차이를 보였다. 즉, 인플라톤장의 값은 완벽하게 균일하지 않고 '거의 균일했다'는 뜻이다. 이 변화는 다음 단계인 별과 은하의 탄생에 결정적 역할을 했다. 주변보다 밀도가 조금이라도 높은 지역은 조금 강한 중력을 행사하여 많은 입자를 모을 수 있었고, 입자가 모여들수록 중력이 더욱 강해지면서 더 많은 입자가 모여들었다. 이것을 '중력의 눈덩이 효과'라 한다. 이런 상태로 수억 년이 지난 후, 입자 밀집 지역은 질량과 압력, 그리고 온도가 엄청나게 높아져서 자체적으로 핵반응을 일으킬 수 있게 되었다. 양자적 불확정성이 인플레이션에 의해 확대되고 중력의 눈덩이 효과에 의해 특정 지역에 집중되면서, 어두운 공간에 빛나는 점(별)들이 드디어 모습을 드러낸 것이다.

그렇다면 여기서 한 가지 의문이 생긴다. 별이란 한 무리의 입자들이 자체 중력에 의해 수축되면서 만들어진 질서 정연한 천문학적 구조물인데, 이것을 어떻게 '물리적 과정은 무질서도가 증가하는 쪽으로 진행된다'는 제2법칙과 조화롭게 결부시킬 수 있을까? 이 질문에 답하려면 고-엔트로피로 가는 과정을 좀 더 주의 깊게 살펴봐야 한다.

---

* 입자 1개의 밀도가 아니라, 여러 입자의 분포 밀도를 의미한다.

무질서로 가는 길에 놓인 장애물

오븐에서 빵을 구우면 냄새 분자가 방출되어 점점 넓게 퍼져 나가면서 엔트로피가 증가한다. 그러나 당신이 부엌에서 멀리 떨어진 침실에 누워 있다면 빵 냄새를 금방 맡을 수 없다. 냄새가 침실까지 전달되려면 한동안 기다려야 한다. 냄새 분자가 넓게 퍼져서 고-엔트로피 배열을 점유할 때까지 어느 정도 시간이 걸리기 때문이다. 일반적으로 물리계는 최대 엔트로피 상태를 향해 곧바로 이동하지 않고, 입자들이 미로를 헤매듯 무작위로 떠돌면서 엔트로피가 최대인 상태로 서서히 접근한다.

이 과정에서 방해물을 만날 수도 있다. 오븐의 뚜껑을 닫거나 부엌문을 닫으면 냄새 분자들이 밖으로 나가기가 어려워지고, 이에 따라 엔트로피의 증가 속도도 현저히 느려진다. 물론 이것은 사람이 개입하여 생긴 방해물이지만, 상호 작용을 관장하는 법칙 자체가 방해물로 작용할 수도 있다. 독자들의 이해를 돕기 위해, 내가 어린 시절에 겪었던 사건 하나를 소개한다 (이 사건도 오븐과 관련되어 있다).

내가 초등학교 4학년이었던 어느 날, 학교에서 돌아왔는데 어머니가 외출하여 집에 아무도 없었다. 갑자기 배가 고파진 나는 냉장고에서 피자를 꺼내 오븐에 밀어 넣고 다이얼을 돌려 온도를 400도에 맞췄다. 자, 이제 기다리는 일만 남았다. 나는 한동안 딴짓을 하다가 10분이 지난 후에 오븐을 열었는데, 피자가 냉장고에서 처음 꺼냈을 때처럼 차가웠다. 급한 마음에 가스 밸브만 열고 불을 붙이지 않았던 것이다(그 당시에 쓰던 가정용 오븐은 점화 장치가 없어서 사용자가 직접 불을 붙여야 했다). 나는 평소에 부모님이 오븐에 불을 붙이는 모습을 수도 없이 봐 왔기에, 그분들이 하던 대로 성냥불을 그어 점화 장치에 갖다 댔다. 어떻게 되었을까? 그렇다. 곧바로 대형 사고가 터졌다. 10분 동안 오븐 내부가 가스로 가득 찼는데, 거기에 성냥불을 갖다 댔으니 폭발이 일어난 건 너무나 당연한 결과였다. 갑자기 뜨거운 화염이 내 얼굴을 덮치는 바람에 눈썹과 속눈썹이 모두 타 버렸고 얼굴과 귀에 2~3도 화상을 입었다. 그 후 몇 달 동안 병원 치료를 받으면서 '조리 도구를 사용할 때에는 무조건 조심해야 한다'는 교훈을 온몸으로 체험했고, 부모님의 걱정 어린 잔소리까지 더해져서 평생 잊을 수 없는 트라우마로 남았다(다행히 나는 완치 후 부엌으로 컴백했고, 지금은 대부분의 요리를 직접 하고 있다. 그러나 나의 아이들이 요리를 하겠다며 오븐을 만질 때마다 신경이 곤두서곤 한다). 이 사례에서 중요한 것은 물리계가 고-엔트로피 상태로 가는 과정에서 촉매의 도움을 받아야 넘을 수 있는 방해물이 존재한다는 것이다. 이 이야기를 좀 더 자세히 풀어 보자.

천연가스(특히 탄소와 수소로 이루어진 메탄가스, CH_4)는 공기 중의 산소(O_2)와 평화롭게 공존할 수 있다. 즉, 두 기체의 분자들이 무작위로 섞여도 위험한 사건은 발생하지 않는다. 분자의 분포지역이 넓어지면 고-엔트로피 배열을 향해 나아가는데, 분자들이 꾸준히 흩어지는 것만으로는 이런 배열에 도달할 수 없다. 고-엔트로피 상태가 되려면 화학 반응이 동반되어야 한다. 우리의 목적상 자세한 내용은 알 필요 없고, 개요만 간단하게 짚고 넘어가자. 1개의 천연가스 분자가 산소 분자 2개와 결합하면 이산화탄소 분자 1개와 물 분자 2개가 생성되고 가장 중요한 '에너지 폭발'을 일으키는데, 마지막 항목은 분자 단계에서 '천연가스의 연소'에 해당한다. 팽팽하게 당겨진 고무줄이 끊어지면 순식간에 에너지가 방출되듯이, 화학 반응이 일어나면 분자들을 단단하게 결합시켜 주던 에너지가 한꺼번에 방출된다. 내가 겪었던 오븐 폭발 사건의 경우에는 뜨거운 에너지(빠르게 움직이는 분자)가 내 얼굴을 덮쳐서 화상을 입혔다. 질서 정연한 화학결합에 저장되어 있던 에너지가 빠르고 혼돈스러운 분자의 운동으로 바뀌면서 엔트로피가 급격하게 증가한 것이다.

나에게는 지울 수 없는 상처를 남겼지만, 사실 이 사건에는 중요한 물리학 원리가 담겨 있다. 엔트로피가 다니는 고속도로에도 과속방지용 턱이 놓여 있다는 것이다. 자연적인 상태에서 천연가스와 산소는 결합하지 않고 타지 않으며, 고-엔트로피 상태로 나아가지도 않는다. 이들이 엔트로피의 장애물을 넘으려면 반응을 유발하는 촉매가 있어야 한다. 나의 경우에는 성냥이 촉매 역할을 했다. 초등학교 4학년짜리 꼬마가 무심결에 들이댄 불꽃이 도미노 효과를 일으킨 것이다. 불 속에 담긴 에너지가 천연가스 분자의 탄소와 수소를 분리시켰고, 이들이 공기 중의 산소와 결합하면서 추가 에너지를 방출했으며, 이 에너지가 또 다른 천연가스 분자를 분해하는 식으로 연쇄 반응이 일어났다. 그러니까 오븐 안에서 일어난 폭발은 화학 결합이 급속도로 재배열되면서 생성된 에너지였던 셈이다.

화학 결합에 관여하는 힘은 중력도, 핵력도 아닌 전자기력이다. 양전하를 띤 양성자가 음전하를 띤 전자를 잡아당기면서(전기전하의 부호가 반대인 입자들 사이에는 인력이 작용한다), 원자들이 모여 분자가 형성된다. 조용하게 섞여 있던 기체 분자가 결합을 깨고 격렬하게 폭발한 후 새롭게 결합하는 모든 과정이 전자기력의 도움으로 진행된다는 뜻이다. 일상생활 속에서 엔트로피가 증가하는 대부분의 과정은 이런 경우에 속한다.

지구에서는 쉽게 접할 수 없지만, 우주에서 엔트로피가 증가하는 과정은 종종 중력과 핵력(원자핵을 결합시키는 강한 핵력strong nuclear force과 방사성 붕괴를 일으키는 약한 핵력weak nuclear force)을 통해 일어난다. 그리고 전자기력의 경우와 마찬가지로, 중력과 핵력을 통해 엔트로피가 증가하는 과정에도 장애물이 존재할 수 있다. 이 장애물을 극복하는 방법(성냥불 갖다 대기의 우주적 버전)은 매우 미묘하면서 우리의 주제와 매우 밀접하게 관련되어 있다. 별과 행성, 그리고 지구에 존재하는 생명체들은 중력과 핵력이 우주를 고-엔트로피 상태로 밀고 가도록 유도하는 자연의 일꾼이었다.

우선 중력부터 생각해 보자.

중력과 질서, 그리고 제2법칙

중력은 자연에 존재하는 힘들 중 가장 약한 힘이다. 얼마나 약한지는 간단한 실험으로 확인할 수 있다. 지금 당장 아무 동전이나 손으로 집어서 위로 치켜들어 보라. 얼마나 힘이 드는가? 그냥 맨 팔을 치켜드는 것과 별 차이가 없을 것이다. 동전의 중력(무게)이란 지구 전체가 동전을 아래로 잡아당기는 힘인데, 당신의 팔은 이 힘을 가뿐하게 이긴다. 아직 걷지 못하는 어린아이조차도 손에 쥔 장난감의 중력을 가볍게 이기고 마음대로 휘두를 수 있다. 중력은 이 정도로 약한 힘이다. 우리가 그나마 사물의 무게를 느낄 수 있는 이유는 중력이 '누적된 힘'이기 때문이다. 지구의 모든 부분이 동전과 책, 그리고 당신 몸의 모든 부분을 잡아당기고 있다. 지구가 엄청나게 크기 때문에 각 부위에 작용하는 힘이 하나로 더해져서 우리가 느낄 수 있는 힘으로 나타나는 것이다. 그러나 전자 2개가 마주보고 있을 때 둘 사이에 작용하는 중력은 둘 사이에 작용하는 전기력(전하의 부호가 같으므로 밀어내는 쪽으로 작용한다)의 100만 $\times$ 10억 $\times$ 10억 $\times$ 10억 $\times$ 10억분의 1($1/10^{42}$)밖에 되지 않는다.

앞에서 엔트로피를 논할 때 중력을 고려하시 않은 것도 다른 힘에 비해 너무나 약하기 때문이다. 욕실에 퍼져 나가는 수증기나 집 전체에 퍼져 나가는 빵 냄새를 논할 때 중력을 고려한다 해도 결론은 거의 달라지지 않는다. 물론 중력이 수증기 분자를 아래로 잡아당겨서 욕실의 아래쪽이 위쪽보다 밀도가 조금 높아지겠지만, 효과가 너무 미미하기 때문에 무시해도 상관없다. 그러나 물질의 양이 엄청나게 많은 우주로 눈길을 돌리면 중력과 엔트로피 사이의 중요하고 심오한 관계가 모습을 드러낸다.

평소 과학과 별로 친하지 않은 독자들은 지금부터 할 이야기가 다소 부담스럽게 느껴질 수도 있다. 몇 줄 읽다가 어렵다고 생각되면 다음 절로 건너뛰어서 요약된 내용을 읽어도 된다. 그러나 약간의 인내력을 발휘하여 끝까지 읽으면 그에 합당한 보상이 주어질 것이다. 엔트로피가 마냥 증가하는 우주에서 중력이 어떻게 질서를 창출하는지, 그 비밀을 지금부터 공개할 참이다.

앞에서 다뤘던 '빵 굽기' 사례를 우주적 규모로 키워 보자. 태양보다 훨씬 큰 초대형 상자가 텅 빈 공간을 표류하고 있다. 상자의 중심부에는 기체로 채워진 조그만 공이 자리 잡고 있는데(주기율표에서 가장 단순한 원소인 수소라고 하자), 여기서 기체 분자들이 조금씩 새어 나오고 있다. 집에서 빵을 구울 때에는 빵에서 방출된 냄새 분자가 집 안에 서서히 퍼져 나가다가 시간이 충분히 흐르면 냄새 분자의 밀도가 집 안 모든 곳에서 균일해진다(즉, 엔트로피가 최대에 도달한다). 우주 버전에서도 똑같이 진행되면 별로 재미없으므로, 상황을 조금 바꿔서 공에 들어 있는 분자의 수가 충분히 많다고 가정하자. 하나의 분자는 다른 모든 분자의 중력을 한 몸에 받기 때문에, 분자의 수가 많으면 분자 하나의 운동에 지대한 영향을 미친다. 즉, 중력의 역할이 매우 중요해지는 것이다. 이런 경우에 우리의 결론은 어떻게 달라질 것인가?

당신이 상자의 벽을 향해 바깥쪽으로 움직이는 분자라고 상상해 보라. 중심부에서 멀어지면 다른 분자들이 행사하는 중력에 의해 안쪽으로 끌리는 힘을 받게 되고, 당신의 속도는 조금씩 줄어들 것이다. 속도가 느려진다는 것은 곧 온도가 내려간다는 뜻이다. 그러므로 중앙에 있는 기체 구름의 부피가 커질수록 변두리의 온도는 낮아진다. 이 점을 염두에 두고, 이번에는 당신이 기체 구름의 중심부 근처에 있는 분자라고 가정해 보자. 중심에 가까울수록 당신은 더욱 강한 중력을 느낄 것이다. 중력은 거리가 가까울수록 강해지기 때문이다.[*] 따라서 구름의 테두리에 있을 때보다 중심부에 가까운 곳에 있을 때 중심 쪽으로 더욱 강하게 끌려간다. 실제로 분자의 수가 충분히 많으면 중력이 너무 강하여 당신은 바깥쪽으로 탈출하지 못하고 오히려 안쪽으로 빨려 들어갈 것이다. 말로는 '빨려 들어간다'고 했지만, 사실은 높은 곳에서 아래로 추락하는 것과 동일한 상황이다. 당신은 기체 덩어리의 중심부를 향해 추락하면서 속도가 점점 빨라지고 (정의에 의해) 온도는 높아진다. 기체 구름이 중력에 의해 안으로 수축되면서 부피가 작아지고 뜨거워지는 것이다.

빵을 구울 때에는 시간이 흐를수록 냄새 분자들이 고르게 퍼져서 균일한 온도에 도달하지만, 중력이 중요한 역할을 하는 경우에는 상황이 완전히 다르게 전개된다. 어떤 분자는 중력 때문에 밀도가 높고 뜨거운 중심부로 끌려가고, 다른 분자들은 상대적으로 밀도가 낮고 차가운 주변을 배회하게 된다.

평범한 스토리 같지만, 사실 여기에는 우주의 질서가 창출되는 가장 중요한 비밀이 숨어 있다. 무엇이 그렇게도 중요한지 좀 더 구체적으로 생각해 보자.

---

[*] 중력의 세기는 두 물체 사이의 거리의 제곱에 반비례한다.

고의로 커피를 손에 직접 붓는 사람은 없겠지만, 주전자에서 끓던 커피를 머그잔에 부으면 커피의 온도가 조금 내려간다는 것은 커피를 직접 만져 보지 않아도 알 수 있다. 열은 뜨거운 곳에서 차가운 곳으로 흐르기 때문에, 잔에 담긴 커피는 뜨거운 열의 일부를 주변 환경(머그잔, 주변의 공기 등)으로 흘려보내면서 온도가 조금 내려간다.[12] 거대한 기체 구름에서도 열은 뜨거운 중심부에서 차가운 변두리 쪽으로 흐른다. 그렇다면 뜨거웠던 커피 잔의 온도가 결국 실내 온도와 같아지는 것처럼, 기체 구름의 경우에도 시간이 충분히 흐르면 모든 곳의 온도가 같아지지 않을까? 아니다. 그렇지 않다(여기가 가장 중요한 포인트다!). 모든 상황을 중력이 좌우하는 경우에는 정반대의 결과가 초래된다. 즉, "*열은 중심부에서 외부로 흘러 나가지만, 중심부는 점점 더 뜨거워지고 변두리는 점점 더 차가워진다.*"

이것은 분명히 우리의 직관과 상반되지만, 사실은 앞에서 우리가 찍어 놓은 점을 선으로 연결한 것뿐이다. 가스 구름의 주변에 있는 분자들이 중심부의 열을 흡수하면 추가된 에너지에 의해 구름이 더 크게 팽창하고, 바깥쪽으로 움직이는 분자는 안으로 당기는 중력의 영향을 받아 속도가 느려진다.[13] 그래서 팽창하는 가장자리는 온도가 올라가지 않고 내려가는 것이다. 이와 반대로 중심부는 열을 가장자리로 방출하면서 에너지가 감소하고 부피가 점점 더 줄어든다. 그런데 중심부로 다가오는 분자는 중력과 이동 방향이 같아서 속도가 더욱 빨라지기 때문에, 수축하는 중심부의 온도는 내려가지 않고 올라간다.

만일 커피가 이런 식으로 거동한다면 가능한 한 빨리 마시는 게 좋다. 오래 기다릴수록 더 많은 열이 공기 중으로 방출되면서 커피가 점점 더 뜨거워질 것이기 때문이다. 물론 말도 안 되는 이야기지만, 중력이 모든 것을 좌우하는 경우에는 상황이 이런 식으로 전개된다.

이것은 신용카드로 진 빚이 자체적으로 증폭되는 현상과 비슷하다. 빚이 많을수록 이자도 많아져서, 부채 총액이 밖으로 퍼져 나가는 나선처럼 점점 증가한다. 기체 구름의 경우, 중심부가 수축되어 온도가 올라가면 더 많은 열이 차가운 변두리로 흐르고, 그 결과 중심부는 더욱 작게 수축되어 온도가 더 올라간다. 반면에 열을 흡수한 변두리는 더 크게 팽창하면서 시간이 흐를수록 더욱 차가워진다. 이런 식으로 중심부와 변두리의 온도 차가 커질수록 더욱 많은 열이 흐르면서 위의 과정이 점점 더 격렬하게 진행되는 것이다.

다른 요인이 개입되거나 환경이 변하지 않는 한, 이와 같은 자기 증폭 과정은 끊임없이 계속될 것이다. 그러나 여기에는 물리적 한계가 있다. 신용카드의 빚이 많아지면 통장에 돈을 입금하여 잔액을 늘리거나 파산을 선언하여 상황이 종료되듯이, 기체 구름 중심부의 온도와 압력이 임계점을 넘으면 핵융합nuclear fusion이라는 물리적 과정이 시작되면서 자기 증폭 과정이 종료된다. 핵융합은 원자 집단의 온도와 밀도가 충분히 높을 때 원자핵에 변화를 초래하는 현상으로, 천연가스 연소와 같은 화학 반응보다 훨씬 깊은 단계에서 일어난다. 화학적 연소는 원자 내부에 있는 전자의 수준에서 일어나는 반면, 핵융합은 원자 중심부의 핵nuclei에서 일어나는 반응이다. 이렇게 깊은 단계에서 원자핵이 합병되면 엄청난 양의 에너지가 방출되면서 입자의 속도가 빨라지고, 이로부터 외부로 향하는 압력이 생성되어 안으로 향하는 중력과 균형을 이룬다. 간단히 말해서, 핵융합 때문에 수축이 중단되는 것이다. 그리하여 안정적인 상태에서 열과 빛을 방출하는 거대한 천체가 모습을 드러내는데, 이것을 한 글자로 줄인 것이 바로 '별star'이다.

이 모든 과정에서 엔트로피는 어떻게 될까? 각 단계의 대차대조표를 작성하여 총합을 확인하면 된다. 훗날 별로 진화하게 될 기체 구름의 중심부와 대기로 남게 될 변두리는 엔트로피가 증가하는 과정과 감소하는 과정이 동시에 진행되면서 경쟁을 벌이고 있다. 중심부의 경우 온도가 상승하면 엔트로피가 증가하지만, 이와 동시에 부피가 줄어들면서 엔트로피가 감소한다. 둘 중 누가 우세한지는 구체적인 계산을 해 봐야 알 수 있는데[14], 결과만 이야기하자면 감소세가 증가세보다 우세하다. 따라서 중심부의 엔트로피는 감소한다. 별처럼 중력으로 뭉친 천체는 더 높은 질서를 향해 나아가는 경향이 있다. 그러나 계산은 아직 끝나지 않았다. 주변 기체는 부피가 커지면서 엔트로피가 증가하고, 온도가 내려감에 따라 엔트로피가 감소한다. 이 경우도 자세한 계산을 해 봐야 승자를 정할 수 있는데, 결과는 증가세의 승리다. 즉, 변두리의 엔트로피는 증가한다. 자, 이제 중심부의 감소량과 변두리의 증가량을 더하면 엔트로피의 증감 여부를 알 수 있다. 과연 어떤 결과가 얻어질 것인가? 제2법칙을 생각하면 엔트로피는 총체적으로 증가하지 않을까? 그렇다. 증가한다. 실제로 계산해 보면 변두리의 증가량이 중심부의 감소량보다 많다는 것을 알 수 있다. 다행히 별은 제2법칙의 칙령을 어기지 않았다.

매우 이상적이면서 단순한 사건들이 순차적으로 일어나다가 최종적으로 별(드넓은 공간에서 유난히 엔트로피가 낮고 질서도가 높은 지역)이 탄생한다. 여기에는 공학자의 치밀한 계획도 필요 없고, 제2법칙에 위배되는 요소도 없다. 별의 탄생 과정은 증기 기관의 작동 원리와 사뭇 다르지만, 여기에도 엔트로피가 국소적으로 감소하는 '엔트로피 2단계 과정'이 중요한 역할을 한다. 증기 기관과 주변 환경이 한데 어울려 열역학적 춤을 추는 것처럼(증기 기관은 열을 방출하면서 엔트로피를 낮추고, 주변 환경은 그 열을 흡수함으로써 엔트로피 높아진다), 덩치가 큰 기체 구름의 중심부와 변두리도 중력의 지휘하에 장엄한 파드되*pas de deux**를 추고 있다. 기체 구름의 중심부가 자체 중력으로 수축되면 열을 방출하면서 엔트로피가 감소하고, 변두리는 그 열을 흡수하여 엔트로피가 높아진다. 중심부에 질서 정연한 구조체가 형성된 대가로, 변두리의 무질서도가 크게 증가하는 것이다.

중력이 개입된 엔트로피 2단계 과정의 특징은 외부의 도움 없이 자체적으로 유지된다는 점이다. 증기 기관은 끊임없이 열을 방출하면서 온도가 낮아지기 때문에, 연료를 계속 지펴서 열을 공급하지 않으면 작동을 멈출 수밖에 없다. 그래서 증기 기관은 처음부터 매우 신중하게 설계되어야 하고, 현장에 투입된 후에도 사용자는 복잡한 지침을 준수해야 한다. 그러나 기체 구름이 수축하면서 생성된 질서 정연한 지역(별)은 중력이라는 '무심한' 힘의 가호 아래 자연적으로 유지되고 있다.

핵융합과 질서, 그리고 제2법칙

앞 절의 내용을 정리해 보자.

중력의 역할이 미미한 경우, 제2법칙은 물리계를 균일한 상태로 몰고 가려는 경향이 있다. 분자는 넓게 퍼져 나가고, 에너지는 모든 지역에 골고루 할당되며, 엔트로피는 전체적으로 증가한다. 만일 이것이 전부라면 우주는 별다른 대형사고 없이 차분하고 조용한 나날을 보냈을 것이다. 그러나 물질의 양이 많아서 중력의 역할이 두드러진 경우, 어느 순간 제2법칙이 급격하게 유^U-턴을 시도하여 균일했던 상태를 사정없이 흐트러뜨린다.

물질이 이곳에서 뭉치고 저곳에서 흩어진다. 에너지는 이곳에 집중되고

---

* 두 사람이 추는 춤.

저곳에서는 넓게 퍼져 나간다. 엔트로피는 이곳에서 감소하고 저곳에서 증가한다. 제2법칙이 이행되는 방식은 중력의 개입 여부에 따라 판이하게 다르다. 중력이 충분히 강하면(즉, 물질이 충분히 많으면) 질서 정연한 천체가 형성되고, 이로 인해 우주의 여정은 더욱 파란만장해진다.

앞서 말한 대로, 별의 형성 과정에서 가장 중요한 역할을 하는 것은 단연 중력이다. 핵력도 별의 중심에서 핵융합을 일으키면서 나름대로 역할을 하고 있지만, 겉으로 드러나지 않기 때문에 조연처럼 보인다. 핵융합은 밖으로 향하는 외압外壓을 생성하여 자체 중력으로 붕괴되는 것을 막아 주고 있다. 실제로 많은 물리학자들은 우주론 강연이 끝날 무렵에 "중력은 우주에 존재하는 모든 구조체의 근원이다."라는 말로 마무리하곤 한다. 핵력의 역할은 별로 중요하지 않다는 뜻이다. 그러나 내가 보기에는 "중력과 핵력이 동등한 자격으로 팀을 이뤄서 제2법칙을 수행하고 있다."라고 말하는 것이 좀 더 공정한 것 같다.

여기서 중요한 것은 핵력도 중력처럼 엔트로피 2단계 과정을 수행한다는 점이다. 원자핵이 융합 반응을 일으키면(지금도 태양에서는 매 초마다 10억 × 10억 개의 수소 원자핵이 융합 반응을 일으켜 헬륨 원자핵으로 바뀌고 있다) 질량이 더 크고 구조적으로 복잡한 저-엔트로피 원자핵이 생성된다. 그리고 이 과정에서 질량의 일부가 에너지로 전환되는데(질량과 에너지는 그 유명한 $E = mc^2$을 통해 서로 호환된다), 대부분은 별의 내부를 태우거나 빛의 형태로 방출된다. 별이 빛을 발하는 이유는 표면에서 수많은 광자가 폭발하듯이 방출되기 때문이며, 이 과정에서 다량의 엔트로피가 주변 공간으로 이전된다. 수축되는 기체 구름과 증기 기관에서 보았듯이, 주변 환경의 엔트로피 증가량이 내부의 엔트로피 감소량보다 많기 때문에 총 엔트로피는 증가하고 제2법칙도 만족된다.

천연가스가 촉매(내가 갖다 댔던 성냥불)의 도움을 받아 화학 반응을 일으키는 것처럼, 핵융합 반응도 촉매가 필요하다. 별의 경우에는 중력이 물질을 안으로 잡아당겨서 온도와 압력이 충분히 높아졌을 때 핵융합 반응이 시작되므로, 중력이 촉매 역할을 하는 셈이다. 일단 핵융합이 시작되면 별은 수십억 년 동안 자체 동력을 공급하면서 복잡한 원자핵을 만들어 내고, 빛과 열을 통해 다량의 엔트로피를 외부로 방출한다. 다음 장에서 알게 되겠지만, 핵융합의 부산물(무거운 원소와 빛)은 당신과 나를 포함하여 더욱 복잡한 구조체가 형성되는 데 결정적 역할을 했다. 중력은 별이 형성되고 상태를 유지하는 데 반드시 필요한 힘이지만, 수십억 년 동안 최전선에서 제2법칙을 수호해 온 일등 공신은 단연 핵력이었다. 이런 관점에서 볼 때 중력은 주인공이라기보다 핵력과 동업 관계에 있는 파트너에 가깝다.

비유적으로 말해서 우주는 물질의 내부에 갇혀 있는 엔트로피를 캐내기 위해 기발한 방법으로 중력과 핵력을 차용하고 있다.* 중력이 없으면 한 무리의 입자는 집 안에 가득 찬 냄새 분자처럼 균일하게 퍼지면서 엔트로피가 최대인 상태를 향해 나아간다. 그러나 중력이 개입되면 입자 무리는 무겁고 조밀한 덩어리로 응축되고, 여기에 핵융합이 가세하면서 엔트로피가 더욱 큰 폭으로 증가한다.

핵력은 중력의 도움을 받아 엔트로피 2단계 과정을 실행하고, 그 덕분에 물질은 우주 전역을 무대 삼아 춤을 추고 있다. 이것은 빅뱅 직후부터 우주라는 상설 극장에서 한시도 쉬지 않고 공연되어 온 장엄한 무용극으로, 그동안 수많은 스타(별)를 배출했다. 그리고 별에서 방출된 열과 빛은 수변

---

* 중력과 핵력은 엔트로피를 감소시키는 역할도 하기 때문에 '남에게 빌린 투자금(차용)'에 비유한 것이다.

행성에 '적어도 한 번 이상' 생명체를 탄생시켰다. 다음 장에서 보게 되겠지만, 이 발달 과정에는 우주에서 가장 복잡하고 정교한 구조체를 탄생시킨 엔트로피의 경쟁 상대, 즉 '진화evolution'가 개입되어 있다.

4장

정보와 생명

구조체에서 생명으로

구조체에서 생명으로

1953년의 어느 날, 양자역학의 창시자 중 한 사람인 영국의 생물학자 프랜시스 크릭Francis Crick은 1933년에 노벨 물리학상을 받은 에르빈 슈뢰딩거Erwin Schrödinger에게 겸손한 문체의 편지를 보냈다. "존경하는 슈뢰딩거 교수님께. 왓슨과 저는 분자생물학에 몸담게 된 계기를 회고하던 중 우리 두 사람 모두 교수님께서 집필하신 명저《생명이란 무엇인가?What is Life》의 지대한 영향을 받았다는 사실을 새삼 깨달았습니다." 크릭은 이 편지에서 슈뢰딩거의 책에 찬사를 보낸 후 다음과 같이 이어 나갔다. "동봉한 논문 복사본을 한번 읽어 주셨으면 합니다. 교수님께서 관심을 가질 만한 주제입니다. 다 읽고 나면 교수님께서 말씀하셨던 '비주기적 결정非週期的 結晶, aperiodic crystal'이 매우 적절한 용어임을 다시 한번 느끼실 것입니다."[1]

크릭이 말한 왓슨은 동봉한 논문의 공동 저자인 제임스 왓슨James Watson이었다. 이들의 논문은 인쇄가 막 끝난 상태였는데, 몇 년 후 '20세기 과학이 이룩한 최고의 업적'으로 꼽히게 될 바로 그 논문이었다. 분량으로는 학술지의 한 페이지도 안 되는 짧은 글이었지만, 왓슨과 크릭은 이 논문에서 DNA의 이중나선구조를 규명하여 1962년에 모리스 윌킨스Maurice Wilkins와 함께 노벨 생리의학상을 받았다.[2] 놀라운 것은 왓슨과 크릭뿐만 아니라 윌킨스까지도 슈뢰딩거의 책에 고무되어 유전자 연구에 투신했다는 점이다. 훗날 그는 자신의 저서를 통해 "슈뢰딩거의 책이 나의 마음을 움직였다."고 고백했다.[3]

1943년에 슈뢰딩거는 더블린 고등과학연구소Dublin Institute for Advanced Studies에서 공개 강연을 시리즈로 진행했고, 이 강연 내용을 토대로 다음 해에《생명이란 무엇인가?》를 출간했다. 이 책에 의하면 그는 강연을 시작하면서 청중들에게 "대중적인 주제가 아니어서 내용이 다소 어렵게 느껴질 수도 있다."며 경고했다고 한다. 수강 인원이 줄어들 것을 감수하고 주제를 철저하게 파헤칠 것을 약속한 것이다.[4] 그러나 1943년 2월, 3주에 걸쳐 매 금요일마다 진행된 그의 강연에는 2차 세계 대전의 포화에도 불구하고 400명이 넘는 청중이 참석했다고 한다. 아일랜드의 수상을 비롯하여 고위 관리와 부유한 사업가 등 사회 각계의 저명인사들이 비엔나에서 온 물리학자로부터 생명과학 강연을 듣기 위해 트리니티칼리지Trinity College의 피츠제럴드홀 강연장으로 모여들었다.[5]

슈뢰딩거의 목적은 다음 질문의 답을 찾는 것이었다. "살아 있는 생명체의 신체적 경계 안에서 일어나는 시공간의 사건을 물리학과 화학으로 어떻게 설명할 수 있는가?" 이 질문을 좀 더 쉽게 풀어쓰면 다음과 같다. "돌멩이와 토끼는 어떻게, 왜 다른가?" 이들은 모두 양성자, 중성자, 전자와 같은 입자로 이루어져 있으며, 모든 입자는 동일한 물리 법칙을 따른다. 그런데 토끼의 몸 안에서 대체 어떤 일이 일어나고 있기에 둘의 차이가 그토록 크게 부각되는 것일까?

이것은 물리학자 스타일의 질문이다. 대부분의 물리학자들은 환원주의자reductionist여서, 복잡한 현상을 접했을 때 단순한 세부 구조에 집중하는 경향이 있다. 생물학자들은 핵심적 활동(몸의 기능을 유지하기 위해 원료를 흡수하고, 처리 과정에서 발생한 폐기물을 배출하고, 이상적인 환경에서 번식을 시도한다)에 기초하여 생명을 정의하는 반면, 슈뢰딩거는 "생명이란 무엇인가?"라는 근본적 질문을 파고들었다. 다시 말해서, 생명체의 물리적 기반을 알고 싶었던 것이다.

사실 환원주의는 상당히 매력적인 사조다. 입자 집단을 움직이게 하고 분자에 생명의 불을 지피는 주체가 규명되면, 생명의 기원뿐만 아니라 우주에 생명체가 얼마나 많은지도 알 수 있다. 슈뢰딩거의 강연 후 반세기가 넘게 지난 지금, 물리학과 분자생물학은 장족의 발전을 이루었지만 그가 제기했던 질문은 다양한 형태로 변형되었을 뿐, 아직 결론에 도달하지 못했다. 생명(일반적으로 물질)을 작은 구성 성분으로 분해하는 기술은 크게 진보했는데, 기본 입자들이 특별한 형태로 배열되었을 때 생명이 가동되는 이유는 아직도 오리무중이다. 생명체를 분석하여 점점 더 세밀한 부분에 도달할수록 생명 자체의 기원은 더욱 모호해지기 때문이다. 물 분자를 분해하면 산소 원자가 나타나고, 산소 원자를 분해하면 양성자와 전자가 나타난다. 그러나 이 단계에 이르면 원래의 물 분자가 생명체의 일부였는지, 아니면 무생물의 일부였는지 판별할 수가 없다. 단 1개의 세포도 수조 개의 원자로 이루어져 있으며, 생명은 수많은 세포들의 집단적 거동을 통해 나타나는 현상이다.* 그러므로 기본 입자에서 생명의 비밀을 찾는 것은 베토

---

* 사람의 몸은 약 30~50조 개의 세포로 이루어져 있다.

벤 교향곡을 음표 단위로 분석하여 작품성을 평가하는 것과 비슷하다.

슈뢰딩거는 첫 번째 강연에서 이 점을 강조했다. 원자 1개, 또는 몇 개가 잘못 움직여서 뇌 전체가 손상된다면 생존 경쟁에서 살아남기 어려울 것이다. 슈뢰딩거는 말한다. "그러나 생명체의 몸과 두뇌는 수많은 원자의 집합체이기 때문에, 개개의 원자가 무작위로 요동쳐도 전체적인 기능을 유지할 수 있다." 그의 목적은 하나의 원자에 들어 있는 생명 요소를 밝히는 것이 아니라 개개의 원자에 대한 이해에서 출발하여 다수의 원자 집단이 어떻게 생명 기능을 수행하는지 알아내는 것이었고, 이를 위해서는 과학의 기본 개념을 확장해야 했다. 실제로 슈뢰딩거는 《생명이란 무엇인가?》의 맺음말에서 "우리는 모든 곳에 존재하면서 모든 것을 알고 있는 영원한 존재의 일부이며, 우리가 발휘하는 자유의지에는 신성한 힘이 반영되어 있다."는 우파니샤드Upanishad*의 구절을 인용하여 독자들을 놀라게 했다(이 구절 때문에 첫 번째 출판사와의 계약이 파기되었다).[6]

나는 자유의지에 대하여 슈뢰딩거와 조금 다른 생각을 갖고 있지만(이 주제는 5장에서 다룰 예정이다), 넓은 관점에서 바라봐야 한다는 그의 주장에는 전적으로 동의한다. 깊은 미스터리를 풀려면 가능한 한 많은 이야기를 수집하여 다양한 각도에서 바라볼 필요가 있다. 환원주의건 창발주의**건, 수학적이건 비유적이건, 과학적이건 시적詩的이건, 다양한 관점에서 접근하면 이해도 그만큼 깊어지는 법이다.

---

* 고대 인도의 힌두교 경전.
** 부분만으로는 전체를 이해할 수 없다는 철학 사조.

엔드 오브 타임

하나로 연결된 다양한 이야기들

물리학은 지난 수백 년 동안 다양한 수준에서 다양한 이야기들을 수집하여 정교하게 다듬어 왔다. 이것은 물리학자들이 교육 현장에서 학생들을 가르치는 방식이기도 하다. 타자가 휘두른 방망이에 얻어맞은 야구공이 순간적으로 어떻게 변형되는지 알아내려면 공의 구조를 분자 수준에서 분석해야 한다. 야구공이 방망이와 접촉하는 순간부터 미시물리학적 힘이 공에 변형을 일으키고, 원래 모습으로 되돌아가려는 복원력이 공을 밀어내면서 포물선 궤적을 그리며 날아가기 시작한다. 그러나 분자 수준에서 알아낸 사실은 공의 궤적을 계산하는 데 아무런 도움도 되지 않는다. 빠르게 회전하면서 좌익수를 넘어가는 야구공의 궤적을 알아내기 위해 수조 × 수조 개에 달하는 분자의 운동을 일일이 추적한다고 생각해 보라. 이런 식의 접근은 가능하지도 않을뿐더러, 가능하다고 해도 시간이 너무 오래 걸려서 현실성이 없다. 궤적을 계산할 때에는 분자 단계의 정보를 깡그리 무시하고 공의 움직임을 전체적으로 바라봐야 한다. 다시 말해서, '거시 규모의 이야기'가 필요하다는 뜻이다.

위의 사례는 단순하면서도 중요한 사실을 말해 주고 있다. 우리가 제기하는 질문의 내용에 따라 가장 유용한 답을 제공하는 '이야기'가 결정된다는 것이다. 우주는 모든 규모에서 나름대로 논리적이다. 원자 규모에서 거시 규모로 오락가락하지만 않으면 일관적인 결과를 얻을 수 있다. 그 옛날 뉴턴은 쿼크와 전자의 존재를 전혀 모르고 있었지만, 그에게 야구공이 방망이에 맞아 튀어 나가는 순간의 속도와 방향을 알려 주면 바로 그 자리에서 공의 궤적을 알려 줄 것이다. 그에게 이런 계산은 식은 죽 먹기보다 쉽다. 그 후로 물리학은 꾸준히 발전하여 물질의 미세 구조를 알아냈고, 그 덕분에 우리는 자연을 더욱 깊이 이해하게 되었다. 그러나 야구공이건 원자 세계이건 간에, 각 규모에서 물리학은 타당한 답을 알려 준다. 그렇지 않다면 (야구공의 궤적을 알아내기 위해 입자의 양자적 거동을 알아야 한다면) 물리학은 한 발자국도 내딛지 못했을 것이다. 물리학이 지금처럼 성공을 거둘 수 있었던 것은 '각 규모별 각개 격파'라는 전략을 고수했기 때문이다.

그러나 여러 개의 이야기를 매끈하게 이어 붙이는 것도 각개 격파 못지 않게 중요하다. 미국의 물리학자 케네스 윌슨Kenneth Wilson은 입자물리학 분야에서 '이야기의 연결'을 더없이 우아한 방식으로 구현하여 1982년에 노벨 물리학상을 받았다.[7] 그는 다양한 척도(거리)에서 물리계를 분석하는 수학적 방법을 개발한 후 (대형 강입자충돌기Large Hadron Collider, LHC로 탐사 가능한 초단거리에서 원자 규모의 거리까지) 각 척도에서 펼친 '이야기'를 체계적으로 연결함으로써, 척도가 변할 때마다 이야기의 주제가 이동하는 방식을 깔끔한 논리로 정리했다. 이른바 '재규격화군renormalization group'으로 알려진 이 방법은 현대물리학의 핵심으로, 하나의 척도에서 다른 척도로 넘어갈 때 언어와 개념적 틀, 그리고 방정식이 어떻게 달라지는지를 분명하게 보여 주고 있다. 물리학자들은 재규격화군을 통해 척도에 따라 다르게 펼쳐지는 다양한 이론을 매끄럽게 연결하여 수많은 예측을 내놓았으며, 이 모든 결과는 실험과 관측을 통해 옳은 것으로 판명되었다.

윌슨이 개발한 방법은 고에너지 입자물리학을 수학적으로 다루는 쪽에 집중되어 있지만(양자역학, 양자장이론 등), 기본 개념은 다양한 분야에 적용 가능하다. 다들 알다시피 세상을 이해하는 방법은 여러 가지다. 전통적인 과학의 장에서 물리학은 기본 입자와 이들의 다양한 결합을 설명하고, 화학은 원자와 분자를 다루고, 생물학은 생명 현상을 다룬다. 그런데 기본 입자는 화학 물질의 기본 단위보다 작고 생명 활동에 관여하는 분자는 화학의 기본 단위보다 작기 때문에, 척도만으로 과학을 분류해도 큰 문제가 없을 것 같다(이런 식의 분류는 지금도 통용되고 있으며, 내가 학교에 다니던 시절에는 더욱 엄격하게 적용되었다). 그러나 최근에 수준 높은 연구가 수행되면서 각 분야들 사이의 교차점이 중요한 요소로 떠올랐다. 과학은 국경을 사이에 둔 국가들처럼 분리되어 있는 것이 아니라 하나의 집합체였던 것이다. 특히 생명체에서 지적 생명체로 관심을 돌리면 여러 분야들(언어, 문학, 철학, 역사, 예술, 신화, 종교, 심리학 등)이 새로운 핵심 요소로 부각된다. 완고한 환원주의자도 야구공의 궤적을 분자의 운동으로 서술하는 것이 얼마나 어리석은 짓인지 잘 알고 있다. 투수가 와인드업을 하고, 관중들이 일제히 고함을 지르고, 강속구가 자신을 향해 날아올 때 타석에 선 타자가 느끼는 심정을 미시적 관점에서 서술할 수 있을까? 턱도 없는 소리다. 이런 현상은 인간의 감정이 반영된 언어를 통해 높은 수준의 이야기로 풀어 가야 한다.[*] 그러나 여기서 중요한 것은 아무리 수준 높은 이야기라 해도 환원주의적 설명과 양립할 수 있어야 한다는 점이다. 우리 모두는 물리 법칙의 지배를 받는 물리적 객체이므로, 물리학자가 자신의 설명이 가장 근본적이라고 우기거나 인문학자가 환원주의자의 주장에 코웃음을 치는 것은 별로 바람직한 태도가 아니다. 각 분야의 이야기를 정교하게 결합하여 넓은 시각으로 바라봐야 올바른 이해를 도모할 수 있다.[8]

이 장에서는 환원주의적 관점을 고수하겠지만, 5장 이후부터는 인본주의자의 감수성으로 생명과 마음을 탐구할 예정이다. 앞으로 당분간은 생명체에게 필수적인 원자/분자의 기원과 이들을 적절하게 섞어서 생명체를 탄생

---

[*] 기본 입자로 풀어 나가는 것이 가장 낮은 수준의 이야기다.

시킨 특별한 환경(지구와 태양)의 기원을 알아보고, 모든 생명체에서 진행되는 미세물리적 과정을 추적하여 깊은 곳에 존재하는 지구 생명체들의 공통점을 조명할 것이다.⁹ 생명의 기원을 밝히는 것은 무리겠지만(아직 미스터리로 남아 있음), 지구의 모든 생명체가 단세포 생물에서 시작되었다는 사실로부터 "생명의 기원을 밝히려면 먼저 무엇을 설명해야 하는가?"라는 질문에는 답할 수 있을 것이다. 우리가 3장에서 다뤘던 열역학은 생명 현상에도 똑같이 적용된다. 살아 있는 생명체는 동족뿐만 아니라 다른 별이나 증기 기관과도 밀접한 관계를 맺고 있다. 생명은 우주가 물질에 갇힌 엔트로피를 해방시키는 또 하나의 수단이다.

　나의 목적은 백과사전을 쓰는 것이 아니라, 독자들이 빅뱅에서 지구 생명체로 이어지는 공명 패턴과 자연의 리듬을 느낄 수 있도록 충분한 정보를 제공하는 것이다.

원소의 기원

　생명체를 원자 단위로 분해했을 때 가장 많은 것은 탄소(C), 수소(H), 산소(O), 질소(N), 인(P), 그리고 황(S)이다. 학생들은 이 6개 항목을 쉽게 외우기 위해 'SPONCH'라고 읽는다(마시멜로로 만든 멕시코 전통과자와 혼동하지 말 것!). 생명체를 구성하는 원자들은 대체 어디서 온 것일까? 그 답은 우주론에서 찾을 수 있다. 원소의 기원을 알아낸 것은 현대우주론이 이룩한 최고의 업적 중 하나다.

　제아무리 복잡한 원자도 제조법은 아주 간단하다. 우선 알맞은 개수의 양성자와 중성자를 모아서 좁은 공간에 욱여넣고(원자핵), 양성자와 같은 개수의 전자를 그 주변에 뿌려서 각 전자들이 양자역학적 궤도에 머물게 하면 된다. 이것이 전부다. 문제는 레고 블록과 달리 이들이 쉽게 뭉치지 않는 다는 점이다. 양성자와 중성자는 가까운 거리에서 서로 강하게 밀어내거나 당기기 때문에, 이들을 원자핵 안에 가둬 놓기란 여간 어려운 일이 아니다. 특히 양성자들 사이에 강한 핵력이 작용하려면 아주 가까이 뭉쳐야 하는 데, 이들은 전기전하의 부호가 같아서 서로 밀어내기 때문에 일상적인 환경에서는 도저히 불가능하다. 양성자들이 가까이 뭉쳐서 핵력의 영향권에 들어가려면 압력과 온도가 전기적 척력을 이겨 낼 정도로 엄청나게 높아야 한다.

우주의 역사를 통틀어 온도와 압력이 가장 높았던 시기는 단연 빅뱅 직후였다. 따라서 입자들이 전기적 반발력을 극복하고 원자핵을 형성하기에는 이때가 가장 적기였을 것이다. 압력과 에너지가 극도로 높은 환경에서 양성자와 중성자가 충돌하면 자연스럽게 한데 뭉쳐서 주기율표에 있는 다양한 원소들이 만들어질 것이다. 바로 이것이 1940년대 말에 구소련의 물리학자 조지 가모프George Gamow가 대학원생 제자 랠프 앨퍼Ralph Alpher와 함께 제안했던 원소 생성 가설이다(가모프는 소련을 탈출하기 위해 1943년에 조그만 카약에 커피와 초콜릿을 싣고 아내와 함께 흑해 횡단을 시도했다가 역풍 때문에 실패한 적이 있다).

이들의 가설은 기본적으로 옳았지만 몇 가지 문제가 있었다. 첫 번째 문제는 빅뱅 직후에 우주의 온도가 너무 높았다는 것이다. 초고온에서 방출된 광자는 에너지가 너무 컸기 때문에, 양성자와 중성자가 만나 원자핵을 형성해도 광자의 맹렬한 공격을 이기지 못하고 다시 분해되었을 것이다. 그러나 빅뱅이 일어나고 90초쯤 흐른 후에는(초기 우주의 급격한 변화를 고려할 때 90초면 꽤 긴 시간이다) 상황이 몰라보게 달라졌다. 그 사이에 온도가 큰 폭으로 떨어져서, 양성자와 중성자가 광자의 방해를 받지 않고 융합 반응을 일으킬 수 있게 된 것이다.

두 번째 문제는 무거운 원자가 만들어지려면 매우 복잡한 과정을 거쳐야 한다는 점이었다. 물론 과정이 복잡할수록 시간도 오래 걸린다. 지정된 수의 양성자와 중성자가 핵융합 반응을 통해 무거운 원자핵을 형성하려면 특정한 원자핵들이 만나서 융합되는 등 매우 까다로운 일련의 조건이 '우연히' 맞아떨어져야 할 뿐만 아니라, 미식가의 까다로운 조리법처럼 모든 재료들이 일정한 순서에 따라 섞여야 한다. 또한 중간 단계에 있는 일부 원자핵들은 상태가 매우 불안정하여 생성되자마자 곧바로 분해되기 때문에, 다음 단계로 넘어가기가 쉽지 않다. 게다가 초기 우주는 빠르게 팽창하면서 온도와 밀도가 급격하게 떨어졌으므로, 온도가 적절할 때 이 모든 조건이 충족되어야 무거운 원자가 생성될 수 있다. 빅뱅 후 약 10분이 지났을 무렵에 우주는 핵반응에 필요한 최소한의 온도보다 낮은 상태였다.[10]

앨퍼는 자신의 박사 학위 논문에서 이 문제를 신중하게 분석했고, 그 후 여러 물리학자들이 앨퍼의 가설을 수정, 보완한 끝에 '빅뱅 직후에는 구조가 가장 단순한 몇 종류의 원자만 생성되었을 것'이라는 결론에 도달했다. 그리고 모든 정황을 고려하여 약간의 계산을 거친 결과, 빅뱅 직후 우주에 존재했던 원소는 수소(양성자 1개) 75%, 헬륨(양성자 2개와 중성자 2개) 25%, 그리고 소량의 중수소(수소의 무거운 버전, 양성자 1개와 중성자 1개)와 헬륨-3(헬륨의 가벼운 버전, 양성자 2개와 중성자 1개), 리튬(양성자 3개와 중성자 3개)으로 추정되었다.[11] 그 후 천문 관측으로 얻은 현재의 원소 분포에 기초하여 과거의 원소 비율을 역으로 추적해 보니, 위의 계산과 정확하게 맞아떨어졌다. 오직 수학과 물리학만으로 빅뱅 후 1분 이내의 상황을 성공적으로 재현한 것이다.

그렇다면 생명 현상과 관련된 무거운(복잡한) 원소들은 어떻게 만들어졌을까? 이론의 기원은 1920년대로 거슬러 올라간다. 무거운 원소들이 별의 내부에서 만들어진다는 아이디어를 처음으로 제안한 사람은 영국의 천문학자 아서 에딩턴Arthur Eddington이었다(에딩턴과 관련된 재미있는 일화 하나: 한 기자가 에딩턴을 찾아와 물었다. "이 세상에 아인슈타인의 상대성원리를 이해하는 사람이 단 세 명뿐이라고 하던데, 그중 한 사람이 된 기분이 어떠십니까?" 에딩턴은 한동안 생각에 잠겼다가 입을 열었다. "글쎄요… 세 번째 인물이 누구인지 정말 궁금하네요."). 그는 별의 뜨거운 중심부가 무거운 원소를 제조하는 가마솥 역할을 했다고 생각한 것이다. 에딩턴의 가설은 그 후 한스 베데Hans Bethe(내가 처음으로 물리학과 교수로 채용되었을 때, 나에게 배정된 연구실은 베데의 연구실 바로 옆에 붙어 있었다. 그래서 나는 옆방에서 요란한 재채기 소리가 들릴 때마다 시계를 4시에 맞추곤 했다. 그가 매일 정확한 시간에 재채기를 한 이유는 지금도 미스터리로 남아 있다)를 비롯한 여러 물리학자의 손을 거쳐 수정, 보완되었으며, 프레드 호일Fred Hoyle(1949년에 BBC 라디오에 출연하여 "우주가 대폭발에서 시작되었다."는 가설을 조롱하며 "빅뱅"으로 불렀다가, 의도치 않게 과학 역사상 가장 유명한 용어의 창시자가 되었다[12])에 의해 세련된 이론으로 자리 잡게 된다.

빅뱅 직후 숨 가쁘게 진행된 사건의 속도와 비교할 때, 별의 내부는 (수십억 년까지는 아니더라도) 수백만 년 동안 유지될 수 있는 매우 안정된 환경이었다. 이곳에서도 중간 단계에 생산된 불안정한 원자핵 때문에 핵융합 공정이 느려지긴 했지만, 납품 기일 같은 게 없으므로 서두를 일도 없었다. 그저 가마솥에 부지런히 열을 지피면 된다. 그래서 빅뱅 때와는 달리 수소가 융합하여 헬륨으로 변한 후에도 융합 공정은 쉬지 않고 계속되었다. 질량이 큰 별은 주기율표에서 제법 무거운 원소가 만들어질 때까지 융합 반응을 계속 일으킬 수 있으며, 그 부산물로 다량의 열과 빛을 방출한다. 예를 들어 질량이 태양의 20배인 별은 처음 800만 년 동안 수소를 융합하여 헬륨을 생산하고, 다음 100만 년 동안 헬륨을 융합하여 탄소와 수소를 만들 수 있다. 이 시점부터 중심부의 온도는 더욱 높아지고 원소 생산 공장의 컨베이어 벨트는 계속 가동된다. 그 후 약 1,000년 동안 탄소 원자핵으로부터 나트륨(Na)과 네온(Ne)이 생산되고, 그다음 6개월 동안은 마그네슘(Mg), 그다음 한 달 동안은 황(S)과 실리콘(Si), 그다음 약 10일 동안은 남은 원자핵을 모두 태워 철(Fe)이 만들어진다.[13]

여기서 잠깐 숨을 돌리자. 철에서 멈춘 데에는 그럴 만한 이유가 있다. 모든 원소들 중에서 철의 원자핵은 가장 단단하게 뭉쳐 있는데, 바로 이것이 문제다. 철에 양성자와 중성자를 추가하여 더 무거운 원소를 만들려고 해도, 철의 원자핵은 전혀 협조를 하지 않는다. 양성자 26개와 중성자 30개가 똘똘 뭉쳐 있는 철의 원자핵은 갖고 있던 에너지를 있는 대로 쥐어짜서 이미 외부로 방출한 상태이기 때문이다. 그래서 양성자와 중성자를 추가하려면 새로운 에너지가 (방출이 아니라) 투입되어야 한다. 별은 끊임없는 융합 반응을 통해 점점 더 무거운 원소를 순차적으로 생산하면서 열과 에너지를 외부로 방출해 왔는데, 철에 도달하면 이 공정이 더 이상 진행되지 않는다. 벽난로에 쌓인 재처럼 철은 더 이상 타지 않기 때문이다.*

그렇다면 구리와 수은, 니켈 같은 원소는 어떻게 만들어졌을까? 금, 은, 백금 같은 귀금속은 어디서 왔으며, 이보다 훨씬 무거운 라듐, 우라늄, 플루토늄 같은 방사성 원소는 어디서 어떻게 만들어졌을까?

과학자들은 위에 열거한 원소의 출처로 두 곳을 지목했다. 별의 중심부가

---

* 엄밀히 말해서 불에 타는 것은 화학 반응이다. 여기서 '탄다'는 말은 핵융합을 비유적으로 표현한 것이다.

엔드 오브 타임

대부분 철로 채워지면 융합 반응이 중단되어 밖으로 밀어내는 에너지가 생산되지 않기 때문에, 별은 자체 중력으로 수축되기 시작한다. 별이 무지막지한 중력에 의해 안으로 붕괴되는 것이다. 별의 질량이 충분히 크면 붕괴가 빠르게 진행되어 중심부의 온도가 급격하게 상승하고, 내파^[內破, implode]되는 물질이 중심핵에 되튀면서 엄청난 충격파가 바깥쪽으로 퍼져 나간다. 그리고 이 충격파 때문에 별의 중심부는 더욱 강하게 압축되어 무거운 원자핵이 합성될 수 있는 환경이 만들어진다. 주기율표에서 철보다 무거운 원소의 일부는 이 혼돈의 와중에 생성된 것이다. 별의 중심부에서 발생한 충격파가 표면에 도달하면 다양한 원소들이 우주 공간에 뿌려진다.

2개의 중성자별^{neutron star}이 충돌하는 초대형 사건에서도 철보다 무거운 원소가 만들어질 수 있다. 중성자별은 수명을 다한 별의 잔해로서 질량이 태양의 10~30배 정도이며, 대부분이 중성자로 이루어져 있어서(중성자는 베타 붕괴를 통해 양성자로 변하는 카멜레온 같은 입자다), 새로운 원자핵이 생성되기에 적절한 조건을 갖추고 있다. 한 가지 문제는 중성자가 별의 강력한 중력을 극복하고 탈출해야 한다는 것이다. 어떻게 그럴 수 있을까? 그렇다. 중성자별끼리 충돌하면 된다. 이런 대형 사고가 터지면 다량의 중성자가 우주 공간으로 연기처럼 흩어지는데, 이들은 전기전하가 없어서 척력이 작용하지 않기 때문에 몇 개의 그룹으로 쉽게 뭉쳐진다. 그 후 중성자의 일부가 카멜레온처럼 양성자로 변신하여(이 과정에서 전자와 반뉴트리노^{anti-neutrino*}가 방출된다) 무거운 원소가 만들어지는 것이다. 이 이론은 한동안 가설 단계에 머물러 있다가 2017년에 중성자별의 충돌로 생성된 중력파

---

* 뉴트리노의 반입자.

gravitational wave가 감지되면서 사실로 확인되었다(블랙홀 2개가 충돌하면서 발생한 중력파가 관측된 직후에 연이어 관측되었다). 과학자들은 다양한 분석을 통해 중성자별의 충돌이 초신성 폭발supernova explosion보다 효율적으로 무거운 원소를 생산한다는 사실을 알아냈다. 우주에 존재하는 무거운 원소의 상당 부분이 초대형 충돌 사건의 와중에 생성되었다니, '창조적 파괴'는 경제학에만 적용되는 원리가 아닌 모양이다.

별의 내부에서 생성되어 초신성이 폭발하거나 중성자별이 충돌할 때 우주 공간으로 뿌려진 원소들은 장구한 세월을 떠돌다가 거대한 기체 구름으로 뭉쳐서 별과 행성이 되고, 그중 일부는 우리의 몸이 되었다. 바로 이것이 지금까지 당신이 보아 온 모든 물질의 기원이다.

태양계의 기원

태양의 나이는 무려 45억 살이나 되지만 다른 천체에 비하면 신출내기에 속한다. 빅뱅 후 처음 탄생한 별을 '1세대 별'이라고 하는데, 우리의 태양은 이들의 후손이다. 3장에서 말했듯이 1세대 별은 태초에 양자요동 때문에 생긴 물질과 에너지의 불균일한 분포가 인플레이션 팽창을 타고 넓게 퍼진 후 밀도가 높은 지역에서 탄생했다. 방대한 관측 데이터에 기초하여 실행된 컴퓨터 시뮬레이션에 의하면 최초의 별은 빅뱅 후 1억 년 만에 태어났는데, 질량이 태양의 수백~수천 배에 달하여 엄청난 기세로 타오르다가 빠르게 사라졌다. 1세대 별들 중 가장 무거운 별은 자체 중력으로 계속 수축되다가 빛조차도 빠져 나올 수 없는 블랙홀이 되었으며(자세한 내용은 이 책의 뒷부분에서 다룰 예정이다), 질량이 작은 별은 초신성 폭발로 장렬한 최후를 맞이하면서 무거운 원소들을 사방에 살포하여 차세대 별의 씨앗이 되었다. 초신성에서 발생한 충격파는 별의 내부를 관통하면서 원자핵의 융합을 촉진했고, 공간을 가로질러 나가는 동안에는 분자 구름을 만날 때마다 강하게 압축시켰는데, 이런 지역은 다른 지역보다 밀도가 높기 때문에 자체 중력으로 수축되어 차세대 별로 자라났다.

천문학자들은 태양의 구성 성분에 기초하여(태양 빛을 분광기로 분석하면 구성 성분과 각 성분의 비율을 알 수 있다) 태양이 3세대 별이라는 결론에 도달했다. 그러나 태양이 처음 생성된 위치는 아직도 불확실하다. 가장 그럴듯한 후보는 지구로부터 약 3,000광년 떨어진 '메시에 67 Messier 67'이라는 지역으로, 태양과 구성 성분이 비슷한 별들이 대량으로 모여 있어서 태양의 고향으로 추정되고 있다. 그러나 이곳에서 태어난 태양과 행성들(또는 훗날 행성이 될 원시 행성 원반)이 별들의 보육원을 떠나 이곳으로 이주하게 된 원인은 앞으로 풀어야 할 수수께끼다. 그러나 일부 학자들의 주장에 의하면 태양의 고향은 메시에 67이 아닐 수도 있으며, 가정의 일부를 수정하여 더욱 그럴듯한 후보지를 제시한 학자도 있다.[14]

어느 정도 사실로 확인된 태양의 탄생 비화는 다음과 같다. 지금으로부터 약 47억 년 전, 초신성 폭발과 함께 생성된 충격파가 우주 공간을 가로지르다가 수소와 헬륨, 그리고 소량의 무거운 원소로 이루어진 구름을 관통하면서 주변보다 밀도가 높은 지역이 형성되었고, 이곳에서 강한 중력이 작용하여 주변 물질을 안으로 잡아당기기 시작했다. 그로부터 수십만 년 후, 이 지역은 계속 수축되면서 서서히 돌기 시작했고 시간이 흐를수록 자전 속도가 점점 빨라졌다. 이것은 피겨 스케이트 선수가 양팔을 펴고 제자리에서 회전하다가 팔을 오므리면 회전 속도가 빨라지는 것과 같은 이치다. 그리고 스케이트 선수가 회전할 때 옷에 달린 솔기가 바깥쪽으로 뻗는 것처럼,* 회전하는 구름에서도 외곽 부분이 바깥쪽으로 평평하게 퍼지면서 중심부를 에워싼 원반 모양으로 변형되었다(이것을 회전 원반이라 한다). 그 후 회전하는 구름은 5천만~1억 년 동안 3장에서 언급했던 엔트로피 2단계 과정(중력이 중심부를 안으로 짓눌러서 고밀도-초고온 상태가 되고, 가장자리에 있는 물질은 밀도가 감소하면서 차가워지는 현상)을 느리고 꾸준하게 실행했다. 그 결과 중심부의 엔트로피는 감소했지만 가장자리의 엔트로피는 증가했으며, 증가폭이 감소폭보다 커서 기체 구름의 총 엔트로피는 증가했다. 이런 과정이 계속되다가 결국 중심부의 온도가 임계값을 초과하여 핵융합이 시작되었다.

드디어 우리의 태양이 탄생한 것이다. 그 후 수백만 년 사이에 회전 원반의 일부 파편들(약 0.3%)이 역시 자체 중력으로 뭉쳐서 태양계의 행성으로 진화했다. 이들 중 가볍고 휘발성이 강한 물질(수소, 헬륨, 메탄, 암모니아, 물 등)은 태양의 강한 복사輻射. radiation에 떠밀려 태양계 외곽의 차가운 지역에 축적되었고, 이곳에서 자체 중력으로 응집되어 목성과 토성, 천왕성, 해왕성과 같은 가스형 행성이 되었다. 반면에 철과 니켈, 알루미늄처럼 무겁고 단단한 물질은 태양과 가까운 곳에서 뜨거운 환경을 이겨 내고 수성, 금성, 지구, 화성과 같은 바위형 행성으로 진화했다. 행성은 태양보다 훨씬 가벼웠기 때문에, 압력에 저항하는 원자 고유의 능력만으로 적절한 크기를 유지할 수 있었다. 처음에는 중력에 의해 수축되면서 중심부가 어쩔 수 없이 뜨거워졌다. 하지만 핵융합을 일으키기에는 턱없이 낮은 온도였기에, 다행히도 생명체에게 유리한 환경이 조성될 수 있었다(물론 다른 태양계에도 지구와 비슷한 행성이 존재할 수 있다).

---

* 원심력 때문이다.

젊은 지구

지구의 처음 25억 년을 태고대^{太古代}, 또는 하데스대^{Hadean period}라 한다. 하데스^{Hades}는 그리스신화에 등장하는 죽은 자들(지하 세계)의 신으로, 맹렬하게 폭발하는 화산과 사방에 흐르는 용암, 그리고 유황과 청산가리에서 발생한 유독가스 등을 연상시키는 이름이다. 그러나 일부 과학자들은 "지구가 젊었던 시대에 굳이 신의 이름을 붙인다면 하데스보다 포세이돈^{Poseidon}이 더 적절하다."고 주장한다. 그러나 바다의 변천사는 대륙의 변천사 못지않게 증거가 태부족하여, 아직도 논란의 대상으로 남아 있다. 초기 지구의 암석 표본은 구하기가 쉽지 않지만, 과학자들은 그 시대에 용암이 굳으면서 형성된 반투명 지르콘 결정^{zircon crystal}을 발견했다. 지르콘은 수십억 년에 걸친 지질학적 변형에도 살아남을 정도로 단단하기 때문에, 지구의 역사를 간직한 타임캡슐 역할을 한다. 아득한 과거에 형성된 지르콘 결정은 주변 환경의 분자를 포획하여 오랜 세월 동안 간직해 왔으므로, 표준 방사능 연대 측정을 통해 생성 시기를 알 수 있다. 지르콘에 함유된 불순물이 젊은 지구의 환경을 말해 주고 있는 것이다.

과학자들은 웨스턴 오스트레일리아주^{Western Australia}에서 태양계와 지구가 탄생하고 2억 년 후에 형성된 지르콘 결정을 발견했다. 태양계의 역사는 46억 년이므로, 이 결정의 나이는 무려 44억 살이나 된다. 그런데 성분을 분석해 보니, 고대의 환경이 이전에 생각했던 것보다 훨씬 좋았던 것으로 드러났다.* 이 분석에 의하면 초기의 지구는 작은 육지가 간간이 점처럼 박

---

* 여기서 '좋다'는 말은 생명체에게 좋다는 뜻이다. 생명체가 없으면 좋고 나쁜 기준도 없다.

혀 있는 '물의 세계'였을 가능성이 높다.[15]

그렇다고 해서 지구의 역사가 순탄했다는 뜻은 아니다. 지구가 처음 생성되고 5천만~1억 년이 지났을 무렵, 화성만 한 크기의 행성 '테이아^{Theia}'가 지구와 충돌하여 지구의 지각이 모두 증발했다. 테이아는 산산이 부서졌으며, 충돌의 여파로 발생한 먼지 구름이 수천 km까지 퍼져 나갔다. 세월이 흘러 이 구름은 별과 행성의 모태가 그랬던 것처럼 자체 중력으로 서서히 뭉쳐서 또 하나의 천체가 되었다. 태양계에서 제일 큰 위성이자 밤마다 끔찍한 충돌 사건을 상기시켜 주는 달^{moon}이 바로 그 주인공이다. 지구에 4계절이 존재하는 것도 테이아와의 충돌 때문이다. 여름에 덥고 겨울에 추운 것은 지구의 자전축이 공전면*에 대하여 23.5°가량 기울어져 있어서 계절에 따라 태양의 고도가 달라지기 때문인데, 과학자들은 이것도 테이아와 충돌한 후부터 나타난 현상으로 추측하고 있다. 그 외에 지구의 적도 부위가 불룩하게 튀어나온 것이 충돌의 후유증이라고 주장하는 학자도 있다. 이보다는 규모가 작지만, 지구와 달은 작은 유성의 융단 폭격을 받기도 했다. 달에는 공기가 없기 때문에 충돌의 흔적(운석공, crater)이 고스란히 남아 있지만, 지구는 오랜 세월 동안 풍화 작용을 겪으면서 거의 모든 흔적이 사라졌다. 초기에 떨어진 운석은 지표면에 있는 물의 일부, 또는 전부를 증발시켰을 것이다. 그러나 지구는 탄생 후 수억 년 사이에 온도가 내려가고 다량의 비가 바다를 다시 채우는 등, 지금과 비슷한 환경이 조성되었다. 이것은 지르콘 결정을 분석하여 알아낸 여러 가지 사실 중 하나다.

지구의 물이 모두 끓어서 졸아들었다가 다시 바다가 형성되려면 어느 정

---

* 공전궤도를 포함하는 평면.

엔드 오브 타임

도의 시간이 필요할까? 이것은 지구에 최초의 생명체가 등장한 시기와 직접적으로 연관되어 있기 때문에 논란의 여지가 많은 질문이다. 물이 있으면 무조건 생명체가 존재한다고 장담할 수는 없지만, 적어도 우리가 아는 생명체들은 물이 없으면 생존할 수 없다. 왜 그럴까?

지금부터 그 이유를 알아보자.

생명, 양자역학, 그리고 물

물은 우리에게 가장 친숙하면서 가장 중요한 물질이다. 물리학에서 가장 유명한 방정식이 아인슈타인의 $E = mc^2$이듯이, 화학에서 제일 유명한 분자식은 아마도 물을 뜻하는 H_2O일 것이다. 여기에 살을 붙이면 물의 독특한 성질을 이해할 수 있고, 물리학과 화학의 수준에서 생명을 정의하려는 슈뢰딩거의 원대한 목표에 조금 더 다가갈 수도 있을 것이다.

1920년대 중반에 전 세계의 물리학자들은 지난 수백 년 동안 수용되어 왔던 자연의 질서에 지각 변동이 일어날 것을 직감했다. 궤도를 도는 행성과 날아가는 돌멩이의 궤적은 17세기에 완성된 뉴턴의 물리학으로 정확하게 예견할 수 있었는데, 전자와 같은 작은 입자에는 전혀 맞아떨어지지 않았던 것이다. 미시 세계에서 얻어진 중구난방 데이터는 뉴턴역학의 잔잔한 수면에 일대 풍랑을 일으켰고, 물리학자들은 침몰하지 않기 위해 새로운 데이터와 사투를 벌였다. 베르너 하이젠베르크는 닐스 보어Niels Bohr와 함께 밤을 꼬박 새워가며 난해한 계산을 마친 후, 코펜하겐 공원을 거닐면서 보어를 향해 중얼거렸다. "정말 자연이 실험 데이터처럼 말도 안 되는 방식으로 운영되고 있을까요?"[16] 그 답은 1926년에 독일의 물리학자 막스 본Max Born이 파격적인 양자 패러다임을 제안함으로써 '그렇다yes'로 판명되었다.

그의 주장에 의하면 전자(또는 임의의 다른 입자)가 발견될 위치는 오직 확률적으로만 예측할 수 있다. 그리하여 '어떤 물체이건 명확한 위치를 갖는다'는 뉴턴의 물리학은 '입자는 이곳, 저곳, 또는 다른 어떤 곳에도 존재할 수 있다'는 양자적 현실로 대치되었고, 확률에 기초한 체계에서 필연적으로 나타나는 불확정성이 초유의 관심사로 떠올랐다. 뉴턴은 눈에 보이는 것을 대상으로 운동방정식을 세웠지만, 250년 후의 물리학자들은 인간의 인지 능력을 넘어선 곳에 의외의 현실이 존재한다는 놀라운 사실을 알아냈다.

막스 본의 제안은 수학적으로 흠잡을 곳이 없었다.[17] 그는 자신의 이론을 설명하면서 "몇 달 전에 슈뢰딩거가 발표한 파동방정식을 이용하면 양자적 확률을 계산할 수 있다."고 천명했다. 슈뢰딩거를 비롯한 여러 물리학자들은 본의 주장을 반신반의했지만, 그가 제시한 처방전을 그대로 따라가 보니 마치 톱니바퀴가 맞물려 돌아가듯 수학적 구조가 완벽하게 작동했다. 그동안 경험에 근거하여 임시변통으로 대충 설명하거나 아예 설명조차 불가능했던 실험 데이터들이 수학적 분석을 통해 이해 가능한 영역으로 들어온 것이다.

양자적 관점을 원자에 적용하면 행성이 태양을 중심으로 공전하듯이 전자가 원자핵 주변을 공전한다는 구식 '태양계 모형'은 전혀 먹혀들지 않는다. 양자역학에 의하면 전자는 원자핵 주변을 구름처럼 에워싸고 있으며, 특정 위치에서 구름의 밀도는 그곳에서 전자가 발견될 확률과 관련되어 있다. 즉, 구름이 옅은 곳에서는 전자가 발견될 확률이 낮고, 구름이 짙게 낀 곳에서는 전자가 발견될 확률이 높다.

슈뢰딩거의 파동방정식은 이 내용을 수학적으로 명쾌하게 풀어서 전자 구름의 형태와 밀도를 결정할 뿐만 아니라, 개개의 전자 구름에 들어갈 수 있는 전자의 개수까지 결정해 준다(지금 우리에게 중요한 것은 후자 쪽이다).[18] 자세히 파고 들어가면 수학의 늪에 빠져 허우적거릴 것이 분명하므로, 일상생활 속에서 간단한 비유를 들어 보자. 여기, 원형 중앙 무대에서 공연이 펼쳐지고 있다. 청중들의 좌석은 무대를 에워싼 동심원을 따라 나열되어 있으며, 무대에서 멀수록 좌석이 높아진다. 간단히 말해서 계단식 원형극장이라는 뜻이다. 여기서 중앙 무대는 원자핵이고 관객은 전자에 해당한다. 이 '양자극장'을 찾은 관객들을 어떤 순서로 앉혀야 할까? 그 답을 알려 주는 것이 바로 슈뢰딩거의 파동방정식이다.

실제 극장에서 높은 계단으로 올라가려면 그만큼 힘이 드는 것처럼, 전자도 높은 층에 도달하려면 그에 해당하는 에너지가 필요하다. 따라서 가장 안정한 상태(에너지가 가장 낮은 상태. 흔히 '바닥 상태ground state'라고 한다)에 있는 원자는 에너지가 가장 낮은 좌석부터 전자를 배치하고, 이 좌석이 다 찬 경우에 한하여 한 단계 위의 좌석을 순차적으로 채워 나간다. 원자의 에너지가 최소일 때에는 그 어떤 전자도 더 높은 곳으로 올라가려 하지 않는다. 그렇다면 각 층에는 얼마나 많은 전자들이 들어갈 수 있을까? 답은 슈뢰딩거의 방정식에 들어 있다. 범우주적으로 통용되는 좌석 배치 규약은 1층에 최대 2개, 2층에 8개, 3층에 18개… 등등이다.* 원자에 강력한 레이저를 쪼이면 에너지가 상승하여 일부 전자들이 높은 층으로 점프할 수도 있다. 이런 상태를 '들뜬 상태excited state'라고 하는데, 졸지에 높은 층으로 점프한 전자는 곧바로 에너지(광자)를 방출하면서 처음 있던 자리로 떨어지고, 원자는 다시 바닥 상태로 돌아간다.[19]

방정식을 풀면 또 한 가지 중요한 사실이 드러난다. 원자는 특유의 '강박

---

* n번째 층의 한계 수용 개수는 $2n^2$이다.

증'에 사로잡혀 있으며, 바로 이 강박증 때문에 모든 화학 반응이 일어난다는 것이다. 원자는 하나의 층*이 어중간하게 차 있는 상태를 몹시 싫어한다. 한 층이 텅 비었다고? 괜찮다. 한 층이 전자로 꽉 찼다고? 이것도 오케이다. 그러나 한 층의 일부만 차 있으면 원자는 어떻게든 그 층을 텅 비우거나 꽉 채우기 위해 수단과 방법을 가리지 않는다. 일부 원자들은 운 좋게도 모든 층에 전자가 만원사례를 이루어, 처음 태어났을 때부터 안정한 상태를 유지해 왔다. 예를 들어 헬륨(He)은 원자핵에 있는 2개의 양성자와 전기적으로 평형을 이루기 위해 2개의 전자를 거느리고 있는데, 이들이 1층에 자리를 잡으면 정족수를 채워서 만사가 태평하다. 네온(Ne)은 원자핵에 포함된 양성자가 10개여서 10개의 전자를 거느리고 있는데, 1층에 전자 2개, 2층에 나머지 전자 8개가 자리를 잡으면 모든 층이 꽉 차서 역시 행복하다. 그러나 대부분의 원자는 전기적 평형을 이루기 위해 요구되는 전자의 수가 각 층의 정족수의 총합과 일치하지 않는다.[20]

그렇다면 이들의 차선책은 무엇일까? 기발한 해결책이 있다. 다른 종류의 원자와 거래를 하면 된다. 만일 당신이 가장 위층에 전자 2개가 모자라는 원자이고 나는 위층에 전자가 달랑 2개밖에 없는 원자라면, 나에게 혹과도 같은 전자 2개를 당신에게 줌으로써 문제를 해결할 수 있다. 당신은 모자라는 전자 2개를 채워서 좋고, 나는 처치 곤란했던 전자 2개를 처분해서 좋고, 그야말로 누이 좋고 매부 좋은 거래다. 여기서 또 한 가지 주목할 점은 전자를 받은 당신(원자)은 전체적으로 음전하를 띠고, 전자를 기부한 나는 양전하를 띠게 된다는 것이다. 그런데 부호가 반대인 전하들 사이에는

---

* 이것을 에너지 준위(energy level)라 한다.

인력이 작용하므로, 당신과 나는 서로 끌어안으면서 전기적으로 중성인 분자를 형성하게 된다.[*] 당신과 나, 모두 전자가 1개씩 부족한 상황이라면 다른 방법도 가능하다. 두 사람 명의로 된 공동 계좌를 개설해 전자를 1개씩 예치한 후(그러면 계좌에는 전자 2개가 저장된다) 각자 소유권을 행사하여 부족분을 채우면 된다. 이 경우에도 전자를 공유하려면 가까이 들러붙어야 하므로, 당신과 나는 자연스럽게 결합하여 전기적으로 중성인 분자를 형성한다.[**] 화학 반응이란 이처럼 원자들이 모자라는 전자를 채워 넣거나 남는 전자를 처분하기 위해 한데 뭉치는 과정을 통칭하는 말이다.

그중에서도 물은 매우 중요한 사례를 보여 준다. 산소 원자는 8개의 전자를 갖고 있는데, 그중 2개는 첫 번째 층(궤도)을 가득 채우고, 나머지 6개는 두 번째 층에 할당되어 있다. 그런데 두 번째 층의 정족수는 8개이므로, 산소 원자는 부족분을 채우기 위해 필사적으로 전자를 찾는다. 과연 누가 산소의 강박증을 풀어 줄 수 있을까? 가장 만만한 상대는 수소다. 모든 수소 원자는 전자가 달랑 1개뿐이며, 이 전자는 1층 궤도를 혼자 차지한 채 빈둥거리고 있다. 그러나 1층의 정족수는 2개이므로, 수소 원자도 전자 1개를 영입할 수만 있다면 문자 그대로 "물불을 가리지 않는다". 그래서 수소는 산소와 전자를 공유하는 데 동의하고 산소에게 들러붙는다. 수소는 1층에 전자 2개를 확보했으므로 더 바랄 게 없지만, 산소는 아직 1개가 부족하다. 이때 또 다른 수소 원자가 산소에게 똑같은 조건을 제시하며 다가온다. 산소의 입장에서는 거부할 이유가 없다. 그리하여 1개의 산소 원자와 2개의

---

[*] 이것이 바로 이온결합이다.
[**] 이것을 공유결합이라 한다.

수소 원자는 완벽한 계약을 통해 자신의 최외곽층을 전자로 가득 채우고 행복한 결합을 유지한다. 이렇게 탄생한 것이 바로 H_2O로 표기되는 물 분자다.

물 분자의 기하학적 구조는 우주 전체에 지대한 영향을 미쳤다. 물 분자의 구성 원자들은 넓은 V자 형태로 배열되어 있는데, 꼭짓점에 산소 원자가 있고 2개의 수소 원자는 갈라진 가지의 양끝에 자리 잡고 있다. H_2O 분자는 전체적으로 중성이지만 산소 원자의 전자 포획 본능이 워낙 강하기 때문에, 수소와 결합했을 때 음전하(전자)의 위치가 산소 쪽으로 약간 치우치게 된다. 그래서 H_2O의 산소 원자는 음전하를 띠고, 2개의 수소 원자는 양전하를 띤다.

그래서 어쨌다는 말인가? 어차피 물 분자는 전체적으로 중성인데. 내부의 음전하가 산소 쪽으로 조금 치우쳤다고 해서 뭐가 달라지겠는가? 아니다. 그렇지 않다. 이 미세한 불균형이 없었다면 생명은 존재하지 않았을 것이다. 물 분자는 전하가 비대칭적으로 분포되어 있어서 거의 모든 물질을 녹일 수 있다. 음전하를 띤 산소 원자는 주변의 양전하를 무조건 끌어당기고, 양전하를 띤 수소 원자는 주변의 음전하를 무조건 끌어당긴다. 전하를 띤 물질이 물속에 오래 잠겨 있으면 물 분자의 양끝이 전하 갈퀴처럼 작용하여 물질을 갈가리 찢어 놓는 것이다.

대표적인 예가 주방에서 사용하는 소금이다. 나트륨 원자(Na)와 염소 원자(Cl)의 결합으로 형성된 소금 분자는 나트륨 근처에서 양전하가 조금 초과된 상태이고(전자 1개를 염소에게 기증했음), 염소 근처는 음전하가 조금 초과된 상태다(나트륨으로부터 전자 1개를 기증받았음). 물에 소금을 떨어뜨리면 H_2O의 산소 원자(음전하)가 나트륨(양전하)을 움켜쥐고 수소 원자(양전하)는 염소(음전하)를 움켜쥐면서 소금 분자를 해체시킨다. 이 과정을 두 글자로 줄인 것이 '용해'이고, 결과물을 세 글자로 줄인 것이 '소금물'이다. 물에 관한 한, 소금뿐만 아니라 다른 물질도 마찬가지다. 세부 사항은 물질마다 다르지만, 일단 물속에 들어가면 물 분자의 비대칭적인 전하 분포 때문에 설탕물이 되고, 술이 되고, 양잿물이 된다. 비누 없이 손을 씻을 때에도 물의 전지적 극성極性이 손에 묻은 이물질을 잡아당겨서 물과 함께 씻겨 내려간다.

물이 다른 물질을 포획하는 능력은 개인 위생뿐만 아니라 생명 활동에도 필수적이다. 세포의 내부는 거대한 화학 공장을 방불케 한다. 이곳에서는 다양한 물질들이 빠르게 움직이면서 영양분을 흡수하고, 폐기물을 배출하고, 화학 물질을 재료 삼아 세포 기능에 필요한 여러 가지 효소를 만들어내고 있는데, 물이 없으면 모든 공정이 중단된다. 세포 질량의 70%를 차지하는 물은 한마디로 '생명의 액체'다. 1937년에 노벨 생리의학상을 수상한 헝가리 출신의 생화학자 알베르트 센트죄르지Albert Szent-Györgyi는 물의 중요성을 다음과 같이 강조했다. "물은 생명의 물질이자 생명의 기반이며, 모든 매개체의 어머니다. 물이 없으면 생명도 없다. 지구의 생명체는 원래 바다에서 살다가, 피부에 물을 저장하는 방법을 개발한 후에야 육지로 진출할 수 있었다. 우리는 지금도 물과 함께 살고 있다. 다만, 바깥에 있던 물을 몸 안으로 가져온 것뿐이다."[21] 물과 생명의 관계가 우주 전역에 적용된다고 장담할 수는 없지만, 적어도 우리가 아는 한 물 없이 살 수 있는 생명체는 존재하지 않는다.

생명의 통일성

무거운 원자가 만들어지는 과정과 태양계의 기원, 화학 반응의 본질, 그리고 물의 필요성을 알았으니 이제 생명으로 관심을 돌려 보자. 생명을 논하려면 생명의 기원에서 출발해야겠지만, 이 문제는 아직 결론이 나지 않았으므로 생명의 정수精髓가 담겨 있는 분자에서 시작하여 이야기를 풀어 나가 보자. 이론물리학자인 나는 지난 30년 동안 자연에 존재하는 기본 힘을 하나로 통일하는 통일장이론을 연구해 왔기 때문에, 생명을 바라볼 때에도 '생물학적 통일성'이 제일 먼저 눈에 띈다. 지구에 존재하는 생명체의 종류는 얼마나 될까? 일부 연구에 의하면 최소 수백만 종에서 최대 수조 종에 이른다고 한다. 정확한 숫자는 알 수 없지만, 아무튼 엄청나게 많은 것은 분명하다. 그러나 숫자에 집착하다 보면 생명체의 몸 안에서 진행되는 신비한 과정을 간과하기 쉽다.

살아 있는 조직을 자세히 들여다보면 생명을 정의하는 가장 작은 단위인 세포에 도달하게 된다. 모든 세포는 출처에 상관없이 비슷한 구조를 갖고 있기 때문에, 누군가가 당신에게 세포 1개를 보여 준다면 (전문가가 아닌 한) 그것이 쥐의 세포인지 개의 세포인지, 거북이인지 거미인지, 집파리인지 사람인지 구별할 수 없을 것이다. 이것은 매우 놀라운 사실이다. 사람의 세포라면 다른 동물의 세포와 확실하게 구별되는 특징이 있어야 할 것 같은데, 현실은 전혀 그렇지 않다. 나와 벼룩의 세포가 육안으로 구별하기 어려울 정도로 비슷하다니 살짝 자존심이 상하지만, 여기에는 그럴 만한 이유가 있다. 현존하는 모든 다세포 생물은 먼 옛날에 존재했던 단세포 생물의 직계 후손이기 때문이다. 나와 벼룩은 동일한 조상의 후손이기에 세포 구조가 비슷한 것이다.[22]

이것은 내우 의미심장하다. 생명의 종류가 이도록 많으니 기원도 다양할 것 같지만, 사실은 그렇지 않다. 연체동물과 난초의 기원을 추적하다 보면 각기 다른 출발점에 도달할 것 같은데, 지금까지 수집된 증거에 의하면 모든 생명체의 기원은 하나의 공통 조상으로 수렴한다. 모든 생명체가 공통적으로 갖고 있는 두 가지 특징이 이 사실을 더욱 강하게 뒷받침하고 있다. 그중 하나는 우리에게 친숙한 '정보information'다. 세포가 생명을 유지하기 위해 정보를 저장하고 활용하는 방법은 생명체의 종류와 상관없이 거의 동일하다. 두 번째 특징은 에너지와 관련되어 있다. 즉, 모든 생명체에서 세포가 에너지를 입수하고, 저장하고, 활용하는 방법도 거의 동일하다. 그토록 다양한 지구 생명체들이 이런 공통점을 갖고 있다는 것은 이들이 하나의 조상에서 비롯되었음을 보여 주는 강력한 증거다.

생명 정보의 공통성

토끼가 살아 있음을 확인하는 방법 중 하나는 움직임을 확인하는 것이다. 귀를 움직이거나 앞발을 흔드는 토끼는 분명히 살아 있다. 물론 바위도 물살에 쓸려 내려가거나 화산의 분화구에서 하늘 높이 솟구칠 수도 있다. 바위의 움직임은 거기 작용하는 외력外力에 기초하여 완전히 이해할 수 있으며, 심지어 바위의 미래도 예측할 수 있다. 누군가가 나에게 바위의 현재 상태와 화산 폭발 정보를 알려 준다면, 일련의 계산을 통해 바위가 앞으로 겪게 될 일을 꽤 정확하게 알아낼 수 있다. 그러나 토끼의 행동은 예측하기가 훨씬 어렵다. 토끼의 움직임은 슈뢰딩거가 말한 '공간적 경계spatial boundary (생명체의 내부와 외부를 가르는 경계)'의 내부에서 결정되기 때문이다. 스스로 코를 씰룩이고, 고개를 돌리고, 다리를 흔드는 토끼는 자유의지를 갖고 있는 것처럼 보인다. 토끼를 포함한 모든 생명체들(사람도 포함된다)은 정말로 자유의지를 갖고 있을까? 이것은 지난 수백 년 동안 끊임없이 거론되어 온 난제인데, 자세한 내용은 다음 장에서 다루기로 하자. 어쨌거나 바위의 내부에서 일어나는 사건은 겉으로 드러나는 움직임에 아무런 영향도 주지 않지만, 토끼의 의지가 담긴 복잡하고 정교한 행동은 토끼가 살아 있다는 증거다.

이것은 결코 간단한 식별법이 아니다. 기계처럼 자동화된 시스템은 생명체와 비슷한 움직임을 실행할 수 있고 앞으로 기술이 발달하면 생명체와 거의 식별할 수 없을 정도까지 발전하겠지만, 이들의 움직임은 정보와 실행의 상호 작용, 즉 소프트웨어와 하드웨어 사이에 교환된 상호 작용의 결과다. 일반적으로 자동화 기계의 움직임은 직설적 서술이 가능하다. 드론drone이나 무인자동차, 로봇청소기 등은 안에 탑재된 소프트웨어가 주변 환경 데이터를 입력으로 삼아 상황을 분석한 후, 하드웨어를 통해 날개와 로터, 또는 바퀴를 구동시킨다. 반면에 토끼의 움직임은 직설보다 은유적 표현이 더 효과적이다. 그럼에도 불구하고 소프트웨어/하드웨어 패러다임은 생명체를 이해하는 데 매우 유용한 개념이다. 토끼는 감각 기관을 이용하여 주변 환경으로부터 데이터를 수집하고, 이것을 신경 컴퓨터(두뇌)로 분석한 후 신경계를 통해 명령(정보가 담긴 신호)을 하달하여 특정 행동(토끼 풀 뜯어먹기, 땅에 떨어진 나뭇가지 뛰어넘기 등)을 수행한다. 토끼의 모든 행동은 몸속에 흐르는 복잡한 지시 사항들이 일련의 내부 처리 과정을 거쳐 나타난 결과다. 즉, 토끼는 생물학적 소프트웨어와 하드웨어를 모두 갖고 있다. 그러나 돌멩이에게는 이런 것이 단 하나도 없다.

토끼의 몸을 구성하는 세포로 들어가면 작은 규모에서 이와 비슷한 구조가 나타난다. 세포가 수행하는 기능의 대부분은 화학 반응을 제어, 촉진하고, 중요한 물질을 운반하고, 세포의 형태와 움직임을 제어하는 단백질 분자를 통해 실행되고 있다. 단백질의 구성 성분은 아미노산amino acid인데, 20종의 아미노산이 결합하는 방식에 따라 다양한 형태의 단백질이 생성된다. 26개의 알파벳을 조립하는 방식에 따라 다양한 단어가 만들어지는 것과 같은 이치다. 알파벳으로 인식 가능한 단어를 만들려면 특정한 배열 순서를 만족해야 하듯이, 유용한 단백질을 만들려면 아미노산도 특정한 배열 순서를 만족해야 한다. 아미노산이 무작위로 조립된다면 생명에게 필요한 단백질이 생성될 확률은 거의 0에 가깝다. 20종의 아미노산이 서로 결합하여 긴 사슬을 만드는 방법의 수를 헤아려 보자. 150개의 아미노산이 사슬처럼 연결된 경우, 가능한 배열의 수는 약 10^{195}가지다. 얼마나 큰 수인지 잘 모르겠다면 이렇게 생각해 보라. 10^{195}는 우주에 존재하는 입자의 수보다 훨씬 많다! 한 무리의 원숭이들이 수십 년 동안 키보드 위를 아무리 열심히 뛰어다녀도 '사느냐 죽느냐To be or not to be'라는 문장이 입력되지 않는 것처럼, 아미노산이 무작위로 결합한다면 생명체에게 필요한 단백질은 아무리 긴 세월이 흘러도 생성되지 않았을 것이다.

복잡한 단백질이 합성되려면 모든 과정을 단계별로 서술하는 일련의 지침이 필요하다. 예를 들면 "이 아미노산을 저 아미노산의 끝에 걸고, 그것을 다시 이쪽에 이어 붙인 후 저 아미노산에 연결하고,…"기타 등등이다. 그래서 단백질이 합성되려면 세포 수준의 소프트웨어가 반드시 필요한데, 놀랍게도 이것은 왓슨과 크릭에 의해 기하학적 구조가 규명된 DNA 속에 암호화되어 있다.

DNA의 전체적인 형태는 이중나선double helix(꼬인 사다리)이고 사다리의 가로대는 한 쌍의 염기base로 이루어져 있으며, 염기는 A, T, G, C의 네 종류가 있다(이름은 별로 중요하지 않다. 아무튼 A는 아데닌adenine, T는 티민thymine, G는 구아닌guanine, C는 사이토신cytosine이다). 같은 종의 생명체들은 성격이나 외모가 아무리 달라도 염기의 배열 순서는 거의 동일하다. 사람의 DNA 염기 배열은 거의 30억 개까지 이어진다. 당신과 아인슈타인, 퀴리 부인, 그리고 윌리엄 셰익스피어William Shakespeare의 염기 서열 차이는 약 0.2%에 불과하다. 500개의 염기 중 단 1개만 다른 셈이다.[23] 나의 게놈 genome*이 세계적인 위인들과 거의 비슷하다니 어깨가 으쓱해지겠지만, 최고의 악당들과도 비슷하다는 뜻이므로 그리 흐뭇해할 일은 아니다. 게다가 당신의 DNA 서열은 침팬지하고도 99%가 일치한다.[24] 그렇다고 좌절할 필요는 없다. 유전자가 아주 조금만 달라도 완전히 다른 생명체가 되기 때문이다.

DNA 사다리의 가로대가 형성될 때, 염기는 엄격한 규칙에 따라 쌍을 이룬다. 한쪽 가로대에 붙어 있는 염기 A는 반대쪽 가로대의 염기 T와 결합하고, G는 C와 결합한다. 따라서 한쪽 가로대의 염기 서열이 주어지면 반대쪽 가로대의 염기 서열은 자동으로 결정된다. 그리고 이 염기 서열은 아미노산의 연결 순서를 결정하여, 특정 종種에게 필요한 단백질을 생산한다.

즉, *단백질을 생산하는 공정은 생명체의 종류와 상관없이 모두 동일하다.*[25] 너무 자세히 파고들어 가는 감이 있지만, 모든 생명에 적용되는 분자 단위 모스 부호의 작동 원리는 다음과 같다. DNA에 달린 염기 중 연속된 3개는 20종의 아미노산 중 하나를 지정한다.[26] 예를 들어 CTA는 류신leucine을, GCT는 또 다른 아미노산인 알라닌alanine을, GTT는 발린valine을 나타내는 식이다. 예를 들어 DNA의 한쪽 세로 기둥에 부착된 염기 서열의 일부가 CTAGCTGTT였다면, 이 암호는 '류신(CTA)을 알라닌(GCT)에 붙이고, 이것을 다시 발린(GTT)에 붙일 것'이라는 뜻이다. 1,000개의 아미노산이 연결된 단백질을 이런 암호로 정의하려면 3,000개의 문자(염기)가 필요하다

---

* 유전 정보의 통칭.

(암호가 시작되는 위치와 끝나는 위치도 3개의 문자열로 명시되어 있다. 영어의 한 문장이 대문자로 시작하여 마침표로 끝나는 것과 비슷하다). 이 서열이 모여서 단백질 구조의 청사진이 담긴 유전자gene가 형성된다.[27]

독자들의 심기가 불편해질 줄 알면서도 굳이 전문적인 내용을 시시콜콜 소개한 데에는 두 가지 이유가 있다. 첫째, DNA에 담긴 암호를 알면 세포의 소프트웨어에 대한 개념이 명확해지기 때문이다. DNA의 한 부분이 주어지면 세포의 업무를 지시하는 명령서를 읽을 수 있다. 무생물에서는 절대 찾아볼 수 없는 정교한 시스템이다. 둘째, 유전자 암호를 직접 보면 그것이 모든 생명체의 보편적 특징임을 알 수 있다. 해초의 DNA건 소포클레스Sophocles*의 DNA건, 모든 DNA 분자에는 단백질 생성에 필요한 정보가 똑같은 방식으로 암호화되어 있다.

이것이 바로 생명의 정보에 존재하는 통일성이다.

생명에너지의 통일성

에너지를 공급하지 않으면 증기 기관이 작동을 멈추는 것처럼, 생명도 중요한 기능(성장, 치유, 운동, 번식 등)을 수행하려면 반드시 에너지가 필요하다. 우리는 증기 기관을 작동시키기 위해 주변 환경에서 에너지를 취해 왔다. 석탄과 나무, 또는 다른 형태의 연료를 태워서 발생한 열에너지를 증기 기관에 투입하면 증기가 팽창하면서 외부에 일을 하는 식이다. 주변 환경에서 필요한 에너지를 취하는 것은 생명체도 마찬가지다. 동물은 음식에서

---

* 고대 그리스의 정치가이자 3대 비극 시인 중 한 사람.

에너지를 얻고, 식물은 햇빛에서 에너지를 얻는다. 그러나 증기 기관과 달리 생명체는 몸에 들어온 에너지를 곧바로 소비하지 않는다. 생명이 진행되는 과정은 증기가 팽창하거나 수축하는 과정보다 훨씬 복잡하여, 에너지를 적재적소에 공급하는 정교한 시스템이 필요하다. 생명체는 연료를 태워서 발생한 에너지를 세포의 요구에 맞춰 규칙적으로, 그리고 신뢰할 수 있는 방법으로 저장, 배분하고 있다.

생명체가 에너지를 추출하고 배분하는 방법은 종種에 상관없이 모두 동일하다.[28] 생명이 채택한 에너지 관리 공정은 지금도 일련의 복잡한 과정을 거치며 당신과 나, 그리고 우리가 아는 모든 생명체의 몸 안에서 진행되고 있다. 나는 이것이 자연이 이룩한 가장 위대한 업적이라고 생각한다. 생명은 '느리게 진행되는 화학적 연소 과정'을 통해 주변 환경에서 에너지를 추출하여 세포 안에 내장된 생물학적 배터리에 저장한다. 세포의 모든 요소에 에너지를 공급하려면 특별한 기능을 수행하는 맞춤형 분자를 합성해야 하는데, 세포 배터리는 이 과정에 전기를 공급하는 에너지원이다.

이것은 매우 중요한 부분이므로 좀 더 자세히 짚고 넘어가자. 세부 사항을 전부 알 필요는 없다. 대충 훑어보기만 해도 생명의 경이로움을 충분히 느낄 수 있을 것이다.

생명이 에너지를 처리하는 과정의 핵심은 산화 환원 반응redox reaction이다. 그다지 매력적인 이름은 아니지만, 전형적인 사례(불에 타는 장작)를 들어 보면 왜 그런 이름이 붙었는지 이해가 갈 것이다. 장작이 탈 때 나무에 함유된 탄소와 수소는 자신이 갖고 있던 전자를 공기 중의 산소에게 내주면서(앞서 말한 대로, 산소는 항상 전자를 애타게 찾고 있다) 서로 결합하여 물과 이산화탄소가 되고, 이 과정에서 에너지를 방출한다(그래서 불은 뜨겁다!). 산소가 전자를 포획했을 때, 흔히 '환원되었다reduced'고 말한다(전자를 향한 산소의 갈망이 누그러들었다^{reduced}고 생각하면 된다). 그리고 산소에게 전자를 양도한 탄소와 수소는 '산화되었다^{oxidized}'고 한다. 이 둘을 합쳐서 부른 것이 바로 산화 환원 반응이다(환원을 뜻하는 'reduction'의 'red'와 산화를 뜻하는 'oxidation'의 'ox'를 붙여서 'redox'가 된 것이다). 요즘 과학자들은 이 용어를 더욱 넓은 의미로 사용하고 있다. 산소의 개입 여부와 상관없이, 화학 물질 사이에 전자가 교환되면 그냥 산화 환원 반응이라고 부른다. 그래도 불타는 장작은 화학적 연소燃燒를 보여 주는 전형적 사례다. 궤도에 전자를 다 채우지 못하여 불안한 원자가 다른 원자로부터 전자를 기증받으면 억누르고 있던 다량의 에너지를 외부로 방출한다.

살아 있는 세포에서도(일단은 동물의 세포에 집중하자) 이와 비슷한 산화 환원 반응이 일어나고 있지만, 당신이 아침에 먹은 원자에서 분리된 전자는 곧바로 산소에 영입되지 않는다. 그러지 않으면 이 과정에서 방출된 에너지가 세포에 화재 비슷한 사건을 일으켜 세포 기능에 심각한 장애를 초래할 것이다. 음식이 기증한 전자는 일련의 산화 환원 반응을 거친 후 궁극적으로 산소에 안착하지만, 각 단계마다 소량의 에너지를 방출하면서 간간이 휴식을 취한다. 야구장 관람석 꼭대기에 떨어진 야구공이 한번에 바닥으로 내려오지 않고 계단을 따라 층층이 떨어지는 것처럼, 전자는 하나의 분자 수용체에서 다른 분자 수용체로 점프하면서(뛰어내리면서) 에너지를 단계적으로 방출한다(나중에 만나는 분자가 먼저 만난 분자보다 전자를 더 간절히 원하기 때문에, 매 단계마다 조금씩 에너지가 방출된다). 모든 원자들 중에서 전자에 대한 집착이 가장 강한 산소는 제일 아래층에서 기다리다가 전자가 도착하면 단단히 끌어안으면서 마지막 남은 에너지를 쥐어 짜내고, 이것으로 에너지 추출 과정은 막을 내리게 된다.

이 과정은 식물도 크게 다르지 않다. 동물과 식물의 차이점은 '전자의 출처'뿐이다. 동물은 전자를 음식에서 얻고, 식물은 물에서 얻는다. 녹색 잎의 엽록소chlorophyll에 햇빛이 도달하면 물 분자의 전자가 에너지를 얻고 이탈하여 계단식으로 에너지를 방출하는 산화 환원 반응을 시작한다. 살아 있는 모든 생명체가 에너지를 얻는 과정은 전자가 점프하면서 진행되는 일련의 산화 환원 반응으로 요약할 수 있다. 그래서 알베르트 센트죄르지는 "모든 생명 현상은 최후의 쉼터를 찾아가는 전자의 여정"이라고 했다.

이것은 물리학의 관점에서 볼 때 정말로 놀라운 현상이다. 에너지는 우주 전역에서 통용되는 동전으로, 주조된 형태와 사용처도 매우 다양하다. 그중 한 형태인 핵에너지는 원자핵이 분열되거나 융합하는 과정에서 생성되고, 전자기적 에너지는 하전 입자들이 밀고 당기는 와중에 생성된다. 또 다른 동전인 중력에너지는 무거운 물체들의 상호 작용을 통해 생성된다. 그러나 지구의 생명체들은 그들만의 독특한 방법으로 에너지를 관리하고 있다. 음식이나 물에서 시작하여 전자가 에너지가 낮은 쪽으로 계속 뛰어내리다가, 마침내 산소의 품에 안기는 일련의 전자기적 화학 반응이 바로 그것이다.

이렇게 독특한 에너지 추출법이 왜, 그리고 어떻게 지구 생명체의 전매 특허가 되었을까? 아무도 알 수 없다. 그러나 유전자 암호와 마찬가지로, 이것은 (우리가 알고 있는) 모든 생명체에 공통적으로 적용된다. 생명이 에너지를 취하는 방법에 통일성이 존재하는 이유는 무엇일까? 답은 자명하다. 지구의 모든 생명체는 40억 년 전에 최초로 등장했던 단세포생물의 직계후손이기 때문이다.

생물학과 배터리

일련의 산화 환원 반응에서 방출된 에너지의 그 다음 여정을 따라가면 생명의 통일성이 더욱 분명하게 드러난다. 산화 환원에서 얻은 에너지는 모든 세포에 내장되어 있는 생물학적 배터리를 충전하는 데 사용되며, 충전된 배터리는 모든 세포에 에너지를 운반하고 공급하는 수송 전문 분자를 합성하는 데 사용된다. 이것은 매우 정교한 과정으로, 모든 생명체에서 동일한 방식으로 진행되고 있다.

대략적인 개요는 다음과 같다. 전자가 산화 환원 수용체의 길게 뻗은 분자 팔로 점프하면 수용 분자$^{receiving molecule}$(전자를 받아들이는 분자)가 경련을 일으키면서 방위에 변화가 생긴다. 즉, 주변의 다른 분자들은 일제히 한 방향을 바라보고 있는데, 유독 수용 분자의 방향만 달라지는 것이다(외형상으로는 톱니바퀴가 한 이빨만큼 앞으로 전진한 것과 비슷하다). 잠시 후 변덕스러운 전자가 두 번째 수용체를 향해 점프를 시도하면 첫 번째 수용체의 수용 분자는 원래 방향으로 돌아가고, 새로운 수용 분자가 또 다시 경련을 일으킨다. 그 후 전자가 계속 점프하면서 이와 같은 과정이 반복되는데, 전자를 받아들인 분자는 경련을 일으키며 톱니바퀴가 한 단계 앞으로 전진하고, 전자를 잃은 분자는 원래 위치로 되돌아간다.

전자의 점프와 수용 분자의 경련은 미묘하면서도 중요한 임무를 수행하고 있다. 분자가 오락가락하는 톱니바퀴처럼 앞뒤로 움직이면 한 무리의 양성자들이 이 동작에 밀려나면서 자신을 에워싼 막을 통과하여 얇은 두께로 축적되는데, 이것이 바로 '양성자 배터리'다.

일상적인 배터리에서는 화학 반응을 통해 전자가 배터리의 한쪽 끝(양극)에 축적된다. 이때 전자들 사이에는 전기적 척력이 작용하기 때문에 언제든지 달아날 준비가 된 상태다. 여기에 닫힌 회로를 연결하고 전원 스위치를 켜면 양극에 갇혀 있던 전자들이 일제히 쏟아져 나와 모종의 전기 기구(전구, 휴대용 컴퓨터, 휴대전화 등)를 통과한 후 배터리의 반대쪽(음극)에 도달한다. 요즘 사람들은 배터리를 흔해 빠진 소모품쯤으로 취급하고 있지만, 사실은 매우 독창적인 발명품이다. 배터리에는 '기회만 주어지면 사용자가 선택한 전기 기구에 자신의 에너지를 모두 헌납할 준비가 되어 있는' 전자 집단의 에너지가 저장되어 있다.

살아 있는 세포의 배터리도 이와 비슷하다. 일상적인 배터리와 다른 점은 전자 대신 양성자가 저장되어 있다는 것인데, 양성자들 사이에도 전기적 척력이 작용하기 때문에 작동 원리는 거의 같다.* 세포의 산화 환원 반응에 의해 양성자들이 한곳에 축적되면, 이들은 동료로부터 멀어질 기회만 호시탐탐 노리고 있다. 그리고 이 배터리는 세포의 산화 환원 반응을 통해 충전된다. 사실 양성자들은 매우 얇은 막(원자 수십 개에 해당하는 두께)의 한쪽에 모여 있기 때문에, 전기장(전압을 막의 두께로 나눈 값)이 수천만 V/m에 달할 정도로 높다. 세포의 생물학적 배터리는 크기만 작을 뿐이지, 결코 하찮은 존재가 아니다.

세포는 이 초소형 발전소로 무슨 일을 하고 있을까? 정작 놀라운 일은 지금부터 일어난다. 양성자를 가로막고 있는 막에는 엄청나게 많은 나노 크기의 터빈이 달려 있어서, 빽빽하게 모여 있던 양성자들이 막을 통과하여 흐르면 터빈도 돌기 시작한다. 마치 강풍이 불어서 풍차의 날개가 돌아가는 것과 비슷하다. 과거 수백 년 동안 풍차는 바람의 에너지를 회전 운동으로 바꿔서 밀을 비롯한 여러 곡물을 빻는 데 사용되었다. 세포의 풍차(터빈)도 하는 일은 비슷하지만, 구조를 분쇄하는 대신 새로운 구조를 만들어 낸다. 분자 터빈은 양성자를 바람 삼아 회전하면서 두 종류의 입력 분자(아데

---

* 양성자와 전자의 전하량은 크기가 같고 부호만 다르다.

노신 2인산[ADP]과 인산기)를 합성하여 하나의 분자(아데노신 3인산[ATP])를 만들어 내고 있다. 터빈에 의해 강제로 형성된 ATP 분자들은 전하의 부호가 같은 입자들이 화학 결합을 통해 꽉 끌어안고 있어서 역학적으로 '잔뜩 긴장한' 상태다. 강한 힘으로 압축된 채 해방될 날만 학수고대하는 용수철과 비슷하다. 무엇이건 에너지를 많이 품고 있으면 사고를 칠 위험이 그만큼 높아지지만, 세포는 매우 정교한 시스템이어서 오히려 이 상황을 자신에게 유리한 쪽으로 활용하고 있다. ATP 분자는 세포 안을 돌아다니다가 필요할 때 화학 결합을 끊고 에너지를 방출할 수 있으며, 이럴 때마다 구성 입자들은 에너지가 낮은 '편안한' 상태로 떨어진다. ATP 분자가 분열되면서 방출된 에너지가 세포 공장에 동력을 공급하고 있는 것이다.

몇 가지 숫자만 확인하면 세포 공장의 지칠 줄 모르는 기능을 실감할 수 있다. 평범한 세포 1개가 1초 동안 정상 기능을 유지하려면 약 1천만 개의 ATP 분자가 필요하다. 우리 몸은 수조 개의 세포로 이루어져 있으므로, 1초 사이에 무려 1억 × 1조 개(10^{20}개)의 ATP 분자가 소모되는 셈이다. ATP가 소모되면 원자재(ADP와 인산염)로 분해되고, 양성자 배터리로 구동되는 터빈에 의해 다시 ATP로 재생되어 이전과 똑같은 방식으로 세포 전체에 에너지를 공급한다. 사람의 평균 에너지 소모량을 생각할 때, 세포 터빈의 생산성은 가히 상상을 초월한다. 당신이 제아무리 속독의 대가라고 해도, 이 한 문장을 읽는 동안 당신의 몸은 5억 × 1조 개의 ATP 분자를 생산했다. 그리고 방금 3억 × 1조 개가 추가되었다.

요약

세부 사항을 생략하면 우리의 결론은 다음과 같다. 음식을 통해 유입된 전자(또는 햇빛에서 에너지를 얻은 전자)는 화학적 계단을 타고 내려오면서 각 층마다 에너지를 방출하고, 이 에너지는 모든 세포에 설치된 생물학적 배터리를 충전하며, 배터리는 분자를 합성하는 데 사용된다. 그리고 이 분자들은 세포의 기능이 유지되도록 곳곳에 에너지를 배달한다. 모든 생명체는 이런 식으로 필요한 에너지를 충당하고 있다. 우리가 하는 모든 행동, 우리가 떠올리는 모든 생각의 저변에 이토록 정교하고 치밀한 에너지 생산 라인이 가동되고 있는 것이다.

우리의 목적상 자세한 내용은 별로 중요하지 않다. 중요한 것은 모든 생명체들이 세포에 에너지를 공급하는 데 동일한 메커니즘을 사용한다는 점이다. 에너지 공급과 DNA 암호에 이런 통일성이 존재한다는 것은 모든 생명체가 하나의 조상으로부터 비롯되었음을 보여 주는 강력한 증거다.

아인슈타인은 생전에 자연의 힘을 하나의 논리로 설명하는 통일이론을 꿈꾸었고, 요즘 물리학자들은 모든 물질과 시공간을 하나로 합치는 훨씬 큰 통일이론을 구상하고 있다. 이들이 통일에 집착하는 이유는 완전히 다르게 보였던 여러 대상에서 어떤 공통점을 발견했을 때, 대상에 대한 이해가 더욱 깊어지기 때문이다. 지금 카펫 위에서 서로 포갠 채 잠든 우리 집 개 두 마리와 창문에 붙어서 퍼덕대는 벌레들, 그리고 근처 연못에서 들려오는 개구리의 합창과 멀리서 들려오는 코요테의 울음소리 등 모든 생명 활동은 동일한 분자적 과정에 기초하고 있다. 정말 놀랍지 않은가! 그러니 자세한 사항은 잊어버리고, 이 장을 마무리하기 전에 잠시 느긋한 마음으로 자연의 경이에 마음껏 빠져 보자.

진화 이전의 진화

생명을 탐구하다 보면 이해가 깊어질수록 의문도 많아진다. 모든 생명체의 조상은 어떻게 탄생했는가? 생명은 언제, 어디서, 어떻게 시작되었는가? 과학자들은 아직 답을 찾지 못했지만, 앞에서 우리가 다뤘던 내용에 비춰 볼 때 생명의 기원에 관한 질문은 다음 세 가지로 요약된다. "생명의 유전적 요소(정보를 저장하고, 활용하고, 재생하는 능력)는 어떻게 생겨났는가?", "생명의 신진대사 기능(화학에너지를 추출하고, 저장하고, 활용하는 능력)은 어떻게 생겨났는가?", 그리고 "유전 및 신진대사와 관련된 분자 기계를 알뜰하게 담은 자루(세포)는 어떻게 생겨나게 되었는가?" 생명의 기원을 규명하려면 이 질문의 답부터 찾아야 한다. 그러나 아직 답을 모른다 해도, 앞으로 전개될 이야기의 핵심인 다윈의 진화론으로 들어가는 데에는 별 문제가 없다.

내가 다윈의 진화론을 처음 배웠을 때, 생물 선생님의 설명은 그 이론이 '누구나 생각해 낼 수 있는 해답'이라는 뉘앙스를 풍겼다. 물론 그런 말을 직접 하진 않았지만, 나는 19세기의 생물학자들이 다윈의 진화론을 접하고 손으로 이마를 치며 "맙소사, 내가 왜 진작 그런 생각을 못 했지?" 하고 외치는 모습을 떠올렸다. 정말로 그렇다. 앉은자리에서 곧바로 설득되는 사람이 그토록 많은 것을 보면, 진화론은 콜럼버스의 달걀처럼 누구나 떠올릴 수 있는 이론 같기도 하다. 그러나 진화론의 진짜 수수께끼는 지구에 존재하는 수많은 종種의 기원을 설명하는 것이다. 다윈은 두 가지 가설에 기초하여 이 문제의 답을 찾았다. 첫째, 생명체가 번식을 통해 낳은 자손은 유전적 특징이 부모와 비슷하지만 완전히 같지는 않다. 다윈은 이것을 "생명체는 후대로 갈수록 수정修訂, modification된다."고 표현했다. 둘째, 자원에 한계가 있는 세상에서는 개체들 사이의 경쟁을 피할 길이 없다. 생물학적으로 수정된 후손은 생존 경쟁에서 살아남아 그다음 후손을 낳을 확률이 높아지고, 생존에 유리한 특질도 후손에게 전수된다. 이런 식으로 긴 세월이 흐르면 다양한 형태의 '성공적인 수정'이 서서히 누적되어 생존 능력이 탁월한 하나의 종種으로 자리 잡게 된다.[29]

다윈의 진화론은 워낙 단순하고 직관적이어서 자명한 사실처럼 보인다. 그러나 이론이 아무리 그럴듯해도 실제 데이터와 일치하지 않았다면 학계의 인정을 받지 못했을 것이다. 논리만으로는 충분하지 않다. 사람들이 다윈의 진화론을 믿는 이유는 과학자들이 긴 세월에 걸친 생명의 변화 과정을 끈질기게 추적하여 유리한 형질을 획득한 종이 끝까지 살아남았음을 입증했기 때문이다. 이런 변화가 아예 발견되지 않았거나, 뚜렷한 패턴 없이 무작위로 일어났거나, 생존 및 번식 능력과 무관했다면 다윈의 진화론은 교과서에 실리지 않았을 것이다.

다윈은 생명체의 수정된 형질이 후손에게 전달되는 과정을 명시하지 않았다. 부모는 어떻게 자신의 유전 형질을 후손에게 물려주는가? 그리고 전달 과정에서 형질의 일부가 수정되는 이유는 무엇인가? 다윈의 시대에는 답을 아는 사람이 없었다. 메리의 외모와 성격이 부모를 닮았다는 것은 누구나 아는 사실이었지만, 분자 단계에서 유전 정보가 전달되는 과정이 밝혀질 때까지는 아직 갈 길이 먼 상태였다. 그럼에도 불구하고 다윈이 진화론을 구축할 수 있었던 것은 진화라는 개념 자체가 세부 사항을 일일이 나열할 필요가 없을 정도로 일반적이면서 설득력이 강했기 때문이다. 그로부터 거의 한 세기가 지난 1953년에 DNA가 발견되면서 분자 규모에 숨어 있던 유전의 비밀이 하나둘씩 밝혀지기 시작했다. 왓슨과 크릭은 역사에 길이 남을 논문을 써 내려가다가 매우 점잖으면서 절제된 어투로 다음과 같이 결론지었다. "우리가 가정했던 특별한 쌍에 유전 물질의 복제 메커니즘이 들어 있다는 사실은 우리의 눈을 피해 가지 못했다."

왓슨과 크릭은 생명이 세포의 내부 지침이 저장된 분자를 복제하여 동일한 지침을 후대에 전달한다는 사실을 알아냈다. 앞서 말한 대로 세포에 하달되는 명령은 DNA의 꼬인 가닥에 붙어 있는 염기의 서열을 통해 암호화된다. 세포가 둘로 분열될 때 DNA는 사다리가 세로 방향으로 갈라지듯이 두 가닥으로 분리되는데, 각 가닥에는 염기들이 분리되기 전과 동일한 순서로 붙어 있다. 이 서열은 상호 보완적이어서(한 가닥에서 A가 있는 자리에는 다른 가닥의 T가 붙어야 하고, C가 있는 자리에는 다른 가닥의 G가 붙어야한다) 각 가닥은 다른 가닥의 복사본을 만드는 데 필요한 형판^{形板}의 역할을 한다. 분리된 두 가닥의 염기에 새로운 염기가 적절한 순서로 결합되면 원래의 DNA와 똑같은 2개의 복사본이 만들어진다. 이제 세포가 분열하면 2개의 딸세포는 어미세포와 똑같은 DNA를 하나씩 나눠 가지면서 유전 정보 전달 작전이 완료된다. 이것이 바로 '왓슨과 크릭의 눈을 피해 가지 못했던' 복제 메커니즘이다.

복제된 DNA는 모체 DNA와 완전히 똑같다. 그런데 어떻게 딸세포에게 수정된 형질이 나타나는 것일까? 그 비결은 바로 '복제 과정에서 발생한 에러'다. 자연에는 100% 완벽한 과정이라는 것이 존재하지 않는다. 흔한 일은 아니지만 에러는 우연히 발생할 수도 있고, 외부에서 들어온 고에너지 광자(자외선이나 X-선)가 복제 과정을 방해하여 발생할 수도 있다. 그러므로 딸세포가 물려받은 DNA서열이 부모와 완전히 똑같다는 보장은 없다. 대부분의 경우 이런 수정은 톨스토이의 소설《전쟁과 평화》의 413쪽에 딱 하나 있는 오타처럼 그다지 큰 영향을 미치지 않는다. 그러나 일부 수정은 세포의 기능에 영향을 줄 수도 있는데, 좋은 쪽인지 나쁜 쪽인지는 완전히 운에 달려 있다. 만일 수정이 좋은 쪽으로 일어나서 생존 능력이 향상된다면 후손을 낳을 기회가 그만큼 많아질 것이고, 유리한 형질을 물려받은 후손들도 많은 후손을 낳으면서 개체수가 점점 늘어날 것이다.

양성 생식은 유전 물질이 단순히 복제되는 것이 아니라 부계와 모계의 유전 인자가 복합적으로 전달되기 때문에 훨씬 복잡하다. 생명이 양성 생식을 하게 된 것은 지구 생명체의 역사에 획기적인 사건이었지만(그 기원은 확실치 않다), 이 경우에도 다윈의 진화론은 똑같이 적용된다. 두 개체의 유전 물질이 섞인 채로 복제되면 다양성이 향상되고, 이런 식으로 여러 세대를 거치면 생존력과 번식력이 높아진다(반드시 그렇게 된다는 보장은 없지만, 가능성이 매우 높다).

여기서 중요한 사실 하나가 있다. 생명체의 생존력이 진화를 통해 향상되려면 DNA 변형이 자주 일어나지 않아야 한다. 변형이 자주 일어나면 어렵게 개선된 유전 형질이 금방 퇴색되기 때문이다. 다행히 유전자 변형은 아주 드물게 일어난다. 수치로 말하면 DNA 염기 1억 개당 1개꼴이다. 중세시대의 필사가가 성경 30권을 쓰는 동안 오자가 단 1개 발생한 것과 같다.[*] 게다가 1억분의 1조차도 과대평가된 것이다. 변형된 유전자의 99%는 세포의 화학적 교정 메커니즘을 거치면서 수정되기 때문에, 실제 변형이 일어날 확률은 100억분의 1에 불과하다.

유전자 변형은 아주 드물게 일어나는 사건이지만, 수많은 세대를 거치면서 효과가 누적되면 신체적, 생리적으로 커다란 진보를 이룩할 수 있다. 물론 이 변화는 겉으로 금방 드러나지 않는다. 일부 사람들은 경이로운 눈과

---

[*] 영어로 번역한 성경의 총 글자 수는 300만 자가 조금 넘는다.

두뇌의 뛰어난 능력, 또는 세포의 복잡한 에너지 메커니즘을 증거로 제시하면서 "지적인 존재가 개입하지 않는 한, 이토록 정교한 피조물은 만들어질 수 없다."고 주장한다. 진화가 수백 년, 또는 수천 년 만에 일어났다면 이 주장이 맞을 수도 있다. 그러나 지구 생명체들은 수십억 년에 걸쳐 진화를 겪어 왔다. 백만 년의 수천 배에 해당하는 시간이다. 생명이 진화하는 동안 1년마다 프린트용지 한 장을 쌓았다면, 지금 그 높이는 거의 100km에 달할 것이다. 에베레스트산의 10배가 넘는다. 누군가가 매년 한 번씩 이 종이에 '올해의 생명체'를 그려 넣어서 10억 페이지짜리 플립북flip-book*을 만들었다면, 이웃한 페이지 사이에는 다른 점이 거의 없겠지만 첫 페이지와 마지막 페이지는 아메바와 침팬지만큼 다를 수 있다.

그렇다고 해서 진화적 변화가 신중하게 세운 계획에 따라 단순한 생명체에서 복잡한 생명체를 향해 한 페이지씩 천천히, 꾸준하게 진행되었다는 뜻은 아니다. 사실 자연 선택에 의한 진화는 '시행착오trial and error를 통한 혁신'에 가깝다. 즉, 유전 물질의 무작위 조합과 변이變異, mutation를 통해 혁신이 이루어진다는 뜻이다. 여기서 시행trial은 하나의 혁신과 다른 혁신을 생존 경쟁의 장에서 대결시키는 것이고, 착오error는 실패한 혁신을 의미한다. 한마디로 대부분의 사업을 말아먹는 혁신이다. 언젠가는 좋은 결과가 나오리라는 희망을 품고, 제품의 일부를 무작위로 수정해서 파는 식이다. 당신이 회사의 이사회에서 이런 전략을 내놓는다면 며칠 내에 해고되기 십상이지만, 자연에는 회사에 없는 막강한 자원이 있다. 바로 '시간'이다! 자연이라는 회사는 매사에 서두를 필요가 없고, 수익을 낼 필요도 없다. 작은

---

* 매 페이지에 움직임을 연속적으로 그린 후 빠르게 넘겨서 동영상 효과를 내는 책.

변화를 무작위로 일으키면 그에 따르는 비용을 감수해야 하는데, 자연은 이 비용을 시간으로 때워 왔다.[30]

또 한 가지 중요한 사실은 다른 요인으로부터 완전히 독립된 진화의 플립북이 단 하나도 존재하지 않는다는 것이다. 지구 곳곳에 퍼져 있는 모든 생명체의 모든 세포들은 어떤 형태로든 다윈의 진화론에 기여했다. 변이가 생존에 불리한 쪽으로 일어난 사례도 있겠지만, 이런 종은 적응에 실패하여 사라졌을 것이다. 대부분의 경우는 기존의 이야기에 새로운 내용을 추가하지 않고 평온하게 진행되었지만(유전 물질이 아무런 변형 없이 후손에게 그대로 전달된 경우), 가끔은 의외의 변화가 발생하여(유전적 변화가 생존에 유리한 쪽으로 일어난 경우) 그들만의 진화 플립북이 만들어지기도 했다. 그러나 이런 사례의 대부분은 진화의 전체적인 줄거리와 부분적인 줄거리가 얽혀 있기 때문에, 그들만의 플립북은 다른 플립북의 영향을 받을 수밖에 없다. 그러므로 지구에 서식하는 다양한 생명체들은 장구한 세월 동안 진행된 진화의 기록이자, 자연이 기록한 엄청난 개수의 연대기이기도 하다.

건강을 연구하는 분야가 그렇듯이, 다윈의 진화론도 지난 수십 년 동안 수많은 논쟁을 거치면서 개선되어 왔다. 진화는 얼마나 빠르게 진행되는가? 진화의 속도는 종種과 시대에 따라 달라지는가? 잠시 동안 진화가 멈췄다가 갑자기 빨라진 경우도 있는가? 아니면 항상 천천히 진행되었는가? 생존 능력을 저하시키면서 생식 능력을 향상시킨 변이는 어떻게 해석해야 하는가? 세대를 거치면서 유전자에 변화를 초래하는 메커니즘은 무엇인가? 아직 발견되지 않은 진화의 연결 고리link*는 어떻게 설명해야 하는가? 이

---

* 진화의 중간 단계에 해당하는 생명체의 화석. 아직 발견된 사례가 없어서 '잃어버린 고리(missing link)'로 불리고 있다.

질문 중 일부는 학계에 격렬한 논쟁을 야기했지만, 진화론 자체에 의문을 제기한 사람은 단 한 명도 없었다(이것이 핵심이다). 자세한 내용은 시간이 흐르면 밝혀질 수 있고, 그렇게 되어야만 하고, 반드시 그렇게 될 것이다. 한 가지 확실한 것은 다윈의 진화론이 사회 각층의 집요한 반발에도 불구하고 확고부동한 진리로 자리 잡았다는 점이다.

여기서 한 걸음 더 나아가 대담한 질문을 던져 보자. 다윈의 진화론을 생명이 아닌 다른 영역에도 적용할 수 있을까? 사실 진화의 핵심인 복제와 변형, 그리고 경쟁은 생명에 국한된 개념이 아니다. 프린터는 인쇄물을 복제하고, 광학적 왜곡은 다양하게 변형된 영상을 만들어 내며, 무선 프린터의 수신 장치는 제한된 대역폭에서 신호를 잡아내기 위해 다른 기계와 경쟁하고 있다. 사무실용 프린터보다 생명에 좀 더 가까우면서 여전히 무생물인 분자로 관심을 돌려 보자. 분자는 분명히 복제 능력을 갖고 있다. DNA가 그 대표적 사례다. 그러나 DNA의 복제(꼬인 가닥이 둘로 분리된 후 각 가닥의 요소를 재구성하여 2개의 딸 DNA로 재탄생하는 과정)는 세포 단백질 군단의 도움을 받아 이루어지고 있으며, 이는 곧 생명이 없는 분자 규모에 생명의 과정이 이미 존재한다는 뜻이다.

최초의 생명체가 출현하기 훨씬 전에 존재했던 '복제 능력이 있는 분자'를 상상해 보자. 이들의 복제 메커니즘을 정확하게 알 필요는 없지만 머릿속에 대충 그려 볼 수는 있다. 아마도 이 분자는 화학 물질로 가득 찬 스튜 속을 배회하며 자신의 구성 요소를 자석처럼 끌어당겨서 자신과 똑같은 분자를 만들고, 이렇게 탄생한 분자는 흉내쟁이처럼 동일한 과정을 반복하여 또 다른 분자를 만들었을 것이다. 그리고 또 한 가지, 이들의 복제 능력이 완벽하지 않다고 가정하자(실제로 현실 세계에서 일어나는 모든 복제는 완벽하지 않다). 그렇다면 새로 합성된 분자는 대부분 원본과 동일하지만, 가끔은 그렇지 않은 것도 있다. 이런 식으로 수많은 '분자 세대'가 흐르면 초기의 원본과 다른 다양한 분자들이 생태계를 구축할 것이다.

어떤 환경도 자원에는 한계가 있기 마련이다. 그러므로 분자 생태계에서 긴 세월 동안 복제가 반복되다 보면 효율이 가장 높은 분자(빠르고 저렴하면서 통제 가능한 복제법을 개발한 분자)가 '최고 적응자'라는 타이틀을 획득하고 생태계를 장악한다. 생물이나 무생물이나 마찬가지다. 복제 과정에서 자신에게 유리한 쪽으로 수정되면 유리한 고지를 점유할 수 있다. 결국은 복제 능력이 뛰어나면서 환경에 잘 적응한 분자가 최종 승자로 등극하게 되는 것이다.

지금까지 언급한 내용은 진화론의 분자 버전인 분자진화론molecular Darwinism으로, 오직 물리 법칙에 따라 움직이는 분자들도 생명체처럼 번식의 대가가 될 수 있음을 보여 주고 있다. 최초의 생명체가 탄생하기 전에 이 세상을 지배한 기본 메커니즘은 아마도 분자진화론이었을 것이다. 이 이론의 한 버전은 아주 특별하면서 다재다능한 분자인 RNA에 기초하고 있는데, 학계의 인정을 받진 못했지만 꽤 많은 과학자들을 관심을 끌었다.

생명의 기원을 찾아서

1960년대에 프랜시스 크릭과 화학자 레슬리 오르젤Leslie Orgel, 생물학자 칼 우스Carl Woese를 비롯한 일단의 저명한 과학자들이 DNA의 가까운 사촌이자 40억 년 전에 분자의 진화를 촉발한 RNAribonucleic acid에 관심을 갖기 시작했다.

RNA는 한 가닥짜리 짧은 DNA(DNA의 반쪽)에 염기가 달려 있는 형태로서, 모든 생명체의 필수 구성 요소이자 매우 다재다능한 분자다. '지퍼가 풀린' DNA 가닥의 일부를 본뜨는 것도 RNA의 기능 중 하나인데, 이것은 치과 의사가 환자의 윗니와 아랫니를 분리한 상태에서(즉, 입을 벌린 상태에서) 치아의 본을 뜨는 과정과 비슷하다. 이 정보는 세포의 다른 부분으로 전달되어 특별한 단백질을 합성하는 지침이 된다. 그러므로 DNA와 마찬가지로 RNA분자도 세포를 운영하는 소프트웨어의 일부다. 그러나 RNA와 DNA 사이에는 중요한 차이가 있다. DNA는 '세포의 활동을 지시하는 지혜의 원천'이라는 우아한 직책으로 만족하지만, RNA는 온갖 화학 과정에 직접 관여하는 등 궂은일을 마다하지 않는다. 세포의 리보솜^{ribosome}(아미노산을 조립하여 단백질을 만드는 초소형 공장)은 특별한 형태의 RNA(리보솜 RNA)를 갖고 있다.

그러므로 RNA는 소프트웨어이면서 하드웨어이기도 하다. 또한 RNA는 자신의 복제를 촉진하는 기능도 갖고 있다. DNA 복제에 관여하는 다른 분자들은 정교한 화학적 기어와 바퀴를 사용하지만, RNA는 자신을 복제할 때 직접 나서서 필요한 염기쌍의 합성을 촉진한다. 이 부분은 좀 더 깊이 생각해 볼 필요가 있다. 소프트웨어와 하드웨어가 혼합된 RNA 분자는 "닭이 먼저인가, 달걀이 먼저인가?"라는 오래된 수수께끼에 한 가지 해결책을 제시해 준다. 분자의 소프트웨어(하드웨어 조립 지침서) 없이 하드웨어를 어떻게 조립할 수 있는가? 그리고 실무를 수행하는 하드웨어 없이 분자 소프트웨어를 어떻게 만들 수 있는가? 그렇다. 한쪽이 없으면 다른 한쪽도 존재할 수 없다. 그러나 두 가지 기능을 모두 보유한 RNA는 닭과 계란을 혼합하여 본격적인 분자 진화 시대를 열었다.

이것이 바로 'RNA 세계' 가설이다. 생명체가 존재하기 전에 이 세상이 RNA 분자로 가득 차 있었다고 상상해 보자. 그 속에서 RNA는 장구한 세월 동안 분자 진화를 실행하여 마침내 세포에 필요한 화학 물질로 변신했다.

자세한 과정은 아직 알 수 없지만, 분자 진화 시대에 지구가 어떤 모습이었는지 짐작해 볼 수는 있다. 미국의 물리화학자 해럴드 유리Harold Urey(1934년 노벨 화학상 수상자)는 1950년대에 대학원생 제자인 스탠리 밀러Stanley Miller와 함께 과학사에 길이 남을 실험을 수행했다. 이들은 당시의 대기 성분으로 추정되는 혼합 기체(수소, 암모니아, 메탄, 수증기)에 전류를 흘려보내는 식으로 번개가 치는 상황을 재현했는데, 결과물로 남은 갈색 찌꺼기를 분석하다가 단백질의 구성 성분인 아미노산을 발견했다. 그 후 이어진 후속 연구에서 초기 지구의 대기 성분이 유리와 밀러가 사용했던 혼합 기체와 조금 다르다는 사실이 밝혀졌다. 하지만, 두 사람은 다른 대기 화합물(유리와 밀러가 화산 활동을 재현할 때 사용했던 유독가스도 포함되었다. 희한하게도 이 기체는 근 50년 동안 한 번도 분석된 적이 없었다[31])로 동일한 실험을 반복하여 또 다시 아미노산을 생성하는 데 성공했다. 게다가 최근에는 성간구름과 혜성, 그리고 운석에서도 아미노산이 발견되었으니, 젊은 지구의 화학수프 속에서 RNA가 다량의 아미노산을 만들었다는 주장은 꽤 설득력이 있다.

일단은 이 시나리오가 사실이라 가정하고, RNA 분자가 계속 복제되던 중 우연히 변이가 발생하여 진화의 방향이 바뀌었다고 가정해 보자. 변형된 RNA는 화학 물질 스튜에서 일부 아미노산을 사슬처럼 연결하여 최초의 단백질(오늘날 리보솜에서 생성되는 단백질의 단순한 초기 버전)을 만든다. 이렇게 탄생한 기초 단백질 중 일부가 우연히 RNA의 복제 효율을 향상시켰다면(실제로 촉매 반응도 단백질의 임무 중 하나다) 커다란 보상이 되돌아온다. 즉, 단백질은 변형된 RNA를 더욱 번성하게 만들고, 수적으로 우세해진 돌연변이 RNA는 더 많은 단백질을 합성하게 되는 것이다. RNA와 단백질의 상호 협조하에 스스로 보강하는 화학적 과정이 반복되면서 분자의 변이는 더욱 빈번하게 일어났다. 이런 식으로 세월이 흐르다가 분자의 전술은 또 한 차례 새로운 혁신을 맞이하게 된다. 2개의 레일로 이루어진 초보적 형태의 DNA 사다리가 등장하여 더욱 안정적이고 효과적인 복제가 가능해진 것이다. 이로 인해 RNA는 복제 과정에서 서서히 소외되다가 결국 부수적인 지위로 좌천되었다. 그리고 또다시 우연한 기회에 분자 주머니(세포벽)가 형성되어 중요한 화학 물질을 한정된 영역에 안전하게 보관할 수 있게 되었다. 이 정도면 최초의 원시 세포가 탄생하는 데 필요한 조건이 거의 완비된 셈이다.[32]

　이제 생명체가 탄생하는 일만 남았다. RNA 세계 시나리오는 생명의 기원을 설명하는 다양한 가설 중 하나로서, 유전적 요소를 중시하는 이론의 대표적 사례다. 분자는 복제를 통해 다음 세대에 정보를 이전한다. 물론 이 가설이 옳다 해도 RNA 자체의 기원은 따로 설명되어야 한다. 아마도 RNA는 분자 진화의 전 단계에서 단순한 화학 물질로부터 탄생했을 것이다. 반면에 다른 가설들은 반응을 촉진하는 분자, 즉 대사代謝, metabolism에 중점을 두고 있다. 이들의 논리는 단백질 역할을 하는 분자의 복제가 아니라, 복제 능력을 보유한 단백질 분자에서 시작된다. 다른 가설은 2개의 발달 과정에 중점을 두고 있는데, 분자의 복제 과정과 화학 반응을 촉진하는 분자의 개발 과정이 바로 그것이다. 이 2개의 과정이 세포 안에서 하나로 융합된 후에야 비로소 번식과 대사의 기본 기능을 수행할 수 있게 되었다.

　최초의 생명체가 탄생하기 전에 화학 반응이 일어났던 장소에 대해서도 다양한 가설이 제시되어 있다. 일부 학자들은 다윈이 즉석에서 제기했던 '따뜻한 작은 연못' 가설이 틀렸다고 결론지었다. 수억 년 동안 지구에 작은 돌멩이 파편이 비처럼 쏟아져서 지표면의 환경이 생명체에게 별로 호의적이지 않았기 때문이다.[33] 그럼에도 불구하고 미국의 생물학자 데이비드 디머David Deamer는 연못이나 호수의 가장자리처럼 습한 곳과 건조한 곳의 경계에서 생명체가 탄생했다고 주장했다. 그의 연구팀은 습기가 주기적으로 달라지는 지역에서 지질脂質, lipid*이 세포벽의 형성을 촉진했음을 입증했다.[34] 세포벽이 있으면 RNA나 DNA처럼 기다란 분자 사슬을 좁은 영역에 돌돌 말아서 안전하게 보관할 수 있다. 영국의 화학자 그레이엄 케언스 스미스Graham Cairns-Smith는 점토층의 결정結晶(원자의 반복 패턴이 점차 자라나는 구조)이 원시적 형태의 복제이며, 복잡한 분자에서 이와 같은 현상이 반복되어 생명체로 이어졌다고 주장했다.[35] 또한 지구화학자 마이크 러셀Mike Russell과 생물학자 빌 마틴Bill Martin은 지구의 맨틀과 바닷물의 상호 작용으로 생성된 광물질이 해저면의 갈라진 틈으로 분출되는 곳을 생명체의 최초 발생지로 지목했다.[36] 흔히 알칼리성 열수분출공alkaline hydrothermal vent으로 알려진 이곳에는 석회암 굴뚝이 형성되어(굴뚝의 길이가 50m까지 자란 경우도 있다. 자유의 여신상보다 높다!) 고에너지 화학 물질을 꾸준히 분출하고 있다. 이들의 가설에 의하면 굴뚝 안에서 진행되는 소용돌이의 와중에 분자의 진화가 화학적 마술을 부려서 정교하고 복잡한 분자가 생성되었고(물론 이렇게 될 때까지 엄청나게 긴 시간이 소요되었다), 이로부터 생명이 탄생했다.

많은 과학자들이 이 과정을 실험실에서 재현하기 위해 애쓰고 있지만, 감질나는 중간 결과만 보고될 뿐 결정적인 증거는 아직 나오지 않았다. 생명의 기원은 아직도 오리무중이다. 그러나 언젠가는 반드시 밝혀질 것이며, 그날이 몇 년, 또는 몇 달 후에 찾아올 수도 있다. 생명의 기원과 관련된 논

---

* 생체를 구성하는 물질 중 하나. 물에는 녹지 않지만 벤젠, 석유 등 유기용매에 잘 녹는다.

문과 서적은 지금도 계속 출판되는 중이다. 분자가 복제 능력을 획득하기만 하면 무작위로 나타나는 오류와 변이가 분자의 진화를 유도하고, 적응력을 향상시키는 쪽으로 화학 물질이 합성된다. 분자는 이 과정을 수억 년 동안 반복한 끝에, 드디어 생명 활동에 필요한 화학 물질을 만들어 낼 수 있었다.

정보의 물리학

이쯤에서 독자들은 생명의 분자들이 유기화학의 대가였다는 생각을 떨치기 어려울 것이다. 그렇지 않고서야 자신이 할 일을 어떻게 알 수 있다는 말인가? DNA는 둘로 나뉘어서 상보적 염기 서열과 짝을 이루면 자신과 똑같은 DNA가 복제된다는 사실을 어떻게 알았을까? 그리고 RNA는 DNA의 일부를 복제하는 방법을 어떻게 알았으며, 이 정보를 세포의 적절한 부분에 전송하면 그곳에 있는 분자들이 유전 암호를 해독하여 적절한 아미노산을 만든다는 것을 어떻게 알았을까?

물론 분자는 아무것도 모른다. 분자의 거동을 좌우하는 것은 물리학의 법칙이며, 분자는 자신이 그런 법칙을 따르고 있다는 사실조차 인지하지 못한다. 그래도 의문은 여전히 남아 있다. 분자는 복잡하기 그지없는 일련의 화학 공정을 어떻게 그토록 일관적이고 안정적으로 수행할 수 있을까? 이것은 슈뢰딩거가 《생명이란 무엇인가?》에서 제기했던 핵심 질문이다. 바위 속에서 분자들이 서로 밀치다가 한쪽으로 쏠리는 것은 모두 물리 법칙의 결과다. 토끼의 몸을 구성하는 분자들도 마찬가지다. 그렇다면 바위와 토끼는 무엇이 다른가? 이제는 독자들도 알고 있겠지만, 토끼에게 속한 입자들은 또 하나의 요인으로부터 영향을 받는다. 토끼의 몸 안에 저장된 정보, 즉 세포의 소프트웨어가 바로 그것이다. 이 정보는 더할 나위 없이 중요하고, 결정적이고, 필수적이지만 물리 법칙보다 우위에 있지 않다. 물리 법칙에 우선하는 지령은 존재하지 않는다. 수영장의 워터슬라이드는 중력법칙을 넘어서지 못하지만, 미끄럼틀의 형태가 그것을 타는 사람의 경로를 유도한다. 미끄럼틀이 없다면 사람은 중력에 끌려 수직 방향으로 추락할 것이다. 이와 마찬가지로 토끼의 세포 소프트웨어는 화학적 배열을 통해 실행되며, 화학적 배열의 형태와 구조, 그리고 구성 성분은 분자들이 특별한 경로를 따라가도록 유도한다.

분자 유도 시스템은 어떤 식으로 작동하는가? 생명체의 몸 안에서 원자의 배열은 이미 결정되어 있으므로, 주어진 하나의 분자는 이 아미노산을 잡아당기고, 저 아미노산은 밀어내고, 그 외의 아미노산은 완전히 무시한다. 또는 딱 맞아떨어지는 레고 블록처럼, 한 분자가 다른 특별한 분자와 맞물릴 수도 있다. 이 모든 것은 물리 법칙의 결과다. 원자와 분자가 밀거나, 당기거나, 결합하는 것은 이들에게 전자기력이 작용했기 때문이다. 여기서 중요한 것은 세포에 담긴 정보가 추상적이지 않다는 점이다. 이 정보는 세포 안에 둥둥 떠다니면서 분자에게 공부하고, 외우고, 실행할 것을 강요하는 행동 지침서가 아니라, 분자의 배열 자체에 들어 있다. 분자는 이 배열에 따라 서로 부딪히거나 상호 작용을 교환하면서 성장, 치료, 번식과 같은 세포 관련 업무를 수행한다. 세포 안에 포함된 분자는 사적인 의도나 목적 없이 완전히 수동적인 무생물이라 해도, 물리 법칙에 따라 고도로 특화된 임무를 수행할 수 있다.

생명 활동은 물리 법칙으로 완벽하게 설명되는 분자의 운동을 통해 이루어진다. 여기에는 높은 수준의 정보에 기초한 이야기가 담겨 있지만, 바위에는 그런 이야깃거리가 없다. 바위의 분자가 움직이는 과정을 물리 법칙으로 설명했다면 그것으로 끝이다. 그러나 토끼의 분자가 움직이는 과정을 똑같은 물리 법칙으로 설명했다면 아직 끝난 것이 아니다. 어림 반 푼어치도 없다. 환원주의자의 이야기에는 조직화된 분자 운동의 정교한 스펙트럼을 구성하는 토끼 특유의 분자 배열이 추가되어야 한다. 토끼의 세포 안에서 수준 높은 과정을 수행하는 것은 바로 이 분자 운동이다.

토끼와 우리 몸속에서는 이런 생물학적 정보가 훨씬 큰 규모로 구성되어, 개개의 세포뿐만 아니라 대규모 세포 집합의 복잡한 거동을 정교하게 제어하고 있다. 커피 잔을 잡기 위해 팔을 뻗을 때 당신의 손과 팔, 몸, 그리고 두뇌의 모든 분자들은 오직 물리학의 법칙에 따라 움직인다. 그렇다. 생명 현상은 물리 법칙에 위배되지 않고, 위배할 수도 없다. 이 세상에 물리 법칙을 거스르는 것은 존재하지 않는다. 그러나 당신 몸속의 수많은 분자들이 일사불란하게 움직여서 테이블 위에 놓인 커피 잔을 쥘 수 있는 것은 수많은 원자와 분자 배열에 들어 있는 생물학적 정보가 분자 단계에서 진행되는 다양한 과정을 제어하고 있기 때문이다.

간단히 말해서, 생명은 물리학이 지휘하는 오케스트라다.

열역학과 생명

다윈의 이론에 의하면 진화는 단일 세포의 분자에서 복잡한 다세포 생물까지, 모든 생명체의 구조적 발달을 유도한다. 그리고 볼츠만의 이론에 의하면 엔트로피는 부유하는 원자에서 불타는 별에 이르기까지, 모든 물리계가 따라야 할 기본 지침을 하달한다. 생명 현상에는 이 두 가지 요소가 모두 반영되어 있다. 생명은 처음 등장한 후로 진화를 통해 개선되었으며, 다른 물리계와 마찬가지로 엔트로피의 지침을 준수해 왔다. 슈뢰딩거는《생명이란 무엇인가?》의 마지막 한두 장에 걸쳐 진화와 엔트로피라는 상반된 개념을 다루었다. 물질이 뭉쳐서 생명이 되면 신체 내부의 질서가 꽤 오랫동안 유지되고, 후손을 낳으면 그 안에서 새로운 질서가 탄생한다. 그렇다면 엔트로피가 항상 증가한다는 제2법칙은 어디로 간 것일까?

슈뢰딩거는 생명이 '음陰의 엔트로피를 섭취함으로써' 증가하는 엔트로피에 저항한다고 설명했다가,[37] 향후 수십 년간 사소한 오해와 격렬한 비난을 불러일으켰다. 그러나 이제 독자들은 알 것이다. 조금 다른 식으로 표현하긴 했지만, 슈뢰딩거가 제시한 답은 앞에서 다뤘던 '엔트로피 2단계 과정'이었다. 이 세상에 혼자 고립된 채 살아가는 생명체는 없으므로, 제2법칙을 적용할 때에는 생명체와 함께 주변 환경까지 고려해야 한다. 나 자신을 예로 들어 보자. 나의 몸은 세상에 태어난 후 50년이 넘는 세월 동안 엔트로피가 급등하지 않도록 관리해 왔다. 물론 체중을 줄이듯이 의지를 발휘하여 자제했다는 뜻은 아니다. 내가 엔트로피를 억제할 수 있었던 것은 질서 정연한 구조물(대부분이 야채와, 견과류, 그리고 곡물이었다)을 섭취하여 몸 안에서 서서히 태우고(음식물에 들어 있던 전자가 야구장 관람석에서 층층이 굴러 내려오듯 단계적으로 에너지를 방출하는 산화 환원 과정을 거쳐 최종적으로 내가 공기 중에서 빨아들인 산소와 결합했다), 여기서 얻은 에너지를 이용하여 다양한 대사 작용을 실행한 후 노폐물과 열의 형태로 주변 환경에 엔트로피를 방출했기 때문이다. 내 몸이 제2법칙을 무시하는 것처럼 보인 이유는 엔트로피 2단계 과정 때문이었으며, 주변 환경은 내가 이런 상태를 계속 유지할 수 있도록 든든하게 뒤를 받쳐 주었다. 음식을 태워서 에너지를 저장했다가 필요할 때 세포의 동력원으로 사용하는 과정은 증기 기관보다 훨씬 정교하지만, 엔트로피의 관점에서 볼 때 기본적인 물리학 원리는 동일하다.

슈뢰딩거가 언어 선택을 잘못해서 생긴 문제보다는 조금 덜 까다롭지만, '품질 좋고 엔트로피는 낮은 영양분의 기원'도 만만치 않은 문제다. 인간과 맹수 등 먹이 사슬의 최상위에 있는 동물에서 시작하여 아래로 내려가다 보면 햇빛을 먹고사는 식물에 도달하게 되는데, 이들의 에너지 순환은 엔트로피 2단계 과정의 또 다른 사례를 보여 주고 있다. 식물 세포에 흡수된 광자가 전자를 높은 에너지 상태로 올려놓으면, 세포기계가 작동하여(전자를 야구장 관람석 아래로 층층이 끌어내리는 일련의 산화 환원 반응) 다양한 기능을 수행한다. 그러므로 태양에서 날아온 광자는 식물로 하여금 생명 활동을 수행하게 하고 고엔트로피, 저품질의 폐기물을 방출하게 만드는 '저엔트로피, 고품질의 영양분'인 셈이다(지구는 태양으로부터 광자 1개를 받아들일 때마다 좀 더 무질서하고 에너지가 적으면서 넓게 퍼진 적외선 광자 20여 개를 우주로 되돌려 주고 있다).[38]

우리는 저엔트로피의 기원을 추적하다가 태양에 도달했다. 3장에서 언급했던 중력을 연상시키는 결과다. 중력은 기체 구름을 쥐어짜서 별을 만들고 내부 엔트로피를 낮춘다. 그리고 이 과정에서 다량의 열이 외부로 방출되면서 주변 공간의 엔트로피는 증가한다. 마침내 별의 내부에서 핵융합이 시작되고, 별은 빛을 발하고, 다량의 광자가 외부로 방출된다. 우리의 태양에서 출발하여 지구에 도달한 광자는 식물의 대사에 동력을 공급하는 저엔트로피 에너지원이다. 그래서 과학자들은 지구의 생명체가 중력에 의해 유지된다고 주장한다. 물론 틀린 말은 아니지만, 나는 또 하나의 숨은 공신에게 중력의 영예를 나눠 주고 싶다. 중력과 함께 태양의 에너지원으로 맹활약 중인 핵력이 바로 그것이다. 중력은 물질을 안으로 응축시키면서 안정된 환경을 제공하고, 핵력은 수십억 년 동안 고품질 광자를 대량으로 생산하여 지구 생명체를 먹여 살려 왔다.

그러므로 핵력과 중력은 생명을 유지시키는 저엔트로피 연료다.

생명에 대한 일반론?

슈뢰딩거는 1943년에 개최된 강연에서 "요즘은 과학의 발전 속도가 너무 빨라서, 한 사람의 지식으로 여러 전문 분야를 설명하는 것이 더 이상 불가능하다."라고 역설했다.[39] 그러나 이 말에 자극 받은 사상가들은 자신의 전공을 넘어 다른 분야를 탐구하기 시작했고, 분야 간 융합이 유행처럼 퍼져 나갔다. 사실 슈뢰딩거도 《생명이란 무엇인가?》에서 물리학자의 식견과 직관으로 생물학의 수수께끼를 풀려고 했으니, 그도 불가능한 일에 도전한 셈이다.

그 후 수십 년 사이에 각 분야의 지식은 더욱 전문화되었고, 점점 더 많은 학자들이 슈뢰딩거가 말했던 '분야 간 소통'을 시도하여 학계에 커다란 반향을 일으켰다. 고에너지 물리학과 통계역학, 컴퓨터공학, 정보이론, 양자화학, 분자생물학, 우주생물학 등 다양한 분야의 학자들이 생명 현상에 관심을 갖기 시작한 것이다.

열역학을 더욱 넓게 확장시킨 한 가지 주제를 소개하면서 이 장을 마무리하고자 한다. 이 연구가 성공하면 과학 역사상 가장 심오한 질문의 답을 찾을 수 있을지도 모른다. 우주에는 수천억 개의 은하가 있고, 하나의 은하는 수천억 개의 별로 이루어져 있으며, 이들 중에는 행성을 거느린 별도 많다. 그런데 생명의 탄생은 이렇게 많은 행성들 중 단 한 곳에서만 발생할 정도로 드문 사건일까? 아니면 생명의 탄생이 평범한 환경에서 발생할 수 있는 지극히 자연스럽고 필연적인 사건이어서, 다양한 생명체들이 우주를 가득 채우고 있을까?

이것은 워낙 광범위한 질문이어서, 답을 찾으려면 우리가 알고 있는 과학 원리의 범위를 넓혀야 한다. 이 책을 처음부터 읽은 독자들은 잘 알고 있겠지만, 열역학은 적용 범위가 매우 넓은 이론이다. 아인슈타인은 열역학을 두고 "반증될 가능성이 전혀 없는 확고한 이론"이라고 했다.[40] 생명의 특성(기원과 진화)을 분석하는 데 열역학을 이용하면 적용 범위가 더욱 넓어질 것이다.

이것이 바로 지난 수십 년 동안 과학자들이 해 온 일이다. 이 시기에 등장한 한 연구 분야(비평형 열역학nonequilibrium thermodynamics이라 한다)는 이 책에서 여러 번 언급된 상황을 체계적으로 분석하여 생명 현상에 대한 과학적 이해 수준을 한 단계 끌어올렸다. 주된 내용은 시스템을 가로지르는 고품질 에너지가 엔트로피 2단계 과정에 동력을 공급하여 내부 무질서도 상승을 억제한다는 것이다. 벨기에의 물리화학자 일리야 프리고진Ilya Prigogine은 외부로부터 에너지를 지속적으로 공급받으면서 스스로 질서를 유지하는 계의 물질 구조를 수학적으로 분석하여 1977년에 노벨상을 받았다(프리고진은 이런 계를 "혼돈 속의 질서order out of chaos"라 불렀다). 당신이 고등학교 시절에 좋은 물리선생님을 만났다면, 단순하면서도 인상적인 '베나르 세포Bénard cell'에 대해 배웠을 것이다. 점성이 높은 기름을 접시에 담아서 가열하면 처음에는 별일 없이 온도만 올라가다가, 에너지 유입량이 어느 임계점을 넘으면 분자의 무작위 운동이 눈에 보이는 질서를 창출한다. 이때 접시를 위에서 내려다보면 작은 육각형들이 바둑판처럼 규칙적으로 배열되어 있고, 옆에서 보면 각 육각형의 바닥에서 위를 향해 유체가 규칙적으로 이동했다가 다시 바닥으로 내려가는 모습을 볼 수 있다.

제2법칙의 관점에서 볼 때, 이렇게 자발적으로 질서가 수립되는 것은 전혀 예상 밖의 일이다. 이런 현상은 액체 분자가 특별한 환경의 영향을 받았기 때문에 일어난다. 액체 분자가 열에너지를 계속 흡수하면 중요한 변화가 일어나는데, 이런 경우 임의의 물리계는 자발적 요동을 일으키면서 순간적으로 작은 영역에 집중된 질서 정연한 패턴을 보일 수도 있다. 대부분의 경우에는 미세요동이 금방 흩어져서 원래의 불규칙한 패턴으로 돌아가지만, (프리고진의 분석에 의하면) 분자가 특정한 패턴으로 배열되어 있을 때에는 에너지 흡수 능력이 크게 높아져서 완전히 다른 길을 가게 된다. 분자의 특별한 배열로 이루어진 물리계가 주변으로부터 집중된 에너지를 꾸준히 공급받으면 무질서에서 질서가 창출되거나, 이미 존재했던 질서가 더욱 질서 정연해질 수 있다. 그리고 이 과정에서 저품질의 에너지(넓게 퍼져서 사용하기 어려운 에너지)가 주변 환경으로 방출된다. 질서 정연한 패턴은 에너지를 분산시키기 때문에 '산일구조散逸構造, dissipative structure'로 불리기도 한다. 이 경우 주변 환경을 포함한 총 엔트로피는 증가하지만, 에너지를 공급받는 물리계는 엔트로피 2단계 과정을 통해 질서를 유지할 수 있다.

프리고진의 설명은 슈뢰딩거를 연상시킨다. 과거에 슈뢰딩거는 생명체가 엔트로피 상승에 의한 기능 저하를 어떻게 피해 가는지 물리학적 관점에서 설명한 바 있다. 베나르 세포에는 생명이 없지만, 살아 있는 생명체도 베나르 세포처럼 주변 환경으로부터 에너지를 흡수하여 질서 정연한 구조를 유지하면서 저품질 에너지를 외부로 방출하고 있다. 프리고진의 연구가 높이 평가되는 이유는 '혼돈 속의 질서'를 정확하게 서술하는 수학적 도구를 개발했기 때문이다. 그의 연구를 이어받은 다수의 과학자들은 초기 지구의 혼돈 속에서 생명체가 탄생할 때까지 질서 정연한 분자 배열이 어떤 역할을 했는지 이해하기 위해, 프리고진의 수학 체계를 업그레이드하는 데 총력을 기울이고 있다.

그중에서도 크리스토퍼 야르진스키Christopher Jarzynski와 개빈 크룩스Gavin

Crooks의 연구를 개선한 제러미 잉글랜드Jeremy England의 최근 연구 결과가 가장 돋보인다.[41] 그의 목적은 제2법칙에 입각하여, 외부 에너지원에 의해 구동되는 물리계의 특성을 알아내는 것이었다. 이 문제를 좀 더 쉽게 이해하기 위해, 당신이 그네를 타고 있다고 가정해 보자. 모든 아이들이 알고 있듯이, 그네의 규칙적인 흔들림을 유지하려면 주기적으로 다리에 힘을 줘야 하며(상체도 아래로 숙여야 한다), 물리 법칙에 의하면 이 주기는 그네 줄의 길이에 의해 결정된다. 발을 주기에 맞춰 구르지 않으면 그네가 에너지를 효율적으로 흡수하지 못하여 높은 고도에 도달할 수 없다. 이제 당신의 그네에 아주 특이한 장치가 부착되어 있어서, 당신이 다리에 힘을 주면 그네의 인공지능이 작동하여 발을 구르는 주기와 그네의 주기가 일치하도록 스스로 줄의 길이를 조절한다고 가정해 보자. 이런 '적응 기능'이 있으면 그네는 당신이 주입하는 에너지를 효율적으로 흡수하여, 빠른 시간 안에 원하는 높이에 도달할 수 있다. 그리고 이 그네에는 또 한 가지 기능이 탑재되어 있어서, 일단 원하는 높이에 도달하면 발을 아무리 세게 굴러도 더 높이 올라가지 않는다고 하자. 여분의 에너지는 마찰력을 상쇄시키는 데 사용되며, 이 과정에서 생성된 폐기에너지(열, 소리 등)는 주변 환경으로 배출된다(당신이 나의 딸아이처럼 무모하지 않다는 가정하에 그렇다. 나의 딸은 그네가 자신이 원하는 높이에 도달하면 자리를 박차고 뛰어올라 땅 바닥에 곤두박질치면서 애써 얻은 에너지를 자기 몸에 상처를 내는 데 사용한다).

잉글랜드의 수학적 분석에 의하면, 분자 규모에서 외부의 에너지원에 의해 '밀려난' 입자는 특이한 그네를 타는 당신과 비슷한 일을 겪을 수 있다. 처음에는 불규칙하게 배열되어 있던 입자들이 외부에너지를 효율적으로 흡수하여 질서 정연한 배열로 바뀌고, 향후 유입된 에너지는 현재의 배열을 유지하거나 질서를 더 높이는 데 사용되며, 이 과정에서 품질이 하락한 에너지는 가차 없이 외부로 방출된다.

잉글랜드는 이 현상을 '소산적 적응消散的 適應. dissipative adaptation'이라 불렀다. 특정 분자계는 이런 식으로 엔트로피 2단계 과정을 겪고 있다. 그런데 살아 있는 생명체도 이와 동일한 과정을 수행하고 있으므로(고품질 에너지를 취하여 용도에 맞게 사용한 후 저품질 에너지를 열과 폐기물의 형태로 방출함), 소산적 적응은 최초의 생명이 탄생하는 데 결정적 기여를 했을 것이다.[42] 잉글랜드는 복제 과정 자체도 소산적 적응을 구현하는 하나의 수단으로 해석했다. 작은 규모의 입자 집단이 에너지를 흡수하고, 사용하고, 배출하는 데 익숙해지면 2개보다는 4개가 효율적이고, 4개보다는 8개가 효율적이기 때문이다. 따라서 분자의 복제 능력은 소산적 적응으로부터 자연스럽게 예측되는 결과다. 복제가 가능해지면서 분자의 진화가 시작되었고, 훗날 생명의 탄생으로 이어졌다는 이야기다.

이 아이디어는 아직 개발 단계에 있지만, 슈뢰딩거가 이 소식을 듣는다면 매우 흡족해할 것 같다. 우리는 물리학의 기본 원리를 이용하여 빅뱅과 별, 그리고 행성의 탄생 과정을 설명했고, 별의 내부에서 복잡한 원소가 합성되는 원리를 이해했으며, 이 원자들이 자가 복제가 가능한 분자로 진화하여 주변 환경에서 추출한 에너지로 질서 정연한 형태를 유지한다는 사실도 알아냈다. 분자진화론의 자연선택을 통해 적절한 형태의 분자 집합이 널리 퍼져 나간 과정을 이해했으니, 이들이 정보를 저장하고 전송하는 능력을 획득하게 된 과정도 이해할 수 있을 것이다. 분자는 여러 세대에 걸쳐 생존 전략을 전수해 오면서 유리한 고지를 선점했고, 이 과정이 수억 년 동안 반복된 끝에 드디어 최초의 생명체가 탄생하게 되었다.

앞으로 연구가 계속되다 보면 세부 사항은 달라질 수도 있다. 중요한 것은 물리학에 기초한 생명의 역사가 윤곽을 잡아 가고 있다는 점이다. 이 아이디어가 옳은 것으로 판명된다면(현재의 연구 진척 상황으로 미루어 볼 때 그럴 가능성이 높다) 생명은 우주 전체에서 일어나는 보편적 현상으로 받아들여질 것이다. 생명 자체도 흥미롭지만, '지적인 생명'은 또 다른 흥미를 자아낸다. 화성이나 유로파Europa(목성의 위성)에서 미생물이 발견된다면 과학은 커다란 전환점을 맞이하겠지만, 그래도 생각하고, 대화하고, 창조력을 발휘하는 생명체가 우리 인간뿐이라는 사실은 달라지지 않는다.

그렇다면 생명은 어떻게 의식을 갖게 되었을까?

5장

입자와 의식

생명에서 마음으로

생명에서 마음으로

40억 년 전에 최초의 원핵 세포^{prokaryotic cell}* 가 등장한 후, 그리고 900억 개의 뉴런 네트워크와 100조 개의 시냅스^{synapse}** 로 이루어진 인간의 두뇌가 등장하기 전의 어느 시점에, 생명체는 생각하고, 느끼고, 사랑하고, 미워하고, 두려워하고, 동경하고, 희생하고, 상상하고, 창조하는 능력을 갖게 되었다. 그것은 찬란한 업적과 전례 없는 파괴를 불러올 엄청난 능력이었다. 프랑스의 소설가 알베르 카뮈^{Albert Camus}는 "모든 것은 의식^{意識}에서 시작되고, 모든 가치는 의식을 거쳐 탄생한다."고 했다.[1] 그러나 얼마 전까지만 해도 의식은 자연과학에서 그다지 환영받는 개념이 아니었다. 가끔 은퇴를 코앞에 둔 과학자가 뒤늦게 인간의 의식을 연구하는 경우는 있었지만 대부

---

* 핵과 미토콘드리아, 색소체 등이 없는 세포.
** 뉴런의 접합부.

분의 과학자들은 주로 '객관적 현실'을 파고들었고, 의식은 과학의 탐구 대상이 아니었다. 머릿속에서 들려오는 목소리는 오직 자신만 들을 수 있기 때문이다.

이것은 참으로 아이러니한 상황이다. 현실과 나의 긴밀한 접촉 관계는 "나는 생각한다. 그러므로 나는 존재한다Cogito, ergo sum."라는 데카르트의 명언에 잘 요약되어 있다. 다른 모든 것은 환상일 수도 있지만, 사고는 완강한 회의론자도 인정할 수밖에 없는 현실이다. 미국의 작가 앰브로즈 비어스Ambrose Bierce는 "나는 생각한다고 생각한다. 그러므로 나는 존재한다고 생각한다."라고 했지만,[2] 당신이 생각에 빠져 있을 때 '나'라는 존재가 더욱 확고하게 느껴진다. 과학이 의식에 관심을 갖지 않는 것은 모든 개인이 신뢰하는 유일한 대상에 등을 돌리는 것과 같다. 실제로 지난 수천 년 동안 수많은 사람들이 의식에 실존적 희망을 걸면서 죽음을 부정해 왔다. 물론 육체는 언젠가 죽는다. 이것은 그 누구도 부정할 수 없는 명백한 사실이다. 그러나 끊임없이 들려오는 내면의 소리와 객관적 세계를 가득 채우고 있는 다양한 생각과 감각, 감정은 물리적 세계를 넘어선 천상의 존재들과 대화를 시도한다. 아트만atman, 정신, 불멸의 영혼… 어떤 이름으로 부르건 간에, 천상의 존재는 의식적인 자아自我가 과학을 초월한 무언가와 연결되어 있다는 믿음을 불러일으킨다. 마음은 현실뿐만 아니라 영원과도 연결되어 있다.

자연과학이 오랜 세월 동안 의식을 배척해 온 데에는 또 다른 이유가 있다. 과학자를 앞에 앉혀 놓고 물리 법칙을 넘어선 영역을 언급하면, 대부분 얼굴을 찌푸리며 자리를 박차고 일어나 연구실로 돌아간다. 독자들은 이럴 때 과학자의 권위적인 태도를 느끼겠지만, 다른 한편으로는 과학적 서술과 일반적 서술의 차이를 보여 주는 사례이기도 하다. 우리는 아직도 의식의 경험을 과학적 언어로 설명하지 못한다. 시각과 청각, 그리고 감각이라는 지극히 개인적인 세계에 의식이 개입되는 과정을 밝히지 못한 것이다. 누군가가 "의식은 전통 과학의 바깥에 존재한다."고 주장해도 딱히 반박할 근거가 없고, 빠른 시일 안에 발견될 것 같지도 않다. 사고에 대해 깊이 생각해 본 사람이라면, 의식의 실체를 과학적으로 해부하는 것이 얼마나 어려운 일인지 잘 알고 있을 것이다.

17세기에 뉴턴은 인간의 감각으로 느낄 수 있는 자연에서 명확한 패턴을 발견하여 운동 법칙으로 요약해 놓았고, 그로부터 수백 년 후에 태어난 과학자들은 뉴턴의 물리학으로 설명할 수 없는 세 가지 영역을 새로 개척했다. 첫째, 뉴턴이 고려했던 것보다 훨씬 작은 영역을 탐구할 때에는 양자물리학의 도움을 받아야 한다. 양자물리학은 기본 입자의 거동과 생명의 저변에 깔려 있는 생화학적 과정을 설명해 준다. 둘째, 뉴턴이 고려했던 것보다 훨씬 큰 영역을 탐구할 때에는 아인슈타인의 일반상대성이론을 도입해야 한다. 일반상대성이론은 중력의 근본적 성질을 비롯하여 생명체의 출현에 반드시 필요한 별과 행성의 형성 과정을 설명해 준다. 그리고 세 번째는 가장 난해한 영역으로, 뉴턴이 고려했던 것보다 훨씬 복잡한 대상을 이해하려면 여러 개의 입자들이 한데 모여서 생명과 마음을 창출하게 된 과정을 설명할 수 있어야 한다.

뉴턴은 복잡한 문제를 단순화하여(태양과 행성의 내부에서 진행되는 유체의 복잡한 운동을 완전히 무시하고 단단한 구체로 간주했다) 올바른 답을 얻을 수 있었다. 뉴턴이 시도했던 과학의 예술이란 결과에 영향을 주지 않을 정도로 관측 대상의 본질을 유지하면서 공략 가능한 수준으로 단순하게 만드는 것이었다. 문제는 하나의 대상에 통했던 단순화 기법이 다른 대상에 똑같이 적용되지 않는다는 것이다. 행성을 고체구로 간주하여 운동 방정식을 풀면 공전 궤도를 쉽고 정확하게 알아낼 수 있지만, 사람의 머리를 고체구로 간주하여 마음의 작동 원리를 알아낼 수는 없다. 그러나 투박한 근사법을 버리고 두뇌를 구성하는 모든 입자의 움직임을 일일이 추적하려면(바람직한 목표이긴 하다) 현대의 복잡한 수학과 컴퓨터의 능력을 훨씬 뛰어넘는 환상적인 기술이 필요하다.

물론 아직은 요원한 이야기지만, 사람이 무언가를 생각할 때 두뇌에 나타나는 변화를 부분적으로 관측하는 기술이 최근에 개발되었다. 과학자들은 기능성 자기공명영상장치fMRI, functional Magnetic Resonance Imaging를 이용하여 뉴런의 활동을 지원하는 혈류의 흐름을 추적하거나, 두뇌 깊은 곳에 탐침을 삽입하여 뉴런이 활성화되는 순간 그곳에 흐르는 전류를 측정하거나, 뇌파도腦波圖, electroencephalogram*를 이용하여 두뇌를 가로지르는 전자기파를 측정하여, 겉으로 드러난 행동과 내면의 경험 사이의 관계를 부분적으로 규명하는 데 성공했다. 의식을 물리적 현상으로 이해하려는 시도가 조금씩 효과를 보고 있는 것이다. 여기에 한껏 고무된 과학자들은 의식을 과학 이론으로 설명하는 날이 곧 올 것이라며 연구에 박차를 가하고 있다.

의식과 스토리텔링

몇 년 전, 나는 TV의 한 심야 프로그램에 출연하여 우주론에서 수학의 역할에 대해 설명한 적이 있다. 분위기가 무르익으면서 함께 출연한 사람들 사이에 열띤 설전이 오갔다. 그다지 심각한 분위기는 아니었기에 사회자에게 "당신은 물리 법칙의 지배를 받는 입자의 집합에 불과하다." 하고

---

* 두뇌 신경세포의 전기적 활동을 그래프로 기록한 그림.

한마디 던졌더니, 그는 한 치의 망설임도 없이 되받아쳤다. "아하, 그거 아주 멋진 작업용 멘트로군요!" 그의 말에 동의하는 것은 아니지만, 입자에 관한 한 그에게 적용되는 내용은 나에게도 똑같이 적용된다. 사실 내가 했던 말은 "우주를 구성하는 기본 요소의 거동을 완전히 이해하면, 현실 세계에 대한 엄밀하고 독립적인 이야기를 완성할 수 있다."라는 지극히 환원주의적 발상이었다. 물론 현재 진행 중인 첨단 연구의 대부분이 아직 결론에 도달하지 못하여 현실에 대한 우리의 이야기는 여전히 미완성으로 남아 있지만, 나는 과학자들이 우주의 모든 미시적 과정을 수학적으로 완벽하게 서술하는 날을 머릿속에 그려 보곤 한다.

2,500년 전에 그리스의 철학자 데모크리토스Democritus는 나의 낙관적인 생각에 힘을 실어 주는 말을 남겼다. "단 것은 달고, 쓴 것은 쓰다. 뜨거운 것은 뜨겁고 차가운 것은 차가우며, 색色은 색이다. 그러나 이 세상에 존재하는 것은 원자와 텅 빈 공간뿐이다."[3] 여기서 중요한 것은 모든 만물이 동일한 요소로 이루어져 있으면서 동일한 물리 법칙을 따른다는 것이다. 이 원리는 지난 수백 년 동안 수많은 관찰과 실험을 통해 사실로 확인되었으며, 언젠가는 몇 개의 기호로 이루어진 수학방정식으로 표현될 것이다. 참으로 우아한 우주가 아닌가![4]

이런 식의 서술이 막강한 위력을 발휘한다 해도, 어디까지나 현실을 담은 여러 이야기 중 하나일 뿐이다. 우리는 초점을 바꾸고 해상도를 조절하는 등 다양한 방법으로 세상과 소통할 수 있다. 완전한 환원주의적 설명은 탄탄한 과학적 기반을 제공하지만, 우리의 경험과 좀 더 가까운 이야기에 현실을 담으면 중요한 통찰을 얻을 수 있다. 그러나 앞서 지적한 바와 같이 이런 이야기에는 새로운 개념과 언어가 필요하다. 예를 들어 대규모 입자 집단의 무작위성과 조직성을 서술할 때 엔트로피를 도입하면 이야기가 깔끔하게 정리된다. 엔트로피의 출처가 오븐이건 별의 내부이건, 그런 것은 상관없다. 또한 진화의 개념을 도입하면 분자 집단(생물이건 무생물이건)의 기회와 선택, 복제, 변이, 그리고 점진적인 적응 과정을 자연스럽게 서술할 수 있다.

그렇다면 의식에 관한 이야기는 어떨까? 생각, 감정, 기억을 이야기에 포함시킨다는 것은 인간의 가장 중요한 경험을 포함시킨다는 뜻이어서, 질적으로 완전히 다른 관점이 도입되어야 한다. 엔트로피와 진화, 그리고 생명은 '바깥에서' 연구될 수 있다. 즉, 연구자와 연구 대상이 별개로 존재하기 때문에 3인칭 시점에서 서술 가능하다. 우리는 이야기의 증인이며, 시간과 정성을 충분히 들이면 완벽한 이야기를 만들 수 있다. 이런 이야기에는 비밀이 없고, 모호한 구석도 없다.

그러나 이야기의 주제가 의식이라면 사정이 달라진다. 시각과 청각, 기쁨과 슬픔, 안락함과 고통, 속 편함과 근심 등 내면의 감각에 관한 이야기는 1인칭 시점에서 서술되어야 한다. 이것은 모든 개인이 작가가 되어 내면의 목소리를 통해 들려주는 이야기다. 나는 주관적 세계를 경험할 뿐만 아니라, 그 세계에서 나의 행동을 스스로 통제한다는 확실한 느낌을 갖고 있다. 물론 당신도 마찬가지다. 물리 법칙 같은 것은 통하지 않는다. 이곳에서 데카르트의 명언은 "나는 생각한다. 그러므로 나는 통제한다."로 수정되어야 한다. 그러므로 의식의 수준에서 우주를 이해하려면 완전히 개인적이면서 자율적이고 주관적인 현실에 대한 이야기가 필요하다.

의식의 본질을 생각하다 보면 완전히 다른 것 같으면서도 서로 긴밀하게 연결된 두 가지 질문에 직면하게 된다. (1) 물질은 의식을 창출할 수 있는가? (2) 자율적인 의식은 두뇌와 몸을 구성하는 물질에 물리 법칙이 적용된 결과에 불과한가? 물질과 마음이 본질적으로 다르다고 굳게 믿었던 데카르트는 두 질문에 단호하게 '아니^{no}'라고 대답했다. 우주에는 물질이 있고, 마음을 가진 생명체도 존재한다. 물질은 마음에 영향을 주고, 마음은 물질에 영향을 준다. 그러나 이들은 분명히 다른 존재다. 현대과학의 언어로 말하면 "원자와 분자에게는 사고 능력이 없다".

데카르트의 관점은 확실히 설득력이 있다. 테이블과 의자, 개와 고양이, 풀과 나무는 내 머릿속의 생각과 같지 않다. 아마 독자들도 나와 같은 느낌일 것이다. 그런데 바깥 세상에 존재하는 물질과 이들을 지배하는 물리 법칙이 나의 의식과 무슨 상관이라는 말인가? 그저 단순히 이야기의 수준을 높이거나 시선을 바깥에서 안으로 돌리는 것만으로는 의식을 이해할 수 없을 것 같다. 의식에 가까이 접근하려면 양자역학이나 상대성이론 못지않은 혁명적 발상이 필요하다.

나는 지적 혁명이 필요하다는 주장에 전적으로 찬성한다. 오랜 세월 동안 수용되어 온 세계관이 하나의 발견으로 뒤집어지는 것은 정말로 흥미진진한 사건이다. 이제 곧 언급되겠지만, 요즘 의식을 연구하는 학자들이 바로 이런 길을 가고 있다. 그런데 이들의 연구 결과를 보면 의식이라는 것이 우리의 생각처럼 미스터리한 존재는 아니라는 느낌이 든다(그 이유도 잠시 후에 알게 될 것이다). TV 심야 프로그램에서 내가 했던 말과 평생 동안 의식 문제에 매달려 온 일부 과학자들의 연구 결과에 비춰 볼 때, 의식도 결국은 물질 입자와 이들을 지배하는 물리 법칙으로 설명될 것 같다. 그리고 이 과정에서 다양한 혁명적 발상이 출현하여 물리 법칙의 우선순위가 결정될 것이며, 바깥 세계의 객관적 현실과 내면 세계의 주관적 경험을 아주 깊은 단계까지 이해할 수 있을 것이다.

그림자 속에서

두뇌의 모든 기능이 경이로운 의식意識을 낳는 것은 아니다. 신경 활동의 상당 부분은 의식의 저변에서 일어나고 있다. 석양을 바라볼 때 당신의 뇌는 매 순간 망막의 광수용체photoreceptor*에 도달하는 수조 개의 광자 데이터를 빠르게 처리하여 맹점 때문에 완성되지 못한 영상을 보완하고(망막에 도달한 시각 정보는 시신경과 외측슬상핵外側膝狀核, lateral geniculate nucleus을 거쳐 시각 피질로 전달된다), 눈동자와 머리의 방향이 바뀔 때마다 영상을 수정하고, 뒤집힌 상을 바로 세우고, 두 눈에 동시에 들어온 영상을 하나로 합치는 등 엄청나게 많은 업무를 수행하고 있다. 그러나 석양의 아름다움에 흠뻑 매료된 당신은 눈 뒤에서 일어나는 복잡다단한 사건에 아무런 방해도 받지 않는다. 책을 읽을 때도 마찬가지다. 두뇌는 시각을 통해 쏟아져 들어오는 단어와 문장을 분석하느라 쉴 새 없이 돌아가고 있지만, 당신은 이런 것에 아랑곳하지 않고 느긋하게 독서를 즐길 수 있다. 대화와 보행, 심장박동, 혈액순환, 소화, 근육의 움직임 등도 따로 신경을 쓰지 않아도 자동으로 진행된다.

두뇌가 자신도 모르는 사이에 엄청난 일을 한다는 사실은 오래전부터 다양한 방식으로 표현되어 왔다. 3천 년 전에 집필된 인도의 고대 경전 베다Veda에는 무의식의 개념이 언급되어 있는데, 그 후로 힌두교의 사두sadhu**들은 의식으로 감지되지 않는 정신 세계를 느끼기 위해 다양한 수행법을 개

---

* 빛의 자극을 신경신호로 전환하는 기관.
** 깨달음을 얻기 위해 고행을 행하는 수행자.

엔드오브타임

발해 왔다. 서양에서는 성 오거스틴Saint Augustine(마음은 자신을 담을 정도로 충분히 크지 않다. 그런데 담기지 않은 나머지 부분은 어디에 있는가?[5])과 토마스 아퀴나스Thomas Aquinas(마음은 본질을 통해 자신을 돌아보지 않는다[6]), 윌리엄 셰익스피어(너의 가슴으로 가서 문을 세 번 두드리고 무엇을 알고 있는지 물어보라[7]), 그리고 라이프니츠(음악이란 계산이 수행되고 있다는 사실을 전혀 인식하지 못한 채 마음속에서 진행되는 은밀한 연산과정이다[8])도 상징적인 언어로 무의식을 언급했다. 흥미로운 것은 의식의 감지 범위를 벗어난 것 같으면서도, 무의식의 메아리가 의식에 감지된다는 것이다. 역사를 돌아보면 의식이 풀지 못한 문제를 무의식이 해결한 사례가 심심찮게 눈에 띈다. 1936년에 노벨 생리의학상을 수상한 독일의 약리학자 오토 뢰비Otto Loewi도 바로 이런 일을 겪었다. 그는 1921년 부활절 전날 밤에 문득 잠에서 깨어나, 방금 전 꿈에서 보았던 아이디어를 황급히 메모지에 적어 놓았다. 그리고 다음 날 아침에 일어나 메모지를 다시 읽어 보았는데, 도대체 무슨 내용인지 이해할 수가 없었다. 무언가 중요한 실마리가 담겨 있다는 심증은 있었지만, 잠결에 암호처럼 휘갈긴 글이라 갈피를 잡지 못한 것이다. 그런데 다음 날에도 같은 꿈을 꾸다가 깨어난 그는 곧바로 실험실로 달려가 꿈에서 보았던 대로 실험을 수행했다. 그것은 세포들 사이의 정보 교환이 전기 신호가 아닌 화학적 과정을 통해 이루어진다는 오래된 가설을 확인하는 실험이었다. 뢰비의 실험은 월요일에 성공적으로 마무리되었고, 이 연구 덕분에 훗날 노벨상을 받았다.[9]

일반 대중들은 마음의 은밀한 작용을 지그문트 프로이트의 이론과 결부시키는 경향이 있다(프로이트 이전에도 일부 주류 과학자들이 그와 동일한 주장을 펼쳤는데, 유독 프로이트만 부각되었다[10]). 그는 억제된 기억과 욕망, 반목, 혐오, 공포, 편견 등이 마음의 저변에 남아 인간의 행동에 영향을 준다고 생각했다. 현대에 와서 달라진 점은 구체적인 데이터를 통해 마음의 작동 원리를 추측할 수 있게 되었다는 점이다. 과학자들은 마음을 부분적으로나마 들여다보고, 의식의 원천인 두뇌 활동을 추적하는 기발한 방법을 개발했다.

그중에서도 가장 놀라운 것은 신경 기능의 일부를 상실한 환자를 대상으로 실행된 실험이다. 1980년대 말에 피터 핼리건Peter Halligan과 존 마셜John Marshall은 P.S.라는 약칭으로 알려진 여성 환자의 연구 사례를 자세히 기록해 놓았다.[11] 오른쪽 뇌에 손상을 입은 그녀는 비슷한 사례의 환자들이 대부분 그렇듯이 왼쪽 먼 거리에 제시된 그림을 제대로 해석하지 못했다. 예를 들어 평범한 집을 그린 그림을 오른쪽 눈에 보여 주고, 이와 동시에 똑같은 집이 불타는 그림을 왼쪽 눈에 보여 줘도 두 그림의 차이를 알아채지 못할 정도였다. 그러나 둘 중 어떤 집이 좋으냐고 물으면 그녀는 예외 없이 불타지 않은 집을 선택했다. 그래서 핼리건과 마셜은 "피험자(P.S.)는 불꽃을 인식하지 못했지만, 이 정보가 은연중에 두뇌에 입력되어 결정에 영향을 미쳤다."고 결론지었다.

건강한 두뇌도 숨은 요인의 영향을 받는다. 심리학자들이 수행한 연구 결과에 따르면 피험자가 어떤 영상을 집중적으로 바라보고 있을 때, 다른 영상을 40밀리초(100분의 4초) 미만의 짧은 시간 동안 보여 주면(정지 화면이나 동영상 사이에 샌드위치처럼 끼워 넣는 식이다) 전혀 눈치채지 못한다고 한다. 그러나 이런 잠재의식 영상은 의식이 내리는 결정에 영향을 줄 수 있다. 1950년대 말에 코카콜라사의 시장조사 연구팀이 영화필름 사이에 광고 화면을 끼워 넣어 매출이 폭발적으로 늘었다는 이야기는 지금도 회자되고 있다.[12] 그러나 요즘은 두뇌의 활동을 실시간으로 보여 주는 다양한 연구 장비가 개발되어, 마음속에서 은밀히 진행되는 과정을 그림과 수치로 확인할 수 있게 되었다.[13] 예를 들어 누군가가 당신에게 1에서 9 사이의 숫자를 무작위로 연속해서 보여 준다고 하자. 당신의 임무는 그 숫자가 5보다 큰지 작은지를 가능한 한 빨리 판단하는 것이다. 이 실험에서 얻은 데이터에 의하면 5보다 작은 숫자를 잠재의식 영상으로 잠깐 보여 준 후 5보다 작은 숫자를 정상적으로 제시하면(예를 들어 잠재의식 영상으로 3을 보여 준 후 4를 제시하면) 피험자의 반응 속도가 빨라지고, 5보다 큰 수를 잠재의식 영상으로 잠깐 보여 준 후 5보다 작은 수를 정상적으로 제시하면(예를 들어 잠재의식 영상으로 7을 보여 준 후 4를 제시하면) 반응 속도가 느려진다.[14] 당신의 의식은 순간적으로 나타났다가 사라지는 영상을 인지하지 못하지만, 그 정보가 두뇌에 영향을 주어 반응 속도가 달라지는 것이다.

이 실험의 결론은 당신의 두뇌가 자신도 모르는 사이에 입력을 조율하고, 데이터를 추출하고 있다는 것이다. 물론 놀라운 일이긴 하지만 개념적으로 난해한 부분은 없다. 두뇌는 신경 섬유를 통해 접수된 신호를 빠르게 송수신하고, 생물학적 과정을 제어함으로써 적절한 반응을 유도할 수 있다. 단, 이런 놀라운 기능의 저변에 깔려 있는 신경 경로와 생리학적 세부 사항을 파악하려면 복잡하기 그지없는 생물학적 회로를 전례 없는 정확도로 그려 내야 한다. 물론 쉬운 일은 아니지만, 그동안 발표된 중간 결과를 보면 우리에게 친숙한 과학적 접근법이 여전히 통하는 것 같다.

이것이 전부라면 딱히 문제될 것이 없다. 시간만 충분히 투자하면 된다. 그러나 마음이 하는 일을 넘어서 마음이 느끼는 감각(자신이 인간임을 느끼는 내면의 경험)을 들여다보면 전통적인 과학으로 과연 이해할 수 있을지 의문이 드는 것도 사실이다. 이것이 바로 과학자들이 말하는 '*어려운 문제 hard problem*'다.

어려운 문제

1671년의 어느 날, 뉴턴은 현대과학이 태동하던 그 시기에 가장 많은 과학 기사를 썼던 헨리 올덴버그Henry Oldenburg에게 다음과 같은 편지를 보냈다. "빛의 절대적 특성을 정의하기란 정말 어렵습니다… 빛이 우리의 마음속에서 어떤 과정을 거쳐 색이라는 환영을 만들어 내는지도 분명치 않습니다. 그러나 저는 이것을 알아내기 위해 확실한 것과 추론을 섞지는 않을 것입니다."[15] 당시 뉴턴은 '색에 대한 내면의 느낌'이라는 가장 흔한 경험을 설명하기 위해 고군분투하고 있었다. 바나나를 예로 들어 보자. 바나나를 보고 노란색이라고 판단하기까지는 별 문제가 없다. 사실 이런 판단은 기계도 할 수 있다. 스마트폰에 적절한 앱app을 깔고 사진을 찍으면 노란색이라고 알려 준다. 그러나 독자들도 알다시피 스마트폰은 노란색을 '느끼지' 못한다. 우리가 노란색 물체를 보았을 때 내면에서 올라오는 '노란색의 느낌'이 없는 것이다. 스마트폰은 노란색을 마음의 눈으로 볼 수 없기 때문이다. 물론 당신과 나, 그리고 뉴턴은 그렇게 할 수 있다. 특정 색을 바라볼 때 우리의 마음에는 과연 어떤 일이 일어나고 있을까? 이것이 바로 뉴턴의 고민거리였다.

색에 대한 느낌은 노란색이나 푸른색, 또는 초록색의 정신적 '환상phantasm'을 훨씬 넘어선 문제다. 나는 지금 이 단어를 입력하는 와중에도 팝콘을 먹고, 부드러운 음악을 들으면서 내면의 다양한 경험을 만끽하고 있다. 손가락 끝에는 키보드의 압력이 느껴지고, 팝콘의 뒷맛은 짭짤하고, 펜타토닉스Pentatonix*의 목소리는 장엄하면서 아름답다. 이 모든 것을 느끼면서도 나의 두뇌는 다음에 쓸 문장을 생각하는 중이다. 당신도 이 글을 읽으면서 마음의 소리를 듣고, 냉장고에 남겨 둔 초콜릿 케이크의 마지막 한 조각을 먹을까 말까 고민하고 있을지도 모른다. 여기서 중요한 것은 우리의 마음이 의식의 일부로 여겨지는 다양한 내적 감각(생각, 감정, 기억, 표상, 욕망, 소리, 냄새 등)을 관장한다는 점이다.[16] 우리의 두뇌는 어떤 과정을 거쳐 변화무쌍한 주관적 경험 세계를 만들어 내고 유지하는 것일까?

이것이 얼마나 어려운 질문인지 감을 잡기 위해, 당신에게 초인적인 시각 능력이 주어졌다고 가정해 보자. 당신은 나의 뇌를 투시할 수 있을 뿐만 아니라, 그 안에서 1조 × 1천조 개에 달하는 입자들(전자, 양성자, 중성자)이 서로 밀고, 당기고, 흐르고, 흩어지는 광경을 낱낱이 추적할 수 있다.[17] 빵이 구워지는 오븐 속이나 자체 중력으로 뭉치는 우주 구름의 입자와 달리, 두뇌를 구성하는 입자들은 고도로 조직화된 배열을 유지하고 있다. 그러나 입자 1개에 초점을 맞추면 내 두뇌의 전두엽에 있는 입자가 다른 입자와 상호 작용 하는 방식은 부엌에 떠다니는 입자나, 북극성의 코로나에 섞인 입자와 완전히 똑같다. 입자의 거동을 서술하는 수학 체계는 지난 수십 년 동안 초대형 입자 가속기와 초고성능 천체 망원경을 통해 사실로 판명되었는데, 어디를 들여다봐도 입자의 내면 세계를 서술하는 부분은 없다. 마음도 없고, 생각도 없고, 감정도 없는 입자의 무리가 어떻게 색감과 음감을 느끼고, 사랑과 증오를 느끼고, 기쁨과 슬픔을 느낀다는 말인가? 입자는 질량과 전기전하를 비롯한 몇 가지 특성을 갖고 있지만(전기전하와 비슷하면서 근본적으로 다른 핵전하nuclear charge라는 것도 있다), 이런 양은 주관적 경험과 완전히 무관하다. 그런데 두뇌 속에서 진행되는 입자의 운동(이것이 두뇌의 전부다)이 어떻게 감정과 감각과 느낌을 낳는다는 말인가?

---

* 미국의 아카펠라 그룹.

미국의 철학자 토머스 네이겔Thomas Nagel은 이 문제와 관련하여 유명한 질문을 제기했다. "박쥐가 된다는 것은 어떤 느낌일까?"[18] 한번 시도해 보자. 지금 당신은 칠흑 같은 밤에 특정한 음파를 주기적으로 방출하면서 허공을 날아다니고 있다. 이 소리는 나무나 바위, 또는 벌레에서 반사되어 메아리처럼 되돌아오고, 당신은 그중에서 벌레에 반사된 소리를 귀신같이 포착하여 목표물이 있는 지점으로 급강하한다. 성공이다. 역시 피를 머금은 모기가 제일 맛있다. 이 정도면 박쥐가 된 것 같은가? 턱도 없다. 박쥐와 당신은 세상에 관여하는 방식이 완전히 다르기 때문에, 당신은 그들의 내면세계를 상상만 할 수 있을 뿐이다. 박쥐를 물리학, 화학, 생물학적으로 제아무리 완벽하게 정의해도, 그리고 인간의 내면 세계를 완벽하게 이해한다 해도, 박쥐의 삶을 1인칭 시점에서 서술하는 것은 도저히 불가능할 것 같다.

박쥐에게 적용되는 것은 우리에게도 똑같이 적용된다. 당신과 나의 육체는 상호 작용 하는 입자의 무리, 그 이상도 이하도 아니다. 나는 당신의 몸을 구성하는 입자들이 '방금 노란색을 보았다'는 사실을 어떻게 표현하는지 쉽게 알 수 있지만(성도聲道, vocal tract*와 입, 그리고 입술의 입자들이 조화롭게 움직이면서 내가 알아들을 수 있는 언어를 만들어 낸다), 입자들이 당신의 내면에 노란색이라는 주관적 느낌을 만들어 내는 과정을 이해하기란 결코 쉬운 일이 아니다. 또한 나는 당신의 입자들이 어떻게 당신의 얼굴에 미소를 띠게 만드는지 알 수 있지만(이것도 입자들이 하나의 목적을 향해 일사불란하게 움직인 결과다), 입자들이 당신의 내면에 행복이나 슬픔을 유발하는 과정에 대해서는 아는 것이 없다. 나 자신의 내면을 들여다봐도 사정은 마

---

* 성대에서 입술에 이르는 통로.

엔드 오브 타임

찬가지다. 나는 기쁨과 슬픔, 사랑과 증오, 만족감과 상실감을 수시로 느끼며 살고 있지만, 입자의 상호 작용으로부터 이런 감정이 생성되는 과정은 전혀 모르고 있다.

태풍이나 화산 활동도 환원주의적 관점으로 설명하기가 결코 쉽지 않다. 그러나 이런 종류의 문제가 어려운 이유는 내면 세계에 대한 무지無知 때문이 아니라, 계에 포함된 입자의 수가 상상을 초월할 정도로 많기 때문이다. 기술적인 문제만 극복되면 태풍과 화산 활동은 정확하게 예측할 수 있다.[19] 우리가 아는 한 태풍과 화산에는 '주관적 내면 세계'라는 것이 없기 때문에, 1인칭 시점에서 서술하는 것 자체가 불가능하다. 그러나 의식을 가진 존재는 3인칭의 객관적 서술만으로는 완벽하게 이해할 수 없다.

호주의 철학자 데이비드 챌머스David Chalmers(1966~)는 1994년에 투손Tucson*에서 개최된 의식학회에 어깨까지 닿는 머리칼을 휘날리면서 연단으로 올라와 생명체의 내면 세계를 '어려운 문제'라고 정의했다. 물론 그가 정의한 '쉬운 문제easy problem(기억을 저장하고, 자극에 반응하고, 행동을 결정하는 두뇌의 역학적 원리)'도 결코 쉬운 문제는 아니다. 다만 문제의 답이 어떤 형태일지 예측할 수 있다는 것뿐이다. 우리는 입자나 분자, 또는 더욱 복잡한 세포나 신경의 수준에서 원리적 접근을 시도할 수 있다. 챌머스는 '마음이 없는 입자와 마음을 연결하는 다리가 없기 때문에, 환원주의적 관점(입자와 물리 법칙)을 밀어붙인다면 결국 실패할 것'이라고 단언했다.

현재 학계는 챌머스에 찬성하는 쪽과 반대하는 쪽으로 양분되어 있지만, 그의 주장이 인식 연구 전반에 걸쳐 중대한 영향을 미친 것만은 분명하다.

---

* 미국 애리조나주 남부에 있는 도시.

메리 이야기

*어려운 문제*에 직면하면 꿀 먹은 벙어리가 되기 십상이다. 나 역시 과거에 그런 문제에 접했다면 몹시 난처했을 것이다. 누군가가 이와 비슷한 질문을 던졌다면, 나는 '인간의 의식이란 두뇌에서 특정한 정보가 처리될 때 나타나는 부수적 현상일 뿐'이라고 둘러댔을 것이다. 그러나 문제의 핵심은 '느낌의 주체'가 존재하는 이유를 설명하는 것이기 때문에, *어려운 문제*는 '별로 어렵지 않다'거나 '문제라고 할 수도 없다'며 무시되기 쉽다. 좀 더 관대한 사람들은 "너무 많은 생각을 거쳐 형성된 관점은 생각으로 이루어진 관념의 덩어리일 뿐"이라고 주장할 것이다. *어려운 문제*를 옹호하는 사람들은 "의식을 이해하려면 기존의 과학을 초월한 새로운 개념이 도입되어야 한다."고 주장하는 반면, 다른 사람들(주로 물리학 신봉자들)은 "전통과학을 창조적으로 응용하고 현명하게 해석하면 물질의 물리적 특성만으로 의식의 정체를 규명할 수 있다."는 입장을 고수하고 있다. 나 역시 오랜 세월 동안 물리학 신봉자로 살아왔다.

그러나 지난 몇 년 동안 나는 의식 문제를 좀 더 신중하게 생각하다가 물리학에 약간의 의심을 품게 되었다. 나를 가장 놀라게 한 것은 *어려운 문제*가 대두되기 10년 전에 미국의 철학자 프랭크 잭슨Frank Jackson이 제기한 논리였는데,[20] 대략적인 내용은 다음과 같다. 먼 미래에 메리라는 소녀가 살았다고 하자. 매우 총명한 아이였는데, 안타깝게도 색을 구별하지 못하는 색맹이었다. 메리는 태어날 때부터 증세가 매우 심하여 온 세상을 흑백으로밖에 볼 수 없었다. 메리의 부모는 딸아이의 상태를 어떻게든 완화시키기 위해 유명한 의사들을 찾아다녔지만 아무런 소용이 없었고, 똑똑한 메리는 자신의 유전병을 스스로 치료하기로 마음먹었다. 그 후로 메리는 의학과 생물학, 인지과학, 신경과학 등 시력과 관련된 학문 분야를 닥치는 대로 섭렵하여 세계에서 가장 유명한 신경과학자가 되었다. 그녀는 여기서 멈추지 않고 연구에 전념한 끝에, 드디어 오랜 세월 동안 풀리지 않았던 최고의 난제까지 해결했다. 두뇌의 구조와 기능을 비롯하여 생리학적, 화학적, 생물학적, 그리고 물리적 특성을 완벽하게 규명한 것이다. 그리하여 메리는 두뇌의 전체적인 구조에서 미시물리학적 과정까지, 모든 세부 사항을 알아낸 최초의 과학자로 역사에 기록되었다. 이제 그녀는 사람들이 푸른 하늘을 바라보거나 즙이 풍부한 자두를 먹을 때, 또는 브람스의 3번 교향곡을 들을 때 두뇌에서 일어나는 모든 입자의 움직임과 뉴런의 상태를 완벽하게 이해할 수 있다.

두뇌의 모든 것을 파악했으니, 자신의 유전병을 치료하는 방법도 알았을 것이다. 그리하여 메리는 최고의 의사를 찾아가 치료법을 알려 준 후 수술을 받았고, 몇 달 후 드디어 붕대를 푸는 날이 찾아왔다. 담당 의사는 메리의 반응을 보기 위해 빨간 장미다발 앞에서 조심스럽게 붕대를 풀었고, 메리는 천천히 눈을 떴다. 여기서 질문을 하나 던져보자. 색이 입혀진 세상을 처음 본 메리는 그로부터 새로운 것을 배울 수 있을까? 두뇌에서 진행되는 모든 과정을 알고 있는 그녀가 내면에서 색을 느끼는 것만으로 새로운 지식을 얻을 수 있을까?

내가 메리의 입장이었다면 장미꽃을 처음 본 순간 강렬한 빨간색에 완전히 압도되었을 것 같다. 놀랐을까? 물론이다. 전율을 느꼈을까? 당연하다. 감격했을까? 두말하면 잔소리다. 빨간 장미와 마주친 메리는 색으로부터 생성되는 내면의 감성에 눈을 뜨고, 한 번도 겪어 본 적 없는 '색감'을 강렬하게 느낄 것이다. 여기에는 의심의 여지가 없다. 잭슨의 해설은 다음과 같이 계속된다. 메리는 두뇌의 물리적 작용에 관한 한 모르는 것이 없었지만,

단 한 번의 경험으로 지식의 폭이 확장되었다. 빨간색에 대한 두뇌의 반응을 통해 의식적 경험이라는 지식을 획득한 것이다. 결국 *"두뇌의 물리적 작용을 완벽하게 이해해도, 무언가 중요한 요소가 누락되어 있다."*는 것이 이 이야기의 결론이다. 물리학만으로는 주관적인 느낌을 설명할 수 없다. 만일 물리학 속에 세상의 모든 지식이 들어 있다면, 메리는 붕대를 풀었을 때 "그래서, 뭐가 달라졌는데?"라며 시큰둥한 반응을 보였을 것이다.

잭슨의 '메리 이야기'를 처음 읽었을 때, 닫혀 있던 의식의 창이 활짝 열리는 것 같았다. 색맹 보정 수술을 받은 메리처럼 나도 의식 확장 수술을 받은 듯한 느낌이 들면서, 갑자기 메리에게 친근감이 느껴졌다. 두뇌에서 진행되는 물리적 과정이 곧 의식이라는 나의 오래된 믿음은 뿌리째 흔들렸고, 물리적 지식이 전부가 아니라는 확신이 들었다. 물론 두뇌의 물리적 과정은 의식에 관한 이야기의 한 부분을 차지하겠지만, 이것만으로는 이야기를 완성할 수 없다. 잭슨의 논문은 내 손에 들어오기 한참 전인 1982년에 발표되었는데 당시의 전문가들도 뜨거운 반응을 보였고, 향후 수십 년 동안 다양한 후속 연구가 이루어졌다.

한편, 미국의 철학자 대니얼 데닛Daniel Dennett은 두뇌의 물리적 기능을 완벽하게 이해한 상태가 진정으로 무엇을 의미하는지 다시 한번 생각해 봐야 한다고 주장했다. 우리는 단 한 번도 '완벽한 물리적 이해'의 경지에 도달한 적 없기 때문에, 그런 상태에 있는 사람이 어느 정도의 이해력을 갖게 될지 알 수 없다는 것이다. 다시 말해서, 두뇌의 물리적 기능을 모두 알고 있으면 의식 현상까지 완벽하게 설명할 수도 있다는 이야기다. 데닛은 "메리가 빛의 물리학에서 눈의 생화학적 작동 원리와 두뇌의 신경과학적 구조에 이르기까지 모든 것을 알고 있다면, 빨간색을 본 적이 없어도 색으로부터 창출되는 내면의 감각을 알고 있었을 것"이라고 주장했다.[21] 붕대를 푼 메리의 눈에 빨간 장미가 들어오면 아름다운 자태에 어떤 반응을 보일 수도 있지만, 빨간색에 대한 느낌은 그 전에 예상했던 바와 다르지 않다는 것이다. 또한 미국의 철학자 데이비드 루이스 David Lewis[22]와 로렌스 네미로Laurence Nemirow[23]는 "메리는 새로운 능력(빨간색을 구별하고, 기억하고, 상상하는 능력)을 획득했지만 이런 것은 '전에 몰랐던 새로운 사실'에 해당하지 않는다."고 주장했다. 붕대를 풀었을 때 시큰둥하지 않고 "우와~!"라는 감탄사를 내뱉을 수는 있지만, 이것은 이미 알고 있는 지식을 떠올리는 새로운 방법을 터득했기 때문이지, 새로운 지식에 눈을 떴기 때문이 아니라는 것이다. 메리 이야기를 창안한 잭슨 자신도 이 문제를 여러 해 동안 심사숙고한 후 처음의 주장을 번복했다. 우리는 직접적인 경험을 통한 학습에 지나칠 정도로 익숙해져 있기 때문에(빨간색에 대한 느낌은 어디서 배운 것이 아니라, 빨간색을 직접 보면서 스스로 체득한 것이다), 색과 관련된 지식을 얻는 방법이 직접 경험하는 것뿐이라고 믿는 경향이 있다. 그러나 잭슨의 주장에 의하면 이것은 검증되지 않은 믿음이다. 대부분의 사람들이 직접적인 경험을 통해 배우는 것을 메리는 다소 특이한 방식으로 배웠을 뿐, 그녀의 완벽한 지식은 빨간색을 보았을 때의 느낌을 알아내기에 충분하다는 것이다.[24]

누구의 주장이 옳은가? 과거의 잭슨과 그의 추종자들이 옳은가? 아니면 관점을 바꾼 잭슨을 비롯하여 "메리는 장미꽃을 생전 처음 보아도 새로 배우는 것이 없다."고 주장하는 사람들이 옳은가?

어느 쪽 손을 들어 주느냐에 따라 상황은 크게 달라진다. 의식이 물질에 작용하는 물리적 힘을 통해 서술되는 것이라면 그 중간 과정만 알아내면 되지만, 그렇지 않다면 현대과학의 범주 바깥에 있는 낯선 개념을 도입하여 기초부터 꿰어 맞춰야 하기 때문에 할 일이 엄청나게 많아진다.

지난 세월 동안 우리는 서로 상반된 관점이 대두될 때마다 검증 가능한 결과를 비교하면서 직관이라는 험난한 바다를 헤쳐 왔다. 그러나 메리의 이야기에 관한 한, 확실한 결론을 내릴 만한 실험 결과(또는 데이터나 계산 결과)는 단 한 건도 보고된 적이 없으며, 내면 세계의 원천을 설명하는 정확한 이론도 없다. 앞으로 보게 되겠지만, 이런 상황에서 많은 사람들은 논리적으로 타당하고 직관적으로 그럴듯하면서 다양한 관점을 포용하는 유연한 가설에 관심을 갖게 된다.

2개의 이야기

의식의 원천에 대한 설명은 매우 다양한 버전으로 제시되어 있다. 그중 한쪽 극단에는 의식을 환상으로 취급하는 제거론eliminativism이 있고, 반대쪽 끝에는 의식만이 유일한 현실이라고 주장하는 관념론idealism이 있으며, 둘 사이에 수많은 가설이 난립한 상태다. 개중에는 전통적인 과학적 사고의 범주를 벗어나지 않은 것도 있고, 현대과학의 약점을 교묘하게 파고든 것도 있으며, 현실에 대한 가장 근본적인 정의를 여전히 고수하는 주장도 있다. 지금부터 이 모든 주장을 아우르는 두 가지 짧은 이야기를 소개하고자 한다.

18~19세기에 생물학계의 가장 큰 화젯거리는 단연 생기론vitalism이었다. 이것은 생명과 관련하여 앞서 언급했던 *어려운 문제*와 일맥상통하는 개념으로, "모든 생명 현상은 물질과학을 넘어선 원리에 의해 지배되고 있다."고 주장하는 사조다. 이 세상은 생명이 없는 기본 단위(입자)로 이루어져 있는데, 이들이 모여서 무슨 수로 생명체를 형성한다는 말인가? 생기론을 지지하던 사람들은 "입자의 집합만으로는 생명체가 될 수 없으며, 무생물이 모여서 생명 활동을 하려면 비물리적인 생기生氣나 생명력이 추가되어야 한

다.”고 주장했다.

19세기에 마이클 패러데이$^{Michael\ Faraday}$를 비롯한 일단의 물리학자들은 전기^{electricity}와 자기^{magnetism}의 매력에 깊이 빠져들었다. 이 현상은 외관상 마술처럼 보였지만, 대부분의 물리학자들은 뉴턴이 구축한 표준역학의 범주 안에서 설명할 수 있다고 생각했다. 유체의 흐름과 작은 톱니바퀴를 조합하여 새로운 현상을 설명하는 것은 결코 쉽지 않은 과제였지만, 필요한 도구는 이미 갖춰진 상태였다. 전통과학에 기초한 논리는 맞을 가능성이 높으므로, 이것을 전기와 자기의 '*쉬운 문제*'라 불러도 무방할 것이다.

위에 언급된 두 가지 사례에서 과학자들의 예측은 결국 틀린 것으로 판명되었다. 생명과 관련된 문제는 향후 200년 동안 다양한 연구와 실험을 거치면서 마술 같은 요소에 의존하던 가설은 거의 자취를 감추었다. 지금도 생명의 기원은 미지로 남아 있지만, 굳이 생기나 생명력 같은 모호한 개념을 도입하지 않아도 입자의 계층 구조(원자, 분자, 세포 기관, 세포, 조직 등)만으로 설명할 수 있다는 것이 학계의 중론이다. 다시 말해서, 생명 현상은 기존의 물리학과 화학, 생물학으로 이해 가능하다는 뜻이다. 생명의 *어려운 문제*가 *쉬운 문제*로 재분류된 것이다.

전기와 자기를 연구하던 학자들은 정교한 실험에서 얻은 데이터를 분석하다가 1800년대 이전의 교과서에 수록되지 않은 새로운 개념이 필요하다는 사실을 깨달았다. 즉, 전기와 자기 현상의 원천인 새로운 물질(전기전하)이 새로운 유형의 작용(공간을 메우고 있는 전기장과 자기장)에 반응하고, 이들이 변하는 양상은 제임스 클러크 맥스웰이 유도한 새로운 방정식(총 20개로 이루어진 방정식 세트)으로 서술된다. 문제가 풀리긴 했는데, 쉬워 보였던 문제가 어려운 문제로 판명된 것이다.[25]

물리학을 신봉하는 다수의 과학자들은 생기론이 결국 의식으로 귀결된다고 믿고 있다. 두뇌에 대한 이해가 깊어지면 의식의 *어려운 문제*는 서서히 사라질 것이기 때문이다. 지금 당장은 내면의 경험이 신비하게 보이지만, 시간이 흐를수록 생리적 두뇌 활동의 직접적인 결과로 보는 관점이 우세해질 것이다. 우리가 놓치고 있는 것은 마음과 관련된 새로운 요소가 아니라, 두뇌의 명령 체계다. 물리학 신봉자들은 말한다. "미래의 어느 날, 우리는 제대로 정의되지도 않은 의식 문제를 연구하는 데 그토록 많은 시간과 노력을 허비했던 과거를 회상하며 쓴웃음을 지을 것이다."

전자기학과 관련된 이야기를 의식 이론의 바람직한 모형으로 간주하는 사람도 있다. 만일 당신이 물리적 세계를 과학적 논리로 하나씩 풀어 나가다가 어려운 문제에 직면한다면, 어떻게든 기존의 과학적 틀 안에서 해결하려고 노력할 것이다. 그러나 개중에는 기존의 틀에 부합되지 않는 것도 있고, 현실의 새로운 특성을 드러내는 문제도 있다. 전자기학을 의식 이론의 모형으로 간주하는 학자들은 의식이 바로 이런 종류의 문제라고 주장한다. 이들의 관점이 옳다면 지식의 장을 완전히 재구성하고 더욱 작은 단위로 세분해야 주관적 경험 세계를 이해할 수 있다. 그중에서도 가장 급진적인 주장을 펼친 주인공은 챌머스와 *어려운 문제*, 그 자체였다.

만물의 이론

챌머스는 "마음이 없는 입자에서는 의식이 생성될 수 없다."는 믿음하에 전자기학의 탄생 배경을 마음속에 새겨야 한다고 주장했다. 19세기 물리학자들이 "전통적인 과학을 사용하여 전자기적 현상을 설명하는 것은 별 도움이 되지 않는다."며 과감하게 새로운 개념을 도입했던 것처럼, 의식의 수수께끼를 해결하려면 물리학의 한계를 넘어서야 한다는 것이다.

말은 쉽다. 그런데 한계를 어떻게 넘어야 할까? 한 가지 방법은 개개의 입자들이 '더 이상 근본적 설명이 불가능한 의식의 씨앗'을 갖고 있다고 가정하는 것이다(나도 안다, 단순하면서도 엄청나게 대담한 가정이다. '의기양양한 전자'나 '심술궂은 쿼크'가 연상되는 것을 방지하기 위해, 이것을 원시의식^{原始意識, proto-consciousness}이라 부르기로 하자). 그렇다면 현실에 대한 서술은 '자연의 기본 단위에 스며 있으면서 더 이상 축약될 수 없는 주관적이고 고유한 특성'을 포함하는 쪽으로 확장되어야 한다. 우리가 지난 세월 동안 물리적 관점에서 의식을 설명하지 못한 이유는 바로 이 요소를 간과해 왔기 때문이다. 마음이 없는 입자들이 무슨 수로 마음을 창조한다는 말인가? 아무리 긍정적으로 생각해 봐도 도저히 불가능하다. 의식적인 마음이 창조되려면 의식을 가진 입자가 있어야 한다. 원시의식을 가진 입자들이 여러 개 모이면 우리에게 친숙한 의식을 발휘할 수 있다. 이 가설에 의하면 모든 입자들은 이미 알려진 물리적 특성(질량, 전기전하, 핵전하, 양자적 스핀 등) 외에, 지금까지 무시되어 왔던 원시의식을 갖고 있다. 마치 고대 그리스시대에 유행했던 범심론^{汎心論, panpsychism}*을 연상시킨다. 챌머스는 야구방망이건 박쥐의 뇌건 간에, 입자로 이루어진 모든 만물에 의식이 깃들어 있다는 흥미로운 가설을 제안하여 학계의 관심을 끌었다.

이쯤에서 독자들은 묻고 싶을 것이다. "원시의식이란 대체 무엇이며, 그런 것이 어떻게 입자에 스며들게 되었는가?" 당연한 질문이다. 나도 궁금하다. 애석하게도 답을 아는 사람은 없다. 제안자인 챌머스조차도 모른다. 그러나 이런 식으로 따지면 다른 물리량도 마찬가지다. 당신이 나에게 질량

---

* 모든 물질에 정신이 깃들어 있다고 주장하는 철학사조.

과 전기전하에 대하여 위와 비슷한 질문을 해도 분명히 실망할 것이다. 입자들이 어떻게 질량이나 전기전하를 갖게 되었는지는 나로서도 알 길이 없다. 내가 아는 것이라곤 질량이 중력을 창출하고 거기에 반응한다는 것, 그리고 전기전하가 전자기장을 창출하고 거기에 반응한다는 것뿐이다. 나는 입자의 물리적 특성이 왜 생겼는지 알 수 없지만, 그 특성 때문에 어떤 현상이 일어나는지는 알고 있다. 이와 마찬가지로, 과학자들은 원시의식의 정체를 모르는 상태에서도 그것의 역할(의식을 창출하고 의식에 반응하는 원리)을 서술하는 이론을 개발할 수 있다. 중력과 전자기력의 경우, 본질적인 정의를 작용과 반응으로 대치하는 것이 교묘한 속임수처럼 보일 수도 있지만 대부분의 과학자들은 크게 신경 쓰지 않는다. 두 힘의 수학 이론으로부터 혀를 내두를 정도로 정확한 예측이 가능하기 때문이다. 원시의식도 정교한 수학 이론이 개발되면 정확한 예측이 가능해질 것이다. 물론 아직은 그런 단계에 도달하지 못했다.

매우 낯선 가설임에도 불구하고, 챌머스는 자신의 접근법이 과학의 범주를 벗어나지 않는다고 주장한다. 지난 수백 년 동안 과학은 객관적 현실을 규명하는 데 주력하면서 실험 데이터를 설명하는 다양한 방정식을 개발해왔다. 그러나 이 데이터는 오직 3인칭 시점에서만 의미를 갖는다.[*] 챌머스는 내면 세계에도 이런 데이터가 존재하며, 이 영역의 패턴과 규칙성이 반영된 방정식도 존재할 것이라고 했다. 기존의 과학은 외부 데이터만 설명했지만, 차세대 과학은 내면 세계의 데이터도 설명할 수 있을 것이다.

이 가설은 물리학의 모든 것을 '정보'로 간주하는 정보물리학과 일맥상

---

[*] A라는 입자가 1인칭, B라는 입자가 2인칭, 입자를 관찰하는 사람이 3인칭이다.

통하는 면이 있다. 정보물리학의 창시자는 '블랙홀'이라는 용어를 처음 사용했던 존 휠러John Wheeler로 알려져 있으며, 그 후로 일단의 추종자들에 의해 꾸준히 연구되어 왔다. 지금 이 세계의 상태를 서술한다는 것은 모든 입자의 배열 및 운동과 공간에 퍼져 있는 장field에 대한 정보를 명시한다는 뜻이다. 물리 법칙에 이 정보를 입력하면 해당 물리계의 미래에 관한 정보가 출력된다. 이런 관점에서 볼 때 물리학은 일종의 정보 처리 과정이라 할 수 있다.

정보물리학의 관점에서 볼 때, 챌머스의 가설은 정보를 두 종류로 나눈 것에 해당한다. 3인칭 관점에서 바라본 객관적 정보(지난 수백 년 동안 물리학이 수집해 온 정보)와 1인칭 관점에서 바라본 주관적 정보(지금까지 물리학이 한 번도 관심을 갖지 않았던 정보)가 바로 그것이다. 완벽한 물리학 이론을 구축하려면 외부로 드러난 정보뿐만 아니라 내면 세계의 정보까지 고려해야 하며, 각 정보의 역학적 변화를 서술하는 방정식도 개발되어야 한다. 내면 세계의 정보 처리 과정은 의식의 물리적 기반을 제공할 것이다.

아인슈타인은 자연에 존재하는 모든 입자와 힘을 하나의 수학 체계로 통일하는 이론을 연구하면서 말년의 대부분을 보냈다. 물리학자들은 이것을 '만물의 이론theory of everything, TOE'라 부른다. 나의 전공 분야인 끈이론string theory도 만물의 이론의 후보 중 하나인데, 실제보다 훨씬 과장된 이름 덕분에 사람들로부터 이런 질문을 자주 받았다. "우주 만물의 이치를 설명하는 이론을 연구하신다고요? 정말 대단하십니다. 그런데 거기에 의식도 포함되나요?" 만물의 이론이라면 당연히 의식도 설명할 수 있어야 한다. 그러나 입자물리학을 구축하는 것과 사람의 마음을 이해하는 것은 완전히 다른 일이다. 규모와 복잡성이 크게 다른 계를 하나로 연결하는 것은 과학에서 가장 어려운 과제에 속한다. 챌머스가 옳다면 의식은 가장 기본적인 단계(기본 방정식과 기본 구성 요소)에서 과학의 범주 안에 포함될 것이며, 언젠가는 외부 정보 처리 과정(객관적인 물리적 과정)과 내부 정보 처리 과정(주관적인 의식의 경험)을 하나로 묶어서 이해할 수 있을 것이다. 이것이야말로 진정한 '만물의 이론'이다. 사실 나는 이 용어를 별로 좋아하지 않지만(과학자들이 말하는 만물의 이론이 완성된다 해도, 내가 내일 아침에 어떤 음식을 먹을지 예측할 수는 없다), 의식에 대한 이해 수준은 가히 혁명적으로 향상될 것이다.

과연 우리가 올바른 길로 가고 있는 것일까? 만일 그렇다면 지금 우리는 아무도 가 본 적 없는 신천지의 입구에 서 있는 셈이다. 그러나 과학이 낯선 영역에 발을 들이는 것을 회의적인 시각으로 바라보는 사람도 많다. 이 시점에서 우리는 "특별한 주장에는 특별한 증거가 필요하다."고 한 칼 세이건의 말을 되새길 필요가 있다. 무언가 대단한 것(내면의 경험 세계)이 존재한다는 증거는 확실한데, 그것이 과학의 범주 바깥에 있는지는 별로 확실치 않다.

주관적 경험이 생성되는 데 필요한 물리적 조건을 알아낸다면 커다란 도움이 될 것이다. 바로 이것이 지금 우리가 고려하고 있는 의식 이론의 핵심이다.

마음은 정보를 통합한다

인간의 두뇌가 주름지고 축축한 정보 처리 기관이라는 데에는 이견의 여지가 없다. 과학자들은 두뇌를 스캔하거나 내부에 탐침을 삽입하는 등 적극적인 방법으로 구조를 분석한 끝에 각 부위마다 각기 다른 정보(시각 정보, 청각 정보, 후각 정보, 언어 정보 등)를 처리한다는 사실을 알아냈다.[26] 그러나 정보 처리는 두뇌에 탑재된 기능의 극히 일부에 불과하다. 주판, 온도 조절기, 컴퓨터 등 대부분의 물리계도 주된 기능은 정보 처리다. 여기에 휠러의 관점을 도입하면 모든 물리계를 정보 처리 장치로 간주할 수 있다. 그렇다면 수많은 정보 처리 장치 중에서 의식이 있는 것과 없는 것의 차이는 무엇인가? 이탈리아의 정신과 의사이자 신경과학자인 줄리오 토노니Giulio Tononi는 미국의 신경과학자 크리스토프 코흐Christof Koch와 함께 이 질문을 파고들다가 통합 정보 이론integrated information theory이라는 접근법을 개발했다.[27]

이들의 이론을 이해하기 위해, 내가 당신에게 공장에서 방금 출고된 빨간색 페라리Ferrari 자동차를 선물했다고 가정해 보자. 당신이 최고급 스포츠카에 관심이 있건 없건 간에, 차를 보는 순간 수많은 감각 데이터가 당신의 뇌를 사정없이 자극할 것이다. 차의 외관과 질감, 새 차 특유의 냄새, 그리고 도로에서 발휘될 차의 성능과 부富를 상징하는 존재감 등 다양한 정보들이 섞여서 하나로 통합된 인지 경험을 창출한다. 토노니는 이것을 '고도로 통합된highly integrated' 정보라고 했다. 차의 색상이라는 좁은 부분에 초점을 맞춘다 해도, 당신의 경험은 무색의 페라리에 마음속으로 빨간색을 입혀서 생긴 것도 아니고, 주변 환경에 있는 빨간색을 페라리에 투영해서 생긴 것도 아니다. 외형 정보와 색상 정보는 시각피질visual cortex*의 각기 다른 부분을 자극하지만, 당신의 의식은 페라리의 외형과 색상을 하나로 묶어서 인식한다. 토노니는 이것이 의식의 고유한 특성이라고 했다. 즉, 의식(마음)으로 전달되는 정보는 서로 긴밀하게 연결되어 있다.

의식의 두 번째 특징은 용량이 엄청나게 크다는 것이다. 어지러운 느낌에

---

* 두뇌에서 시각정보를 처리하는 부위.

서 자극적인 상상, 추상적인 계획과 사고, 온갖 걱정과 미래의 예측에 이르기까지, 마음에 담을 수 있는 대상의 목록은 거의 무한대에 가깝다. 당신이 빨간색 페라리를 바라볼 때, 당신의 마음은 무수히 많은 목록 중 특정 대상에 완전히 집중된 상태다. 토노니는 이 사실에 착안하여 의식을 '고도로 통합되고 차별화된 정보'로 정의했다.

대부분의 정보는 이런 특성을 갖고 있지 않다. 빨간색 페라리를 사진으로 찍어서 디지털 파일로 저장한 경우를 생각해 보자. 문제가 복잡해지는 것을 막기 위해 파일 압축 기능 같은 건 무시하고, 파일의 숫자 배열에 각 픽셀pixel의 색상 정보와 밝기 정보가 저장되어 있다고 하자.[*] 이 숫자들은 자동차 표면의 각 부위에서 반사된 햇빛이 카메라의 광다이오드photodiode[**]에 도달하면서 생성된 것이다. 이 정보는 어떤 과정을 거쳐 통합되는가? 특정 광다이오드의 반응은 다른 광다이오드의 반응과 무관하므로(이들은 서로 연결되어 있지 않다), 디지털 파일에 담긴 정보는 픽셀 단위로 완전히 분리되어 있다. 컴퓨터의 저장 용량이 충분하여 개개의 픽셀에 담긴 정보를 각 파일에 하나씩 저장한다 해도 전체적인 정보는 손상되지 않는다. 즉, 디지털 파일에는 정보가 통합되어 있지 않다는 뜻이다. 그렇다면 디지털 파일의 정보는 얼마나 세분화되어 있을까? 파일의 숫자 배열에 저장될 수 있는 경우의 수는 엄청나게 많지만, 숫자가 들어갈 수 있는 칸의 수는 한정되어 있다.[***] 이것이 전부다. 디지털 사진 파일은 사형 제도의 윤리적 타당성을 검토하거나 페르마의 마지막 정리Fermat's Last Theorem를 증명하기 위해 만들어

---

[*] raw file이라고 생각하면 된다.
[**] 빛에너지를 전기에너지로 변환하는 회로 소자.
[***] 해상도에 한계가 있다는 뜻이다.

진 것이 아니다. 이런 점에서 볼 때 카메라의 정보는 극히 제한되어 있기 때문에, '정보의 세분화'라는 과목에서 그다지 높은 점수를 받지 못한다.

당신의 두뇌가 정신적 표현을 만들어 낼 때 정보는 고도로 통합되고 세분되지만, 디지털 사진에 담긴 정보는 이런 호사를 누리지 못한다. 토노니는 이것이 페라리를 바라보는 당신과 페라리를 사진에 담는 디지털 카메라의 차이라고 했다.

토노니는 이 차이를 수치로 나타내기 위해 '파이(φ)'라는 양을 정의했다. 정보가 더욱 잘게 세분되고 통합성이 높을수록 파이의 값이 커지는 식이다. 따라서 통합성이 떨어지고 세분화가 덜된 초보적 의식은 파이가 작고, 당신과 나처럼 고도의 통합성과 세분화가 이루어진 복잡한 의식은 파이가 크다. 물론 파이값이 우리보다 큰 계(초고도 의식)도 존재할 수도 있다.

챌머스의 가설과 마찬가지로 토노니의 가설도 범심론적 성향을 띠고 있다. 그러나 이론의 어디에도 특정 물리계와 관련된 구석은 없다. 당신의 의식은 생물학적 두뇌 안에 들어 있지만, 토노니의 가설과 그가 구축한 수학체계에 의하면 두뇌의 시냅스이건 중성자별의 내부이건 간에, 파이의 값이 충분히 크면 의식으로 간주할 수 있다. 그러나 텍사스대학교의 컴퓨터공학자 스콧 에런슨Scott Aaronson은 이 가설이 '기계의 역공'을 낳는다고 주장했다. 일련의 수학 계산을 수행하다가 "여러 개의 단순한 논리게이트logic gate(가장 기본적인 전자스위치)를 교묘하게 연결하면 전체 네트워크의 파이가 사람과 비슷하거나 더 높아질 수도 있다."는 놀라운 결론에 도달한 것이다.[28] 그렇다면 스위치로 연결된 네트워크가 의식을 갖고 있다는 말인가? 에런슨은 "기계가 의식을 가질 수는 없으므로 토노니의 가설은 틀렸다."라고 주장했고, 토노니는 "아무리 이상한 결론이 내려져도 상관없다. 네트워크는 의식을 가질 수 있다."라며 여유 있게 받아넘겼다.

"에이~ 말은 그렇게 해도 진짜 그렇게 믿는 건 아니겠지…" 대부분의 독자들은 이렇게 생각할 것이다. 그러나 기계이기 때문에 의식을 가질 수 없다는 생각은 근거 없는 우월감일지도 모른다. 피가 흐르는 미세한 통로(혈관)와 신경의 네트워크로 이루어진 1.4kg 남짓한 두뇌가 어떻게 의식을 창조한다는 말인가? 과학적으로 생각하면 가능성이 별로 없어 보이지만 당신의 두뇌가 의식을 창조하고 있기 때문에, 당신은 아무런 의심 없이 사실로 받아들인다. 내가 당신에게 몸도, 두뇌도 없는 무언가를 건네주면서 "이것도 의식이 있다."라고 주장한다면 선뜻 받아들이기 어렵겠지만, 사실은 그다지 무리한 주장이 아니다. 회색빛의 축축한 뉴런 접합부가 의식을 갖고 있다는 말도 안 되는 주장을 받아들인다면, 당신은 큰 걸음을 내디딜 준비가 된 셈이다. 그렇다고 토노니의 가설이 입증되는 것은 아니지만, 무언가에 친숙한 상태가 판단력을 흐린다는 것은 분명한 사실이다.

이 접근법이 옳은 것으로 판명된다면, 임의의 계가 의식을 갖기 위해 어떤 조건을 만족해야 하는지 알게 될 것이다. 이 정도만 해도 커다란 진전이다. 그러나 현재의 통합 정보 이론은 의식이 지금과 같은 느낌으로 존재하는 이유를 설명하지 못한다. 고도로 통합되고 세분화된 정보는 어떻게 내적 인식을 만들어 내는가? 토노니는 '그냥 그렇게 된다'고 했다. 좀 더 정확하게 말하면 이것은 잘못된 질문이다. 우리가 할 일은 정신없이 움직이는 입자에서 의식이 탄생한 이유를 밝히는 것이 아니라, 물리계가 의식을 갖는 데 필요한 조건을 알아내는 것이다. 바로 이것이 통합 정보 이론의 목적이다. 나는 토노니의 관점을 존중하지만, 환원주의적 관점에서 오랜 세월동안 교육받고 연구해 온 나는 입자의 거동을 서술하는 물리 법칙과 마음사이에 구체적인 연결 고리가 밝혀지기 전에는 만족하기 어려울 것 같다.

마지막으로 소개할 또 하나의 이론은 물리학에 기반을 둔 가설로서, 의식의 미스터리에 접근하는 가장 분명한 방법으로 평가되고 있다.

마음으로 마음의 모형을 만들다

신경과학자 마이클 그라지아노^{Michael Graziano}가 제안한 인식 이론은 누구
나 쉽게 이해할 수 있는 두뇌 기능에서 출발한다.[29] 내가 큰맘 먹고 당신에
게 선물했던 페라리로 돌아가 보자. 지금 당신은 매끈한 빨간색 외형과 인
체 공학적으로 설계된 문손잡이, 새 차 특유의 냄새 등을 한껏 만끽하는 중
이다. 우리는 이런 것들이 실제로 존재한다고 생각하지만, 사실은 그렇지
않다. 이미 수백 년 전에 과학을 통해 알려진 사실이니 새삼스러울 것도 없
다. 페라리 차체 표면에서 반사되는 빛은 서로 $90°$ 각도를 이룬 채 1초당
약 400조 회 진동하는 전기장과 자기장(전자기장)으로, 3억 m/s의 속도로
당신을 향해 날아온다. 이것이 빛의 물리적 특성이며, 당신의 눈에 도달하
는 정보의 실체다.[30] 그렇다. 물리적 서술에는 색상에 대한 이야기가 전혀
없다. 전자기장이 당신의 눈에 도달하여 망막의 감광 세포(빛을 감지하는 세
포)를 자극하면 전기 신호가 생성되어 두뇌의 시각피질로 전달되고, 이곳
에서 정보 처리 과정을 거쳐 특정 색으로 해석된다. 즉, 색이란 물체(페라
리)의 본질이 아니라 두뇌 깊은 곳에서 만들어진 표상일 뿐이다. 차에서 풍
겨 오는 냄새도 마찬가지다. 차의 내부는 시트와 카펫, 플라스틱 등에서 방
출된 방향성 분자^{芳香性 分子}*로 가득 차 있지만, 그것을 맡아 줄 생명체가 없
으면 냄새라는 것 자체가 존재하지 않는다. 방향성 분자가 콧구멍으로 들

---

* 냄새를 풍기는 분자.

어와 후각상피(냄새를 감지하는 세포층)에 있는 뉴런을 자극하면 특정한 전기 신호가 생성되고, 이 신호가 후각신경을 타고 두뇌의 후구$^{嗅球, olfactory bulb}$에 도달하면 비로소 냄새로 해석된다. 그러므로 페라리의 빨간색과 특유의 냄새가 창출된 곳은 자동차 조립 공장이 아니라 당신의 두뇌다.

당신의 시선이 페라리에 꽂히는 순간부터 인지 데이터 처리 과정이 가동되기 시작한다. 빨간색 외관과 냄새, 매끈하게 마무리된 금속의 질감, 유리, 바퀴, 엔진, 파워, 속도 등 다양한 물리적 특성과 성능이 당신의 머릿속에서 생성되어 이미 갖고 있던 자동차의 이미지와 결합되고, 약간의 비교 과정을 거친 후 "역시 페라리야!"라는 감탄사를 유발한다. 여기까지는 통합 정보 이론과 비슷하다. 그러나 그라지아노는 이 결과를 살짝 다른 방향으로 몰고 갔다. 그가 제안한 이론의 핵심은 "당신이 세부 사항에 아무리 신경을 쓴다 해도, 정신적 표현은 항상 단순화된다."는 것이다. 사실 자동차가 '빨갛다'는 것은 빨간 계열의 여러 색상을 하나로 뭉뚱그린 표현이다. 물론 공장에서 도색할 때에는 모든 부위를 한 종류의 도료로 칠하겠지만, 햇빛의 양과 반사되는 부위에 따라 빛의 진동수는 천차만별이다. 예를 들어 운전석 문에서 반사된 빛의 1초당 진동수가 435,172,874,363,122라면, 엔진후드에서 반사된 빛의 1초당 진동수는 447,892,629,261,106쯤 된다.[31] 당신의 의식(마음)이 이 작은 차이를 감지할 정도로 예민하다면 정신이 하도 사나워서 견디지 못할 것이다. 그래서 마음은 특정 범위 안에 있는 색들을 '빨간색'으로 통합하여 인식한다. 색뿐만 아니라 거의 대부분이 이런 식이다. 주변 환경에서 접하는 모든 것을 마음속에서 단순화하는 것은 효율적일 뿐만 아니라, 마음이 생존에 필요한 다른 정보에 집중할 수 있도록 도와준다. 오래전에 세세한 사항을 감지할 수 있는 생명체가 존재했다 해도, 데이터 분석에 집중하다가 포식자를 피하지 못해 멸종했을 것이다. 생존 경쟁에서 살아남은 종은 생존에 별 도움이 되지 않는 정보를 몇 개의 범주로 과감하게 통폐합시킨 종이었다. 페라리의 빨간색을 눈사태나 지진으로 바꿔서 생각해 보라. 살아남으려면 반응이 빨라야 하고, 반응이 빠르려면 불필요하게 세세한 사항을 무시해야 한다.

우리는 자동차, 눈사태, 지진이 아닌 동물이나 사람을 대할 때에도 위와 비슷한 단순화 과정을 거치고 있다. 그러나 이 경우에는 물리적 외형뿐만 아니라 그들의 마음까지 단순화시킨다. 다른 생명체와 마주쳤을 때에는 상대방이 어떤 생각을 품고 있는지 빨리 간파해야 한다. 친구인지 적인지, 안전한지 위험한지, 공생을 원하는지 자기 이익만 챙기는지, 이런 것을 빨리 파악해야 생존 경쟁에서 유리한 위치를 점유할 수 있다. 학자들은 여러 세대를 거치면서 획득한 이 능력을 '마음의 이론theory of mind(우리는 직관적으로 모든 생명체들이 우리와 비슷한 마음을 갖고 있다고 생각하는 경향이 있다)'으로 부르기도 하고,[32] '지향적 입장intentional stance(우리는 모든 동물과 인간이 지식과 믿음, 욕망, 그리고 의지를 갖고 있다고 생각하는 경향이 있다)'이라 부르기도 한다.[33]

그라지아노는 우리가 이 능력을 수시로 자신에게 발휘한다고 강조했다. 당신은 자신의 마음 상태를 나타내는 '간편한 도식(정신적 그림)'을 매 순간 창출하고 있다. 빨간색 페라리를 바라볼 때, 당신은 자동차의 간편한 도식뿐만 아니라, '페라리에 집중하고 있는 당신'에 대한 간편한 도식도 함께 만들어 낸다. 페라리는 빨갛고, 매끄럽고, 반짝인다. *그리고* 당신의 의식은 빨갛고, 매끄럽고, 반짝이는 페라리에 집중된다. 이것이 바로 당신이 세상과의 관계를 유지하는 방법이다.

페라리를 비롯한 임의의 대상을 마음속에 떠올릴 때 대부분의 세부 사항은 생략된다. 뉴런이 활성화되는 과정과 정보 처리 과정, 그리고 복잡한 신호 교환은 모두 무시되고 무언가에 집중하고 있는 상태만 부각되는 것이다. 우리는 이것을 '인식認識, awareness'이라 부른다. 그라지아노는 우리의 의식이 마음속에 표류하는 것처럼 느껴지는 이유가 바로 이것 때문이라고 했다. 단순화된 도식을 선호하는 뇌의 성향이 무언가에 집중하는 자신에게도 적용되어, 집중을 유발한 물리적 과정이 무시되기 때문이다. 그래서 생각과 감각은 출처가 불분명하고 그저 머릿속에 떠다니는 것처럼 느껴진다. 만일 몸의 움직임을 표현하는 도식에서 팔이 누락된다면, 손의 움직임도 머릿속에 맴도는 생각처럼 추상적으로 느껴질 것이다. 세포와 입자가 수행하는 물리적 과정이 의식과 다르게 느껴지는 것도 이런 이유 때문이다. *어려운 문제*가 어려운 이유(의식이 육체를 초월하여 존재하는 듯한 느낌이 드는 이유)는 도식화된 정신 모형이 '생각과 감각을 육체와 연결하는 두뇌 기능이 부각되지 않도록' 막고 있기 때문이다.

그라지아노의 이론처럼 물리학에 기초한 가설(그 외에도 몇 가지가 더 있다[34])의 매력은 의식을 '생명이 없고, 생각도 없고, 감정도 없는 구성 성분'으로 축약할 수 있다는 점이다. 환원주의적 관점에서 의식을 완벽하게 설명하려면 신경학neurology이라는 방대한 영토를 정복해야 한다. 그러나 낯선 영역에서 온갖 덤불을 헤치며 힘들게 나아가야 하는 챌머스의 가설과 달리, 물리학에 기반을 둔 그라지아노의 접근법을 수용하면 전통적인 과학적 사고에서 벗어나지 않아도 된다. 문제는 이질적인 영역을 애써 탐험하는 것이 아니라, 두뇌 지도를 전례 없이 세밀하게 작성하는 것이다. 굳이 초과학적인 불꽃이나 물질의 신비한 특성을 소환하지 않아도 의식이 자연스럽게 유도된다. 평범한 법칙에 따라 평범한 과정을 수행하는 평범한 물질들이 '사고'와 '느낌'이라는 특별한 경험을 창출하는 것이다.

내 주변에는 이 관점에 반대하는 사람들이 꽤 많이 있다. 그들은 의식을 물리학의 범주에서 서술하는 것이 인간의 고귀한 특성을 깎아내리는 불경스러운 행위이며, 물질주의에 사로잡힌 과학자들의 서투른 발상이라고 주장한다. 물론 이 접근법이 어떤 결과를 낳을지는 아무도 알 수 없다. 앞으로 수백, 또는 수천 년이 지나면 물리학에 기초한 의식 연구가 조악하게 보일지도 모른다. 그러나 이 관점을 받아들인다면 물리학으로 의식을 서술하는 것이 의식의 가치를 훼손한다는 주장에 당당하게 맞설 줄도 알아야 한다. 나의 마음을 만들어 낸 기본 재료는 커피잔의 기본 재료와 동일하다. 커피잔을 구성하는 입자들과 그들 사이에 작용하는 바로 그 힘이 복잡다단한 마음을 만들어 낸다는 것은 실로 놀라운 일이 아닐 수 없다. 의식을 물리학으로 풀면 가치가 떨어지지 않고, 오히려 미스터리가 더욱 깊어진다.

의식과 양자물리학

지난 수십 년 동안 수많은 과학자들은 의식을 이해하는 데 필수적인 요소로 양자역학을 꼽았다. 어떤 면에서 보면 이것은 분명한 사실이다. 두뇌를 포함한 모든 물질의 구성 입자들은 양자역학의 법칙을 따르고 있다. 양자역학은 마음을 비롯한 모든 만물에 물리적 기초를 제공한다. 그러나 "양자역학과 의식을 한 그릇에 담으려면 더 깊은 연결 고리가 있어야 한다."는 주장도 만만찮다. 이런 주장이 대두된 이유는 양자역학의 논리가 세계 최고의 과학자와 철학자들이 오랜 세월 동안 지켜 온 믿음에 부합되지 않기 때문이다. 그 내막은 다음과 같다.

양자역학은 물리학이라는 학문이 탄생한 후 지금까지 제안된 이론들 중 가장 정확한 이론이다. 이 점에서는 타의 추종을 불허한다. 양자역학의 예측이 실험 결과와 일치하지 않는 사례는 단 한 번도 없었으며, 이론과 실험의 차이는 10억분의 1이 채 되지 않는다. 숫자와 친하지 않은 사람들은 평소 숫자에 신경 쓰지 않아도 별 탈이 없었겠지만, 지금은 사정이 다르다. 양자역학의 위력을 실감하려면 숫자에 민감해져야 한다. 다음의 문장을 잘 읽어 보라. *"슈뢰딩거의 파동방정식에 기초한 양자역학의 이론적 계산 결과와 실험실에서 얻은 데이터(실험 값)은 소수점 이하 아홉 번째 자리까지 정확하게 일치한다."* [35] 이 정도면 모든 인류가 팡파르를 울리며 고개를 숙여 경의를 표할 만하다. 누가 뭐라 해도 양자역학은 인류가 이루어 낸 가장 위대한 업적 중 하나다.

그러나 양자역학의 핵심에는 지독한 수수께끼가 자리 잡고 있다. 양자역학의 가장 큰 특징은 모든 예측이 확률적으로 이루어진다는 것이다. 예를 들면 전자가 이곳에서 발견될 확률은 20%이고 저곳에서 발견될 확률은 35%이며, 그곳에서 발견될 확률은 45%라는 식이다. 이 결과를 확인하기 위해 실험 장치를 세팅해 놓고 관측을 여러 차례 시도하면(물론 실험은 여러 번 반복해서 수행할 수 있도록 설계되어야 한다) 거의 20%는 전자가 이곳에서 발견되고 35%는 저곳에서, 45%는 그곳에서 발견된다. 이론과 실험에서 얻은 확률의 차이가 10억분의 1보다 작으니, 양자역학을 믿을 수밖에 없는 것이다.

사실 확률적 서술은 우리에게 그다지 낯선 개념이 아니다. 위로 던진 동전이 바닥에 착지하여 나타날 수 있는 결과를 예측할 때에도 확률을 사용한다. 앞면이 나올 확률과 뒷면이 나올 확률은 똑같이 50%다. 그러나 동전의 확률과 양자역학적 확률 사이에는 근본적인 차이가 있다. 고전적인 서술에 의하면 바닥에 착지한 동전의 상태는 앞면 이니면 뒷면, 둘 중 하나다. 관측자가 동전을 보지 않으면 결과를 알 수 없지만, 동전의 상태가 이미 둘 중 하나로 결정되었다는 것만은 분명한 사실이다. 반면에 양자역학에서 전자가 이곳에 있을 확률이 50%이고 저곳에 있을 확률이 50%라는 것은 "전자는 이곳 아니면 저곳, 둘 중 하나의 위치를 이미 점유하고 있다."는 뜻이 아니다. 양자역학에 의하면 전자는 (관측이 실행되지 않는 한) 이곳에 존재하는 상태와 저곳에 존재하는 상태가 모호하게 섞인 이상한 상태에 놓여 있다. 전자가 발견될 확률이 0이 아닌 곳이 여러 개 존재한다면, 전자는 그 모든 위치에 '동시에' 존재한다.* 이것은 너무나도 이상한 상황이어서, 고전적 관념에 익숙한 사람이라면 양자역학을 낭상 폐기처분하고 싶을 것이다. 만일 양자역학이 실험 결과와 그토록 환상적으로 일치하지 않았다면 진작에 폐기되었을 것이다. 그러나 실험 데이터가 양자역학의 타당성을 확고하게 입증하고 있으니, 마음에 안 든다는 이유로 외면할 수도 없다. 지난 한 세기 동안 과학자들은 직관과 완전히 반대로 돌아가는 양자역학을 논리적으로 이해하기 위해 혼신의 노력을 기울였다.[36]

그러나 애초의 예상과 달리, 깊이 파고들수록 문제는 더욱 이상하게 변해 갔다. 양자역학에 의하면 전자가 발견될 확률은 여러 곳에 분산되어 있지만, 일단 관측이 실행되면 무조건 한 장소에서 발견된다. 하지만 양자역학의 방정식으로는 확률이 한 장소에 갑자기 집중되는 이유를 알 길이 없다. 양자역학의 방정식이 관측 대상인 전자(그리고 다른 입자)뿐만 아니라 관측 장비와 당신의 몸, 그리고 당신의 두뇌에 있는 전자(그리고 다른 입자)에도 똑같이 적용된다면(당연히 그래야 할 것 같다), 이런 급격한 변화(넓게 퍼져 있던 확률 분포가 갑자기 한 곳에 집중되는 변화)는 일어나지 않아야 한다. 즉, 전자가 이곳과 저곳에 모두 존재한다면 관측 장비는 두 곳에서 동시에 전

---

* 확률에 따라 존재의 가중치는 다를 수도 있다.

자를 발견해야 하고, 장치의 눈금을 읽은 당신의 두뇌는 전자가 이곳과 저곳에 동시에 존재한다고 생각해야 한다. 관측이 실행된 후에는 당신이 추적하던 전자의 모호한 상태가 실험 장비와 당신의 두뇌, 그리고 의식에 영향을 미쳐서, '나올 수 있는 모든 결과들이 섞인 상태'가 당신의 생각에 그대로 투영되어야 한다. 그러나 실제로 관측이 실행되면 당신의 의식은 '여러 개의 결과를 혼합적으로 인지한 상태'가 아니라 '단 하나의 결과만을 인지한 상태'로 축약된다. 이런 붕괴 과정은 대체 언제, 어디서 일어나는 것일까? 양자역학의 방정식을 아무리 분석해 봐도 붕괴를 유발하는 과정은 존재하지 않는다. 다양한 결과들이 모호하게 섞여 있는 양자적 현실과 하나의 뚜렷한 하나의 결과만이 존재하는 실제 현실을 어떻게 매끄럽게 연결할 수 있을까? 이것이 바로 물리학자들이 말하는 '관측 문제measurement problem'다.[37]

1930년대의 물리학자 프리츠 런던Fritz London과 에드몬드 바우어Edmond Bauer[38], 그리고 수십 년 후에 노벨상을 수상한 유진 위그너Eugene Wigner[39]는 의식을 이용하여 관측 문제를 해결할 것을 제안했다. 관측 문제가 문제로 부각되는 것은 우리의 의식이 인지한 현실과 양자역학의 수학 체계에서 예측된 결과가 일치하지 않을 때뿐이므로, 해결의 열쇠가 '의식'에 있다는 주장은 꽤 설득력이 있다. 양자역학의 법칙이 관측 대상인 전자를 포함하여 관측 장비 및 결과 출력용 부품을 구성하는 모든 입자에 똑같이 적용된다고 상상해 보자. 그렇다면 관측 결과가 출력 장치에 표시될 때까지, 전자는 이곳과 저곳에 모두 존재하는 모호한 상태에 놓여 있을 것이다. 그러나 당신이 출력 장치의 눈금을 읽는 순간, 감각 데이터가 두뇌 안으로 유입되면서 극적인 변화가 일어난다. 여기부터는 표준 양자역학의 법칙이 더 이상 적용되지 않고, 관측자의 의식이 단 하나의 결과만 인식하도록 만드는 색다른 과정이 진행된다. 의식이 양자역학적 과정에 적극적으로 개입하여 여러 개의 가능성 중 하나만 남기고, 나머지는 현실에서 (또는 적어도 관찰자의 의식에서) 지워지는 것이다.

꽤 그럴듯한 가설이다. 양자역학은 신비롭고, 의식도 그에 못지않게 신비롭다. 이들이 서로 연결되어 있거나, 동일한 미스터리이거나, 또는 하나가 다른 하나를 해결한다고 상상해 보라. 이 얼마나 흥미진진한 일인가! 그러나 나는 지난 수십 년 동안 양자물리학을 연구해 오면서 나의 오래된 믿음을 흔들 만한 수학적 논리나 실험 결과를 마주한 적이 한 번도 없다. 다시 말해서, 두 미스터리가 연결되어 있을 가능성은 매우 희박하다는 이야기다. 양자계가 외부로부터 자극을 받으면 (자극을 가한 주체가 의식이건, 의식이 없는 도구이건 간에) 양자적 확률 구름이 걷히면서 명확한 하나의 현실을 마주하게 된다. 지난 세월 동안 실행된 수많은 실험이 이 관점을 강력하게 지지하고 있다. 따라서 명확한 하나의 현실이 나타나는 것은 의식이 아닌 상호 작용 때문이다. 물론 이것을 증명하거나 반증하려면 의식이 개입되어야 한다. 나의 의식이 개입되지 않으면 결과를 알 수 없기 때문이다. 그러므로 양자적 과정에서 의식이 아무런 역할도 하지 않는다는 증거는 없다. 그러나 명백하게 다른 두 미스터리의 피상적 구별을 뛰어넘은 정교한 접근법에서도 양자 세계와 의식의 연결 관계는 쉽게 드러나지 않는다.

양자역학에 대한 이해가 깊어지면 육체와 두뇌를 포함한 모든 기능의 저변에 깔린 미시물리학적 과정도 설명할 수 있을 것이다. 물리학자의 관점에서 볼 때, 의식도 언젠가는 양자역학의 범주 안에 포함될 가능성이 높다. 그러나 의식을 도입해도 딱히 놀라운 점이 없다면 의식을 고려한 방정식은 미래의 양자역학 교과서에 실리지 않을 것이다. 의식은 그 자체만으로도 위대하지만, 미래에는 양자적 우주에서 또 다른 물리량으로 부각될 수도 있다.

자유의지

자신의 췌장이 키모트립신^{chymotrypsin}*를 만들어 낸다거나, 삼차신경 trigeminal nerve**이 재채기를 일으킨다고 해서 자부심을 느끼는 사람은 없다. 자율신경계가 정상적으로 작동하는 것이 기득권을 의미하지는 않기 때문이다. 누군가가 나에게 "당신은 누구입니까?"라고 물으면, 나는 마음의 눈으로 볼 수 있거나 내면의 목소리로 질문할 수 있는 사고와 감각, 기억 등에 집중하여 마땅한 답을 찾아낸다. 모든 사람은 췌장에서 키모트립신을 만들고 재채기를 할 수 있지만, 나는 내가 생각하고 느끼는 것에 심오하고 고유한, 나만의 무언가가 들어 있다고 생각하고 싶다. 이것은 누구나 갖고 있는 직관이어서, 대부분의 사람들은 당연하게 받아들인다. "나는 자율적인 존재로서 자유의지를 갖고 있으며, 스스로를 완벽하게 지배하고 있다. 내가 하는 모든 행동은 나의 의지에서 비롯된 것이다." 과연 그럴까?

이 의문은 철학자들에게 많은 영감을 불어넣었다. 지금으로부터 2천 년 전에 그리스의 철학자 데모크리토스는 이 세상이 원자^{atom}와 빈 공간^{void}으로 이루어져 있다고 주장했다. 변덕스러운 신을 버리고 불변의 법칙으로 운영되는 통일된 자연을 선택한 것이다. 그가 말했던 '궁극의 최소 단위'는 아직 발견되지 않았지만, 현대물리학은 원자와 원자핵, 그리고 쿼크와 매개 입자 등 다양한 입자를 발견함으로써 데모크리토스의 주장이 부분적으로 옳았음을 입증했다. 그러나 이 세상에 오고가는 것이 신의 뜻이나 물리 법

---

* 단백질을 분해하는 소화 효소.
** 얼굴의 감각과 일부 안면 근육의 운동을 담당하는 신경.

칙에 의해 좌우된다면, 우리의 자유의지는 어디서 온 것일까? 자유의지라는 것이 과연 존재하긴 하는 걸까?[40] 그로부터 한 세기 후, 세상사에 신의 개입을 거부했던 에피쿠로스Epicurus는 과학의 결정론determinism이 인간의 자유의지를 막고 있다며 장탄식을 내뱉었다. 신이 모든 권세와 권위를 독점하고 있다면 경건한 마음으로 신을 섬기는 인간에게 최소한의 자유가 보상으로 주어질 텐데, 아첨이나 아부에 둔감한 자연의 법칙은 인정사정이 없다. 에피쿠로스는 이 딜레마를 해결하기 위해 원자가 가끔 법칙을 무시하고 무작위로 움직이면서 이미 결정된 미래를 피해간다고 생각했다. 이 정도면 꽤 창의적인 발상이지만, 자연의 법칙에 임의성을 추가하여 인간에게 자유를 부여하는 것은 그다지 설득력 있는 설명이 아니었다. 그 후로 천년이 넘는 세월 동안 인간의 자유의지는 성 오거스틴과 토마스 아퀴나스, 토머스 홉스Thomas Hobbes, 고트프리트 라이프니츠, 데이비드 흄David Hume, 이마누엘 칸트Immanuel Kant, 존 로크John Locke 등 당대 최고의 철학자들을 무던히도 괴롭혀 왔다.

자유의지라는 개념을 난처하게 만드는 현대식 버전의 논리가 하나 있다. 당신과 나는 일상생활 속에서 "현실 세계가 전개되는 방식은 우리의 생각과 욕망, 그리고 결정이 반영된 행동에 의해 좌우된다."는 것을 수시로 확인하고 있다. 그러나 물리학적 관점에서 볼 때 당신과 나는 어디까지나 물리 법칙의 지배를 받는 입자의 집합일 뿐이다.[41] 우리가 내리는 모든 선택은 두뇌를 가로지르는 입자들이 낳은 결과이며, 우리의 행동은 몸을 구성하는 입자들이 이리저리 움직이면서 나타난 결과다. 그리고 (두뇌이건, 몸이건, 야구공이건 간에) 모든 입자의 운동은 수학으로 서술되는 물리 법칙을 따른다. 오늘 입자의 상태는 어제 입자의 상태에 기초하여 방정식을 통해 결정되며, 어느 누구도 수학을 벗어나 입자의 상태를 자기 마음대로 조절할 수 없다. 엄밀하게 따지면 이 결정론적 운명은 우주의 출발점인 빅뱅까지 거슬러 올라간다. 모든 입자는 빅뱅과 함께 탄생했고, 타협의 여지가 전혀 없는 물리 법칙이 입자의 거동을 지배하면서 모든 만물의 구조와 기능이 결정되었다. 우리의 개성과 가치, 그리고 자존감은 우리 스스로 만들어낸 것 같지만, 이 모든 것이 타협을 모르는 물리 법칙이 낳은 결과라면 자유의지는 발 디딜 곳이 없어진다. 우리는 우주의 냉정한 법칙에 따라 이리저리 휘둘리는 장난감에 불과한 것 같다.

그렇다면 핵심 질문은 다음과 같다. 생각도, 감정도 없는 입자의 횡포 속에서 자유의지가 살아남을 방법은 없을까? 자유의지마저 물리 법칙의 산물이라면, '나는 내가 만들어간다'던 인간 특유의 자존심은 사정없이 구겨진다. 그래서 많은 철학자들은 탈출구를 찾기 위해 끊임없이 고민해 왔고, 그들 중에는 자유의지를 위해 환원주의적 관점을 포기한 사람도 있었다. 우리가 개개의 입자(전자, 쿼크, 뉴트리노 등)를 지배하는 법칙을 깊이 이해하고 있다는 것은 실험 데이터가 입증하고 있지만, 인간의 몸과 두뇌를 구성하는 1천억 × 10억 × 10억 개의 입자들은 미시 세계에 적용되는 법칙에서 (부분적으로나마) 벗어나 있을지도 모른다. 그렇다면 미시 세계에서 금지된 현상(특히 자유의지)이 거시 세계에 나타날 수도 있다.

물론 사람을 구성하는 모든 입자의 거동을 수학적으로 분석하여 미래의 거동을 예측한 사례는 단 한 번도 없다. 이런 계산은 우리의 능력을 한참 넘어서 있기 때문이다. 단순해 보이는 당구공조차도 초기 속도와 방향에 약간의 오차만 있으면 향후 궤적이 메뚜기 널뛰듯 달라진다. 나의 관심사는 당신의 행농을 예측하는 것이 아니라, 당신의 행동을 좌우하는 법칙을 알아내는 것이다. 우리는 수학 계산으로 생명체의 미래를 예측할 수 없지만, 이 법칙이 모든 것에 적용되지 않는다는 수학적, 또는 실험적 증거는 하나도 없다. 수많은 입자로 이루어진 계는 (태풍에서 호랑이에 이르기까지) 예상 밖의 현상을 얼마든지 만들어 낼 수 있지만, 지금까지 수집된 증거에 의하면 이론적으로 예측 불가능한 물리계는 존재하지 않는다. 다만 수학 계산이 너무 어렵고 복잡해서 실행하지 못하는 것뿐이다. 우리의 몸과 두뇌를 구성하는 입자들이 무생물에 적용되는 법칙을 초월하여 의외의 기능을 발휘하면 좋겠지만, 이런 희망사항은 오랜 세월 동안 쌓아 온 과학적 지식에 위배된다.

양자역학을 지지하는 과학자도 많다. 다들 알다시피 고전물리학은 결정론을 강하게 지지하는 이론이다. 임의의 순간에 대한 모든 입자의 위치와 속도를 정확하게 알고 있으면, 고전물리학(뉴턴의 운동방정식)을 적용하여 미래의 모든 순간에 대한 입자의 위치와 속도를 알아낼 수 있다. 이렇게 모든 미래가 과거에 의해 결정된다는데, 자유의지가 발붙일 틈이 어디 있겠는가? 지금 당신은 이 책을 읽는 것이 자유의지를 발휘한 결과라고 생각하겠지만, 당신의 몸에 속한 입자의 움직임은 당신이 태어나기 전부터 이미 결정되어 있었다. 반면에 양자물리학의 방정식은 앞서 말한 대로 미래에 일어날 사건을 명확하게 예측하지 않고 '발생할 확률'만을 예측한다. 정교한 이론에 확률이 추가되었으니, 결정론의 고삐가 느슨해진 것처럼 보인다. 그러나 느슨한 언어는 오해의 소지가 많다. 사실 양자역학의 슈뢰딩거 방정식은 뉴턴의 고전물리학 못지않게 결정론적이다. 둘 사이의 차이점이라곤 이론에서 예측된 결과의 '가짓수'뿐이다. 이 세상의 상태를 뉴턴역학에 입력하면 하나의 명확한 미래 상태가 출력되는 반면, 양자역학에 동일한 정보를 입력하면 가능한 미래 상태의 목록이 출력된다. 양자역학은 예견되는 미래가 많다는 것뿐, 수학 체계는 다분히 결정론적인 구조를 갖고 있다. 뉴턴과 마찬가지로 슈뢰딩거도 자유의지가 끼어들 여지를 남겨 놓지 않은 것이다.

　일부 과학자들은 양자역학에서 아직 해결되지 않은 관측 문제를 파고들었다. 이해가 가고도 남는다. 과학에서 아직 규명되지 않은 미지의 영역은 무언가 심오한 것을 숨기기에 더없이 좋은 장소다(물론 규명되기 전까지만 그렇다). 앞서 말한 대로 양자역학의 확률적 서술에 관측이 개입되는 순간 하나의 명확한 현실로 돌변하는 과정은 아직도 미지로 남아 있다. 이론에서 예견된 여러 개의 가능한 미래들 중 우리가 겪게 될 현실은 어떤 기준으로 선택되는가? 혹시 이 질문의 답에 자유의지가 개입되어 있는 것은 아닐까? 안타깝게도 그렇지는 않다. 예를 들어 '이곳'에 존재할 확률이 50%이고 '저곳'에 존재할 확률이 50%인 전자를 생각해 보자. 당신은 자유의지를 발휘하여 전자가 '이곳'에서 발견되도록 만들 수 있는가? 아니다. 당신은 할 수 없다. 실제로 이런 전자를 관측하면 결과가 무작위로 나타나며, 무작위라는 것은 자유의지가 개입되지 않았다는 뜻이다. 그리고 동일한 조건에서 관측을 여러 번 반복할수록 결과는 점점 50:50에 가까워진다. 자유의지가 개입된 선택이라면 통계적인 관점에서 볼 때에도 수학의 지배를 받지 않아야 하는데, 실제로 관측을 해 보면 수학이 모든 것을 지배한다. 그러므로 양자적 확률에서 하나의 명확한 현실로 변하는 과정을 모른다 해도, 이 과정은 자유의지와 무관하다.

　물리 법칙에 끈이 묶인 꼭두각시 신세로는 자유의지를 발휘할 수 없다. 법칙이 결정론적인지(고전물리학), 또는 확률적인지(양자물리학)에 따라 현실이 전개되는 방식과 예측 가능한 내용은 크게 달라지지만, 자유의지에 관한 한 두 가지는 별 차이가 없다. 인간의 손으로 이루어진 입력이 부족해도 기본 법칙이 계속 작동하고, 인간의 몸과 두뇌의 입자에도 똑같은 법칙이 적용되는 한, 자유의지는 설 자리가 없다. 지금까지 실행된 모든 과학 실험이 입증하듯이 자연의 법칙은 인간이 등장하기 한참 전부터 세상을 지배해 왔고, 이 상황은 인간이 등장한 후에도 아무런 방해 없이 그대로 유지되고 있다.

지금까지 언급된 내용을 요약하면 다음과 같다. 우리는 물리 법칙의 지배를 받는 입자로 이루어져 있으며, 우리가 생각하고 행하는 모든 것은 입자의 운동에 기인한 현상이다. 당신과 내가 만나 서로 손을 잡으면 당신의 손을 구성하는 입자들이 내 손의 입자들을 위아래로 흔들면서 '악수'라는 행위를 만들어 낸다. 그리고 당신의 성대를 구성하는 입자들이 주변의 공기 입자를 흔들면 이 효과가 도미노처럼 주변 입자로 전달되어 공기에 파문(波紋)이 형성되고, 이 입자가 나의 고막을 구성하는 입자를 때리면 머릿속에 있는 다른 입자들이 연쇄적으로 움직이면서 두뇌에 신호를 전달하여 "안녕하세요?"라는 소리를 인식하게 된다. 나의 두뇌에 있는 입자들이 자극을 감지하여 "어쭈, 이 친구 손을 꽤 세게 잡는데?"라는 느낌이 들면, 곧바로 나의 손을 구성하는 입자들에게 '저 친구와 똑같은 악력으로 손을 잡을 것'이라는 명령이 하달되고, 두 사람은 쓸데없이 힘을 낭비하며 과도한 인사를 나눈다. 모든 입자들이 수학적 법칙을 따른다는 것은 이론과 실험을 통해 확실하게 입증된 사실이다. 이 법칙을 벗어나려는 것은 원주율 파이(π)의 값을 바꾸겠다고 덤비는 것이나 다름없다.

우리는 자연의 가장 기본적인 단계에서 작용하는 법칙을 직접 볼 수 없기 때문에 자신의 선택이 자유의지를 발휘한 결과라고 믿는다. 인간의 무딘 감각으로는 입자 세계에 적용되는 법칙을 느낄 수 없다. 우리의 감각과 추론은 일상적인 규모에 한정되어 있어서, 과거에 자신이 취했던 여러 행동을 비교하여 미래의 가능성을 판단하는 것이 최선이다. 그래서 우리 몸의 입자들이 행동을 취하면, 그들의 집합적인 움직임이 마치 나의 자유의지를 통해 발현된 것처럼 보인다. 만일 우리에게 초능력이 주어져서 모든 현상을 입자 규모에서 분석할 수 있다면, 자유의지의 산물처럼 보이는 생각과 행동이 물리 법칙의 결과임을 깨닫게 될 것이다.

그러나 자유의지에 대한 논의를 이것으로 끝낸다면 '기존의 물리 법칙에 부합되면서 인간의 특성을 정의하는 중요한 요소'를 놓치게 된다.

바위와 인간, 그리고 자유

지금 당신은 공원 벤치에 앉아서 상념에 잠겨 있고, 그 옆에 적당한 크기의 바위가 놓여 있다. 둘 다 자기 일 외에는 별 관심이 없어 보인다. 때마침 내가 그 앞을 지나가는데, 갑자기 커다란 나뭇가지가 부러지더니 나를 향해 떨어지기 시작했다. 바로 그 순간, 당신은 용수철처럼 벤치에서 일어나 강한 힘으로 나를 떠밀었고, 덕분에 나는 사고를 모면할 수 있었다. 보통 이런 경우에는 생명의 은인에게 입이 마르고 닳도록 감사 인사를 한 후 어떻게든 보답할 방법을 찾을 것이다. 그러나 향후의 일은 우리의 관심사가 아니다. 방금 전의 상황을 찬찬히 되짚어 보자. 당신의 몸을 구성하는 입자는 옆에 있던 바위의 구성 입자와 동일한 법칙을 따르고 있으므로, 당신이나 바위나 자유의지를 발휘할 여지가 없다. 그런데 당신은 나를 구하기 위해 뛰어들었고, 바위는 내가 다치건 말건 아무런 관심도 보이지 않았다. 이 차이를 어떻게 설명해야 할까?

당신의 몸에 있는 입자들은 아주 특별하고 정교하게 배열되어 있어서 사람을 구하는 영웅적인 행동을 할 수 있지만, 바위의 입자는 배열 상태가 이 정도로 정교하지 않기 때문에 절대로 영웅이 될 수 없다.[42] 당신은 내가 벤치 앞을 지나갈 때 손을 흔들거나 말로 인사를 건넬 수도 있고, 끈이론의 방정식이 드디어 풀렸다는 희소식을 전해 줄 수도 있으며, PT체조를 하거나 날쎄게 몸을 날려 나를 구하는 등, 수많은 일을 할 수 있다. 내 얼굴에서 반사되어 당신의 눈에 도달한 광자와 부러지는 나무에서 생성되어 당신의 귀에 도달한 음파, 그리고 당신의 피부를 스치는 바람 등 안과 밖에서 생성된 다양한 자극에 영향을 받아 당신의 몸 안에 있는 입자들이 폭포처럼 흐르면 생각과 느낌, 행동이 유발된다. 물론 이들 자체도 또 다른 입자의 흐름이다. 다행히도 부러진 나뭇가지에 대한 반응으로 나타난 입자의 특별한 흐름이 당신으로 하여금 즉각적인 행동을 취하게 만들었다. 그러나 자극에 대한 바위의 반응은 별로 극적이지 않다. 광자와 음파, 그리고 압력이 와닿아도 바위의 입자는 약간 흔들리거나 온도가 조금 올라가고, 강풍이 불면 위치가 조금 달라진다. 이것이 전부다. 바위의 내부에서 일어나는 일은 아주 단순하다. 당신이 특별한 이유는 내부의 복잡한 배열이 다양한 행동을 낳기 때문이다.

이처럼 자유의지를 평가할 때 궁극적인 원인에서 인간의 다양한 반응으로 관심을 돌리면 훨씬 많은 사실을 알아낼 수 있다. 자유의지는 우리의 통제 영역을 벗어난 물리 법칙에서 온 것이 아니다. 우리의 자유는 다른 입자 집단에서 볼 수 없는 행동(도약, 사고, 상상, 관찰, 숙고, 설명 등)을 만들어 낸다. 인간의 자유는 '의지가 반영된 선택'의 문제가 아니다. 지금까지 과학이 알아낸 바에 의하면 자연이 전개되는 방식은 의지와 완전히 무관하다. 인간의 자유는 오랜 세월 동안 무생물을 '소극적 대응'에 가둬 왔던 족쇄가 풀리면서 주어진 것이다.

이런 관점에서 보면 인간은 자유의지가 없어도 자유를 누릴 수 있다. 나의 목숨을 구한 당신의 영웅적 행동은 칭찬 받아 마땅하지만, 사실은 자유의지의 발현이 아니라 물리 법칙을 따른 것뿐이다. 그러나 당신의 몸을 구성하는 입자들이 갑자기 벤치를 박차고 튀어 올라 사람을 구하고, 훗날 그 행동을 회고하면서 뿌듯한 감정을 느낀다는 것은 실로 놀라운 일이 아닐 수 없다. 바위에 뭉쳐 있는 입자들에게는 절대로 있을 수 없는 일이다. 인간(자유)의 본질은 바로 이런 사고와 느낌, 그리고 행동에 깃들어 있다.

나는 자유의지와 무관하게 물리 법칙에 따라 취해진 행동을 '자유'라고 표현했는데, 독자들에게는 이것이 일종의 미끼나 회피용 어휘처럼 들릴지도 모르겠다. 그러나 과거에 수많은 철학자들이 주장했던 대로, 자유와 물리학은 적대적 관계가 아니다. 물리학에 부합되는 또 다른 형태의 자유를 고려하면 많은 사실을 알아낼 수 있다. 이것을 구현하는 방법은 여러 가지가 있는데, 처음에는 하나같이 "전통적인 자유의지의 관점에서 볼 때, 당신과 바위는 다를 것이 하나도 없다."라면서 기를 죽여 놓고, 한숨을 쉬며 돌아서려고 하면 뒷덜미를 잡으며 "그래도 힘내세요! 당신이 누릴 수 있는 다른 자유도 많이 있답니다."라면서 달래 준다.[43] 내가 추구하는 접근법에서 이런 자유를 발견하려면 행동에 부과된 제한조건을 걸어 내야 한다.

나는 개인적으로 이 '다양한 자유'에서 큰 위안을 얻고 있다. 내가 생각하고 행하는 모든 것은 내 몸을 구성하는 입자에 물리 법칙이 적용된 결과이며, 나는 그 법칙을 절대로 바꿀 수 없다. 그러나 나는 이런 생각을 떠올려도 크게 동요되지 않는다. 중요한 것은 내 몸의 입자들이 의자나 머그잔의 입자와 달리 엄청나게 다양한 일을 수행할 수 있다는 점이다. 이 문장을 쓴 주체는 내가 아니라 나를 구성하는 입자이며, 나는 이런 현실에 아무런 불만도 없다. 물론 내가 이런 반응을 보이는 것도 입자들이 양자역학의 규칙에 따라 움직이면서 나타난 결과지만, 그렇다고 현실에 대한 나의 느낌이 퇴색되지는 않는다. 내가 자유로운 것은 물리 법칙을 마음대로 바꿀 수 있기 때문이 아니라, 나의 거대한 내부 조직이 나로 하여금 자유롭게 반응을 보일 수 있도록 해방시켰기 때문이다.

타당성과 학습, 그리고 개인의 특성

전통적인 개념의 자유의지를 포기하면 우리가 보유한 가치의 대부분을 포기하는 것처럼 보일지도 모른다. 지각 있는 모든 존재를 포함하여 자연의 운영 방식이 오로지 물리 법칙에 의해 좌우된다면, 우리의 행동에 무슨 의미가 있다는 말인가? 그냥 의자에 편안히 앉아서 물리학에게 모든 것을 맡기면 그만 아닌가? 거기에 개인의 특성(개성)이 끼어들 자리가 있긴 있는가? 물리학이 모든 것을 지배하는 세상에서 학습과 창조성처럼 우리가 커다란 가치를 부여해 온 것들이 대체 무슨 역할을 할 수 있겠는가?

마지막 질문부터 생각해 보자. 요즘 유행하는 로봇청소기 룸바Roomba를 예로 드는 게 좋겠다. 룸바는 자유의지를 갖고 있을까? 긴장할 것 없다. 틀린 답을 유도하려는 질문이 아니다. 대부분의 사람들은 '아니no'라고 답할 것이다. 맞다. 기계에는 자유의지가 없다. 그러나 룸바는 거실 바닥을 돌아다니면서 벽이나 가구, 또는 기둥을 만날 때마다 내부의 입자가 재배열되고(운행 지도와 내부 명령이 업데이트된다), 이를 근거로 향후의 동선이 수정된다. 간단히 말해서 룸바는 학습이 가능하다. 실제로 룸바가 장애물을 만났을 때 보여 주는 해결책(계단과 가구 피하기, 테이블의 다리 주변을 돌면서 청소하기 등)에는 초보적인 창의성이 깃들어 있다.[44] 자유의지가 없는데도 학습 능력과 창의력을 발휘하고 있는 것이다.

당신의 몸 안에 내장된 '소프트웨어'는 룸바보다 훨씬 정교하여, 기계와는 수준이 다른 학습능력과 창의력을 발휘할 수 있다. 당신의 몸을 구성하는 입자들은 매 순간마다 특별한 형태로 배열되어 있으며, 내부 또는 외부에서 새로운 경험을 쌓을 때마다 배열 상태가 조금씩 달라지면서 소프트웨어가 업데이트되어 향후의 생각과 행동에 영향을 미친다. 번뜩이는 아이디어와 엉뚱한 실수, 현명한 표현, 뜨거운 포옹, 멸시하는 말투, 영웅적인 행동 등은 당신 몸속의 입자 배열이 바뀌면서 나타난 결과다. 그리고 당신의 행동에 대한 타인의 반응을 주도면밀하게 관측하여 입자의 배열을 다시 조정하고, 이런 과정을 되풀이하면서 점차 이상적인 배열을 향해 나아간다. 입자 규모에서 볼 때 이것이 바로 학습이며, 결과가 참신하면 입자의 배열이 창의력을 낳은 셈이다.

이것은 우리의 핵심 주제 중 하나와 밀접하게 관련되어 있다. 우리에게는 현실의 다양한 층을 개별적으로 설명하면서 이들을 하나로 엮어 주는 이야기가 필요하다. 현실 세계의 전개 방식을 입자 규모에서 설명하는 것으로 만족한다면, 우리의 여정은 학습 능력과 창의력 같은 개념을 다룰 기회도 없이 끝날 것이다(엔트로피와 진화도 누락된다). 당신은 입자 집단이 배열을 바꾸는 방식과 이 정보가 기본 법칙으로부터 전달되는 방식만 알면 된다 (과거 한 순간의 입자의 상태도 알아야 한다). 그러나 대부분의 사람들은 이런 이야기보다 환원주의에 부합되면서 규모가 더 크고 친숙한 영역에 초점이 맞춰진 이야기를 좋아한다. 당신과 나, 그리고 룸바의 구성 입자를 주인공으로 등장시켜서 학습과 창의력(그리고 엔트로피와 진화)에 관한 이야기를 풀어가다 보면 우리에게 반드시 필요한 언어가 무엇인지 알게 될 것이다. 환원주의에 입각한 룸바의 이야기는 수십억 × 수십억 개에 달하는 입자 목록에 불과하지만, 높은 수준의 이야기(거시 규모의 이야기)는 룸바의 센서가 계단이 시작되는 지점을 감지하고, 이 위치를 기억 장치에 위험 구역으로 저장하고, 위험한 낙하를 피해 왔던 길을 되돌아가는 과정을 설명해 준다. 환원주의 버전은 입자의 언어로 서술되고 거시 규모의 이야기는 자극과 반응의 언어로 서술되지만, 두 이야기는 아무런 모순 없이 양립할 수 있다. 그리고 룸바는 내부 지침을 업데이트하여 미래의 행동을 수정할 수 있으므로, 거시 규모의 이야기에는 학습 능력과 창의력이 반드시 포함되어야 한다.

이렇게 하나로 연결된 다양한 이야기들은 당신과 나에게 특히 중요하다. 우리를 입자의 집합으로 간주한 환원주의적 서술도 중요하지만, 이것만으로는 깊은 통찰을 얻을 수 없다. 당신과 나는 동일한 물리 법칙을 따르는 동일한 입자로 이루어져 있지만, 우리의 삶은 거시 규모의 이야기(사람 이야기)에 담겨 있다. 우리는 생각하고, 숙고하고, 삶을 유지하기 위해 노력하고, 성공하고, 실패한다. 우리에게 친숙한 언어로 쓰인 이 이야기는 입자 규모에서 서술된 환원주의적 이야기와 양립할 수 있어야 한다. 그러나 일상생활 속에서는 거시 규모의 이야기가 훨씬 가깝게 와닿는다. 내가 아내와 함께 저녁 식사를 하는데, 아내가 자신의 몸을 구성하는 천억 × 십억 × 십억 개의 입자들의 움직임을 일일이 설명한다면 나는 별로 귀담아듣지 않을 것 같다. 그러나 아내가 현재 개발 중인 아이디어를 설명하거나 방문한 장소와 만난 사람에 대해 이야기한다면, 나는 두 귀를 쫑긋 세우고 들을 것이다.

이런 거시 규모의 서술에서는 우리의 행동이 중요하고, 우리의 선택이 미래에 커다란 영향을 미치고, 우리의 결정이 모든 것을 좌우한다. 불변의 물리 법칙으로 운영되는 미시 세계에서도 그럴까? 그렇다. 이곳에서도 우리의 행동과 생각과 결정은 당연히 중요하다. 내가 열 살 때 오븐에 성냥불을 들이댄 행동은 '폭발'이라는 확실한 결과를 초래했다. 거시 규모에서 이 사건에 대한 단계적 서술(배고픔을 느끼고, 오븐에 피자를 넣고, 가스 밸브를 열고 한동안 기다렸다가 성냥불을 들이대고, 폭발이 일어나고, 불에 데고 등등)은 매우 정확하면서 깊은 통찰을 제공한다. 물리학은 이 이야기를 부정하지 않고, 중요성을 간과하지 않으며, 이야기의 수준을 한층 더 높여 준다. 또한 물리학은 인간 수준에서 서술된 이야기의 저변에 물리 법칙과 입자의 언어로 서술된 또 다른 이야기가 존재한다는 사실을 말해 준다.

그런데 물리학에 입각한 이 서술은 인간 수준의 이야기가 틀렸음을 입증하고 있다. 놀라우면서도 마음이 그리 편치 않다. 우리는 모든 선택과 결정, 그리고 행동의 주체가 나 자신이라고 굳게 믿고 있지만, 환원주의적 서술에 의하면 전혀 그렇지 않다. 우리의 생각과 행동은 물리 법칙의 손아귀를 절대 벗어나지 못한다. 그럼에도 불구하고 하나로 이어진 거시적 이야기들 (배고픔을 느껴서 피자를 오븐에 넣고, 온도를 확인하고, 성냥불을 그어 댄 이야기 등)은 다분히 현실적이어서 생각과 반응, 그리고 행동이 핵심적 역할을 한다. 이들은 물리적 사건을 사슬처럼 이어 주는 연결 고리로서, 한 번 작동할 때마다 뚜렷한 결과를 낳는다. 그러나 우리의 경험과 직관만으로는 생각과 반응, 그리고 행동이 물리 법칙을 통해 먼저 일어난 선행 사건의 결과라는 것을 깨닫기가 쉽지 않다.

책임의 역할도 중요하다. 내 몸의 입자와 나의 행동이 물리 법칙의 지배를 받는다고 해도, '나'는 문자 그대로 '나'다. 나의 행동에 대한 책임 소재를 따지는 방식이 다소 낯설다고 해도, 나의 정체성은 달라지지 않는다. 임의의 순간에 '나'는 입자의 집합이며, 입자의 특별한 배열을 나타내는 약칭이다(이 배열은 역동적으로 변하고 있지만, 개인의 정체성을 유지할 정도로 충분히 안정적이다[45]). 그러므로 나를 구성하는 입자의 행동이 곧 나의 행동이다. 그 저변에서 물리 법칙이 나의 입자를 제어하고 있다는 것은 실로 놀라운 일이 아닐 수 없다. 나의 행동(입자의 거동)은 자유의지와 무관하지만, 그렇다고 해서 "나의 특별한 입자 배열(유전자, 단백질, 세포, 뉴런, 연접부의 네트워크 등의 고유한 배열 상태)은 나만의 독특한 방식으로 반응한다."라는 거시적 서술이 퇴색되지는 않는다. 당신의 행동과 반응, 생각이 나와 다른 이유는 입자의 배열 상태가 서로 다르기 때문이다. 나의 입자 배열은 나만의 독특한 방식으로 생각하고, 배우고, 종합하고, 상호 작용하고, 반응하면서 나의 개성을 나에게 각인시키고, 내가 취하는 모든 행동에 책임을 부과하고 있다.[46]

하나의 자극에 대하여 사람이 보일 수 있는 반응은 거의 무한대에 가까울 정도로 다양하다. 이것은 지금까지 우리의 이야기를 이끌어 온 핵심 원리(엔트로피 2단계 과정과 진화)가 사실임을 보여 주는 강력한 증거다. 엔트로피 2단계 과정은 모든 것이 무질서를 향해 나아가는 세상에서 질서 정연한 입자 덩어리(별)가 형성될 수 있는지, 그리고 이 덩어리가 수십억 년 동안 엄청난 양의 열과 빛을 방출하면서 어떻게 안정한 상태를 유지해 왔는지 설명해 준다. 그리고 진화는 별 덕분에 따뜻한 환경이 조성된 행성에서 여러 개의 입자들이 한데 뭉쳐 복잡한 행동을 구현하고, 복제하고, 복구하고, 외부에서 에너지를 취하여 대사(代謝)를 진행하고, 이동하고, 성장해 온 비결을 설명해 준다. 입자 집단 중에서 생각하고, 배우고, 소통하고, 협력하고, 상상하고, 예측하는 능력을 습득한 집단은 생존 경쟁에서 유리한 위치를 점하여 자신과 비슷한 능력을 가진 집단을 양산하고, 세대가 반복되면서 능력이 더욱 향상된다. 개중에는 자신의 인지력이 물리 법칙을 초월할 정도로 뛰어나다고 결론짓는 입자 집단도 있고, 생각이 유별나게 깊은 집단은 자유의지와 물리 법칙이 서로 상충된다는 사실에 몹시 당혹스러워한다. 그러나 사실 이들은 물리 법칙을 초월한 적이 한 번도 없기 때문에 충돌이 일어난 적도 없다. 입자 집단은 개개의 입자를 지배하는 법칙 대신, (개인의) 복잡하고 다양한 거시적 행동에 초점을 맞춰서 자신의 능력을 재평가할 필요가 있다. 이렇게 방향을 전환하면 입자 집단은 '내 의지로 이룬 것 같으면서도 결코 물리 법칙을 벗어난 적이 없는' 놀라운 행동과 경험을 후대에 전할 수 있다.

일부 독자들은 이 결론을 선뜻 받아들이기 어려울 것이다. 그 심정을 나도 잘 안다. 처음에는 나도 그랬다. 지금은 위에 언급한 관점을 받아들였지만, 나 역시 내가 나를 완전히 통제한다고 하늘같이 믿었던 시절이 있었다. 그러나 그 믿음은 정연한 논리가 아닌 '친숙함'에 기초한 것이었고, 두뇌를 통과하는 입자의 속성이 조금만 변해도 친숙한 정도는 크게 달라진다. 이것은 다양한 실험을 통해 입증된 사실이다. 두뇌 속에서 힘의 균형은 얼마든지 달라질 수 있다. 마치 마음 자체가 마음을 갖고 있는 것처럼 보인다. 수십 년 전에 나는 아름다운 도시 암스테르담Amsterdam에서 이런 일을 경험한 적이 있다. 나의 마음이 수많은 내가 공존하는 세상을 만들어 냈는데, 개개의 복사본(나)들은 다른 복사본이 경험한 현실을 무너뜨리기 위해 필사적으로 달려들었다. 첫 번째 복사본이 "내가 겪은 것이 진정한 현실이다." 라고 주장하면 곧바로 두 번째 복사본이 등장하여 첫 번째 복사본이 중요하게 여겼던 모든 것을 지워 버리고 또 다른 '진정한 현실'을 구축한다. 그러면 세 번째, 네 번째 복사본이 나타나 똑같은 짓을 반복하고… 이 과정이 끝없이 계속되었다.

이 상황을 물리학적 관점에서 서술하면 나의 두뇌에 조금 다른 입자가 유입된 것뿐이다. 그러나 이 작은 변화 때문에 '내 마음대로 통제할 수 있다'는 친숙한 느낌이 사라졌다. 환원주의적 기초(물리 법칙을 따르는 입자들)는 건고하게 유지되는데, 인간적인 기초(자유의지를 갖고 현실 세계를 누비는 마음)가 완전히 뒤집어진 것이다. 나는 지금 자유의지에 대한 나의 생각이 바뀐 순간을 말하려는 것이 아니다. 그날 나는 과거에 추상적으로 알고 있던 것을 거의 본능적으로 이해할 수 있었다. 나를 '나'라고 느끼는 감각과 내가 가진 능력, 그리고 내가 발휘하는 것처럼 보이는 자유의지… 이 모든 것이 내 머릿속에서 움직이는 입자로부터 만들어지고 있다. 그러므로 입자를 조금만 조작하면 나에게 친숙한 특성들이 사라진다. 나는 이 일을 계기로 물리학적인 이해와 마음의 직관적 감각을 일치시킬 수 있었다.

일상적인 경험과 언어는 (암묵적, 또는 명시적으로) 자유의지와 관련된 내용으로 가득 차 있다. 우리는 매 순간 무언가를 선택하여 과감하게 결정을 내린다. 이 결정에 따라 향후 행동이 달라지고, 이 행동은 나를 포함하여 나와 관련된 모든 사람들의 삶에 영향을 미친다. 앞에서 나는 자유의지가 입자의 움직임으로부터 생성된다고 했지만, 그렇다고 해서 우리의 선택과 결정이 무의미하다는 뜻은 아니다. 이것을 인간 수준의 언어로 서술하면 다음과 같다. "우리는 선택하고, 결정하고, 행동하며, 모든 행동에는 의미가 담겨 있다. 그리고 이 모든 것은 더할 나위 없이 현실적이다." 그러나 인간 수준의 이야기는 환원주의적 설명에도 부합되어야 하므로, 언어와 가정에 약간의 수정이 필요하다. 무엇보다도 "나의 선택과 결정과 행동의 궁극적인 주체는 나 자신이며, 나의 자유의지가 발현되는 과정은 물리 법칙을 초월한다."는 인간 중심적 생각을 버려야 한다. 자유의지에 대한 '느낌'은 다분히 현실적이지만, 자유의지를 발휘하는 능력(인간의 마음이 물리 법칙을 초월하는 능력)은 그렇지 않다. '자유의지'를 이런 식으로 재해석하면 인간 수준의 이야기는 환원주의적 설명과 양립할 수 있다. 그리고 궁극적인 기원에서 자유로운 행동으로 초점을 바꾸면 확고하고 다양한 인간의 자유를 수용할 수 있다.

우리의 의식이 언제 탄생했는지, 자기 성찰이 언제부터 시작되었는지, 또는 우리가 자유의지를 언제부터 느꼈는지는 분명치 않다. 고고학적 증거에 의하면 우리의 조상들은 약 10만 년 전(또는 그 이상)부터 이런 경험을 한 것으로 추정된다. 그리고 인류는 이보다 훨씬 전부터 두 발로 일어서서 세상을 둘러보며 의문을 품기 시작했다.

나에게 주어진 이 능력으로 과연 어떤 일을 할 수 있을까?

6장

언어와 이야기

마음에서 상상으로

마음에서 상상으로

경험의 핵심 키워드는 '패턴'이다. 인류가 생존할 수 있었던 것은 규칙적으로 반복되는 세상사를 느끼고, 적절하게 반응해 왔기 때문이다. 내일은 오늘과 분명히 다르겠지만 끊임없이 오고가는 무수한 일상 중에는 변함없이 유지되는 것도 있다. 우리에게 중요한 것은 바로 이런 부분이다. 내일도 태양은 어김없이 뜨고, 돌멩이는 여전히 아래로 떨어지고, 물은 오늘과 똑같이 흐를 것이다. 일상생활 속에서 주기적으로 반복되는 패턴은 우리의 행동에 지대한 영향을 미친다. 본능과 기억이 중요한 것은 바로 이런 이유 때문이다.

대부분의 패턴은 수학으로 표현 가능하다. 약간의 기호를 도입하면 패턴을 간략하면서도 정확하게 표현할 수 있다. 갈릴레오는 "신의 뜻이 성서에 적혀 있듯이 자연의 책은 수학의 언어로 적혀 있다."고 단언했고, 그 후로 수백 년 동안 사상가들은 수많은 논쟁을 거치면서 자연의 섭리를 일상적인 언어로 바꿔 놓았다. 수학은 인간이 자연의 패턴을 서술하기 위해 개발한 또 하나의 언어일까? 아니면 수학 자체가 현실의 원천이어서, 자연의 패턴이 '자연스럽게' 수학으로 표현되는 것일까? 나는 후자 쪽에 한 표를 던지고 싶다. 수학을 통해 현실의 근본에 다가갈 수 있다는 것은 정말로 놀라운 일이다. 그러나 냉정하게 생각해 보면 수학은 인간이 자연의 패턴에 과도하게 집착하다가 편의를 위해 만들어 낸 언어일 수도 있다. 사실 수학을 잘 안다고 해서 생존 가능성이 높아지는 것은 아니다. 소수를 계산하거나 원적문제squaring the circle*를 푸는 것은 식량을 확보하고 번식 기회를 높이는 데 별 도움이 되지 않는다.

현대에 이르러 아인슈타인은 자연의 리듬을 활용하는 최고의 기준을 제시했다. 그가 남긴 지적 유산은 몇 쪽에 걸친 수학으로 간단명료하게 요약될 수 있지만, 그는 지식의 변방을 탐험할 때 방정식에 의존하지 않고, 언어를 초월한 세계에서 상상의 나래를 펼치곤 했다. 아인슈타인의 어록 중 "나는 음악을 들으면서 생각한다."[1]거나 "나는 언어로 생각하지 않는다."[2]는 말이 이 사실을 입증한다. 독자들 중에는 사고방식이 아인슈타인과 비슷한 사람도 있겠지만, 나는 그렇지 않다. 가끔은 어려운 문제와 씨름을 벌이던 중 갑자기 의식의 저변에서 깊은 통찰이 섬광처럼 떠오르곤 한다. 그러나 상상의 세계를 헤매다가 우연히 답을 알아냈다 해도, 언어를 사용하지 않았다거나 음악 덕분에 깨달았다고 주장하기에는 다소 무리가 있다. 내 연구실 책꽂이에는 방정식을 열심히 풀어서 얻은 결과를 일상적인 문장으로 요약해 놓은 연구노트가 빽빽하게 꽂혀 있다. 나는 무언가에 집중할 때 혼자 대화하는 습관이 있는데, 대부분은 속으로 중얼거리지만 가끔은 옆에

---

* 주어진 원과 면적이 같은 정사각형을 작도하는 문제.

있는 사람이 듣고 나를 이상한 눈으로 쳐다볼 때도 있다. 사고를 하려면 언어가 반드시 필요하다. 나는 "언어의 한계가 곧 세상의 한계를 의미한다."[3]는 루트비히 비트겐슈타인Ludwig Wittgenstein의 주장에 전적으로 동의하지 않지만(언어로 표현할 수 없는 생각과 경험도 분명히 존재한다. 이 내용은 나중에 따로 다룰 것이다), 언어가 없으면 나의 정신활동 중 일부는 제대로 작동하지 않을 것이다. 언어는 논리를 표현할 뿐만 아니라, 논리에 생명을 불어넣는다. 노벨 문학상을 수상한 소설가 토니 모리슨Toni Morrison은 이런 말을 한 적이 있다. "우리는 죽는다. 이것이 삶의 의미일 수도 있다. 그러나 우리에게는 언어가 있고, 언어는 삶을 평가하는 척도다."[4]

비상한 천재가 아닌 한, 상상의 세계에서도 언어는 반드시 필요하다. 언어가 있으면 현실 세계에서 잘 보이지 않는 다양한 가능성을 표현할 수 있다. 우리는 먼 것과 가까운 것, 실질적인 것과 몽상적인 것을 머릿속에 그릴 수 있고, 어렵게 얻은 지식을 교육으로 전수하여 후손들의 수고를 덜어 줄 수 있으며, 계획을 공유하여 협동을 이끌어 낼 수 있다. 또한 우리는 여러 사람의 창조력을 하나로 결합하여 막강한 힘을 발휘할 수 있고, 자신을 돌아봄으로써 생존보다 중요한 목표를 추구할 수 있으며, 자음과 모음, 그리고 마침표를 정교하게 배열하여 시공간의 특성을 서술하거나 사랑과 죽음을 감동적으로 표현할 수도 있다. "윌버는 샬롯을 잊을 수 없었습니다. 그는 샬롯의 자녀와 손자 손녀들을 사랑했지만, 새로 태어난 거미들은 결코 샬롯을 대신할 수 없었지요"[*]

언어가 없었다면 그 누구도 자신의 경험을 후대에 남기지 못했을 것이다.

---

[*] 엘윈 브룩스 화이트(Elwyn Brooks White)의 동화 〈샬롯의 거미줄〉에서 발췌한 인용문.

최초의 언어

"Madam, I'm Adam.(부인, 제가 아담입니다.)" 이 문장은 거꾸로 읽어도 똑같은 회문回文이다. 현대인의 언어 감각은 이렇게 언어를 갖고 노는 수준까지 발전했지만, 최초의 언어가 등장한 시기와 인류가 언어를 사용하게 된 이유는 여전히 미지로 남아 있다. 다윈은 언어가 노래에서 탄생했을 것이라고 했다. 엘비스 같은 재능을 가진 사람은 이성異性에게 강하게 어필하여 후손을 낳을 기회가 남들보다 많았고, 이런 식으로 세대가 반복되면서 음악적 선율이 점차 언어로 변해 갔다는 것이다.[5] 그러나 다윈과 비슷한 시기에 자연선택에 기초한 진화론을 연구했던 알프레드 러셀 월리스Alfred Russel Wallace는 언어의 기원에 대하여 완전히 다른 생각을 갖고 있었다. 그는 음악과 예술, 그리고 언어와 관련된 재능은 자연선택에 전혀 유리한 조건이 아니라고 주장했다. 생존 경쟁의 치열한 장에서 노래하고, 그림을 그리고, 말이 많은 조상들은 그런 재능이 없는 경쟁자들보다 유리한 점이 별로 없었다는 것이다. 1869년에 월리스는 〈계간 리뷰Quarterly Review〉에 다음과 같은 글을 기고했다. "…그러므로 우리는 인류의 진화 과정에서 지능이 높아질수록 더욱 고귀한 목표를 추구해 왔다는 것을 사실로 인정해야 한다."[6] 진화가 아무런 목적 없이 무작위로 진행되었다면 신의 가호 없이는 의사소통 능력과 문화를 발전시킬 수 없었다는 것이다. 월리스의 글을 읽고 대경실색한 다윈은 그의 주장을 강하게 부정하면서[7], "당신이 자신의 이론과 나의 이론을 완벽하게 말살하지 않기를 바란다."는 편지를 보냈다.[8]

그 후로 지금까지 근 150년 동안 과학자들은 언어의 기원과 초기 발달사에 대해 다양한 가설을 제안했지만, 마치 2:2로 벌이는 레슬링 경기(태그매치)처럼 그럴듯한 이론이 나올 때마다 더 그럴듯한 반론에 부딪히곤 했다.

140억 년 전에 시작된 초기 우주의 역사도 학계에 전반적으로 수용되는 정설이 존재하는데, 기껏해야 수십만 년에 불과한 언어의 역사는 학자들마다 중구난방이다. 왜 그럴까? 이유는 간단하다. 초기 우주는 자신의 역사가 새겨진 귀중한 화석을 남긴 반면, 언어는 화석이라는 것이 아예 존재하지 않기 때문이다. 우주 공간을 가득 채우고 있는 마이크로파 우주배경복사를 비롯하여 유난히 풍부한 수소와 헬륨, 그리고 멀리 떨어진 은하의 움직임 등에는 초기 우주의 흔적이 고스란히 남아 있다. 그러나 초기 언어의 증거라 할 수 있는 음파는 생성되자마자 곧바로 사라졌다. 유물이나 증거가 전혀 없는 상태에서 언어의 역사를 각자 자신만의 논리로 재구성하다 보니, 수많은 이론들이 난립하게 된 것이다.

그래도 인간의 언어가 다른 동물의 소통방식과 근본적으로 다르다는 점에는 대부분의 학자들이 동의하고 있다. 버빗원숭이$^{vervet\ monkey}$*는 표범이 다가올 때 짧은 고음을 내서 동료들에게 경고 신호를 보내고, 독수리가 다가오면 저음의 콧소리로, 비단뱀이 나타나면 혀를 차는 듯한 소리로 위험을 알린다.[9] 그러나 이런 수준의 언어로는 어제 비단뱀과 마주쳤을 때 느꼈던 공포를 표현할 수 없고, 내일 새의 둥지를 습격할 때 써먹을 전략을 설명할 수도 없다. 당신이 하는 말은 특별한 의미를 가진 몇 개의 발성으로 이루어져 있는데, 이 점은 다른 동물들도 크게 다르지 않다. 그러나 버트런드 러셀이 지적한 대로, 개는 자서전을 쓸 수 없다. 그들이 제아무리 유창하게 짖는다 해도, "저희 부모님은 가난했지만 정직한 분이었어요"라고 말할 수 없다.[10] 인간의 언어가 복잡한 정보를 전달할 수 있는 이유는 '열린 언어

---

* 흑갈색 얼굴에 이마에 흰 줄무늬가 있는 긴꼬리원숭이과의 소형 영장류.

open language'이기 때문이다. 우리는 의미가 고정된 몇 개의 문구를 사용하는 대신 유한한 개수의 음소를 이리저리 조합하여 다양한 소리를 낼 수 있고, 이것으로 만들 수 있는 문장의 종류는 거의 무한대에 가깝다. 그래서 우리는 어제 마주쳤던 뱀이나 내일 습격할 새의 둥지뿐만 아니라, 한 번도 본 적 없는 유니콘이나 형체가 없는 어둠의 공포에 대해서도 자세히 서술할 수 있다.

그러나 좀 더 깊이 파고 들어가면 논쟁이 본격적으로 시작된다. 정규 교육을 받지도 않은 어린아이들이 어떻게 출생 후 몇 년 만에 1개, 또는 여러 개의 언어를 자유롭게 구사하는 것일까? 인간의 뇌가 언어 습득에 최적화되어 있기 때문일까? 아니면 새로운 것을 배우려는 인간 특유의 성향과 문화적 영향 때문인가? 인간의 언어는 버빗원숭이의 경고 신호처럼 의미가 고정된 어휘에서 시작되었을까? 아니면 기본음에서 출발하여 단어와 문장으로 진화한 것일까? 인간은 왜 언어를 사용하게 되었을까? 언어 능력이 생존에 유리하게 작용하여 진화에서 살아남은 것일까? 아니면 두뇌와 같은 다른 부분이 진화하면서 부수적으로 획득한 능력일까? 지난 수천 년 동안 인류는 무슨 말을 했으며, 왜 그토록 많은 말을 하면서 살아왔을까?

세계적으로 유명한 언어학자 놈 촘스키Noam Chomsky는 "우리 조상들이 언어 능력을 획득할 수 있었던 것은 모든 인류에게 적용되는 공통의 문법이 존재했기 때문"이라고 했다. 이 주장의 기원은 13세기 영국의 철학자 로저 베이컨Roger Bacon까지 거슬러 올라간다. 그는 세계 각지의 언어를 오랫동안 분석한 끝에 "모든 언어는 공통적인 구조를 갖고 있다."는 결론에 도달했다. 현대에 와서 그의 주장은 다양한 의미로 해석되고 있는데, 촘스키의 이론도 그중 하나다. 지금까지 제안된 공통 문법 중 논쟁의 여지가 가장 적은 버전은 "사람은 신경생리학적으로 타고난 능력이 있어서 기초적인 언어 체계를 구축하여 인종에 상관없이 듣고, 이해하고, 말할 수 있다."는 것이다. 그렇지 않다면 어린아이들이 문법에 맞지도 않는 마구잡이 언어를 매일같이 접하면서 어떻게 정확한 문법과 규칙을 습득할 수 있다는 말인가? 또한 모든 어린아이들은 인종에 상관없이 언어를 배울 수 있으므로 타고난 능력은 언어의 종류와 무관하며, 이는 곧 모든 언어에 공통적인 요소가 들어 있음을 의미한다. 촘스키는 지금으로부터 약 8만 년 전에 '두뇌의 회로가 살짝 재배치되는' 특별한 신경생물학적 사건이 발생하여 우리의 조상들이 언어 능력을 획득했고, 그 후로 인지력이 폭발적으로 높아지면서 모든 인류에게 언어가 전파되었을 것으로 추측했다.[11]

다윈의 진화론에 입각하여 언어의 기원을 연구해 온 인지심리학자 스티븐 핑커Steven Pinker와 폴 블룸Paul Bloom은 "인류의 생존력이 서서히 높아지면서 언어가 탄생하고 발전했다."는 다소 타협적인 언어발생론을 제안했다.[12] 수렵과 채집으로 살아가던 우리 조상들에게 언어는 사냥의 성공률을 높이고 지식을 공유하는 데 반드시 필요한 요소였다("11시 방향에 야생돼지 떼 출현!", "바니를 조심해. 그가 윌마에게 눈독 들인 것 같아", "이봐, 내가 손잡이에 돌칼을 부착하는 더 좋은 방법을 알아냈어" 등등…). 따라서 소통 능력이 뛰어난 종은 생존 경쟁과 번식에서 유리한 고지를 점유할 수 있었으며, 세대가 거듭될수록 언어는 더욱 정교하게 다듬어져서 넓은 지역으로 퍼져 나갔다. 그러나 학자들 중에는 "언어는 생존 능력과 별 상관이 없으며, 호흡 조절과 기억력, 추상적 사고력, 다른 사람을 이해하는 능력, 무리를 짓는 능력 등이 개발되면서 부수적으로 얻은 능력"이라고 주장하는 사람도 있다.[13]

인류가 언어를 사용하기 시작한 시점도 분명치 않다. 앞서 말한 대로 원시 언어와 관련된 증거는 하나도 없다. 그러나 언어학자들은 다른 고고학적 증거를 분석하여 최초의 언어가 탄생한 시기를 추정했는데, 손잡이가 달린 도구(돌이나 뼈를 깎아서 손잡이에 부착한 도구)와 동굴 벽화, 기하학적 조각품, 구슬세공품 등의 완성도를 시간대별로 추적한 끝에 "인류는 최소 10만 년 전부터 일을 계획하고, 추상적 사고를 하고, 복잡한 사회 교류를 시도했다."고 결론지었다. 우리 조상들이 창과 도끼날을 정교하게 연마하고 어두운 동굴 벽에 새와 들소를 그렸다면, 내일 있을 사냥 계획이나 어제 있었던 캠프파이어에 관해 이야기하는 모습이 머릿속에 그려지지 않는가? 당연하다. 우리는 정교한 인지 능력을 언어와 연결시키려는 경향이 있기 때문이다.

언어 구사 능력에 대한 직접적인 증거는 다른 고고학적 증거에서 찾을 수 있다. 두개강頭蓋腔, cranial cavity*과 구강의 발달사를 연구하는 과학자들은 최초의 언어가 등장한 시기를 100만 년 전 이상으로 보고 있다. 이 분야에서는 분자생물학도 중요한 실마리를 제공했다. 언어를 구사하려면 고도의 발성 능력이 필요한데, 2001년에 분자생물학자들이 이 능력의 유전적 기초를 발견한 것이다. 이들은 3대에 걸쳐 언어장애(문법을 이해하지 못하고, 정상적인 언어 구사에 필요한 입과 얼굴, 목구멍의 근육을 조절하지 못하는 질환)를 보인 영국의 한 가족의 유전자를 분석하던 중 7번째 염색체에 있는 *FOXP2* 유전자에서 이상 징후를 발견했다.[14] 이 가족의 구성원들 중 대부분이 같은 증세를 보였으므로, 연구원들은 이 유전자가 언어 및 발성 능력과 밀접하게 연관되어 있다고 생각했다. 처음에는 각종 언론사들이 *FOXP2*를 '문법유전자', 또는 '언어유전자'라고 대서특필하여 전문가들을 당혹스럽게 만들었지만, *FOXP2* 유전자가 언어 구사 능력과 관련되어 있다는 것만은

---

* 두개골 내부의 공간. 뇌가 들어 있는 곳.

분명한 사실이다.

흥미롭게도 침팬지에서 조류와 어류에 이르는 다양한 종들이 사람과 조금 다른 *FOXP2* 유전자를 갖고 있다. 그래서 과학자들은 이 사실을 이용하여 유전자의 변천사를 추적하는 중이다. 침팬지의 *FOXP2* 유전자에 암호화된 단백질 정보는 사람의 것과 2개의 아미노산이 다르지만, 현대인과 네안데르탈인은 완전히 동일하다.[15] 그렇다면 네안데르탈인도 말을 할 줄 알았을까? 아무도 알 수 없다. 그러나 진화의 나무에서 인간과 침팬지는 수백만 년 전에 갈라져 나왔고 네안데르탈인과 현대인은 약 60만 년 전에 분리되었으므로, 인간의 언어 능력은 그 사이에 획득되었을 가능성이 높다.[16]

역사적 표식(고대의 유물, 고대인의 생리적 신체 구조, 유전자 프로파일 등)과 언어의 상관관계는 꽤 그럴듯하지만, 아직은 가설의 단계에 머물러 있다. 수백만 년 전에서 60만 년 전 사이라는 것은 사실상 모른다는 말과 마찬가지다. 게다가 회의론자들은 언어를 구사할 수 있는 신체적, 정신적 능력을 획득하는 것과 언어를 실제로 구사하는 것은 완전히 다른 이야기라고 주장한다.

그렇다면 언어의 탄생 시기는 잠시 접어 두고, 조금 다른 질문을 제기해 보자. 인류는 무엇 때문에 언어를 구사하게 되었을까?

말을 하는 이유

우리의 선조들은 왜 오랜 세월 동안 지켜 왔던 침묵을 깨고 말을 하기 시작했을까? 그 이유를 설명하는 이론은 꽤 많이 제시되어 있다. 이스라엘의 언어학자 가이 도이처Guy Deutscher는 최초의 언어가 "모방하는 능력과 남을 속이는 능력, 털 빗어 주기, 리듬에 맞춰 노래하고 춤추기, 씹고 빨고 핥는 행위 등 거의 모든 행위에서 비롯되었다."고 주장했다.[17] 기존의 언어 발생론과 비교할 때 매우 창의적이면서 유쾌한 이론이다. 아마도 언어는 이들 중 하나, 또는 여러 개가 복합적으로 작용하여 탄생했을 것이다. 지금부터 최초의 언어가 탄생한 시기와 이유를 설명하는 몇 가지 가설을 살펴보기로 하자.

아이를 안거나 업을 때 쓰는 견고한 끈이 발명되기 전에, 엄마들은 안고 있던 아이를 내려놓을 때 두 손을 모두 사용해야 했다. 울거나 칭얼대는 아기는 조용한 아기보다 엄마의 관심을 더 끌 수 있었고, 엄마는 아기를 달랠 때 다정한 표정으로 아이를 부드럽게 쓰다듬었을 것이다. 그런데 이런 행동을 하다 보면 허밍이나 콧노래 등 목소리가 자연스럽게 동반된다. 아이의 옹알이와 엄마의 TLC$^{\text{Tender Loving Care}}$(다정한 보살핌)는 유아생존율을 높이는 중요한 요소인데, 엄마들은 오랜 세월 동안 시행착오를 겪으면서 가장 효과가 좋은 목소리를 선택했고, 이것이 훗날 언어로 발전했다.[18]

목소리가 통하지 않는다면 몸동작(손짓, 발짓, 머리 돌리기, 눈동자 돌리기 등)으로 뜻을 전달할 수도 있다. 특정 물건을 바라보며 고개를 끄덕이거나 특정 방향을 손가락으로 가리키는 식이다. 인간과 비슷한 영장류 중에는 말은 못하지만 손짓과 몸짓으로 초보적인 생각을 교환하는 종도 있다. 한 실험에 의하면 침팬지는 행동과 물건, 또는 자신의 생각을 나타내는 수백 가지의 동작을 배울 수 있다고 한다. 그렇다면 언어는 몸짓에 기초한 의사소통에서 파생된 능력일지도 모른다. 삶의 패턴이 복잡해지면서 손의 기능은 무언가를 만드는 쪽에 집중되었고, 집단 속에서 손짓으로 신호를 보내는 것은 매우 비효율적이었으므로(밤에는 잘 보이지 않고, 합동 사냥을 할 때 모든 사람의 손짓과 몸짓을 일일이 확인하기도 어렵다), 목소리가 가장 효율적인 정보 교환 수단으로 떠올랐을 것이다. 나는 말을 할 때 손을 함께 움직

엔드오브타임

이는 버릇이 있어서 그런지, 이 설명이 매우 그럴듯하게 들린다(말보다 손이 먼저 움직일 때도 있다).

몸짓이 언어로 진화했다는 주장에 회의적인 생각이 든다면, 진화심리학자 로빈 던바Robin Dunbar의 이론을 고려해 볼 만하다. 그는 언어가 '사회적 그루밍social grooming'*의 효과적 대안으로 탄생했다고 주장했다.[19] 침팬지는 같은 무리에 속한 다른 침팬지의 털을 조심스럽게 다듬고, 벌레를 잡아 주고, 피부를 긁어 주면서 친구나 동맹 관계를 맺는다. 계급이 비슷한 침팬지끼리는 받은 만큼 되돌려 주고, 우두머리 침팬지는 서비스를 받기만 하면서 자신의 지위를 과시한다. 즉, 침팬지의 그루밍은 무리 속에서 서열과 파벌, 그리고 협동 관계를 만들고 유지하는 사회적 행동이다. 초기 인류도 이와 비슷한 그루밍을 했지만, 무리의 구성원이 많아지면서 모든 사람들에게 서비스를 하기에는 시간이 모자랐을 것이다. 친구와 배우자, 그리고 동맹 관계를 유지하는 것도 중요하지만, 충분한 식량을 확보하는 것도 그 못지않게 중요하다. 어떻게 해야 두 가지를 모두 충족시킬 수 있을까? 던바의 가설에 의하면 원시인들은 이 문제를 해결하기 위해 언어를 사용하기 시작했다. 어느 시점부터 그루밍을 목소리로 대신하면서 정보를 빠르게 공유할 수 있게 되었고(누가 누구의 도끼를 망가뜨렸고, 누가 누구를 속이고 있으며, 누가 파괴적인 모의를 세우고 있는지 등), 남은 시간에는 주로 남에 관한 이야기를 퍼뜨리고 다녔다. 최근 실행된 한 연구에 의하면 현대인이 나누는 대화 중 60%가 가십이라고 하는데, 일부 학자들은 이것을 '초기 언어의 주 기능을 보여 주는 증거'로 해석하고 있다.[20]

---

* 관계를 돈독히 하기 위해 상대방의 털을 다듬어 주는 행위.

언어학자 대니얼 도어Daniel Dor는 언어의 사회적 기능이 기존의 생각보다 훨씬 광범위하다고 주장했다. 특히 그는 언어가 상호 관계에 미치는 영향을 강조했는데, 가장 중요한 기능은 '다른 사람의 상상을 유도하는 것'이라고 했다.[21] 언어를 사용하기 전에 가장 중요한 사회적 거래는 서로의 경험을 공유하는 것이었다. 당신과 내가 함께 무언가를 보거나, 듣거나, 맛본 후에 몸짓과 소리, 또는 그림을 통해 각자의 느낌을 설명한다면, 이미 같은 경험을 했기 때문에 쉽게 알아들을 수 있다. 그러나 코코넛을 먹어 본 적이 없는 사람에게는 맛을 설명하기가 쉽지 않고, 추상적인 사고나 내면의 느낌을 전달하는 것은 훨씬 더 어렵다. 이 문제를 해결해 준 일등 공신이 바로 언어다. 언어 덕분에 인류는 교류의 장을 엄청나게 확장할 수 있었다. 당신은 내가 경험해 보지 못한 것을 언어로 설명하여 마음속에 떠올리게 할수 있고, 나도 당신에게 똑같이 할 수 있다. 우리 조상들은 언어를 사용하기 전에 수천 년 동안 손짓과 몸짓에 의존해 오다가(큰 짐승을 잡기 위한 공동 사냥, 통제된 모닥불 피우기, 다량의 음식 조리, 어린아이들을 위한 공동 육아 및 교육 등[22]) 의사 전달에 한계를 느껴 언어를 사용하기 시작했고, 그 후로 개인의 경험뿐만 아니라 추상적인 생각까지 타인과 공유할 수 있게 되었다.

언어의 기원을 설명하는 대부분의 이론에는 겉으로 드러난 언어, 즉 구어口語의 역할이 강조되어 있다. 그러나 촘스키는 기존의 이론과 달리 초창기의 언어가 내면의 사고를 촉진했다고 주장했다.[23] 정보 처리, 계획, 평가, 추론 등 내면의 사고력이 언어를 사용하면서 신뢰도가 더욱 높아졌다는 것이다. 그의 주장에 의하면 구어의 등장은 컴퓨터 초기 모델에 스피커를 부착하여 업그레이드시킨 것과 비슷하다. 그렇다면 우리 조상들은 언어를 사용하기 전에 매우 과묵했고, 일상적인 일뿐만 아니라 자기 자신에 대해서도 깊이 생각하는 타입이었을 것이다. 그러나 촘스키의 주장은 논란의 여지가 있다. 학자들 중에는 "언어의 주 기능은 내면의 개념을 구어로 표현하는 것이므로, 처음부터 외부 소통을 위해 개발되었다."고 주장하는 사람도 많다.

언어의 기원은 여전히 수수께끼로 남아 있지만, 사고에 언어가 추가되면서 엄청난 위력을 발휘하게 되었다는 점에는 의심의 여지가 없다. 내면의 언어가 말로 하는 언어보다 먼저였건 나중이었건, 그리고 발성의 기원이 노래였건, 육아였건, 몸짓이었건, 가십이었건, 집단 대화였건, 또는 용량이 커진 두뇌 때문이었건 간에, 인류는 언어를 사용하기 시작하면서 이전보다 훨씬 적극적으로 현실에 참여하게 되었다.

그리고 이 변화는 가장 보편적이면서 영향력이 강한 행동, 즉 '스토리텔링'으로 이어지게 된다.

스토리텔링과 직관

조지 스미스^{George Smith}는 마음이 급했다. 그는 오른손으로 흑단 마호가니 책상 테두리를 두드리며 흥분을 가라앉히고 있었다. 박물관의 석조 복원 책임자인 로버트 레디^{Robert Ready}가 출장을 갔는데, 며칠은 족히 걸린다고 했다. 며칠이라니! 그 긴 시간을 어떻게 기다린다는 말인가? 조지는 지난 3년 동안 매일 아침마다 코트를 대충 걸쳐 입고 마말레이드와 스틸턴 치즈를 넣은 샌드위치를 손에 든 채 영국박물관^{British Musium}으로 출근하여 점심을 서둘러 먹고 남은 시간에 니네베^{Nineveh*} 유적지에서 발굴된 점토판의 설형 문자를 해독해 왔다. 가난한 집안에서 태어난 조지는 열네 살 때 인쇄공이 되

---

* 고대 아시리아의 수도.

기 위해 학교를 떠났다. 앞날은 그다지 밝지 않았지만 고문^{古文}을 해독하는 데 천재적 재능을 타고난 그는 인쇄 작업을 하던 와중에 설형 문자와 관련된 책을 열심히 읽어서 그 분야의 전문가가 되었다고 한다. 그는 매일 점심 시간에 영국박물관을 방문하여 아시리아의 점토판을 들여다보곤 했는데, 박물관의 큐레이터가 그의 열정과 실력에 감탄하여 정규직원으로 채용한 것이다. 그로부터 몇 년이 지난 지금, 조지는 수천 개의 점토 조각을 이어 붙여서 최초의 완성본을 만들었고 상당 부분을 해독한 상태였다. 놀랍게도 점토판에는 구약 성서에 나오는 홍수 설화와 거의 비슷한 내용이 적혀 있었는데, 중요한 부분이 이물질로 덮여 있어서 애가 탔던 것이다. 점토판의 표면을 긁어 내려면 책임자인 로버트 레디의 허락을 받아야 한다. 그가 올 때까지 기다려야 할까? 코앞에 닥친 위대한 발견과 앞으로 펼쳐질 새로운 인생을 상상하니 온몸에 전율이 느껴졌다. 더 이상 기다릴 수 없다. 발견은 빠를수록 좋지 않은가? 조지는 일단 점토판을 긁어 내기로 마음먹었다…

오케이, 내가 글을 쓰면서 너무 흥분한 나머지 약간의 거짓말을 했다. 사실 조지는 침착하게 기다렸고, 며칠 후 돌아온 로버트에게 허락을 받아 내어 점토판의 내용을 완벽하게 해독했다. 이렇게 세상에 알려진 것이 바로 기원전 3000년경에 기록된 메소포타미아의 〈길가메시 서사시^{Epic of Gilgamesh}〉다. 나의 이야기가 재미있었는가? 이런 식의 이야기 전개는 스토리텔러들(사실은 모든 사람들)이 오랜 세월 동안 써먹어 온 방식이다. 우리는 남에게 이야기를 들려줄 때 이미 지나간 사건(조지 스미스의 일화²⁴)을 사실과 대충 비슷하게 서술하거나(나처럼) 좀 더 과격하게 서술할 수도 있고, 가끔은 극적인 요소를 과장하거나, 후대를 위해 교육적인 측면을 강조하기도 한다. 물론 재미를 위해 모험담을 지어내는 경우도 있다. 그 옛날 여러 세대에 걸쳐 길가메시의 모험담을 구전으로 들려준 사람들의 진정한 의

도는 알 길이 없지만 전쟁과 꿈, 오만과 질투, 타락과 순수함으로 점철된 이야기는 수천 년이 지난 지금도 생생하게 살아 있다.

정말로 놀랍지 않은가? 길가메시 서사시가 점토판에 기록되고 무려 5,000년의 세월이 흐르는 동안 음식과 집, 소통 방식, 의술, 그리고 출산 방식에 엄청난 변화를 겪었음에도 불구하고, 길가메시의 모험담이 마치 우리 이야기인 것처럼 가깝게 와닿는다. 길가메시는 친구 엔키두Enkidu와 함께 자신의 용기와 도덕성, 그리고 궁극적으로 "나는 누구인가?"라는 질문의 답을 찾기 위해 머나먼 여정을 떠난다. 마치 신석기시대 버전의 〈델마와 루이스Thelma and Louise〉를 보는 것 같다. 여행의 후반부에서 길가메시는 엔키두의 시신을 허공에서 내려다보며 우리에게도 친숙한 극도의 상실감에 빠진다. "그는 친구의 얼굴을 신부新婦의 면사포를 씌워 주듯 덮고, 독수리처럼 그 주변을 맴돌았다. 그는 새끼를 빼앗긴 암사자처럼 이리저리 방황했다. 그는 자신의 곱슬머리를 쥐어뜯고, 입고 있던 화려한 옷을 발기발기 찢어 버렸다."[25] 나도 길가메시와 비슷한 감정을 느낀 적이 있다. 수십 년 전, 아버지가 갑자기 돌아가셨다는 소식을 들었을 때 극도의 상실감에 빠진 나는 길가메시처럼 한동안 작은 아파트 안을 미친 듯이 돌아다녔다. 독자들도 이와 비슷한 경험을 한두 번쯤 겪어 봤을 것이다. 길가메시 이야기 이후로 5,000년이 지났는데도, 사람들이 느끼는 감정은 크게 달라지지 않은 것 같다.

우리는 다양한 감정을 느끼는 것에 만족하지 않고, 그 느낌을 다른 사람에게 전달하고 싶어 한다. 그리고 감정을 효과적으로 전달하려면 '이야기'가 필요하다. 길가메시의 무용담이 인류가 기록으로 남긴 최초의 이야기인지는 확실치 않지만, 이것이 최초라 해도 인간은 최소 5,000년 전부터 이야기를 기록했다는 뜻이고, 이런저런 이야기를 만들기 시작한 시점은 그보다 훨씬 전일 것이다. 이것이 바로 인류가 오랜 세월 동안 해 온 일이다. 왜 그 랬을까? 우리 선조들은 왜 그토록 이야기에 집착했을까? 들소를 더 잡거나 과일을 더 따지 않고, 변덕스러운 신이나 비현실적인 모험을 상상하는 데 시간을 할애한 이유는 과연 무엇일까?

당신은 이렇게 답하고 싶을 것이다. "그야 사람들은 이야기를 좋아하니 까 그렇지!" 맞는 말이다. 어린아이부터 노인에 이르기까지, 이야기를 싫어 하는 사람은 없다. 그래서 우리는 보고서 마감 날짜가 내일인데도 굳이 영 화관을 찾고, 현실적인 이야기보다 지어낸 소설이나 드라마를 좋아한다. 이 것으로 설명이 되었을까? 아니다. 이것은 설명의 끝이 아니라 시작일 뿐이 다. 우리는 왜 아이스크림을 먹는가? 아이스크림을 좋아하기 때문에? 물론 이다. 그러나 진화심리학적 관점에서 바라보면 더 깊은 곳에서 원인을 찾 을 수 있다.[26]

우리의 선조들 중 신선한 과일과 잘 익은 견과류를 창고에 가득 쌓아 놓 고 영양분을 조달했던 사람들은 주로 야간에 활동했기 때문에 번식의 기회 가 많았고, 당분과 지방을 좋아하는 식성도 후대에 고스란히 전수되었다. 요즘 하겐다즈 피스타치오 아이스크림은 건강식에 속하지 않지만, 이런 먹 거리를 좋아하는 습성은 가능한 한 많은 열량을 섭취하려는 고대인의 식습 관에서 비롯되었다. 다윈의 자연선택이 '행동의 성향'에 적용되어, 아이스 크림을 좋아하는 습성이 아직도 남아 있다는 것이다. 우리가 취하는 모든 행동은 생물학적, 사회적, 문화적 영향과 우리 몸의 입자 배열에 각인된 물 리적 특성이 복합적으로 작용한 결과다. 그러나 이 조합의 핵심 요소인 취 향과 본능은 생존력을 높이는 쪽으로 진화했다. 우리는 언제든지 새로운 기술을 배울 수 있지만, 유전적으로는 늙은 개와 비슷하다.[*]

그렇다면 우리의 요리법 외에 문학적 취향까지도 다윈의 진화론으로 설명할 수 있을까? 우리 조상은 왜 생존력과 아무런 관계도 없어 보이는 이야기를 만들고 전파하는 데 귀중한 시간과 에너지를 소모했을까? 실제로 있었던 이야기라면 간접 경험이라도 할 수 있지만, 가상의 이야기는 생존에 별 도움이 되지 않는다. 존재하지 않는 세계에서 가상의 인물이 펼치는 가상의 모험담이 진화에 어떤 이점을 가져다 주었을까? 우리가 아는 한, 진화는 '낭비적인 행동'을 허락하지 않는다. 스토리텔링의 본능을 억제하는 유전적 변이가 일어나면 이야기를 할 시간에 창날을 다듬고 사냥에 더욱 집중하여 생존 기회가 더 높아질 것 같지만, 현실은 그렇지 않았다. 또는 알수 없는 이유로 진화의 기회를 놓쳤는지도 모른다.

학자들은 스토리텔링 능력이 살아남은 이유를 이해하기 위해 수천 세대를 거슬러 가며 추적해 보았지만 거의 아무런 단서도 찾지 못했다. 이것은 우리의 행동 패턴을 결정한 진화적 요인을 찾는 연구로서, 앞으로 자주 언급될 것이다. 자연선택이라는 관점에서 볼 때, 중요한 것은 인간의 다양한 행동이 생존과 번식에 미친 영향이다. 그러므로 타당한 설명을 제공하려면 고대인의 심리적 경향이나 사고방식을 이해해야 한다. 그러나 역사시대(문헌사료가 존재하는 시대)는 200만 년에 달하는 인류 전체 역사의 0.25%에 불과하다. 학자들은 이런 불리한 상황을 타개하기 위해 고대의 인공물을 세밀히 관찰하거나 현존하는 수렵 부족에 민족지학적 분석법을 적용하거나, 두뇌의 구조적 변천 과정을 추적하는 등 과거를 간접적으로 들여다보는 방법을 개발했다. 여기서 얻은 증거를 하나로 모으면 이론의 자유도가 크게 줄어들지만, 아직은 다양한 해석이 가능하다.

＊ 서양에는 '늙은 개에게는 새로운 재주를 가르칠 수 없다'라는 속담이 있다.

그중에는 스토리텔링의 적합한 역할을 찾는 것이 불가능하다고 주장하는 이론도 있다. 사실 인간의 행동 경향은 다른 진화(일반적인 자연선택에 의한 진화)의 부산물일지도 모른다. 미국의 진화생물학자 스티븐 제이 굴드 Stephen Jay Gould와 리처드 르원틴Richard Lewontin은 "진화는 좋은 것만 골라서 일어나지 않는다."고 주장했다.[27] 상인들이 귀하고 좋은 물건을 팔 때 그저 그런 물건을 끼워 파는 것처럼, 진화는 종종 패키지로 일어난다. 뉴런으로 가득 찬 커다란 두뇌가 생존에 유리한 것은 분명하지만, 구조적 특성 때문에 인간이 이야기를 좋아하게 되었을지도 모른다. 한 가지 예를 들어 보자. 다들 알다시피 사회에서 성공하려면 유용한 정보를 많이 갖고 있어야 한다. 요즘 누가 잘 나가고 누가 슬럼프인지, 누가 강하고 누가 약한지, 믿을 만한 사람이 누구인지를 알아야 복잡한 상황에서 자신에게 유리한 선택을 내릴 수 있다. 그리고 이런 정보를 가진 사람이 다른 사람과 정보를 교환하면 사회적 지위가 견고하게 유지되거나, 경우에 따라서는 더 높아지기도 한다. 지어낸 이야기에는 이런 종류의 정보가 많기 때문에, 적응에 초점을 맞춰 진화해 온 우리는 이야기가 아무리 황당해도 집중해서 듣는 경향이 있다. 극단적인 이야기를 집중해서 듣는 뇌는 자연선택에서 살아남을 가능성이 높기 때문이다.

그럴듯하게 들리는가? 두뇌가 적응과 무관한 능력을 키워 왔다고 믿는 사람은 별로 많지 않다(나도 그렇게 생각하지 않는다). 스토리텔링은 진화의 패키지 거래를 통해 덤으로 얻은 능력일 수도 있지만 이야기를 하고, 듣고, 들은 이야기를 다시 전파하는 것이 그저 가십을 옮기는 잡담에 불과했다면, 이런 소모적인 능력은 진화의 와중에 자연스럽게 제거되었을 것이다. 그렇다면 스토리텔링은 어떻게 살아남을 수 있었을까?

이 질문의 답을 찾을 때에는 게임의 규칙을 지켜야 한다. 행위의 결과로부터 원인을 유추하는 것은 누구나 할 수 있는 일이다. 게다가 일반적인 과학 실험과 달리 진화는 실험실에서 재현할 수 없기 때문에, 별생각 없이 결과론을 펼치다 보면 그렇고 그런 가설만 잔뜩 쌓일 것이다. 이런 경우에 가장 그럴듯한 접근법은 주어진 적응 과제(돌파구를 찾으면 번식 기회가 훨씬 높아지는 과제)에서 출발하여 문제 해결에 가장 이상적인 행동(또는 일련의 행동들)을 찾는 것이다. 앞에서 단 음식을 좋아하는 이유를 진화론으로 설명한 것이 그 대표적 사례다. 인간은 생존하고 번식하는 데 필요한 최소한의 열량을 확보해야 하는데, 음식이 부족한 상황에서는 가능한 한 당분이 많이 함유된 음식을 먹는 것이 유리하다. 만일 당신이 인간 신체의 생리학적 구조와 고대의 자연 환경을 잘 알고 있는 상태에서 인간의 뇌를 설계한다면, 눈앞에 있는 과일은 무조건 먹도록 프로그램 할 것이다. 따라서 단 음식을 선호하는 식성이 자연선택을 통해 정착된 것은 별로 놀라운 일이 아니다. 그렇다면 '최고의 적응력'이라는 기치 아래 인간의 뇌를 디자인 중인 당신은 이야기를 만들어 내고, 전달하고, 듣고 싶어 하는 성향도 프로그램에 추가할 것인가?

그렇다. 추가하는 쪽이 유리하다. 스토리텔링은 현실 세계에서 겪게 될지도 모를 상황을 미리 연습하여 필요한 기술을 연마하는 '재미있고 안전한' 두뇌 운동이다. 다재다능한 심리학자 스티븐 핑커는 이 사실을 강조하면서 다음과 같이 말했다. "인생은 체스 게임과 같고, 생존 전략은 유명한 체스 게임을 기록해 놓은 책과 같다. 이런 책을 미리 읽어 두면 곤경에 처했을 때 요긴하게 써먹을 수 있다."[28] 여기저기서 주워들은 이야기를 종합하여 '상상의 목록'을 만들어 놓으면, 자신이 겪어 본 적 없는 비상 상황에 처했을 때에도 효과적으로 대처할 수 있다는 뜻이다. 우리 선조들은 이웃 부족과 전쟁을 치르고, 집단 사냥을 할 때 신호가 맞지 않아 사냥감을 놓치고, 짝짓기 상대를 찾지 못해 번식기를 그냥 보내고, 독성 식물을 먹고 고생하는 등 수시로 문제에 부딪혔다. 아이들을 가르치고 부족한 음식을 나누는 것도 커다란 골칫거리였다. 그러나 평소에 다양한 이야기를 들으면서 간접 경험을 쌓으면 비슷한 상황에 처했을 때 훨씬 효과적으로 대처할 수 있다. 그러므로 만들어 낸 이야기에 몰입하도록 두뇌를 프로그램 하는 것은 적은 비용으로 안전하게, 그리고 효율적으로 경험을 넓히는 좋은 방법이다.

일부 문학 연구가들(문학 창작자가 아님!)은 "가공의 인물이 허구의 상황에서 겪은 일은 현실 세계를 파악하고 대처하는 데 별 도움이 되지 않는다."고 주장한다.[29] 미국의 문학평론가 조너선 갓셜Jonathan Gottschall은 "문학적 환상과 현실을 혼동하면 돈키호테처럼 희극적인 정신병자가 되거나, 엠마 보바리Emma Bovary*처럼 비극적 결말을 맞이하게 될 것"이라고 경고했다.[30] 물론 스티븐 핑커의 말은 소설 속 인물의 행동을 흉내 내라는 뜻이 아니라, 그로부터 무언가를 배울 수 있다는 뜻이다. 토론토대학교의 심리학자이자 소설가인 키스 오틀리Keith Oatley는 "인간의 뇌는 소설에 묘사된 상황을 현실로 간주하여 컴퓨터처럼 시뮬레이션을 실행한다."며 스토리텔링의 긍정적 측면을 강조했다.[31] 소설이나 영화는 우리가 경험해 보지 못한 가상의 인물과 극적인 상황을 보여 주고, 우리는 '정신적 강화 유리'로 만든 특수 안경을 쓴 채 낯선 세계로 진입한다. 오틀리는 바로 이런 시뮬레이션을 통해 우리의 직관이 확장될 뿐만 아니라, 한층 더 정교하면서 유연해진다고 주장했다. 이야기를 듣거나 읽으면서 간접 경험을 충분히 쌓은 사

---

* 귀스타프 플로베르의 소설 《보바리부인》의 주인공.

람은 생소한 상황에 직면했을 때 '디어 애비Dear Abby'*를 찾지 않고, 간접 훈련을 통해 습득한 대응책을 떠올리면서 미래의 행동을 결정한다. 소설을 읽으면서 영웅적 기질을 함양하는 것과 풍차를 향해 내달리는 것은 완전히 다른 이야기다. 나는 《돈키호테》를 읽고 꿈과 이상을 위해 위험을 감수하는 그의 열정에 감동했을 뿐, 양 떼를 적으로 착각하고 덤벼들거나 면도용 대야를 황금 투구로 착각하는 그의 기행을 따라 할 생각은 추호도 없다. 지난 400여 년 동안 이 책을 읽은 수많은 사람들도 나와 비슷했을 것이다.

스토리텔링을 비행사 훈련용 시뮬레이터에 비유해 보자. 당신이라면 시뮬레이터에 어떤 상황을 입력할 것인가? 견습 비행사가 노련한 비행술을 익히려면 시뮬레이터에서 어떤 훈련을 받아야 하는가? 그 답은 《창조적 글을 쓰는 101가지 방법Creative Writing 101》의 첫 페이지에서 찾을 수 있다. 스토리텔링의 핵심은 '대립(갈등)'이다. 모든 이야기에는 어려운 문제가 등장한다. 우리는 내적, 또는 외적으로 위험한 장애를 극복하기 위해 고군분투하는 주인공에게 끌리는 경향이 있다. 현실적이건 상징적이건, 그들의 여정을 따라가다 보면 자신도 모르는 사이에 이야기 속으로 빨려 들어간다. 이야기가 재미있으려면 등장 인물이나 스토리, 또는 스토리를 전개하는 방식에서 놀라움과 즐거움, 그리고 경외감을 느낄 수 있어야 한다. 그러나 이야기에서 갈등 요소가 빠지면 따분한 이야기로 전락하기 십상이다. 시뮬레이터에서 실행되는 다윈의 콘텐츠도 마찬가지다. 갈등과 어려움이 없으면 이야기의 가치는 급격하게 떨어진다. 자신도 모르는 죄를 뒤집어쓰고 부당한

---

* 독자의 질문에 답하는 미국 신문의 인생상담 칼럼.

처벌을 달게 받아들이는 요제프 카^{Josef K.}*의 이야기는 앉은자리에서 다 읽을 정도로 흥미롭다. 만일 카프카가 자세한 묘사 없이 사건의 개요만 서술했다면 결코 명작으로 남지 못했을 것이다(사실 이런 글은 소설이라고 할 수도 없다). 루비 슬리퍼를 흔쾌히 양보하고 노란 벽돌길을 따라가는 도로시와 먼치킨랜드에 동화되는 것도 같은 이유다.** 바람 한 점 없는 맑은 하늘에 완벽하게 작동하는 엔진, 그리고 모형 승객들이 탑승한 비행 시뮬레이션으로는 파일럿의 실력을 높일 수 없듯이, 현실 세계에 대한 리허설이 나중에 진가를 발휘하려면 아무런 준비 없이 위험한 상황에 직면해야 한다.

당신과 나를 포함한 모든 사람들은 매일 몇 시간씩 할애해 가며 이야기를 만들고 있다. 이 이야기는 남들과 공유할 수 없으며, 자신도 곧잘 잊어버린다. 눈치챘는가? 그렇다. 지금 나는 REM 수면 상태에서 만들어 내는 이야기, 즉 꿈을 말하는 중이다. 한 세기 전에 지그문트 프로이트가《꿈의 해석The Interpretation of Dream》을 발표한 후로 꿈에 대한 세간의 관심이 크게 높아졌지만, 꿈을 꾸는 이유는 아직도 확실치 않다. 나는 고등학교 1학년 때 위생학이라는 과목을 들으면서(그렇다. 과목 이름이 참 생뚱맞았다) 프로이트의 책을 읽은 적이 있다. 위생학은 체육 교사와 운동부 코치가 가르치던 과목으로 주요 주제는 응급 처치와 공중 위생이었다. 한 학기 동안 강의하기에는 콘텐츠가 턱없이 부족하여 대부분의 시간을 교과 내용과 별 상관없는 학생들의 발표로 때워야 했다. 그때 나는 '수면과 꿈'이라는 주제를 선택하여 매일 수업이 끝난 후 도서관에 남아 프로이트의 책을 열심히 읽었다.

---

* 프란츠 카프카의 소설 《소송(Der Process)》의 주인공.
** 도로시(Dorothy)는 《오즈의 마법사(Wizard of Oz)》에 등장하는 주인공 소녀이고, 먼치킨랜드(Munchkinland)는 난쟁이들이 사는 나라다.

지금 생각해 보면 성실함보다는 친구들 앞에서 망신당하기 싫은 마음이 앞섰던 것 같다. 어쨌거나 발표 당일 날 나는 친구들 앞에 서서 꿈에 관한 이론을 설명해 나갔는데, 1950년대 말에 프랑스의 뇌과학자 미셸 주베^{Michel} ^{Jouvet}의 고양이 꿈 연구 사례[32]를 발표할 때 분위기가 최고조에 달했다. 주베는 고양이의 뇌(어려운 용어를 좋아한다면 청반靑斑, locus coeruleus이라 불러도 상관없다)에서 신경의 일부를 제거하여 꿈속 행동이 신체에 그대로 전달되도록 만들었다(청반의 신경은 꿈속의 행동이 몸에 전달되는 것을 막아 준다). 그랬더니 그 고양이는 꿈을 꿀 때 몸을 잔뜩 구부리고, 발톱을 세우고, 소리를 내는 등 현실 세계에서 포식자나 먹이와 마주쳤을 때 할 법한 행동을 하고 있었다. 고양이가 자고 있다는 사실을 모르는 사람은 혼자 격투 연습을 한다고 생각했을 것이다. 최근 들어 과학자들은 쥐를 대상으로 더욱 정교한 실험을 수행하여, 꿈을 꿀 때 나타나는 두뇌의 패턴이 깨어 있을 때의 패턴과 매우 비슷하다는 사실과 함께 꿈에서 익힌 미로 찾기 전략을 생시에 적용한다는 사실도 알게 되었다.[33] 고양이와 쥐는 꿈을 꾸면서 생존에 필요한 행동을 연습하고 있었던 것이다.

고양이와 설치류, 그리고 인간은 무려 7천만~8천만 년 전에 진화나무에서 분리되었으므로, 고양이와 쥐의 특성을 사람에게 그대로 대입하는 것은 다소 위험한 발상이다. 그러나 언어가 가미된 우리의 마음도 이와 비슷한 목적으로 꿈을 꾸는 것 같다. 우리는 꿈속에서 지적, 감정적 훈련을 통해 지식과 직관의 폭을 넓히고 있다. 이야기 시뮬레이터의 '야간 버전'인 셈이다. 눈을 감고 몸이 마비된 상태에서 자신의 이야기를 만드는 데 일생 동안 무려 7년의 시간을 투자하는 이유는 아마도 이런 장점이 있기 때문일 것이다.[34]

그러나 스토리텔링은 꿈과 달리 혼자 만들고 소비하는 이야기가 아니다.

사실 스토리텔링은 다른 사람의 마음을 움직이는 가장 강력한 수단이다. 다른 동물보다 사회성이 강한 우리 조상들에게 다른 사람의 마음속으로 비집고 들어가는 것은 생존과 우위를 유지하기 위해 반드시 필요한 능력이었을 것이다. 그렇다면 어떤 이야기를 어떤 식으로 풀어 가야 다른 사람의 마음을 효과적으로 움직일 수 있을까? 그리고 이야기를 듣고 싶어 하는 인간의 본능은 생존 경쟁의 장에서 어떤 이점을 가져다 주었을까?

스토리텔링과 타인의 마음

물리학자들끼리 이야기를 나눌 때에는 외계인어를 방불케 하는 전문 용어와 방정식이 난무하곤 한다. 캠핑장에서 모닥불 주변에 모인 사람들에게 이런 이야기를 꺼냈다간 별종으로 찍히기 십상이다. 그러나 전문 용어와 방정식을 이해하는 사람이라면 그들의 이야기에 깊은 감명을 받을 수도 있다. 1915년 11월, 아인슈타인은 일반상대성이론을 거의 완성한 상태에서 방정식을 이리저리 갖고 놀다가 수성의 궤도가 뉴턴 역학의 예상치에서 미세하게 벗어난 이유를 알아내고 가슴이 터질 듯한 흥분을 만끽했다. 거의 10년 동안 수학의 풍랑을 헤쳐 온 끝에, 드디어 육지에 도달한 것이다. 훗날 영국의 수학자 알프레드 노스 화이트헤드Alfred North Whitehead는 "아인슈타인의 탐사선이 온갖 역경을 딛고 드디어 이해의 해안에 안전하게 도착했다."고 평가했다.[35]

나는 그 정도로 기념비적인 발견을 한 적이 없다. 이런 발견을 한 사람은 과학사를 통틀어 몇 명밖에 안 된다. 그러나 평범한 발견도 극도의 성취감을 자아낼 수 있다. 바로 이런 순간에 우주와 내가 깊은 곳에서 연결되어 있음을 느낀다. 추상적인 수학과 전문 용어로 쓰인 이야기는 우주 만물의 탄생과 변화 과정을 자세히 설명해 주고, 듣는 사람은 (물론 내용을 이해한다면) 우주의 경이로움에 흠뻑 빠져들 수 있다. 이것은 우주를 경험하는 아주 독특한 방법으로, 전혀 예상하지 못했던 세계로 우리를 안내한다. 실험과 관측으로 입증된 수학을 통해 낯설고 경이로운 우주와 소통할 수 있는 기회가 주어지는 것이다.

우리가 수천 년 동안 자연어로 말해 온 이야기들도 이와 비슷한 역할을 한다. 이야기를 듣는 동안은 일상적인 관점을 탈피하여 잠시나마 다른 세상으로 진입하게 된다. 우리는 스토리텔러(화자, 話者)의 눈과 상상력을 통해 새로운 세상을 경험할 수 있다. 이야기로 진행되는 비행 시뮬레이터는 우리 마음 근처의 독특한 세계로 들어가는 입구다. 미국의 작가 조이스 캐럴 오츠Joyce Carol Oates는 "독서는 우리가 부지불식간에, 또는 어쩔 수 없이 타인의 피부와 목소리, 그리고 타인의 영혼으로 빠져드는 유일한 방법이다… 우리는 책을 통해 이전에 알지 못했던 의식 세계를 경험할 수 있다."[36]면서 이야기가 없다면 다른 사람의 마음은 '양자역학 없는 미시 세계'처럼 모호할 것이고 했다.

그렇다면 이 독특한 이야기는 우리에게 진화적으로 유리한 결과를 낳았을까? 학자들은 그렇다고 생각해 왔다. 인간이 진화에서 유리한 고지를 점할 수 있었던 것은 사회성이 어떤 동물보다 강했기 때문이다. 우리는 함께 일하면서 무리를 지어 살아간다. 완벽한 조화는 아니더라도, 협동 정신을 충분히 발휘하면 생존 확률을 높일 수 있다. 무리의 안전뿐만 아니라 혁신과 참여, 위임, 그리고 공동의 목적이 협력을 통해 이루어진다. 그리고 성공적인 집단이 되려면 이야기를 통해 들은 다양한 경험을 꿰뚫어 보는 통찰력이 있어야 한다. 심리학자 제롬 브루너Jerome Bruner는 "우리는 주로 이야기를 통해 경험과 기억을 체계화한다."[37]고 지적하면서 "인간에게 이야기

를 통해 소통하고 간접 경험하는 능력이 없었다면 집단생활은 불가능했을 것"이라고 했다.[38]

우리는 이야기를 통해 바람직한 선행에서 흉악한 범죄에 이르는 인간의 모든 행동을 탐구한다. 이야기 속에는 고결한 야망에서 무자비한 행동에 이르기까지 인간이 취할 수 있는 모든 행동의 동기가 담겨 있고, 위대한 승리에서 뼈아픈 패배에 이르는 다양한 상황을 경험할 수 있다. 문학연구가 브라이언 보이드Brian Boyd가 강조한 대로, "이야기는 사회에 대한 친밀감을 유도하고, 사회의 규모를 확장하고, 다양한 가능성을 제시하여 자신의 경험뿐만 아니라 타인의 경험을 통해 사회를 이해하려는 욕구를 자극한다. 물론 여기에는 실존하는 타인뿐만 아니라 상상 속의 타인도 포함된다."[39] 신화, 기담, 우화에서 일상적인 사건의 수려한 서술에 이르기까지, 모든 이야기는 인간이 갖고 있는 사회적 본성의 핵심이다. 그리고 수학을 이용하면 또 다른 현실을 접할 수 있다. 우리는 이야기를 통해 다른 사람들과 친밀한 감정을 교환한다.

나는 어린 시절에 아버지와 함께 TV로 〈스타트렉Star Trek〉을 보았고, 지금은 이 드라마를 내 아들과 함께 보면서 전통을 이어가고 있다. 도덕적 교훈을 주는 스페이스오페라space opera*는 약간의 철학이 가미된 영웅담을 좋아하는 사람들에게 더없이 좋은 이야깃거리다. 특히 〈넥스트 제네레이션Next Generation〉의 가장 유명한 에피소드인 '다모크Darmok'는 문명을 건설하는 데 이야기가 얼마나 중요한 역할을 하는지 여실히 보여 주었다. 휴머노이드 외계종족인 타마리아인Tamarian은 모든 대화에 상징적 비유를 담는 특이한

---

* 우주를 무대로 펼쳐지는 공상과학물의 총칭.

256 엔드오브타임

종족이어서 피카드 선장의 직설적인 표현을 알아듣지 못했고, 피카드 역시 생소한 우화로 점철된 그들의 이야기를 이해할 수 없었다. 얼마 후 이 사실을 간파한 피카드 선장은 〈길가메시 서사시〉로 이야기를 유도하여 두 종족 간의 회합을 성사시킨다.

타마리아인의 삶과 사회의 패턴은 그들끼리 공유하는 이야기 속에 녹아들어 있다. 지구인의 정신 세계는 그들처럼 외골수는 아니지만, 우리에게도 이야기는 가장 기본적인 개념 도식 중 하나다. 진화심리학의 선구자인 인류학자 존 투비John Tooby와 심리학자 레다 코스미데스Leda Cosmides는 그 이유가 "그리 멀지 않은 과거에 '후천적인 개인의 경험에서 얻은 정보에 전적으로 의존했던 생명체'가 진화하여 인간이 되었기 때문"이라고 했다.[40] 타임스스퀘어에 모인 군중들과 경쟁을 하건, 신생대 아프리카의 평원에서 집단 사냥을 계획하건 간에, 경험은 우리에게 이야기보따리 같은 정보를 제공해 준다. 만일 우리가 (5장에서 말한 것처럼) 입자를 볼 수 있는 초인적인 시력을 갖고 있다면, 입자의 궤적이나 양자역학적 파동함수를 통해 생각과 기억을 만들어 낼 것이다. 그러나 평범한 인간에게는 경험의 팔레트가 이야기로 채색되어 있기 때문에, 우주를 입자가 아닌 이야기로 채색하는 데 익숙해져 있다.

물론 형식이 같아도 내용은 얼마든지 다를 수 있다. 경험은 이야기의 구조를 풍부하게 만들어 주지만, 이야기의 내용은 경험의 한계를 넘어선 경우도 많다. 그 대표적 사례가 바로 과학이다. 과학자가 현실 세계의 커다란 미스터리를 풀기 위해 고군분투하다가 놀라운 통찰을 이끌어 낸 일화는 드라마틱한 영웅담을 방불케 한다. 그러나 과학의 성공 사례에 관한 이야기는 일반적인 모험담과 거리가 멀다. 과학의 본분은 객관적 현실을 가리고 있는 장막을 거두는 것이므로 과학적 설명은 표준 논리를 따라야 하고, 재현 가능한 실험을 통해 검증되어야 한다. 이것은 과학의 위력이자 한계이기도 하다. 과학은 주관적 색채를 최소화하여, 어느 누구도 상상하지 못한 놀라운 결과를 이끌어 낸다. 슈뢰딩거의 파동방정식은 전자electron에 대해 많은 것을 말해 주지만(정신없이 오고가는 전자의 물리적 특성을 지구상의 어떤 사건보다 정확하게 예측할 수 있다), 수학으로는 슈뢰딩거를 포함한 인간을 서술할 수 없다. 우리가 알고 있는 부분적 현실을 넘어 모든 시공간과 우주 만물의 이치를 서술하려면 이 정도의 대가는 치러야 한다. 물론 양자역학은 그 대가를 기꺼이 치렀다.

현실이건 허구이건, 사람에 대한 이야기는 피할 수 없는 인간의 한계와 개인적인 사연에 초점이 맞춰져 있다. 앰브로즈 비어스의 단편소설 《아울크리크 다리에서 생긴 일An Occurrence at Owl Creek Bridge》에는 미국 남북전쟁의 와중에 아울크리크 다리에서 처형당하는 한 남자가 짧은 순간 동안 느낀 감정이 실감나게 묘사되어 있다. 문화인류학자 어니스트 베커는 이 소설을 "삶을 향한 갈망이 가져다주는 고통"이라는 한 문장으로 요약했다.[41] 소설의 주인공 페이튼 파커Peyton Farquhar는 탈진한 상태에서 아내의 손을 잡기 위해 필사적으로 손을 내밀지만 그의 목을 감은 줄이 조여 오면서 탈출이라는 환상에서 깨어나고, 독자들은 "인간으로 산다는 것은 무슨 의미인가?"라는 의문을 떠올린다. 우리는 정교한 언어로 구성된 이야기를 들으면서(또는 읽으면서) 개인적 경험의 한계를 넘어선 극단적인 세계로 진입할 수 있다. 엄선된 단어들은 우리의 상상력을 자극하고, 우리는 이런 이야기를 통해 인류 공동체에 대한 의식과 사회의 개체로 생존하는 방법을 배워나간다.

사실이건 허구이건, 상징적이건 직설이건 간에, 스토리텔링은 모든 사람들에게 영향을 미친다. 우리는 감각을 통해 세상을 인지하고, 일관성과 가능성에 기초하여 자연의 패턴을 찾고, 이미 알려진 패턴을 조합하여 새로운 패턴을 만들어 내고, 이야기를 통해 표현한다. 이것은 우리의 삶을 준비하고 존재의 의미를 이해하는 데 매우 중요한 과정이다. 이야기 속에서 다양한 상황을 헤쳐 나가는 주인공들은 가상의 세계를 보여 주고, 우리는 이야기에 적극적으로 참여하여 자신의 반응을 상상하고 행동을 개선한다. 먼 미래의 어느 날, 외계인이 지구를 방문한다 해도 우리의 과학적 이야기에 담긴 진실을 그들도 이미 알고 있을 것이므로, 지구인에 대해 장황하게 소개할 필요가 없다. 피카드 선장과 타마리아인의 사례처럼, 우리가 만들어 낸 이야기를 들려주면 외계인은 지구인이 어떤 존재인지 충분히 알 수 있을 것이다.

신비로운 이야기

새로운 연구가 과학계에 수용되려면 수수께끼 같은 데이터를 설명하거나, 중요한 이론적 문제를 해결하거나, 다른 과학자들이 후속 업적을 이룰 수 있도록 새로운 길을 개척해야 한다. 대부분의 과학적 발견은 전문가들의 손을 통해 이루어지지만, 특정 이론은 과학을 넘어서 대중문화에 커다란 영향을 미칠 수도 있다. 우주는 어떻게 탄생했는가? 시간의 본질은 무엇인가? 공간의 특성은 눈에 보이는 그대로인가? 이런 질문의 답을 제시하는 이론이 등장한다면, 과학자뿐만 아니라 일반 대중들도 현실을 바라보는 관점이 크게 달라질 것이다. 원시 우주가 상상을 초월하는 급속 팽창을 겪은 후 수많은 별들이 탄생했고, 그중 지극히 평범한 별의 주변을 공전하는 작은 행성에 우리가 살고 있다. 나는 이 사실을 떠올릴 때마다 우주라는 거대한 그림의 한 조각인 우리가 어떤 위치에서 어떤 역할을 하고 있는지 경이에 찬 마음으로 생각해 보곤 한다. "내가 느끼는 시간과 운동 상태가 나와 다른 사람이 느끼는 시간은 각기 다른 빠르기로 흐른다."는 특수상대성이론도 놀랍기는 마찬가지다. 또한 겉보기에 3차원이 분명한 우리의 현실이 더 높은 차원의 단면일 수도 있다는 가능성을 떠올릴 때마다 온몸에 전율이 느껴진다.

지난 수천 년 동안 세계 각지의 문화권에서는 자기 종족의 우월함과 현실을 바라보는 사회적 관점을 그들만의 이야기에 담아서 전수해 왔다. 이 것이 바로 지금 우리가 알고 있는 신화神話로서, 대부분이 신성한 내용으로 가득 차 있다. 신화를 한마디로 정의하기란 결코 쉬운 일이 아니지만, '그 지역의 문화(종족의 기원, 의식儀式의 가치, 세상에 질서를 부여하는 방식 등)를 수호하는 초자연적 존재에 관한 이야기'쯤으로 이해하면 될 것이다. 비극과 환희, 역사와 환상, 모험과 자기 성찰이 반영된 신화는 오랜 세월 동안 넓은 지역에 퍼지면서 개인과 사회의 기본 틀을 세우고 가치를 보존하는 문화 유산으로 자리 잡았다.

역사학자들은 신화를 해석하고 이해하는 방법을 오랜 세월 동안 연구해 왔다. 20세기 초에 스코틀랜드의 인류학자 제임스 프레이저 경Sir James Frazer 은 신화를 '고대인이 이해할 수 없는 자연 현상을 설명하기 위해 만들어 낸 이야기'로 정의했고, 스위스의 정신분석가 카를 구스타프 융Carl Gustav Jung은 원형原型, archetype(모든 사람의 무의식에 내재된 심리적 행동 유형)의 개념에 기초하여 신화를 '경험의 공통적 특성에 대한 서술'이라고 했다. 또한 미국의 비교신화학자 조지프 캠벨Joseph Campbell은 모든 신화들이 '단일 신화 monomyth'라는 하나의 원형에서 파생되었다고 주장했다. 주인공이 썩 내키지 않는 임무를 부여받고 장도에 올라 온갖 시련을 극복하면서 임무를 완수한 후 고향으로 돌아와 영웅으로 거듭난다는 내용의 단일 신화는 듣는 사람에게 현실감과 활력을 불어넣는다.[42] 최근에 하버드대학교의 언어학자 마이클 위첼Michael Witzel은 신화의 원형을 파악하려면 개개의 신화를 파고드는 대신 전체적인 전통에 스며든 다양한 신화를 시작에서 종말까지 이어지는 하나의 묶음으로 간주해야 한다고 주장했다. 그는 언어학과 집단유전학, 그리고 고고학에 기초하여 '이런 이야기들에 내재된 공통적 특성은 10만 년 이상 전에 아프리카에서 탄생한 신화에서 비롯되었을 것'이라고 했다.[43]

신화의 기원을 설명하는 이론은 그 외에도 수없이 많지만, 아직은 뚜렷한 정설 없이 논쟁과 반론만 난무하고 있다. 일부 학자들은 다양한 신화들을 하나의 기원으로 설명하면 여러모로 편리하지만, 증거가 불충분한 상태에서 복잡다단한 인간의 삶을 하나의 이야기로 축약하는 것은 무리한 시도라고 주장한다(이 책에서는 우리의 목적상 설명의 폭이 더욱 제한될 수밖에 없다). 영국의 종교학자이자 작가인 캐런 암스트롱Karen Armstrong은 거의 대부분의 신화가 죽음과 멸종에 대한 두려움에 뿌리를 두고 있다고 했다.[44] 여기서 '거의 대부분'이라는 수식어를 '대체로'나 '종종'으로 완화시켜도, 사람들의 마음속에는 신화의 교훈을 따라야 한다는 관념이 자리 잡고 있다.

몇 가지 예를 들어 보자. 길가메시는 '신으로부터 영생을 부여받은 사람'에 대한 이야기를 들었을 때, 그는 닥쳐올 결과를 피하기 위해 드넓은 광야를 가로지르고, 괴물 전갈을 제압하고, 죽음의 물Waters of Death과 타협하는 등, 어떤 일도 서슴지 않았다. 힌두교 신화에 등장하는 칼리Kali는 파괴(또는 죽음)의 여신으로, 그녀의 완벽함을 시기한 다른 신들이 번갯불로 그녀의 목을 잘라 버렸다.[45] 코노족Kono*의 창조 신화도 죽음과 밀접하게 관련되어

---

* 아프리카 시에라리온의 중부와 동부에 거주하는 종족.

있다. 죽음의 여신 사^{Sa}는 자신의 딸이 또 다른 신 알라탄가나^{Alatangana}에게 납치된 것으로 믿고, 그에 대한 복수로 모든 인간에게 필사^{必死}의 운명을 부과했다. 오세아니아의 신화에서 마우이$^{Ma-ui}$는 영생을 얻기 위해 밤의 여신 히나$^{Great\ Hina-of-the-Night}$가 잠든 틈을 타 그녀의 심장을 꺼내려 했으나, 잠에서 깬 히나가 날카로운 이빨로 마우이의 몸을 갈가리 찢어 놓았다.[46] 어느 지역의 신화이건 간에, 조금만 읽다 보면 어김없이 죽음이 등장한다. 특히 세상의 종말을 서술한 신화에서는 살기 위해 싸우거나 세상에 죽음을 가져오는 인물(또는 신)을 쉽게 찾아볼 수 있다. 위첼은 이 세상이 초대형 규모의 화재로 종말을 맞이하게 될지도 모른다고 했다. 실제로 에다$^{Edda\,*}$에 나오는 신들의 황혼^{Götterdämmerung}과 라그나로크^{Ragnarök}, 조로아스터교 신화의 녹은 금속, 힌두교의 신 시바^{Siva}의 파괴와 불의 춤, 문다족$^{Munda\,**}$ 신화에 등장하는 불, 마야 문명과 메소포타미아 문명에 전해 내려오는 물과 불, 이집트를 창조한 신 아툼^{Atum}의 마지막 파괴 행위 등 대다수의 종말 설화에 불이 등장한다.[47] 불뿐만이 아니다. 얼음, 긴 겨울, 홍수 등으로 종말을 맞이한다는 설화도 엄청나게 많다.

대체 왜 그럴까? 신화에는 왜 위험이나 죽음, 또는 파괴와 같은 요소가 단골처럼 등장하는 것일까? 이유는 간단하다. 갈등과 재난은 이야기의 핵심 요소이기 때문이다. 이야기의 표준 규범을 완전히 뒤집지 않는 한, 갈등과 재난이 누락된 이야기로는 사람들의 관심을 끌 수 없다. 신화의 핵심(특정 장소나 종족의 기원, 특정 풍습의 논리적 근거 등)에 이런 극적인 요소를 끼

---

* 9~13세기 북유럽의 신화와 가요를 모아 놓은 책.
** 인도 동부고원 주변에 살고 있는 종족.

워 넣으면 이야기에 내재된 딜레마가 극단으로 치닫는다. 그 외의 다른 방법으로는 이야기를 풀어 가기가 쉽지 않다. 인간은 언어를 사용하고 이야기를 만들어 낼 때부터 눈앞에 벌어진 상황에 연연하지 않고 순간을 초월하여 살 수 있는 능력을 얻게 되었다. 우리는 상상 속에서 과거와 미래를 별 어려움 없이 오락가락할 수 있으며, 계획하고, 설계하고, 조정하고, 소통하고, 예측하고, 준비할 수 있다. 이런 능력은 여러 면에서 유용하지만, 더욱 중요한 것은 정신적 기민성을 함양하여 '과거에 살았지만 지금은 존재하지 않는 사람들'에 대한 기억을 간직할 수 있게 되었다는 점이다. 우리는 각 개인의 삶이 마무리되는 불변의 패턴을 추측하고, 삶과 죽음이 절대 깨지지 않는 테두리 안에 갇혀 있다는 사실을 알고 있다. 앞면과 뒷면이 모두 있어야 동전이 존재할 수 있는 것처럼, 삶과 죽음은 존재라는 동전의 양면과 같다. 시작을 되돌아보는 것은 끝에 대한 질문을 제기하는 것과 같고, 삶의 방식을 성찰하는 것은 삶의 부재不在를 성찰하는 것과 같다. 죽음을 피할수 없다는 것은 지금 여기에서 가장 확실한 깨달음이며, 마지막을 예측하기 어려울수록 더 많은 상상을 하게 된다. 그러므로 이야기에 죽음과 파괴가 주류를 이루는 것은 별로 놀라운 일이 아니다.

그런데 고대 신화에 거인이나 불을 뿜는 뱀, 또는 소머리를 한 인간 등 비정상적인 캐릭터가 자주 등장하는 이유는 무엇인가? 무서운 현실 이야기도 많은데, 왜 대부분의 신화는 무서운 판타지 형식을 띠고 있는가? 신화가 〈라이언 일병 구하기Saving Private Ryan〉나 〈저수지의 개들Reservoir Dogs〉보다 〈폴터가이스트Poltergeist〉나 〈엑소시스트The Exorcist〉에 더 가까운 이유는 무엇인가? 인지과학자 댄 스퍼버Dan Sperber의 초기 연구[48]의 기초를 닦았던 인지인류학자 파스칼 보이어Pascal Boyer의 답을 들어 보자. 당신은 어떤 이야기를 좋아하는가? 기억에 저장했다가 다른 사람에게 들려주고 싶은 이야기는 주로 어떤 이야기인가? 물론 신기하고 놀라운 구석이 많을수록 좋다. 그러나 듣는 사람이 그 자리에서 부정할 정도로 터무니없는 내용이라면, 아무리 신기하고 놀라워도 별로 기억하고 싶지 않을 것이다. 즉, 이야기가 우리의 관심을 끌려면 최소한의 타당성을 갖춰야 한다. 보이어는 "반직관적인 부분이 적은 이야기일수록 쉽게 수용된다."고 주장했다. 마음속 깊이 배어 있는 직관에 위배되는 요소가 1개, 또는 2개 정도라면 수용 가능하다.[49] 투명인간? 괜찮다. '보이지 않는 사람'이 직관에 위배되는 유일한 요소라면 들어줄 만하다. 그러나 미적분 문제의 답을 〈M*A*S*H〉*의 주제곡에 가사로 붙여서 부른다면 아무도 귀담아듣지 않을 것이다. 신화에는 주인공의 행동과 감정이 매우 과장되어 있지만, 직관에 위배되는 요소가 한두 개를 넘지 않았기 때문에 긴 세월에 걸쳐 전수될 수 있었다. 주인공이 산을 들어서 옮기고, 동물로 변신하고, 신과 맞대결을 한다고 해도 외모와 성격, 사고방식 등이 우리와 비슷하면 별문제 없다. 신화의 주인공들이 초인적인 능력을 갖고 있으면서도 평범한 인간처럼 사소한 일에 기뻐하고, 슬퍼하고, 질투하고, 분노하는 것은 바로 이런 이유 때문이다.

언어는 신화를 창조하는 엔진의 출력을 높여 준다. 일상적인 사건을 서술할 능력이 있다면(몰아치는 폭풍, 불에 타는 나무, 미끄러지듯 기어가는 뱀 등), 미스터 포테이토 헤드 Mr. Potato Head** 같은 입담을 발휘하여 다양한 이야기를 만들어 낼 수 있다. 예를 들어 거대한 바위와 말하는 사람의 특징을 단순히 맞바꾸기만 하면, '말하는 바위'와 '거인'이라는 흥미로운 캐릭터가 탄생한

---

* 한국 전쟁 당시 야전 병원을 배경으로 제작된 코미디 영화.
** 1950년대에 미국에서 출시된 장난감. 인기가 잠시 수그러들었다가 영화 〈토이스토리〉를 통해 다시 유명해졌음.

264   엔드 오브 타임

다. 언어는 여러 가지 상상을 조합하여 한 번도 겪어 본 적 없는 새로운 경험을 창조할 수 있다.[50] 인간은 이런 능력을 획득한 후부터 오래된 문제를 새로운 시각으로 바라볼 수 있게 되었으며, 얼마 후에는 '혁신'이라는 과정을 통해 세상을 재구성하고 통제할 수 있게 되었다.

마음도 무언가를 끊임없이 만들어 내고 있다. 앞에서 의식을 논할 때 말했던 것처럼, 우리는 주변의 모든 대상에 마음을 부여하는 습성이 있다. 다른 사람과 직접 접촉하지 않고 먼 거리에서 바라보는 경우에도, 우리는 그에게 자신과 비슷한 마음을 투영한다. 진화론의 관점에서 볼 때 이것은 바람직한 습성이다. 낯선 사람이 우리가 예상했던 대로 행동하면 경계를 풀고 다른 일에 집중할 수 있기 때문이다. 게다가 우리는 사람뿐만 아니라 동물에게도 의도와 욕망을 부여하여, 그들을 사람과 비슷한 맥락에서 이해하려는 경향이 있다. 그러나 심리학자 저스틴 배럿Justin Barrett과 인류학자 스튜어트 거스리Stewart Guthrie가 지적한 대로, 대상에 마음을 투영하는 우리의 습성은 가끔씩 정도를 지나칠 때가 있다.[51] 물론 이것도 진화론적으로는 좋은 습성이다. 달빛에 비친 작은 나무를 사자로 오인하는 것은 별 문제가 되지 않지만, 표범이 다가오면서 내는 소리를 나뭇가지가 바람에 날리는 소리로 착각했다간 목숨이 위태로워진다. 그래서 주변 사물에 속성을 투영할 때에는 과소평가보다 과장하는 쪽이 유리하다(물론 심하게 과장해도 부작용이 생기므로 수위를 조절해야 한다). 이것은 분자진화의 성공 사례인 DNA와 이들이 거주하고 있는 스토리텔러(인간)의 마음속에 깊이 각인되어 있는 교훈이다.

수십 년 전에 나는 방수포와 침낭, 성냥 3개, 작은 통조림, 펜, 그리고 잡지 몇 권을 가지고 숲속에서 혼자 며칠을 버틴 적이 있다. 육체적으로나 정신적으로 전혀 준비가 안 된 상태에서 갑자기 그런 상황에 처하고 보니 평생 느껴 본 적 없는 극도의 고독감이 엄습해 왔다. 나는 나뭇가지를 신중하게 골라서 방수포로 천장을 대충 만든 후 불을 피우려고 했는데, 솜씨가 서툴러서 불은 붙지 않고 갖고 있던 성냥만 다 써 버렸다. 어느새 해는 저물어 가고, 공포에 질린 나는 침낭 안으로 기어 들어가 얼굴 바로 위에 걸쳐 있는 방수포를 물끄러미 바라보았다. 무서웠냐고? 당연히 무서웠다. 도시 생활에 잔뜩 길든 내가 숲속에서 혼자 밤을 보내게 되었는데, 어떻게 담담할 수 있겠는가? 생소한 소리가 들려올 때마다 머릿속에는 곰이나 사자가 다가오는 모습이 떠올랐고, 한 번 불붙은 공포감이 확대 재생산되면서 온몸이 마비될 지경이었다. 나는 평소에 영웅이 되겠다는 생각을 단 한 번도 해 본 적이 없지만, 매 초가 영원 같았던 그 순간에는 마치 목숨을 건 통과의례를 치르는 것 같았다. 견디다 못한 나는 펜을 꺼내 들고 누운 자세에서 팔을 뻗어 방수포에 그림을 그리기 시작했다. 동그란 두 눈에 흠집 난 코, 살짝 삐뚤어진 입… 방수포와 펜은 그다지 어울리는 조합이 아니었지만, 나는 군데군데 끊어진 선과 구불구불한 비닐만으로도 충분히 만족스러웠다. 밤이 내린 숲에서 들려오는 소리에 곰이나 사자를 연상시킬 수 있다면, 내가 그린 그림에도 얼마든지 성격을 부여할 수 있지 않은가. 나는 3일 동안 조난자 생활을 하면서 나만의 윌슨Wilson*을 창조했던 것이다.

우리는 주변의 모든 사물이 스스로 생각하고, 느끼고, 가끔은 우리에게 도움의 손길을 내민다고 상상하는 경향이 있다. 심지어는 바위나 나무 앞에서 고민거리를 털어놓기도 한다. 이것은 오랜 세월 동안 진화를 겪으면서 자연스럽게 밴 습성이다. 그러나 주변의 사물이 계략을 꾸미고, 계획을

---

* 영화 〈캐스트 어웨이(Cast Away)〉에서 비행기 추락 사고로 무인도에 표류한 주인공(톰 행크스)은 갖고 있던 배구공에 윌슨이라는 이름을 지어 주고 단짝 친구처럼 지냈다.

세우고, 나 모르게 이리저리 돌아다니다가 나를 공격하는 상상에 빠질 때가 더 많다. 모든 소리에 과장된 의미를 부여하고 위험과 파괴에 항상 대비하고 있어야 생존 확률이 높아지기 때문이다. 유연한 사고를 통해 현실적 요소와 환상을 적절히 조합하면 혁신을 일으킬 수 있다. 평범한 주인공이 초자연적 능력을 부여받아 숭고한 목적을 달성하는 이야기는 여러 세대에 걸쳐 전수될 정도로 생명력이 강하다. 이런 이야기에 매료된 우리 선조들은 극적인 요소를 조합하여 고대 세계를 조망하는 이야기의 전형을 만들어냈다.

이렇게 탄생한 신화 중에서 가장 생명력이 강한 이야기는 사람의 마음을 가장 강하게 흔드는 힘, 즉 종교의 씨앗이 되었다.

7장

두뇌와 믿음

상상에서 신성(神聖)으로

상상에서 신성(神聖)으로

　미래의 어느 날, 드디어 우리가 외계의 지적 생명체와 만났다고 상상해 보자. 그들도 우리처럼 만물의 의미를 찾기 위해 오랜 세월 동안 노력해 왔다면, 우리에게 자신의 역사를 소개하려고 애쓸 것이다. 망원경을 제작하고, 우주선을 설계하고, 먼 우주로 진출하여 다른 소리에 귀를 기울인다는 것은 자기 성찰을 할 줄 안다는 뜻이다. 인류는 지능이 높아지면서 바깥 세계를 탐험하고 이해하려는 욕구가 강해졌고, 경험이 쌓여 가면서 모든 경험에 의미를 부여하기 시작했다. 또한 우리 선조들은 생존을 위해 새로운 기술을 개발해야만 했다. 그들은 돌과 청동, 그리고 철을 다루는 법을 알아야 했고, 사냥, 집단생활, 농사를 배워야 했다. 그러나 생존 기술을 익히는 와중에도 그들은 지금 우리처럼 만물의 기원과 의미, 그리고 존재의 목적을 알아내려고 노력했다. 물론 생존도 중요하지만, 자연에서 생존하려면 생존이 왜 중요한지를 알아야 한다. 그래서 기술을 개발하던 사람들은 필연적으로 철학자가 되었고 과학자가 되었으며, 신학자, 작가, 작곡가, 음악가,

예술가, 시인이 되었다. 또는 식량 문제가 해결된 후 마음속에 떠오르는 심오한 질문의 답을 찾기 위해 오만 가지 생각을 떠올리고, 여기서 얻은 통찰을 창조적인 언어로 표현하기 위해 애쓰는 사람도 있었다.

오래된 이야기와 신화에서 알 수 있듯이, 가장 끈질기게 떠오른 질문은 다분히 실존적인 내용을 담고 있었다. 이 세상은 어떻게 시작되었으며, 어떻게 끝날 것인가? 나는 왜 지금 여기에 존재하게 되었으며, 죽은 후에는 어디로 가는가? 다른 세상은 정말로 존재하는가? 존재한다면 어디에 있으며, 어떤 모습을 하고 있는가?

다른 세상에 대한 상상

지금으로부터 약 10만 년 전, 현재 이스라엘의 남부 갈릴리Lower Galilee 지방에서 네다섯 살 된 아이가 조용하게 놀다가(또는 과도한 장난을 치다가) 머리를 크게 다쳤다. 아이의 성별은 알 수 없지만, 여자아이였다고 가정해보자. 부상의 원인도 불분명하다. 가파른 언덕에서 굴렀을까? 나무에 오르다가 떨어졌을까? 아니면 어떤 잘못을 저질러서 과도한 처벌을 받은 것일까? 우리가 아는 것이라곤 오른쪽 이마를 다친 그 아이가 심각한 뇌손상을 입었음에도 불구하고 열두세 살까지 살다가 죽었다는 것이다. 이 모든 것은 세계에서 가장 오래된 유적지 중 하나인 카프제Qafzeh에서 1930년대부터 발굴을 시도하다가 알려진 사실이다. 이곳에서는 총 26구의 유골이 발견되었지만, 고고학자들의 관심을 끈 것은 단연 소녀의 유골이었다. 이 유골의 가슴 부위에는 사슴 두 마리의 뿔이 가지런히 놓여 있었고, 뿔의 한쪽 끝이 아이의 손에 쥐어진 상태였다. 그래서 고고학자들은 소녀가 이곳에서 사고로 죽은 것이 아니라, 죽은 후에 모종의 의식을 치른 후 매장되었다고 결론지었다. 사슴뿔은 별생각 없이 갖다 놓은 장식품이었을까? 그럴 수도 있다. 그러나 고고학자들은 "10만 년 전 인류는 죽음의 의미와 사후 세계를 깊이 생각했으며, 카프제 11 유적지는 소녀의 죽음에 나름대로 의미를 부여하기 위해 장례를 치른 흔적"이라고 결론지었다.[1]

물론 이 결론이 정확한 것은 아니지만, 카프제보다 나중에 형성된 유적지에는 장례의 흔적이 더욱 뚜렷하게 남아 있다. 1955년에 알렉산더 나차로프 Alexander Nacharov는 모스크바에서 북동쪽으로 200km 떨어진 도브로고 Dobrogo 마을에서 블라디미르 도자기 Vladimir Ceramic Works를 발굴하던 중 황갈색 흙에 묻혀 있는 뼈를 발견했다. 그것은 러시아 성기르 Sunghir의 구석기시대 유적지에서 향후 수십 년 동안 발굴될 수많은 유물의 신호탄이었다. 그중 가장 큰 관심을 끈 것은 열 살에서 열두 살쯤 된 소년과 소녀가 마치 영원을 약속하듯 서로 마주보며 가지런히 누워 있는 무덤이었다. 약 3만 년 전에 만들어진 이 무덤에는 북극여우의 이빨로 만든 장신구와 상아로 만든 완장과 십여 개의 창, 여러 개의 구멍이 뚫려 있는 상아 원반, 그리고 수만 개의 상아 구슬을 꿰어 만든 장식용 고리 등 지금까지 발견된 것 중 가장 정교한 장식품과 장례용품으로 화려하게 꾸며져 있었다. 이 정도 규모의 장신구를 만들려면 숙련된 장인이 하루 열네 시간씩 꼬박 1년 동안 작업에 매달려야 한다.[2] 무덤에 이토록 공을 들였다는 것은 당시 사람들이 장례의식을 '죽음을 초월하는 수단'으로 여겼다는 뜻이다. 비록 육체는 죽었어도 귀한 장식품을 몸에 두른 채 묻히면 영혼이 위안을 받거나 남은 사람들의 정성에 만족감을 느끼면서 또 다른 삶을 이어 간다고 생각했을 것이다.

인류학의 아버지로 불리는 19세기 영국의 인류학자 에드워드 버넷 타일러 Edward Burnett Tylor는 초기 인류가 사후 세계의 개념을 떠올리게 된 원인이 꿈이라고 주장했다.[3] 매일 밤마다 기이하고 유별난 이탈을 겪으면서 눈에 보이는 세상 외에 다른 세상이 존재한다고 믿게 되었다는 것이다. 좋은 꿈이건 악몽이건 간에, 이미 세상을 떠난 가족이나 친구를 꿈에서 만났다가 깨어나면 그들이 어딘가에 아직 살아 있다는 느낌이 든다. 이 세상에 존재하지 않는 것은 분명하지만, 어떤 미묘한 통로를 통해 그들과 밀접하게 연결되어 있는 것처럼 느끼는 것이다. 고대인이 남긴 문헌을 해석해 보면, 그들은 꿈을 '다른 세계로 가는 창문'으로 해석했음을 알 수 있다(물론 카프제와 도브로고 유적지에는 문자로 기록된 유물이 발견되지 않았다. 문자는 수천 년 전부터 등장하기 시작한다). 고대 수메르인과 이집트인은 꿈을 신과 접촉하는 통로라고 믿었으며, 구약과 신약 성서에서도 신의 계시는 주로 꿈속에서 이루어진다. 현대에도 고립된 사회에서 사냥을 하며 살아가는 호주 원주민들에게 드림타임Dreamtime*은 모든 생명의 근원이자 최종적으로 돌아갈 곳을 의미한다. 일부 문화권에서 전통 의식을 집행하는 사람은 타악기 반주에 맞춰 격렬한 춤을 추다가 꿈을 꾸는 듯한 무아경에 몇 시간 동안 빠지곤 한다. 겉모습은 마치 최면에 걸린 것처럼 보이지만, 의식에 참여한 군중들은 그가 다른 세계로 들어가 신과 교신한다고 믿는다.[4]

눈에 보이지 않는 현실은 깨어 있는 동안에도 사방에 존재한다. 지구와 하늘에 작용하는 강력한 힘(중력)과 예측하기 어려운 일상적인 사건들, 그리고 생명을 위협하는 위험 요소들이 그 대표적 사례다. 집단 속에서 성공적으로 진화해 온 우리는 여럿이 함께 겪은 사건의 원인을 다른 존재에게 돌리는 경향이 있다. 우리 선조들은 번개가 치거나 강물이 범람하거나 지진이 일어날 때마다 어떤 생각하는 존재가 이런 일을 일으킨다고 생각해

---

* 호주 원주민의 창조 신화에서 신이 지상에 출현하여 모든 것을 창조한 시기.

왔다. 그들은 불확실한 세상에서 자신의 한계를 암묵적으로 인정하고, 보이지 않는 영역에서 막강한 힘을 휘두르는 존재를 떠올렸다.

의도적이었건 무의식적이었건 간에, 그것은 매우 현명한 선택이었다. 대부분의 원인을 하나의 존재에게 돌리면 무작위로 일어나는 사건들을 일관된 관점에서 서술할 수 있기 때문이다. 그래서 고대인은 보이지 않는 세계에서 인간의 행동을 감시하고 운명을 좌지우지하는 초자연적인 존재를 만들어 냈고, 친숙한 성격에 걸맞은 외모와 이름까지 부여했다. 카프제 11 유적지의 소녀*에게 그토록 공을 들여 장례를 치른 것은 눈에 보이지 않는 천상의 세계로 올려 보내기 위해서였다. 흥미로운 것은 초월적 존재들에게 약점과 원한, 질투 등 인간적인 특성을 부여하여, 인간 세상에서 일어날 수 없는 사건을 '다분히 인간적인 관점에서' 서술했다는 점이다.

고대인이 남긴 예술품을 보면 그들이 내세*ⁿⁱ를 어떻게 생각했는지 대충 짐작할 수 있다. 탐험가들이 암벽에서 발견한 벽화는 수천 개가 넘는데, 그 중에는 무려 4만 년 이상 된 것도 있다. 그림의 내용도 다양하여 사자와 코뿔소에서 사슴의 형상을 한 여자와 새를 닮은 남자에 이르기까지, 온갖 동물과 희귀한 변종들이 등장한다. 사람을 그려 넣은 경우도 있지만 주로 단역 역할이고, 정교한 인물화는 찾아보기 힘들다. 그런데 손바닥에 물감을 묻혀서 찍어 놓은 흔적은 꽤 많이 남아 있다. 영원히 변치 않을 것 같은 바위에 상상의 세계를 공들여 그려 넣은 후, 자신이 그렸다는 서명을 남긴 것일까? 그럴듯한 추측이지만 확실하지는 않다. 어쨌거나 우리는 춤추는 마법사와 죽어 가는 들소 그림에서 고대인의 창조력을 느낀다.

---

* 앞서 말한 대로 아이의 성별은 확인되지 않았다.

그러나 여기에는 함정이 있다. 고대인이 남긴 예술 작품은 분명히 매혹적이지만, 거기에 현혹되어 과도한 의미를 부여할 수도 있기 때문이다. 사실 동굴 벽화는 한가한 시간에 아무 생각 없이 끼적거린 낙서일 수도 있다. 또는 좀 더 고상하게 말해서 고대인의 미적 충동이 낳은 '예술을 위한 예술'일지도 모른다.[5] 수만 년 전에 살았던 사람들의 생각을 추측하는 것은 결코 쉬운 일이 아니어서, 섣부른 판단은 금물이다. 그러나 굳이 깊은 동굴 속에 그림을 남긴 것을 보면 단순히 예술을 위한 예술은 아니었던 것 같다(고고학자 데이비드 루이스 윌리엄스David Lewis-Williams는 동굴 벽화를 그린 고대인과 그것을 발견한 현대의 탐험가들이 좁고 어두운 진흙탕 길을 1km 이상 기어서 현장에 간신히 도달했다는 사실을 강조한 바 있다[6]). 예술가적 기질이 뛰어난 고대인이 자신의 작품을 후대에 남기고 싶었다면, 깊은 동굴보다 눈에 쉽게 띄면서 안락한 장소를 선택했을 것이다.

1900년대 초에 프랑스의 고고학자 살로몽 레이나슈Salomon Reinach가 지적한 대로, 고대의 예술가들은 성공적인 사냥을 기원하면서 동굴 속에서 모종의 의식을 행했을지도 모른다.[7] 풍족한 식사를 할 수 있다면 어둡고 습한 동굴 속을 기는 것이 무슨 대수겠는가?[8] 데이비드 윌리엄스는 역사학자 미르체아 엘리아데Mircea Eliade의 초기 연구를 한 단계 더 발전시켜서, 동굴 벽화가 샤머니즘에서 비롯되었다고 주장했다. 신비한 이야기가 점차 사람들의 관심을 끌면서, 주술사들(보이지 않는 세계와 소통한다고 여겨진 영적 지도자들)이 이승과 저승을 이어 주는 중개자가 되었다는 것이다. 그렇다면 구석기시대의 벽화는 주술사가 상상의 동물을 통해 초월적 존재들과 소통하면서 체험한 황홀경을 표현한 것이 아닐까?

각기 다른 대륙에서 수천 년의 시간 차를 두고 그린 벽화들이 놀라울 정도로 비슷한 것을 보면, 모두 하나의 기원에서 탄생했다는 주장이 그럴듯하게 들리기도 한다. 물론 과도한 일반화의 오류일 수도 있지만, 고고학자 벤저민 스미스Benjamin Smith의 생각은 확고하다. "동굴은 단순한 캔버스가 아니라 다른 세상에 살고 있는 조상들의 영혼과 소통하는 장소로서, 삶과 죽음의 의미와 영혼의 공명共鳴으로 가득 차 있었다."[9] 스미스와 그의 추종자들에 의하면 우리 조상들은 예술과 의식을 통해 영적인 존재의 마음을 움직일 수 있다고 믿었다. 물론 과거로 갈수록 증거는 희미해지므로 고대인이 벽화를 남긴 진짜 이유는 영원히 알 수 없을 것이다. 그러나 지금까지 확보한 증거를 조합해 보면 뚜렷한 일관성이 눈에 뜨인다. 우리 조상들은 죽은 사람을 다른 세상으로 보내기 위해 정성껏 장례를 치렀고, 현실적 경험을 초월한 상상의 세계를 벽화로 남겼으며, 강력한 힘을 가진 존재와 불멸, 그리고 사후 세계에 관한 이야기를 후대에 전수했다. 간단히 말해서, 훗날 '종교'라고 일컬어질 사상적 요소들이 도처에서 발생하여 자연스럽게 하나로 합쳐진 것이다.

종교의 진화적 뿌리

고대에 싹튼 종교적 관념(또는 믿음)에 기초하여, 오늘날 종교가 전 세계적으로 널리 퍼진 이유를 설명할 수 있을까? 파스칼 보이어를 비롯한 인지과학자들은 '그렇다yes'고 단언한다. 보이어는 모든 종교에 균일하게 적용되는 진화적 기초가 존재한다고 주장했다.

종교적 신념과 행동의 기원은 마음이 작동하는 방식에서 찾을 수 있다. 여기서 말하는 마음이란 종교적인 사람의 마음이 아니라, "모든 인간의 마음"을 의미한다… 종교는 정상적인 뇌를 가진 모든 사

람들이 공통적으로 갖고 있는 마음의 특성에서 탄생했다.[10]

인간이 종교적 신념을 갖게 된 것은 신의 유전자를 물려받았거나 독실한 마음을 낳는 신체 기관 때문이 아니라, 진화에서 우위를 점하기 위해 장구한 세월 동안 투쟁해 왔기 때문이다. 보이어는 인지과학자와 심리학자들이 최근 수십 년에 걸쳐 개발한 두뇌 이론에 기초하여 인간의 뇌를 컴퓨터에 비유했다. 물론 프로그램이 입력되는 대로 묵묵히 수행하는 범용 컴퓨터가 아니라, 자연선택을 통해 생존과 번식에 특화된 특수컴퓨터다.[11] 보이어는 창 던지기(사냥)와 짝짓기(번식), 그리고 자기편 만들기(친화력)를 수행하는 신경학적 과정을 '추론시스템inference system'이라고 불렀다. 이 시스템의 성능에 따라 자신의 유전자를 후대에 전달할 수 있는 개체와 그렇지 않은 개체가 결정된다. 보이어가 제안한 가설의 핵심은 이 추론시스템이 고대인의 종교적 기질에 중요한 기여를 했다는 것이다.

우리는 앞에서 추론시스템을 접한 적이 있다. 마음을 설명하는 이론에 의하면, 우리는 내면에서 겪은 일의 원인을 바깥 세상에서 찾는 경향이 있다. 이렇게 외부의 작용을 과대평가하는 습성은 진화에서 유리하게 작용하여 성공적으로 살아남을 수 있었고, 그 결과 인간은 (하늘이건 땅 밑이건) 자신을 주시하는 존재들이 주변에 가득 차 있다고 생각하게 되었다. 보이어의 추론시스템에는 심리학과 물리학을 직관적으로 이해하는 능력도 포함된다. 우리는 정규 교육을 받지 않아도 마음과 신체의 기본 능력을 파악할 수 있다. 여기에 반직관적인 요소를 최소화한 개념이 추가되면(앞서 말한 대로, 이 개념들은 우리의 지관 중 몇 가지와 일치하지 않는다), 인간이 영혼이나 신 같은 개념에 집착하는 이유를 설명할 수 있다(초월적 존재들은 인간과 비슷한 마음을 갖고 있지만 심리적, 육체적 능력은 인간보다 월등하다). 또한 정상적인 뇌에는 타인과의 관계를 기억하는 추론시스템이 탑재되어 있어서, 공정한 관계가 유지되도록 우리의 행동을 조절한다. 내가 당신에게 호의를 베풀면 당신도 나에게 호의를 베풀어야 한다. 이 모든 것이 나의 '인간관계 장부'에 기록되어 있기 때문에, 나의 호의를 잊었다간 어떤 형태로든 대가를 치를 것이다. 초자연적 존재와 인간 사이에 맺어진 계약 관계는 방금 언급한 '사람들 사이의 상호-이타적 관계'로부터 탄생했을 가능성이 높다. 오케이, 나는 기꺼이 희생하고, 기도하고, 선행을 베풀겠다. 그 대신 내일 전투에서 당신(초자연적 존재)은 내가 이기도록 도와줘야 한다. 이와 반대로 나쁜 일이 벌어지면 자신(또는 자신이 속한 집단)이 신성한 존재의 기대를 충족시키지 못했다며 자책하고 반성한다.

이 개념은 보이어의 저서 《종교해설Religion Explained》과 다른 학자들의 논문을 통해 자세히 분석되었는데,[12] 대략적인 내용은 다음과 같다. 생존 경쟁에서 최후의 승리를 거둔 두뇌는 종교를 포용하는 특성을 갖고 있다. 이것은 앞서 말했던 '패키지 진화'의 또 다른 사례다. 종교적 믿음이 생존 경쟁에 별로 도움이 되지 않는데도 하나의 습성으로 굳어진 것은 적응력을 높여 주는 다른 기능과 패키지로 주어졌기 때문이다. 그렇다고 해서 모든 인간이 종교적이라는 뜻은 아니다. 진화를 통해 단 것을 좋아하는 습성이 생겼다고 해서 모든 사람이 설탕 바른 도넛을 좋아하지 않는 것과 같은 이치다. 보이어가 말한 '종교를 포용하는 특성'이란, 두뇌의 추론시스템이 종교에 민감하게 반응한다는 뜻이다. 바로 이런 공감 능력 덕분에 고대인의 종교적 습성은 세계적 규모의 종교 단체로 발전할 수 있었다. 유령이건, 신이건, 귀신이건, 악마이건, 성자이건, 영혼이건 간에, 종교적 상상은 마음의 진화를 견인해 온 지휘자였다. 사람들이 종교에 관심을 갖고 교리에 따라 행동하면서 다른 사람에게 전파하다 보니 널리 퍼지게 된 것이다.[13]

이것이 전부일까? 모든 동물 중에서 가장 성공적으로 진화한 인간이 진화 패키지의 일환으로 종교 친화적인 마음을 획득하여 종교적 가르침에 쉽게 감화되는 것일까? 생명과 우주의 기원에서 죽음의 의미에 이르기까지, 이 세상 모든 것을 설명하는 종교가 결국은 진화의 부산물이었단 말인가? 보이어를 비롯한 여러 인류학자들은 종교의 역할을 부정하지 않지만, 종교 자체로는 종교의 기원과 특성을 설명할 수 없다고 주장한다. 종교에서 마음의 역할은 누구나 느끼고 있지만 대놓고 말하기 어려운 문제다. 그러나 진화를 통해 형성된 마음의 특성을 고려하지 않으면 종교가 우리의 삶에 깊이 파고든 이유를 설명할 수 없다.

보이어와 그의 동료들이 개발한 이론은 꽤 그럴듯하게 들린다. 그러나 복잡하기 그지없는 두뇌와 마음, 그리고 문화의 기원과 특성에 대하여 모든 사람들이 납득할 만한 결론을 내리기란 결코 쉬운 일이 아니다. 게다가 인간이 종교적 사고를 하게 된 이유를 인지과학적으로 설명한다 해도, 종교가 진화의 부산물이 아닐 가능성은 여전히 남아 있다. 다른 학자들의 주장대로, 종교가 널리 퍼진 것은 인간의 적응력에 도움이 되었기 때문일지도 모른다.

집단을 위한 개인의 희생

수렵과 채집으로 살아가던 고대인은 구성원이 많아지면서 중요한 문제에 직면했다. 나날이 규모가 커지는 집단 속에서 각 개인의 협동 정신과 집단에 대한 충성심을 어떻게 유지시킬 수 있을까? 친족으로 이루어진 집단의 경우에는 다윈과 로널드 피셔Ronald Fisher, 홀데인J. B. S. Haldane, 해밀턴W. D. Hamilton 등이 제안한 자연선택이론으로 자연스럽게 설명된다.[14] 내가 나의 형제와 아이들, 그리고 가까운 친척들에게 헌신하는 이유는 중요한 유전자를 그들과 공유하고 있기 때문이다. 코끼리가 돌진해 오는 상황에서 나의 여동생을 구하면 나와 동일한 유전자가 후대에 전달될 가능성이 높아진다. 물론 나는 달려오는 코끼리에게 뛰어들 때 '지금 여동생을 구해야 나의 유전자를 후대에 더 많이 전달할 수 있다'는 계산을 일일이 하지 않는다. 그러나 다윈의 표준진화론에 의하면 자신을 희생하면서까지 친족을 보호하려는 본능이 강한 개체는 자연에 의해 선택될 확률이 높고, 그의 후손 중 상당수는 여전히 친족 보호 본능을 갖고 있다. 여기까지는 매우 논리적이다. 그런데 공동생활을 하는 집단의 규모가 친족을 훨씬 능가하는 경우, 집단을 위해 개인이 희생하도록 유도하는 유전적 '당근'이 존재할 것인가? 중요한 유전자를 공유하지 않는 타인을 위해 나를 희생하면 어떤 이득을 얻게 되는가? 모든 개인이 집단을 위해 자발적으로 희생하도록 만들려면 어떻게 해야 하는가?

집단의 모든 구성원을 자기 친족처럼 여기도록 만들면 된다. 하지만 어떻게? 앞서 말한 대로, 고대인은 이야기를 통해 다른 사람의 마음을 이해하면서 생존 능력을 높여 왔다. 진화생물학자 데이비드 슬론 윌슨David Sloan Wilson을 비롯한 일부 학자들은 20세기 초에 프랑스의 사회학자 에밀 뒤르켐Émile Durkheim이 제안한 이론을 발전시켜서 사회적 결속의 원동력을 설명한 바 있다.[15] 종교는 교리와 의식, 관습, 상징, 예술, 그리고 행동 지침이 강조된 하나의 '이야기'로서, 종교적 행동에 신성함을 부여하고 교리를 따르는 사람들 사이에 정서적 충성심을 확립하여 가족 못지않은 결속력을 발휘하게 만들었다. 종교 집단에 속한 사람들은 가족이 아니어도 강한 소속감을 느낀다. 유전적으로 별 관계가 없는 사람들이 종교라는 이름으로 뭉쳐서 함께 일하고 서로 보호하게 된 것이다.

이런 협력 관계는 매우 중요하다. 인간이라는 종(種)이 널리 퍼질 수 있었던 것은 여럿이 함께 문제를 해결하고 책임을 분담하면서 공동생활의 효율을 높여 왔기 때문이다. 고대에 종교로 뭉친 집단은 사회적 결속이 탄탄하여 강력한 힘을 발휘했을 것이다. 다시 말해서, 개인이 사회에 적응하는 데 종교가 중요한 역할을 했다는 뜻이다.

이 논리는 수십 년 동안 학자들 사이에 격한 논쟁을 야기했다. 일부 학자들은 누군가가 집단의 유대를 진화론적으로 설명할 때마다 '적응가치*가 불분명한 친사회적 행동을 전면으로 내세운 진부한 설명'이라며 부정적인 반응을 보였다.[16] 사실 협동의 적응가치는 그리 간단한 문제가 아니다. 협동을 전제로 모인 집단에서 한 개인이 이기적인 마음을 먹으면 혼자서 많은 이득을 취할 수도 있기 때문이다. 성격이 유순한 동료를 꼬드기거나 그에게 거짓말을 하여 혼자서 많은 자원(식량, 거처 등)을 확보하면 생존과 번식의 기회가 높아지고, 동일한 기질을 물려받은 이들의 후손이 긴 세월 동안 같은 행동을 반복하면 동료들(종교적 성향이 짙은 사람들)을 멸종시킬 수도 있다.

사회적 결속에 종교가 긍정적 기여를 했다고 믿는 학자들은 이 점을 인정하면서도 자신의 주장을 굽히지 않는다. 고립된 집단에서는 이기적 행동으로 이득을 볼 수도 있지만, 우리의 주된 관심사인 홍적세(250만~1만 년 전)의 수렵-채집인 무리는 고립된 집단생활을 하지 않았다. 이들은 집단끼리 거래를 했고 이해관계가 충돌하면 서로 싸우기도 했다. 고고학적 기록에 의하면 이들의 전쟁은 매우 치명적이어서, 전쟁에 진 부족은 몰살당하

---

* 환경에 적응하는 데 도움이 되는 정도.

엔드오브타임

는 것이 일상사였다고 한다. 그런데 집단에 헌신하는 사람이 많은 부족일수록 전쟁에서 이길 확률이 높고, 자신의 유전자를 후대에 남길 기회도 그만큼 많아진다. 다윈은 그의 저서 《인간의 유래와 성 선택The Descent of Man, and Selection in Relation to Sex》에 다음과 같이 적어 놓았다. "같은 지역에서 살아가는 두 고대인 부족이 경쟁 관계에 놓이면 용감하고 호의적이면서 충직한 구성원이 많을수록 이길 가능성이 높다. 전쟁 중에는 동료를 보호하고 위험에서 구하려는 동료애가 승패를 좌우하기 때문이다."[17] 특히 이미 세상을 떠난 조상이나 신을 섬기면서 복을 기원하는 사람들이라면 집단의 이익을 지키는 데 더욱 열정적으로 헌신했을 것이다.[18] 그러므로 어떤 유전적 특질이 광범위하게 퍼졌는지 규명하려면 이기적인 행동뿐만 아니라 협동을 선호하는 기질도 함께 고려해야 한다. 지난 수천 세대에 걸쳐 집단의 생존이 개인의 생존 여부를 좌우해 왔다면, 종교를 통해 결속을 유지한 집단이 궁극의 승리를 거두었을 것이다.

그러나 이것은 어디까지나 가정일 뿐이며, 수렵-채집인의 삶과 죽음을 지배한 원리는 아직 확실치 않다. 회의론자들은 협동 정신의 기원을 게임이론game theory이라는 수학에서 찾고 있다. 임의의 집단에는 극단적으로 이기적이거나 극단적으로 이타적인 사람이 있을 수도 있지만, 대부분은 두 극단의 사이에서 다양한 생존 전략을 구사한다. 내가 한 집단에서 항상 남을 먼저 생각하며 살아왔다 해도, 당신이 시도 때도 없이 내 앞길을 가로막는다면 사적인 복수심이 끓어오를 것이다. 이런 경우 당신과 나는 영원한 적으로 남을 수도 있고, 당신이 나에게 호의를 베풀어서 관계를 회복할 수도 있다. 그렇다면 각기 다른 전략(처세술)을 구사하는 사람들의 집단에서는 어떤 일이 일어날까? 개개의 전략은 각기 다른 생존가치**를 갖고 있으므로, 여러 세대를 거치면서 다윈의 선택원리에 의해 옥석이 가려질 것이다. 전문가들은 수학적 분석과 컴퓨터 시뮬레이션을 통해 수많은 전략 중 가장 뛰어난 것을 골라내는 데 성공했다. '네가 나에게 호의를 베풀면 나도 너에게 호의를 베풀겠다. 그러나 네가 불공정한 행동을 한다면 곧바로 보복하겠다'는 전략이 바로 그것이다. 이론에 의하면 이런 처세술의 생존 확률이 가장 높다.[19] 그래서 일부 학자들은 이 실험에 기초하여 "집단 안에서의 협동 정신은 종교적 믿음을 공유하지 않아도 자연선택에 의해 널리 퍼질 수 있다."고 주장했다.

그 후로도 논쟁은 수십 년 동안 계속되었다. 지금은 논쟁이 끝났다고 주장하는 학자도 있지만 지지자와 반대론자들이 똑같이 '끝났다'고 주장하고 있기 때문에, 홍적세에 종교가 사회적 결속에 어느 정도 공헌했는지는 여전히 미지수로 남아 있다. 사실 이것은 매우 복잡한 문제다. 종교는 매혹적인 이야기와 신성한 존재를 숭배하는 경향을 낳았고, 예상 밖의 결과를 설명하는 데 핵심적 역할을 해 왔다. 또한 고대인은 종교적 의식儀式을 통해 공동체의 안전을 도모하고 위안감을 얻었다. 그러나 종교의 기원을 밝히기에는 데이터가 턱없이 부족한 상태여서 앞으로도 논쟁은 계속될 것이다.

혹시 우리가 중요한 요소를 빠뜨린 채 종교의 적응기능(인간의 환경적응을 돕는 기능)을 평가하고 있는 것은 아닐까? 그럴지도 모른다. 학계에서는 종교의 적응 효과가 가장 명백하게 드러나는 곳이 '집단이 아닌 개인'이라고 주장하는 학자도 있다.

** 생존에 도움이 되는 정도.

개인의 적응과 종교

미국의 심리학자 제시 베링Jesse Bering은 언어의 기원을 연구하다가 가십 gossip(험담, 쑥덕공론)이 "집단의 위계질서를 유지하고 아이를 양육하는 데 중요한 역할을 했다."고 결론지었다. 현대인이 품위 없는 수다 정도로 여기는 가십을 고대 종교의 적응기능의 핵심으로 내세운 것이다. 인류가 언어를 사용하기 전에는 누군가가 나쁜 마음을 먹고 음식을 훔치거나, 짝짓기 상대를 가로채거나, 사냥 중에 혼자 도망가도 증인이 많지 않으면 벌을 주기가 어려웠다. 그러나 이 상황은 언어를 사용하기 시작하면서 완전히 달라졌다. 누구든지 잘못을 한 번만 저질러도 사람들의 입방아에 오르면 신뢰도가 급격히 떨어져서 번식의 기회가 크게 줄어들었다. 베링의 논리를 정리하면 다음과 같다. 집단의 규율을 위반할 가능성이 높은 사람이 강력한 힘을 가진 존재가 (바람이나 나무 위, 또는 하늘에서) 나를 감시하고 있다고 상상하면 범법 행위를 자제하게 되고, 가십에 오르는 횟수가 줄어들고, 집단에서 추방될 가능성도 낮아진다. 따라서 그는 안전하게 후손을 낳을 수 있으며, 그 후손들도 신을 두려워하는 습성을 물려받아 규율을 존중하는 분위기가 자연스럽게 형성된다. 즉, 종교적 성향은 혈통을 유지하는 데 유리하게 작용하기 때문에, 세대가 거듭될수록 종교에 더욱 심취하게 되고 인원수도 많아지는 것이다.[20]

베링은 자신의 이론을 검증하기 위해 어린아이들을 대상으로 실험을 수행했다. 실험자가 아이들을 방에 모아 놓고 까다로운 과제를 내 주고 반드시 지켜야 할 규칙을 알려 준 후 밖으로 나간다. 과연 아이들은 규칙을 지키면서 과제를 수행할 수 있을까? 결과는 독자들이 짐작하는 그대로다. 대부분의 아이들은 규칙을 어기고 쉬운 방법을 택했다. 그러나 실험자가 일부 아이들에게 "눈에 보이진 않지만 너희를 감시하는 사람이 있다."라고 경고했더니, 그 아이들의 대부분은 끝까지 규칙을 지켰다. 심지어 "에이, 그런 게 어디 있어요? 난 믿지 않아요."라고 부정적인 반응을 보인 아이들도 결국은 규칙을 지켰다고 한다. 이 실험에서 어린아이들이 선택된 이유는 어른보다 문화적 영향을 덜 받아서 본능에 따라 행동하는 경향이 짙기 때문이다. 베링은 아이들이 눈에 보이지 않는 감시자를 의식하여 충동을 자제한다고 결론지었다. 고대에도 "전능한 존재가 나를 지켜보고 있다."라고 상상하면 친사회적 행동을 하게 됨으로써 좋은 평판을 유지하고 번식의 기회를 높일 수 있었으며, 이런 기질이 여러 세대에 걸쳐 전수되면서 널리 퍼져 나갔을 것이다.

실험에 기초하여 사회심리학을 연구해 온 학자들은 어니스트 베커(그의 저서 《죽음의 부정The Denial of Death》은 이 책 1장의 주제였다)의 연구를 한 단계 더 발전시켜서 종교의 또 다른 적응기능을 제시했다. 이들의 주장에 의하면 언젠가는 죽는다는 공포감이 생물학적 원형질의 상당 부분을 빠르게 감퇴시킨다.[21] 그러나 현실적이건 상징적이건, 죽은 후에도 삶이 계속된다는 보장이 있으면 죽음의 공포에서 해방될 수 있다. 베커는 우리의 선조들이 초자연적 존재를 소환하여 죽음에 대한 공포를 완화시킨 것이 혁신적인 발상이라고 주장했다. 단명한 삶의 고뇌에서 벗어나려면 효과가 영원히 지속되는 완화제가 필요하다. 물론 이런 것은 현실 세계에 존재하지 않는다.

강인한 육체를 가진 고대인이 사바나 초원에 옹기종기 모여 앉아 죽음을 떠올리면서 공포에 휩싸인 모습은 쉽게 상상할 수 있다. 그러나 사회심리학자들은 기발한 실험을 통해 현대인도 자신도 모르는 사이에 죽음의 영향을 받고 있다는 것을 입증했다. 한 가지 예를 들어 보자. 한 실험자가 애리조나주의 판사들을 대상으로 "경범죄로 기소된 피고인들에게 적절한 벌금을 산출해 달라."고 부탁했다. 이들은 먼저 설문지를 작성한 후 금액을 산출하도록 부탁받았는데, 피실험자(판사)의 50%에게는 자신의 성격을 묻는 평범한 설문지를 돌렸고, 나머지 50%에게는 평범한 질문과 함께 죽음을 떠올리게 하는 질문을 제시했다(자신이 곧 죽는다고 생각하면 어떤 감정이 떠오르는가? 등등…). 법은 무질서와 위험 요소를 방지하기 위한 사회적 안전장치이므로, 실험자는 궁극적 위험(자신의 죽음)을 떠올린 판사들이 좀 더 가혹한 벌을 주리라고 예상한 것이다. 아니나 다를까, 이들의 예상은 정확하게 맞아 들어갔다. 그런데 놀라운 것은 두 실험 집단에서 책정한 벌금의 액수가 예상외로 큰 차이를 보였다는 점이다. 죽음을 떠올린 판사들이 책정한 평균 벌금은 그렇지 않은 판사들이 제시한 벌금보다 무려 9배나 많았다.[22]

이 실험을 진행한 학자들은 "법치 정신과 공정성에 투철한 사람이 죽음이라는 극단적 상황에 조금만 노출돼도 큰 영향을 받는다면, 우리도 부지불식간에 이와 비슷한 영향을 받고 있을 것"이라고 결론지었다. 그 후 피실험자의 국적과 직업, 죽음을 상기시키는 방법 등을 바꿔 가며 수백 건의 후속 실험을 진행했는데 거의 예외 없이 동일한 결론이 내려졌다.[23] 베커는 이 실험 결과를 두고 인류의 문화가 '죽음을 떠올릴 때마다 무력해지는 심리'를 경감시키는 쪽으로 진화해 왔다는 증거라고 했다. 그의 주장이 옳다면 당신이 이런 이야기를 듣고 "웃기고 있네…"라며 비웃는 것도 문화가 제대로 작동하고 있다는 증거다.

이 책에서 종교의 기원을 논할 때 제일 먼저 언급됐던 파스칼 보이어는 위에서 말한 종교의 역할을 부정하면서 "종교는 초자연적 존재가 없는 현실 못지않게 두려운 세계이며, 대부분의 종교는 암울한 현실에 별로 위안이 되지 않는다."고 주장했다.[24] 그러나 베커의 지지자나 그들의 주장을 정면으로 반박한 보이어의 생각과 달리, 종교적 감수성은 별로 극적이지 않은 소소한 이득을 가져다 주었을 수도 있다. 아마도 고대 종교는 죽음을 별로 강조하지 않고, 일상생활 속에서 생명력이 강한 이야기를 중심으로 전파되었을 것이다. 미국의 철학자 윌리엄 제임스는 "종교란 안전을 보장하고 평화적 기질을 함양하는 수단이며, 서정적 매력이나 정직함, 또는 영웅적 행위의 형태로 삶에 주어진 선물"이라고 했다.[25]

종교는 어떻게 탄생했으며, 그 장구한 세월 동안 어떻게 생명력을 유지할 수 있었을까? 수많은 학자들이 이 의문을 풀기 위해 부단히 노력해 왔지만 아직 답을 찾지 못했다. 아이디어가 부족해서가 아니다. 종교는 자연선택된 뇌를 포용하고, 집단의 결속을 유도하고, 불안감을 해소하고, 개인의 평판과 번식 기회를 높여 주었다. 정확한 결론을 내리기에는 남아 있는 기록이 너무 부실하기도 하고, 하나의 가설로 설명하기에는 종교의 역할이 너무 다양하다는 점도 문제다. 나는 단명한 삶에 대한 인식과 종교의 탄생이 무관하지 않다고 생각한다. 진화생물학자 스티븐 제이 굴드는 "두뇌의 용량이 커지면서 삶이 유한하다는 사실을 깨달았으며,[26] 모든 종교는 인간이 죽음을 인식하면서 탄생했다."[27]고 했다. 그러나 종교가 죽음에 대한 인식을 적응에 유리한 쪽으로 바꿔 놓았는지를 따지는 것은 또 다른 문제다.

우리의 정교한 두뇌는 다양한 생각과 행동을 창출한다. 그중에는 생존과 직결된 것도 있고, 그렇지 않은 것도 있다. 바로 이 능력, 즉 무궁무진한 행동을 창출하는 능력이 5장에서 논했던 인간적 자유의 토대를 제공한다. 인간은 이러한 행동을 통해 종교를 유지해 왔으며, 수천 년 사이에 세계적 규모로 확장시켰다.

종교의 뿌리

기원전 1천 년 동안 인도와 중국, 그리고 고대 유대 지역Judea*에서 창의력이 풍부한 사상가들이 고대 신화와 삶의 방식을 재해석하여 다양한 사상체계를 확립했다. 독일의 철학자 카를 야스퍼스Karl Jaspers는 이것을 "현존하는 모든 종교의 시작"이라고 했다.[28] 학자들은 지리적으로 멀리 떨어진 곳에서 탄생한 사상들의 상호 연관성을 놓고 열띤 논쟁을 벌이고 있지만, 이들 사이에 공통점이 존재한다는 것은 분명한 사실이다. 추종자들이 깊은 통찰력을 발휘하여 이야기를 만들어 내고, 선지자들이 정해 놓은 성스러운 훈령이 여러 세대를 거쳐 구전되어 오다가 하나의 체계로 통합되면서, 종교는 점점 더 조직적인 단체로 발전했다. 물론 경전의 내용은 종교마다 각양각색이지만, 그 안에서 제기된 질문은 거의 비슷하다. "우리는 어디서 왔으며, 어디로 가고 있는가?"

현존하는 경전 중 가장 오래된 것은 산스크리트어로 쓰인 베다로서, 그기원은 기원전 1500년까지 거슬러 올라간다. 베다는 기원전 8세기경에 쓰인 우파니샤드와 함께 힌두교를 대표하는 경전으로 알려져 있으며, 시와만트라mantra(주문), 그리고 신성한 내용이 담긴 운문으로 가득 차 있다. 현재 힌두교도는 약 11억 명으로 세계 인구의 1/7이나 된다. 내가 힌두교를 처음 접한 것은 열 살도 채 되지 않은 어린 시절이었다.

사랑과 평화, 그리고 베트남전으로 대변되는 1960년대 후반의 어느 화창한 날, 아버지와 누나, 그리고 나는 센트럴파크Central Park 주변을 산책하

---

* 고대 팔레스타인 남부 지역.

다가 시인공원Poet's Walk 바로 옆에 있는 나움버그 밴드셸Naumburg Bandshell*
에서 신명나게 춤추며 노래하는 하레크리슈나** 신도들과 마주쳤다. 그들
중 한 사람은 눈물이 잔뜩 고인 눈으로 태양을 바라보며 신과의 정신적 교
감에 완전히 심취해 있었다. 나는 다소 기괴해 보이는 사람들을 피해 조심
스럽게 걸어가다가 정말로 놀라운 광경을 목격했다. 바닥에 끌릴 정도로
긴 예복을 걸치고 빡빡 깎은 머리를 위아래로 흔들며 정신없이 북을 치는
사람들 중 하나가 바로 우리 형이 아닌가! 당시 형은 대학생이었는데 이런
곳에서 희한한 모습으로 이상한 사람들과 어울리는 것으로 보아, 아무래도
학교를 그만둔 것 같았다. 사실 그날 아버지는 새로운 삶을 살고 있는 형의
모습을 우리에게 보여 주기 위해 일부러 공원으로 데려간 것이었다.

그 후로 수십 년 동안 나는 형을 단 몇 번밖에 만나지 못했지만, 만날 때
마다 우리의 대화 주제는 베다를 벗어난 적이 없었다. 내가 형에게 감화되
어 힌두교에 관심을 갖게 되었는지, 아니면 비슷한 유전자를 물려받아서
관심사가 비슷했기 때문인지는 나도 잘 모르겠다. 어쨌거나 나는 특이한
삶을 택한 형 덕분에 고대의 낯선 동양사상을 접하게 되었고, 가끔은 우주
의 기원을 생각하며 깊은 묵상에 잠기기도 했다. "이 세상에는 존재하는 것
도, 존재하지 않는 것도 없었고 공간도, 하늘도 없었다. 무엇이 어디서 어떻
게 섞였으며, 이를 주관한 자는 누구인가? 끝없이 깊은 바다가 존재했을까?
태초에는 죽음도, 영생도 없었고 낮과 밤의 구별도 없었다. 그***는 자신의 의
지에 따라 바람을 일으키지 않고 숨을 쉬었으며, 그 외에는 아무것도 존재

---

* 센트럴파크에 있는 공연무대.
** 크리슈나(Krishna)신을 섬기는 힌두교의 한 종파.
*** 프라자파티(Prajapati), 리그베다에 등장하는 창조주.

엔드오브타임

하지 않았다."[29] 나는 베다를 읽으면서 모든 인간이 현실의 리듬을 느끼고 싶어 한다는 사실에 깊은 감명을 받았다. 그러나 나의 형에게 베다는 그 이상의 존재였다. 베다에는 내가 수학적으로 연구해 온 우주가 훨씬 큰 규모로 아름답게 서술되어 있다. '시작의 시작'과 '시간 이전의 시간' 같은 난해한 개념들이 한 편의 시를 연상케 하는 운문韻文 속에 은유적으로 녹아 있어서, 별들이 반짝이는 밤에 모닥불을 피워 놓고 여럿이 모여 앉아 베다를 읊다 보면 자연스럽게 깊은 명상에 빠지면서 우주와 합일된 상태에 도달할 수 있을 것 같다. 그러나 천 개의 머리를 가진 푸루샤Purusha*를 비롯하여 베다에 등장하는 수많은 신화들은 우주의 기원을 설명해 주지 않는다. 베다에는 자연에서 패턴을 찾고, 설명을 원하고, 생존을 위해 싸워온 인간의 마음이 반영되어 있어서, 삶의 지침을 상징적으로 표현한 이야기가 주류를 이룬다(우리는 어떻게 존재하게 되었으며 어떻게 살아야 하는가? 우리의 행동에는 어떤 결과가 따르는가? 삶과 죽음의 진정한 의미는 무엇인가? 등등…) 나는 가끔씩 형과 나누는 대화를 통해 베다의 목적이 '수시로 변하는 현실 속에서 안정적이고 영원한 가치를 찾는 것'임을 깨달았다. 누군가가 나에게 물리학의 목적이 무엇이냐고 묻는다면 똑같은 답을 제시했을 것이다. 종교와 물리학은 일상적인 경험을 넘어선 곳에서 불변의 진리를 찾는다는 공통점을 갖고 있다. 그러나 이들이 목적을 이루는 방법은 달라도 너무 다르다.

기원전 6세기 중반, 인도 북동부의 카필라왕국Kapila(지금은 네팔의 영토임)에서 고타마 싯다르타Gautama Siddhārtha라는 왕자가 태어났다. 그는 궁전에서 베다를 배우며 부족한 것 없이 살았으나, 평민들이 온갖 고통 속에서

---

* 힌두교의 창조신화에 등장하는 우주거인. 천 개의 머리와 천 개의 눈, 그리고 천 개의 발을 가졌음.

살아간다는 사실을 뒤늦게 깨닫고 스물아홉 살이 되던 해에 출가^{出家}를 시도했다. 자신에게 주어진 특권을 포기하고, 일체의 고통과 번뇌를 극복하는 방법을 찾아 나선 것이다. 그 후 싯다르타가 깨달은 내용은 그가 세상을 떠난 후 제자들을 통해 세간에 알려지면서 불교의 기초가 되었다. 현재 불교를 믿는 사람은 전 세계에 5억 명이나 된다. 열두 명 중 한 사람이 불교도인 셈이다. 대부분의 종교가 그렇듯이 불교도 오랜 세월을 거치면서 여러 종파로 갈라졌지만, '현실은 지각^{知覺}이 낳은 환상에 불과하다'는 공통된 믿음만은 충실하게 전수되었다. 이 세상은 안정된 것처럼 보이지만, 사실 모든 만물은 끊임없이 변하고 있다. 베다철학에서 갈라져 나온 불교는 '불변의 기질^{基質}'이라는 개념을 부정하고, '인간이 고통 속에서 사는 이유는 모든 것이 일시적이라는 사실을 깨닫지 못하기 때문'이라고 주장한다. 이 세상의 모든 고통과 번뇌에서 해방되려면 진리를 올바르게 인식해야 하고, 이 원대한 목적을 이루려면 (베다와 마찬가지로) 탄생과 죽음을 반복해야 한다. 수많은 윤회를 거치면서 모든 욕망과 고통을 모두 잠재우고 자신마저 초월한 상태에 도달하면 드디어 윤회의 사슬을 끊고 영원한 천상의 세계로 들어가게 된다.* 고대인이 사후 세계를 떠올린 것이 필멸^{必滅}이라는 수수께끼를 풀기 위한 정신적 전략이었다면, 힌두교와 불교는 그 최상급이라 할 만하다. 이 가르침에 의하면 죽음은 삶의 고통에서 해방되기 위해 반드시 거쳐야 할 순환 과정의 하나일 뿐이며, 윤회에서 벗어나면 존재라는 개념조차 없는 영원한 세계로 진입한다. 우리의 단명한 삶은 영원의 세계로 가는 신성한 통과 의례인 셈이다.

---

* 이것을 열반(涅槃, nirvana)이라 한다.

힌두교와 불교는 일상적 관념의 환영을 넘어선 진실을 추구하기 때문에, 지난 100년 사이에 발견된 현대과학과 일맥상통하는 부분이 있다. 얼마 전부터 동양종교와 현대물리학을 연결하는 기사와 책, 영화 등이 크게 유행한 것도 힌두교와 불교의 신비로운 특성과 무관하지 않다. 두 분야는 관점과 언어가 비슷하지만 나는 모호하게 해석된 개념들 사이의 은유적 유사성만 발견했을 뿐, 직접적인 관계를 확인한 적은 없다. 나를 포함한 과학 작가들은 교양과학서를 집필할 때 독자들의 편의를 위해 수학적 서술을 가능한 한 자제하고 있지만, 누가 뭐라 해도 과학의 기초는 단연 수학이다. 단어를 아무리 신중하게 골라도, 결국은 방정식을 일상적인 언어로 번역한 것뿐이다. 이런 식의 설명에 기초하여 다른 분야와 접촉을 시도한다면 기껏해야 '시적詩的인 융합'의 수준을 넘지 못한다.

세계적으로 유명한 영적 지도자들의 생각도 크게 다르지 않은 것 같다. 몇 년 전에 나는 티벳의 법왕法王인 달라이 라마Dalai Lama와 함께 공개토론회에 초대된 적이 있는데, 수천 년 전에 극동아시아에서 탄생한 사상과 현대물리학의 유사성이 도마 위에 올랐을 때 나는 지체 없이 달라이 라마에게 물었다.

나: 법왕께서도 현대물리학과 동양종교가 깊은 곳에서 일맥상통한다고 생각하십니까?

달라이 라마: 의식에 관한 문제라면 불교에서 해답을 찾을 수 있습니다. 하지만 물질세계에 관한 문제는 당신 같은 물리학들이 진짜 전문가지요. 평생 불경을 끼고 살아온 고승이라 해도, 물질에 관해서는 당신에게 물어봐야 합니다. 제아무리 오래된 종교도 물질계를 통찰하는 능력은 과학을 따라갈 수 없다고 생각합니다.[30]

나는 세계적으로 유명한 영적 지도자들도 단순하고 대담하면서 솔직한 자신만의 모범을 따른다는 사실에 깊은 감명을 받았다.

붓다가 인도를 돌아다니며 중생을 제도^{濟度}하던 무렵, 유다왕국^{Kingdom of Judah}의 유대인은 바빌로니아에게 나라를 빼앗기고 바빌론에 억류되었다.[*] 당시 유대인의 지도자들은 민족의 정체성을 유지하기 위해 사방에 흩어져 있던 문헌과 구전되던 이야기를 집대성하여 히브리 성서^{Hebrew Bible}의 초기 버전을 완성했다. 훗날 구약 성서로 불리게 될 이 문헌은 아브라함계 종교^{Abrahamic religions}^{**}의 성스러운 경전이 되었으며, 지금은 세계 인구의 절반에 해당하는 40억 명이 여기 수록된 지침에 따라 살아가고 있다.[31] 유대교와 기독교, 그리고 이슬람교의 신은 모든 곳에 존재하는 전지전능한 신이자 만물을 창조한 창조주이며, 사람들이 종교를 논할 때마다 머릿속에 떠올리는 지배적 개념이기도 하다.

구약 성서의 첫머리에는 세상의 기원이 두 가지 이야기로 서술되어 있다. 첫 번째는 조물주가 처음 6일 동안 하늘과 땅, 낮과 밤, 그리고 남자와 여자를 창조한 이야기이고(창세기 1장 1절~31절), 두 번째는 단 하루 만에 흙을 빚어 남자(아담)를 만든 후 그가 잠든 사이에 갈비뼈를 취하여 여자(이브)를 만들었다는 이야기다(창세기 2장 7절~23절). 그 뒤에는 아담의 후손들과 그들의 수명, 그리고 복잡한 족보 관계가 이어지지만, 그들이 죽은 후 어디로 갔는지에 대해서는 별다른 설명이 없다. 부활에 관한 이야기가 한두 차례 언급될 뿐, '생전에 나를 잘 섬기면 죽은 후 하늘나라로 데려가겠다'는

---

* 이 사건을 바빌론 유수라 한다. 유수(幽囚)는 '유배되어 갇히다'라는 뜻이다.
** 아브라함으로부터 유래된 종교의 총칭. 유대교와 기독교, 이슬람교, 바하이교 등이 여기에 속한다.

식의 사후 세계에 대한 공약이 없는 것이다. 유대교 신비주의자들과 성서를 해석하는 사람들은 다른 세계를 기다리는 불멸의 영혼과 관련하여 수많은 개념과 이야기를 만들어 냈는데, 이 모든 것을 통합하는 하나의 설명은 존재하지 않는다. 그로부터 약 500년 후, 기독교인은 죽은 후에도 영혼이 존재한다는 교리를 만들어서 사후 세계에 대한 불확실성을 걷어냈고, 다시 500년이 지난 후에는 이슬람교도 '의로운 자는 심판의 날에 죽음에서 살아나 하늘에서 영생을 누리고, 악한 자는 영원한 저주를 받는다'는 (기독교와 비슷한) 교리를 도입했다.

위에서 언급한 종교(힌두교, 불교, 기독교, 이슬람교)의 신도 수를 모두 합하면 세계 인구의 3/4(75%)이나 된다. 같은 종교를 믿는다 해도 가르침을 실천하는 방법은 개인마다 조금씩 다르다. 게다가 종교학자들의 연구에 따르면 소규모 종교 단체는 세계적으로 거의 4천 종에 달한다. 이는 곧 종교를 가진 사람이 그렇지 않은 사람보다 압도적으로 많고, 종교적 수행 방법도 엄청나게 다양하다는 뜻이다. 그러나 모든 종교는 중요한 질문("세상은 어떻게 시작되었으며 어떻게 끝나는가?", "우리는 죽은 후에 어디로 가게 될 것이며, 좋은 곳으로 가려면 무엇을 어떻게 해야 하는가?" 등)에 비슷한 답을 제시하고 있다. 신도들에게 신성함을 존중하는 마음자세를 갖도록 권장한다는 점도 비슷하다. 간단히 말해서, 이 세상은 바람직한 삶의 방식을 알려 주는 이야기와 바람직한 행동을 안내하는 지침으로 가득 차 있다. 이들은 종교의 교리와 연결되어 신도들의 마음에 굳건한 '믿음'을 만들어 낸다.

무언가를 믿고 싶은 마음

몇 년 전, 프로젝트 마감을 앞두고 한창 바쁜 나날을 보내고 있을 때 워싱

턴주의 한 단체로부터 주제 강연을 해달라는 요청을 받았다. 연구 논문을 마무리하느라 정신이 없었던 나는 어떤 단체인지 확인도 하지 않고 "물리학자에게 강연을 부탁했으니 아마 과학 관련 단체겠지…"라는 안일한 생각으로 요청을 수락했다. 그로부터 몇 달이 지난 후, 나는 그 단체가 람타 깨달음 학교 Ramtha's School of Enlightenment라는 사실을 알게 되었다. 이 학교를 설립한 주디 제브라 나이트 Judy Zebra Knight는 35,000년 전에 레무리아 Lemuria*의 전사였던 람타 Ramtha와 영적 교류를 한다고 주장하는 여성이다(레무리아는 아틀란티스와 전쟁을 자주 치렀다고 한다. 왜 아니겠는가?). 갑자기 불안한 마음이 들어 인터넷에서 관련 자료를 찾던 중 1985년에 그녀가 머브 그리핀 쇼 Merv Griffin Show에 출연하여 람타가 자신에게 빙의된 모습을 보여 주는 비디오 클립이 눈에 띄었다. 이 TV 프로그램에서 사회자가 람타의 목소리를 듣고 싶다고 했더니, 그녀는 잠시 기다리라며 눈을 감고 심호흡을 몇 번한 후 한동안 고개를 떨구고 있다가 갑자기 기지개를 켜고 일어나 요다 Yoda와 프레디 머큐리 Freddie Mercury의 중간쯤 되는 톤으로 말을 하기 시작했다. 내 옆에서 이 장면을 보고 있던 딸아이는 손으로 입을 틀어막고 웃음을 참다가 결국 박장대소를 터뜨렸다. 강연에 초청된 신세가 아니었다면 나도 배꼽을 잡고 웃었을 것이다. 그러나 이미 때는 늦었다. 강연이 바로 다음날이었기 때문이다.

람타 깨달음 학교에 도착해 보니 수백 명의 사람들이 눈가리개를 하고 양팔을 벌린 채 들판을 돌아다니고 있었다. 호기심이 동한 나는 학생 중에서 차출된 가이드에게 물었다.

---

* 고대에 존재했다는 전설 속의 육지.

나: 저 분들, 지금 뭐 하는 겁니까?

가이드: 각자 자신의 소원을 쪽지에 적은 후 어딘가에 붙여 놓고, 몸으로 그 쪽지의 존재를 '느끼면서' 찾는 중이랍니다. 꿈을 실현하기 위해 반드시 거쳐야 하는 필수과정이지요.

나: 그렇군요… 효과가 있던가요?

가이드: 당연하죠! 저기 보세요. 벌써 한 사람이 자신의 쪽지를 찾았네요.

그 다음에 본 것은 눈을 가린 채 활을 쏘는 사람들이었다. 가이드가 한 번 해 보라고 강력하게 권했지만 나는 극구 사양했다. 누군가가 아까부터 카메라를 들고 나의 뒤를 따라오고 있었기 때문이다. 눈가리개를 한 궁수들이 과녁을 명중시키는 빈도는 눈가리개를 하고 자신의 쪽지를 찾아내는 빈도와 비슷한 것 같았다. 마지막으로 만난 사람은 20~30대의 여성으로, 눈을 가린 채 텔레파시를 이용하여 트럼프 카드의 무늬와 숫자를 알아맞히고 있었다.

텔레파시 여성: 다이아몬드 7!

(그러나 카드는 클로버 6이었다)

텔레파시 여성: 이런, 클로버 6이네. 하지만 1밖에 안 틀렸죠? 다음 카드는… 스페이드 9!

(그러나 다음 카드는 다이아몬드 3이었다)

텔레파시 여성: 어머! 다이아몬드 3이네? 방금 전에 말했던 다이아몬드가 여기 있었네요!

시종일관 이런 식이었다. 시범을 마친 후 그녀는 결의에 찬 목소리로 "저는 이 훈련을 매일 몇 시간씩 해 왔어요. 하지만 완전해질 때까지 앞으로 더 열심히 할 거예요!"라며 입술을 깨물었다.

드디어 예정된 강연 시간, 가능하면 자제하려고 했지만 기가 막힌 장면에 할 말을 잃은 나는 이 책의 앞부분에서 언급했던 '패턴 인식과 생존의 관계'를 언급하지 않을 수 없었다.

인간은 옛날부터 주변 환경에서 패턴을 찾아 왔습니다. 패턴 인식은 여러 면에서 아주 유용합니다. 여러 세대에 걸친 자연선택을 통해, 인간은 사람과 물체의 외관에 나타난 몇 가지 특징만으로 향후 모습과 거동을 판단하는 쪽으로 진화해 왔습니다. 고대인은 동물의 행동 패턴을 관찰하여 가까이 가도 괜찮은지 아니면 피해 가야 할지를 판단했고, 허공으로 던져진 돌멩이나 창이 그리는 궤적의 패턴을 파악하여 먹이를 구할 수 있었습니다. 그 후에도 인간은 패턴 인식을 통해 소통 수단을 개발했고, 종족이나 국가처럼 강력한 영향력을 행사하는 집단을 구성할 수 있었습니다. 간단히 말해서, 패턴 인식은 생존과 직결된 능력입니다. 그러나 가끔은 이 능력을 과신한 나머지 엉뚱한 길로 접어들기도 합니다. 몸에 내장된 패턴 감지 장치가 과도하게 반응하여, 아무런 관계도 없는 패턴들 사이에 상호 관계가 존재한다고 믿는 것이요. 가끔은 무의미한 것에 의미를 부여할 때도 있습니다. 수학적으로 따지면 우리는 네 번에 한 번꼴로 카드의 무늬를 맞출 수 있고, 연세 번에 한 번은 숫자를 맞출 수 있습니다. 이것은 텔레파시가 아니라 단순한 확률일 뿐입니다. 눈을 가리고 아무렇게나 걷다가 아주 가끔은 자신이 적어 놓은 쪽지를 찾을 수도 있겠지만

(물론 운이 엄청나게 좋아야 합니다), 이런 것은 꿈의 실현과 아무런 관계도 없습니다. 저는 묻고 싶습니다. 여러분은 기적적인 일치가 일어나지 '않는' 경우를 얼마나 자주 보셨습니까?

여기까지 말했을 때, 강당에 모인 청중들 사이에서 우레 같은 박수가 터져 나왔다. 개중에는 자리에서 일어나 환호를 보내는 사람도 있었다.

감사합니다… 그런데 좀 헷갈리는군요. 저는 지금 여러분이 택한 접근 방식으로는 결코 진리에 도달할 수 없다고 말하는 겁니다.

놀랍게도 또 한 차례 박수가 터져 나왔다. 대체 무슨 영문일까? 강연이 끝난 후 사인회를 하던 중, 일부 사람들이 내 귀에 대고 작은 소리로 그 이유를 설명해 주었다.

사인을 받은 남자: 여기 모인 사람들 대부분은 그런 거 안 믿어요. 일부 믿는 사람들에게는 중요한 일이겠지만, 대다수는 쪽지 찾기나 텔레파시에 별로 신경 쓰지 않습니다.

나: 그래요? 그런데 왜 여기 모여 있는 겁니까?

사인을 받은 남자: 바깥 세상에 무언가가 존재한다는 것을 느끼기 때문이지요. 심오한 진리를 추구하는 사람들이 한곳에 모이면 훨씬 강한 능력을 발휘할 수 있기 때문에 이 학교에 들어온 겁니다.

그제야 모든 것이 이해되었다. 무언가가 존재한다는 느낌은 나도 잘 안다. 물리학의 역사는 바깥 세계에 우리가 모르는 무언가가 존재한다는 사실을 이론과 실험으로 규명해 온 '발견의 역사'라 해도 과언이 아니다. 가끔은 새로 발견된 것이 심하게 낯설고 기이해서, 현실 세계에 대한 기존의 이해 방식을 송두리째 갈아엎은 적도 있다. 현재의 이론이 방대한 양의 데이터를 제아무리 정확하게 설명한다 해도, 새로운 사실이 발견되면 얼마든지 뒷전으로 밀려날 수 있다. 이것은 역사가 증명하는 사실이며 앞으로도 여러 번 반복될 것이다. 그러나 새로운 무언가를 발견하기 위해 일부러 낯선(또는 희한한) 방법을 동원하는 것은 별로 좋은 생각이 아니다. 물리학 분야에서 새로운 발견은 거의 예외 없이 수백 년 동안 갈고 닦아 온 전통적 방법을 통해 이루어졌다. 과학 연구의 기초는 누가 뭐라 해도 수학과 실험이다. 이것은 동료나 후배에게 과학적 지식을 전수하는 수단이자 '숨은 진리를 찾는 능력이 입증된' 유일한 도구이기도 하다.

나는 상식에서 벗어난 주장도 제법 귀담아듣는 편이다(항간에서는 물리학자라고 하면 흔히 '자신의 지식 세계에 갇힌 고리타분한 학자'를 떠올리지만, 사실은 그 반대인 경우가 훨씬 많다). 트럼프 카드를 보지 않고 무늬와 숫자를 알아맞히는 실험에서 누군가가 무작위보다 훨씬 높은 확률로 성공했다거나, 누군가가 고대에 살았던 사람과 소통했음을 보여 주는 확고한 증거가 있다면 나는 당연히 관심을 가질 것이다. 아니, 관심 정도가 아니라 현재 쓰고 있는 논문을 뒤로 젖혀 놓고 새로운 데이터를 분석하는 데 몰입할 것이다. 그러나 기존의 과학 이론이나 상식에 위배되는 주장을 펼치면서 이를 뒷받침할 만한 데이터가 없고 앞으로 나올 가능성도 없다면 나는 관심을 갖지 않을 것이다. 나뿐만 아니라 다른 과학자들도 마찬가지다.

이 시점에서 떠오르는 질문이 하나 있다. 우주를 창조하고, 우리의 기도에 반응하고, 우리의 모든 언행을 감시하고, 결과에 따라 상벌을 내리는 전지전능한 존재를 믿을 만한 근거가 있는가? 이 질문에 답하려면 '믿음'이라는 개념을 좀 더 구체적으로 정의해야 한다.

믿음과 신뢰, 그리고 가치

나에게 "신의 존재를 믿습니까?"라고 묻는 사람들 중 대부분은 '믿음'이라는 단어의 의미를 양자역학에 대한 나의 '믿음'과 같은 의미라고 생각하는 경향이 있다. 가끔은 "양자역학을 믿는 것처럼 신을 믿습니까?"라고 직설적으로 묻는 사람도 있다. 내가 양자역학을 믿는 이유는 이론과 실험이 정확하게 일치하기 때문이다. 예를 들어 전자의 자기쌍극자모멘트^{magnetic} dipole moment는 이론으로 계산된 값과 실험실에서 측정한 값이 소수점 이하 9번째 자리까지 정확하게 일치한다. 그러나 신에 관해서는 정확한 데이터가 부족하기 때문에 양자역학만큼 신뢰가 가지 않는다. 모름지기 신뢰란 주어진 증거를 냉정하게 판단함으로써 생기는 것이다.

물리학자는 데이터 분석 결과를 발표할 때, 이미 검증된 수학적 논리를 이용하여 신뢰도를 숫자로 명시한다. "무언가를 새롭게 발견했다."고 주장하려면 신뢰도의 수치가 수학적 임계값을 넘어야 한다. 좀 더 구체적으로 말해서, 통계로부터 얻은 결과가 틀릴 확률이 350만분의 1을 넘지 않아야 무언가를 발견했다고 주장할 수 있다(임의로 정한 값이 아니라, 통계이론에 입각하여 결정한 수치다). 물론 이 조건을 만족한다 해도 새로운 발견이라는 보장은 없으며, 후속 실험에서 얻은 데이터에 따라 신뢰도는 얼마든지 달라질 수 있다. 이 경우에도 달라진 정도를 결정하는 기준은 단연 수학이다.

물론 일상적인 경험에 이런 엄밀한 기준을 적용하는 사람은 없겠지만, 우리가 갖고 있는 대부분의 믿음은 이와 비슷한 분석 논리를 통해 얻어진 것이다. 한 가지 예를 들어 보자. 지금 우리는 철수와 영희를 연인 사이로 추정하고 있다. 두 사람의 행동을 계속 관찰해 보니 서로 생일을 챙겨 주고 어려울 때마다 나서서 돕는 것이 아무래도 연인 사이가 맞는 것 같다. 그런데 호적등본을 떼어 보니 두 사람은 남매지간이었다. 우리의 분석 방법이 잘못된 것일까? 아니다. 그냥 기존의 평가를 철회하고 새로운 데이터에 기초하여 동일한 분석을 계속하면 된다. 우리는 이런 과정을 반복하면서 자연의 진정한 특성에 대한 믿음을 키워 왔다. 물론 반복적인 분석이 항상 옳은 결과로 귀결되는 것은 아니다. 우리의 두뇌는 복잡한 처리 과정을 거쳐 다양한 믿음을 양산해 왔지만, 그 믿음이 항상 진실과 일치하는 쪽으로 진화하지는 않았다. 진실을 파악하는 것보다 중요한 것이 바로 '생존'이었기에 우리의 두뇌는 생존에 유리한 믿음을 낳는 쪽으로 진화했다. 자연에서 살아남는 것이 최고의 목표라면 진실과 믿음이 반드시 일치할 필요는 없다. 우리 조상들이 숲속에서 바스락거리거나 윙윙거리는 소리의 근원을 일일이 추적했다면, 대부분이 '신의 목소리'가 아니라 별 의미 없는 잡음이었음을 깨달았을 것이다. 그러나 이런 식의 과도한 분석은 생존에 별 도움이 되지 않는다. 신중한 평가보다 빠른 판단이 유리한 경우가 압도적으로 많았기 때문에, 우리의 두뇌는 수만 세대를 거치면서 '정확한 이해'보다 '빠르고 간단한 이해'를 선호하는 쪽으로 진화해 왔다. 진실은 믿음을 주제로 한 드라마에서 당연히 주인공으로 등장하지만, 생존과 번식의 드라마에서는 단역에 불과하다.

생존과 번식을 주제로 한 드라마에서 중요한 역할을 하는 배역이 또 하나 있다. 바로 사람의 마음을 뒤흔드는 '감정'이다. 찰스 다윈은 1872년에 출간한 그의 저서 《인간과 동물의 감정표현The Expression of the Emotions in Man and Animals》에서 "인간의 감정은 문화적 적응이 아닌 생물학적 적응과정의 산물"이라고 주장했다(자연선택을 최초로 주장했던 《종의 기원On the Origin of

Species》은 1859년에 출간되었다). 그는 자신의 아이들을 자세히 관찰하고, 많은 사람들을 대상으로 설문조사를 하고, 오랜 시간 동안 여러 문화권을 여행하면서 수집한 데이터를 분석하여 흥미로운 결론을 내렸다. 그중 하나는 인종에 상관없이 모든 인류가 즐거울 때 웃고 창피할 때 얼굴을 붉힌다는 것이다(그래서 말이 통하지 않는 사람들끼리도 얼굴 표정을 보면 상대방의 마음 상태를 대충 짐작할 수 있다). 다윈의 연구를 계승한 학자들은 그 후로 150년 동안 감정과 적응의 상관관계와 감정을 유발하는 신경계를 집중적으로 연구해 왔다. 이들의 주장에 의하면 가장 중요한 감정은 '두려움'이다. 갑자기 닥쳐 온 위험을 피하려면 가능한 한 신속하게 대처해야 하는데, 이것을 가능하게 만들어 준 일등 공신이 바로 두려움이었다. 무력한 아이들을 돌보는 부모의 사랑도 생존과 종족 유지에 반드시 필요한 감정이었을 것이다. 그 외에 집단에서 개인의 행동을 제어하는 당혹감, 죄책감, 창피함 등의 감정은 집단의 규모가 커진 후에 나타난 것으로 추정된다.[32] 여기서 우리가 주목할 점은 적응압adaptive pressure*이 언어와 스토리텔링, 신화, 의식, 예술, 과학뿐만 아니라 우리의 감정까지 낳았다는 것이다. 이처럼 인간의 감정은 진화의 역사와 밀접하게 얽혀 있다. 그리고 믿음은 생존력을 키우는 와중에 합리적 분석과 감정적 반응이 복잡하게 섞이면서 나타난 결과다.[33]

또한 우리의 믿음은 정치적 힘과 사회적 분위기, 그리고 원색적인 이기심에도 영향을 받는다. 어린 시절의 믿음은 부모의 영향이 절대적이다. 엄마와 아빠가 옳다고 한 것은 무조건 옳다. 리처드 도킨스Richard Dawkins**의 말

---

* 생명체가 환경에 적응해 나가면서 나타나는 진화적 경향.
** 《이기적 유전자(The Selfish Gene)》의 저자.

대로 자연선택은 자녀에게 생존에 유리한 정보를 제공하는 부모를 선호하기 때문에, 부모가 자녀에게 하는 말은 진화적으로 의미가 있다. 아이가 자라서 성인이 되면 조사, 토론, 독서, 그리고 다양한 도전을 통해 자신만의 믿음을 갖게 되지만, 이것도 기존의 사상이나 다른 사람의 믿음에 영향을 받아 종종 한쪽으로 편향된다. 또한 많은 사람들은 스승이나 지도자, 친구, 직장 상사, 성직자 등 '절대적으로 신뢰할 수 있는 사람들'의 목록을 갖고 있다. 그럴 수밖에 없다. 이 세상 그 누구도 수천 년 동안 쌓여 온 지식을 혼자서 재발견하거나, 그것이 옳다는 것을 증명할 수는 없기 때문이다. 언젠가 나는 과거로 되돌아가 여러 교수님들 앞에서 박사 학위 논문을 심사 받는 악몽을 꾼 적이 있는데, 심사위원 중 한 사람이 낮은 소리로 킬킬대며 말했다. "이봐, 아직도 모르겠나? 양자역학의 법칙을 입증했다는 실험들은 죄다 조작된 거야!" 내가 하늘같이 믿어 왔던 위대한 물리학자들과 연구 동료들이 모두 한통속이 되어 나 한 사람을 놀려 왔다는 것이다. 실제로 그럴 가능성은 없겠지만, 사실 양자역학의 타당성을 증명한 실험 중 내가 직접 확인한 것은 극히 일부에 불과하다. 그러므로 당신은 내가 양자역학을 아는 것이 아니라 '믿는다'고 주장할 수도 있다.

양자역학에 대한 나의 믿음은 수십 년 동안 직접적인 경험을 통해 쌓인 것이다. 그동안 나는 물리학자들이 신중하게 데이터를 수집하고, 가혹할 정도로 가정을 검증하고, 우주적 표준에 맞지 않는 것을 가차없이 폐기하는 모습을 수없이 목격해 왔다. 그러나 이런 노력에도 불구하고 역사적 우연이나 인간의 편향된 감정이 끼어 드는 경우도 있다. 양자역학의 결과를 해석하는 방법 중 하나인 코펜하겐 해석Copenhagen interpretation은 1920년대에 물리학계에서 가장 영향력이 컸던 몇 사람에 의해 정설로 자리 잡게 되었다. 자세한 내용은 나의 전작인 《멀티유니버스The Hidden Reality》에 나와 있으니 참고하기 바란다. 만일 양자역학을 개발한 주역이 코펜하겐 학파가 아니라 다른 인물이었다면, 물리학의 기본 형식은 그대로 유지되었겠지만 결과를 해석하는 관점은 크게 달라졌을 것이다. 과학은 지속적인 연구와 보정작업을 거치면서 객관적 진실에 조금씩 다가가고 있다. 한 세대에 진리로 통하던 것이 다음 세대에 완전히 폐기될 수도 있고, 더 큰 밑그림의 일부로 판명될 수도 있다. 이것이 바로 과학의 매력이다. 그러나 합리적 이론을 구축하여 실험을 통해 검증될 때까지는 꽤 많은 시간이 소요된다.

무질서하고, 혼란스럽고, 감정에 치우친 인간 세상에서 다양한 믿음이 혼재하는 것은 별로 놀라운 일이 아니다. 개중에는 과학에 기반을 둔 믿음도 있고, 개인이나 집단의 권위에 의존하는 믿음도 있으며, 직접, 또는 간접적인 강요에 의해 유지되는 믿음도 있다. 그 외에 오래된 전통을 맹목적으로 따르는 집단도 있고, 자신의 직관을 신뢰하는 사람도 많다. 그리고 마음속 깊은 곳에 은밀하게 숨어 있는 정보 처리 센터에서 위에 열거한 믿음을 다양한 방식으로 조합하여 자신만의 믿음을 만들어 내기도 한다. 게다가 우리 내면에는 서로 상충되는 믿음을 방지하거나 하고 싶은 행동을 억제하는 장치도 없다. 나 역시 가끔은 이미 세상을 떠난 사람이나 전능한 존재를 떠올리며 일이 잘 풀리게 해달라고 기원할 때가 있다. 이런 것은 세상에 대한 나의 믿음에 부합되지 않지만, 소원을 빌고 나면 마음이 한결 편안해진다. 사실 과학적 논리를 잠시나마 벗어나는 것 자체만으로도 나에게는 소소한 기쁨이다.

전문 철학자들의 믿음은 철저하게 검증되어야 하지만(겉으로 드러나지 않는 가정의 존재 여부와 추론의 타당성 등), 대부분의 사람들은 무언가를 믿을 때 이런 검증 과정을 거치지 않는다. 물론 과거에 살았던 선조들도 마찬가지였다. 아마도 이것은 적응의 한 방편이었을 것이다. 코앞에 닥친 것만 보는 사람은 바닥난 식량 재고나 은밀하게 다가오는 독거미를 간과하기 쉽다. 사람들은 자신의 믿음이 철저한 검증을 거쳐 형성되었다고 생각하지만, 이로부터 유도된 예측은 틀리는 경우가 훨씬 많다. 파스칼 보이어의 말대로, "우리는 초자연적 존재가 마음속에 거주한다고 가정하고 있지만, 결정을 내리는 과정에서 그런 존재를 수용할 수도, 거부할 수도 있다". 그러나 이런 개념은 두뇌의 다양한 추론 센터(초월적 존재를 감지하는 기능, 마음의 이론, 관계의 추적 등)를 자극하고, 이 부위는 진화를 겪으면서 인지 가능한 수준에서 자체진단을 내리도록 훈련되었기 때문에, 초자연적 존재에 대한 '합리적 판단'은 개인적 사고의 한계 안에서 왜곡될 가능성이 높다.[34]

믿음이라는 개념이 적용되는 방식도 시대에 따라 변한다. 캐런 암스트롱이 말한 대로, 고대 엘레우시스 신비 의식Eleusinian Mysteries을 행하는 사제들에게 "당신들은 페르세포네Persephone*가 하데스에게 납치되었다가 매년 8개월씩 땅 위로 풀려난다는 신화를 믿습니까?"라고 묻는다면 몹시 난처한 표정을 지을 것이다.[35] 이것은 "겨울이 온다는 것을 믿습니까?"라는 질문과 비슷하다. 당신은 이렇게 답할 것이다. "그것은 믿고 안 믿고의 문제가 아닙니다. 계절은 그냥 거기 있는 거니까요." 암스트롱의 생각도 이와 비슷하다. "주변 어디를 둘러봐도 삶과 죽음은 불가분의 관계임이 분명하다. 대지大地도 계절에 따라 삶과 죽음을 반복하고 있다. 그러므로 우리의 조상들도 페르세포네의 여행을 자연스럽게 받아들였을 것이다."[36] 신화는 믿음을 강요하지 않으며, 이미 갖고 있는 믿음을 위협하지도 않는다. 신화의 시적詩的이

---

* 제우스와 데메테르(대지의 여신) 사이에서 태어난 딸. 죽은 자들의 신인 하데스에게 납치되었다가 어렵게 풀려났으나, 하데스의 계략에 넘어가는 바람에 1년 중 1/3은 지하 세계에서 하데스의 아내로 살고, 나머지 2/3는 땅 위로 올라와 어머니와 함께 살게 되었다. 페르세포네가 지하 세계에 머무는 기간이 사계절 중 겨울에 해당한다.

면서 은유적인 서사는 그 안에 표현된 현실과 불가분의 관계에 있다.

자연 언어도 오랜 세월 동안 이와 비슷한 과정을 거치면서 발전했을 것이다.[37] 창의적인 표현으로 내용을 강조하기 위해, 화자[話者]는 문장 곳곳에 은유를 뿌린다. 이것도 일종의 은유법인데, 아마 대부분의 독자들은 눈치채지 못했을 것이다. '뿌린다'는 스튜에 소금을 뿌리거나 페이스트리에 설탕을 뿌릴 때 쓰는 말이다. 그러나 내가 사용한 은유는 너무나도 진부한 기법이어서, 위의 문장을 읽으며 '방금 요리한 문장 곳곳에 은유적 표현을 소금 뿌리듯이 뿌리는 손'을 상상하는 사람은 없다. 최초의 은유는 매우 참신한 시도여서 많은 사람들의 심금을 울렸겠지만, 시간이 지날수록 은유가 과도하게 남용되면서 은유법 특유의 설득력이 점차 증발하여(사실 증발하는 것은 물이지, 설득력이 아니다) 무미건조한 기법이 되었다(맛이 없고[無味] 마른 것[乾燥]은 음식이지, 기법이 아니다). 누군가가 '증발'이나 '무미', 또는 '건조'라는 단어만 제시하면 대부분의 사람들은 문자 그대로 사전적 의미를 떠올린다. 신화와 종교적 개념도 이와 비슷한 과정을 거쳤을 것이다. 처음에는 시적인 표현과 은유로 가득 찬 이야기였는데, 오랜 세월이 흐르면서 은유에 담긴 의미와 시적인 감성이 거의 사라지고 문자만 남은 꼴이다.

내가 이런 식의 사전적 해석에 익숙해졌다는 것은 다른 신이 존재할 수도 있음을 인정한다는 뜻이다. 이 세상 어느 누구도 이 가능성을 무시할 수 없다. 신의 위력이 수학으로 서술되는 자연의 법칙에 아무런 영향도 주지 않는다면, 그 신은 우리가 얻은 관측 결과와 양립 가능하다. 그러나 단순히 '양립할 수 있는 것'과 '추가 설명을 제공하는 것' 사이에는 엄청난 차이가 있다. 우리가 아인슈타인의 장방정식과 슈뢰딩거의 파동방정식, 다윈과 월리스의 진화론, 왓슨과 크릭의 DNA 이중나선 등 과학적 발견에 의존하는 이유는 이들이 관측 결과와 양립할 수 있기 때문이 아니라(물론 관측 결과와 정확하게 일치한다), 관측 결과를 예측하고 설명할 수 있기 때문이다. 종교의 교리는 이런 능력을 갖고 있지 않다. 물론 신자들은 교리의 가치를 이런 기준으로 판단할 수 없다고 주장할 것이다. 그들은 경전을 사전적으로 해석하는 관점을 고수하기 때문에 과학과 동일선상에서 평가되기를 거부한다. 그러나 사전적 의미로 해석된 교리가 이미 확립된 과학 법칙에 위배된다면, 그 교리는 거짓이다. 더 이상 긴 말이 필요 없다. 그럼에도 불구하고 사전적 해석을 고집하는 것은 람타의 존재를 사실로 인정하는 것이나 마찬가지다.

그러나 입에 맞는 해석이나 사전적 해석을 포기하고, 불쾌감을 주거나 시대에 뒤떨어진 요소를 무시하고, 모호한 내용을 시적이나 상징적인 표현, 또는 지어낸 이야기로 해석하면 경전과 (람타를 포함한) 교리는 완전히 논리적인 서술이 될 수 있다. 우리가 이런 쪽으로 끌리는 데에는 여러 가지 이유가 있다. (1) 종교의 초자연적 존재나 형이상학적 주장에 얽매이지 않으면 더 크고 충만한 이야기 속에서 펼쳐지는 우리의 삶을 바라보며 즐거움과 편안함을 느낄 수 있고, (2) 종교적 이야기를 '인간이라면 반드시 갖춰야 할 조건'의 은유적 표현으로 이해하면 굳이 신자가 아니어도 경전을 읽는 데 가치를 부여할 수 있으며, (3) 특정 종교의 교리와 과학을 조화롭게 연결하는 해석 체계를 개발하는 것도 흥미로운 도전이 될 것이다. 이뿐만이 아니다. (4) 세상에 대한 신성한 느낌에 '합리성을 훼손하지 않으면서 경험을 확장시켜 주는' 또 하나의 층을 추가하는 것도 보람 있는 일이고, (5) 종교 단체를 지원하고 결속력을 강화함으로써 우리도 이득을 볼 수 있으며, (6) 종교 의식에 참여하여 자신의 삶에 신성함을 더하고, 유서 깊은 전통과 나를 연결해 주는 신성한 날을 되새김으로써 감정적 풍요로움을 만끽할 수 있다. 이렇게 다양한 방법으로 종교 활동에 참여하면 삶에 새로운 의미가 부여되면서 더욱 풍성해질 것이다. 경전의 내용을 문자 그대로 믿을 필요도 없다. 위에 열거한 것은 경전의 사실 여부에 상관없이 그 가치를 인정하는 행동이기 때문이다.

100여 년 전에 미국의 철학자 윌리엄 제임스가 종교적 경험에 대하여 진솔하고 날카로운 분석을 내놓았는데, 그의 관점은 의식과 물리학에 대한 달라이 라마의 관점과 일맥상통하는 부분이 있다. 제임스는 과학이 객관적이고 비인간적인 방법으로 자연에 접근하고 있지만, 이 작업을 수행하는 주체는 개인의 내면 세계임을 강조했다(내면에서 느끼는 것은 물리 법칙이 아니라 자연 현상의 아름다움과 두려움, 동트는 새벽과 무지개의 '약속', 천둥의 '목소리', 여름에 내리는 비의 '온화함', 별들의 '웅장함' 등이다[38]). 데카르트가 그랬던 것처럼, 제임스도 내면의 경험이 우리가 겪을 수 있는 유일한 경험이라고 믿었다. 과학은 객관적 현실을 추구하지만, 우리는 오직 마음이라는 주관적 과정을 통해 현실을 접할 수 있다. 따라서 우리가 말하는 '객관적 현실'이란 주관적인 마음의 산물인 셈이다.

그러므로 종교적 수련(여기서는 '영적 수련'이라는 말이 더 어울린다)을 '주관적 경험에 기초하여 내면 세계로 떠나는 여행'이라고 생각하면, 교리와 객관적 현실이 일치하는지의 여부는 부차적인 문제가 된다.[39] 종교적, 또는 영적인 가치를 탐구할 때에는 바깥 세계의 특성을 증명하는 데 연연할 필요가 없다. 제임스가 말한 아름다움과 두려움, 약속과 목소리, 그리고 온화함과 웅장함에서 선과 악, 경이로움과 불안함, 외경심과 감사하는 마음에 이르는 모든 것이 내면 세계에서 탐험을 기다리고 있다. 자연에 존재하는 입자를 아무리 열심히 관찰하고 자연의 수학 법칙을 아무리 열심히 쫓아가도 이런 개념에는 도달하지 못한다. 여기 도달하려면 특정 입자들이 특정한 배열로 모여서 생각하고, 느끼고, 추론하는 능력을 획득해야 한다.* 융통성이라곤 눈곱만큼도 찾아볼 수 없는 물리 법칙의 통제하에서 이런 입자 배열이 존재할 수 있다는 것은 정말 놀랍고도 다행스러운 일이 아닐 수 없다.

대부분의 종교는 역사가 오래되었다. 이것은 매우 중요한 사실이다. 지난 수천 년, 또는 수백 년 동안 수많은 사람들이 종교적 수행을 실천하면서 의식를 치르고, 이 세상에서 자신의 위치를 확립하고, 도덕심을 키우고, 예술적 영감을 떠올리고, 죽음을 초월한 이야기의 일부가 되고, 죽음이 끝이 아님을 되새기고, 가혹한 징벌을 두려워하고, 치열한 전쟁을 치르고, 죄인을 가두거나 죽이는 행위를 정당화해 왔다. 개중에는 좋은 것도, 나쁜 것도, 소름끼치는 것도 있지만, 이 모든 것들이 종교적 전통을 유지하는 데 중요한 역할을 해왔다. 종교는 물질계의 과학적 특성을 증명하는 데 별다른 실마리를 제공하지 않지만 일부 독실한 신자들은 종교를 통해 삶의 일관성을 간파하고, 거대한 이야기 안에서 친근함과 진귀함, 기쁨과 고통을 느꼈다. 이런 전통이 있기에, 세계적으로 널리 퍼진 종교는 신도들에게 시대를 초월한 동질감을 안겨 줄 수 있는 것이다.

나는 유태인 가정에서 태어나 유태인으로 자랐다. 우리 가족은 주일마다 예배에 참석했고, 나는 히브리 주일학교에 다녔다. 매년 신입생이 들어올 때마다 선생님은 모든 학생들에게 히브리어 알파벳을 처음부터 다시 가르쳤는데, 이미 히브리어에 익숙해진 나는 구석 자리에 조용히 앉아 만화책을 읽는 기분으로 구약 성서를 뒤적이곤 했다. 이미 다 아는 히브리어 알파벳을 반복해서 배우는 게 지루하여 부모님께 불평을 늘어놓기도 했지만, 사실 나는 사무엘과 압살롬, 이스마엘, 욥 등 성서에 나오는 인물의 모험담

---

* 인간의 두뇌만이 위와 같은 개념을 떠올릴 수 있다는 뜻이다.

에 커다란 흥미를 느꼈다. 성인이 된 후에는 공식 행사에 참여하는 빈도수가 줄어들면서 교회와 서서히 멀어졌다가 옥스퍼드대학교 박사과정 학생 때 잠시 쉴 기회가 생겨 이스라엘로 여행을 떠났다. 그런데 그곳에서 한 열성적인 랍비rabbi*가 예루살렘 거리를 배회하는 젊은 미국인 물리학자(나)를 보고 "당신처럼 우주의 기원을 연구하는 사람들이 있다."며 탈무드 학자들이 있는 곳으로 데려갔다(사실은 반 강제로 끌고 갔다). 영문도 모르는 채 사원으로 끌려온 20대 중반의 젊은 학생은 팔과 머리에 유대교 전통의 테필린tefillin**을 둘렀다. 랍비는 이 모든 상황이 신의 뜻이 실현되는 현장이고, 학생은 그곳으로 끌려올 수밖에 없는 운명이라고 확신했지만, 그 불쌍한 학생은 아무런 확신도 없는 상태에서 반 강제로 끌려갔을 뿐이었다. 그는 머리와 팔에 두른 가죽끈을 풀고 사원을 나온 후에야 비로소 안도의 한숨을 쉴 수 있었다.

그 후 우리 아버지가 돌아가셨을 때 유태교 사제들이 한동안 매일같이 우리 집에 와서 카디쉬Kaddish***를 읊었는데, 깊은 상심에 빠진 나에게 커다란 위안이 되었다. 나의 부친은 생전에 별로 종교적인 사람이 아니었는데도 세상을 떠난 후 수천 년 동안 이어져 온 유대고 전통에 흡수된 것이다. 사제들이 아람어****로 읊는 기도문은 알아들을 수도 없었고, 굳이 번역을 하고 싶지도 않았다. 중요한 것은 기도문의 내용이 아니라, 나의 믿음이 잠시나마 유대교의 전통과 연결되었다는 점이다. 그것은 나에게 주어진 위대한

---

* 유대교의 율법교사.
** 유대인 아이들이 열두 살이 되어 성년의례를 치를 때 토래[모세오경]을 암송하면서 착용하는 가죽 끈.
*** 죽은 사람을 위한 유태인들의 기도문.
**** 고대 시리아어.

유산이다. 그리고 나는 그 의식을 통해 종교의 장엄함을 피부 깊숙이 느낄
수 있었다.

8장

본능과 창조력

신성함에서 숭고함으로

신성함에서 숭고함으로

1824년 5월 7일, 비엔나의 케른트너토르 극장Theater am Kärntnertor 중앙 무대에 루트비히 판 베토벤Ludwig van Beethoven이 등장했다. 자신의 아홉 번째이자 마지막 교향곡이 관객들 앞에서 처음으로 연주되는 날이었기 때문이다. 그가 무대에 서본 지도 어언 12년이 흘렀다. 공연 안내문에는 베토벤이 보조 역할만 한다고 적혀 있었으나, 객석이 청중으로 가득 찬 광경을 보고 그는 더 이상 참을 수가 없었다. 교향악단의 제1바이올리니스트였던 요제프 뵘Joseph Böhm은 이날 베토벤의 모습을 다음과 같이 묘사했다. "지휘대에 오른 그는 거의 미친 사람 같았다. 숨을 한껏 들이마시며 몸을 있는 대로 뻗었다가 곧바로 바닥에 엎어질 듯이 웅크리기를 수없이 반복했다. 마치 모든 악기를 그가 직접 연주하고 모든 노래를 혼자 부르는 것처럼, 시종일관 팔과 다리를 정신없이 흔들었다."[1] 사실 얼마 전부터 베토벤은 이명증을 심하게 앓아 오다가(짐승이 으르렁거리는 소리가 수시로 들렸다고 한다), 공연 당일에는 청력을 거의 잃은 상태였다. 그래서 교향악단이 마지막 피날레음을 장엄하게 마무리한 후에도 이미 박자를 놓친 베토벤은 열정적으로 팔을 휘저었고, 그 모습을 보다 못한 콘트랄토contralto* 가수가 앞으로 걸어 나와 베토벤의 옷소매를 조심스럽게 붙잡고 청중들을 향해 돌려세웠다. 천상의 음악에 감동하여 환호성을 지르며 손수건을 흔드는 청중들. 베토벤은 조용히 눈물을 떨구었다. 나는 정말로 궁금하다. 작곡 과정에서 오직 자신의 마음으로만 들었던 소리가 수많은 사람들에게 감동을 선사하리라는 것을 그는 어떻게 미리 알 수 있었을까?

신화와 종교에는 우리 조상들이 이 세상을 '여럿이 함께 이해해 온' 역사가 담겨 있다. 의식儀式과 믿음이 반영된 전통은 우리에게 지금까지의 여정을 설명하고 앞으로 더 나아가도록 유도하기 위해 그에 걸맞은 '이야기'를 만들어 냈고(개중에는 열정이 담긴 이야기도 있고, 입에 담기 어려울 정도로 무자비한 이야기도 있다), 각 개인은 본능과 창의력을 발휘하여 생존력을 높이면서 집단과 같은 길을 따라갔다. 개인의 생존도 중요하지만, 집단과 융화되어야 자신에게 유리하다는 사실을 깨달았기 때문이다. 인간은 이 여정에서 새롭고 놀라운 방식으로 일관성 있는 현실을 포착하여 문학, 예술, 음악, 그리고 과학을 창조했고, 이를 통해 자신의 감각을 재정립하고 세상과 나의 관계를 더욱 풍성하게 만들었다. 오랜 세월 동안 조각상을 깎고, 동굴 벽에 그림을 그리고, 이야기를 전수해 온 전통이 비로소 열매를 맺은 것이다.

숭고한 마음(드물긴 하지만 모든 세대에 존재하며, 대부분이 자연으로부터 형성되지만 가끔은 신을 상상하다가 떠올리는 경우도 있다)은 초월적 존재를 표현하는 새로운 방법을 개발했고, 이들의 창조적 여정은 유도誘導나 검증

---

* 가장 낮은 여성 음역.

을 초월한 진실을 표현함으로써 '자신이 직접 겪지 않는 한 침묵을 지키는' 인간의 본성에 목소리를 부여했다.

창조

인간의 생존 기술 중 가장 중요한 것은 패턴을 인식하는 능력이다. 앞에서 여러 번 강조한 바와 같이 우리는 패턴을 관찰하고 경험하면서 새로운 것을 배운다. 당신이 나를 한 번 속였다면 당신은 짓궂은 사람이고, 두 번 속이면 (다소 섣부른 판단이긴 하지만) 나에게 문제가 있을지도 모른다. 그러나 이런 일이 세 번, 네 번 반복되면 내가 잘 속는 사람임이 분명하다. 패턴에서 무언가를 배우는 것은 생존에 반드시 필요한 능력으로, 진화를 통해 우리의 DNA에 각인되어 있다. 어느 날 외계인이 지구를 방문한다면 그들의 생화학은 우리와 다를 수도 있지만, 지구인의 개념을 이해하는 데에는 별 어려움이 없을 것이다. 그들도 패턴 인식 능력을 통해 그들의 행성에서 살아남았을 것이기 때문이다.

그러나 외계인은 우리가 중요하게 여기는 패턴을 보고 크게 당황할 수도 있다. 지구의 예술가들은 하얀 캔버스에 특정 색상의 물감을 칠하고, 대리석 덩어리에서 특정 부위를 쪼아 내고, 공기 분자의 진동을 유발하여 특정한 소리를 만들어 낸다. 그리고 우리는 이런 패턴을 보거나 들으면서 자신이 미처 상상하지 못했던 현실을 느낀다. 짧은 시간 동안 마치 자신이 다른 세계로 이동한 듯한 착각이 들 정도다. 외계인도 그들의 행성에서 이와 비슷한 경험을 했다면 우리가 하는 말을 이해할 것이다. 그러나 지구인이 이런 창조적 작품을 감상할 때 내면에 떠오르는 느낌을 설명하면 그들은 어안이 벙벙해질 수도 있다.

예술적 표현에 당황한 외계인은 지구인이 그런 작품을 직접 창조한다는 사실에 더욱 놀랄 것이다. 텅 빈 종이와 깨끗한 캔버스, 가공되지 않은 대리석 덩어리, 점토 뭉치, 작곡가의 영감 어린 교향곡이나 노래, 또는 춤을 기다리는 텅 빈 악보들… 모든 예술 작품은 이런 것에서 탄생한다. 지구인 중 일부는 무형無形에서 형태를 만들어 내기 위해, 또는 침묵에서 소리를 만들어 내기 위해 밤낮을 가리지 않고 깊은 사색에 잠긴다. 상상 속의 비전과 시공간의 패턴을 구현하기 위해 삶의 모든 에너지를 투여하는 것이다. 다른 사람들이 자신의 결과물을 보고 감탄을 자아내건, 혐오감을 느끼건, 또는 아예 무시하건, 그런 것은 상관없다. 그들은 결과물보다 창조 과정에 더 많은 가치를 부여한다. 독일의 철학자 프리드리히 니체Friedrich Nietzsche는 "음악이 없다면 삶은 오류로 남았을 것"이라고 했고,[2] 노벨 문학상을 수상한 아일랜드 출신의 극작가 조지 버나드 쇼George Bernard Shaw는 "예술이 없다면 현실은 너무나 천박하고 상스러워서 견딜 수 없을 것"이라고 했다.[3] 그런데 대체 무엇이 우리의 상상력을 자극하는 것일까? 상상을 펼치는 본능이 자연선택을 통해 주어졌을까? 아니면 그 오랜 세월 동안 생존과 번식에 별 도움이 되지 않는 예술에 귀중한 시간과 에너지를 투입해 온 것일까?

우리는 아무런 사전 협의 없이 이 세상에 던져졌다. 일단 태어나면 좋건 싫건 죽는 날까지 자신의 삶을 살아야 한다. 이 짧은 시간 동안 우리에게 주어진 것, 우리의 정체성이 반영된 것, 그리고 인간이라는 존재에 대한 우리의 느낌이 담긴 무언가를 창조하고 가공하는 것은 정말로 의미 있는 일이다. 우리들 중 대부분은 셰익스피어나 바흐, 모차르트, 반 고흐, 디킨슨, 또는 오키프Georgia O'Keeffe*와 자신을 바꿀 기회가 주어진다 해도 선뜻 나서지 않겠지만, 그들과 같은 창의력을 가질 수 있는 기회가 주어진다면 절대 사양하지 않을 것이다. 내가 만든 작품으로 현실을 조명하고, 세상을 바꾸고, 오랜 세월 동안 변치 않는 경험을 창조한다. 꽤 낭만적인 생각이다. 어떤 사람은 자신을 표현하는 데 억제할 수 없는 충동을 느끼고, 어떤 사람은 자신의 지위와 평판을 높일 기회를 찾는다. 그러나 우리들 중에는 간절한 마음으로 영원을 추구하는 사람도 있다. 키스 해링Keith Haring**은 "예술이란 불멸을 추구하는 행위"라고 했다.⁴

상상 속에 떠오른 작품을 창조하고 소비하는 것이 인류의 역사에서 최근에 추가된 습성이거나 아주 드물게 일어난 사건이었다면, 예술 작품에는 진화를 통해 획득한 인간의 보편적 특성이 반영되지 않았을 것이다. 예를 들어 누군가가 종의 바닥면이나 바나나 튀김을 만들었다면, 그 역사적 기원을 알아내기 위해 문헌을 아무리 뒤져도 건질 것이 별로 없다. 그러나 고고학적 증거에 비춰 볼 때, 우리 선조들이 오랜 세월 동안 노래하고, 춤추고, 곡을 만들고, 그림을 그리고, 조각하고, 글을 써 왔다는 것은 분명한 사실이다. 7장에서 언급된 벽화와 매장지는 3만~4만 년 전에 만들어졌고, 가장 오래된 예술품은 수십만 년 전까지 거슬러 올라간다.⁵ 이런 것은 먹고, 마시고, 출산하는 행위와 달리 생존에 별 도움이 되지 않는다.

현대인의 관점에서 보면 별로 놀라운 일이 아니다. 타인의 영혼을 일깨우거나 눈물을 자아내는 것은 아무나 할 수 있는 일이 아니다. 이런 기회가 주어진다면 어느 누가 마다하겠는가? 그러나 이것은 '단 음식을 좋아하기 때문에 아이스크림을 먹는다'는 설명처럼 피상적이어서, 창조를 향한 일시적 충동이나 즉각적인 반응밖에 설명할 수 없다. 여기서 좀 더 깊이 파고

---

* 미국의 화가.
** 미국의 팝 아티스트.

들어갈 수는 없을까? 우리 조상들은 왜 생존이라는 현실적 과제를 뒤로 미뤄 놓고 상상력을 발휘하는 데 귀중한 시간과 에너지를 투자했을까?

섹스와 치즈케이크

앞에서 고대인의 스토리텔링을 추적할 때에도 위와 비슷한 질문을 제기한 후, 비행 시뮬레이터에 비유하여 답을 찾았었다. 언어를 창의적으로 활용하면 친숙한 관점과 생소한 관점을 두루 섭렵하여, 현실 세계에서 마주치는 다양한 상황에 더욱 적절하게 반응할 수 있다. 우리는 이야기를 하고, 듣고, 만들고, 장식하면서 결말에 신경 쓰지 않고 상상 속에서 여러 가지 가능성을 이리저리 갖고 놀았다. 또한 우리는 '만일~'로 시작하는 길을 따라가면서 이성理性과 환상이 섞인 다양한 가능성을 경험했고, 상상의 세계를 자유롭게 배회하면서 생존에 도움이 되는 '새롭고 민첩한' 사고를 할 수 있게 되었다.

그러나 지금 우리의 주제는 스토리텔링이 아니라 추상적인 예술이므로, 모든 설명을 재검토해야 한다. 고대인이 어렵게 이긴 전쟁담이나 흥미진진한 여행담을 통해 용기와 영웅심을 키웠다는 것은 꽤 그럴듯한 추론이다. 그러나 이들이 홍적세판 에디트 피아프Édith Piaf*나 이고르 스트라빈스키Igor Stravinsky**의 곡을 들으면서 적응력을 키웠다고 주장하는 것은 완전히 다른 이야기다. 원시시대에 음악을 만들거나 듣는 것(또는 그림을 그리거나, 춤을

---

* 프랑스의 가수.
** 러시아의 작곡가.

추거나, 조각상을 만드는 것)과 도전을 극복하는 것 사이에는 커다란 차이가 있다.

다윈은 공작새의 꼬리에서 힌트를 얻어 타고난 예술적 감각과 적응력 사이의 관계를 설명했다. 수컷 공작의 화려하고 큰 꼬리는 포식자의 눈에 잘 뜨일 뿐만 아니라, 포식자를 피해 달아날 때에도 매우 거추장스럽다. 그런데 공작은 왜 이런 비효율적인 꼬리를 갖게 되었을까? 다윈이 제시한 답은 다음과 같다. 수컷 공작의 꼬리는 급박한 상황에서 생존을 위협하는 족쇄일 수도 있지만, 생존 못지않게 중요한 번식 전략의 핵심이었기 때문에 끝까지 살아남았다. 수컷 공작의 꼬리를 좋아하는 것은 사람뿐만이 아니다. 암컷 공작도 수컷의 화려한 꼬리를 좋아한다. 아니, 그냥 좋아하는 정도가 아니라 성적 매력을 느낀다. 따라서 수컷의 꼬리가 크고 화려할수록 암컷과 짝짓기를 할 기회가 많아지고, 여기서 태어난 새끼공작들도 부친의 꼬리를 물려받거나 화려한 꼬리를 선호하는 모친의 성향을 물려받아 유전 전쟁에서 유리한 위치를 점하게 된다. 여기서 말하는 전쟁이란 식량과 안전을 놓고 벌이는 전쟁이 아니라, 번식을 놓고 벌이는 전쟁이다.

공작의 꼬리는 다윈이 주장했던 '성선택sexual selection'의 대표적 사례다. 간단히 말해서, 생명체의 외모나 습성, 또는 신체 능력이 이성의 취향에 가까울수록 번식 기회가 많기 때문에 자신의 유전자를 후대에 전할 확률이 높아진다. 공작이 어릴 때 죽으면 번식을 할 수 없다. 그래서 자연선택은 살아남은 생명체를 선호한다. 그러나 오래 살면서도 이성에게 어필하지 못하여 번식에 실패하면 아무런 보람이 없다. 번식에 성공하려면 살아남는 것만으로는 부족하다. 생명체의 가장 중요한 목적은 후손을 낳는 것이므로, 짝짓기에서 유리한 고지를 점유할 수만 있다면 안전은 어느 정도 포기할 수 있다.[6] 그렇다고 몸을 가누기 어려울 정도로 꼬리가 크면 번식을 하기 전에 포식자에게 먹힐 가능성이 높기 때문에 적정한 한계를 넘지 않아야 한다. 공작이 지금도 생존한다는 것은 그들의 전략이 제대로 먹혀들었다는 뜻이다(커다란 꼬리 때문에 과도한 대가를 치르진 않았지만 공짜는 아니었다. 수컷 공작은 포식자의 눈에 잘 뜨이기 때문에 암컷보다 생존 확률이 낮다). 이와 비슷한 사례는 다른 동물에서도 찾을 수 있다. 흰수염 무희새white-bearded manakin*는 이성의 시선을 끌기 위해 삐걱대는 듯한 춤을 추고, 반딧불이(개똥벌레)는 화려한 조명 쇼를 펼치면서 상대를 최면 상태에 빠뜨린다. 그중에서도 단연 눈에 띄는 것은 호주와 뉴기니에 서식하는 바우어새bowerbird다. 이 새의 수컷은 잔가지를 엮어서 집을 지은 후 낙엽, 조개껍질, 심지어는 사람이 버린 알록달록한 사탕껍질을 모아서 집 주변을 아름답게 장식한다.** 바우어새가 이토록 공을 들이는 이유는 단 하나, 암컷의 관심을 *끄는* 것이다.[7]

다윈은 성선택 원리를 정리하여 1871년에 《인간의 유래와 성선택》이라는 두 권짜리 책으로 출간했으나, 처음에는 별다른 관심을 끌지 못했다. 동물도 미적 감각을 갖고 있다는 주장이 당시 사람들에게 별로 달갑게 들리지 않았기 때문이다.[8] 다윈이 붉은 석양을 바라보다가 문득 시적 감상에 빠져서 새와 개구리를 떠올린 것은 물론 아니다. 그가 제안한 미적 감각은 오직 짝짓기에 초점을 맞춘 개념이었다. 그러나 학자들은 아름다움에 대한 취향을 동물에게 적용한 것이 지나친 비약이라고 생각했다.[9] 다윈의 진화론을 지지했던 영국의 박물학자이자 알프레드 러셀 월리스조차도 "미적 감

---

* 남아메리카에 서식하는 작은 새.
** 바우어(bower)는 '그늘진 정자(亭子)'라는 뜻이다.

각은 모든 동물 중에서 오직 인간만이 갖고 있는 고유한 능력"이라며 성선택 원리를 수용하지 않았다.[10]

인간을 제외한 다른 동물에게 타고난 미적 감각이 없다면, 그들의 화려한 외모와 짝짓기를 할 때 정성을 들여 만드는 아름답고 창의적인 구조물을 어떻게 설명해야 할까? 방법이 있긴 있다. 다시 공작의 꼬리로 되돌아가 보자. 인간은 수컷 공작의 꼬리를 보고 아름다움을 느끼지만, 암컷 공작은 거기에서 중요한 유전 정보를 포착하고 있는지도 모른다. 예를 들어 수컷 공작의 화려한 꼬리가 강인함과 건강의 상징이라면, 그런 수컷과 짝짓기를 하여 낳은 새끼는 아버지를 닮아 튼튼할 가능성이 높다. 그리고 대부분의 동물이 그렇듯이 암컷 공작은 수컷보다 새끼를 낳을 수 있는 횟수가 훨씬 적기 때문에, 건강한 수컷(외모가 화려한 수컷)을 선호하는 쪽으로 진화했을 것이다. 물론 화려한 외모를 유지하려면 남들보다 많은 자원이 소모되지만, 후손을 더 많이 낳을 수 있다면 그 정도 손실은 감수할 만하다.[11] 수컷의 화려한 꼬리털이 강인함과 활력의 상징이라면 그런 수컷과 짝짓기를 한 암컷은 건강한 후손(또는 건강한 수컷을 선호하는 후손)을 낳을 것이고, 이들은 강한 생존력을 바탕으로 유전자를 널리 퍼뜨려서 '공작 세계의 대세'로 자리 잡을 것이다. 성선택의 관점에서 볼 때 아름다움에는 우리가 생각하는 것 이상의 의미가 담겨 있다. 아름다운 외모는 배우자의 우월한 적응력을 입증하는 일종의 자격증인 셈이다.

미적 감각을 기준으로 배우자를 선택하건, 또는 신체적 조건을 보고 선택하건 간에, 이성의 특정한 외모나 행동을 선호하는 성향이 적응력을 키우는 데 정말로 도움이 되었는지는 의문의 여지가 있다. 그러나 위에 제시한 설명은 인간의 보편적인 예술 활동에도 어느 정도 적용되기 때문에, 다윈은 아름다움을 추구하게 된 이유를 성선택 원리에서 찾았다. 그는 신체 곳곳에 피어싱piercing*을 하고 물감으로 채색하는 것이 성선택의 결과이며, 음악도 짝짓기 상대를 부르는 강력한 수단이라고 주장했다. 남들보다 노래를 잘하거나, 춤을 잘 추거나, 멋진 문신을 했거나, 화려한 옷을 입은 남자는 까다로운 여자에게 선택될 확률이 높고, 이들 사이에 태어난 후손은 부모를 닮아 예술적 안목이 높을 것이므로, 여러 세대를 거치다 보면 예술적 안목이 짝짓기의 성패를 좌우하는 중요한 요소로 자리 잡게 된다. 예술적 재능이 뛰어난 소년이 소녀를 만나면 연인으로 발전할 가능성이 높고, 그렇지 않은 소년은 혼자 집으로 돌아올 것이라는 이야기다.

최근 들어 미국의 심리학자 제프리 밀러Geoffrey Miller와 철학자 데니스 듀턴Denis Dutton은 여기서 한 걸음 더 나아가 "인간의 예술적 능력은 안목 있는 여성이 남성을 선택하는 기준"이라고 주장했다.[12] 이들의 논리에 따르면 정교하게 다듬어진 예술 작품과 창조적인 전시, 그리고 에너지 넘치는 공연은 심신이 강인하다는 증거일 뿐만 아니라, 이런 것을 만들어 낸 자신이 생존에 필요한 재능과 자원을 보유하고 있다는 일종의 과시이기도 하다. "나는 생존에 별 도움이 안 되는 예술 활동에 귀중한 시간과 에너지를 낭비할 정도로 남들보다 뛰어난 육체적 능력과 자원을 소유하고 있다!" 이 정도면 이성의 관심을 끌 만하지 않은가(홍적세의 예술가들은 분명히 빈민층에 속했을 것이다)? 이런 관점에서 볼 때 예술 활동이란 재능 있는 예술가들이 눈 높은 여성을 짝으로 영입하는 홍보 수단에 불과하다. 물론 이들 사이에 태어난 후손도 부모의 기질을 물려받아 훗날 짝짓기를 할 때 부모와 비슷한 전략을 펼쳤을 것이다.

---

* 신체의 일부를 뚫어서 장신구로 치장하는 행위.

인간의 예술 활동을 진화론적으로 설명한 성선택 원리는 나름대로 흥미로운 구석이 있지만, 합의보다는 논쟁을 일으키는 경우가 훨씬 많았다. 예술적 재능이 어떻게 강인한 신체와 연결된다는 말인가? 혹시 예술적 재능이 생존에 반드시 필요한 원시적 지능이나 창조력과 관련되어 있어서, 성선택과 무관하게 자연선택에서 살아남은 것은 아닐까? 남성의 예술적 재능이 성선택의 결과라면, 여성의 예술적 재능은 어떻게 설명할 것인가? 가장 큰 문제는 홍적세의 예술 활동과 짝을 구하는 방식이 순전히 추측 단계에 머물러 있다는 점이다. 루시안 프로이트Lucian Freud*와 믹 재거Mick Jagger**는 성적性的인 작품과 이미지로 큰 성공을 거두었지만, 과연 이들이 홍적세에 태어났어도 여성들에게 매력을 발산할 수 있었을까? 영문학자 브라이언 보이드는 이 모든 의문을 다음 한 문장으로 요약했다. "성선택은 예술 활동을 촉진한 원동력이 아니라, 부차적인 요소였다."[13]

인지심리학자 스티븐 핑커는 적응력과 예술의 관계를 완전히 다른 관점에서 서술하여 학계의 관심을 끌었다. 그는 "언어 관련 예술을 제외한 모든 예술은 패턴에 집착하는 인간의 두뇌에 주어진 영양가 없는 디저트에 해당한다."고 주장했다. 이것은 그의 지지자와 반대론자들이 똑같이 인용하는 문구이기도 하다. 핑커는 예술을 치즈케이크에 비유했다. "치즈케이크는 자연에 존재하는 어떤 것과도 다른 자극적 음식이다. 오직 우리의 쾌락회로를 활성화시키려는 목적으로 자극적인 재료만 듬뿍 넣은 것이 바로 치즈케이크다."[14] 그는 예술이 인간의 감각을 인위적으로 자극하기 위해 만들

---

* 독일의 화가. 지그문트 프로이트의 손자로서, 주로 극사실주의적인 초상화와 누드화를 그렸다.
** 록밴드 롤링스톤스(Rolling Stones)의 리드싱어. 60~70년대에 여성들 사이에서 '가장 섹시한 남자'로 유명세를 날렸다.

어진 창조물이라고 주장했다. 치즈케이크가 건강에 도움이 안 되는 것처럼, 예술도 적응에 아무런 도움이 되지 않는다는 것이다. 물론 이런 논리로 예술 자체의 가치를 판단하려는 것은 아니다. 문화적 암시로 가득 찬 핑커의 예리한 논리를 따라가다 보면, 그가 예술에 깊은 애정을 갖고 있음을 어렵지 않게 알 수 있다. 그는 예술의 가치를 비하한 것이 아니라, 특정 분야에서 예술의 역할을 공정하게 평가한 것뿐이다. 고대 세계에서 우리 조상의 유전자 중 매사에 서툴고 노래도 못하는 유전자는 후대에 전해지기 어려웠을 것이다. "예술이 생존에 도움이 안 된다."는 핑커의 주장은 바로 이런 경우를 두고 하는 말이다.

인간이 음식을 구하고, 짝을 찾고, 타인과 동맹을 맺어서 안전을 확보하고, 적을 물리치고, 후손을 가르치는 데 필요한 생물학적 능력을 키워온 데에는 진화가 핵심적 역할을 했다. 적응과 생존 경쟁에서 남들보다 앞선 사람은 자신의 유전자를 후대에 더 많이 전하여 우월한 인종이 대세를 이루었고, 이들의 능력은 누구나 갖고 싶어 하는 선망의 대상이 되었다. 물론 유전자가 중요한 요인이긴 하지만, 우수한 유전자를 물려받지 못한 사람도 후천적인 노력을 통해 비슷한 능력을 획득할 수 있다. 단, 이를 위해서는 모종의 훈련 과정을 거쳐야 하는데, 힘든 훈련을 독려하기 위해 일종의 미끼로 대두된 것이 바로 '즐거움'이었다. 누구든지 힘든 일을 즐거운 마음으로 할 수 있다면 집중하기가 쉬워진다. 그리고 훈련을 통해 생존력을 키운 사람은 번식에 성공할 확률이 높고, 이렇게 태어난 후손들도 비슷한 성향을 물려받았을 것이다. 그러므로 진화 과정에서 즐거움이나 기쁨을 유발하는 행동은 시간이 흐를수록 더욱 굳건해지는 자기 강화형 피드백 회로를 형성하게 된다. 스티븐 핑커는 언제부턴가 예술이 바로 이 피드백 회로에서 벗어나, 독립적으로 쾌락 중추를 자극하는 행위가 되었다고 주장한다. '즐거운 적응'을 위해 탄생했던 예술이 언제부턴가 적응이라는 타이틀을 던져 버리고 오직 즐거움을 창출하는 수단으로 변질되었다는 것이다. 우리는 예술을 좋아하지만, 예술을 경험하거나 직접 창조한다고 해서 적응력이 높아지거나 이성에게 더 매력적으로 보이지는 않는다. 핑커의 관점에 따르면 예술은 정크푸드$^{junk\ food*}$와 비슷하다.

핑커는 적응력과 가장 거리가 먼 예술 장르로 음악을 꼽았다. 그의 주장에 의하면 원래 음악은 고대인의 적응력을 키우기 위해 양념처럼 추가된 부산물이었는데, 지금은 사람들의 귀를 감정적으로 자극하면서 명맥을 유지하는 '청각적 기생충'으로 변질되었다. 그런데도 사람들이 음악을 좋아하는 이유는 과거 한때 음악과 적응력의 간접적인 관계에 대한 기억이 유전자 어딘가에 남아 있기 때문이다. 예를 들어 화성적으로 조화를 이루는 진동수(공통 진동수의 배수에 해당함)는 식별 가능한 하나의 음원을 나타낸다(포식 동물의 성대나 속이 빈 뼈로 만든 무기 등 선형 물체**가 진동할 때 생성되는 음은 음악의 기본 화음을 채워 나가는 경향이 있다). 우리의 선조들 중 잘 조율된 화음에서 남들보다 더 큰 기쁨을 느꼈던 사람들은 소리에 더욱 집중하여 주변 환경에 대한 지식을 더 많이 축적했을 것이다. 그들은 향상된 인지력을 십분 활용하여 생존의 기준을 자기 입맛대로 맞춰서 삶의 질을 높였으며, 청각을 더욱 예민하게 발달시켰다. 천둥소리와 발자국소리, 나뭇가지가 부러지는 소리 등 다량의 정보가 담긴 소리에 민감해진 그들은 주변 환경을 더욱 정확하게 파악할 수 있었고, 청각이 발달한 사람은 그렇지

---

* 패스트푸드처럼 영양가는 낮으면서 미각을 자극하고 열량(칼로리)이 높은 저질음식의 총칭.
** 물체의 크기와 진동수가 비례 관계에 있는 물체.

않은 사람보다 오래 살아남아서 자신의 우월한 생존력을 후대에 퍼뜨릴 수 있었다. 핑커는 음악이 인간의 개선된 청력에 무임승차하여 적응과 무관한 청각적 즐거움을 생산하는 쪽으로 진화했다고 주장했다. 치즈케이크가 고열량 음식에 집착했던 고대의 습성을 인위적으로 자극하는 것처럼, 음악은 정보를 얻기 위해 소리에 민감했던 고대의 습성을 인위적으로 자극한다는 것이다.

　핑커는 죄책감을 동반한 쾌락과 감정을 순화하는 예술 행위를 동일 선상에서 비교했다. 음악을 좋아하는 사람들은 속에서 반감이 끓어오르겠지만, 사실 그의 의도는 예술의 가치를 폄하하는 것이 아니라 예술의 의미를 확장하는 것이었다. 인간의 행동에는 진화론으로 설명되는 부분이 분명히 존재하며, 그 흔적은 우리의 DNA에 깊이 각인되어 있다. 인간의 가장 고귀한 발명품 중 하나인 예술이 생존에 반드시 필요한 요소였다니, 이 얼마나 반가운 소식인가? 그러나 아쉽게도 핑커의 설명이 옳다는 보장은 없고, 생물학적 적응성만으로 가치를 판단할 수도 없다. 다만 인류가 생존이라는 굴레에서 벗어나 오직 상상력만으로 아름다움과 불쾌함, 그리고 비통한 감정을 표현했다는 사실이 놀라울 뿐이다. 중요하다고 해서 반드시 적응에 도움이 되는 것은 아니다. 몇 년 전, 오랜만에 우리 가족이 모여 외식을 한 적이 있다. 당시 체중에 민감했던 우리 어머니는 옆 테이블에서 치즈케이크를 내 오는 종업원을 보고 갑자기 자리에서 일어나 건배를 외치셨다. 그것은 치즈케이크 자체에 대한 찬미와 함께 (핑커의 관점에 의하면) 치즈케이크를 적응 도구로 삼았던 인간의 '현명한' 선택에 바치는 건배였다.

상상과 생존

예술이 환경 적응에 별 도움이 안 된다고 해서 가치가 떨어지는 것은 아니다. 이 점은 전문가와 일반인 구분 없이 누구나 동의할 것이다. 그럼에도 불구하고 다윈주의자들은 예술이 끝까지 살아남은 이유를 진화론적으로 설명하기 위해 연구의 고삐를 늦추지 않았다. 이들의 목적은 예술 활동과 생존의 직접적인 연결 고리를 찾는 것이었다. 인류학자 엘렌 디사나야크 Ellen Dissanayake는 "인류의 역사에서 예술과 종교는 일주일에 한 번쯤 관심을 갖거나, 딱히 할 일이 없을 때 시간을 때우거나, 마음대로 거부할 수 있는 여가 활동이 아니었다."고 주장했다.[15] 벽화를 그리기 위해 깊숙한 동굴 속으로 기어 들어가거나, 격렬하게 북을 치거나, 무아경에 빠져 춤을 추거나 노래를 부르는 등, 예술 활동은 종교와 함께 고대인의 삶과 복잡하게 얽혀 있었다. 생존과 적응에 도움이 되지 않았다면 이 정도로 발전하지 못했을 것이다.

만일 외계인이 구석기시대에 지구를 방문하여 생태계를 둘러본 후 "지금부터 100만 년 후에 어떤 종이 지구를 지배하게 될 것인가?"라는 문제에 내기를 걸었다면, 호모 사피엔스는 순위에서 한참 뒤로 밀려났을 것이다. 그러나 인간은 두뇌와 체력을 집단적으로 활용하여 자신보다 크고, 강하고, 빠르고, 후각-시각-청각이 뛰어난 다른 동물들을 압도했다. 인간이 최종승자가 될 수 있었던 것은 임기응변과 창의력, 그리고 무엇보다도 사회적 생활 방식을 추구한 덕분이었다. 7장에서 우리는 스토리텔링과 종교, 게임 이론 등 사람들을 한곳에 모으는 몇 가지 요인을 다루었지만, 사회화社會化는 막강한 영향력 못지않게 복잡한 현상이어서 하나의 논리로 설명할 수 없다. 인간이 집단을 이루게 된 것은 여러 요인이 복합적으로 작용한 결과다.

디사나야크를 비롯한 여러 학자들은 인간이 친사회적 성향을 갖게 된 주요 원인 중 하나로 예술을 꼽았다.

당신과 내가 같은 일을 하면서 상대방의 감정적 반응을 미리 예측할 수 있다고 확신한다면(의외의 난관에 부딪히거나 새로운 경험을 할 때에도), 서로 협력할 가능성이 높아진다. 이런 분위기를 조성하는 데 가장 효과적인 것이 바로 예술이다. 예를 들어 당신과 나를 포함한 여러 사람들이 음악 행사에 자주 참여하여 에너지 넘치는 리듬과 멜로디에 함께 열광한다면, 마치 같은 공동체에 속한 듯 강한 유대감을 느낄 것이다. 단체로 드럼을 치거나, 노래를 부르거나, 춤을 춰 본 사람은 그 느낌을 잘 알고 있다. 경험이 없다면 한 번 해 볼 것을 강력하게 권한다. 예술을 매개체로 삼아 강렬한 감정을 공유한 사람들 사이에는 일종의 공동체 의식이 형성된다. 이 분야 연구의 선두 주자인 미국의 철학자 노엘 캐럴Noël Carroll은 예술을 "사람들을 문화 활동에 끌어들여서 하나로 뭉치도록 감정을 자극하고 유도하는 행위"로 정의했다.[16] 실제로 각 지역의 문화(광범위하게 수용되는 전통, 관습, 풍속, 가치, 관점 등의 총체)는 선조들이 남긴 예술적 유산과 밀접하게 관련되어 있다. 집단에 정서적으로 동화된 사람은 그렇지 않은 사람보다 살아남을 확률이 높으므로, 집단의 유대감은 세대가 거듭될수록 견고해진다.

종교가 집단 유대감에서 탄생했다는 설명에 설득되지 않은 사람은 예술이 집단 유대감에서 탄생했다는 설명도 선뜻 수용하기 어려울 것이다. 그러나 종교를 설명할 때 그랬듯이, 굳이 집단에 연연할 필요는 없다. 예술은 한 개인의 적응과 생존에도 도움이 된다. 내가 보기에는 예술과 집단의 관계보다 예술과 개인의 관계가 훨씬 중요한 것 같다. 예술은 개인의 신체적 한계나 일상적인 현실에 얽매이지 않고 자신의 생각과 감정을 무한정 펼칠 수 있는 상상의 장을 제공한다. 진실에 집착하는 마음으로는 무한히 펼쳐진 가능성의 세계에서 극히 일부밖에 볼 수 없다. 그러나 현실과 상상의 세계를 자유롭게 넘나드는 데 익숙해진 마음은(단, 어디가 현실이고 어디가 상상인지는 알고 있어야 한다) 상투적인 생각과 전통에 얽매이지 않고 유연한 사고를 펼칠 수 있다. 창의적 사고와 혁신은 주로 이런 마음에서 탄생한다. 이것은 역사가 증명하는 사실이다. 과학 기술이 지금처럼 발달할 수 있었던 것은 유연한 사고를 펼친 과학자들 덕분이다. 그들은 이전 세대 과학자들이 풀지 못한 난제를 완전히 새로운 각도에서 바라봄으로써 과학사에 길이 남을 위대한 발견을 이루어 냈다.

그 유명한 아인슈타인의 상대성이론은 새로운 실험이나 데이터에서 출발한 이론이 아니었다. 당시 그는 이미 잘 알려진 이론(전기와 자기, 그리고 빛의 거동을 서술하는 고전 전자기학)의 문제점을 발견하고 해결책을 모색하던 중이었다. 뉴턴의 고전물리학에 의하면 시간과 공간은 어떤 경우에도 변하지 않는 절대적인 양이다. 이것이 사실이라면 빛의 속도는 광원의 속도에 따라 달라져야 한다. 과연 그럴까? 바로 여기서 아인슈타인 특유의 상상력이 발동하기 시작했다. 혹시 빛의 속도는 항상 일정하고, 시간과 공간이 수시로 변하는 것은 아닐까? 나는 지금 상대성이론을 설명하려는 것이 아니라(이 내용은 나의 전작인《엘러건트 유니버스The Elegant Universe》의 2장을 참조하기 바란다), 과학 역사상 가장 위대한 이론이 상상력과 창의력의 산물임을 강조하려는 것이다. 아인슈타인은 현실이라는 견고한 성의 레고 블록을 완전히 해체한 후 새로운 방식으로 재조립하여, 대부분의 과학자들이 간과했던 놀라운 진실을 발견했다. 그가 상대성이론을 구축한 과정은 가장 높은 수준의 창조적 예술 활동과 일맥상통하는 부분이 있다. 캐나다 출신의 천재 피아니스트 글렌 굴드Glen Gould(1932~1982)는 바흐의 음악을 다음과 같이 평가했다. "그의 선율은 전치轉置와 반전, 역행을 정신없이 반복하면서도 새롭고 완벽한 하모니를 창출한다… 이것이 바로 바흐가 천재임을 보여 주는 확실한 증거다."[17] 아인슈타인의 천재성도 이와 비슷하다. 그는 기존의 이론을 쌓아 올린 벽돌을 낱낱이 해체한 후, 새로운 개념이 적용된 청사진을 토대로 처음부터 다시 쌓아 올렸다. 흥미로운 것은 아인슈타인이 자신의 연구 과정을 종종 음악에 비유했다는 점이다. 그는 가끔 방정식과 수학 기호를 완전히 잊어버리고, 상대성이론이 지배하는 우주의 영상을 머릿속에 그려 보곤 했다. 우주의 리듬을 듣고 패턴을 상상하면서 현실 깊은 곳에 숨어 있는 통일성을 찾아내는 것. 이것이 바로 아인슈타인이 실행했던 예술이다.

아인슈타인의 상대성이론과 바흐의 푸가fugue*는 생존과 아무런 관계도 없다. 그러나 이들이 남긴 '작품'은 인간이 지구를 지배하는 데 반드시 필요했던 능력을 보여 주는 대표적 사례. 과학적 재능이 현실 세계의 문제를 해결하는 데 유용하다는 것은 분명한 사실이지만, 유사성과 은유적 표현으로 설명하고, 색과 질감으로 표현하고, 리듬과 가락으로 상상하는 능력은 인지 가능한 세계를 훨씬 넓고 풍성하게 확장시켜 준다. 예술은 유연한 사고력과 번뜩이는 직관을 함양하고, 우리 선조들은 이 능력을 십분 발휘하여 창을 만들고, 요리법을 개발하고, 바퀴를 활용하고, B단조 미사를 작곡하고, 시공간에 대한 고정 관념을 타파할 수 있었다. 인간은 지난 수십 만년 동안 예술이라는 거대한 무대에서 아무런 위험 요소 없이 인지력과 상상력을 함양하고, 혁신을 꾀해 왔다.

예술은 혁신적 사고를 촉진하고 사회적 결속력을 다지는 등, 인간이 환경

---

* 하나의 주제가 다른 성부에 비슷한 형태로 모방, 반복되면서 대립 형식으로 진행되는 악곡.

에 적응하는 데에도 많은 도움이 되었다. 혁신은 '창조'라는 군대의 진군을 이끄는 보병이고, 결속력은 보급부대에 해당한다. 치열한 전투에서 승리하려면 두 부대가 모두 필요하듯이, 새로운 아이디어를 떠올려서 성공적으로 구현하려면 창의력과 결속력을 발휘해야 한다. 이 두 가지 요소의 연결 고리에 예술이 자리 잡고 있다는 것은 예술이 단순한 오락을 넘어 '적응 수단'으로 활용되었음을 의미한다. 물론 예술은 창조적 사고에 여념이 없는 커다란 뇌의 휴식을 위해 적응과 무관하게 고안된 부산물일지도 모른다. 그러나 많은 학자들은 고대 예술에 그 이상의 의미를 부여하고 있다. 브라이언 보이드는 그의 저서 《이야기의 기원On the Origin of Stories》에서 "예술은 사회성을 키우고, 상상력을 자극하고, 스스로 개척한 삶에 자신감을 불어넣음으로써 인간과 세상의 관계를 근본적으로 바꿔 놓았다."고 했다.[18]

　나는 예술이 냉혹한 자연선택에서 자력으로 살아남았기 때문에 우리 선조들이 창의력을 연마하고, 관점을 넓히고, 집단 결속력을 다질 수 있었다고 생각한다. 이런 관점에서 볼 때 예술은 언어와 이야기, 신화, 종교를 하나로 묶어서 상징적 사고력과 조건법적 추론, 자유로운 상상력, 그리고 협동 정신을 낳았다고 할 수 있다. 이 세상이 문화적, 과학적, 기술적으로 풍부해진 것은 바로 이런 능력 덕분이다. 진화에서 예술의 역할이 크림디저트에 불과하다고 생각하는 사람도, 다양한 형태의 예술이 인류 역사에서 고귀한 가치를 낳았다는 사실만은 부정할 수 없을 것이다. 이는 곧 내면의 삶과 사회적 교류가 언어로 전달되는 사실적 정보에만 의존하지 않았음을 의미한다.

　이것은 예술과 진실에 대하여 우리에게 무엇을 말해 주고 있을까?

예술과 진실

20년 전의 어느 화창한 가을날, 혼자 차를 몰고 뉴욕시에서 우리 집으로 이어지는 고속도로를 달리던 중 갑자기 개 한 마리가 도로 한복판으로 튀어나왔다. 깜짝 놀란 나는 힘껏 브레이크를 밟았지만, 차의 앞바퀴와 뒷바퀴가 무언가를 밟고 지나갔다는 것을 느낌으로 알 수 있었다. 운전석에서 뛰쳐나와 차 밑을 살펴보니 아니나 다를까, 방금 전에 봤던 그 개가 길바닥에 조용히 누워 있었다. 움직임은 거의 없었지만 숨은 쉬고 있었기에 조수석에 눕히고 동물병원을 찾아 시골길을 내달렸다. 그런데 놀랍게도 몇 분이 지났을 때 그 개가 자리에서 일어나 똑바로 앉았다. 손으로 머리를 조심스럽게 쓰다듬자 몸이 뒤로 젖혀지면서 다시 쓰러졌다. 안타까운 마음에 다시 일으켜 세웠더니 고통과 공포, 그리고 모든 것을 체념한 듯한 눈으로 나를 바라보았다. 그리고는 혼자 떠나기 외롭다는 듯 뺨으로 내 손을 몇 번 비비고는 영원히 눈을 감았다.

그 전에도 집에서 기르던 개가 죽은 적이 있지만, 이번 일은 근본적으로 달랐다. 모든 것이 순식간에 일어난 데다 너무나 강렬하고 끔찍했다. 시간이 지나면서 충격은 가라앉았지만, 그 가엾은 개가 눈을 감던 마지막 모습은 지금도 나의 뇌리에 생생하게 남아 있다. 이성적으로 생각하면 그날 있었던 일은 '안타깝지만 언제든지 일어날 수 있는' 사고였을 뿐이다. 그러나 나와 우연히 마주친 개가 (고의는 아니었지만) 나 때문에 죽었다는 것은 결코 가볍게 넘길 일이 아니었다. 그 사건에는 어떤 진리가 담겨 있는 것 같았다. 물론 명제로 표현 가능한 진리는 아니며, 누구나 수긍할 수 있는 사실도 아니다. 정확하게 표현하고 싶은데 알맞은 단어가 없다. 아무든 그 사고를 겪은 후 세상에 대한 느낌이 조금 달라졌다.

구체적인 사연은 다르지만, 나의 생각과 느낌에 변화를 가져온 사건은 이 것 말고도 많이 있다. 갓 태어난 첫 아이를 내 품에 처음 안았을 때, 샌프란 시스코 외곽에 있는 한 언덕의 바위틈에서 몸을 잔뜩 웅크리고 폭풍우를 맞을 때, 나의 어린 딸이 학교 행사에서 처음으로 독창을 했을 때, 몇 달 동 안 풀리지 않던 방정식이 갑자기 풀렸을 때, 바그마티강Bagmati River의 강둑 에서 네팔인이 세상을 떠난 가족의 시신을 불태우는 광경을 직접 보았을 때, 그리고 트론헤임Trondheim* 스키장에 있는 이중 다이아몬드 활강 코스를 한 번도 구르지 않고 무사히 내려왔을 때에도 말로 형용하기 어려운 느낌 을 맛보았다. 당신도 이와 비슷한 경험을 적지 않게 겪었을 것이다. 누구나 마찬가지다. 이런 경험은 논리적으로 설명할 수 없는 강렬한 감정을 불러 일으킨다(논리는 고사하고, 일상적인 언어로 표현하기도 어렵다. 말로 표현할 수 없기 때문에 감정이 더욱 격해지는지도 모른다). 신기한 것은 나의 직업이 논리적 언어에 기초한 물리학임에도 불구하고, 이런 것을 군이 말로 표현 하고 싶지 않다는 점이다. 말이 없어도 얼마든지 깊게 빠져들 수 있고, 나만 의 방식으로 이해할 수 있다. 나의 정신 세계는 이런 경험을 통해 더욱 넓 어졌으며, 거기에는 어떤 해석도 필요 없다. 위에 열거한 추억을 떠올리는 시간은 내면의 자아가 입을 다무는 시간이다. 정말로 그렇다. 내가 겪은 일 을 모두 말로 표현할 필요는 없고, 그럴 수도 없다.

강렬한 예술은 우리의 몸과 마음을 정화淨化시킨다. 이 경험은 돌부리에 채였을 때 발가락에 느껴지는 통증만큼이나 현실적이다. 우리는 예술을 통 해 진실에 다가가고, 나와 진실의 관계는 예술을 통해 더욱 확고해진다. 다

---

* 노르웨이 중부의 항구 도시.

른 사람들과 토론하고, 분석하고, 해석하면 이런 경험을 좀 더 체계화시킬 수 있지만, 오직 나 혼자 겪었던 강렬한 느낌은 언어의 영향을 받지 않는다. 심지어 언어에 기초한 예술(시, 에세이, 소설 등)도 가장 강렬하게 남는 것은 문자가 아니라 이미지와 감동이다. 미국의 시인 제인 허시필드[Jane Hirshfield]는 "새로운 이미지에 적절한 어휘를 구사하면 존재의 폭이 확장된다."고 했고,[19] 노벨 문학상 수상자인 솔 벨로[Saul Bellow]는 인식의 폭을 확장시키는 예술 특유의 능력을 다음과 같이 표현했다. "눈에 보이는 것은 진실의 겉모습일 뿐이다. 오직 예술만이 자부심, 열정, 지성, 습관을 초월하여 보이지 않는 진실에 다가갈 수 있다. 바로 이것이 또 하나의 진실이자 진정한 진실이다. 예술이 없다면 진정한 진실이 우리에게 던지는 힌트를 포착할 수 없을 것이다. 그리고 진정한 진실이 존재하지 않는다면 모든 존재는 실용적인 언어로 번역될 것이고, 우리는 그것을 삶의 일부라고 오해할 것이다."[20]

인간의 생존 여부는 주변에서 수집한 정보의 정확성에 달려 있다. 그리고 주변 환경을 통제하는 능력을 키우려면 자신이 가진 정보가 실제 자연에 어떻게 적용되는지 구체적으로 알아야 한다. 이런 것은 실용적인 목적을 이루는 데 필요한 원료로서, 우리가 과학이라고 부르는 객관적 진실과 관련되어 있다. 그러나 이런 지식이 아무리 많아도 인간의 모든 경험을 설명할 수는 없으며, 실용적 지식이 닿지 않는 곳에 예술적 진실이 존재한다. 폴란드 출신의 영국 작가 조지프 콘래드[Joseph Conrad](1857~1924)는 예술적 진실을 다음과 같이 설명했다. "그것은 지식을 초월한 높은 수준의 이야기로서 기쁘거나 슬플 때, 꿈을 꿀 때, 무언가를 간절히 바랄 때, 환상에 빠졌을 때, 희망을 품었을 때, 또는 고통을 느낄 때… 행복, 경이감, 연민, 아름다움, 고통, 그리고 모든 창조물에 대한 동료 의식과 함께 찾아와… 모든 사람을 하나로 묶어 준다. 죽은 자와 산 자, 그리고 산 자와 아직 태어나지 않은

자들이 예술적 진실을 통해 하나가 되는 것이다."[21]

경직된 믿음에서 벗어나 수천 년에 걸쳐 개발되어 온 창조적 본능은 콘래드가 말한 감정의 세계를 누비면서 솔 벨로가 말한 '진정한 진실'의 속삭임을 들었다. 특히 글을 쓰는 작가들은 주인공을 통해 인간사를 조명하는 가상의 세계를 창출하여, 독자들에게 자신의 삶을 돌아보는 기회를 제공했다. 복수와 충성으로 가득 찬 오디세우스Odysseus의 파란만장한 여행, 레이디 맥베스Lady Macbeth와 욕망, 자책의 갈고리, 홀든 콜필드Holden Caulfield와 주체할 수 없는 반항, 애티커스 핀치Atticus Finch와 침묵의 힘, 엠마 보바리와 인간관계의 비극, 도로시와 자신을 찾아 떠나는 구불구불한 길… 이 작품(소설)들은 다양한 이야기를 통해 예술적 진리를 통찰하고, 사람들이 대충 알고 있던 인간의 본성을 적나라하게 드러냈다.

시각과 청각에 기초한 예술도 마찬가지다. 음악과 미술은 콘래드의 말대로 "지식을 초월한 곳에서" 감정을 사정없이 자극한다. 벨로의 목소리는 우리에게 다양한 방식으로 현실을 이야기하고, 프란츠 리스트Frantz Liszt의 '죽음의 춤Totentanz'*은 본능적인 육감을 자극한다. 또한 브람스의 교향곡 3번은 이루어지지 않은 소망을 떠올리게 하고, 바흐의 샤콘느Chaconne**는 숭고함의 극치이며, 베토벤의 교향곡 9번의 '환희의 송가Ode to Joy'에는 인류 역사를 통틀어 가장 희망적인 메시지가 담겨 있다. 가사가 있는 곡으로 레너드 코언Leonard Cohen의 '할렐루야Hallelujah'는 더할 나위 없는 진정함으로 불완전한 삶을 찬양하고, 주디 갈랜드Judy Garland의 '무지개 너머Over the Rainbow'

---

* 피아노협주곡, S. 126.
** 느린 템포의 3/4박자 무곡.

는 어린 시절을 동경하는 순수한 마음이 담겨 있으며, 존 레논^{John Lennon}의 '이매진^{Imagine}'은 이상적인 세상을 그리며 부드러우면서도 강력한 메시지를 전달한다.

누구나 인생에서 잊지 못할 순간이 있듯이, 평생 잊지 못할 감동을 받은 책이나 영화, 안무, 그림, 또는 음악이 있다. 우리는 이런 매혹적인 경험을 통해 삶의 본질적인 특성을 과도하게 소비하고 있지만, 일상적인 삶에서는 결코 얻을 수 없는(있다고 해도 아주 드문) 통찰력을 제공하므로 '영양가 없는 음식'과는 본질적으로 다르다.

'무지개 너머'를 포함하여 여러 주옥같은 곡의 가사를 썼던 이프 하버그 Yip Harburg는 노래의 위력을 다음과 같이 표현했다. "말[言]을 들으면 무언가를 생각하고, 음악적 선율을 들으면 무언가가 느껴진다. 그러나 노래를 들으면 '생각을 느낀다.'"[22] 생각을 느낀다… 나는 바로 여기에 예술적 진실이 담겨 있다고 생각한다. 하버그의 말대로 생각은 지적인 행동이고 느낌은 감정적이지만, '생각을 느끼는 것'은 예술적 과정이다.[23] 이것은 언어와 음악을 연결하는 능력에 좌우되지만, 여러 가지 예술이 하나로 결합되어 다양한 감정을 자극한다. 언어와 무관한 예술 작품(음악, 미술 등)을 접할 때에는 사고가 특정 방향으로 흐르지 않고 느낌도 사람마다 제각각이다. 그러나 모든 예술은 우리에게 생각을 느끼게 함으로써, 의식적인 사고나 사실에 입각한 분석으로는 결코 알 수 없는 다양한 진실을 마주하게 해 준다. 그것은 지식이나 지혜를 초월한 진실로서 논리의 제약을 받지 않기 때문에 증명할 필요도 없다.

단, 오해는 금물이다. 우리의 몸과 마음은 입자의 집합이며, 모든 입자의 상호 작용과 거동 방식은 물리학으로 거의 완벽하게 설명할 수 있다. 그러나 입자에 기초한 설명으로는 사고와 지각, 감정 등으로 이루어진 정신 세계의 극히 일부만 알 수 있을 뿐이다. 생각과 감정이 섞여서 생각을 느끼고 느낌을 생각할 때, 우리는 과학으로 서술할 수 없는 초월적 세계로 들어간다. 프랑스의 작가 마르셀 프루스트^{Marcel Proust}의 주장대로, 이것은 축하해야 할 일이다. 그는 오직 예술을 통해서만 다른 사람의 비밀스런 우주로 들어갈 수 있다고 했다. "그것은 별과 별 사이를 오가는 진정한 여행이다. 의식이 개입된 직접적인 방법으로는 결코 이런 여행을 떠날 수 없다."[24]

이것은 예술에 초점을 맞춘 이야기지만, 나는 프루스트의 관점이 현대물리학과 일맥상통한다고 생각한다. 그는 이런 말을 한 적도 있다. "진정한 발견은 낯선 지역을 찾아갈 때가 아니라, 다른 눈으로 세상을 바라볼 때 이루어진다. 다른 사람의 눈, 수백 개의 다른 눈으로 세상을 바라보면 완전히 다른 세상이 모습을 드러낸다."[25] 지난 수백 년 동안 물리학자들은 수학 이론과 실험 장비로 눈의 성능을 개선하여 과거에 그 존재조차 몰랐던 세계를 발견했고,* 이미 알고 있던 세계를 새로운 방식으로 접근하여 여러 가지 놀라운 사실을 알아냈다. 그리고 새로 발명한 도구로 오랜 세월 동안 우리가 살아온 곳을 열심히 뒤지다가 생각지도 못했던 영역을 발견했다.** 과학의 힘을 좀 더 일반적으로 활용하려면 확고한 지침에 따라 세포와 분자의 집합(나 자신)이 세상을 어떻게 바라보고 있는지 알아야 한다. 그 외에 '다분히 인간적인' 진실은 예술의 영역에 속한다. "자신의 얼굴을 보고 싶을 때는 거울을 보고, 자신의 영혼을 보고 싶다면 예술 작품을 보라." 1925년에 노벨 문학상을 수상했던 조지 버나드 쇼의 말이다.[26]

---

* 천체 망원경을 발명하여 외계 은하를 발견했다는 뜻이다.
** 정밀 실험 도구를 이용하여 기이한 법칙으로 운영되는 양자 세계를 발견했다는 뜻이다.

시적인 불멸

나는 주변 사람들로부터 이런 질문을 종종 받는다. "이 우주에서 가장 황당하고 신기한 현상은 무엇이라고 생각하십니까?" 좋은 질문이긴 한데 하나를 꼽기가 쉽지 않아서 나의 답은 수시로 바뀐다. 상대성이론의 결과 중 하나인 '시간의 유연성'을 꼽기도 하고, 양자적 얽힘quantum entanglement(아인슈타인은 이것을 '유령 같은 원거리 작용spooky action at a distance이라 불렀다)을 떠올리기도 한다. 그러나 가끔은 초등학교 때 배웠던 아주 단순한 사실을 답으로 제시할 때도 있다. 맨눈으로 밤하늘을 올려다보면 수천 년 전에 별에서 방출된 빛들이 보인다. 성능 좋은 천체 망원경을 동원하면 수백만 년, 또는 수십억 년 전에 방출된 빛도 볼 수 있다. 이들 중에는 오래전에 수명을 다하여 죽은 별도 있지만, 빛이 지구에 도달하려면 수백만 년, 또는 수십억 년이 걸리기 때문에 여전히 살아 있는 것처럼 보인다. 그렇다. 빛은 물체가 현존한다는 증거가 아니라, 한때 그곳에 존재했음을 보여 주는 흔적일 뿐이다. 별뿐만이 아니다. 당신과 나의 몸에서 방출되거나(복사) 반사된 빛 중 아무런 방해 없이 지구 탈출에 성공한 부분은 시간과 공간을 가로질러 방대한 우주로 나아가고 있다. 시적詩的인 불멸이 우주 공간을 광속으로 가로지르고 있는 것이다.

지구에는 또 다른 형태의 시적 불멸이 존재한다. 자신이 원하는 만큼 오래 살고 싶다는 욕망은 아직 이루어지지 않았고, 앞으로도 이루어질 가능성이 거의 없다. 그러나 상상의 세계를 자유롭게 돌아다니는 창의적인 마음은 불멸의 세계를 탐험할 수 있고 영원을 굽이쳐 흐를 수 있으며, 끝없는 시간을 추구하거나, 경멸하거나, 두려워하는 이유를 깊이 사색할 수 있다. 이것이 바로 지난 수천 년 동안 예술가들이 해 온 일이다. 지금으로부터 약

2,500년 전, 그리스의 서정시인 사포^{Sappho}는 변하는 세상을 한탄하며 다음과 같은 시를 읊었다. "아이들아, 보랏빛 뮤즈^{Muse}의 애정 어린 선물을 따라가라 / 마음속 노래를 끄집어내는 영롱한 리라^{lyre}* 소리를 따라가라 / 한때 젊었던 나의 육체는 세월과 함께 사라졌으니…" 이 시는 티토노스의 비극에서 영감을 떠올린 것으로 전해진다. 티토노스는 트로이의 잘 생긴 왕자인데, 그에게 첫눈에 반한 새벽의 여신 에오스가 그를 납치하여 제우스에게 데려가 "이 남자는 인간이지만 영원히 살게 해 달라."고 떼를 써서 어렵게 허락을 받아 냈다. 그러나 "늙지 않게 해 달라."는 부탁을 잊는 바람에 티토노스는 늙어서도 죽지 못하는 끔찍한 삶을 살았다. 사포의 애절한 시는 "에로스^{Eros}**는 나에게 태양과 같은 아름다움과 광채를 주었다."는 구절로 마무리된다. 항상 열정적인 삶을 추구하면서 영원히 빛을 발하기를 원했던 그녀는 시를 통해 상징적인 불멸에 도달했다.[27]

이것은 언젠가 죽을 수밖에 없는 인간이 영웅적인 행동과 공헌, 그리고 창조적인 작업을 통해 죽음을 부인해 왔음을 보여 주는 한 사례다. 불멸의 기준은 영원에서 문명 존속 기간까지, '인간적인' 조정이 필요하다. 불멸의 존재가 되려면 엄청난 대가를 치러야 하지만, 상징적 불멸은 문자를 통한 불멸과 달리 실제적이다. 문제는 방법이다. 사람들은 과연 어떤 삶을 기억해 줄 것인가? 어떤 예술 작품이 오래 살아남는가? 우리의 삶과 작품이 그들과 함께하려면 어떤 조건을 만족해야 하는가?

사포가 절벽에서 투신하고 약 2천 년이 지난 후, 윌리엄 셰익스피어는 세

---

* 고대 그리스의 현악기.
** 사랑의 신.

상이 기억하는 예술과 예술가의 역할을 깊이 생각하다가 묘비에 새길 글귀를 주제로 다음과 같은 시를 남겼다. "내가 죽으면 이 세상 모든 것이 함께 죽겠지만 / 그대의 이름은 나의 글을 통해 불멸의 존재가 되리라 / 이 세상의 모든 숨결이 죽은 후에도 / 나의 펜에는 그러한 힘이 있나니, 그대는 영원히 살리라."* 후세 사람들이 읽고 암송하는 것은 죽은 자가 남긴 말이 아니라 시인이 남긴 글이기에, 묘비문은 시인이 상징적으로나마 불멸을 누리는 수단이다. 실제로 수백 년이 지난 지금도 셰익스피어는 사람들의 기억 속에 생생하게 살아 있다.

정신분석가 오토 랭크Otto Rank는 프로이트의 비엔나서클Vienna Circle**을 떠난 후 '상징적인 불멸을 추구하는 것은 인간 행동의 가장 중요한 동력'이라는 주제로 논문을 발표했다. 그는 예술적 충동이란 '자신의 운명을 책임지고, 현실을 바꿀 용기를 갖고, 자신만의 자아를 형성하는 평생 작업에 몰두하는 마음'이라고 했다. 예술가는 죽음을 받아들이고(우리는 언젠가 죽는다. 이것은 피할 수 없는 사실이지만 어떻게든 극복해야 한다) 영원을 향한 갈망을 창조적인 작품으로 구현한다. 이 관점은 예술가의 고통을 다른 각도에서 조명하고 있다. 랭크의 주장에 의하면 예술을 창조함으로써 죽음에 대항하는 것이야말로 죽음을 극복하는 올바른 길이다. 미국의 작가이자 평론가인 조지프 우드 크루치Joseph Wood Krutch는 "열망으로 가득 찬 역사가 말해 주듯이, 인간은 끊임없이 영원을 갈구해 왔다. 그러나 우리가 구현할 수 있는 영원함이란 예술을 통한 영원뿐이다."라고 했다.[28]

---

* 소네트 81.
** 1920년대에 비엔나대학교에서 구성된 지식인의 모임. 이들의 목표는 서로 무관해 보이는 분야를 하나로 묶어서 통일된 과학을 구축하는 것이었다.

이런 동력이 수만 년 전에도 존재했다면, 음식이나 거처와 같은 현실적인 문제를 제쳐 두고 다른 활동에 에너지를 쏟은 이유를 설명할 수 있을까? 수천 년에 걸친 인류의 문화사에서 다른 모든 것을 제치고 예술적 추구가 핵심을 이루게 된 이유를 설명할 수 있을까? 그렇다. 설명할 수 있다. 예술에 대한 랭크의 포괄적 관점이 맞건 틀리건 간에, 단명한 삶을 인지한 우리 조상들은 상징적이면서 오래 지속되는 자신만의 흔적을 세상에 남기고 싶었을 것이다. 또한 그들은 오직 생존에만 집중해 온 삶을 잠시 접어 두고 마음에서 우러나온 예술 활동에 참여하거나 작품을 감상하면서 함께 기쁨을 나누고 삶의 의미를 찾았을 것이다.

고대 예술이 사람들에게 미친 영향은 증거가 부족하여 분석하기가 쉽지 않지만, 현대를 사는 우리들은 필멸과 영원함이 반영된 예술 작품을 수시로 접하고 있다.[29] 미국의 시인 월트 휘트먼은 죽음을 최후로 간주하지 않았다. "당신은 죽음을 의심하는가? 내가 죽음을 의심한다면 지금 당장 죽어야 한다. / 내가 사멸死滅을 향해 즐거운 마음으로 걸어갈 수 있다고 생각하는가?… / 장담하건대, 실제로 존재하는 것은 불멸不滅뿐이다!" 또한 윌리엄 버틀러 예이츠William Butler Yeats*에게 고색 창연한 비잔티움Byzantium**은 모든 육체적, 정신적 고통에서 벗어나 시간을 초월한 세계로 들어가는 입구였다. "내 심장을 다 태워 버려 주시라 / 욕정에 병들고 죽어 갈 동물성에 매어 / 제 자신을 알지 못하는 그 심장을 / 그리고 나를 거두어 주시라 / 영원히 죽지 않는 예술 속으로."[30] 《모비딕Moby Dick》의 작가 허먼 멜빌Herman Melville은

＊   미국의 시인. 1923년 노벨 문학상 수상자.
＊＊ 동로마제국의 수도. 지금의 이스탄불.

거친 파도가 잦아들 때에도 죽음이 항상 우리와 함께 한다는 것을 강조했다. "모든 인간은 목에 굴레를 두르고 태어난다. 그러나 죽음이 코앞에 닥친 후에야 자신을 평생 동안 따라다닌 삶의 위험을 깨닫는다."[31] 에드거 앨런 포Edgar Allan Poe는 죽음을 부정하는 마음을 극단적인 문학으로 승화시켰다. "나는 공포에 질려 비명을 질렀다. 손톱으로 허벅지를 긁었고, 상처에서 흘러나온 피가 관 바닥을 타고 흘렀다. 손가락 피부가 찢어지고 손톱이 닳을 정도로 나무 벽을 미친 듯이 긁다가 완전히 탈진해 버렸다."[32] 또한 미국의 희곡작가 테네시 윌리엄스Tennesse Williams의 희곡 《뜨거운 양철지붕 위의 고양이Cat on a Hot Tin Roof》에서 빅 대디로 불리는 폴릿Pollitt은 다음과 같은 대사를 날린다. "(죽음에 대한) 무지는 사람을 편안하게 만든다. 이런 편안함을 느끼지 못하는 사람은 죽음을 아는 유일한 사람이다. 만일 그에게 돈이 있다면 어딘가에 영생이 존재한다는 허황된 마음으로 아무거나 닥치는 대로 사들일 것이다!"[33]

러시아의 문호 표도르 도스토옙스키Fyodor Dostoevsky는 《죄와 벌》의 등장인물인 아르카디 스비드리가일로프Arkády Svidrigáylov를 통해 영원에 대한 또 다른 관점을 제시했다. "영원이라고 하면 대부분 도저히 감당할 수 없는 거대한 규모를 떠올린다. 정말 거대하다! 왜 항상 그래야만 하는가? 허름한 시골집의 욕실을 상상해 보라. 곳곳에 검은 얼룩이 묻어 있고 구석마다 거미가 득시글거리는 지저분한 욕실… 바로 그런 곳에 영원이 존재한다. 내가 생각하는 영원은 이런 것이다."[34] 미국의 시인 실비아 플라스Sylvia Plath는 이 정서를 좀 더 감정적으로 표현했다. "오, 신이여, 저는 당신과 같지 않습니다 / 당신의 공허한 어둠 / 그곳에 종잇조각처럼 빛나는 판에 박힌 별들 / 나는 영원이 지루합니다. 저는 그런 것을 원치 않았습니다."[35] 영국의 작가 더글러스 애덤스Douglas Adams도 같은 말을 하고 있지만 필체는 매우 유쾌하다.

그의 대표작 《은하수를 여행하는 히치하이커를 위한 안내서The Hitchhiker's Guide to the Galaxy》에 등장하는 와우배거Wowbagger the Infinitely Prolonged는 지루함을 견디다 못해 우주에 존재하는 모든 생명체를 알파벳순으로 일일이 찾아다니면서 조언을 구한다.[36]

위에 열거한 사례에서 알 수 있듯이, 한정된 시간밖에 인지할 수 없는 우리는 예술을 통해 영원이라는 개념을 끊임없이 추구해 왔다. 삶을 성찰하다 보면 자연스럽게 죽음도 성찰하게 된다. 그리고 일부 사람들은 죽음을 성찰하면서 죽음의 위력에 도전하고, 죽음의 필연성에 이의를 제기하고, 죽음을 초월한 세계를 상상했다. 학자들이 예술의 진화적 유용성과 사회 결속에 공헌한 정도, 그리고 고대인의 삶에 미친 영향을 아무리 열심히 파헤쳐도, 우리가 중요하게 생각하는 것들(삶과 죽음, 유한과 무한 등)을 표현하는 가장 획기적인 방법이 예술이라는 점에는 이견의 여지가 없다.

나를 포함한 많은 사람들에게 가장 강렬한 느낌을 불러일으키는 예술은 단연 음악이다. 음악은 마음을 사로잡는 능력이 매우 뛰어나서, 단 몇 초 만에 듣는 사람을 시간을 초월한 세계로 데려다준다. 첼리스트이자 지휘자인 파블로 카살스Pablo Casals는 '평범한 행동에 열정을 부여하고, 일시적인 것에 영원을 달아 주는 것이 음악의 힘'이라고 했다.[37] 우리는 음악을 통해 더 큰 무언가의 일부라는 느낌을 갖게 된다. 조지프 콘래드는 이를 두고 '외로운 마음들을 하나로 묶어 주는 막강한 힘'이라고 했다.[38] 음악은 듣는 사람과 작곡가, 또는 함께 듣는 친구나 집단을 하나로 연결해 주고, 우리는 이 연결을 통해 잠시나마 시간을 초월할 수 있다.

1960년대 말, 맨해튼의 한 초등학교 3학년 교실에서 저버 선생님Mrs. Gerber이 학생들에게 숙제를 내 주었다. "어른 한 사람을 골라서 직업을 물어보고, 그런 일을 하게 된 동기를 인터뷰해서 보고서로 제출하세요." 그 교실에 앉아 있던 나는 이리저리 머리를 굴리다가 가장 쉬운 방법을 떠올렸다. 오케이, 우리 아버지를 인터뷰하면 된다. 작곡가이자 연주자였던 아버지는 누군가가 자신의 학력을 물어올 때마다 "SPhD ^{Seward Park High School} dropout(시워드 고등학교 중퇴)"라며 익살스런 표정을 짓곤 했다.* 아버지는 10학년(고등학교 1학년) 때 교과서를 집어던지고 집을 나와 곡을 쓰고 노래하면서 전국을 돌아다녔다. 저버 선생님이 내준 숙제를 제출한 지도 근 50년이 넘었지만, 그때 아버지가 했던 한마디는 지금도 생생하게 기억난다.

> **나:** 아버지는 왜 남들 다 다니는 학교를 버리고 음악을 택하셨어요?
> **아버지:** 외로운 게 싫어서 그랬단다.

물론 아버지는 이 말을 한 뒤 초등학교 3학년용 보고서에 알맞은 버전으로 수정해 주었지만, 나에게는 수정하기 전의 원래 답이 훨씬 가깝게 와닿았다. 그렇다. 아버지에게 음악은 생명줄, 그 자체였다. 콘래드가 말한 '막강한 힘'이 우리 아버지에게도 작용한 것이다.

세계적으로 유명한 곡을 만든 작곡가는 그리 많지 않다. 아버지는 그 정도로 재능 있는 사람이 아니었고, 시간이 흐르면서 자신도 이 사실을 서서히 인정하기 시작했다. 내가 태어나기 전에 아버지가 음악 노트에 적어 놓은 곡들은 이제 가족 외에는 아무도 관심을 갖지 않는 잊힌 곡이 되었다. 아버지가 1940~1950년대에 작곡한 발라드와 피아노곡을 지금도 가끔이나마 듣는 사람은 이 세상에 나밖에 없을 것이다. 나에게 이 곡들은 보물과

---

* PhD는 미국에서 '박사'라는 뜻이다.

도 같은 존재이며, 음악을 인생의 목표로 삼았던 젊은 시절의 아버지와 지금의 나를 이어 주는 유일한 연결 고리이기도 하다.

굳이 가족일 필요는 없다. 음악은 다른 장소, 다른 시간대에 사는 사람들에게도 깊은 유대감을 느끼게 해 준다. 역사상 가장 위대했던 영웅, 헬렌 켈러Helen Keller가 바로 그 증인이다. 1924년 2월 1일, 뉴욕시의 WEAF 라디오 방송국은 뉴욕 필하모니 오케스트라가 연주하는 베토벤의 9번 교향곡을 생방송으로 내보냈다. 때마침 집에서 라디오 앞에 앉아 있던 헬렌 켈러는 스피커의 진동판에 손을 얹고 불후의 명곡을 들었다. 아니, 손으로 '느꼈다'. 그녀의 손은 각 악기 소리를 구별할 수 있을 정도로 예민했다고 한다. "오케스트라의 화음이 격정적으로 치닫다가 갑자기 노랫소리가 울려 퍼지기 시작했습니다. 나의 손은 그것이 사람의 목소리임을 금방 알 수 있었지요. 뒤로 갈수록 합창단은 점점 더 환희에 찬 목소리로 기쁨을 노래했고, 저는 심장이 멎는 듯한 감동에 빠져들었습니다." 베토벤의 교향곡은 헬렌 켈러의 영혼을 뒤흔들면서 영원을 향해 치닫는 것 같았다. 그녀는 감상을 마친 후 다음과 같이 결론지었다.

> 어둠과 멜로디, 그림자와 소리가 방안을 가득 메웠습니다. 그 순간, 그토록 위대한 곡을 만든 음악가가 저와 같은 청각장애인이라는 사실을 떠올렸습니다. 청력을 잃은 고통 속에서도 사람들에게 그런 엄청난 기쁨을 가져다준 불멸의 정신력에 경탄할 뿐입니다. 저는 라디오 앞에 앉아서 스피커에 손을 얹은 채 말로 형언할 수 없는 환희 속으로 빠져들었습니다. 그와 내가 똑같이 느꼈을 고요함 속에서 거대한 파도처럼 부서지는 웅장한 교향곡을 느끼면서 말이지요.[39]

9장

지속과 무상함

숭고함에서 최후의 생각으로

숭고함에서 최후의 생각으로

모든 문화권에는 영원히 변치 않는 숭고한 개념이 존재한다. 불멸의 영혼, 신성한 이야기, 한계가 없는 신, 불변의 법칙, 속세를 초월한 예술, 수학 정리 등이 여기에 속한다. 그러나 다른 세계에 존재하는 '추상적 영원함'은 인간이 항상 동경해 오면서도 결코 도달할 수 없는 신기루였다. 거기에 남들보다 조금 더 가까이 다가간 사람은 삶의 관점이 통째로 달라지는 희귀한 경험을 겪곤 한다(행복한 만남이나 비극적인 만남, 명상적, 또는 화학적인 유혹, 종교적, 또는 예술적인 경험을 통해 시간이 사라진 듯한 느낌을 받는다).

수십 년 전에 나를 포함한 아홉 명의 청소년들이 버몬트^{Vermont}주의 깊은 숲속에서 생존 훈련을 받은 적이 있다. 하루 훈련을 마치고 밤이 되어 모두 텐트 안에서 자고 있는데, 갑자기 훈련 교관의 불같은 명령이 떨어졌다. "모두 기상! 신속하게 옷 입고 텐트 앞에 집합!" 비몽사몽간에 대충 옷을 걸치고 나왔더니, 난데없이 야간 행군을 간다는 게 아닌가. 우리는 한 줄로 서서 컴컴한 숲을 헤치며 걷기 시작했다. 수시로 나타나는 아름드리 관목을 피해 가는 것도 문제였지만, 허리까지 빠지는 진흙 늪은 정말 압권이었다. 온몸에 오물을 뒤집어쓰고 물에 빠진 생쥐처럼 홀딱 젖은 채 추위에 덜덜 떨다가 마침내 공터에 도착했을 때, 우리는 마치 천국에 도착한 것처럼 기뻐 날뛰었다. 그러나 그것도 잠시, 교관은 침낭 3개를 던져 주며 알아서 자라고 했다. 인원은 아홉인데 침낭이 달랑 3개뿐이라니! 그러나 우리는 항의를 해 봐야 소용없다는 것을 잘 알고 있었기에, 침낭의 안감을 끄집어내서 임시변통으로 이불을 만들어 덮고 잠을 청했다. 당연히 아이들 입에서는 불평과 원망 어린 한탄이 쏟아져 나왔다. 훈련을 포기하고 내일 아침에 집에 가겠다는 아이도 있었고, 아무 말 없이 눈물만 떨구는 아이도 있었다. 그런데 바로 그때, 놀라운 일이 벌어졌다. 밤하늘에 오로라$^{aurora\ borealis}$*가 모습을 드러낸 것이다! 정말이지 난생처음 보는, 너무나도 아름다운 광경이었다. 밤하늘을 빼곡하게 채운 별을 배경으로 비단 자락 같은 빛줄기가 출렁대던 모습… 마치 다른 세상에 와 있는 것 같았다. 힘든 행군과 허리까지 빠지는 늪, 그리고 살을 에는 듯한 추위는 사람과 자연, 그리고 우주의 일부가 되어 멀리 사라져 버렸다. 지구의 한 지점에 서 있던 나는 춤추는 불빛에 에워싸였고, 결국 멀리 있는 별들에게 흡수되었다. 그날 새벽에 잠들 때까지, 내가 얼마나 오랫동안 오로라와 별을 쳐다봤는지 아무런 기억도 없고, 굳이 알고 싶지도 않다. 몇 분이건 몇 시간이건, (지속) 시간은 중요하지 않다. 중요한 것은 그날 내가 잠시나마 시간을 초월한 경험을 했다는 점이다.

이것은 결코 흔한 경험이 아니며, 어쩌다 찾아와도 금방 사라진다. 대부

---

* 북극광. 태양에서 날아온 하전 입자가 지구 대기의 산소 분자와 충돌하여 방전을 일으키면서 나타나는 현상. 주로 북반구의 고위도 지방에서 관측된다.

분의 경우, 우리는 시간을 의식하면서 시간과 함께 살아간다. 우리는 절대적인 것을 공경하면서 일시적인 것에 얽매여 있다. 오래 지속되는 우주의 특징들(팽창하는 공간, 멀리 떨어진 은하들, 물질의 성분 등)도 시간을 벗어나지 못한다. 이 장과 다음 장에서 보게 되겠지만, 우주의 겉모습이 아무리 안정적으로 보여도 그 안에는 변덕스럽고 불안정한 속성이 자리 잡고 있다.

진화와 엔트로피, 그리고 미래

과학은 언제나 변하지 않을 것 같은 현실의 저변에서 역동적인 드라마가 진행되고 있음을 알아냈다. 모든 만물은 입자로 이루어져 있고, 이들이 캐스팅한 '진화'와 '엔트로피'라는 두 캐릭터가 서로 주도권을 확보하기 위해 치열한 전쟁을 벌이고 있었던 것이다. 드라마의 플롯은 간단하다. 진화가 어떤 구조를 애써 만들어 놓으면 엔트로피가 그것을 파괴하는 식이다. 이야기 자체는 깔끔한데 한 가지 문제가 있다. 앞에서 보았듯이 진화와 엔트로피는 적대적 관계가 아니다. '전체의 대강'이 항상 그렇듯이, 이야기를 단순화시키면 중요한 진실이 흐릿해지거나 아예 사라져 버린다. 진화가 만들어 놓은 구조를 엔트로피가 약화시키는 것은 사실이지만, 엔트로피와 진화가 반드시 반대 방향으로 진행될 필요는 없다. 2~4장에서 언급했던 엔트로피 2단계 과정에 의해 한 곳에서는 구조가 만들어지고, 엔트로피는 다른 곳에서 무질서도를 높인다. 진화의 최대 걸작품인 생명이 어느 순간부터 이 과정에 끼어들어 고품질 에너지를 소비하면서 질서 정연한 배열을 유지(또는 강화)하고, 엔트로피가 큰 폐기물을 주변 환경에 배출했다. 이런 식으로 엔트로피와 진화가 수십억 년 동안 공동 작업을 수행한 끝에, 합창교향곡을 만들 수 있을 정도로 정교한 생명체와 그 곡을 듣고 숭고한 감정을 느낄 수 있는 수많은 생명체가 탄생했다.

빅뱅에서 베토벤으로 이어지는 여정에서 벗어나 미래로 관심을 돌려 보자. 진화와 엔트로피는 미래에도 변화를 주도하는 핵심 요소로 남을 것인가? 다윈주의자들은 '아니no'라고 답할 것이다.[1] 다윈의 진화론이 지금까지 살아남을 수 있었던 것은 유전적 기질이 번식의 성패를 좌우한다는 주장에 많은 학자들이 동의했기 때문이다. 그러나 현대에는 의술을 비롯한 생명 보호 시스템이 다양하게 구축되어, 생존에 불리한 유전자를 타고난 사람도 자손을 낳고 잘살 수 있다. 고대 아프리카의 사바나 초원에서 생존하기 어려운 유전자도 현대의 뉴욕에서는 아무런 문제가 되지 않는다. 유아 사망률과 번식력이 유전자에 의해 좌우되던 시대는 이미 오래전에 끝났다. 물론 유전적 차이가 평준화된 현대인은 새로 조정된 진화압의 영향을 받아 다양한 방향으로 진화하는 중이다. 또한 학자들은 다양해진 식생활(유제품을 많이 먹으면 유아기가 지난 후에도 체내에서 락타아제lactase*가 계속 생성된다)과 환경적 요인(고도가 높은 곳에 거주하는 사람은 산소가 적어도 살아갈 수 있다), 그리고 이성異性에 대한 선호도(일부 지역민의 평균 신장은 이성의 취향에 따라 달라질 수 있다) 등 다양한 진화압이 유전자의 변화를 주도한다고 주장하고 있다.[2] 그러나 유전자를 인공적으로 조작하는 기술이 개발된다면, 이것이야말로 인류의 진화 방향을 좌우하는 가장 중요한 요인이 될 것이다. 기술이 발전하면 유전자를 인위적으로 가공하여 무작위변이와 성性 분포 등을 제어할 수 있고, 진화의 방향타가 급회전을 일으켜 의외의 방향으로 진행될 수도 있다. 예를 들어 과학자들이 유전자를 재배열하여 인간

---

* 젖당분해효소.

의 수명을 200년으로 늘여 놓았는데, 그 부작용으로 청록색 피부에 키가 3m에 달하면서 번식력이 왕성한 종이 태어난다면 머지않아 지구는 영화 〈아바타Avatar〉의 나비족Na'vi을 닮은 종족으로 가득 찰 것이다. 유전자의 일부만 조작한다고 해서 다른 부분이 그대로 유지된다는 보장이 없기 때문에, 어떤 결과가 초래될지는 아무도 알 수 없다(다 강화될 수도 있고, 취약해질 수도 있다).

진화와 달리 엔트로피는 미래에도 변화를 주도하는 핵심 요소로 남을 것이다. 앞에서 확인한 바와 같이, 제2법칙은 기존의 물리 법칙에 통계적 논리를 적용하여 얻은 일반적인 결과다. 현재 통용되는 기본 법칙이 미래에 수정될 수도 있을까? 그럴 가능성이 높다. 그렇다면 엔트로피와 제2법칙은 미래에도 여전히 통용될 것인가? 그럴 가능성이 매우 높다. 전통적인 고전역학에서 낯설기 그지없는 양자역학으로 넘어갈 때 일각에서는 엔트로피와 제2법칙도 양자 세계에 걸맞게 수정되어야 한다는 주장이 있었지만, 두 개념은 가장 기본적인 통계 논리의 산물이었기에 원형 그대로 유지되었다. 앞으로 물리 법칙에 대한 이해가 아무리 깊어진다 해도, 엔트로피와 제2법칙은 끝까지 살아남을 것이다. 이들을 무력하게 만드는 물리 법칙을 상상할 수는 있지만, 이런 법칙은 우리가 알고 있는 지식 및 실험 결과와 정면으로 상충된다.

우리의 후손은 주변 환경을 제어할 수 있을까? 그리고 더욱 먼 미래에 등장할 지적 생명체는 별과 은하, 그리고 우주 전체를 관리할 수 있을까? 이들은 엔트로피의 흐름을 조절하여 특정 공간의 엔트로피를 줄임으로써, 엔트로피 2단계 과정을 우주적 규모로 일으킬 수 있을까? 아예 우주 전체를 다시 설계할 수도 있지 않을까? 황당한 이야기지만 불가능하진 않다. 문제는 그 영향이 우리의 상상을 초월한다는 점이다. 물리 법칙을 충실히 따르는 세계(전통적인 자유의지가 개입되지 않는 세계)에서도 지능의 행동 범위는 엄청나게 넓기 때문에 모든 미래를 예측할 수는 없다. 그러나 계산법과 기술은 지금과 비교가 안 되는 수준으로 발전할 것이기에, 나는 생명 및 지능과 밀접하게 관련된 요소들의 미래상도 어느 정도는 예측이 가능하다고 생각한다.

이왕 말이 나온 김에, 한번 시도해 보자. 일단은 미래의 우주도 현재 우리가 알고 있는 물리 법칙(빅뱅 후부터 누구의 명령도 받지 않고 스스로 작동하는 법칙)의 지배를 받는다고 가정하자. 이는 곧 물리 법칙뿐만 아니라 자연에 존재하는 기본 상수도 변하지 않는다는 뜻이다. 또한 물리 법칙과 기본 상수가 실험 장비로 감지되지 않을 정도로 천천히 변하다가 그 효과가 오랜 세월 동안 누적되어 먼 미래에 나타날 가능성도 고려하지 않을 것이며,[3] 인간이건 다른 생명체이건, 미래의 지구를 지배하게 될 지적 생명체의 영향권이 우리 은하를 벗어나지 않는다고 가정할 것이다. 가정이 너무 많은 감이 있지만, 우리의 길을 안내할 증거가 전무한 상황에서 굳이 이런 가능성을 고려하는 것은 칠흑 속에서 사진을 찍는 것이나 마찬가지다. 위에 열거한 가정이 당신이 생각하는 미래와 다르다면, 이 장과 다음 장에 전개될 이야기를 '물리 법칙과 기본 상수가 변하지 않거나, 지적 생명체가 개입되지 않은 미래의 우주상'으로 이해하면 된다. 앞으로 전개될 이야기는 미래에 새로운 발견이 이루어져서 부분적으로 수정될 수도 있지만, 전체적인 줄거리는 바뀌지 않을 것이다.[4] 과감한 가정을 제시하면서 무리수를 두는 이유는 이것이 우주의 미래를 예측하는 가장 빠른 길이기 때문이다.[5]

이제 곧 알게 되겠지만, 여러 가지 사실을 종합하여 우주의 먼 미래를 예측할 수 있다는 것은 정말로 놀라운 일이 아닐 수 없다. 이것은 수많은 사람의 손을 거쳐 이룬 성과이며, 소중한 이야기와 신화, 종교, 그리고 예술을 조화롭게 통일하고 싶은 열망의 상징이기도 하다.

시간의 제국

이야기를 어떤 식으로 풀어 나가는 게 좋을까? 인간의 직관은 일상적인 시간(간격)을 파악하는 데 별 문제가 없지만, 우주적 시간 규모는 너무나 방대하여 피부에 와닿지 않는다. 그래도 우주의 시간대를 어떻게든 이해해야 한다면, 우리에게 친숙한 규모로 축소하여 비유적으로 설명하는 것이 최선이다. 뉴욕에 있는 엠파이어스테이트 빌딩을 우주의 달력이라고 생각해 보자. 건물의 각 층은 특정 연대기에 해당한다. 특이한 것은 임의의 층에 해당하는 기간이 그 아래층에 해당하는 기간보다 10배 길다는 점이다. 1층은 빅뱅부터 향후 10년을 나타내고 2층은 100년, 3층은 1,000년… 이런 식이다. 숫자에서 알 수 있듯이, 위층으로 올라갈수록 기간이 길어진다. 원리는 간단하지만 자칫 오해하기 쉽다. 예를 들어 12층에서 13층으로 올라간다는 것은 빅뱅 후 1조 년에서 10조 년까지 조망한다는 뜻이다. 이 한 층을 올라감으로써 9조 년이 경과하는 셈인데, 이 기간은 그 아래에 있는 모든 층을 더한 기간보다 길다. 이런 패턴은 꼭대기 층까지 계속된다. 각 층에 해당하는 기간은 그 아래에 있는 모든 층을 더한 기간보다 길고, 그 차이는 위로 올라갈수록 커진다.

인간의 수명은 약 100년이고 강력한 제국의 수명은 대충 1,000년쯤 되며, 생존력이 강한 생명체는 지구에서 수백만 년 동안 번성해 왔다. 빌딩의 옥상에 가까워질수록 각 층에 해당하는 기간은 거의 영겁永劫에 가까워진다. 예를 들어 당신이 엠파이어스테이트 빌딩의 1층에서 출발하여 86층에 있는 전망대에 도달했다면, 당신이 바라보는 우주의 시점은 빅뱅 후 10^{86}년

(100,000,000,000,000,000,000,000,000,000,000,000,000,000,000,0
00,000,000,000,000,000,000,000,000,000,000,000년)이다. 인간의 상상력
으로는 도저히 떠올릴 수 없는 긴 시간이다. 그러나 이토록 길게 이어지는
0의 행렬에도 불구하고, 86층 전망대에 해당하는 10^{86}년은 제일 꼭대기
102층 바닥에 칠해진 페인트의 두께에 해당하는 기간보다 훨씬 짧다.

빅뱅은 지금으로부터 약 138억 년 전에 일어났으므로, 현재 우리는 엠파
이어스테이트 빌딩 10층에서 계단 몇 개를 더 올라간 셈이다. 우리의 목적
은 우주의 미래를 예측하는 것이므로 계속 위로 올라가야 한다. 엘리베이
터는 고장났으니 딴 생각 말고, 계속 발걸음을 옮겨 보자.

검은 태양

초기 인류는 생명 활동에 필수적인 저-엔트로피 에너지가 태양으로부터
쏟아져 내린다는 사실을 모르고 있었지만, 하늘에 떠 있는 불타는 눈이 지
상의 모든 존재를 굽어 살핀다는 사실만은 알고 있었다. 또한 그들은 서쪽
하늘로 사라진 후 다음 날 다시 동쪽에서 떠오르는 태양을 바라보며 가장
분명하고 신뢰할 만한 자연의 패턴을 발견했다. 이 믿음은 오늘날까지 충
실하게 전수되어 '내일은 내일의 태양이 뜬다'는 명언까지 등장했다. 그러
나 다들 알다시피 태양의 뜨고 지는 패턴은 영원히 계속되지 않는다.

지난 50억 년 동안 태양은 중심부에 있는 수소를 원료 삼아 핵융합 반응
을 일으켰고, 여기서 생성된 막대한 에너지로 자체 붕괴를 막아 왔다. 만일
핵융합이 일어나지 않았다면 엄청난 자체 중력을 이기지 못하고 오래전에
붕괴되었을 것이다. 그러나 다행히도 태양의 중심부는 핵융합 반응이 일어
날 만큼 온도가 충분히 높았기 때문에 여기서 생성된 에너지가 주변 입자

를 바깥쪽으로 밀어냈고, 그 덕분에 안으로 내리누르는 엄청난 중력을 버텨 낼 수 있었다. 공기를 주입하여 탱탱해진 에어매트리스처럼, 중심부의 핵융합 반응으로 생성된 압력이 태양을 지탱하고 있는 것이다. 태양의 질량과 성분 비율로 미루어 볼 때, 안으로 내리누르는 중력과 바깥으로 밀어내는 압력 사이의 팽팽한 균형은 앞으로 약 50억 년 동안 유지될 것이다. 그 다음에는 어떻게 될까? 앞으로 50억 년이 지난 후에도 태양의 외곽에는 다량의 수소가 남아 있지만, 중심부의 수소가 바닥나서 더 이상 핵융합 반응을 일으킬 수 없게 된다. 수소 원자핵이 융합하면 헬륨 원자핵이 되는데, 헬륨은 수소보다 무겁기 때문에 '아래로' 가라앉으면서 온도가 높은 중심부를 차지하기 때문이다. 이것은 연못에 뿌린 모래가 바닥으로 가라앉는 것과 비슷한 현상이다.

그래서 뭐가 문제냐고? 중심부의 수소가 바닥난 것은 문제 정도가 아니라 우주적 대형 사고의 전조다. 현재 태양 중심부의 온도는 약 1,500만 °C 정도다. 수소의 핵융합 반응은 약 1,000만 °C부터 일어나기 시작하므로 아무런 문제가 없다. 그러나 수소 대신 헬륨 원자핵이 융합 반응을 일으키려면 온도가 1억 °C를 넘어야 한다. 앞으로 50억 년이 지나도 태양의 온도는 크게 달라지지 않을 텐데 중심부가 수소에서 헬륨으로 물갈이되었으므로 핵융합 반응을 일으키기에는 온도가 턱없이 낮다. 간단히 말해서, 태양을 불태우던 연료(수소)가 바닥난 것이다. 핵융합이 끝났으니 밖으로 향하던 압력이 약해지고, 이 시점부터 가차 없는 중력이 태양을 안으로 짓눌러서 내파되기 시작한다. 그뿐만 아니라 엄청난 질량이 중심부에 응집되면서 온도가 대책 없이 올라간다. 자, 과연 어떤 일이 벌어질까? 온도가 아무리 높아도 헬륨 원자핵이 융합되기에는 한참 부족하지만, 중심부의 헬륨 덩어리를 에워싸고 있는 수소 원자들이 충분한 온도에서 '핵융합 반응 제2라운

드'에 돌입하여 다량의 에너지를 바깥쪽으로 방출한다. 이것은 태양이 탄생한 후 한 번도 겪어 본 적 없는 엄청난 양이어서, 중력에 의한 수축을 멈추는 정도가 아니라 태양 전체가 거대한 규모로 팽창하기 시작한다.

이 시기에 내행성(수성, 금성, 지구)의 운명은 두 가지 요인에 의해 좌우된다. (1) 수명을 다한 태양은 어느 정도까지 팽창할 것인가? (2) 태양이 팽창하는 동안 얼마나 많은 질량을 밖으로 뱉어 낼 것인가? 두 번째 질문이 중요한 이유는 태양의 핵 엔진이 과도하게 작용하여 바깥층에 있는 입자들이 우주로 날아가기 때문이다. 우리의 태양은 질량이 비교적 작은 편이어서 중력이 약하기 때문에, 가까운 행성들은 먼 궤도로 밀려날 가능성이 높다. 그렇다면 행성이 밀려나는 속도와 태양이 팽창하는 속도, 둘 중 누가 더 빠를까? 행성의 운명은 여기에 달려 있다.

태양계의 모든 데이터를 고려한 컴퓨터 시뮬레이션에 의하면 가장 안쪽 궤도를 도는 수성은 팽창하는 태양에 흡수되어 순식간에 증발해 버릴 운명이다. 궤도가 비교적 큰 화성은 수성보다 훨씬 유리한 위치에 있어서 안전하다. 금성도 화성처럼 잡아먹힐 가능성이 높지만, 일부 시뮬레이션에서는 태양이 팽창하는 속도보다 금성이 도망가는 속도가 조금 빠른 것으로 나타났다. 만일 이것이 사실이라면 지구도 아슬아슬하게 재앙을 피할 것이다.[6] 그러나 지구가 살아남는다 해도, 환경은 크게 바뀔 수밖에 없다. 표면 온도가 수천 °C까지 치솟으면서 바닷물이 모두 증발하고 대기는 우주로 날아갈 것이며 지표면은 용암으로 덮일 것이다. 결코 쾌적한 환경은 아니지만, 적색거성이 되어 하늘에서 '떨어지는' 태양은 기가 막힌 장관을 연출한다. 하지만 지구에서는 어느 누구도 이 멋진 광경을 볼 수 없을 것 같다. 우리의 후손들이 50억 년 후에도 살아남을 정도로 똑똑하다면(핵전쟁과 치명적인 병균, 환경 재앙, 소행성 충돌, 외계인 침공 등 온갖 위험을 이겨내야 한다),

이미 오래전에 우주적 재앙을 예측하고 다른 행성을 찾아 지구를 떠났을 것이다.

태양 중심부의 헬륨을 에워싸고 있는 수소 층에서 핵융합 반응이 계속되면 추가로 생성된 헬륨이 중심부에 유입되어 중력에 의한 수축이 더욱 격렬해지고, 온도는 더 높이 올라간다. 온도가 올라갈수록 수소의 핵융합 반응이 더욱 빠르게 진행되면서 중심으로 유입되는 헬륨의 양이 많아지고, 온도는 더 빠르게 상승한다. 그리하여 앞으로 약 55억 년 후에는 태양의 중심온도가 헬륨 핵융합 반응을 일으킬 정도로 높아져서(약 1억 °C) 탄소와 산소가 생성되기 시작하고, 잠시 동안 강력한 에너지를 분출하면서 자신의 에너지원이 수소에서 헬륨으로 바뀌었음을 알린 후, 얌전한 작은 별로 수축된다.

그러나 이 상태는 그리 오래 지속되지 않는다. 얌전한 왜성矮星. dwarf*이 된 후 약 1억 년이 지나면, 과거에 무거운 헬륨이 가벼운 수소를 대신했던 것처럼 무거운 탄소와 산소가 가벼운 헬륨을 주변으로 밀어내고 중심부를 차지하게 된다. 이들도 전임자처럼 핵융합 반응을 일으킬 수 있을까? 원리적으로는 가능하지만 문제가 하나 있다. 탄소와 산소가 핵융합 반응을 하려면 온도가 6억 °C까지 올라가야 하는데, 이 무렵에 태양의 중심 온도는 여기에 한참 못 미친다. 그리하여 중력이 다시 한번 주도권을 잡아서 태양을 안으로 수축시키고, 온도가 또다시 올라가기 시작한다.

이전 주기에서 중심부의 온도가 상승하여 헬륨을 에워싼 수소 층에서 핵융합 반응이 일어났던 것처럼, 이번에는 탄소와 산소를 에워싼 헬륨 층에

---

* 작은 별.

서 핵융합 반응이 시작된다. 그러나 이번 라운드에서는 중심부의 온도가 탄소-산소의 핵융합 반응에 필요한 온도까지 올라가지 못한다. 왜 그럴까? 이유는 간단하다. 태양의 질량이 기준 미달이어서 충분한 중력을 발휘하지 못하기 때문이다. 태양보다 무거운 별이 이 단계에 도달하면 중심부의 탄소와 산소가 핵융합 3라운드에 돌입하여 더 무거운 원소를 만들어 낼 수 있다. 우리의 태양은 헬륨 층의 핵융합 반응을 통해 새로 만들어진 탄소와 산소가 중심부에 축적되면서 '파울리의 배타 원리Pauli exclusion principle'에 의해 더 이상 수축될 수 없을 때까지 가차 없이 수축된다.[7]

1925년의 어느 날, 평소 독설가로 유명했던 오스트리아의 물리학자 볼프강 파울리Wolfgang Pauli(그는 제자들에게 이렇게 말하곤 했다. "자네 생각이 느린 건 걱정 안 해. 자네의 논문이 그 느려 터진 생각보다 먼저 출판될까 봐, 그게 걱정이라구!"[8])는 2개의 전자가 가까이 다가갈 수 있는 거리에 양자역학적 한계가 존재한다는 사실을 알아냈다(좀 더 정확하게 말하면 2개의 동종 입자는 동일한 양자 상태에 놓일 수 없다. 그러나 지금은 대략적인 설명으로 충분하다). 얼마 후 물리학자들은 파울리의 배타 원리가 미세한 입자에 초점을 맞춘 원리임에도 불구하고, 태양과 같은 거대한 천체의 운명을 좌우한다는 놀라운 사실을 알아냈다. 태양이 수축될수록 중심부의 전자들이 더욱 빽빽하게 배열되다가 얼마 지나지 않아 파울리가 예견한 한계치에 도달한다. 여기서 더 수축되면 파울리의 배타 원리에 위배되므로 전자들이 자신만의 공간을 확보하기 위해 양자적 반발력을 발휘하기 시작하고, 이로 인해 태양은 더 이상 수축되지 않는다.[9]

한편 태양의 바깥층은 계속 팽창하면서 온도가 내려가다가 결국은 우주 공간으로 날아가고, 탄소와 산소로 이루어진 초고밀도 부위만 남는다. 이런 별을 백색왜성white dwarf이라 하는데, 내부에 열에너지가 남아 있어서 향후 수십억 년 동안 빛을 발할 수 있다. 그러나 핵융합 반응이 재개될 정도로 높은 온도가 아니기 때문에 타고 남은 장작의 마지막 불씨처럼 서서히 잦아들다가 결국 '어둡고 차가운 구형 천체(죽은 별)'로 생을 마감한다. 엠파이어스테이트 빌딩의 10층에서 몇 걸음만 더 올라가면 태양의 최후를 볼 수 있다.

이 정도면 꽤 점잖은 결말이다. 11층으로 올라가서 마주하게 될 범우주적 파국과 비교하면 점잖은 정도가 아니라 거의 '침묵 속의 죽음'에 가깝다.

빅립(The Big Rip)

사과를 위로 던지면 최고 높이에 도달한 후 반드시 아래로 떨어진다. 모든 만물에 차별 없이, 그리고 가차 없이 작용하는 중력 때문이다. 누구나 알고 있는 평범한 사실이지만, 우주의 운명은 이 평범한 중력에 의해 좌우되고 있다. 1920년대에 미국의 천문학자 에드윈 허블은 모든 은하들이 지구로부터 일제히 멀어지는 이유를 추적하다가 우주가 팽창하고 있다는 놀라운 결론에 도달했다.[10] 그러나 위로 던진 사과의 속도가 위로 올라갈수록 느려지는 것처럼, 멀어지는 은하들은 상호 중력에 의해 멀어지는 속도가 점점 느려져야 한다. 공간이 팽창하는 것은 사실이지만, 팽창 속도는 시간이 갈수록 느려져야 한다는 뜻이다. 1990년대에 천문학자들로 구성된 두 연구팀이 이 사실을 확인하기 위해 관측을 시작했는데, 거의 10년이 지난 후에 이들이 발표한 결과는 과학계에 일대 충격을 안겨 주었다.[11] 우주에서 가장 강력한 신호인 초신성폭발supernova explosion을 관측하여 데이터를 분석해 보니, 팽창 속도가 느려지지 않고 오히려 빨라지고 있었다. 게다가 이것은 어제오늘 일이 아니라 무려 50억 년 전부터 계속되어 온 현상이었다.

대부분의 과학자들이 팽창 속도가 느려진다고 생각한 이유는 그래야만 이치에 맞기 때문이다. 공간의 팽창 속도가 점점 빨라진다는 것은 위로 부드럽게 던진 사과가 위로 올라갈수록 점점 빨라지다가 지구를 탈출하는 것처럼 말도 안 되는 이야기다. 만일 당신이 사과를 던졌다가 이런 기이한 현상이 일어났다면, 어떻게든 사과를 위로 밀어내는 힘을 찾으려 할 것이다. 팽창이 가속되고 있다는 의외의 사실에 당황한 천문학자들도 그 원인을 찾기 위해 모든 가능성을 파헤쳤다.

가속 팽창을 이해하는 데 가장 유용한 이론은 3장에서 인플레이션 우주론을 다룰 때 잠시 언급했던 아인슈타인의 일반상대성이론이었다.[12] 뉴턴과 아인슈타인은 행성이나 별처럼 우리에게 친숙한 물질 덩어리들이 서로 잡아당기는 현상을 수학적으로 설명했지만, 아인슈타인의 접근법은 뉴턴보다 훨씬 포괄적이다. 물질 덩어리가 아닌 에너지장(사우나실을 가득 채운 증기라고 생각하면 된다)이 공간의 한 영역에 균일하게 분포되어 있으면 '밀어내는 중력'이 작용한다. 인플레이션 우주론을 연구하는 학자들은 이 에너지가 특별한 장(인플라톤장)을 통해 운반되며, 여기서 발생한 강력한 척력壓力이 빅뱅을 일으켰다고 주장한다. 이 사건은 무려 140억 년 전에 일어났지만, 최근에 알려진 가속 팽창도 이와 비슷한 논리로 설명 가능하다.

또 다른 에너지장(빛을 발하지 않기 때문에 '암흑에너지dark energy'로 불리는데, 나는 '보이지 않는 에너지invisible energy'라는 이름도 적절하다고 생각한다)이 우주 공간 전체를 균일한 밀도로 가득 메우고 있다고 가정해도 은하들이 빠르게 멀어지는 이유를 설명할 수 있다. 은하는 물질의 집합체이므로 잡아당기는 중력을 발휘하여 은하들끼리 멀어지는 속도를 늦추고 있다. 또한 공간에 균일하게 분포된 암흑에너지는 밀어내는 중력을 발휘하여 은하들끼리 멀어지는 속도를 점점 더 빠르게 가속시킨다. 우주 공간의 팽창 속도가 점점 빨라진다는 것은 암흑에너지에서 유발된 척력이 은하들 사이의 인력(중력)보다 강하다는 뜻이다. 그러나 빅뱅 때 일어났던 과격한 팽창에 비하면 지금의 팽창은 아주 부드럽게 진행되고 있으므로, 암흑에너지의 양이 너무 많아도 안 된다. 지금과 같은 가속 팽창을 유지하는 데 필요한 암흑에너지는 공간 $1m^3$ 당 '100와트짜리 전구를 2천억분의 1초 동안 밝힐 수 있는 양'으로 충분하다.[13] 터무니없이 작은 양 같지만 공간이 워낙 넓기 때문에, 모두 합하면 천문학자들이 관측한 팽창 가속도가 거의 정확하게 구현된다.

암흑에너지를 도입하면 공간이 팽창하는 이유를 설명할 수 있지만 이런 것이 실제로 존재한다는 증거는 아직 발견되지 않았다. 관측된 적이 없으니 어떤 물리적 특성을 갖고 있는지도 오리무중이다. 그럼에도 불구하고 적정량의 암흑에너지를 도입하면 이론과 관측 결과가 매우 정확하게 일치하기 때문에 가속 팽창을 설명하는 정설로 자리 잡았다. 그러나 암흑에너지의 장기적 거동은 여전히 불투명하다. 그리고 먼 미래를 예측할 때에는 모든 가능성을 고려해야 한다. 모든 관측 결과에 부합되는 가장 간단한 시나리오는 암흑에너지가 장구한 세월 동안 변하지 않고 지금과 같은 밀도를 유지하는 것이다.[14] 그러나 단순한 것이 항상 옳다는 보장은 없다. 암흑에너지를 수학적으로 표현해 보면 앞으로 점점 약해져서 가속 팽창에 제동이 걸릴 수도 있고, 점점 강해져서 가속도가 더 커질 수도 있다. 후자의 경우(밀어내는 중력이 점점 강해지는 경우)는 엠파이어스테이트 빌딩 11층에서 벌어질 수 있는 최악의 시나리오다. 만일 이것이 실제 상황으로 닥친다면, 우주는 물리학자들이 말하는 '빅립big rip(거대한 균열)'으로 최후를 맞이하게 된다.

밀어내는 중력이 점점 강해지는 추세가 장기간 계속되면 언젠가는 잡아당기는 힘을 압도하고 모든 것을 갈가리 찢어 놓을 것이다. 당신의 몸이 지금과 같은 상태로 유지되는 것은 원자와 분자를 강하게 결합시켜 주는 전자기력과, 원자핵 안에서 양성자와 중성자를 결합시켜 주는 강한 핵력strong nuclear force(강력) 덕분이다. 이 힘들이 공간을 확장시키는 힘보다 (아직은) 훨씬 강하기 때문에 당신의 몸이 하나의 덩어리로 유지될 수 있는 것이다. 지금 당신의 몸이 확장되는 것은 공간 팽창 때문이 아니라 다이어트에 실패했기 때문이다. 그러나 시간이 충분히 흘러서 밀어내는 힘이 강해지면, 우주 공간뿐만 아니라 당신의 몸속에 있는 공간도 전자기력이나 강한 핵력보다 훨씬 강한 힘으로 확장된다. 그 다음에 어떤 일이 벌어질지 상상이 가는가?

그렇다. 모든 만물이 그렇듯이 당신의 몸도 부피가 커지다가 결국은 산산이 분해될 것이다.

구체적인 진행 과정은 밀어내는 중력이 강해지는 속도에 따라 달라진다. 물리학자 로버트 콜드웰Robert Caldwell과 마크 케미언코우스키Marc Kamionkowski, 그리고 네빈 와인버그Nevin Weinberg는 앞으로 약 200억 년 후에 밀어내는 중력이 은하단galaxy cluster*을 해체시키고, 그로부터 약 10억 년 후에는 은하수Milky Way**의 별들이 불꽃놀이 폭죽처럼 산산이 흩어질 것이며, 다시 6천만 년이 흐른 후에는 지구를 비롯한 태양계의 행성들이 태양으로부터 한참 멀어지고, 몇 개월 후에는 밀어내는 중력이 분자 규모에서 작용하여 별과 행성들이 폭발할 것이라고 예측했다. 그리고 이로부터 30분이 지나면 원자

---

* 수백~수천 개의 은하로 이루어진 은하집단.
** 우리 태양계가 속한 은하.

조차도 자신을 구성하는 입자들 사이의 반발력을 이기지 못하고 낱개의 입자로 분해된다.[15]

이 모든 난리를 겪은 후에 우주는 과연 어떤 모습으로 남게 될까? 그 답은 시간과 공간의 양자적 특성에 달려 있다. 이 분야는 아직 연구가 진행되는 중이어서 정확한 답은 알 수 없지만, 밀어내는 중력이 시공간의 구조 자체를 찢어 버릴 수도 있다. 빅뱅으로 시작된 현실이 엠파이어스테이트 빌딩 11층(빅뱅 후 1천억 년)에 도달하기 전에 갈가리 찢어지면서 끝날 수도 있다는 이야기다.

그러나 나를 포함한 다수의 물리학자들은 우주가 빅립으로 끝날 가능성이 매우 희박하다고 믿고 있다. 수학적으로는 별 문제가 없지만 논리 자체가 다소 부자연스럽다. 빅립은 '반드시 일어날 수밖에 없는 미래'가 아니라 수십 년에 걸친 경험의 산물이어서 틀릴 가능성은 얼마든지 있다. 빅립이 실제로 일어난다면 엠파이어스테이트 빌딩의 12층부터 꼭대기까지는 의미를 상실하겠지만 일어나지 않을 가능성도 그 못지않게 크기 때문에, 우리의 여정을 여기서 끝낼 필요는 없다.

단, 건물 위층으로 더 올라가기 전에 중요한 사건 하나를 짚고 넘어가야 한다.

공간의 절벽

밀어내는 중력이 현재 값에서 더 강해지지 않고 일정하게 유지된다면 위에서 말한 최악의 시나리오는 일어나지 않는다. 그래도 팽창은 계속되겠지만, 팽창하는 공간 때문에 당신의 몸이 산산이 분해되는 일은 없을 테니 걱정하지 않아도 된다.* 그러나 밀어내는 중력이 일정하다는 것은 공간의 팽창 가속도가 일정하다는 뜻이므로, 긴 시간이 지나면 심각한 결과가 초래된다. 앞으로 약 1조 년 후에는 팽창 속도가 광속을 초과하여 모든 은하들이 빛보다 빠르게 멀어질 것이다. 그런데 가만있자… 빛보다 빠르면 아인슈타인의 특수상대성이론에 위배되는 것 아닌가? 아니다. 상관없다. "모든 물체는 빛보다 빠르게 이동할 수 없다."는 아인슈타인의 계명은 공간을 가로질러 이동하는 물체에만 적용되기 때문이다. 은하들이 멀어지는 것은 공간 자체가 팽창하기 때문이지, 이들이 공간을 가로질러 이동하기 때문이 아니다. 은하에는 로켓엔진이 달려 있지 않다. 신축성 좋은 물방울무늬 옷감을 길게 잡아 늘이면 무늬들 사이의 간격이 멀어지는 것처럼, 공간이라는 직물에 새겨진 은하는 팽창하는 공간과 함께 멀어진다(물론 은하가 공간에 대해 완전히 정지해 있는 것은 아니지만, 팽창의 규모가 워낙 크기 때문에 무시해도 상관없다). 그리고 은하들 사이의 거리가 멀어질수록 이들 사이에 긴 공간도 커지므로 공간 팽창에 따른 분리 효과가 더욱 크게 나타난다. 즉, 은하들은 시간이 흐를수록 더욱 빠르게 멀어진다. 공간이 팽창하는 속도는 아인슈타인의 광속 초과 금지령의 제한을 받지 않기 때문에 시간이 충분히 흐르면 무한정 빨라질 수 있다.

그래도 광속 초과 금지령은 심각한 결과를 초래한다. 은하는 팽창하는 공간을 타고 빛보다 빠르게 멀어질 수 있지만, 은하에서 방출된 빛은 광속을 초과할 수 없기 때문에 지구에 도달하지 못한다. 강물에서 상류 쪽을 향해 노를 젓는 카약 선수가 유속보다 빠르게 노를 젓지 않는 한 흐르는 강물에 떠내려가는 것처럼, 빛보다 빠르게 멀어지는 은하에서 방출된 빛은 아무리

---

* 빅립이 실제로 일어난다 해도 수백억 년 후에나 일어날 것이므로 역시 걱정할 필요 없다.

발버둥을 쳐도 앞으로 나아갈 수 없다.* 그러므로 미래의 천문학자가 가까운 별을 마다하고 멀리 떨어진 은하에 망원경의 초점을 맞춘다면 칠흑 같은 어둠밖에 보이지 않을 것이다. 대부분의 은하들이 팽창하는 공간에 실려 떠내려가다가 천문학자들이 말하는 '우주지평선cosmic horizon'을 넘어갔기 때문이다. 이것은 공간의 가장자리에 깎아지른 듯한 절벽이 나 있어서, 모든 은하들이 그 아래로 추락한 것과 비슷한 상황이다.

멀리 떨어진 은하들은 시야에서 사라지겠지만, 비교적 가까운 곳에 있는 국부은하단Local Group(약 30개의 은하로 이루어진 은하집단)은 여전히 우리의 동반자로 남을 것이다. 우주의 타임라인이 11층에 도달하면 은하수와 안드로메다은하를 포함한 국부은하군이 우주의 주인공으로 부각될 것이다. 미래의 천문학자들은 이 은하단을 밀코메다Milkomeda로 부르지 않을까?(나는 안드로밀키Andromilky라는 이름이 더 좋다). 아무튼 밀코메다의 별들은 거리가 충분히 가까워서 공간 팽창을 이겨내고 형태를 유지할 것이다. 그러나 멀리 있는 은하를 보지 못하는 것은 천문학자에게 커다란 손실이다. 20세기 초에 허블이 우주팽창설을 자신 있게 주장할 수 있었던 것은 은하를 관측하여 얻은 데이터 덕분이었다. 만일 은하들이 이미 사라진 후였다면 우주가 맹렬하게 팽창하고 있는데도 그 사실을 전혀 눈치채지 못했을 것이며, 빅뱅과 우주의 진화 과정도 미스터리로 남았을 것이다.

하버드대학교의 천문학자 에이브러햄 러브Abraham Loeb는 "밀코메다 은하단에서 운 좋게 탈출한 별들이 우주 공간을 표류하면 흐르는 강물에 뿌려진 팝콘처럼 팽창의 흔적을 추적할 수 있을 것"이라고 했다. 그러나 이것도

---

* 사실 팽창하는 공간에는 앞뒤의 개념이 없다. 공간은 모든 방향으로 팽창하기 때문에, 은하에서 방출된 빛은 어떤 방향에서도 보이지 않는다.

잠시뿐이다. 가속 팽창이 계속 진행되다 보면 지구에서 바라본 밤하늘은 결국 칠흑으로 변하고, 먼 미래의 천문학자들은 아무것도 관측할 수 없게 된다.[16] 빅뱅이 일어나고 약 1조 년이 지난 후, 그러니까 엠파이어스테이트 빌딩의 12층에 도달하면 우주 탄생의 비밀을 간직하고 있는 우주배경복사 (3장 참조)마저 너무 희미해져서(공간 팽창에 따른 적색편이$^{red shift}$ 때문이다) 더 이상 관측할 수 없을 것이다.

이 시점에서 문득 한 가지 의문이 떠오른다. 지금까지 알려진 천문학 관련 지식(빅뱅, 인플레이션, 공간 팽창 등)이 1조 년 후의 천문학자들에게 온전히 전수된다 해도, 아무것도 볼 수 없는 그들이 과연 아득한 과거에 구축된 우주론을 문자 그대로 믿어 줄까? 그때가 되면 관측 장비는 우리의 상상을 초월하는 수준으로 발전하겠지만, 아무리 먼 곳을 뒤져도 우주 공간은 암흑 천지일 뿐이다. 이런 상황에서 그들은 고색창연한 이론을 원시 인류의 낭만적인 착각으로 간주하고, '우주는 영원히 변하지 않는다'는 정적우주론을 정설로 받아들일 가능성이 높다. 그렇다. 별로 달가운 사실은 아니지만, 우주가 팽창할수록 천문학은 퇴보한다.

우리는 엔트로피가 가차 없이 증가하는 세상에 살면서도 날이 갈수록 관측 도구가 개선되고, 데이터가 증가하고, 이해가 깊어지는 것을 당연하게 여기고 있다. 그러나 가속 팽창이 계속되면 이런 기대는 더 이상 통하지 않는다. 중요한 정보들이 너무 빠르게 달아나서 손에 넣을 수 없기 때문이다. 먼 미래에는 모든 진실이 지평선 밑으로 숨어 버리고, 우리의 후손들은 우주가 영원히 변하지 않는다고 하늘같이 믿으면서 살아갈 것이다.

별들의 황혼

최초의 별은 8층(빅뱅 후 1억 년)부터 형성되기 시작했고, 재료가 남아 있는 한 새로운 별은 계속 만들어질 수 있다. 이 순환은 언제까지 계속될 것인가? 별이 생성되는 데 필요한 성분 목록은 아주 짧다. 충분한 양의 수소만 있으면 된다. 앞서 말한 대로 수소 구름이 중력으로 서서히 뭉치다가 중심부의 온도가 임계값을 넘으면 핵융합 반응이 시작된다. 은하에 떠다니는 수소 구름의 총량과 하나의 별이 형성되는 데 필요한 수소의 양을 알면 별의 탄생과 소멸이 언제까지 계속될지 대충 짐작할 수 있다. 몇 가지 미묘한 요소가 있긴 하지만(별의 출생률은 시간에 따라 변할 수 있다. 별이 핵융합 반응을 일으키면 구성 성분의 일부를 은하에 되돌려 주기 때문에 원자재가 수시로 보충된다), 천문학자들은 정교한 계산을 통해 "앞으로 100조 년이 지나면 (14층) 모든 은하에서 별이 더 이상 탄생하지 않는다."라고 결론지었다.

14층으로 올라가면 알아야 할 것이 또 있다. 이 시기에 존재하는 별들은 맹렬하게 타다가 장렬하게 전사하는 태양과 달리, 서서히 빛을 잃어 갈 것이다. 별의 질량이 클수록 중심부의 질량도 커서 온도가 높고, 온도가 높을수록 핵반응이 빠르게 진행되어 연료가 빠르게 소진된다. 우리의 태양은 앞으로 50억 년(탄생 후 100억 년) 동안 찬란한 빛을 발하겠지만, 질량이 훨씬 큰 별은 핵연료를 빠르게 소모하기 때문에 오히려 수명이 짧다. 이와 대조적으로 질량이 태양의 1/10 이하인 경량급 별들은 연료를 천천히 소모하기 때문에 오랫동안 빛을 발할 수 있다. 이를 적색왜성red dwarf이라 하는데, 관측 자료에 의하면 우주에 존재하는 별의 대부분이 이 부류에 속한다. 적색왜성은 온도가 낮으면서 핵반응의 효율이 높기 때문에(별이 보유한 수소의 대부분이 중심부에 모여 있다) 수조 년 동안 빛을 말할 수 있다. 태양의 수명보다 무려 천 배나 길다. 그러나 14층에서는 뒤늦게 탄생한 적색왜성 조차도 수명을 다한 상태다.

14층으로 올라가면 모든 은하는 디스토피아^{dystopia}*를 방불케 하는 황무지로 변한다. 한때 찬란한 별들로 만원사례를 이루었던 하늘에는 이제 타고 남은 재밖에 없다. 그러나 별의 중력은 밝기가 아닌 질량에 의해 좌우되므로, 행성을 거느린 별은 여전히 주인으로 남을 것이다.

그렇다. 한 층 더 올라가도 아직은 무언가가 남아 있다.

천문질서의 황혼

맑은 날 밤하늘을 올려다보면 은하에 별들이 빽빽하게 들어차 있다는 느낌을 받는다.** 그러나 사실은 전혀 그렇지 않다. 언뜻 보면 지구를 에워싼 가상의 구^球 안에 별들이 밀집되어 있는 것처럼 보이지만(천문학적 관점에서 볼 때 인간의 눈[렌즈]은 집광력과 초점 심도가 매우 낮다. 간단히 말해서, 성능이 형편없는 망원경이라는 뜻이다), 실제로 별들은 엄청난 거리를 두고 서로 떨어져 있다. 태양을 설탕 분말 한 개 크기로 줄여서 뉴욕시의 엠파이어 스테이트 빌딩에 갖다 놓는다면, 태양에서 가장 가까운 별인 프록시마 켄타우리$^{Proxima\ Centauri}$는 코네티컷주의 그리니치^{Greenwich} 어딘가에 있다.*** 당신이 엠파이어스테이트 빌딩에서 자동차를 타고 출발하여 프록시마 켄티우리를 찾아 그리니치로 간다면, "내가 도착할 때쯤이면 그 별이 다른 곳으

---

* 반이상향 또는 암흑세계.
** 맨눈으로는 어림도 없다. 성능 좋은 천체 망원경으로 봐야 이런 느낌을 받을 수 있다.
*** 뉴욕시와 그리니치 사이의 직선거리는 약 50km쯤 된다.

372　　　　　　　　　　　　　　　　　　　　엔드 오브 타임

로 이동하지 않았을까?"하는 조바심에 속도를 낼 필요가 전혀 없다. 이 규모에서 별이 움직이는 속도는 1시간당 1mm가 채 안 될 정도로 느리기 때문이다. 넓은 벌판에서 치기장난*을 하는 달팽이들처럼, 별들이 서로 충돌하거나 스쳐 지나가는 것은 극히 드문 사건이다.

이제 원래의 규모로 돌아가서 생각해 보자. 15층으로 올라가면 빅뱅 후 1천조 년의 우주가 보인다. 별들이 충돌하는 사건은 극히 드물게 일어나지만 1천조 년은 엄청나게 긴 시간이므로, 이때까지 살아남은 별들은 수많은 충돌을 아슬아슬하게 모면한 '억세게 운 좋은' 놈들이다. 자, 이들 앞에는 어떤 운명이 기다리고 있을까?

잠시 지구에 초점을 맞추고, 우주 공간을 배회하는 별들을 상상해 보자. 질량과 궤적에 따라 약간의 차이는 있겠지만, 대부분의 별은 지구에 큰 영향을 주지 않는다. 가벼운 별이 지구와 먼 거리를 두고 지나가면 느긋한 마음으로 구경해도 된다. 그러나 무거운 별이 지구에 가까이 접근하면 공전 궤도가 틀어져서 태양계 밖으로 날아갈 수도 있다. 지구뿐만이 아니다. 다른 은하, 다른 태양계의 행성들도 이와 같은 일을 겪으면 졸지에 우주 미아가 될 수 있다. 빌딩 위층으로 올라갈수록 더 많은 행성들이 떠돌이별 때문에 모항성(주인별)을 잃고 우주 공간을 떠돌게 된다. 가능성이 낮긴 하지만, 지구는 태양이 수명을 다하기 전에 이런 신세가 될 수도 있다.

이런 일이 발생하면 지구는 태양과 멀어질수록 온도가 점점 내려가서 모든 지표면과 해수면이 꽁꽁 얼어붙고, 대기의 주성분인 산소와 질소는 낮은 온도를 이기지 못하고 액화되어 비처럼 뚝뚝 떨어져 내릴 것이다. 이런

---

* 술래가 다른 사람을 쫓아가서 손으로 몸을 치면 그 사람이 술래가 되는 놀이. 술래가 되지 않으려면 무조건 빨리 뛰어야 한다.

환경에서 생명체가 살아남을 수 있을까? 땅 위에 서식하는 생명체들은 어렵겠지만 원래 지구 생명체는 깊은 바다 밑에 있는 열수분출공thermal vent에서 탄생했고, 지금도 일부 생명체들이 그곳에서 살고 있다. 해저면에는 햇빛이 도달하지 않으므로 열수분출공 근처의 환경은 태양이 없어도 달라지지 않는다. 그리고 열수분출공의 에너지는 지구 내부에서 꾸준히 진행되는 핵반응으로부터 공급되고 있다. 지구도 별이냐고? 물론 아니다. 지구의 중심부에서 진행되는 반응은 핵융합이 아니라 핵분열nuclear fission이다.[17] 지구 내부에 있는 방사성 원소들(토륨[Th], 우라늄[U], 포타슘[K] 등)이 핵분열을 통해 붕괴되면서 방출한 고에너지 입자들이 열을 공급하고 있다. 태양이 핵융합으로 지구에 에너지를 공급하건, 오래전에 죽었건 간에, 지구는 내부에서 일어나는 핵분열로 꽤 오랫동안 에너지를 자급자족할 수 있다. 그러므로 지구가 태양계에서 방출된다 해도 해저면의 생명체들은 아무 일도 없었다는 듯이 수십억 년 동안 일상적인 삶을 살아갈 것이다.[18]

아무튼 우주를 떠도는 범퍼카 별은 태양계를 망가뜨릴 뿐만 아니라, 긴 시간에 걸쳐 은하에도 심각한 문제를 초래한다. 2개의 별이 아슬아슬하게 스쳐 지나가거나 (드물긴 하지만) 정면으로 충돌하면 무거운 별은 속도가 느려지지만 가벼운 별은 속도가 빨라지는 경향이 있다(농구공 위에 탁구공을 올려놓은 채 땅에 떨어뜨리면 농구공의 반발력이 가벼운 탁구공에 전달되어 탁구공이 매우 빠른 속도로 퉁겨 올라간다[19]). 이런 사건이 한두 번 일어나면 별문제가 안 되지만, 오랜 시간 동안 충돌을 반복하면서 효과가 누적되면 별의 속도가 엄청나게 빨라져서 자신이 속한 은하를 탈출할 수도 있다. 천문학자들이 수행한 계산에 따르면 빌딩의 19층을 지나 20층을 향해 올라갈 때쯤 웬만한 은하는 이런 식으로 모든 별을 잃고 빈털터리가 된다. 별이 없는 은하는 물 없는 바다와 같다. 간단히 말해서, 은하 자체가 사라진다는

뜻이다.[20]

앞으로 10^{19}년 후에는* 태양계와 은하를 지배했던 천문 질서가 붕괴되고, 은하를 탈출한 별들이 새로운 질서를 창출하게 될 것이다.

중력파와 마지막 청소

지구가 운 좋게 11층의 태양 팽창에서 살아남고, 외계에서 날아온 별과 충돌하여 태양계 밖으로 날아가는 봉변도 당하지 않는다면, 최후의 운명은 일반상대성이론의 아름다운 특징 중 하나인 중력파에 의해 좌우된다.

일반상대성이론의 핵심 개념은 '휘어진 시공간curved spacetime'이다. 다소 추상적인 면이 있어서 수학적 언어를 빼고 설명하기가 쉽지 않다. 그래서 물리학자들은 이 개념을 설명할 때 우리에게 친숙한 비유를 들곤 한다. 팽팽하게 당겨진 고무판 한가운데에 묵직한 볼링공이 놓여 있고(그 자리의 고무판은 움푹 들어갈 것이다), 그 주변에 작은 구슬이 굴러가는 광경을 상상해보자. 여기서 볼링공은 태양이고, 작은 구슬은 행성에 해당한다. 그런데 별과 행성을 이런 식으로 비유하면 당장 한 가지 의문이 떠오른다. 구슬은 볼링공 주변을 돌다가 나선을 그리며 움푹 팬 지점으로 빨려 들어가는데, 행성은 왜 안 그런가?[21] 답은 이렇다. 고무판 위에서 구르는 구슬은 바닥과 마찰을 일으키면서 에너지를 잃기 때문이다. 이것은 특별한 장비가 없어도 쉽게 확인할 수 있다. 고무판 위에 구슬을 굴린 후 귀를 기울이면 소리가

---

* 10^{19}에서 현재 우주의 나이를 빼 봐야 간에 기별도 안 간다. 즉, $10^{19} - 1.4 \times 10^{10} \cong 10^{19}$이다. 따라서 19층의 시간대를 빅뱅부터 재건 지금부터 재건, 별 차이가 없다.

들리지 않는가? 그렇다. 분명히 소리가 난다. 구슬의 에너지 중 일부가 소리에너지로 변환되면서 나는 소리다. 그러나 텅 빈 우주 공간에는 마찰력이 작용하지 않기 때문에, 실제 행성은 나선을 그리지 않고 자신만의 궤도를 유지할 수 있다.

그러나 행성은 다른 이유 때문에 약간의 에너지를 잃는다. 천체가 움직일 때마다 공간의 구조가 교란되면서 밖으로 퍼져 나가는 파동이 생성된다. 이것은 고무판을 손으로 계속 두드릴 때 표면에 파동이 생성되는 것과 비슷한 현상이다. 아인슈타인은 1916년과 1918년에 발표한 두 편의 논문에서 이 파동의 존재를 예견하고 '중력파'라는 이름을 부여했지만, 그 후 수십 년 동안 한 번도 발견되지 않아서 본인조차 의심하는 지경에 이르렀다. 그는 중력파가 이론적으로 가능하지만 결코 관측될 수 없는 비현실적 존재이거나, 방정식을 잘못 해석한 결과라고 생각했다. 사실 일반상대성이론은 수학 체계가 워낙 낯설고 미묘해서 아인슈타인조차도 종종 혼란에 빠지곤 했다. 이론이 학계에 수용되려면 실험과 관측을 통해 검증되어야 하는데, 일반상대성이론은 워낙 규모가 큰 이론이어서 수많은 학자들이 이 분야에 투신했음에도 불구하고 여러 해가 지나도록 별다른 성과를 올리지 못했다. 1960년대의 물리학자들은 중력파가 일반상대성이론의 필연적 결과라고 믿었지만, 실험실에서 중력파가 발견된 사례는 단 한 건도 없었다.

이 상황은 1970년대에 이르러 극적인 전환을 맞이하게 된다. 1974년에 미국의 물리학자 러셀 헐스Russell Hulse와 조 테일러Joe Taylor가 중성자별로 이루어진 쌍성계binary system*를 최초로 발견했는데,[22] 여러 천문학자들이 후

---

* 2개의 별이 공통 질량 중심 주변을 일정한 주기로 공전하는 계.

속 관측을 실행해 보니 두 별이 나선을 그리며 점점 가까워지고 있었다. 궤도가 작아진다는 것은 에너지가 줄어든다는 뜻이다. 중성자별의 에너지는 대체 어디로 사라지는 것일까?[23] 테일러와 그의 연구 동료 리 파울러Lee Fowler, 피터 매컬러Peter McCulloch는 쌍성계에 일반상대성이론을 적용하여 중성자별이 잃어버린 에너지의 양이 중력파에 투입된 에너지와 정확하게 일치한다는 사실을 알아냈다.[24] 이 중력파는 너무 약해서 감지할 수 없었지만, 파울러의 연구 논문은 중력파의 존재를 (간접적으로나마) 확인한 최초의 사례로 역사에 기록되었다.

그로부터 30년 후, 10억 달러를 들여 설립한 레이저간섭계 중력파관측소Laser Interferometer Gravitational-Wave Observatory, LIGO의 연구원들이 드디어 공간에 생긴 주름, 즉 중력파를 직접 관측하는 데 성공했다. 2015년 9월 14일 이른 아침에 루이지애나주와 워싱턴주에 설치된 2개의 거대한 감지기에서 중력파 감지 신호가 거의 동시에 잡힌 것이다. 50년에 걸친 노력이 드디어 결실을 맺는 순간이었다. 그러나 연구원들은 기쁨보다 걱정이 앞섰다. 새로 업그레이드된 감지기를 설치한 지 겨우 이틀밖에 지나지 않았는데 두 곳에서 동시에 신호가 잡혔으니 의심할 만도 했다. 진짜 중력파일까? 감지기가 엉뚱한 신호를 중력파로 오인한 것일까? 아니면 어떤 장난꾸러기가 시스템을 해킹하여 가짜 신호를 주입한 것은 아닐까?

연구원들은 몇 달 동안 확인에 확인을 거듭한 끝에, 정말로 중력파가 지구를 지나갔다는 결론에 도달했다. 그뿐만 아니라 슈퍼컴퓨터로 신호를 정밀 분석하여 중력파의 진원지까지 알아냈다. 지금으로부터 13억 년 전, 그러니까 지구에 다세포생물이 처음 등장했을 무렵에 우주 어디선가 2개의 블랙홀이 서로 상대방 주변을 공전하면서 점점 가까워지다가 거의 광속에 가까운 속도로 충돌했다. 이 충돌 사건은 주변 공간에 엄청난 '중력 쓰나미'

를 일으켰는데, 그 위력은 관측 가능한 우주에 존재하는 모든 은하, 모든 별의 에너지를 더한 것보다 훨씬 막강했다. 인류가 아프리카의 사바나에서 다른 대륙으로 진출했던 10만 년 전에 이 중력파는 은하수 주변을 에워싸고 있는 암흑물질후광·dark matter halo을 통과했고, 히아데스성단Hyades cluster* 을 지나던 100년 전에는 아인슈타인이라는 지구인이 중력파의 존재를 예견한 최초의 논문을 발표했으며, 켄타우루스자리를 지나던 50년 전에는 일부 과감한 물리학자들이 중력파 감지기를 만들기 시작했고, 중력파가 지구에 도달하기 2일 전에 새로 업그레이드된 감지기가 LIGO에 설치되어 작동하기 시작했다. 그리고 드디어 운명의 날(2015년 9월 14일), 바로 그 2개의 감지기가 5천분의 1초 동안 중력파를 감지하여 이 모든 이야기에 종지부를 찍었다(물론 중력파는 지구를 지난 후에도 계속 진행한다. 그러나 멀리 갈수록 신호가 약해지기 때문에 감지하기가 더욱 어렵다). 중력파 관측팀을 이끌었던 레이 와이스Ray Weiss와 배리 배리시Barry Barish, 그리고 킵 손Kip Thorne은 이 공로를 인정받아 2017년에 노벨 물리학상을 공동으로 수상했다.

이 발견은 그 자체로도 흥미롭지만, 지구의 미래와도 밀접하게 관련되어 있다. 지구가 빌딩 23층에 도달할 때까지 궤도를 유지한다면, 중력파에 에너지를 조금씩 낭비하다가 결국은 나선 궤도를 그리며 오래전에 죽은 태양으로 빨려 들어갈 것이기 때문이다. 다른 행성들도 시간대는 다르겠지만 비슷한 운명을 맞이하게 된다. 덩치가 작거나 모항성에서 멀리 떨어진 행성은 공간을 교란하는 정도가 약하기 때문에 좀 더 긴 시간 동안 나선 궤도를 그릴 수 있다. 그러나 지구와 비슷한 모든 행성들은 우주의 시간이 23층

---

* 황소자리에 흩어져 있는 산개 성단. 지구로부터 약 100광년 거리에 있다.

에 도달하면 주어진 운명에 따라 차가운 모항성과 격렬한 재회를 하게 될 것이다(모든 행성은 과거 한때 모항성의 일부였다).

마지막 단계에 도달하면 은하들도 비슷한 과정을 밟는다. 대부분 은하의 중심에는 우리 태양의 수백만 배에서 수십억 배에 달하는 초대형 블랙홀이 자리 잡고 있다. 23층에서 바라볼 때 은하에 남아 있는 별은 이미 오래전에 죽은 후 충돌로 인한 퇴출을 피하고 살아남은 별로서 중심부의 블랙홀 주변을 서서히 공전하고, 행성들도 궤도에너지가 중력파로 조금씩 전환되면서 남은 별들과 함께 나선 궤적을 그리며 블랙홀로 빨려 들어갈 것이다. 에너지 손실률과 궤도의 규모를 고려할 때, 우주의 시간이 24층에 도달하면 그때까지 남아 있는 별의 대부분이 은하 중심부에 있는 블랙홀로 빨려 들어갈 것으로 예상된다.[25] 그 후에도 중심에서 아주 멀리 떨어진 곳에는 홀로 배회하는 죽은 별이 존재할 수 있는데(집단생활을 하다 보면 대열에 합류하지 못하고 뒤처지는 사람이 꼭 있다. 별들도 마찬가지다), 블랙홀은 이들에게도 가차 없이 중력을 행사하여 마지막 남은 한 개까지 알뜰하게 먹어치울 것이다. 그리하여 30층에 도달하면(빅뱅 후 10^{30}년) 거의 모든 은하들이 사라지게 된다.

이 세계에는 우주여행을 해 봐야 구경거리가 별로 없다. 홀로 외롭게 떠다니는 죽은 별과 괴물 같은 블랙홀이 간간이 눈에 뜨일 뿐, 우주의 대부분은 어둡고 황량한 공간으로 가득 찰 것이다.

복잡한 물질의 운명

이토록 극단적으로 환경이 변하는 와중에 인류는 과연 살아남을 수 있을까? 이 장의 서두에서 말한 대로, 생명의 앞날을 예측하는 것은 결코 쉬운 일이 아니다. 그것도 수백, 수천 년 후가 아니라 수천억, 수조 년 후라면 말할 것도 없다. 한 가지 확실한 것은 극단적인 환경에서 생명 기능을 유지하려면 에너지(대사에너지, 생식에너지 등)를 효율적으로 사용해야 한다는 점이다. 별이 수명을 다하면 이 작업은 더욱 어려워지고, 은하에서 퇴출되거나 게걸스러운 블랙홀에 잡아먹힐 위기에 놓이면 훨씬 더 어려워진다. 그렇다고 살 길이 아예 없는 것은 아니다. 한 가지 방법은 있다. 우주 공간에 널리 퍼져 있을 것으로 예상되는 암흑물질에서 에너지를 얻는 것이다. 암흑물질의 구성 입자가 서로 강하게 충돌하면 광자(빛)가 생성된다.[26] 그러나 새로운 에너지원을 찾았다 해도 시간이 흐르면 더 큰 위험이 찾아온다.

시간이 충분히 흐르면 물질 자체가 분해될 수도 있다. 생명체에서 별에 이르는 모든 복잡한 물질과 모든 분자는 원자로 이루어져 있으며, 원자의 중심에는 양성자^{proton}가 자리 잡고 있다. 만일 양성자가 더 가벼운 입자(전자나 광자)로 붕괴되는 경향이 있다면, 모든 물질이 분해되면서 우주는 급격한 변화를 맞이할 것이다.[27] 오늘날 우리가 존재한다는 것은 양성자의 평균 수명*이 적어도 138억 년(빅뱅 후 지금까지 흐른 시간)보다 길다는 것을 의미한다. 그러나 이보다 훨씬 먼 미래에는 어떻게 될까? 지난 50년 동안 물리학자들은 시간이 충분히 흘렀을 때 양성자가 붕괴될 수 있음을 암시하는 수학적 증거를 찾아 왔다.

1970년대에 물리학자 하워드 조자이$^{Howard\ Georgi}$와 셸던 글래쇼^{Sheldon} ^{Glashow}는 중력을 제외한 3개의 기본 힘을 하나의 수학 체계로 통일하는 대통일이론$^{grand\ unified\ theory}$을 개발했다.[28] 강력(강한 핵력)과 약력(약한 핵력),

---

* 붕괴될 때까지 걸리는 시간.

그리고 전자기력을 실험실에서 관측하면 완전히 다른 힘처럼 보이지만, 힘이 작용하는 거리를 줄여 나가면 세 힘의 차이가 점점 희미해진다. 대통일이론에 의하면 약력과 강력, 그리고 전자기력은 더욱 포괄적인 하나의 힘의 다른 측면이다. 즉, 극도로 작은 규모에서는 3개의 힘이 구별되지 않고 하나로 통일되는 것이다.

조자이와 글래쇼는 대통일이론에서 예견된 힘 사이의 연결 관계에 기초하여 입자와 물질의 새로운 관계를 제안했다. 이 관계에 의하면 양성자를 포함한 여러 입자들은 붕괴를 통해 다른 입자로 변신할 수 있다. 다행히도 이 과정은 매우 느리게 진행된다. 만일 당신이 한 손에 양성자 한 움큼을 쥐고 이들의 절반이 붕괴되기를 바란다면, 무려 $1,000 \times 10$억 $\times 10$억 $\times 10$억 년을 기다려야 한다. 엠파이어스테이트 빌딩 1층 편의점에서 양성자를 구입했다면, 30층까지 올라가야 목적을 달성할 수 있다. 이쯤 되면 거짓말이라고 해도 확인할 길이 없을 것 같다. 대체 어느 누가 그 긴 세월을 기다릴 수 있다는 말인가?

아니다. 확인할 방법이 있다. 로또복권을 소량만 판매하면 1등 당첨자가 나올 확률이 거의 0에 가깝지만, 복권을 수억, 수십억 장 판매하면 1등 당첨자가 무더기로 쏟아져 나올 것이다.* 이와 마찬가지로 작은 샘플에서 양성자 붕괴가 관측될 가능성은 거의 0에 가깝지만, 샘플의 크기를 왕창 키우면 단 몇 개라도 관측될 가능성이 있다.[29] 그러므로 거대한 용기에 수백만 갤런의 정수(淨水)를 채워 넣고(여기에는 약 10^{26}개의 양성자가 들어 있다) 최고로 민감한 입자 감지기로 에워싼 후, 감지기에 신호가 뜰 때까지 주야장천

---

* 번호 6개짜리 로또복권의 1등 당첨 확률은 약 800만분의 1이다.

기다리면 된다(조자이와 하워드의 이론에 의하면 양성자가 붕괴될 때 파이온pion과 반전자anti-electron[전자의 반입자]가 방출된다. 감지기가 감지하는 것은 바로 이 입자들이다).

10^{26}개면 지구의 모든 해변과 사막에 존재하는 모래 알갱이의 수보다 많다. 이렇게 많은 양성자들 중에서 단 1개가 붕괴되는 사건을 과연 잡아낼 수 있을까? 이 실험을 운영하는 연구팀은 양성자가 단 한 개라도 붕괴되면 감지기에 신호가 뜰 것이라고 장담했다. 다양한 시뮬레이션을 통해 긍정적인 결과를 얻었기 때문이다.

나는 조자이가 대통일이론을 한창 검증하던 1980년대 중반에 그의 제자로 학창 시절을 보냈다. 당시 나는 물리학과 학부생이어서 첨단 이론을 접할 기회가 별로 없었지만, 학계의 분위기는 대충 파악하고 있었다. 물리학자들은 아인슈타인의 꿈이었던 통일이론이 곧 완성될 것이라며 이론물리학이 정상에 깃발을 꽂을 날만을 기다리고 있었다. 그러나 1년이 지나도 양성자가 붕괴되었다는 소식은 들려오지 않았고 다음 해도, 그다음 해도 마찬가지였다. 무소식 상태에서 시간이 흐를수록 양성자의 수명은 길어진다. 붕괴될 때까지 그만큼 시간이 오래 걸린다는 뜻이기 때문이다. 이 글을 쓰고 있는 시점에도 양성자는 단 하나도 붕괴되지 않았으니, 현재 양성자의 수명은 최소 10^{34}년까지 길어졌다.

조자이와 글래쇼가 제안한 통일이론은 더할 나위 없이 훌륭한 이론이다. 비록 중력은 제외되었지만, 이들의 이론은 수학과 물리학을 엄밀하면서도 예술적으로 결합하여 자연에 존재하는 세 종류의 기본 힘(강력, 약력, 전자기력)과 물질 입자(물질을 구성하는 기본 입자)의 특성을 통일된 논리로 아름답게 설명했다. 가히 '인간의 지성이 낳은 걸작'이라 부를 만하다. 그러나 자연의 반응은 시큰둥했다. 훗날 조자이와 만난 자리에서 당시의 소감을 물었더니 이런 답이 돌아왔다. "말도 말게나. 그때는 정말 자연한테 한 방 걷어차인 기분이었지. 그 후로 통일이론은 아예 거들떠보지도 않았다네."[30]

그래도 자연의 법칙을 하나로 통일하려는 시도는 계속되었다. 지금까지 제안된 통일이론들(칼루자-클라인 이론Kaluza-Klein theory, 초대칭supersymmetry, 초중력supergravity, 초끈이론superstring theory, 그리고 하워드-조자이의 이론을 확장한 글래쇼의 대통일이론 등. 자세한 내용은 나의 전작인《엘러건트 유니버스》에 정리되어 있다)은 한결같이 양성자 붕괴를 예측하고 있다. 이 현상이 일찍 관측되지 않는 바람에 조자이와 글래쇼의 이론은 후보에서 제외되었지만, 아직 유효한 통일이론에서 주장하는 양성자의 붕괴 속도는 지금까지 실험으로 확인된 값보다 훨씬 느리다. 이들이 제안한 양성자의 수명은 대략 $10^{34} \sim 10^{37}$년이며, 이보다 더 길다고 주장하는 이론도 있다.

중요한 것은 우주를 수학적으로 이해하기 위해 새로운 시도를 감행할 때마다 양성자 붕괴가 단골손님처럼 대두되었다는 점이다. 양성자 붕괴가 아예 등장하지 않도록 방정식을 수정할 수도 있지만, 이를 위해서는 이미 옳은 것으로 판명된 이론에 역행하는 수학적 조작을 가해야 한다. 그래서 대부분의 이론물리학자들은 양성자 붕괴를 실존하는 현상으로 믿고 있다. 이 책에서는 양성자의 수명이 10^{38}년이라는 가정하에 이야기를 풀어 나가기로 한다(그 외의 다른 대안에 대해서는 후주를 참조하기 바란다[31]).

이는 곧 38층에서 계속 위로 올라가면 우주에 존재하거나 한때 존재했던 모든 구조물(바위, 물, 토끼, 나무, 당신과 나, 행성과 달, 별 등)의 구성 성분인 원자와 분자가 산산이 분해된다는 뜻이다. 이때가 되면 우주에는 전자와 양전자positron,* 뉴트리노neutrino, 광자와 같은 고립된 기본 입자만 남고, 곳곳에 조용한(또는 여전히 게걸스러운) 블랙홀이 자리 잡고 있을 것이다.

이보다 낮은 층에서는 생명체들이 생명 활동을 유지하기 위해 품질 좋고 엔트로피가 낮은 에너지를 열심히 찾고 있다. 38층에서 더 위로 올라가면 더욱 근본적인 문제가 대두된다. 원자와 분자가 분해되면 생명체의 근간은 물론이고 모든 구조 자체가 붕괴된다. 생명체가 온갖 재앙에도 불구하고 이 시점까지 용케 버텨 왔다면, 이제 드디어 피할 수 없는 최후가 찾아온 것인가? 그럴지도 모른다. 그러나 지금 우리가 고려 중인 시간 규모에서는 (현재 우주 나이의 10억 × 10억 × 10억 배 이상) 오래전에 버렸던 기능이라 해도 지금 당장 필요하다면 다시 취하여 생명을 유지할 수도 있다. 아득한 미래의 생명과 마음은 완전히 낯선 환경에 적응하기 위해 거칠고 서툰 형태로 진화할지도 모른다.

이는 곧 미래의 생명과 마음이 세포, 몸, 두뇌와 같은 물리적 기질基質에 의존하지 않고 '통합된 과정의 집합체'로 진화한다는 뜻이다. 지금까지 생물학이 생명 활동을 전적으로 지배해 온 것은 모든 생명체들이 지구라는 행성에 적용되는 자연선택을 벗어날 수 없었기 때문이다. 모든 원자가 해체된 후 기본 입자로 이루어진 집합체가 생명 활동과 사고를 안정적으로 수행한다면, 이것도 새로운 형태의 생명체라 할 수 있다.

이제 우리에게 주어진 과제는 원자와 분자로 이루어진 복잡한 구조체가 아예 존재하지 않는 황량한 우주에서 '생각하는 존재'의 가능성을 타진하는 것이다. 앞서 말한 대로 우리의 사고력은 물리 법칙을 따른다. 다른 것을 모두 초월한다 해도 물리 법칙만은 넘어설 수 없다. 이런 제한 속에서 사고는 과연 영원히 존재할 수 있을까?

---

* 전자의 반입자.

생각의 미래

누군가가 생각의 미래를 예측한다고 하면 왠지 오만해 보인다. 우리는 개인적인 경험을 통해 생각이 무엇인지 어렴풋이 알고 있지만, 5장에서 말한 대로 생각과 마음을 연구하는 과학은 아직 초보 단계를 벗어나지 못했다. 물체의 운동을 연구하는 과학은 뉴턴에서 슈뢰딩거에 이르는 250여 년 사이에도 엄청난 발전을 이루었는데, 10억 세기(1천억 년)가 찰나로 느껴질 정도로 장구한 세월이 흐른 후에 생각이 어떻게 변할지, 무슨 수로 알아낸다는 말인가?

이 질문은 지금 우리가 다루는 핵심 주제와 밀접하게 관련되어 있다. 우주는 다양한 관점에서 이해될 수 있으며, 또 이해되어야 한다. 여러 질문에 제시된 답들은 결국 하나의 일관적인 이야기로 통합되어야 하겠지만, 제한된 지식만으로도 이야기의 일부를 꾸려 나갈 수 있다. 뉴턴은 양자역학을 전혀 몰랐지만 일상적인 규모에서 일어나는 운동을 성공적으로 설명했으며, 훗날 양자역학이 물리학의 대세로 떠오른 후에도 뉴턴의 물리학은 폐기되지 않고 오히려 개선되었다. 양자역학은 미시 세계의 기이한 특성을 설명하고 뉴턴의 고전물리학을 새롭게 해석함으로써 과학의 영역을 이전보다 훨씬 넓게 확장시켰다.

오늘날 거의 모든 과학 분야에서 맹위를 떨치고 있는 수학이 미래의 생각에는 완전히 무용할 수도 있다. 당신이 물리학사와 철학사를 꿰어 차고 있지 않다면, 아리스토텔레스의 '원현적 운동이론entelechial description of motion'이나 엠페도클레스의 '눈 속의 불fire-in-the-eye'이론에 대해 한 번도 들어 보지 못했을 것이다. 인간은 무언가를 탐구할 때마다 잘못된 길로 쉽게 빠져든다. 너무 자주 있는 일이어서 새삼스러울 것도 없다. 그러나 뉴턴의 고전

물리학이 그랬던 것처럼, 틀린 내용도 언젠가는 더욱 포괄적인 연대기의 일부가 될 수도 있다. 머나먼 미래의 생각을 예측하려면 이렇게 낙관적이고 유연한 자세가 필요하다(그렇다고 논리적인 사고까지 포기하면 안 된다).

1979년에 미국의 물리학자 프리먼 다이슨Freeman Dyson은 머나먼 미래의 생명과 마음을 예측하는 인상적인 논문을 발표했다.[32] 지금부터 최신 이론과 관측 데이터에 기초하여 다이슨의 논리를 따라가 보기로 한다. 다이슨은 시종일관 물리학자의 관점을 고수하면서 인간의 사고 행위를 '물리 법칙의 지배를 받는 물리적 과정'으로 간주했기 때문에 우리의 취지와 잘 들어맞는다. 또한 우리는 머나먼 미래의 우주에 대하여 몇 가지 단서를 갖고 있으므로, 사고를 펼칠 수 있는 환경이 언제까지 유지될 것인지 논리적으로 추측할 수 있다.

먼저 당신의 두뇌부터 생각해 보자. 두뇌가 작동하려면 에너지가 필요하다. 그래서 당신은 끊임없이 먹고 마시고 숨 쉬면서 에너지를 공급한다. 또한 두뇌는 세부적인 배열을 수정하기 위해 다양한 물리화학적 과정(화학 반응, 분자 재배열, 입자의 이동 등)을 수행하면서 열과 폐기물을 외부로 방출하고 있다. 당신의 뇌가 무언가를 생각할 때에는(또는 무언가를 간절히 바라거나, 좋아하거나, 싫어하거나, 기쁘거나, 슬프거나, 쾌감이나 통증을 느낄 때에는), 2장에서 언급했던 증기 기관의 작동 과정이 그대로 재현된다. 증기 기관이 그랬던 것처럼, 당신의 두뇌에서 외부로 방출되는 열에는 엔트로피가 담겨 있다.

어떤 이유에서건 증기 기관이 내부에 쌓인 엔트로피를 해소하지 못하면 얼마 가지 않아 고장 날 수밖에 없다. 두뇌도 이와 비슷하여, 작동 중에 누적된 엔트로피 폐기물을 처분하지 못하면 곧바로 오작동을 일으킨다. 두뇌가 정상적으로 작동하지 않으면 생각도 할 수 없다. 바로 이것이 두뇌에 기초한 사고를 위협하는 잠재적 요인이다. 과연 두뇌는 머나먼 미래에도 폐열廢熱, waste heat을 외부로 방출할 수 있을까?

먼 미래에도 인간의 두뇌가 지금과 같은 형태로 유지된다고 생각하는 사람은 아무도 없다. 그리고 원자가 기본 입자로 분해되는 시기에 이르면 복잡한 분자는 더욱 존재하기 어려워진다. 그러나 환경이 아무리 열악하고 생명체가 제아무리 희한한 구조로 진화한다 해도, 폐열을 배출하는 것은 생각하는 존재에게 반드시 필요한 과정이다. 그러므로 가장 중요한 질문은 다음과 같다. "어떤 구조로 되어 있건 간에, 생각하는 존재(인간의 후손이라는 보장은 없으므로, 이것을 사고체思考體, Thinker라 하자)는 사고 과정에서 생성된 열을 외부로 방출할 수 있는가?" 사고체가 이 작업을 성공적으로 수행하지 못하면 자신이 생성한 엔트로피 속에서 과열되다가 결국은 타 버릴 것이다. 그리고 팽창하는 우주에 적용되는 물리 법칙이 사고체의 엔트로피 방출을 방해한다면, 생각의 미래는 심각한 위험에 처하게 된다.

생각의 미래를 평가하려면 생각의 물리학을 이해해야 한다. 사고체는 얼마나 많은 에너지를 소비하며, 사고 과정에서 얼마나 많은 엔트로피를 생산하는가? 또한 사고체는 얼마나 빠르게 폐열을 방출해야 하며, 우주는 얼마나 빠르게 폐열을 흡수할 수 있는가?

느리게 생각하기

이 책의 2장에서 강조한 바와 같이, 엔트로피란 주어진 물리계의 미시적 구성 요소(입자)가 취할 수 있는 모든 가능한 배열 중에서 '외관상 거의 비슷하게 보이는' 배열의 수를 의미한다. 그런데 주어진 물리계가 사고체인 경우에는 위의 정의를 다른 유용한 형태로 재서술할 수 있다. 계의 엔트로피가 낮다는 것은 구성 입자들이 '외관상 거의 비슷한 배열의 수가 비교적 적은 상태'에 해당하는 배열 중 하나를 점유하고 있다는 뜻이다. 그러므로 내가 당신에게 물리계의 실제 배열 상태를 알려 줘야 하는 상황이라면, 굳이 많은 정보를 제공할 필요가 없다. 엔트로피가 낮은 계는 가능한 배열이 많지 않기 때문이다. 할인마트 진열장에 몇 개 안 되는 통조림이 놓여 있을 때 특정 통조림(예를 들어 캠벨 토마토수프)을 지정하기가 쉬운 것처럼, 몇 안 되는 가능성 중 하나를 지정할 때에는 소량의 정보로도 충분하다. 그러나 계의 엔트로피가 높으면 입자의 배열은 '외관상으로 거의 비슷한' 수많은 배열 중 하나다. 즉, 엔트로피가 높은 배열은 수많은 도플갱어^{doppelgänger*}를 갖고 있다. 이런 경우에 계가 실제로 점유하고 있는 배열을 알려 주려면 많은 정보를 제공해야 한다. 초대형마트의 선반에 쌓여 있는 수만 개의 통조림 중에서 특정한 통조림 하나를 지정할 때 이야기가 길어지는 것처럼, 엔트로피가 높은 계의 입자 배열 상태를 서술하려면 수많은 가능성 중 하나를 지정해야 하기 때문에 다량의 정보가 필요하다. 그러므로 엔트로피가 낮은 계의 입자 배열에는 정보의 양이 많지 않고, 엔트로피가 높은 계의 입자 배열에는 다량의 정보가 들어 있다.

엔트로피와 정보의 관계는 매우 중요하다. 사고의 주체가 누구이건(인간의 두뇌이건, 또는 추상적인 사고체이건 간에) 생각이란 곧 정보 처리를 의미하기 때문이다. 엔트로피와 정보가 어떤 식으로든 관련되어 있다는 것은 정보 처리와 사고 기능을 엔트로피 처리 과정으로 서술할 수 있다는 뜻이다. 그리고 2장에서 말한 대로 엔트로피 처리 과정(엔트로피를 이곳에서 저

---

* 나와 똑같이 생긴 다른 사람.

곳으로 옮기는 과정)에는 반드시 열의 이동이 수반되기 때문에, 사고와 엔트로피, 그리고 열을 하나의 묶음으로 간주해야 한다. 다이슨은 이들을 연결하는 수학적 도구를 개발한 후, 사고체가 펼치는 생각의 수에 기초하여 밖으로 배출해야 할 열의 양을 계산했다(자세한 내용은 후주를 참조하기 바란다[33]). 간단히 말해서 생각의 수가 적으면 열을 조금만 방출해도 되고, 생각의 수가 많으면 다량의 열을 방출해야 한다.

사고체가 무언가를 생각하려면 주변에서 에너지를 추출해야 한다. 그런데 열은 에너지의 한 형태이므로, 사고체가 주변에서 추출한 열은 나중에 방출할 열보다 최소한 같거나 많아야 한다. 입력에너지는 출력에너지보다 품질이 좋지만(입력에너지는 사고체가 쉽게 활용할 수 있는 반면, 출력에너지는 그냥 버려진다), 사고체는 자신이 흡수한 에너지보다 많은 에너지를 방출할 수 없다. 다이슨은 사고체에게 최소한으로 필요한 고품질 에너지의 양을 계산함으로써 난이도를 정량화했다. 별이 핵융합 반응으로 소진되고, 태양계가 해체되고, 우주가 팽창하면서 차가워질수록 사고체는 사고에 필요한 고품질-저엔트로피 에너지를 주변에서 추출하기가 점점 더 어려워진다. 이런 상황에서는 에너지 효율을 높여야 하는데, 가장 확실한 방법은 저엔트로피 에너지를 흡수하여 고엔트로피 열을 배출하는 것이다. 자, 과연 어떻게 구현할 수 있을까? 지금부터 다이슨이 제안한 방법을 따라가 보자.

첫 번째 단계로 사고체의 내부 과정(어떤 과정이건 상관없다)이 진행되는 속도가 빠를수록 사고체의 온도가 높아진다고 가정하자.[34] 높은 온도에서는 입자가 빠르게 움직이므로 사고체의 사고가 빨라지면서 에너지를 빠르게 소비하고 폐기물도 빠르게 축적되며, 낮은 온도에서는 이와 반대로 모든 것이 느리게 진행된다. 점점 차가워지는 우주에서 가능한 한 오랫동안 사고 능력을 유지하려면 에너지를 최대한 절약해야 하고, 이를 위해서는 사고를 가능한 한 느리게 진행해야 한다. 따라서 사고체는 시간이 흐를수록 자신의 온도를 낮추고, 어렵게 획득한 고품질 에너지를 천천히 소비하는 것이 상책이다.

사고체에게 이 전략을 알려줬더니 반응이 영 썰렁하다. "저는 사고 행위 외에 할 수 있는 일이 전혀 없는데, 사고를 느리게 한다고 해서 무슨 도움이 되나요? 그냥 저만 답답해지는 거 아닌가요?" 우리는 사고체를 위로한다. "그건 아니죠. 생각을 느리게 하면 당신의 내부에서 일어나는 모든 과정도 함께 느려지기 때문에, 느려졌다는 것 자체를 느낄 수 없을 겁니다. 모든 게 이전하고 똑같아요. 주변에서 일어나는 일들이 전보다 빠르게 진행되는 것처럼 보이겠지만, 당신이 느끼는 생각의 속도는 이전하고 다를 게 없습니다." 다행히 사고체는 우리말을 알아듣고 달팽이 전략을 따르기로 했다. 그런데 한 가지가 여전히 걸리는 모양이다. "당신 말대로 하면 새로운 생각을 영원히 할 수 있는 건가요?"

핵심을 찌르는 질문이다. 우리는 그가 이 질문을 할 것이라고 이미 짐작하고 있었기에 답도 준비해 놓았다. 수학 계산에 의하면 자동차가 천천히 달릴수록 연비가 높아지듯이,* 사고체의 생각이 느릴수록 단위에너지당 사고량(생각의 분량)이 많아진다. 즉, 온도가 낮을수록 효율이 높아진다는 뜻이다. 그러므로 사고체는 유한한 에너지로 무한히 많은 생각을 할 수 있다 ($1 + 1/2 + 1/4 + 1/8 \cdots$을 무한히 더해도 답은 유한하다. 이 문제의 답은 2이다). 우리는 잔뜩 흥분한 목소리로 사고체에게 기쁜 소식을 알린다. "우리가 짜준 전략대로 하면 유한한 에너지로 영원히 생각할 수 있습니다!"[35]

---

* 엔진의 분당 회전수(rpm), 차체의 형태와 무게, 연료의 종류 등 여러 요인을 고려하면 사정이 달라진다.

사고체가 크게 기뻐하며 당장 실행에 옮기려고 하는데, 갑자기 중요하면서도 성가신 수학적 사실 하나가 떠올랐다. 차가운 커피가 주변에 방출하는 열은 뜨거운 커피가 방출하는 열보다 작지 않은가. 따라서 사고체가 우리의 전략을 따르면 자신이 생성한 폐열을 방출하는 능력이 떨어진다. 사고체가 조용히 말한다. "당신은 저에 대해 아는 게 별로 없잖아요. 그러니제가 폐기물 처리 능력에 문제가 있다는 소문은 내지 말아 주세요." 오케이, 우리는 입을 다물기로 약속했다. 이 모든 이야기에 깔린 가정이라곤 "사고체는 전자와 같은 입자로 이루어져 있으면서 기존의 물리 법칙을 따른다."는 것뿐이므로, 사고체의 구체적인 형태에 상관없이 일반적으로 적용된다. 사고체의 물리학적, 또는 생리학적 구조를 전혀 모른다 해도, 온도가 내려가면 그가 만들어 내는 엔트로피가 방출하는 엔트로피보다 많다는것만은 분명하다. 이 사실을 알고 있는 이상 그대로 놔둘 수는 없다. "내 말잘 들으세요. 유한한 에너지로 생각을 무한정 계속하려면 낮은 온도를 유지해야 하지만, 계속 이런 식으로 가다 보면 엔트로피를 방출하는 속도보다 쌓이는 속도가 더 빠른 시점이 찾아올 겁니다. 그 후에도 생각을 계속한다면 당신은 바로 그 생각 때문에 타 버릴 거예요."[36]

그렇지 않아도 의기소침해진 사고체가 이 말까지 이해하면 완전히 좌절할 것이다. 그런데 우리 팀원 중 한 사람이 나서서 한 가지 아이디어를 제안한다. "겨울잠을 자면 됩니다! 물론 꼭 겨울에 잘 필요는 없고요." 그렇다. 정말 기발한 해결책이다. 사고체가 주기적으로 생각을 멈추고 휴식을취하면(즉, 마음의 스위치를 끄고 잠들면) 엔트로피는 더 이상 생산되지 않으면서 폐열을 계속 방출할 수 있다. 충분히 긴 시간 동안 자고 일어나면 모든 폐기물이 방출되어 타 버릴 염려가 없고, 자는 동안은 생각을 하지 않으므로 지루할 틈도 없다. 잠깐 눈을 감았다가 뜬 것 같은데, 어느새 몸에 쌓인 폐기물이 말끔하게 사라졌다. 바로 이것이 다이슨이 1979년에 발표한 논문의 핵심이다. 사고체가 생각과 휴식을 주기적으로 반복하면 영원히 생각할 수 있다.

글쎄… 과연 그럴까?

생각에 대한 마지막 생각

다이슨의 논문이 발표된 후 수십 년 사이에 전략과 관련하여 두 가지 중요한 발전이 이루어졌다. 하나는 사고 행위와 엔트로피의 관계를 규명하여 기존의 결과를 적절하게 재해석한 것이고, 다른 하나는 공간의 가속 팽창이 다이슨의 이론에 미치는 영향을 고려하게 된 것이다. 과학자들은 가속 팽창이 모든 결론을 심각하게 위협한다는 사실을 깨닫고, 사고를 엔트로피의 관점에서 바라보기 시작했다.

먼저 무엇이 어떻게 재해석되었는지부터 알아보자. 다이슨이 제시한 논리의 핵심은 사고 행위가 필연적으로 열을 낳는다는 것이다. 앞서 말한 대로 생각은 정보와 연결되어 있고 정보는 엔트로피와, 엔트로피는 열과 연결되어 있으므로 생각과 열은 태생적으로 불가분의 관계다. 그러나 이 연결 고리는 매우 미묘하여, 최근 대두된 컴퓨터 이론에 의하면 에너지의 품질을 떨어뜨리지 않고서도 기초 계산(예를 들어 $1+1=2$)을 수행할 수 있다.[37] 생각과 계산이 같은 부류라고 가정하면 사고체는 폐기물을 전혀 낳지 않으면서 생각할 수 있을 것 같다.

그러나 앞에서 우리의 여정을 이끌었던 생각-엔트로피-열의 연결 관계는 컴퓨터 과학에서 뉘앙스가 조금 달라질 뿐, 여전히 유효하다. 예를 들어 컴퓨터의 메모리를 지우면 필연적으로 폐열이 발생한다(일반적으로 폐열은 유리가 깨지는 것처럼 되돌리기 어려운 사건과 함께 발생한다. 컴퓨터에서 데이터를 지우면 복구하기가 어려우므로 열이 발생하는 것은 그리 놀라운 일이 아니다).[38] 그러므로 우리는 사고체에게 이렇게 조언해 주면 된다. "기억을 지우지 않으면 폐열을 생성하지 않고 계속 생각할 수 있습니다." 그러나 사고체의 기억 용량은 유한하기 때문에, 언젠가는 더 이상 기억을 보관할 수 없는 날이 찾아올 것이다. 그 후에 사고체가 할 수 있는 일이란 메모리에 고정된 정보를 재편성하여 오래된 생각을 다시 떠올리는 것뿐이다. 죽지 않고 영원히 살 수 있는 방법이긴 한데, 그다지 보람 있는 삶은 아닌 것 같다. 사고체가 새로운 생각을 하고, 새로운 기억을 저장하고, 새로운 지적 영역을 탐험하기를 원한다면 기억을 지워서 열을 발생시키고, 겨울잠을 자는 전략을 채택해야 한다.

가속 팽창과 관련된 두 번째 개선 사항은 더욱 중요한 문제를 부각시켰다. 공간이 점점 더 빠르게 확장되면 영원한 사고력을 유지하는 데 도저히 극복할 수 없는 장애가 발생한다.[39] 가속 팽창이 지금과 같은 추세로 계속된다면, 12층에서 봤던 것처럼 멀리 있는 은하들은 공간의 가장자리에 나있는 절벽에서 추락하듯이 사라질 것이다. 즉, 우리는 원리적으로 관측 가능한 거리를 반지름으로 삼은 거대한 구형 지평선의 중심에 놓여 있는 셈이다. 구의 바깥에 있는 천체는 빛보다 빠른 속도로 멀어지고 있기 때문에, 그곳에서 방출된 빛은 시간이 아무리 흘러도 우리에게 도달할 수 없다. 물리학자들은 이 경계면을 '우주지평선cosmological horizon'이라 부른다.*

우주지평선은 엄청난 수의 적외선등이 촘촘하게 박혀 있는 거대한 구면

---

* 사실은 '우주지평면'으로 불러야 옳다.

과 비슷하다. 이 등에서 방출된 열이 공간의 배경 온도를 결정한다. 그 이유는 다음 장에서 알아보기로 하고(약간의 스포일을 하자면 블랙홀과 관련되어 있다. 블랙홀은 호킹복사Hawking radiation를 방출하면서 지평선이 점점 확장되고 있다), 지금은 우주지평선의 온도가 빅뱅의 잔해로 남겨진 마이크로파 우주배경복사의 온도(2.7K. 또는 -270.3°C)와 완전히 다르다는 점을 기억하기 바란다. 마이크로파 우주배경복사는 공간이 팽창할수록 희미해지면서 온도가 절대온도 0K(-273°C)에 가까워지지만, 우주지평선의 온도는 일정한 값을 유지한다. 현재 진행 중인 가속 팽창을 고려할 때 우주지평선의 온도는 약 10^{-30}K로 추정되는데, 상상하기 어려울 정도로 작은 값이지만 머나먼 미래에는 이 미세한 값이 중요한 요소로 작용하게 된다.

다들 알다시피 열은 뜨거운 곳에서 차가운 곳으로 흐른다. 따라서 사고체의 온도가 우주 공간의 온도보다 높으면 안에 쌓인 폐열을 밖으로 배출할 수 있다. 그러나 사고체의 온도가 우주 공간보다 낮아지면 열이 반대 방향으로(공간에서 사고체로) 흐르면서 폐열 방출을 방해한다. 이렇게 되면 겨울잠 작전도 소용없다. 사고체의 온도가 꾸준히 내려가다 보면(그래야 유한한 에너지로 영원히 생각할 수 있다) 언젠가는 10^{-30}K에 도달할 것이고, 이 시점에 이르면 모든 게임은 종료된다. 우주가 더 이상의 폐열을 수용할 수 없기 때문이다. 여기서 사고체가 생각을 한 번만 더 하면(좀 더 정확하게 말해서 메모리를 한 번만 더 지우면) 곧바로 타 버릴 것이다.

물론 여기에는 공간의 가속 팽창이 지금과 같은 추세로 계속된다는 가정이 깔려 있다. 실제로 그렇게 될지는 아무도 알 수 없다. 앞으로 공간의 팽창 속도가 점점 빨라지다가 빅립을 맞이하여 생명과 마음이 완전히 사라질 수도 있고, 팽창 속도가 다시 느려질 수도 있다. 후자의 경우라면 언젠가는 멀리 떨어진 우주지평선의 적외선등이 모두 꺼지고, 우주의 온도는 무한정 내려갈 것이다.[*] 물리학자 윌 키니Will Kinney와 케이티 프리즈Katie Freese는 우주의 팽창이 진정되면 사고체가 겨울잠을 자면서 영원히 생각할 수 있음을 증명함으로써, 다이슨의 낙관적 미래관에 힘을 실어 주었다.[40]

나는 생각의 미래에 대한 한 줄기 희망마저 꺾고 싶지 않다. 가능하다면 생각하는 존재가 영원히 계속되기를 바란다. 그러나 개인적인 바람으로 결론을 내릴 수는 없으니, 일단 지금까지 논의된 내용을 정리해 보자. 사실 앞에서 펼친 모든 논리에는 어떤 형태로든 낙관적인 관점이 배어 있다. 우리는 별과 행성에서 원자와 분자에 이르기까지, 모든 것이 부족한 미래의 우주에도 사고체가 존재할 수 있다고 가정했다. 우주 공간을 떠도는 안정적인 기본 입자들(전자, 뉴트리노, 광자 등)이 한곳에 모여들어 생각하는 구조체가 탄생한다는 것은 꽤 낙천적인 생각이다. 그러나 우리는 모든 가능성을 허용한다는 취지에서 이런 구조체가 탄생할 수 있다고 가정했다. 우주가 바람직한 방향으로 팽창하여 스스로 생각하는 사고체가 영원히 존재한다면 매우 기쁘겠지만, 미래의 사고체를 위협하는 요인이 곳곳에 존재한다는 것도 부인할 수 없는 사실이다. 미래에도 팽창 가속도가 진정되지 않으면 생각하는 존재는 언젠가 완전히 사라질 것이다. 현재의 지식으로는 정확한 예측을 할 수 없지만, 방정식에 대략적인 값을 대입하여 계산해 보면 '생각의 종말'은 앞으로 10^{50}년 이내에 닥칠 가능성이 높다. 미래의 지적 생명체는 우주적 사건에 적극적으로 개입하여 별과 은하의 진화를 제어하고, 고품질 에너지원을 개발하고, 공간의 팽창을 제어할 수 있을까? 어떻게든

---

[*] 온도의 하한은 0K, 즉 −273.15℃이다. 이보다 낮은 온도는 존재하지 않는다. 온도가 무한정 내려간다는 것은 0K에 무한히 가까워진다는 뜻이다.

답을 제시하고 싶은데, 실마리가 거의 없다. 지능이란 매우 복잡하고 미묘한 개념이어서 어설픈 예측밖에 할 수 없다. 그동안 여러 가지 이야기를 하면서도 '지능의 영향력'에 대해 한 번도 언급하지 않은 것은 바로 이런 이유 때문이다. 언제나 믿음직한 제2법칙에 입각하여 생각해 보면, 생각하는 마지막 존재는 빌딩 50층까지 존재할 것으로 예상된다.

인간의 관점에서 볼 때 10^{50}년은 터무니없이 긴 시간이다. 빅뱅 후 지금까지 흐른 시간보다 10억 × 10억 × 10억 × 10억 배 이상 길다. 그러나 이보다 훨씬 긴 시간, 예를 들어 75층과 비교하면 한순간이나 마찬가지다. 10^{75}년을 1년에 비유하면 10^{50}년은 당신이 책상 위의 전등을 켰을 때 전구에서 방출된 빛이 당신의 눈에 도달할 때까지 걸리는 시간보다 짧다. 그리고 우주의 수명이 영원하다면 10^{75}년이 아니라 $(10^{75})^{1,000,000,000}$년이라 해도 찰나에 불과하다. 이렇게 방대한 시간 규모에서 우주의 역사를 서술하면 대충 다음과 같을 것이다. "빅뱅으로 우주가 탄생한 직후에 생명체가 등장하여 아주 잠시 동안 존재의 의미를 생각했다. 그러나 우주는 아무런 관심도 없었고, 생명체는 곧바로 분해되어 사라졌다." 이것은 사뮈엘 베케트Samuel Beckett의 희곡《고도를 기다리며En attendant Godot》에서 "여인이 무덤에 걸터앉아 아이를 낳으면 잠시 동안 빛이 비추다가 다시 밤이 찾아온다."며 한탄하던 포조Fozzo의 대사와 일맥상통한다.

2장의 첫머리에서 보았듯이, 20세기 지성을 대표하는 영국의 철학자 버트런드 러셀도 우주의 미래가 암울하다면서 신의 존재를 부정했다. 그러나 내 생각은 다르다. 우리를 비추는 빛과 우리가 떠올리는 생각은 단명하지만, 과학은 이것이 정말로 희귀하고, 경이롭고, 가치 있는 사건임을 여실히 보여 주고 있다.

10장

시간의 황혼

양자, 개연성, 그리고 영원

양자, 개연성, 그리고 영원

생각하는 존재가 모두 사라진 후에도 물리 법칙은 자신이 해 왔던 일을 계속할 것이다. 우주의 현실을 펼쳐 나가는 것, 그것이 바로 물리 법칙의 본분이다. 그리고 이 과정에서 양자역학과 영원은 강력한 결합을 형성한다. 양자역학은 모든 가능한 미래를 허용하는 아주 특별한 부류의 '꿈꾸는 몽상가'다. 물론 모든 미래를 마구잡이로 허용하는 것이 아니라, 각 미래마다 특정한 확률이 주어져 있다. 개중에는 우주의 나이만큼 기다려야 한 번쯤 일어날 정도로 확률이 낮은 미래도 있는데, 현실적인 시간 규모에서 이런 것은 완전히 무시해도 무방하다. 그러나 현재 우주의 나이가 무색해질 정도로 방대한 시간 규모에서는 확률이 거의 0에 가까운 사건도 여러 번 반복해서 일어날 수 있다. 게다가 우주의 수명이 무한하다면 이런 사건이 무한 번 일어난다. 아무리 작은 수라 해도 무한대를 곱하면 무한대가 되기 때문이다.[1]

우주에는 발생 확률이 거의 0에 가까운 사건들이 은밀한 곳에 숨어서 현실로 구현될 날만을 손꼽아 기다리고 있다. 이 장에서는 이들 중 일부를 분석하여, 머나먼 미래의 우주가 어떤 운명을 맞이할지 알아보기로 한다.

해체되는 블랙홀

20세기 중반에 물리학자들은 2차 세계 대전의 피날레를 장식할 초대형 프로젝트(맨해튼 프로젝트)를 성공리에 완수하여 세계적인 유명세를 누렸고, 이 일을 계기로 핵물리학과 입자물리학이 초유의 관심사로 떠올랐다. 20대 초반의 젊은 나이에 맨해튼 프로젝트에 참여하여 중요한 임무를 수행했던 프리먼 다이슨은 훗날 다큐멘터리 제작진과 인터뷰를 하는 자리에서 다음과 같이 말했다. "별에 연료를 공급하는 에너지가 물리학자들에게 신과 같은 힘을 부여했다… 우리는 수백 만 톤짜리 바위를 하늘 높이 들어 올릴 수 있었다."[2] 그러나 비슷한 시기에 일반상대성이론은 마치 전성기가 지난 운동선수처럼 변두리 이론 취급을 받고 있었다. 이런 분위기를 한 방에 바꾼 사람이 바로 존 휠러다. 그는 핵물리학과 양자물리학에 수많은 기여를 했지만 개인적으로는 일반상대성이론에 각별한 애정을 갖고 있었으며, 다소 과해 보이는 열정으로 다른 사람에게 영감을 불어넣는 특이한 능력의 소유자였다. 전쟁이 끝난 후 수십 년 동안 휠러는 자신이 키워낸 세계적인 물리학자들과 공동 연구를 수행하면서 일반상대성이론을 명예의 전당에 복귀시켰다.

일반상대성이론에서 휠러가 가장 큰 관심을 보였던 주제는 단연 블랙홀이었다. 이 이론에 의하면 어떤 물체도 일단 블랙홀에 빨려 들어가면 그것으로 끝이다. 한 번 들어가면 절대로 나올 수 없다. 휠러는 1970년대 초에 이 원리를 생각하다가 한 가지 문제를 발견하고 자신의 제자였던 제이콥

엔드오브타임

베켄슈타인Jacob Bekenstein에게 의견을 물었다. 블랙홀이 모든 것을 빨아들이기만 하고 아무것도 내뱉지 않는다면 제2법칙에 위배된다. 우주 만물이 군말 없이 제2법칙을 따르고 있는데, 유독 블랙홀에만 그것을 위배해도 되는 특권이라도 주어졌단 말인가? 뜨거운 홍차가 담긴 찻잔을 블랙홀에 던졌다고 하자. 홍차와 찻잔이 사라진 것은 그렇다 치고, 홍차의 엔트로피는 어디로 갔는가? 블랙홀의 바깥에서는 내부에서 벌어지는 일을 알 길이 없으므로, 그 높았던 엔트로피가 뜨거운 홍차와 함께 영원히 사라진 것처럼 보인다. 이는 곧 블랙홀이 제2법칙을 '합법적으로' 위반할 수 있다는 뜻이다.

그로부터 몇 개월 후, 베켄슈타인은 휠러에게 한 가지 해결책을 제시했다. "홍차의 엔트로피는 블랙홀의 내부에서도 사라지지 않습니다. 그냥 엔트로피가 블랙홀로 이전된 것뿐이죠." 뜨거운 냄비를 손으로 잡으면 냄비의 엔트로피가 손으로 이동하는 것처럼, 임의의 물체가 블랙홀로 빨려 들어가면 물체의 엔트로피는 블랙홀 자체의 엔트로피에 추가된다는 것이다.

그럴듯한 설명이다. 휠러도 이 가능성을 생각해 본 적이 있다.[3] 그러나 여기에는 심각한 문제가 도사리고 있다. 앞서 말한 대로 엔트로피는 시스템 구성 요소의 배열 상태 중 '거의 같은 것처럼 보이는' 배열의 수를 나타낸다. 좀 더 정확하게 말해서 엔트로피는 '하나의 거시 상태에 대응되는 미시적 배열의 수'다. 그러므로 홍차의 엔트로피가 블랙홀로 이전된다면, 블랙홀의 거시 상태는 변하지 않으면서 내부 배열의 수가 많아져야 한다.

바로 여기서 문제가 발생한다. 1960년대 말~1970년대 초에 물리학자 워너 이스라엘Werner Israel과 브랜던 카터Brandon Carter는 일반상대성이론의 방정식을 이용하여 블랙홀의 특성이 세 가지 숫자(물리량)로 완전히 결정된다는 사실을 증명했다. 그 세 가지란 블랙홀의 질량과 각운동량angular momentum(자전 속도와 관련된 양), 그리고 전기전하다.[4] 특정 블랙홀과 관련된 모든 정보는 이 3개의 숫자에 들어 있다. 예를 들어 2개의 블랙홀이 주어졌는데 질량, 각운동량, 전기전하가 똑같다면 다른 물리량을 굳이 확인할 필요가 없다. 둘은 완전히 동일한 블랙홀이다. 동전 100개를 허공에 던졌을 때 앞면 38개, 뒷면 62개가 나오는 배열의 수는 수십억 × 수십억 가지나 된다. 그리고 커다란 풍선의 부피, 압력, 온도가 한 값으로 결정되었을 때, 그 안에 들어 있는 기체 분자들이 배열될 수 있는 경우의 수는 상상을 초월할 정도로 많다. 그러나 이런 상황은 블랙홀에 적용되지 않는다. 블랙홀의 질량과 각운동량, 그리고 전기전하가 한 값으로 결정되면 내부 배열도 단 하나로 결정된다. 거시적 특성이 같으면 미시적 특성도 같다니, 블랙홀에는 엔트로피가 아예 존재하지 않는 것처럼 보인다. 뜨거운 홍차가 들어 있는 찻잔을 블랙홀에 던졌는데 엔트로피가 사라졌다. 괴물 같은 블랙홀 앞에서는 제2법칙도 무력해지는 것일까?

베켄슈타인은 도저히 수긍할 수 없었다. 그는 제아무리 블랙홀이라 해도 엔트로피만은 반드시 존재해야 하며, 무언가가 블랙홀 안으로 빨려 들어가면 제2법칙이 성립하도록 블랙홀의 엔트로피가 증가해야 한다고 굳게 믿었다. 베켄슈타인의 논리를 이해하려면 명심할 것이 하나 있다. 무언가가 블랙홀에 빨려 들어가도 질량은 사라지지 않는다는 것이다. 즉, 물체를 잡아먹은 블랙홀은 그 물체의 질량만큼 무거워진다. 이것은 일반상대성이론을 연구해 온 모든 물리학자들이 동의하는 사실이다. 구체적인 과정을 시각화하기 위해, 블랙홀의 사건지평선event horizon을 머릿속에 그려 보자. 임의의 물체가 블랙홀에 접근하다가 도중에 마음이 바뀌면 어떻게든 발버둥을 쳐서 탈출할 수 있다. 그러나 블랙홀의 중심과 물체 사이의 거리가 어느 이하로 가까워지면 아무리 발버둥을 쳐도 빠져 나올 수 없다. 바로 이 거리를 반지름으로 삼아 블랙홀을 에워싸고 있는 구면을 사건지평선이라 한다.

즉, 블랙홀에 접근하다가 사건지평선을 넘어선 물체는 절대로 되돌아올 수 없다. 간단히 말해서, '사건지평선 = 블랙홀의 표면'이다. 수학 계산에 의하면 사건지평선의 반지름은 블랙홀의 질량에 비례한다. 질량이 작으면 사건지평선이 작고, 질량이 크면 사건지평선이 크다. 그러므로 블랙홀에 무언가를 던지면 질량이 증가하면서 사건지평선도 커진다. 음식을 먹어서 구형 허리둘레가 늘어난 것이다.

베켄슈타인의 접근법을 이해하기 위해,[5] 특별히 제작된 탐색자(새로 유입된 엔트로피에 블랙홀이 어떻게 반응하는지를 알려 주는 장치)를 블랙홀에 던졌다고 상상해 보자. 그 탐색자란 파장이 충분히 긴 광자(위치가 넓게 퍼져 있는 광자) 한 개다. 광자가 블랙홀의 사건지평선에 도달했을 때 우리가 알 수 있는 것은 '광자가 블랙홀에 빨려 들어갔다'거나, '광자가 블랙홀에 빨려 들어가지 않았다'는 단일 정보뿐이다. 또한 이 광자는 파장이 길어서 위치가 정확하지 않기 때문에, 광자가 블랙홀에게 잡아먹힌 경우 '사건지평선 상의 진입 지점'과 같은 정확한 정보를 얻을 수 없다. 그러나 광자는 기본 단위의 엔트로피를 운반하고 있으므로, 블랙홀이 이런 엔트로피 식사를 끝낸 후에 나타나는 변화를 수학적으로 분석할 수 있다.

광자는 에너지를 갖고 있고 에너지와 질량은 그 유명한 아인슈타인의 방정식 $E = mc^2$을 통해 호환이 가능하므로, 블랙홀이 광자를 흡수하면 질량이 아주 조금 증가하면서 사건지평선의 반지름도 아주 조금 커진다. 그러나 탐사 실험의 진정한 가치는 세부 사항에 숨어 있다. 베켄슈타인은 한 단위의 엔트로피가 블랙홀 내부로 투입되었을 때 사건지평선의 넓이가 한 면적단위(이것을 양자면적단위quantum unit of area, 또는 플랑크면적Planck area이라 하며, 값은 약 10^{-70}m²이다)만큼 증가한다는 사실을 알아냈다.[6] 엔트로피 두 단위를 투입하면 두 면적단위만큼 커지고, 3개를 투입하면 세 면적단위만큼 커지고… 기타 등등이다. 즉, 사건지평선의 면적에는 블랙홀이 잡아먹은 엔트로피의 양이 그대로 반영되어 있다. 그래서 베켄슈타인은 휠러에게 "블랙홀의 총 엔트로피는 사건지평선의 면적(플랑크단위로 계산된 값)으로 주어진다."고 제안했다.

사실 베켄슈타인은 블랙홀의 엔트로피와 사건지평선 사이에 이런 놀라운 관계가 성립하는 이유를 알지 못했다. 찻잔과 같은 일상적인 물체의 엔트로피는 블랙홀의 내부, 즉 부피에 흡수되었는데, 그 결과가 왜 표면적에 나타나는가? 또한 베켄슈타인은 자신이 제안한 가설이 블랙홀을 구성하는 미세성분의 가능한 배열 수와 어떻게 연결되는지도 설명하지 못했다(이 문제는 1990년대 중반까지 풀리지 않은 채로 남아 있다가 끈이론이 해결책을 제시하여 새로운 활로를 찾았다). 그러나 위기에 처한 제2법칙은 베켄슈타인 덕분에 기사회생할 수 있었다. 원리는 아주 간단하다. 총 엔트로피의 변화를 추적하려면 물질과 복사의 엔트로피뿐만 아니라 블랙홀 자체의 엔트로피 증가량도 고려해야 한다. 당신의 식탁에 놓여 있던 찻잔을 블랙홀에 던지면 식탁의 엔트로피는 감소한다. 그러나 블랙홀 사건지평선의 표면적 증가분을 계산해 보면, 당신의 집에서 감소한 엔트로피만큼 블랙홀의 엔트로피가 증가했음을 알 수 있다. 베켄슈타인은 엔트로피의 대차대조표에 블랙홀을 포함하는 알고리듬을 도입함으로써, 잠시 위태로웠던 제2법칙의 위상을 원래대로 돌려놓았다.

그러나 베켄슈타인의 아이디어를 전해 들은 영국의 물리학자 스티븐 호킹Stephen Hawking은 터무니없는 발상이라며 고개를 저었고, 다른 물리학자들도 호킹과 비슷한 반응을 보였다. 앞서 말한 대로 블랙홀의 물리적 특성은 단 3개의 숫자로 완전히 결정되며, 사건지평선의 내부는 대부분이 텅 빈 공간이다(블랙홀로 떨어진 물체는 중심부에 있는 특이점singularity으로 가차 없이 빨려 들어간다). 포악한 명성과 달리 참으로 단순한 천체가 아닐 수 없다. 대충 말하자면 블랙홀은 더 이상 무질서해질 여지가 없기 때문에, 외부의 무질서도(엔트로피)를 흡수할 수 없다. 호킹은 베켄슈타인의 제안을 간단하게 무시하고 일반상대성이론과 양자역학의 수학을 적절히 결합하여 자신만의 계산을 수행했다. 아마도 계산이 완료되면 베켄슈타인의 주장에 어디가 잘 못되었는지 분명하게 밝혀질 것이라고 생각했을 것이다. 그런데 막상 계산을 끝내고 보니 자신도 믿기 어려운 결과가 도출되었다. 베켄슈타인의 주장이 사실일 뿐만 아니라, "블랙홀은 온도를 갖고 있으며, 스스로 빛을 발하고 있다."는 황당무계한 결론에 도달한 것이다. 그랬다. 블랙홀은 복사를 방출하고 있었다. 블랙홀은 이름만 검을 뿐, 사실은 검은 색이 아니었다. 좀 더 정확하게 말하면 블랙홀은 양자물리학을 무시했을 때에만 검은색이다.

호킹의 논리는 대충 다음과 같이 진행된다. 양자역학에 의하면 임의의 작은 공간에서는 양자적 활동이 끊임없이 일어나고 있다. 아무것도 없이 텅 빈 공간, 즉 에너지가 0인 공간에서도 양자적 활동은 멈추지 않는다. 어떻게 그럴 수 있을까? 에너지가 위아래로 요동치면서 '평균적으로' 0을 유지하면 된다. 이것은 3장에서 언급했던 마이크로파 우주배경복사의 온도에 작은 변이가 관측된 것도 바로 이 양자요동quantum fluctuation 때문에 나타난 현상이다. 또한 에너지의 양자요동은 $E = mc^2$을 통해 질량의 요동으로 나타날 수 있다. 아무것도 없는 텅 빈 공간에서 입자와 반입자가 갑자기 나타나는 식이다. 이 현상은 지금도 당신의 눈앞에서 수시로 일어나고 있지만, 두 눈을 부릅뜨고 바라봐도 공간은 잠잠하기만 하다. 왜 그럴까? 입자의 출몰이 너무 빠르게 진행되고 있기 때문이다. 입자와 반입자가 생성되면 찰나의 순간에 다시 결합하여 무無로 사라진다. 보이지도 않는 사건이 실제로 일어난다는 것을 어떻게 확신할 수 있을까? 이 효과를 고려하여 복잡한 계산을 수행한 결과가 실험 데이터와 정확하게 일치하기 때문이다. 그래서 양자역학은 뉴턴의 고전물리학을 밀어내고 가장 근본적인 물리학이론으로 우뚝 설 수 있었다.[7]

호킹은 블랙홀의 사건지평선 바로 바깥에서 이 계산을 수행했다. 이곳에서 입자와 반입자가 갑자기 생성되면 대부분은 순식간에 소멸된다. 그러나 사건지평선이 코앞에 있기 때문에 가끔은 소멸되지 않을 수도 있다. 입자-반입자 쌍 중 어쩌다가 하나만 블랙홀에 빨려 들어가면, 남은 입자는 혼자 사라지지도 못하고 낙동강 오리알 신세가 된다. 그런데 짝을 잃었다 해도 운동량은 보존되어야 하기 때문에, 이 입자는 파트너가 사라진 반대쪽, 즉 블랙홀로부터 멀어지는 쪽으로 내달려야 한다. 이런 현상이 구형 사건지평선*의 모든 지역에서 반복적으로 일어나면 블랙홀이 모든 방향으로 입자를 방출하는 것처럼 보인다. 이것이 바로 9장에서 말한 '호킹복사'다.

계산에 의하면 블랙홀로 떨어지는 입자는 음(-)의 에너지를 갖고 있다 (블랙홀로부터 도망가는 파트너 입자가 양[+]의 에너지를 갖고 있고 총에너지는 보존되어야 하므로, 그리 놀라운 일은 아니다). 블랙홀이 음의 질량을 흡수하는 것은 칼로리가 마이너스인 음식을 섭취하는 것과 같아서, 질량이 증가하지 않고 오히려 감소한다. 이 과정을 밖에서 바라보면 블랙홀은 입자를 방출하면서 몸집이 서서히 줄어드는 것처럼 보인다. 마치 블랙홀이 양자욕조에 몸을 담근 채 입자의 양자요동으로 샤워를 하는 것 같다. 이 모든 현상이 양자역학과 무관하다면, 블랙홀은 서서히 타면서 광자를 방출하는 숯덩이처럼 보일 것이다.[8]

---

* 사실은 '사건지평면'이라고 불러야 옳다.

뜨거운 홍차를 마시건 타오르는 별을 삼키건, 자라나는 블랙홀이 제2법칙을 만족하는 것처럼, 축소되는 블랙홀도 제2법칙을 만족한다. 사건지평선의 면적이 줄어든다는 것은 엔트로피가 감소한다는 뜻이지만, 블랙홀에서 방출된 복사는 넓은 우주 공간으로 퍼져 나가면서 엔트로피를 증가시킨다. 그리고 이 증가량은 블랙홀에서 감소한 양보다 많기 때문에 전체적으로 엔트로피는 증가한다. 이와 비슷한 과정을 어디선가 본 것 같지 않은가? 그렇다. 블랙홀은 복사를 통해 '엔트로피 2단계 과정entropic two-step'을 수행하고 있다.

호킹은 이 모든 과정을 수학적으로 말끔하게 규명했다. 그중에서도 가장 중요한 업적은 빛(복사)을 발하는 블랙홀의 온도 공식을 유도한 것이다. 자세한 내용은 다음 절에서 다루기로 하고(수학에 관심 있다면 후주를 참고하기 바란다[9]) 지금은 호킹이 유도한 결과 중 하나인 "블랙홀의 온도는 질량에 반비례한다."는 사실에 집중해 보자. 덩치가 사람보다 큰 그레이트데인 Great Dane*은 온순하지만 조그만 시추shih tzu**는 사나운 것처럼, 큰 블랙홀은 조용하면서 차갑고 작은 블랙홀은 요란하면서 뜨겁다. 이것은 호킹의 복사 공식을 통해 확연하게 드러난다. 은하수의 중심에 위치한 초대형 블랙홀(질량이 우리의 태양보다 400만 배쯤 크다)의 온도는 100조분의 $1\mathrm{K}(10^{-14}\mathrm{K})$이고, 질량이 태양과 비슷한 블랙홀의 온도는 이보다 훨씬 높지만 천만분의 $1\mathrm{K}$에 불과하며($10^{-7}\mathrm{K}$), 오렌지만 한 블랙홀은 무려 1조 × 1조 $\mathrm{K}(10^{24}\mathrm{K})$나 된다.

---

* 독일산 초대형 견.

** 중국산 소형견.

질량이 달보다 큰 블랙홀의 온도는 현재 우주를 가득 채우고 있는 마이크로파 우주배경복사의 온도(2.7K)보다 낮다. 언뜻 들으면 칵테일파티에서 잘난 체하는 사람들의 잡담거리 같지만, 여기에는 매우 중요한 사실이 숨어 있다. 열은 높은 곳에서 낮은 곳으로 흐르기 때문에, 블랙홀 근처에서는 차가운 공간에서 블랙홀로 흐른다. 블랙홀은 호킹복사를 방출하고 있지만, 방출량보다 많은 열을 공간으로부터 흡수하여 질량이 서서히 증가한다. 지금까지 관측된 가장 작은 블랙홀도 달보다 훨씬 크기 때문에, 사실상 모든 블랙홀은 덩치를 키워 나가는 중이다. 그러나 우주는 계속 팽창하면서 온도가 낮아지고 있으므로, 언젠가는 마이크로파 우주배경복사의 온도가 블랙홀보다 낮아져서 에너지 흐름이 역전될 것이다. 이때가 되면 블랙홀은 에너지(열)를 방출하면서 수축되기 시작한다. 그러므로 시간이 충분히 흐르면 결국은 블랙홀도 사라질 운명이다.

블랙홀에 대해서는 아직도 태반이 미지로 남아 있으며, 그중에서도 지금 우리에게 가장 중요한 것은 블랙홀이 맞이하게 될 최후의 순간이다. 블랙홀이 복사를 방출하면 질량이 줄어들고, 질량이 줄어들면 온도가 높아진다. 블랙홀의 질량이 거의 0에 가까워지고 온도가 무한대로 치솟으면 과연 어떤 일이 벌어질까? 장렬하게 폭발할까? 아니면 조용히 사라질까? 아무도 알 수 없다. 캐나다의 이론물리학자 돈 페이지Don Page는 호킹복사에 기초하여 블랙홀의 수명을 계산했는데, 우리의 태양과 질량이 비슷한 블랙홀은 복사를 방출하면서 서서히 줄어들다가 빅뱅 후 10^{68}년(엠파이어스테이트 빌딩 68층)경에 완전히 사라질 것으로 예상된다.[10]

극단적인 블랙홀의 붕괴

모든 은하의 중심에는 초대형 블랙홀이 자리 잡고 있을 것으로 추정된다. 최고 질량 기록은 관측 기술이 개선됨에 따라 계속 바뀌는 중인데, 현재 챔피언은 태양 질량의 1천억 배에 달한다. 이 블랙홀을 우리의 태양이 있는 곳에 갖다 놓는다면, 사건지평선은 해왕성의 궤도를 넘어 오르트구름^{Oort} ^{cloud*}까지 도달한다. 반지름(중심에서 사건지평선까지 거리)이 1천억 km를 훌쩍 넘는 괴물이다. 그러나 이제 곧 알게 되겠지만, 덩치가 크다고 해서 반드시 파괴적이라는 법은 없다.

일반상대성이론에 의하면 블랙홀 제조법은 아주 간단하다. 질량을 모아서 아주 작게 압축하면 된다.[11] 여기서 '아주 작다'라는 말은 정말 엄청나게, 무지막지하게, 어이가 없을 정도로 작다는 뜻이지만 경우에 따라서는 적당히 압축시켜도 블랙홀이 될 수 있다. 구체적인 예를 들어 보자. 오렌지 1개로 블랙홀을 만들려면 직경이 10^{-25}cm로 줄어들 때까지 쥐어짜야 하고, 지구를 블랙홀로 만들려면 직경 2cm까지, 태양은 직경 6km까지 압축시켜야 한다. 여기까지는 세간에 알려진 상식과 크게 다르지 않다. 블랙홀이 되려면 밀도가 상상을 초월할 정도로 높아야 한다. 그러나 질량이 태양을 초과하여 점점 더 무거운 쪽으로 옮겨 가면 사정이 크게 달라진다.

블랙홀 제조에 들어가는 재료의 양이 많을수록 도달해야 할 밀도는 감소한다. 다시 말해서, 질량이 크면 낮은 밀도에서도 블랙홀이 될 수 있다. 약간의 수학 논리를 거치면 그 이유가 분명해진다. 사건지평선의 반지름은

---

* 태양계 바깥에 먼지와 얼음이 둥근 띠 모양으로 모여 있는 거대한 집합소.

질량에 비례하고(후주-11 참조) 부피는 질량에 비례하므로, 블랙홀의 평균 밀도(단위부피당 질량)는 질량의 제곱에 반비례한다. 즉, 질량이 2배로 커지면 밀도는 1/4로 줄어들고, 질량이 1,000배로 커지면 밀도는 100만분의 1로 줄어든다. 여기서 중요한 것은 질량이 클수록 '블랙홀이 되기 위해 요구되는 최소한의 밀도'가 낮아진다는 것이다. 은하수의 중심에 있는 초대형 블랙홀(질량이 태양의 400만 배다)을 만들기 위해 요구되는 밀도는 납의 100배 정도여서, 아직은 우리의 능력을 한참 벗어난 것처럼 보인다. 그러나 질량이 태양의 1억 배라면 블랙홀이 되는 데 필요한 밀도는 물의 밀도($1g/cm^3$)까지 떨어진다. 내친 김에 질량을 태양의 40억 배로 키우면, 지금 당신이 숨 쉬는 공기의 밀도만으로도 블랙홀이 될 수 있다. 공기를 '태양 질량의 40억 배'까지 모으면 오렌지나 지구, 또는 태양처럼 힘들게 쥐어짜지 않아도 그 자체로 블랙홀이 된다는 이야기다. 질량이 충분히 크면 공기의 자체 중력이 블랙홀과 맞먹을 정도로 강해지기 때문이다.

독자들에게 공기를 모아서 블랙홀을 만들라고 부추길 생각은 없다. 그러나 질량이 태양의 40억 배가 넘으면 공기도 그 자체로 블랙홀이 될 수 있다는 것은 일반적인 상식에서 크게 벗어난 결과다.[12] 질량이 태양의 수십억 배에 달하는 블랙홀은 우주의 괴물을 연상케 하지만, 평균 밀도를 놓고 보면 매우 점잖고 쿨하다(실제로 온도도 낮다!). 진짜 괴물은 덩치가 작은 블랙홀이다. 이것은 블랙홀의 질량이 클수록 호킹복사의 온도가 낮고 검은색에 가깝다는 사실과도 일맥상통한다.

대형 블랙홀은 복사로 방출할 질량이 충분히 많고, 온도가 낮아서 방출 속도도 느리기 때문에 작은 블랙홀보다 수명이 길다. 방정식에 수치를 대입해 계산해 보면 질량이 태양의 1천억 배인 블랙홀은 원료를 소비하는 속도가 엄청나게 느려서 장구한 세월 동안 복사를 방출하다가, 엠파이어스테이트 빌딩의 꼭대기인 102층에 도달했을 때(빅뱅 후 10^{102}년) 마지막 복사를 뱉어 내고 완전히 검은색으로 변한다.[13]

시간의 끝

102층에 도달하면 공간에 퍼진 입자 안개 때문에 시야가 많이 흐려진다. 가끔은 전자와 양전자가 나선 궤적을 그리며 서로 가까워지다가 소멸되고 이때 방출된 섬광이 작은 점처럼 잠시 나타났다가 사라질 뿐, 대부분의 공간은 암흑 천지다. 암흑에너지가 모두 사라져서 공간의 팽창 속도가 잦아들면 대형 블랙홀에 입자가 축적되어, 복사를 방출하는 속도가 느려지면서 수명이 좀 더 길어질 수도 있다. 그러나 암흑에너지가 남아 있으면 가속 팽창 때문에 입자들이 점점 더 빠르게 멀어져서 마주칠 기회가 거의 없다. 흥미로운 것은 이 상황이 빅뱅 직후의 상황과 매우 비슷하다는 점이다. 빅뱅이 일어난 직후에도 공간은 분리된 입자들로 가득 차 있었다. 단, 우주 초기에는 입자들 사이의 거리가 가까워서 별이나 행성 같은 천체가 형성될 수 있었지만, 우주의 마지막 단계에서는 입자들이 멀리 떨어져 있을 뿐만 아니라 공간이 계속 팽창하기 때문에 질량 덩어리가 형성될 가능성은 거의 없다. 그렇다. 우주 만물은 먼지에서 태어나 먼지가 되어 사라진다. 초기의 먼지는 엔트로피 2단계 과정을 거치면서 질서 정연한 천체를 만들 수 있었지만, 마지막 단계의 먼지는 너무 엷게 퍼져 있어서 황량한 공간을 정처 없이 표류할 뿐이다.

물리학자들은 이 시기를 '시간의 끝end of time'에 비유하곤 한다. 시간이 아예 멈추지는 않겠지만, 변화라고 해 봐야 광대한 공간에서 입자가 이리저리 이동하는 것이 전부이므로, 우주는 결국 망각의 세계로 사라진다고 봐도 무방하다. 그렇다면 우리의 이야기도 여기서 끝내야 할까? 아니다. 확률이 아주 낮긴 하지만 그 후에 일어날 수 있는 사건이 아직 남아 있다.

분해되는 빈 공간

2012년 7월 4일, 유럽원자핵공동연구소European Center for Nuclear Research, CERN에의 대변인 조 인칸델라Joe Incandela가 오랫동안 논란의 대상이 되어 왔던 힉스입자Higgs particle가 드디어 발견되었음을 선포했다. 그날 나는 아스펜 물리학센터Aspen Center for Physics에서 새벽 두 시에 동료들과 함께 중계방송을 지켜보았는데, "힉스입자가 발견되었다."는 말이 떨어지자 모든 사람들이 약속이나 한 듯 자리를 박차고 일어나 환호성을 질렀다. 카메라에 비친 피터 힉스Peter Higgs는 안경을 벗고 흐르는 눈물을 손으로 훔치고 있었다. 자신의 이름을 딴 입자가 자연에 존재한다는 것을 거의 50년 전에 예견한 후 온갖 비난과 반론에 시달리면서도 꿋꿋하게 견뎌 온 그의 연구 인생이 드디어 보상을 받게 된 것이다.

그 옛날, 청년 피터 힉스는 에든버러Edinburgh 외곽의 한적한 길을 걷다가 전 세계 물리학자들을 괴롭혀 왔던 난제를 해결했다. 그 무렵 물리학계의 최대 관심사는 강력, 약력, 전자기력 및 이 힘들이 물질 입자에 미치는 영향을 수학적으로 통일하는 것이었다. 이론가와 실험가들은 서로 어깨를 맞댄 채 미시 세계의 작동 원리를 설명하는 양자매뉴얼을 작성하느라 여념이 없었다. 하지만 거기에는 한 가지 결정적인 요소가 빠져 있었다. 주어진 방정식으로는 기본 입자의 질량을 결정할 수가 없었던 것이다. 전자나 쿼크와 같은 기본 입자를 특정 방향으로 밀면 그 힘에 저항하는 힘이 느껴진다. 왜 그럴까? 그 이유는 250년 전에 뉴턴이 알아냈다. 모든 물체는 외부의 힘에 저항하는 관성을 갖고 있고, 관성을 나타내는 척도가 바로 질량이다. 즉, 질량을 가진 물체는 외부에서 작용하는 힘에 저항한다. 그러나 양자역학의 방정식은 다른 이야기를 하고 있었다. 양자장이론에 의하면 입자는 질량이 없고, 따라서 아무런 저항도 발휘하지 않아야 한다. 현실과 수학이 이토록 딴판이라니, 이런 게 무슨 첨단 이론이란 말인가?

양자역학의 수학에서 질량이 없는 입자만 허용된 근본적 이유는 이론에 도입된 대칭symmetry 때문이다. 당구공을 임의의 방향으로 돌려도 모양이 달라지지 않는 것처럼, 기본 입자를 서술하는 방정식은 각 항을 맞바꿔도 기본 형태가 달라지지 않는다. 이처럼 계에 부분적인 변화를 가해도(당구공의 회전, 또는 수학방정식에서 항의 재배열 등) 전체적인 형태가 변하지 않을 때, 주어진 계는 '대칭을 갖고 있다'고 말한다. 그리고 대칭을 유지하는 부분 변환이 많을수록, 해당 계는 '대칭성이 높다high degree of symmetry'. 당구공은 대칭성이 높기 때문에 어느 방향으로 굴려도 매끄럽게 굴러가고, 방정식은 대칭성이 높을수록 분석하기가 쉽다. 입자물리학자들은 대칭성이 없는 방정식을 끔찍하게 싫어한다. 이런 방정식을 풀다 보면 1을 0으로 나눈 것 같은 난센스가 시도 때도 없이 속출하기 때문이다. 그런데 입자를 서술하는 방정식이 대칭성을 가지려면 입자의 질량이 0이어야 한다. 바로 이것이 50년 전에 물리학자들을 괴롭히던 문제였다(0은 다른 수에 곱해지거나 나누었을 때 자신의 고유값을 확고하게 유지한다는 점에서 대칭성이 매우 높은 수라 할 수 있다).

바로 이 무렵에 힉스가 등장했다. 그는 원래 입자들이 방정식의 요구대로 질량을 갖고 있지 않았으나, 이 세상으로 던져지면서 주변 환경의 영향을 받아 질량을 갖게 되었다고 주장했다. 공기로 가득 찬 운동장에서 투수가 던진 위플볼wiffle ball*이 공기의 항력을 느끼는 것처럼, 눈에 보이지 않는 힉스장$^{Higgs\ field}$이 공간을 가득 채우고 있어서 그 속을 헤쳐 나가는 입자들이 장의 저항을 느끼고, 그 결과가 입자의 질량으로 나타난다는 것이다. 위플볼이 아무리 가볍다 해도 고속으로 달리는 자동차에서 위플볼을 손에 쥔 채 창밖으로 팔을 내밀면 상당한 힘이 느껴진다. 가만히 들고 있을 때는 새 털처럼 가벼웠는데, 공기의 저항을 헤치고 나아갈 때는 야구공 못지않게 무겁다. 이와 비슷한 논리로, 힉스는 공간이 힉스장으로 가득 차 있어서 입자가 그 속을 헤치고 나아갈 때마다 장의 저항을 받아 질량을 획득한다고 주장했다. 입자가 묵직할수록 공간을 가득 메운 힉스장의 저항을 많이 받기 때문에 움직이기가 어려워진다.[14]

힉스장에 대해 들어본 적이 없다 해도, 9장을 주의 깊게 읽은 독자들에게는 그다지 새로운 개념이 아닐 것이다. 고대에 탄생한 에테르^{ether}의 개념은 물론이고, 현대물리학에도 '눈에 보이지 않으면서 공간을 가득 채우고 있는' 물질이 심심치 않게 등장한다. 빅뱅을 일으킨 인플라톤장과 가속 팽창의 원인인 암흑에너지도 이런 범주에 속한다. 그러나 1960년대만 해도 힉스장은 매우 파격적인 가설로 간주되었다. 피터 힉스의 논리는 다음과 같이 전개된다. "공간이 정말로 텅 비어 있다면 입자들은 질량을 갖지 않았을 것이다. 그러나 입자는 분명히 질량을 갖고 있으므로 공간은 무언가로 가득 차 있어야 하며, 입자들이 지금과 같은 질량을 갖도록 갖춰져 있어야 한다."

힉스의 가설이 실린 첫 번째 논문은 별다른 관심을 끌지 못했다. 훗날 그는 과거를 회상하며 "사람들은 내 논문이 완전 헛소리라며 거들떠보지도 않았다."고 했다.[15] 그러나 그의 논문을 주의 깊게 읽은 일부 물리학자들이

---

* 구멍이 숭숭 뚫린 플라스틱 공. 주로 어린이 야구에 사용된다.

가치를 인정하면서 물리학자들 사이에 서서히 퍼져 나가다가 얼마 후에는 질량의 기원을 설명하는 가장 그럴듯한 가설로 자리 잡게 된다. 나는 대학원생이었던 1980년대에 힉스의 이론을 처음으로 접했는데, 저자가 어찌나 확신에 차 있는지 그 후로 한동안 나는 힉스입자가 아직 발견되지 않았다는 사실조차 모르는 채 지냈다.

힉스입자를 발견하는 것은 기술적으로 엄청나게 어렵고 돈도 많이 드는 일이지만, 말로 설명하면 허무할 정도로 쉽다. 2개의 입자(예를 들어 양성자)가 서로 반대 방향으로 빠르게 움직이다가 충돌하면 그 주변의 힉스장이(만일 존재한다면) 격렬하게 요동치다가 가끔은 장에서 작은 덩어리가 응결되어 입자의 형태(힉스입자)로 튀어나올 수도 있다. 노벨상 수상자인 프랭크 윌첵Frank Wilczek은 이것을 두고 "진공의 산물chip off the old vacuum"이라고 했다.[*] 이 입자를 관측하기 위해 30여 개국에서 온 3천여 명의 과학자들이 CERN의 입자가속기와 거의 30년 동안 사투를 벌였다. 이곳에 설치된 강입자충돌기Large Hadron Collider, LHC는 건설 비용만 150억 달러가 넘는다.[**] 2012년 미국 독립기념일에 CERN은 그동안 수집한 데이터에 기초하여 "힉스입자가 존재한다는 확실한 증거를 발견했다."고 선언함으로써, 반세기에 걸친 대장정에 마침표를 찍었다.

힉스입자가 발견된 후로 물리학자들은 입자의 특성을 더욱 깊이 이해할 수 있었고, 현실의 숨은 측면을 밝히는 데 수학이 얼마나 막강한 위력을 발휘하는지 다시 한번 실감하게 되었다. 그렇다면 우주의 타임라인에서 힉스

---

[*] 부전자전을 뜻하는 'chip off the old block'을 물리학 버전으로 패러디한 것.
[**] 장비가 너무 거대해서 '제작'이나 '설치'보다 '건설'이라는 말이 더 어울린다.

입자는 어떤 의미를 갖는가? 전자나 양성자 같은 입자의 질량은 공간을 가득 채운 힉스장의 값에 따라 결정된다. 따라서 힉스장의 값이 변하면 우주는 완전히 다른 세상으로 돌변할 것이다. 공기의 밀도가 변하면 위플볼에 가해지는 저항력이 달라지는 것처럼, 힉스장의 값이 변하면 입자의 질량도 달라진다. 문제는 힉스장의 값이 아주 조금만 변해도 우리를 에워싼 현실 세계가 완전히 붕괴된다는 것이다. 원자와 분자, 그리고 이들로 이루어진 모든 구조체의 특성은 기본 입자의 특성에 의해 결정된다. 태양이 빛을 발하는 것은 수소와 헬륨의 물리-화학적 특성 때문이고, 수소와 헬륨의 특성은 양성자와 중성자, 뉴트리노, 전자, 그리고 광자의 특성에서 비롯된 것이다. 또한 세포가 지금처럼 복잡한 기능을 수행할 수 있는 것은 분자의 화학적 특성 덕분이고, 분자의 특성은 방금 말한 대로 기본 입자에 의해 결정된다. 그러므로 기본 입자의 질량이 변하면 거동 방식이 달라지면서 모든 만물이 심각한 변화를 겪게 된다.

지금까지 얻은 실험 결과와 관측 데이터에 의하면 기본 입자의 질량은 변하지 않는 것 같다. 빅뱅 후 138억 년 동안 조금도 변하지 않았다고 장담할 수는 없지만 대부분의 시간 동안 입자의 질량은 일정한 값을 유지해 왔으며, 따라서 힉스장의 값도 변하지 않은 것으로 추정된다. 그러나 힉스장이 변할 확률이 아무리 작다고 해도, 지금 우리가 고려 중인 방대한 시간 규모에서는 '발생 확률이 거의 100%에 가까운 사건'이 된다.

힉스장의 변화는 '양자터널효과quantum tunneling effect'라는 양자적 현상을 통해 일어날 가능성이 높다. 간단한 예를 들어 보자. 빈 샴페인 잔에 구슬을 넣고 가만히 놔두면 구슬은 절대 잔 밖으로 빠져 나올 수 없다. 사방이 유리벽으로 막혀 있으므로 유일한 출구는 위밖에 없는데, 구슬은 그 높이로 점프할 만큼 충분한 에너지를 갖고 있지 않기 때문이다. 좀 더 과격한 방법으로 유리벽을 부수고 탈출할 수도 있지만, 이것도 에너지가 부족해서 안 된다. 이제 수감자를 구슬에서 전자로 바꿔 보자. 전자를 '특별히 아주 작게 제작된' 샴페인 잔에 가두면 그 자리에 가만히 있을까? 물론 대부분의 시간은 얌전하게 있는다. 그러나 아주 가끔은 전자가 잔을 탈출하여 바깥에서 발견되기도 한다.

일상적인 규모에서 이런 일이 벌어진다면 후디니$^{Harry\ Houdini}$* 같은 마술사의 장난이라고 생각하겠지만, 양자 세계에서는 그다지 유별난 사건이 아니다. 슈뢰딩거의 파동방정식을 이용하면 전자가 잔의 내부나 바깥에서 발견될 확률을 계산할 수 있는데 잔이 두꺼울수록, 그리고 잔이 높을수록 전자가 탈출할 확률은 낮아진다. 여기까지는 우리의 직관과 크게 다르지 않다. 그런데 놀랍게도 전자가 탈출할 확률이 0이 되려면 잔이 무한히 넓거나 키가 무한히 커야 한다. 고전적이건 양자적이건, 현실 세계에 이런 잔이 존재할 수 있을까? 당연히 없다. 즉, 전자가 잔을 탈출할 확률은 0이 아니다. 물론 이 확률은 거의 0에 가깝지만 충분히 긴 시간 동안 기다리면 언젠가 전자는 잔의 외부에서 발견된다. 이것은 실험을 통해 확인된 사실이다. 에너지가 충분하지 않은 입자가 장벽을 통과하는 현상을 '양자터널효과'라 한다.

지금까지 우리는 '이곳에서 저곳으로 이동하는' 입자의 양자터널효과를 고려했지만, 장$^{場,\ field}$도 '이 값에서 저 값으로 바뀌면서' 장벽을 통과할 수 있다. 물론 힉스장도 예외가 아니다. 힉스장이 양자터널을 겪으면서 값이 바뀐다면 우주의 장기적인 운명도 커다란 변화를 겪게 된다.

---

* 헝가리 출신의 미국인 마술사.

현재 힉스장의 값은 물리학자들이 사용하는 단위로 246이다.[16] 왜 하필 246일까? 그 기원은 아무도 모른다. 그러나 이 값(그리고 각 입자들 사이의 상호 작용)으로부터 계산된 힉스장의 항력은 기본 입자들이 지금과 같은 질량을 갖게 된 이유를 정확하게 설명해 준다. 그런데 힉스장은 어떻게 수십억 년 동안 동일한 값을 유지할 수 있었을까? 물리학자들은 힉스장의 값이 잔 속에 갇힌 구슬이나 전자처럼 단단한 장벽에 갇혀 있을 것으로 추정하고 있다. 만일 힉스장이 246이라는 값에서 위 또는 아래로 바뀌려고 하면, 단단한 장벽이 힉스장을 원래 값으로 떠밀어서 변화를 원천 봉쇄한다. 구슬이 샴페인 잔의 바닥에서 조금 벗어났을 때 누군가가 잔을 조금 흔들면 다시 바닥으로 굴러 떨어지는 것과 같은 이치다. 양자적 효과가 없다면 힉스장은 246이라는 값을 영원히 유지할 것이다. 그러나 1970년대 중반에 미국의 물리학자 시드니 콜먼Sidney Coleman은 양자터널효과에 의해 이 모든 상황을 달라질 수 있음을 증명했다.[17]

양자 세계에서 전자가 가끔씩 장애물을 통과할 수 있는 것처럼, 힉스장의 값도 장애물을 통과하여 달라질 수 있다. 물론 이런 일이 발생해도 전 공간에 퍼져 있는 힉스장의 값이 동시에 변하지는 않는다. 처음에는 아주 작은 영역에서 양자효과가 무작위로 발생하여, 그곳의 힉스장이 장벽을 뚫고 다른 값을 갖게 될 것이다. 그러면 샴페인 잔을 탈출한 구슬이 더 낮은 곳을 찾아 굴러가는 것처럼 힉스장의 값도 낮은 에너지로 떨어지고, 그 주변의 힉스장도 낮은 에너지의 영향을 받아 양자터널을 시도한다. 힉스장의 값이 변한 공간은 동그란 구를 형성하는데, 이 효과가 도미노처럼 퍼지면서 구의 반지름이 점점 커지다가 결국은 모든 우주를 뒤덮게 된다.

구의 내부에서는 힉스장의 변화와 함께 입자의 질량이 변하여 물리학, 화학, 생물학 등 우리에게 익숙한 특성들이 더 이상 존재하지 않는다. 그러나

구의 바깥에서는 힉스장이 아직 변하지 않았으므로 입자의 특성이 그대로 유지되어 모든 것이 정상이다. 이 구면을 경계로 과거의 힉스장과 새로운 힉스장이 구별되는데, 콜먼의 분석에 의하면 구의 지름이 거의 빛의 속도로 확장된다.[18] 속도가 너무 빨라서, 구의 바깥에 있는 우리들은 운명의 벽이 다가오는 것을 전혀 눈치채지 못할 것이다. 눈에 보일 때는 이미 우리가 구 안에 갇힌 후다. 처음에는 모든 것이 정상인 것처럼 보이겠지만, 시간이 조금만 지나면 우리는 더 이상 존재할 수 없다. 질량이 달라진 입자들로 가득 찬 세상에서 새로운 구조물과 새로운 생명체가 탄생할 수 있을까? 그럴지도 모르지만, 지금의 지식으로는 아무것도 단언할 수 없다.

힉스장의 값이 달라지는 시기도 예측하기가 쉽지 않다. 정확한 시간은 입자와 힘의 특성에 따라 크게 달라지는데, 이 부분이 아직 정확하게 밝혀지지 않았기 때문이다. 게다가 양자적 과정에 대해 우리가 알 수 있는 것이라곤 '발생할 확률'뿐이다. 지금까지 얻은 데이터에 의하면 힉스장의 값은 $10^{102} \sim 10^{359}$년 사이에 변할 것으로 예상된다(102층에서 359층 사이인데, 이 정도면 부르즈 칼리파$^{Burj\ Khalifa}$*보다 훨씬 높다).[19]

힉스장의 존재가 확인되면서 텅 빈 공간, 즉 진공^{vacuum}의 의미도 수정되었다(관측 가능한 우주 안에서 텅 빈 공간은 값이 246인 힉스장이 포함되어 있다. 즉, 공간을 열심히 비워서 완벽한 진공 상태로 만든다 해도, 힉스장까지 제거하는 것은 불가능하다). 그러므로 힉스장의 값이 양자터널효과를 통해 변할 수 있다는 것은 진공 자체가 불안정하다는 뜻이다. 충분히 오랜 시간 동안 기다리다 보면 언젠가는 텅 빈 공간도 변한다. $10^{102} \sim 10^{359}$년 후라면 지금

---

* 높이 828m, 163층에 달하는 세계 최고층 빌딩.

당장 걱정할 필요가 없을 것 같지만, 위에서 말한 대로 이것은 어디까지나 확률에 입각한 예측일 뿐이다. 힉스장은 당장 오늘 변할 수도 있고, 내일 변할 수도 있다. 미래가 확률적으로 결정되는 양자 세계에 살고 있는 한, 이런 위험은 감수해야 한다. 동전 수백 개를 던졌는데 모두 앞면이 나올 수도 있는 것처럼(가능하지만 확률이 엄청 낮다), 지금 우리는 값이 변한 채 돌진해 오는 힉스장의 벽을 코앞에 두고 있는지도 모른다.

확률이 아주 작다니 그나마 다행이다. 막상 닥치면 고통을 느낄 새도 없이 순식간에 끝나겠지만, 빛의 속도로 돌진해 오는 죽음의 벽을 반길 사람은 없다. 그러나 천문학적 시간 규모에서 볼 때 언젠가는 반드시 일어날 사건이다. 물리학자 중에는 우리가 사고 행위 자체를 할 수 없게 되기 전에 우주가 먼저 끝난다는 가설을 선호하는 사람도 있다.

볼츠만의 두뇌

앞에서 우리는 과거로 거슬러 올라가다가 제2법칙이 작용하기 시작하는 순간을 목격한 적이 있다. 빅뱅에서 시작하여 별이 탄생하고, 생명이 출현하고, 마음이 작동하고, 은하가 고갈되고, 블랙홀이 분해되고… 이 모든 과정에서 엔트로피는 꾸준히 증가한다. 천지 사방을 둘러봐도 온통 엔트로피가 증가하는 사건뿐이어서, 제2법칙이 '성립할 확률이 매우 높은' 법칙이라는 사실을 잊어버리기 쉽다. 다시 한번 강조하건대, 엔트로피는 감소할 수도 있다. 지금 당신의 방 안을 가득 메운 공기가 어느 순간 갑자기 천장의 한쪽 구석에 작은 덩어리로 뭉쳐서 당신의 호흡을 방해할 수도 있다는 이야기다. 다만 확률이 너무 작아서 이런 사건을 구경하려면 엄청나게 긴 시간을 기다려야 하기 때문에, 우리는 괜한 걱정을 하지 않고 일상적인 삶을 꾸려 나간다. 그러나 지금 우리는 방대한 시간 규모를 고려하고 있으므로, 일시적인 편견을 버리고 엔트로피가 감소할 가능성을 진지하게 생각해 보자.

당신이 지난 몇 시간 동안 가장 좋아하는 의자에 앉아 가장 좋아하는 머그잔에 탄 커피를 마시면서 이 책을 읽고 있다고 가정해 보자. 누군가가 당신에게 묻는다. "이 아늑한 환경은 어떻게 만들어진 겁니까?" 당신은 어깨를 으쓱하며 대답한다. "글쎄요, 머그잔은 뉴멕시코주에 갔을 때 어떤 도예가가 운영하는 상점에서 샀고요, 의자는 작은할머니께서 물려주셨고요, 제가 원래 우주에 관심이 많아서 이 책을 읽고 있어요." 질문자가 꽤 끈질기다. "그랬군요. 그럼 머그잔은 도예가의 손에 들어가기 전에 어디에 있었습니까? 그 의자는 작은할머니께서 갖기 전에 어디에 있었죠? 그리고 우주에 대한 당신의 관심은 어디서 비롯된 겁니까?" 질문자가 이런 식으로 묻고 늘어지면 당신은 어린 시절에 받았던 교육과 당신의 형제, 부모 이야기를 할 것이고, 더 캐물으면 점점 더 과거로 거슬러 가다가 이 책의 앞부분에서 다뤘던 물질에 관한 이야기를 할 것이다.

이 모든 것은 한 가지 흥미로운 사실에 기초하고 있다. 당신이 알고 있는 모든 것들에는 현재 당신의 두뇌에 담긴 생각과 기억, 그리고 감각이 반영되어 있다. 머그잔을 구입했던 사건 자체는 이미 오래전에 사라졌고, 지금 남아 있는 것은 그때의 기억이 유지되도록 정교하게 배열된 한 무더기의 입자들뿐이다. 작은할머니의 의자와 우주에 대한 관심, 그리고 이 책에서 읽은 다양한 개념들도 마찬가지다. 물리학적 관점에서 볼 때, 지금 당신의 머리에 들어 있는 모든 것은 두뇌를 구성하는 입자들이 지금과 같은 배열로 정렬되어 있기 때문에 존재할 수 있다. 그러므로 아무런 구조도 없이 텅 빈 우주 공간을 무작위로 떠도는 고엔트로피 입자들이 아주 우연히 한곳에 모여서 당신의 두뇌와 똑같은 저엔트로피 상태로 배열된다면, 이 입자집합체는 당신과 똑같은 기억, 똑같은 생각, 그리고 똑같은 감각을 갖게 될 것이다. 이런 존재가 당신에게 명예인지 치욕인지는 잘 모르겠지만 우연히, 자발적으로 모인 입자 집단으로부터 탄생하여 두뇌와 같은 수준의 질서를 보유한 채 어디에도 얽매이지 않고 자유롭게 떠도는 사고체를 '볼츠만두뇌Boltzman brain'라 한다.[20]

볼츠만두뇌는 질서가 다시 붕괴되어 사라질 때까지 별로 많은 생각을 하지 못한다. 그러나 입자들이 이 정도로 질서 정연하게 배열될 수 있다면, 수명을 연장시켜 주는 부가 장치를 만들 수도 있다. 예를 들면 두뇌가 들어갈 머리와 몸을 만들고, 주변에서 음식과 물을 취하고, 에너지원으로 쓸 태양과 서식하기 좋은 행성을 찾고… 기타 등등이다. 실제로 입자(또는 장)가 자발적으로 결합하여 지금과 같은 우주가 통째로 만들어질 수도 있고, 138억 년 전에 일어났던 빅뱅이 똑같이 재현될 수도 있다.[21] 엔트로피가 자발적으로 감소할 때에는 많이 감소할 확률보다 조금 감소할 확률이 압도적으로 높다. 여기서 '압도적으로 높다'는 말은 정말 엄청나게, 무지막지하게, 상상을 초월할 정도로 높다는 뜻이다. 그리고 지금 우리의 관심사는 머나먼 미래에 존재하게 될 사고체이므로, 홀로 존재하는 볼츠만두뇌는 잠시나마 스스로 생각하면서 우주의 경이로움을 느낄 수 있는 최소 규모의 무작위 입자 배열에 해당한다.[22]

언뜻 듣기에는 B급 공상과학 영화 시나리오 같지만, 시간이 충분히 흐르면 이런 희한한 일도 얼마든지 일어날 수 있다. 공간의 팽창 속도가 지금처럼 점점 빨라지기만 하면 된다(가속 팽창). 그리고 앞서 말한 대로 팽창이 가속되면 특정 거리 이상 떨어진 천체는 멀어지는 속도가 광속을 초과하여 우리와 접촉할 수 없는 경계면, 즉 우주지평선이 형성된다. 스티븐 호킹이 블랙홀의 사건지평선에서 유한한 온도의 복사가 방출된다는 사실을 증명한 것처럼, 호킹과 그의 연구동료 게리 기븐스$^{Gary Gibbons}$는 비슷한 논리를 적용하여 우주지평선에서도 유한한 온도의 복사가 방출된다는 것을 입증했다. 9장에서 10^{-30}K에 불과한 우주지평선의 온도가 미래의 사고체가 존재할 수 있는 한계 온도라고 결론지은 것도 바로 여기에 근거한 논리였다. 사고체는 자신의 온도가 이 값에 도달할 때까지 필사적으로 생각하다가 결국은 자신의 생각에 타 버릴 것이다. 이제 곧 알게 되겠지만, 훨씬 긴 시간 규모에서 이와 비슷한 논리를 적용하면 머나먼 미래의 사고체는 극적으로 부활할 수도 있다.

머나먼 미래에 우주지평선에서 방출된 복사는 그 주변을 돌아다니는 입자들에게 소량의 에너지를 꾸준하게 공급할 것이다. 가끔은 입자들이 서로 충돌하여 에너지가 질량으로 전환되면서(상기하자, $E = mc^2$!) 자신보다 무거운 전자나 쿼크, 양성자, 중성자, 또는 이들의 반입자가 생성될 수도 있다. 이렇게 되면 입자의 수가 줄어들고 운동도 잦아들면서 엔트로피가 감소하겠지만, 충분히 긴 시간 규모에서는 얼마든지 일어날 수 있다. 게다가 이것은 일회성 사건이 아니라 계속해서 일어나는 반복형 사건이다. 가능성이 희박하긴 하지만 이렇게 생성된 양성자, 중성자, 전자가 적절하게 결합하여 원자가 만들어질 수도 있다. 물론 이런 식으로 원자가 형성되려면 시간이 너무 오래 걸리기 때문에 빅뱅 직후에 원자(수소)가 형성되던 과정이나 별의 내부에서 진행되는 핵합성(핵융합 반응)을 고려할 때에는 아예 무시해도 상관없지만, 지금 고려 중인 방대한 시간 규모에서는 중요한 결과를 초래한다. 그리고 여기서 시간 규모를 훨씬 길게 늘이면 원자들이 무작위로 결합하여 버블헤드*에서 벤틀리 스포츠카에 이르는 훨씬 복잡한 구조체가 탄생할 수도 있다. 생각하는 존재가 없으면 이 모든 것들이 어느 누구에게도 인식되지 않고 그냥 왔다가 가겠지만, 장구한 세월 동안 거시적 구조체가 무작위로 형성되다 보면 두뇌가 만들어질 수도 있다. 아득한 옛날에 사라졌던 '생각'이 잠시나마 부활하는 것이다.

두뇌가 다시 등장하려면 얼마나 기다려야 할까? 대충 계산해 보면(수학에 관심 있다면 후주를 참고하기 바란다[23]) 볼츠만두뇌는 $10^{10^{68}}$년 안에 등장할 가능성이 높다. 그렇다. 엄청나게 긴 시간이다. 엠파이어스테이트 빌딩 꼭대기층에 해당하는 10^{102}년은 1 다음에 0이 102개 붙은 수이므로 이 책에 표기한다면 0을 한 줄하고 절반쯤 이어 붙이면 된다. 그러나 $10^{10^{68}}$은 1 다음에 0이 무려 10^{68}개나 붙은 수다. 이것을 십진표기법으로 쓴다면 얼마나 길어질까? 인류가 지구에 등장한 후 지금까지 출판된 책을 한 권도 빼지 않고 다 모아서 거기 수록된 모든 글자를 0으로 바꿔도 턱없이 모자란다. 그러나 이날이 올 때까지 시계를 들여다보며 초조하게 기다릴 생명체가 없기 때문에 아무리 길어도 상관없다. 우주는 평범하고 무질서한 고엔트로피 상태에서 영원히 지속될 것이며, 지루하다고 불평하는 생명체도 없을 것이다.

이 시점에서 흥미로운 질문 하나가 떠오른다. 당신의 두뇌는 어디서 왔는가? 바보 같은 질문이지만 일단 생각이라도 한번 해보자. 당신이 이런 질문을 받는다면 어떻게 답할 것인가? "글쎄요, 가만있자… 제 두뇌는 태어날 때부터 머릿속에 들어 있었고요, 우리 조상님들의 혈통을 추적하면 유전적 기원도 알 수 있겠지요. 물질적 기원을 묻는 거라면 자연계와 지구, 태양, 은하수를 거쳐 빅뱅까지 거슬러 가야 할걸요?" 맞는 말이다. 꽤 훌륭한 대

---

* 큰 머리가 흔들거리는 인형.

답이다. 대부분의 사람들도 이와 비슷한 반응을 보일 것이다. 그러나 9장에서 강조한 바와 같이, 이런 식으로 두뇌가 형성될 수 있는 시기는 매우 한정되어 있다. 아무리 넉넉하게 봐줘도 엠파이어스테이트 빌딩 10~40층을 벗어나지 못한다. 반면에 볼츠만두뇌가 형성될 수 있는 시기는 이보다 훨씬 길다(아예 시기적 한계가 없을지도 모른다).[24] 그러므로 시간이 흐르면 볼츠만두뇌는 서서히, 안정적으로 형성되면서 개수가 끊임없이 증가하여 우리가 알고 있는 전통적인 두뇌의 수를 훨씬 능가할 것이다. 그중에서 '나는 생물학적 과정을 거쳐 탄생했다'라고 잘못 알고 있는 볼츠만두뇌만 추려도 마찬가지다. 다시 한번 강조하건대, 발생 확률이 아무리 낮은 사건도 충분히 긴 시간이 지나면 무수히 많이 발생할 수 있다.

당신이 지금과 같은 기억, 믿음, 지식을 어디서 획득했는지 스스로 자문했을 때, 통계와 확률에 입각하여 냉정하게 내린 답은 다음과 같다. 당신의 두뇌는 텅 빈 공간을 떠돌던 입자들이 자발적으로 모여서 형성되었으며, 모든 기억과 신경심리학적 특성은 입자의 특별한 배열을 통해 생겨났다. 당신이라는 존재의 기원에 대한 당신의 설명은 감동적이지만 사실이 아니다. 당신의 지식과 믿음을 낳은 다양한 논리와 기억들은 모두 허구이며, 사실 당신에게는 과거라는 것이 없다. 당신은 결코 일어난 적 없는 일에 대한 기억과 생각이 주입된 두뇌로 존재하는 것뿐이다.[25]

이 시나리오는 기이할 뿐만 아니라 파괴적인 결말을 낳는다. 입자들이 무작위로 모여서 형성된 무수히 많은 무생물을 제쳐 놓고, 굳이 자발적으로 형성된 두뇌에 집중하는 이유가 바로 이것이다. 당신의 두뇌이건 나의 두뇌이건, 또는 어느 누구의 두뇌이건 간에 그 안에 들어 있는 기억과 믿음을 신뢰할 수 없다면, 과학의 기초를 이루는 모든 계산과 실험 데이터도 신뢰할 수 없다.[26] 나는 학창 시절에 분명히 일반상대성이론과 양자역학을 배운 기억이 있고, 이 이론에 기초하여 일련의 논리를 펼칠 수 있으며, 이론과 정확하게 일치하는 실험 데이터를 여러 번 목격했다. 그러나 이런 것들이 실제 있었던 일임을 믿을 수 없다면 과학 이론을 의심할 수밖에 없고, 이로부터 내려진 모든 결론도 더 이상 믿을 수 없게 된다. 그중에서도 가장 믿기 어려운 것은 나라는 존재가 텅 빈 공간을 표류하는 두뇌에 불과하다는 것이다. 갑자기 회의적인 생각이 물밀듯이 밀려온다. 그런데 모든 것을 믿을 수 없다면 가장 의심스러운 가정, 즉 입자가 자발적으로 모여서 두뇌가 만들어졌다는 가정에도 회의가 들지 않는가?

엔트로피가 감소하는 것은 매우 드물게 일어나는 사건이긴 하지만 물리 법칙에 위배되지는 않는다. 그렇다면 물리 법칙 자체도 믿을 수 없지 않은가? 우리는 무한대에 가까운 긴 시간대를 고려하다가 모든 경험과 지식, 믿음, 그리고 가치관까지 의심하는 악몽에 빠져들었다. 이런 세상에서 계속 살아갈 생각을 하니 정말 앞날이 캄캄하다. 지금까지 나름대로 합리적인 사고를 펼치면서 엠파이어스테이트 빌딩을 열심히 올라왔는데 모든 것이 허구였다니, 그럴 수는 없다. 어떻게든 합리적 사고에 대한 신뢰를 회복해야 한다. 다행히도 물리학자들이 몇 가지 방법을 강구해 놓았다.

일부 물리학자들은 볼츠만두뇌가 별것도 아닌 일에 야단법석을 떤다고 지적한다. 이들은 볼츠만두뇌가 형성될 수 있음을 인정하면서도 별일 아니니 걱정하지 말라며 우리를 위로한다. 왜냐고? 당신은 절대로 볼츠만두뇌일 리가 없기 때문이다. 이를 증명하는 방법은 다음과 같다. 지금 당장 주변을 둘러보면서 눈에 비치는 모든 것을 있는 그대로 기억해 두라. 만일 당신이 볼츠만두뇌라면 잠시 후에 당신이 존재할 확률은 거의 0에 가깝다. 두뇌를 포함하는 구조체의 규모가 크고 질서 정연할수록 두뇌가 오래 지속될 수 있는데, 이런 시스템에는 엔트로피가 감소하는 '아주 희귀한 요동'이 필요하기 때문에 형성될 확률이 매우 낮다. 따라서 주변을 한 번 둘러본 후 몇 초 후에 다시 둘러봤는데 대부분 처음 봤을 때의 모습을 그대로 유지하고 있다면 당신이 볼츠만두뇌가 아닐 확률은 급격하게 높아진다. 두 번을 넘어 세 번, 네 번, 다섯 번… 반복해서 봤는데도 여전히 똑같다면, "혹시 내가 인간이 아니라 볼츠만두뇌가 아닐까?"라는 의심은 완전히 걷어도 된다.

단, 주변을 둘러볼 때 눈에 들어오는 광경이 '전통적 의미의 현실'이라는 가정하에 그렇다. 방금 전 1분 동안 주변 세상을 바라보면서 "나는 볼츠만두뇌가 아니다."라는 사실을 열 번도 넘게 확인했다 해도 이 기억에는 현재의 두뇌 상태가 반영되어 있고, 그 두뇌에는 당연히 지금과 같은 기억이 각인되어 있을 것이므로 당신이 볼츠만두뇌가 아니라는 증거가 될 수 없다. 당신이 볼츠만두뇌가 아니라는 것을 증명하기 위해 펼친 논리 자체가 허구일 수도 있다는 뜻이다.[*] 내가 나 자신에게 '나는 생각한다. 그러므로 나는 존재한다'고 속삭인 기억이 분명히 있다 해도, 주어진 한 순간의 관점에서 보면 '나는 생각하는 것 같다. 그러므로 나는 존재하는 것 같다'고 말해야 옳다. 현실적으로 내가 어떤 생각을 떠올린 기억이 있다고 해서, 과거에 그런 생각을 실제로 떠올렸다는 보장이 없기 때문이다.

이런 식으로 따지면 한도 끝도 없다. 현실적인 해결책은 시나리오 자체의 문제점을 찾는 것이다. 볼츠만두뇌 가설의 핵심은 "마음과 같은 복잡한 구조체의 원재료인 입자를 복사輻射, radiation의 형태로 방출하는 우주지평선이 존재한다."는 것이다. 그러나 공간을 가득 메운 암흑에너지가 장기간에 걸

---

* 이 상황을 좀 더 쉽게 정리하면 다음과 같다. "방금 만들어진 인공 생명체에게 당신의 모든 기억을 주입했다면, 그 생명체는 자신이 곧 당신이라고 하늘같이 믿을 것이다. 잠깐… 혹시 당신이 바로 그 인공 생명체가 아닐까?"

처 희미해지면 가속 팽창이 진정되면서 우주지평선이 사라진다. 입자를 방출하는 우주지평선이 없으면 공간의 온도가 0K에 가까워지고, 복잡한 거시적 구조체가 자발적으로 형성될 확률도 0에 가까워진다. 암흑에너지가 약해진다는(또는 강해진다는) 증거는 아직 없지만, 앞으로 관측 장비가 개선되면 어떤 쪽으로는 결론이 내려질 것이다.[27]

더욱 급진적인 이론 중에는 머나먼 미래에 우주(또는 우리가 속한 일부 우주)가 아예 사라진다는 가설도 있다. 앞서 말한 대로 볼츠만두뇌가 형성되는 시기는 빅뱅 후 $10^{10^{68}}$년인데, 우주의 수명이 이 정도로 길지 않다면 "내가 혹시 볼츠만두뇌가 아닐까?"라는 의구심은 그냥 지워 버려도 된다. 우주의 수명이 짧을수록 볼츠만두뇌가 형성될 확률이 기하급수적으로 줄어들기 때문이다. 볼츠만두뇌가 형성되기 한참 전에 우주가 사라진다면 회의적인 생각을 깨끗하게 잊고, 앞에서 논했던 두뇌, 기억, 지식, 그리고 믿음의 기원과 발달 과정으로 마음 편하게 되돌아갈 수 있다.[28] 그런데 이들은 무슨 근거로 우주가 단명하다고 주장하는 것일까?

코앞에 닥친 종말?

앞에서 지적한 대로 힉스장의 값이 갑자기 변하면 입자의 특성도 돌변하여 물리학, 화학, 생물학의 기본 과정을 처음부터 다시 구축해야 한다. 그 후에도 우주는 계속 유지되겠지만 생명체가 살아남을 가능성은 거의 없다. 볼츠만두뇌가 형성되기 훨씬 전에 이런 일이 벌어진다면(현재 힉스장의 값도 이 가능성을 시사하고 있다), 직어노 그때까지는 정상적인 두뇌가 우주를 지배할 것이고, 우리는 회의적인 생각에서 벗어날 수 있다.[29]

더욱 강력한 해결책은 힉스장 대신 암흑에너지의 값이 갑자기 변하는 것이다. 다들 알다시피 현재 진행 중인 가속 팽창은 공간을 가득 메우고 있는 양(+)의 암흑에너지 때문에 일어나는 현상이다. 그러나 양의 암흑에너지가 공간을 바깥쪽으로 밀어내는 것처럼, 음(-)의 암흑에너지는 공간을 안으로 압축시키는 중력을 행사한다. 그러므로 암흑에너지의 값이 양에서 음으로 갑자기 바뀌면 우주 공간은 팽창에서 수축으로 일대 전환을 맞이하게 된다. 그 후 이런 추세가 계속되면 모든 것(물질과 에너지, 시간과 공간)이 아주 좁은 영역에 초고밀도, 초고온으로 압축되다가 결국 빅뱅의 역과정에 해당하는 빅크런치[big crunch]를 맞이할 것이다.[30] 시간이 시작되었던 시점, 즉 빅뱅 때 무슨 일이 일어났는지 정확하게 알 수 없는 것처럼, 최후의 순간에 어떤 사건이 동반될지는 아무도 알 수 없다. 한 가지 확실한 사실은 빅크런치가 $10^{10^{68}}$년보다 훨씬 전에 일어난다는 것인데, 그때가 돼도 볼츠만두뇌는 여전히 미해결 문제로 남아 있을 것이다.

미국의 이론물리학자 폴 스타인하트와 그의 동료 닐 투룩[Niel Turok], 애나 이자스[Anna Ijjas]는 빅크런치의 개념를 확장하여 '거대한 충돌을 통해 탄생과 소멸을 반복하는 주기적 우주'를 제안했다.[31] 이 가설에 의하면 우리가 속한 우주는 팽창과 수축을 반복하면서 영원히 지속되며, 빅뱅은 그 전 주기에 우주가 수축되다가 되튀면서 일어난 현상이다(이것을 빅바운스[big bounce]라 한다). 사실 아이디어 자체는 새로울 것이 없다. 아인슈타인이 일반상대성이론을 완성한 직후에 알렉산더 프리드먼이 순환 우주론을 제안했고, 이 아이디어는 리처드 톨만[Richard Tolman]에 의해 더욱 구체적인 형태로 개선되었다.[32] 원래 톨만의 목적은 "우주는 어떻게 탄생했는가?"라는 난해한 질문을 피해 가는 것이었다. 우주의 순환이 무한정 계속된다면 굳이 시작점을 따질 필요가 없다. 우주는 항상 존재해 왔고 앞으로도 그럴 것이다. 그러나 제2법칙이 톨만의 발목을 붙잡았다. 주기가 반복될 때마다 엔트로피가 쌓인다면 지금까지 반복된 주기수는 유한해야 하고(그렇지 않으면 이미 붕괴되었을 것이다), 역사가 유한하다는 것은 곧 시작이 있었음을 의미하기 때문이다. 이 사실이 알려지자 스타인하트와 이자스가 곧바로 해결책을 내놓았다. 주어진 영역에서 매 주기가 진행될 때마다 팽창효과가 확장효과보다 두드러지게 나타나서 엔트로피가 희석된다는 것이다. 공간의 총 엔트로피는 제2법칙에 따라 주기가 반복될수록 높아지지만, '관측 가능한 우주'처럼 유한한 공간에서는 톨만의 발목을 잡았던 엔트로피 누적 현상이 큰 문제가 되지 않는다. 공간이 팽창하면 물질과 복사가 희석되고, 그 뒤에 수축이 일어나면서 막강한 중력이 새로운 시작에 필요한 에너지를 공급한다. 각 주기에 소요되는 시간은 암흑에너지의 양에 따라 달라지는데, 지금까지 얻은 관측 데이터에 의하면 수천억 년 단위일 것으로 추정된다. 이것은 볼츠만 두뇌가 형성되는 데 걸리는 시간보다 훨씬 짧기 때문에, 순환 우주론을 수용하면 합리적인 세상을 온전하게 보존할 수 있다. 수천억 년이면 정상적인 두뇌(우리의 두뇌)가 생성되고 번성하기에 충분히 긴 시간이지만, 볼츠만두뇌가 생성되기에는 턱없이 짧다. 이제야 비로소 우리의 기억이 실제 일어났던 사건들로 이루어져 있음을 확신할 수 있게 된 것이다.

순환 우주론에 의하면 우리가 살펴본 '엠파이어스테이트 빌딩 오르기'는 11~12층에서 끝나고, 공간이 중력에 의해 빠르게 수축되다가 빅바운스를 겪으면서 새로운 주기가 시작된다. 그렇다면 시간을 따라 마냥 위로 올라가기만 했던 빌딩의 선형적 구조도 매 주기마다 동일한 과정이 반복되는 나선형 구조로 바뀌어야 한다(문득 구겐하임 박물관^{Guggenheim Museum}의 나선형 외관이 떠오른다). 게다가 이 주기는 무한히 먼 과거에서 무한히 먼 미래까지 반복될 수 있으므로, 지상으로 무한대 층, 지하로도 무한대 층으로 이루어진 무한 빌딩을 상상해야 한다. 우리가 알고 있는 현실은 끝없이 이어지는 우주 트랙의 한 바퀴에 불과하다.

순환 우주론은 최근 몇 년 사이에 마이크로파 우주배경복사의 지역에 따른 미세한 온도 차이를 비롯하여 여러 관측 데이터를 성공적으로 설명함으로써 인플레이션 우주론의 강력한 경쟁 상대로 떠올랐다. 그러나 아직 학계의 대세는 인플레이션 우주론이다. 이 이론은 지난 40년 동안 숱한 논쟁을 야기하면서 우주론을 성숙하고 정확한 과학으로 격상시켰다. 지금 이 시대를 '우주론의 황금기'라 부르는 것도 인플레이션 우주론이 존재했기 때문이다. 물론 과학적 진실은 다수결이 아니라 실험과 관측, 그리고 증거를 통해 결정된다. 순환 우주론과 인플레이션 우주론의 가장 큰 차이점은 우주가 시작될 때 발생한 중력파의 강도다. 빅뱅과 함께 인플레이션 팽창이 시작되었다면, 이 시기에 발생한 중력파는 워낙 강력하여 지금도 관측이 가능해야 한다. 그러나 순환 우주가 새로운 주기로 접어들 때 발생한 중력파는 강도가 비교적 약하기 때문에 138억 년이 지난 지금은 관측이 불가능하다. 앞으로 중력파를 감지하는 기술이 개선되면 둘 중 어느 쪽이 옳은지 판가름날 것이다.[33]

인플레이션은 우주론학자들 사이에서 아직도 최고의 이론으로 군림하고 있다. 이 책의 앞부분에서 순환 우주를 제쳐 두고 인플레이션만 언급한 것도 이런 이유 때문이다. 지금의 지식을 바탕으로 과거와 미래의 우주를 예측하는 것은 매우 흥미로운 일이지만 지금은 우주에 대한 이해가 불완전한 시기이며, 앞으로도 이런 시기는 무수히 많이 찾아올 것이다. 세월이 흘러 우주에 대한 이해가 깊어지면 엠파이어스테이트 빌딩 1층에서 12층까지 이르는 여정에 크고 작은 변화가 생기겠지만, 그동안 우리의 길을 안내해 준 엔트로피와 진화론의 핵심 논리는 쉽게 변하지 않을 것이다. 순환 우주론이 사실로 밝혀진다면 어떤 변화가 찾아올까? 아마도 많은 사람들은 우리가 경험해 온 가장 보편적 패턴(탄생과 죽음, 그리고 환생)이 우주에도 똑같이 적용된다며 흥분을 감추지 못할 것 같다. 고대 인도와 이집트, 그리고 바빌로니아의 사상가들이 상상했던 우주는 시작-중간-끝을 향해 선형적으로 나아가는 우주가 아니라, 매년 찾아오는 계절처럼 주기적으로 반복되는 우주였다. 우리의 우주는 일방통행로를 달리다가 종말을 맞이할 것인가? 아니면 닫힌 트랙을 돌면서 영원히 유지될 것인가? 그 답은 머지않아 중력파 관측소에 포착된 데이터가 말해 줄 것이다.[34]

생각과 다중우주

원하는 속도로 우주 공간을 여행할 수 있다면 언젠가는 우주의 끝에 도달할 수 있을까? 아니면 영원히 앞으로 나아가기만 할까? 혹시 마젤란처럼 출발점으로 되돌아오진 않을까? 아무도 알 수 없다. 그러나 인플레이션 이론에 의하면 공간은 무한히 클 가능성이 높기 때문에, 우주론 학자들은 여기에 중점을 두고 연구를 진행하고 있다. 우리도 대세를 좇아 일단은 공간이 무한하다고 가정해 보자.[35]

공간이 무한하다 해도, 대부분은 우리가 관측할 수 있는 한계의 바깥에 존재한다. 먼 곳에서 방출된 빛이 우리 눈이나 망원경에 도달하려면, 빛이 방출된 직후부터 지구에 도달할 때까지 걸리는 시간만큼 세월이 흘러야 한다. 빛의 속도와 우주의 나이(138억 년)를 고려할 때, 우리가 볼 수 있는 가장 먼 거리는 약 450억 광년쯤 된다(1광년은 빛이 1년 동안 가는 거리로, 약 9조 4,600억 km이다. 언뜻 생각하면 우주의 나이가 138억 년이므로 가시거리가 138억 광년일 것 같지만, 그 사이에 공간이 팽창했기 때문에 훨씬 먼 거리까지 볼 수 있다). 당신이 지구로부터 450억 광년 이상 떨어진 외계 행성에서 태어났다면, 당신과 내가 연락을 주고받는 것은 원리적으로 불가능하다. 그러므로 공간의 크기가 무한하다면 우주는 직경 900억 광년짜리 구의 단위로 완전히 분할되어 있는 셈이며,* 우리는 그중 하나의 구 안에서 온갖 우여곡절을 겪으며 진화해 왔다.[36] 물리학자들은 이런 식으로 분할된 각 영역을 하나의 독립된 우주로 간주하기를 좋아한다. 그러니까 우주가 무한히 크다면, 자동으로 '무수히 많은 지역우주로 이루어진 다중우주'가 되는 것이다.

물리학자 자우메 가리가Jaume Garriga와 알렉스 빌렌킨Alex Vilenkin은 위와 같은 형태의 다중우주를 연구하다가 매우 중요한 사실을 알아냈다.[37] 개개의 고립된 우주에서 우주가 전개되는 과정을 동영상으로 찍어서 상영한다면, 무수히 많은 영상 중에는 완전히 똑같은 것도 있다. 당신과 나를 포함한 모든 사람들, 그리고 모든 주변 환경이 이곳과 완전히 똑같은 지역우주가 어딘가에 존재한다는 뜻이다. 각 영역은 직경이 450억 광년이나 되지만 분명히 유한하고, 보유한 에너지도 엄청나지만 유한하기 때문에, 펼쳐질 수 있는 역사의 개수도 유한하다. 그런데 이런 지역우주가 무한히 많으니, 똑같은 지역이 어딘가에 존재할 수밖에 없는 것이다. 독자들은 이렇게 반문할지도 모른다. "우리 지역우주에서 하나의 입자가 놓일 수 있는 위치는 무한히 많지 않은가? 1과 2 사이에도 무한히 많은 수가 존재하는데, 입자의 좌표는 더 말할 나위도 없지 않은가?" 맞는 말이다. 그러나 변화량이 양자적 불확정성의 한계보다 작으면 원리적으로 구별할 수 없기 때문에 동일한 값으로 간주되고, 변화량이 너무 크면 입자가 우리 지역우주를 벗어나거나 에너지가 한곗값을 초과하여 의미를 상실한다. 이처럼 위-아래로 한계가

---

* 가장 멀리 볼 수 있는 거리가 450억 광년이므로, 외부와 단절된 구의 직경은 그 2배인 900억 광년이다.

있기 때문에, 하나의 지역우주가 가질 수 있는 역사의 개수는 유한하다.

지역우주는 무한히 많은데 이들이 겪을 수 있는 역사의 종류가 유한하다. 따라서 우리와 똑같은 역사를 겪는 지역우주가 어딘가에 존재할 수밖에 없다. 게다가 우리와 똑같은 지역우주는 한두 개가 아니라 무한히 많다. 그리고 제아무리 황당무계하고 말도 안 되는 역사라 해도, 그런 역사를 겪는 우주가 어딘가에 분명히 존재한다. 간단히 말해서, 시나리오만 있고 상영되지 않는 영화는 없다는 이야기다. 무한히 많은 지역우주로 이루어진 무한한 우주에서는 모든 가능한 역사가 어딘가에서 진행되고 있으며, 그 '어딘가'는 하나가 아니라 무수히 많다.

이로부터 아주 이상한 결론이 내려진다. 당신과 나를 포함한 모든 만물이 이곳에서 겪는 현실은 다른 영역(다른 지역우주)에서도 똑같이 일어나고 있다. 그것도 한 곳이 아니라 무수히 많은 곳에서! 물리 법칙이 허용하는 한도 안에서(예를 들어 에너지 보존 법칙이나 전하 보존 법칙은 반드시 지켜져야 한다) 현실을 아주 조금만 바꿔도, 그런 현실이 펼쳐지는 지역우주가 무수히 많이 존재한다. 개중에는 리 하비 오즈월드^{Lee Harvey Oswald}가 저격에 실패하여 케네디 대통령이 무사히 임기를 마친 우주도 있고, 클라우스 폰 슈타우펜베르크^{Claus von Stauffenberg} 대령이 히틀러 암살에 성공했지만 제임스 얼 레이^{James Earl Ray}는 마틴 루터 킹 목사 저격에 실패한 우주도 있다. 양자 애호가들은 이 '무한다중우주'가 양자역학에서 말하는 다중우주해석^{Many Worlds interpretation}(양자역학의 법칙에서 허용되는 모든 결과들 중 이곳에서 구현되지 않은 결과가 다른 우주에서 구현된다는 가설)과 비슷하다고 생각할 것이다. 양자역학의 다중우주는 수학적으로 타당한가? 다른 우주는 실제로 존재하는가? 아니면 단순히 수학적 산물에 불과한가? 물리학자들은 이 문제를 놓고 지난 반세기 동안 열띤 논쟁을 벌여 왔지만 아직 결론을 내리지 못했다. 그러나 위에 언급된 무한다중우주는 해석의 문제가 아니다. 공간이 무한히 넓다면 지역우주는 분명히 존재한다.

이 책에서 지금까지 논의된 내용으로 미루어 볼 때, 별로 달갑진 않지만 "우리의 우주와 우리의 시대, 그리고 모든 생각하는 존재들에게는 일종의 번호표가 달려 있다."고 결론짓는 것이 타당하다. 이 번호는 엄청나게 큰 수까지 이어지지만, 엠파이어스테이트 빌딩을 계속 올라가다 보면 생명과 마음은 어디선가 사라진다(102층보다 훨씬 높은 층에서 사라질 수도 있다). 가리가와 빌렌킨은 이런 상황에서도 기발한 낙관론을 펼쳤다. 무수히 많은 우주에서 모든 가능한 역사가 펼쳐지고 있으므로, 개중에는 아주 우연히 엔트로피가 감소하여 별과 행성이 오랫동안 유지되거나, 새로운 고품질 에너지원이 발견되거나, 기타 다른 이유로 생명체가 우리의 예상보다 훨씬 오랫동안 번성하는 우주도 있을 것이다. 우주의 탄생과 소멸 사이에서 유한한 기간을 임의로 잡으면(유한하기만 하면 아무리 길어도 상관없다), 무한히 많은 우주들 중에는 생명체가 엔트로피의 흐름에 역행하여 그 기간 동안 생존하는 우주가 반드시 존재한다. 그러므로 무한히 많은 우주들 중 일부에는 아득한 미래에도 생명체가 살아가고 있을 것이다.

이런 우주의 생명체들은 자신이 살아남은 비결을 설명할 수 있을까? 자신이 우주에서 가장 운이 좋은 생명체라는 사실을 알고 있다 해도, 그 이유를 설명하기란 결코 쉽지 않을 것 같다. 그들은 우리와 비슷한 물리학체계를 구축하여, 발생 확률이 지극히 낮은 사건도 무작위요동을 통해 일어날 수 있음을 알고 있을 것이다. 그렇다면 자신이 처한 상황이 이론적으로 가능하긴 하지만 확률이 지극히 낮다는 사실도 알 것이고, 그 이유를 추적하다가 결국은 자신이 알고 있는 물리학을 재정립해야 한다고 생각할 것이다. 한 번 생각해 보라. 양자역학의 법칙에 의하면 당신이 견고한 벽을 통과할 확률은 지극히 낮지만 0은 아니다. 그런데 당신이 정말로 벽을 통과한다면, 그리고 이런 일이 계속해서 반복된다면 양자역학을 수정하고 싶어질 것이다. 양자역학의 법칙이 틀려서가 아니다. 발생 확률이 거의 0에 가까운 사건이 연달아 일어나면, '알고 보니 확률이 그다지 낮은 사건이 아니었다'는 식의 새로운 설명을 찾고 싶어진다. 물론 그 행운의 우주에 사는 생명체들은 현재의 상황을 굳이 설명하려 애쓰지 않고 순리에 따라 마음 편하게 살아갈 수도 있다.

지금 우리가 그런 곳에 살고 있거나, 우리의 우주에서 탈출해야 할 시기가 코앞에 닥칠 확률은 거의 0에 가깝다. 그러나 최후의 순간이 오면 우리가 지금까지 습득하고, 발견하고, 창조한 모든 것들을 캡슐에 담아서 이곳보다 좋은 영역에 도달하기를 기원하며 우주 공간으로 띄워 보낼 수도 있다. 우리의 혈통이 영원히 이어질 수 없다 해도, 우리가 이룩한 모든 것을 요약하여 영원한 혈통을 물려받은 종족에게 전달함으로써 우리의 흔적을 영원히 남길 수는 있지 않을까? 가리가와 빌렌킨은 영국의 철학자 데이비드 도이치David Deutsch의 사상에 기초하여 이 시나리오를 분석한 끝에 "희망 없음"이라는 결론을 내렸다. 무한히 긴 시간 동안 무수히 많은 우주에서 무작위로 발생한 양자요동이 가짜 캡슐을 양산할 것이므로, 우리 후손이 만든 진짜 캡슐은 그 속에 섞여서 진가를 발휘하지 못한 채 그저 그런 양자적 잡음으로 남을 가능성이 높다.

우리 우주에서 오랫동안 우주를 생각해 온 생명과 사고는 언젠가 반드시 종말을 맞이할 것이다. 우리의 우주를 넘어 무한한 공간 저편 어딘가에 영원한 생명과 사고가 존재한다는 생각만으로 위안을 삼는 수밖에 없다. 우리는 영원을 상상할 수 있고 영원에 도달할 수도 있지만, 그것을 직접 만질 수는 없다.

11장

존재의 고귀함

마음, 물질, 그리고 의미

마음, 물질, 그리고 의미

필라네스버그 국립공원Pilanesberg National Park*에서 등에 소총을 둘러멘 안내원이 나를 포함한 관광객들에게 주의사항을 알려 주었다. "코끼리나 하마, 또는 사자와 눈이 마주치면 꼼짝도 하지 말고… 그냥 그 자리에… 가만히 있어야 합니다." 그는 아침 식사용 테이블 주변에 삼삼오오 앉아 있는 관광객 무리를 한쪽 끝에서 반대쪽 끝까지 연속 촬영을 하듯 서서히 훑어보며 경고를 이어나갔다. "사자를 만나면 뛰어서 도망가겠다고요? 꿈 깨세요. 달리기 연습을 평생 동안 해도 절대 이길 수 없습니다." 사람들이 가볍게 웃으며 맞장구를 쳤다. "그럼." "당연하지." "맞는 말이야." 그런데 바로 그때, 무언가가 나의 헐렁한 셔츠 소매를 타고 어깨를 향해 기어오르고 있지 않은가! 정체가 무엇인지는 중요하지 않았다. 내 눈에 그것은 무조건 타

---

* 남아프리카공화국의 자연휴양지.

란툴라^{tarantula*}로 보였으니까. 끔찍한 독거미가 지금 내 목을 노리고 있다! 나는 기겁을 하며 팔을 마구 휘젓다가 테이블 위에 놓인 찻잔을 깨뜨렸고, 의자를 박차고 뛰쳐나오다가 접시마저 깨뜨렸다. 그 와중에 타란툴라인지 뭔지, 그 정체불명의 생명체는 내 몸에서 떨어져 나가 구석으로 사라졌고, 정신을 차린 나는 어찌나 창피한지 그 벌레를 따라 구석으로 숨어 버리고 싶었다. 이런 상황에서 그 터프한 안내원이 가만히 있을 리 없다. "아하, 우주로부터 우리 물리학자님한테 메시지가 왔군요. 객기 부리지 말고 그냥 지프를 타고 가라는 메시지 아닐까요?" 그래서 그날 나는 다른 사람들이 도보 관광을 하는 내내 지프를 타고 따라다녔다.

사실은 우주가 나한테 메시지를 전한 게 아니라, 그냥 벌레 한 마리가 우연히 내 몸에 달라붙은 것뿐이었다. 내가 매사에 냉정한 사람이었다면 얼마든지 있을 수 있는 일이라며 웃고 넘겼을 것이다. 그러나 아주 잠시 동안 나를 놀라게 했던 그 사건은 안내원의 말처럼 나에게 매우 중요한 메시지를 던져 주었다. 사실 나는 야생 지역을 도보로 여행하는 것이 내심 부담스러워서 망설이고 있었다. 그러던 참에 "너는 작은 벌레의 출현에도 거의 죽을 듯이 놀라 자빠지는 소심형 인간이므로 무리수를 두지 말라."는 맞춤형 경고가 배달된 것이다. 바보 같은 생각이라는 것, 나도 잘 안다. 우주는 내가 하는 일이나 나에게 닥쳐올 위험 같은 것에 아무런 관심도 없다. 타란툴라의 출현으로 깨어난 나의 보호 본능은 서서히 진정되었지만, 이성적 사고력이 회복될 때까지는 한두 단계 과정을 더 거쳐야 했다.

인간이 다른 종을 제치고 먹이사슬의 최상위에 오를 수 있었던 이유 중

---

* 대형 독거미.

하나는 자연의 패턴에 매우 민감했기 때문이다. 우리는 만물의 연결 관계를 추적하고, 우연을 가볍게 넘기지 않으며, 규칙을 기억하고 중요도를 할당한다. 그러나 이들 중 대부분은 혼란스러운 경험에 어떻게든 질서를 부여하려는 감정적 충동의 산물이고, 현실의 특성을 논리적으로 분석하여 얻은 결과는 극히 일부에 불과하다.

질서의 의미

나는 종종 수학방정식이 세상 바깥에 존재하면서 쿼크에서 우주에 이르는 모든 물리적 과정을 엄격하게 제어하는 것처럼 말하곤 한다. 물론 사실일 수도 있다. 아직은 요원한 이야기지만, 언젠가는 수학이 현실이라는 직물의 일부로 꿰어지는 날이 올 것이다. 매일같이 방정식과 씨름하다 보면 자연스럽게 이런 생각을 하게 된다. 그러나 나의 가장 확고한 믿음은 자연이 법칙에 따라 운영된다는 것이다(우주는 법칙을 준수하는 구성 요소들로 이루어져 있다). 그리고 이 법칙을 가장 정확하게 표현하는 수단이 바로 방정식이다. 물리학자들은 수많은 실험과 관찰을 통해 방정식이 이 세상을 놀라울 정도로 정확하게 서술한다는 사실을 거듭 확인했다. 그렇다면 방정식은 자연을 서술하는 궁극의 언어일까? 별로 그럴 것 같지 않다. 미래의 어느 날, 지구를 방문한 외계인에게 우리가 구축한 방정식을 보여 준다면 가볍게 웃으면서 이렇게 말할 것 같다. "우리도 처음에는 수학으로 시작했었지요. 하지만 지금은 현실 세계를 서술하는 현실적 언어를 찾았기 때문에, 굳이 수학을 사용하지 않습니다."

우리 선조들은 떨어지는 돌멩이나 부러지는 나뭇가지, 또는 흐르는 물에서 일정한 패턴을 찾으면서 물리적 직관을 키워 왔다. 일상적인 역학에 타고난 감각을 갖고 있으면 분명히 생존에 유리하다. 그 후로 우리는 생존에 필요한 인지력을 뛰어넘어 소립자에서 은하단에 이르는 방대한 영역을 탐구했고, 모든 규모에서 패턴을 찾아 체계화시켰다. 우리는 진화를 통해 직관과 인지력을 키우고 물리학을 습득해 왔지만, 자연을 포괄적으로 이해할 수 있었던 것은 수학적 언어로 표현된 호기심 덕분이었다. 이렇게 탄생한 방정식은 현실의 깊은 구조를 탐구하는 최상의 도구가 되어 다양한 지식을 창출했다. 그러나 방정식은 인간의 마음이 반영된 구조물일지도 모른다.

나는 경험의 가치를 평가할 때 이런 관점을 고수하는 편이다. 옳은 것과 그른 것, 선과 악, 운명과 목적, 가치와 의미 등은 모두 유용한 개념이지만, 도덕적 기준으로 무언가를 판단하고 중요도를 할당하는 행위가 인간의 마음보다 근본적일 수는 없다고 생각한다. 도덕은 자연스럽게 발생한 규범이라기보다 편의를 위해 고안된 발명품에 가깝다. 다윈의 자연선택에서 살아남은 마음은 다양한 개념과 행동에 끌리거나, 거부하거나, 두려워하는 경향이 있다. 어린아이들에게 헌신하는 사람을 칭찬하고 근친상간을 혐오하는 것은 세계 공통의 가치관이다. 매사에 공정하고, 가족과 동료에게 헌신하는 것도 마찬가지다. 우리 선조들이 집단생활을 처음 시작했을 무렵에는 다양한 성향을 가진 사람들이 서로 부대끼면서 오만 가지 문제가 속출했을 것이다. 그러나 수많은 시행착오를 겪으면서 개인의 행동이 집단생활의 효율에 영향을 미친다는 사실을 깨달았고, 일종의 피드백 회로를 거쳐 모두에게 이득이 되는 행동 규범이 서서히 정착되었다. 그리고 집단의 일원들은 자신이 행동 규범을 따르는 정도에 따라 생존 확률이 달라진다는 사실을 서서히 깨달았다.[1] 자연선택은 우리 선조들의 물리학에 대한 직관을 키웠을 뿐만 아니라, 도덕성과 가치관을 형성하는 데에도 지대한 영향을 미쳤다.

도덕 규범이 하늘이나 추상적인 '진실의 영역'에서 하달된 것이 아니라고 믿는 사람들도 초기 도덕 관념의 출처와 형성 과정에 대해서는 이견이 분분하다. 일부 학자들은 "초보적인 도덕 관념이 진화를 통해 형성된 것은 사실이지만, 그 후로 인간은 인지력을 발휘하여 독립적인 태도와 신념을 구축했다."고 주장한다.[2] 또는 "도덕 관념의 기원을 인지력으로 설명하는 것은 진화론에 기반을 둔 합리화에 불과하다."고 주장하는 사람도 있다.[3]

여기서 눈여겨볼 것은 이런 주장들이 전통적인 자유의지의 개념에 의존하지 않는다는 점이다. 우리는 인간의 행동을 설명할 때 본능과 기억에서 지각과 사회적 기대에 이르는 다양한 요인을 고려한다. 그러나 앞서 말한 대로 이런 식의 고차원적 서술은 자연의 구성 성분을 지배하는 일련의 역학적 과정에 기초하고 있다. 우리 모두는 입자의 집합체로서 수많은 진화 전투를 통해 행동의 제약을 걸어내고, 엔트로피에 의한 붕괴를 지연시키는 능력을 획득했다. 그러나 여기서 승리를 거두었다고 해서 자유의지가 물리적 진행을 능가할 수는 없다. 자연은 우리의 소망과 판단, 도덕적 평가를 기다리지 않고 물리 법칙에 따라 가차 없이 나아간다. 좀 더 정확하게 말해서 우리의 소망과 판단, 그리고 도덕적 평가는 물리적 세계의 일부로서, 자연의 냉정한 법칙에 이미 반영되어 있다.

자연이 전개되는 과정은 별로 인간적이지 않은 수학을 통해 서술된다. 현실을 인지하는 입자의 집합(지적 생명체)이 등장하기 전까지는 이것이 전부였다. 이제 우리는 기본적인 세부 사항을 대충 알고 있으므로 우주의 역사를 쉬운 언어로 간단하게, 그리고 약간의 의인화를 곁들여서 다시 한번 서술해 보자.

지금으로부터 약 138억 년 전, 공간이 맹렬하게 팽창하기 시작했을 때 균일한 인플라톤장으로 채워져 있던 미세 영역에서 에너지가 분해되어 밀어내는 중력이 작동을 멈췄고, 그 일대의 공간이 입자로 채워지면서 가장 단순한 원자핵이 합성되기 시작했다. 그 후 양자요동에 의해 이 영역의 밀도가 주변보다 조금 높아졌고, 입자들이 강한 중력에 이끌려 서서히 한곳으로 뭉치면서 별, 행성, 위성 등 다양한 천체들이 탄생했다. 별의 내부에서 진행되는 핵융합 반응과 (드물긴 하지만) 별들 사이의 충돌을 통해 무거운 원자가 만들어졌고, 이들은 한창 형성되고 있는 (적어도 한 개 이상의) 행성에 비처럼 쏟아져 내렸다. 행성에 안착한 원소들은 분자진화론에 입각하여 점점 더 복잡한 분자로 진화하다가 마침내 자기복제가 가능한 분자가 탄생했고, 무작위로 일어난 변이가 복제를 통해 널리 퍼져 나갔다. 이들 중에는 정보와 에너지를 추출하고, 저장하고, 전파할 수 있는 분자(원시생명체)가 있었는데, 오랜 진화를 거치면서 구조가 점차 정교해지다가 드디어 스스로 결정을 내리는 생명체가 등장했다.

이 모든 여정은 입자와 장, 물리 법칙, 그리고 초기 조건이라는 네 개의 단어로 요약된다. 우리가 아는 한, 이 네 가지 외에 우주의 역사에 영향을 미친 요인은 존재하지 않는다. 입자와 장은 만물의 구성 요소이고, 물리 법칙은 주어진 초기 조건에 의거하여 우주가 나아갈 길을 결정한다. 현실 세계는 양자역학의 법칙을 따르고 있으므로 물리 법칙은 확률적으로 적용되지만, 확률 자체는 엄밀한 수학을 통해 결정된다. 또한 입자와 장은 가치나 의미를 따지지 않고 법칙에 따라 자신의 길을 갈 뿐이다. 자연이 수학을 따라 전개되다가 생명체를 낳을 수도 있지만, 이것도 어디까지나 물리 법칙을 따른 결과다. 생명은 물리 법칙에 개입할 수 없고, 거스를 수도 없다.

생명체가 할 수 있는 일이란 입자 집단을 일제히 움직이게 하거나 특정한 집단행동을 유도하는 것뿐이다. 물론 이 정도만 해도 매우 대단한 성과다. 해바라기와 돌멩이의 구성 입자들은 자연의 법칙을 충실하게 따르고 있는데, 해바라기는 스스로 자라면서 움직이는 태양을 따라 방향을 바꿀 수 있지만 돌멩이에게는 그런 능력이 없다. 또한 진화는 선택력을 발휘하여 생명체의 행동 양식을 결정했는데, 가장 중요한 덕목은 생존과 번식이었다. 물론 생각도 진화의 산물이다. 자신이 겪은 것을 기억하고, 상황을 분석하고, 과거의 경험을 미래에 적용하는 능력은 생존 경쟁에서 우위를 점하는 강력한 무기였다. 사고 능력을 획득한 종種은 수만 세대에 걸친 생존 경쟁에 연달아 승리를 거두면서 사고가 점차 정교해지다가 마침내 자기 자신을 인식하는 수준까지 도달했다. 이들의 의지는 전통적 의미의 자유의지(물리 법칙에 좌우되지 않는 의지)가 아니었지만, 고도로 조직화된 몸은 무생물과 달리 외부 자극에 대하여 다양한 반응(내면의 감정과 외부로 드러나는 행동)을 보일 수 있었다.

자기 인식이 가능한 종이 언어 능력을 획득하면 자신을 '과거에서 미래로 전개되는 자연의 일부'로 간주하는 것 이상의 사고를 할 수 있게 된다. 이 단계에 이르면 생존은 더 이상 삶의 최종 목표가 아니다. 우리는 단순히 생존하는 것만으로 만족하지 않고, 생존이 중요한 이유를 알고 싶어 한다. 우리는 인과관계를 분석하여 관련성을 찾고, 각 항목에 가치를 부여하고, 의미 있는 것을 추구한다.

그리하여 우리는 우주의 탄생과 종말을 서술할 수 있는 단계에 이르렀다. 우리는 현실과 상상을 넘나들며 수많은 이야기를 주고받는다. 먼저 세상을 떠난 조상들이나 전지전능한 존재들이 기거하는 세상을 상상하면서, 죽음을 '다른 세상으로 가는 징검다리'로 여기기도 한다. 우리는 그림을 그리고, 조각상을 만들고, 노래하고, 춤추면서 다른 세상과 접촉을 시도하거나, 그곳에 기거하는 존재들에게 경의를 표하거나, 자신의 단명한 삶의 흔적을 미래에 남긴다. 이런 열정이 인간다운 삶의 표상으로 인식될 수 있었던 것은 생존력을 높이는 데 도움이 되었기 때문이다. 우리는 다른 사람들로부터 다양한 이야기와 경험담을 전해 들으면서 예기치 못한 상황에 대처할 수 있도록 마음의 준비를 하고, 예술을 통해 상상력과 창의력을 키우고, 음악을 들으면서 패턴에 대한 감각을 예민하게 다듬고, 종교를 통해 집단의 결속력을 다져 왔다. 그러나 (진화론적으로 논쟁의 여지는 있지만) 이런 것은 단명한 삶을 초월하여 더 크고 오래 지속되는 무언가의 일부가 되려는 열망의 산물일 수도 있다. 인간사에 무심한 자연을 초월하려는 것은 현실 세계에서 절대로 찾을 수 없는 가치와 의미를 추구하는 행위다.

필사(必死)의 의미

독일의 수학자 라이프니츠는 우주에 무언가가 존재하게 된 이유를 궁금하게 여겼지만, 그가 마주친 가장 큰 딜레마는 무언가를 자각하는 능력이 결국 무無로 사라진다는 것이었다. 우리의 마음에 생명을 불어넣는 모든 행동은 언젠가 멈출 수밖에 없다.

지금까지 우리는 이 자각 능력에 기초하여 시간의 시작부터 수학 이론으로 예측 가능한 최후의 순간까지, 모든 시간대를 탐험했다. 이 내용은 앞으로 개선될 여지가 남아 있을까? 당연히 있다. 크고 작은 세부 사항들이 보강되거나 다른 내용으로 대치될 수도 있을까? 물론이다. 그러나 우리가 다양한 시간대를 거쳐 오면서 목격했던 탄생과 죽음, 출현과 붕괴, 그리고 창조와 파괴의 리듬은 우리가 떠난 후에도 계속될 것이다. 엔트로피 2단계 과정과 진화의 선택력은 혼돈 속에서 고도의 질서를 창출하지만, 별과 블랙홀, 행성과 인간, 그리고 분자와 원자는 탄생과 죽음을 반복하다가 결국은 모두 분해될 것이다. 종류에 따라 수명은 천차만별이지만 당신과 내가 죽고, 호모 사피엔스가 멸종하고, (적어도 우리 우주 안에서) 모든 생명과 마음이 사라지는 것은 특별한 사건이 아니라 물리 법칙이 낳은 평범한 결과 중 하나일 뿐이다. 한 가지 색다른 것이 있다면, 우리가 그 사실을 알고 있다는 점이다.

다소 위험한 발상이긴 하지만, 많은 사람들은 '인간사에서 죽음이 완전히 사라지면 우리의 삶은 훨씬 좋아질 것'이라고 생각해 왔다. 대부분은 가벼운 상상으로 끝나지만, 가끔은 정말로 죽음을 극복하겠다며 무모한 행동을 벌인 사람도 있다. 고대 신화에서 현대의 창작물(소설, 영화 등)에 이르기까지 수많은 사상가들이 영생의 가능성을 타진해 왔는데, 결과는 독자들도 잘 알고 있을 것이다. 시대와 장소를 막론하고, 죽음을 극복한 사람은 아무도 없다. 조너선 스위프트Jonathan Swift의 《걸리버 여행기Gulliver's Travels》에서 러그내그Luggnagg라는 곳에 사는 사람들은 영생을 누리고 있지만 노화를 극복하지 못하여, 80세가 되면 법적으로 사망 처리된 후 구차한 삶을 이어간다. 카렐 차페크Karel Čapek의 희곡 〈마르코폴로스의 비밀Vec Marcopulos〉에서 여주인공 엘리나 마르코폴로스는 영생을 누리기 위해 비밀의 약을 마시고 300년이 넘게 살았지만 아무런 목표도, 의욕도 없는 권태로운 삶을 이어가느니 차라리 약을 없애기로 결심한다. 또한 호르헤 루이스 보르헤스Jorge Luis Borges의 〈불멸The Immortal〉에서 영생을 얻은 주인공도 별로 행복하지 않다. "모든 사람들이 정체성을 잃었다. 죽음이 없으면 단 한 사람이 모든 사람을 대신한다… 나는 신이며, 영웅이며, 철학자이며, 악마이며, 세상 자체다. 이는 곧 내가 존재하지 않는다는 뜻이기도 하다."[4]

철학자들도 '죽음이 없는 삶'에 대하여 체계적인 평가를 내리려 애써 왔지만 별다른 진전은 없다. 영국의 철학자 버나드 윌리엄스Bernard Williams는 차페크의 희곡을 오페라로 각색한 레오시 야나체크Leoš Janáček의 작품을 보고 비슷한 결론에 도달했다.[5] 그는 "인간이 죽지 않는다면 모든 목적을 이룬 후 삶의 동력을 잃고 영원의 시간을 무료함 속에서 보내게 될 것"이라고 했다. 보르헤스의 희곡에서 영감을 받은 애런 스머츠Aaron Smuts는 "삶이 영원히 계속된다면 삶에 영향을 주는 결정(누구와 무엇을 할 것인가? 등) 중에서 중요한 것들이 모두 바닥날 것"이라고 주장했다. 무언가를 잘못 선택했다고? 걱정할 것 없다. 시간은 무한히 많으니, 다음 기회에 올바른 선택을 하면 된다. 그러나 성취감은 불멸의 희생양으로 사라질 것이다. 능력에 한계가 있는 사람은 아무리 노력해도 영원히 목적을 달성하지 못하여 좌절하고, 능력에 한계가 없는 사람은 모든 것을 초과 달성하면서 한동안 승승장구하다가 결국은 초과 달성 자체가 시큰둥해지면서 무미건조한 삶을 살아가게 된다.[6]

이런 문제에도 불구하고, 나는 인간이 불멸에 적응할 만큼 충분히 현명하다고 생각한다(지금 당장은 부족하다 해도, 영원의 시간이 있으니 차차 개선해나가면 된다). 우리에게 필요한 물품은 날이 갈수록 많아지겠지만, 그것을 조달하는 능력은 상상을 초월할 정도로 향상될 것이다. 기존의 기쁨과 행복에 식상해진다면 새로운 기쁨과 행복을 찾거나, 발명하거나, 개발하면 된다. 물론 섣부른 판단일 수도 있지만, 영원한 삶이 지루하다는 주장은 부정적인 면만 지나치게 강조된 것 같다.

과학이 발달할수록 인간의 수명은 길어질 것이다. 앞에서 보았듯이 인간은 영생을 누리는 기술을 개발하기 전에 사라질 가능성이 높지만, 영생을 생각하면 삶의 의미가 더욱 분명해진다. 사실 현세에서 우리가 내리는 수많은 결정과 선택, 경험, 그리고 다양한 반응들은 유한한 시간 안에 한정된 횟수만큼 반복되기 때문에, 우리의 이해 수준도 그 범주를 벗어나지 못한다. 우리는 아침에 침대에서 일어날 때마다 "지금 이 순간을 즐겨라!"라고 외치진 않지만, 남은 여생 동안 맞이하게 될 아침의 횟수가 직관적으로 계산되어 있기 때문에 그에 합당한 가치를 부여하고 있다. 앞으로 맞이하게 될 아침의 횟수가 무한대라면 침대에서 일어났을 때 어떤 느낌이 들까? 모르긴 몰라도, 지금과는 완전 딴판일 것이다. 우리가 공부하는 분야, 수행하는 일, 우리가 감수하는 위험, 함께 일하는 파트너, 평생을 함께할 가족, 삶의 목적, 취미, 등등… 이 모든 것의 저변에는 '삶이 유한하기 때문에 기회가 별로 많지 않다'는 인식이 깔려 있다.

여기에 반응하는 방식은 사람마다 다르지만, 모든 사람에게 공통적으로 통하는 가치관이 있다. 우리가 떠난 후에도 우리가 추구하던 것을 후손들이 계속 추구하기를 바라는 마음, '나'라는 존재의 흔적이 죽은 후에도 계속 유지되기를 바라는 마음이 바로 그것이다.

후손

여러 해 전에 나는 브로드웨이 외곽의 한 소극장에서 공연이 끝난 후 열리는 관객 토론회에 연사로 참석해 달라는 요청을 받았다. 연극의 내용은 (보지 않아서 잘은 모르겠지만) 소행성이 다가와 곧 멸망할 위기에 처한 사람들의 이야기였다고 한다. 그런데 놀랍게도 나와 함께 초청된 연사는 다른 사람도 아닌 나의 형이었다. 아마도 그 행사의 기획자는 완전히 다른 길을 가고 있는 두 형제(형은 종교인, 동생은 과학자)를 앉혀 놓고 종말에 관한 토론을 나누게 하면 관객들이 좋아할 거라고 생각했던 모양이다. 그러나 솔직히 말해서 나는 그 문제에 대해 별로 생각해 보지도 않았고, 당시에는 토론 주제보다 관객들의 반응에 더 민감했던 것 같다. 토론이 시작되자 형은 '영원한 세계'에 대하여 열변을 토했고, 나는 무덤덤한 자세로 이야기를 듣다가 한층 더 무덤덤한 말투로 내 생각을 털어 놓았다. "지구는 평범한 은하의 한 구석에 자리 잡은 평범한 별 주변을 공전하는 그저 그런 행성입니다. 지구에 소행성이 떨어져도 우주는 눈 하나 깜빡하지 않을 겁니다. 우주적 관점에서 보면 아무것도 아닌 일이지요." 일부 객석에서 박수가 터져 나왔다. 아마도 존재의 현실을 냉정하게 받아들이는 회의론자들이었을 것이다. 그러나 안타깝게도 관객들 중에는 나를 아주 건방진 물리학자로 보는 사람도 있었다. 적어도 한 명은 그랬다. 한 중년 부인이 자리에서 일어나 장난치는 아이를 나무라는 말투로 나를 향해 소리쳤다. "당신은 인간의 목숨을 너무 가볍게 여기는군요. 그렇다면 한 가지만 물어볼게요. 당신이 1년 후에 병으로 죽는 것하고 1년 후에 전 인류가 멸종하는 것, 둘 중 어느 쪽이 더 무서운가요?"

뭐라고 답했는지 자세한 기억은 없지만, 둘 중 육체적 고통이 덜한 쪽을 택하겠다는 식으로 얼버무렸던 것 같다. 그런데 집에 돌아와서 곰곰 생각해 보니, 그것은 정말로 의미심장한 질문이었다. 병원에서 시한부 판정을 받은 사람들의 반응은 매우 다양하다. 갑자기 집중력이 높아지거나, 세상을 바라보는 시야가 넓어지거나, 지나온 삶을 후회하거나, 공황 상태에 빠지거나, 애써 평정심을 찾거나, 갑자기 심오한 무언가를 깨닫기도 한다. 나의 반응도 이들 중 하나일 것 같다. 그러나 모든 인류가 사라질 위기에 처한다면 나는 완전히 다른 반응을 보일 것이다. 종말 앞에서는 모든 것이 의미를 상실하기 때문이다. 개인의 삶이 막바지에 이르면 일상적인 사소한 일에도 엄청난 의미를 부여하게 되지만, 전 인류의 종말이 닥치면 무력함 외에 달리 느낄 만한 감정이 없을 것 같다. 그때에도 아침에 일어나 물리학을 연구할 것인가? 하긴, 익숙한 일에 집중하면 마음이 편안해진다. 그러나 오늘 내가 위대한 발견을 이룬다 한들, 알아줄 사람이 없는데 그게 무슨 의미란 말인가? 지금 쓰고 있는 책을 완성하고 싶어질까? 엉성하게나마 탈고를 하면 잠시 만족스럽긴 하겠지만, 읽어 줄 사람이 없으니 이것도 공허하기만 하다. 그날도 아이들을 학교에 보내야 할까? 아이들도 늘 하던 일을 계속하면 평정심을 유지하는 데 도움이 될 것 같긴 하다. 그러나 미래가 통째로 사라질 판인데, 배움이 무슨 소용이란 말인가?

죽기는 마찬가지인데 개인적인 사망과 멸종 사이에는 이토록 엄청난 차이가 있다. 전자는 삶의 가치를 높이고, 후자는 퇴색시킨다. 이 깨달음은 그 후로 몇 년 동안 미래를 생각하는 데 많은 도움이 되었다. 나는 젊은 시절에 수학과 물리학의 시간을 초월한 위력을 절감하고 나름대로 미래에 존재의 의미를 부여했다. 그러나 내가 생각했던 미래는 바위와 나무, 사람으로 가득 찬 곳이 아니라 방정식과 수학 정리, 그리고 물리 법칙이 난무하는 추상적 세계였다. 나는 플라톤주의Platonism* 신봉자도 아니면서 시간과 물질계를 초월한 수학과 물리학에 절대 가치를 부여했다. 그러나 인류 종말 시나리오가 내 마음을 사로잡으면서 방정식과 수학 정리, 그리고 물리 법칙은 진리에 다가가는 수단이 될 수는 있지만 그 자체로는 아무런 가치가 없음을 깨달았다. 이런 것들은 칠판에 휘갈기거나 학술지와 교과서에 인쇄된 기호의 집합일 뿐이다. 이들의 가치는 그것을 이해하는 사람들로부터 창출되며, 그들의 마음속에만 존재한다.

이 깨달음은 방정식보다 훨씬 강한 위력을 발휘했다. 우리가 귀하게 여겼던 것을 물려줄 사람이 없고 물려받을 사람도 없다면 미래는 의미를 상실한다. 한 개인의 영생은 사소한 일일 수도 있지만, 인류의 영생은 추구할 만

---

* 개인적 감각을 초월한 이상향(idea)을 추구하는 철학사조.

한 가치가 충분히 있다.

　종말이 닥치면 많은 사람들이 나와 비슷한 생각을 떠올릴 것이다. 철학자 새뮤얼 셰플러Samuel Scheffler는 이 문제에 학술적으로 접근하여, 수십 년 전에 내가 떠올렸던 것과 조금 다른 형태의 질문을 제기했다. "앞으로 1년 후에 당신이 죽고, 다시 30일이 지난 후에 모든 인류가 사라진다면 어떤 반응을 보일 것인가?" 내가 먼저 세상을 떠난 후 후손들(남은 사람들)에게 한 달의 시간이 주어졌으니, 앞서 말한 두 개의 시나리오를 하나로 합친 질문이다. 셰플러가 내린 결론은 나의 개인적인 생각과 거의 일치한다.

> 　우리의 관심사와 의무, 가치와 판단, 중요한 것과 보람 있는 일들,
> 이 모든 것은 인류의 삶이 계속된다는 가정하에 존재한다… 우리에
> 게 필요한 것은 미래를 위해 가치 있는 개념을 안전하게 유지하는 것
> 을 최우선 과제로 여기는 사람들이다.[7]

　이 문제를 좀 더 넓은 관점에서 분석한 철학자들도 강조하는 부분은 거의 동일하다. 미국의 철학자 수전 울프Susan Wolf는 모든 인류가 운명 공동체임을 인식하면 타인을 생각하는 마음을 한 차원 높은 수준으로 끌어올릴 수 있다고 주장하면서도 "우리가 추구하는 모든 가치는 미래에 인류가 존재해야 의미를 갖는다."고 했다.[8] 해리 프랑크푸르트Harry Frankfurt는 관점을 조금 바꿔서 "우리가 중요하게 생각하는 것, 특히 예술과 과학은 종말의 날 시나리오에 영향을 받지 않을 것"이라고 주장했다. 예술과 과학은 그것을 추구하는 행위 자체만으로도 만족감을 얻을 수 있기 때문에, 미래가 없어도 유지될 수 있다는 것이다.[9] 그러나 내 생각은 다르다. 앞서 말한 대로 종말의 날에 대한 반응은 사람마다 천차만별이기 때문이다. 이럴 때 우리가

할 수 있는 최선은 사람들 사이에 널리 퍼져 있는 추세를 마음속에 그리는 것이다. 나를 포함한 많은 사람들은 창조적인 일에 몰두하거나 학문을 연구하는 것이 '길고 풍부하면서 언제나 계속되는 사람들 사이의 대화'를 일부나마 느끼기 위한 행위라고 생각한다. 내가 쓴 물리학 논문이 큰 바람을 일으키지 않더라도, 나는 그 논문을 통해 대화의 일부가 될 수 있다. 그러나 내가 그 대화에 참여하는 마지막 인간이고, 내가 한 말을 미래에 되새겨 줄 사람이 한 명도 없다면, 굳이 번거롭게 논문을 쓸 이유가 없지 않은가?

셰플러의 주장과 몇 년 전에 내가 떠올렸던 질문에 등장하는 '종말의 날'은 물론 가상의 시나리오였다. 그러나 태양의 최후와 은하의 최후, 그리고 우주의 종말 등 세상이 붕괴되는 시기는 대략적으로나마 예측 가능하다. 앞에서 언급했던 종말은 때가 되면 정말로 일어나겠지만, 위기감을 느끼기에는 발생 시기가 너무 멀다. 이 '시기적인 여유'가 결론에 영향을 줄 수 있을까? 이것은 셰플러와 울프도 깊이 생각했던 문제다. 1970년대에 개봉한 영화 〈애니 홀Annie Hall〉에서 주인공 앨비 싱어Alvy Singer는 아홉 살 때 이런 핑계를 대면서 학교 숙제를 뒤로 미룬다. "앞으로 수십억 년만 지나면 우주가 팽창하다가 찢어져서 모든 게 사라진다는데, 숙제는 해서 뭐하게요?" 앨비의 엄마와 그를 돌보던 의사는 어이없다는 듯 웃는다. 관객들도 이 장면에서 웃음을 터뜨렸을 것이다. 대부분의 사람들은 까마득하게 먼 미래를 미리 걱정하는 것이 어리석다고 생각하는 경향이 있다. 그러나 셰플러는 임박한 위험에만 반응하고 먼 미래에 다가올 위험에 무심한 것은 직관적인 반응일 뿐 합리적 판단이 아니며, 이 모든 것은 인간의 경험 범위를 훨씬 넘어선 긴 시간을 계량하는 능력이 떨어지기 때문이라고 주장했다. 울프도 이 점에 동의하면서 코앞에 닥친 멸종이 삶을 무의미하게 만든다면, 먼 훗날 다가올 멸종도 마찬가지라고 했다. 우주적 시간 척도에서 볼 때 수십억 년은 결코 긴 시간이 아니라는 것이다.

나 역시 울프의 주장에 전적으로 동의한다. 앞에서 여러 번 확인한 바와 같이, 시간의 길고 짧음은 절대적 기준이 없다. 시간의 길이(기간)는 관점에 따라 얼마든지 달라질 수 있다. 엠파이어스테이트 빌딩의 86층 전망대는 지금으로부터 아득히 먼 시간대에 해당하지만, 이것을 100층과 비교하는 것은 눈을 한 번 깜빡이는 데 걸리는 시간과 100만 년을 비교하는 것과 비슷하다. 인간의 시간 감각으로는 우주적 규모의 시간을 가늠할 수 없다. '코앞에 닥친 종말'이란 인간의 진솔한 반응을 이끌어내기 위한 수단일 뿐이다. '50억 년 후에 닥쳐올 종말'이라고 하면 숙제하기 싫은 아이들 외에는 별 관심을 갖지 않기 때문이다. 지금 당장 종말에 대처하는 데 필요한 직관적 능력은 실제 종말이 닥쳤을 때에도 여전히 유용하다. 그리고 우주적 규모에서 볼 때 종말까지 남은 시간은 별로 길지 않다.

우리의 경험 범위를 훨씬 초월한 시간을 상상만으로 느끼기란 결코 쉬운 일이 아니다. 그러나 우리는 이 책을 읽으면서 추상적 개념을 구체화해 주는 우주적 시간대를 여러 번 접해 왔다. 나는 이 책을 쓰면서 우주적 시간 규모를 엠파이어스테이트 빌딩에 비유했지만, 그렇다고 해서 내가 건물을 오르내리듯이 우주적 타임라인을 쉽게 가늠할 수 있다는 뜻은 아니다. 나의 시간 감각은 독자들과 크게 다르지 않다. 그러나 앞에서 다뤘던 일련의 우주적 사건들을 순서대로 늘어 놓으면 머나먼 미래를 어느 정도 가늠할 수 있다. 성가를 부르거나 가부좌를 틀 필요는 없지만(할 수 있다면 해도 된다), 조용한 곳에 앉아서 우주의 시간대를 따라 여행을 한다고 상상해 보자. 현재를 넘어 은하들이 멀어지는 시대를 지나, 태양계의 시대를 지나, 별들이 소진되어 행성들이 공간을 떠도는 시대를 지나, 블랙홀이 빛을 발하다가 분해되는 시대를 지나, 차갑고 텅 빈 무한 공간의 시대를 향해 나아간다

(한때 우리가 존재했다는 증거라곤 여기저기 흩어져서 떠도는 입자들뿐이다). 실감이 가는가? 머릿속에서 진행된 여행이 현실로 느껴진다면, 당신은 상상력이 꽤 풍부한 사람이다. 물론 현실처럼 느꼈다고 해서 경외감이나 신비함이 퇴색되지는 않는다. 사실 장구한 시간을 열심히 조망해 봐야 '참을 수 없는 존재의 가벼움'에 약간의 무게만 더해질 뿐이다. 방금 전 여행에서 우리가 도달한 시간대와 비교할 때, 생명과 마음이 존재하는 기간은 그야말로 찰나에 불과하다. 우리가 목격한 모든 시간대를 하루로 압축하면, 최초의 생명체가 출현하여 최후의 생각이 사라질 때까지 걸리는 시간은 빛이 원자 1개를 가로지르는 데 걸리는 시간보다 짧다. 물론 (인류가 향후 수백 년 안에 자멸하건, 수천 년 안에 자연재해로 멸종하건, 태양이 죽은 후에 은하의 다른 곳에서 새로운 서식지를 찾건 간에) 인간이 존재한 기간은 이보다 훨씬 더 짧다.

그렇다. 우리는 무상하기 그지없는 일시적 존재다. 그러나 우리가 존재하는 짧은 시간은 우주의 역사를 통틀어 매우 희귀하고 특별한 시간이다. 이 시간 동안 우리는 자기 성찰을 통해 만물에 가치를 부여하고, 형이상학적 가치를 창출했다. 영원히 변치 않을 유산을 남기고 싶은 마음도 있지만, 이미 우주의 타임라인을 조망한 우리는 그것이 이룰 수 없는 목표임을 잘 알고 있다. 그러나 소규모의 입자들이 모여서 현실을 인지하고, 자신을 돌아보고, 자신이 얼마나 단명한 존재인지를 깨닫고, 지칠 줄 모르는 열정으로 아름다움을 창조하고, 연결 관계를 확립하고, 우주의 미스터리를 풀었다는 것은 정말로 놀라운 일이 아닐 수 없다.

의미

  대부분의 사람들은 일상을 넘어선 존재가 되기를 원한다. 겉으로 드러내진 않지만, 마음 한편에는 그런 욕구가 자리 잡고 있다. 또한 대부분의 사람들은 문명이라는 울타리 안에 거주하면서 '우리가 없어도 세상은 아무런 문제없이 잘 돌아간다'는 사실을 굳이 떠올리려 하지 않는다. 우리는 주로 제어 가능한 대상에 에너지를 투입하고 있다. 우리는 공동체를 구축하고, 참여하고, 관심을 갖고, 웃고, 소중히 여기고, 위로하고, 슬퍼하고, 사랑하고, 찬양하고, 숭배하고, 후회한다. 우리는 자신이나 자신이 존경하는 사람, 또는 숭배하는 사람이 무언가를 성취했을 때 강한 전율을 느낀다.

  우리는 이 모든 것을 통해 세상을 바라보면서 자신을 자극하거나 위안을 주는 무언가를 찾고, 사람들의 주의를 끌고, 새로운 곳을 찾아 이동하는 데 익숙해져 있다. 그러나 독자들도 잘 알다시피 우주는 생명과 마음이 번창할 만한 장소를 제공하기 위해 존재하는 것이 아니다. 생명과 마음은 우주가 전개되는 과정에서 우연히 발생한 결과물일 뿐이다. 나는 우주를 연구하고 (은유적으로, 가끔은 문자 그대로) 분해하면서 지식이 충분히 쌓이면 생명체가 존재하게 된 이유를 알 수 있을 것으로 생각했다. 그러나 지식이 쌓이면 쌓일수록 우리가 길을 잘못 들었다는 느낌만 강해질 뿐이다. 의식을 가진 불법 체류자가 자신을 포용해 줄 우주를 찾는 것은 이해할 수 있지만, 원래 우주는 그런 용도로 만들어진 존재가 아니다.

  그렇다고 해도 우리가 존재한다는 것은 그 자체로 경이로운 일이다. 빅뱅의 순간에 입자의 위치니 장의 값이 조금만 달랐어도 당신과 나, 인간, 지구, 그리고 우리가 소중하게 여기는 모든 것들은 아예 존재하지 않았을 것이다. 이렇게 다른 초기 조건에서 진화한 우주 전체를 초월적인 존재가 한 눈에 조망한다면, 원래 우주(인간이 존재하는 우주)와 별로 다르지 않다고 생각할 것이다. 물론 우리 눈에는 완전히 다른 우주로 보이겠지만, 이 사실을 인지할 '우리'가 존재하지 않으니 확인할 길이 없다. 입자나 장 같은 세부 사항에서 일상적인 규모로 눈길을 돌리면 거시계의 변화를 좌우하는 엔트로피가 주인공으로 부각된다. 우리는 위로 던진 동전이 어떤 면으로 착지했는지, 또는 특정한 산소 분자가 어느 곳에 있는지 신경 쓰지 않지만, 특별히 관심이 가는 배열이 있다. 정말로 그렇다. 우리가 존재할 수 있었던 것은 비슷한 확률을 놓고 치열한 경쟁을 벌이는 수많은 입자 배열들 속에서 특별한 배열이 최후의 승리를 거두었기 때문이다. 우연의 신이 우리를 한없이 축복하사, 자연의 법칙이라는 좁디좁은 깔때기를 통과하여 우리가 지금 이곳에 존재하게 된 것이다.

이 사실은 인간과 우주의 모든 단계에 걸쳐 적용된다. 리처드 도킨스는 "유전자의 조합으로 형성될 수 있는 사람들 중 거의 무한대에 가까운 사람들이 아직 한 번도 태어나지 않았다."고 했다. 빅뱅에서 당신이 태어난 날을 거쳐 오늘에 이르는 매 순간마다 양자적 과정이 확률 법칙에 따라 진행되었는데, 이들이 도중에 한 번이라도 다른 선택을 했다면 당신과 내가 존재하지 않는 우주로 진화했을지도 모른다.[10] 입자의 다른 가능한 배열이 엄청나게 많았음에도 불구하고, 당신과 나를 이루는 염기쌍과 분자 배열이 만들어졌다. 이 얼마나 기적 같은 일인가!

이것만 해도 감사할 일인데, 더욱 큰 선물이 주어졌다. 우리 몸의 분자 조합과 화학적, 생물학적, 신경학적 배열이 우리에게 특별한 능력을 부여한 것이다. 물론 대부분의 생명체는 존재하는 것 자체가 기적이다. 그러나 인간은 시간을 벗어나 과거와 미래를 상상할 수 있고 우주를 이해할 수 있으며, 상상의 세계와 현실 세계에서 우주를 탐험할 수 있다. 우주의 한 구석에서 우리는 창의력과 상상력을 발휘하여 단어와 표상, 구조, 소리를 만들어 냈고, 이들을 이용하여 갈망과 좌절, 혼란과 계시, 실패와 승리를 표현했다. 또한 우리는 독창성과 인내를 발휘하여 내면과 외부 세계의 한계에 도달했고, 반짝이는 별과 빛의 이동, 시간의 흐름과 공간 팽창을 좌우하는 법칙을 발견했으며, 이 법칙 덕분에 우주의 시작과 끝을 엿볼 수 있었다.

이 놀라운 성과를 생각하다 보면 몇 가지 질문이 연달아 떠오른다. 우주는 왜 텅 비지 않고 무언가가 존재하게 되었는가? 생명의 근원은 무엇이며, 의식은 어떻게 탄생했는가? 수많은 학자들이 다양한 추측을 내놓았지만 진실은 아직 밝혀지지 않았다. 우리의 두뇌가 '지구생존용'으로 특화되어 그런 수수께끼를 풀기에 부적절해진 것일까? 아니면 우리의 지능이 진화하고 현실에 자주 참여하면서 완전히 다른 특성을 획득하여, 그런 질문 자체가 무의미해진 것일까? 둘 다 가능한 이야기다. 그러나 미스터리로 가득 찬 우리의 세상은 수학적, 논리적으로 일관될 뿐만 아니라 그중 상당 부분은 해독이 가능하다. 이런 점을 생각할 때 방금 제기한 두 질문의 답은 아무래도 '아닌no' 것 같다. 우리의 두뇌는 결코 성능이 뒤떨어지지 않는다. 그리고 우리는 다른 종류의 진실을 전혀 모르는 채 '플라톤의 벽'만 응시하면서 그 너머에 존재한다는 궁극의 진실을 동경하는 무력한 존재도 아니다.

춥고 황량한 우주를 향해 나아가려면 웅장한 설계도 같은 것은 잊어야 한다. 입자에게는 목적이 없으며, '우주 깊은 곳을 배회하면서 발견되기를 기다리는 궁극의 해답' 같은 것도 없다. 그 대신 특별한 입자 집단이 주관적인 세계에서 생각하고, 느끼고, 성찰하면서 자신만의 목적을 만들어 내고 있다. 그러므로 인간의 상태를 탐구하는 여정에서 우리가 바라뵈야 할 곳은 바깥이 아닌 내면이다. 이미 제시된 답에 얽매이지 않고 개인적인 존재의 의미를 찾으려면 내면으로 들어가야 한다. 물론 과학은 바깥 세계를 이해하는 가장 강력한 도구다. 그러나 과학을 제외한 모든 것은 자신을 성찰하고, 자신이 할 일을 결정하고, 이야기를 들려주는 인간사로 이루어져 있다. 그들의 이야기는 짙은 어둠을 뚫고 소리와 침묵에 각인되어 끊임없이 영혼을 자극할 것이다.

감사의 글

　이 책을 집필하는 동안 값진 조언을 해 준 여러 사람들에게 진심으로 깊은 감사를 드린다. 그들은 나의 원고를 철저하게, 때로는 두 번 이상 읽으면서 잘못된 부분과 개선할 부분을 지적해 주었고, 그 덕분에 원고 질이 몰라보게 개선되었다. 그중에서도 특별히 라파엘 거너와 켄 바인버그, 트레이시 데이, 마이클 더글라스, 사크시 둘라니, 리처드 이스터, 조슈아 그린, 웬디 그린, 라파엘 캐스퍼, 에릭 루퍼, 마커스 쾨셀, 밥 샤예, 도론 웨버에게 감사의 말을 전한다. 그리고 원고의 특정 부분을 읽고 나의 자문에 응해 준 데이비드 앨버트, 안드레아스 알브레히트, 베리 배리시, 마이클 바셋, 제시 베링, 브라이언 보이드, 파스칼 보이어, 비키 카스텐스, 데이비드 챌머스, 주디스 콕스, 딘 엘리엇, 제러미 잉글랜드, 스튜어트 파이어슈타인, 미카엘 그라지아노, 샌드라 카우프만, 윌 키니, 안드레이 린데, 에이브러햄 러브, 사미르 매터, 피터 드 미노컬, 브라이언 메츠거, 알리 무사미, 필 넬슨, 몰릭 파리크, 스티븐 핑커, 애덤 리스, 벤저민 스미스, 셀던 솔로몬, 폴 스타인히트, 줄리오 토노니, 존 밸리, 그리고 알렉스 빌렌킨에게 고마운 마음을 전하고 싶다. 크노프 출판사의 편집자 에이미 라이언과 앤드루 웨버, 디자이너 칩 키드,

제작편집자 리타 마드리갈, 그리고 내 원고를 직접 편집해 준 에드워드 캐스턴마이어는 이 책이 나올 때까지 영감 어린 제안을 아끼지 않았으며, 나의 편집대리인 에릭 시모노프는 집필에 착수하여 책이 나올 때까지 물심양면으로 나를 도와주었다. 마지막으로 나에게 변함없는 사랑을 베풀면서 응원해 준 나의 가족, 어머니 리타 그린과 나의 형제 웬디 그린, 수전 그린, 조슈아 그린, 사랑하는 나의 아이들 알렉 데이 그린과 소피아 데이 그린, 그리고 나의 아내이자 절친인 트레이시 데이에게도 깊은 사랑과 함께 감사의 말을 전한다.

후주

서문

1 이 인용문은 1970년대에 컬럼비아대학교 대학원 수학과에 재학했던 닐 벨린슨(Niel Bellinson)이 했던 말이다. 나의 학문적 멘토였던 그는 가진 것이라곤 향학열밖에 없는 어린 나에게 수학을 열심히 가르쳐 주었다. 당시 나는 하버드대학교에서 데이비드 버스(David Buss)가 강의하는 심리학 강좌를 듣고 있었는데, 보고서를 작성할 때마다 벨린슨의 도움을 많이 받았다. 버스 교수는 현재 오스틴(Austin)에 있는 텍사스대학교(Texas Univ.)에 재직 중이다.

2 Oswald Spengler, *Decline of the West* (New York: Alfred A. Knopf, 1986), 7.

3 상동, 166.

4 Otto Rank, *Art and Artist: Creative Urge and Personality Development*, Charles Francis Atkinson 번역(New York: Alfred A. Knopf, 1932), 39.

5 사르트르는 자신의 소설 《벽[The Wall]》에서 처형을 코앞에 둔 주인공 파블로 이비에타(Pablo Ibbieta)의 눈을 통해 이 관점을 실감나게 표현했다. Jean-Paul Sartre, *The Wall and Other Stories*, Lloyd Alexander 번역(New York, New Directions Publishing, 1975), 12.

1장 영원함의 매력

1 William James, *The Varieties of Religious Experience: A Study in Human Nature* (New York: Longmans, Green, and Co., 1905), 140.

2 Ernest Becker, *The Denial of Death* (New York: Free Press, 1973), 31. 이 책에서 Becker는 자신이 Otto Rank의 영향을 받았음을 명시하고 있다.

3 Ralph Waldo Emerson, *The Conducts of Life* (Boston and New York: Houghton Mifflin Company, 1922), note 38, 424.

4 미국의 생물학자 에드워드 오스본 윌슨(E. O. Wilson)은 완전히 다른 지식들을 하나로 묶었을 때 이해가 더욱 깊어지는 현상을 'consilience(부합, 일치)'라는 단어로 표현했다. E. O. Wilson, *Consilience: The Unity of Knowledge* (New York: Vintage Books, 1999).

5 죽음이 고대인에게 미친 영향에 대해서는 이 책의 뒷부분에서 자세히 다룰 예정이다. 그러나 고대인의 사고 체계를 입증할 만한 데이터가 전혀 없기 때문에, 이 책에서 내린 결론은 다소 논쟁의 소지가 있다. 다른 관점이 궁금한 독자들은 Philippe Ariès의 *The Hour of Our Death*, Helen Weaver 번역(New York: Alfred A. Knopf, 1981)을 읽어 보기 바란다.

6 Vladmir Navokov, *Speak, Memory: An Autobiography Revisited* (New York: Alfred A. Knopf, 1999), 9.

7 Robert Nozick, "Philosophy and the Meaning of Life," in *Life, Death, and Meaning: Key Philosophical Readings on the Big Questions*, ed. David Benatar (Lanham, MD: The Rowman & Littlefield Publishing Group, 2010), 73-74.

8 Emily Dickinson, *The Poems of Emily Dickinson*, reading ed., R. W. Franklin (Cambridge, MA: The Belknap Press of Harvard University Press, 1999), 307.

9 Henry David Thoreau, *The Journal, 1837-1861* (New York: New York Review Books Classics, 2009), 563.

10 Franz Kafka, *The Blue Octavo Notebooks*, Ernest Kaiser and Eithne Wilkens 번역, Max Brod 편저 (Cambridge MA: Exact Change, 1991), 91.

2장 시간의 언어

1 이 방송은 1948년 1월 28일 저녁 9시 45분에 방송되었지만, 두 사람의 실제 토론은 1947년에 이루어졌다. https://genome.ch.bbc.co.uk/35b8e9bdcf60458c976b882d80d9937f.

2 Bertrand Russell, *Why I Am Not a Christian* (New York: Simon & Schuster, 1957), 32-33.

3 본문의 내용은 증기 기관의 가장 이상적 형태인 카르노 기관(Carnot engine)의 원리를 아주 단순하게 설명한 것이다. 카르노 기관은 다음과 같이 4단계를 거쳐 작동된다. (1)용기 속의 수증기가 열원(heat reservoir)으로부터 열을 흡수하여 일정한 온도에서 피스톤을 밀어낸다(즉, 일을 한다). (2)용기가 열원과 차단되어 피스톤을 밀어내는 동안 용기의 온도가 내려간다(그러나 이 과정에서 열의 흐름이 없으므로 엔트로피는 변하지 않는다). (3)용기가 첫 번째 열원보다 온도가 낮은 두 번째 열원에 연결되어 낮은 (일정한) 온도에서 일을 하면서 피스톤을 처음 위치로 되돌리고, 이 과정에서 쓸모없는 열이 방출된다. (4)마지막으로 용기가 차가운 열원(두

번째 열원)과 차단되면서 모든 부품의 위치와 온도가 처음 상태로 되돌아가고, (1)~(4)의 과정이 반복된다. 실제 증기 기관에서는 (수학적으로 분석한 이상적 기관과 달리) 이 과정이 세부 구조와 목적에 따라 각기 다른 방식으로 구현된다.

4 Sadi Carnot, *Reflections on the Motive Power of Fire* (Mineola, NY: Dover Publications, Inc., 1960).

5 야구공을 "내부 구조가 없는 하나의 무거운 입자"로 간주하면 문제를 지나치게 단순화한 것처럼 보인다. 그러나 여기에 뉴턴의 고전물리학을 적용하면 야구공의 질량 중심(center of mass)이 그리는 궤적을 정확하게 계산할 수 있다. 뉴턴의 제3법칙(작용-반작용 법칙)에 의하면 야구공의 내부에서 작용하는 힘(內力, internal force)은 모두 상쇄되며, 질량 중심의 운동은 오직 야구공의 외부에서 작용하는 외력(外力, external force)에 의해 결정된다.

6 한 연구 결과(B. Hansen, N. Mygind, "How often do normal persons sneeze and blow the nose?" *Rhinology* 40, no. 1 [Mar. 2002]: 10-12)에 의하면 사람은 하루에 평균 한 번씩 재채기를 한다. 세계 인구는 약 70억 명이고 하루는 86,400초이므로, 지구에서 1초당 재채기를 하는 사람은 70억 명/86,400초 = 약 8만 명이다.

7 사실 본문에 언급된 내용은 대략적인 설명에 불과하다. 물리계의 불변성이 완벽하게 보장되려면 시간 반전(time reversal) 외에 두 가지 변환이 추가로 이루어져야 한다. 모든 입자의 전하를 반대 부호로 바꾸는 전하 반전(charge conjugation)과 좌-우를 바꾸는 패리티 반전(parity reversal)이 바로 그것이다. 지금까지 알려진 바에 의하면 물리 법칙은 이 세 가지 변환을 동시에 가해도 변하지 않는데, 이것을 *CPT 정리*, 또는 CPT 불변성이라 한다(여기서 C는 전하반전, P는 패리티반전, T는 시간반전을 의미한다).

8 동전 100개 중 2개가 뒷면이 나오는 경우의 수는 $(100 \times 99)/2 = 4,950$이고, 3개가 뒷면인 경우는 $(100 \times 99 \times 98)/3! = 161,700$이며, 4개가 뒷면인 경우는 $(100 \times 99 \times 98 \times 97)/4! = 3,921,225$이다. 그리고 5개가 뒷면인 경우는 $(100 \times 99 \times 98 \times 97 \times 96)/5! = 75,287,520$이고, 50개가 뒷면인 경우의 수는 $(100!/(50!)^2) = 100,891,344,545,564,193,334,812,497,256$이다.

9 좀 더 정확하게 말해서 엔트로피는 '멤버의 수에 자연로그(natural logarithm, ln)를 취한 값'이다. 로그를 취하면 엄청나게 큰 수가 작은 수로 바뀌어서 계산이 간단해질 뿐만 아니라, 두 물리계 A, B를 하나로 합쳐서 C라는 물리계를 만들었을 때 C의 엔트로피는 A의 엔트로피와 B의 엔트로피를 더한 값과 같아진다. 그러나 우리의 논의에서는 로그를 무시해도 상관없다.

10 이 사례에서는 문제가 복잡해지는 것을 막기 위해 욕실 안에 떠다니는 질소나 이산화탄소 등 다른 분자는 무시하고 수증기 분자만 고려하기로 한다. 그리고 수증기 분자도 내부 구조를 무시하고 점입자로 간주할 것이다. 물은 100°C에서 기체(수증기)로 변하지만, 일단 수증기가 형성되면 온도는 더 올라갈 수 있다.

11 물리학에서 온도는 '입자의 운동에너지의 평균'으로 정의된다. 질량이 m이고 속도가 v인 물체의 운동에너지는 $\frac{1}{2}mv^2$이므로, 온도는 '입자의 속도의 제곱의 평균'에 비례한다. 그러나 우리

의 논의에서는 온도가 입자의 평균 속도에 비례한다고 생각해도 크게 문제될 것은 없다.

12 열역학 제2법칙을 에너지 보존 법칙으로 해석하려면 (i)열을 에너지로 간주하고 (ii)계가 외부에 한 일을 고려해야 한다. 에너지 보존 법칙에 의하면 계의 내부에너지 변화량은 계가 흡수한 열과 계가 한 일의 차이와 같다. 이 법칙을 우주 전체에 적용하면 미묘한 문제가 야기되지만, 이것은 우리의 관심사가 아니므로 '에너지는 무조건 보존된다'고 기억하면 된다.

13 빵에서 방출된 냄새 분자는 원래 집 안에 있던 차가운 공기 분자의 충돌하면서 운동에너지를 잃는다. 그러나 욕실의 수증기를 다룰 때 수증기 외의 다른 분자(질소, 이산화탄소 등)를 고려하지 않은 것처럼, 이 경우에도 문제가 복잡해지는 것을 방지하기 위해 분자들 사이의 충돌을 고려하지 않았다. 냄새 분자와 공기 분자가 충돌하면 공기 분자의 속도는 빨라지고, 냄새 분자의 속도는 느려지다가 적절한 온도에서 평형을 이루게 된다. 냄새 분자의 온도가 내려가면 엔트로피는 감소한다. 그러나 공기 분자의 엔트로피 증가분이 냄새 분자 엔트로피의 감소분보다 훨씬 크기 때문에, 결과적으로 총 엔트로피는 증가한다. 본문처럼 공기 분자를 고려하지 않은 단순한 경우에는 빵에서 방출된 냄새 분자가 넓게 퍼져 나가도 속도가 느려지지 않기 때문에 온도는 그대로 유지되며, 엔트로피가 증가하는 것은 공기 분자 때문이 아니라 냄새 분자가 넓은 영역에 골고루 퍼지기 때문이다.

14 [수학에 익숙한 독자들을 위한 첨언] 이 논리에는 기술적인 가정이 깔려 있다(이 가정은 통계역학 교과서와 대부분의 연구 논문에도 사용된다). "임의의 거시 상태에는 저-엔트로피 배열로 이동하는 미시 상태가 대응된다."는 가정이 바로 그것이다. 저-엔트로피 배열에서 출발한 미시 상태의 변화를 시간의 역방향으로 진행시킨 버전이 그 대표적 사례다. '시간 역행' 미시상태는 저-엔트로피를 향해 나아간다. 일반적으로 이런 상태는 '드문 상태(rare)', 또는 '고도로 조절된 상태(highly tuned)'로 분류되며, 수학적으로 이런 상태를 다루려면 배열 공간(configuration space)에서 '계량(measure)'을 정의해야 한다. 배열 공간에서 균일한 계량을 사용하는 친숙한 상황에서는 엔트로피가 감소하는 초기 조건이 형성될 수 있다. 그러나 엔트로피가 감소하는 초기 조건 근처에서 계량이 최대가 되는 배열은 '드문 상태(계량이 작은 상태)'가 아니다. 우리가 아는 한, 양은 경험을 통해 선택되어야 한다. 일상생활 속에서 흔히 접하는 물리계의 경우 계량을 균일하게 잡으면 관측 결과와 일치하지만, 이것도 실험과 관측을 통해 검증되었기 때문에 가능한 일이다. 그러나 초기 우주와 같은 특이한 상태를 다룰 때에는 데이터가 충분하지 않으므로 우리가 알고 있는 '드문 상태'의 개념을 그대로 적용할 수 없다.

15 엔트로피가 최대인 우주를 논할 때에는 본문에 명시되지 않은 몇 가지 사항을 고려해야 한다. 첫째, 2장에서 우리는 중력을 전혀 고려하지 않았다. 중력의 역할은 3장에서 다룰 예정이다. 앞으로 알게 되겠지만, 중력은 엔트로피가 큰 입자 배열에 중대한 영향을 미친다. 우리의 주된 관심사는 아니지만, 유한한 부피 안에서 엔트로피가 가장 큰 물체는 중력과 밀접하게 관련된 천체인 블랙홀(black hole)이다(자세한 내용은 나의 전작인 《우주의 구조[The Fabric of the Cosmos]》의 6장과 16장을 참조하기 바란다). 둘째, 충분히 넓은 영역에서(무한히 넓어도 상관없다) 엔트로피가 가장 큰 배열은 구성 입자들이 전체 영역에 걸쳐 균일하게 분포된 배열이다.

10장에서 알게 되겠지만, 블랙홀도 서서히 증발하면서(이 현상은 스티븐 호킹이 처음으로 알아냈다) 엔트로피가 큰 상태로 변하고 있다. 셋째, 이 절의 목적상 독자들은 "현재 임의의 영역에 할당된 엔트로피는 최댓값이 아니다."라는 사실만 기억하면 된다. 예를 들어 당신이 지금 앉아 있는 방의 엔트로피는 모든 구조가 붕괴되어 블랙홀이 되어도 여전히 증가할 것이며, 결국은 블랙홀조차 증발하여 더 넓은 공간에 흩어질 것이다.

우주에 별과 행성, 생명체와 같은 흥미로운 구조가 존재한다는 것은 엔트로피가 아직 최대치에 도달하지 않았다는 뜻이다. 그러므로 우리는 이 질서 정연한 구조가 어디에서 비롯되었는지 알아내야 한다. 자세한 이야기는 3장에서 계속될 것이다.

16 꼼꼼한 독자들을 위해 한 가지 설명을 추가한다. 증기가 피스톤을 밀어내면 연료에서 흡수한 에너지의 일부가 소모되지만, 이 과정에서 증기는 피스톤에게 엔트로피를 조금도 나눠 주지 않는다(단, 증기와 피스톤은 온도가 같다고 가정한다). 즉, 증기 기관 내부의 무질서도는 피스톤의 상태와 무관하다. 따라서 피스톤이 밀려난 상태이건 아니건 엔트로피는 변하지 않으며, 엔트로피가 피스톤에 전달되지 않았으므로 증기 기관의 엔트로피는 오직 증기에 의해 좌우된다. 따라서 피스톤이 처음 위치로 돌아와서 다음 주기 운동을 위한 준비가 완료되면 증기는 여분의 엔트로피를 어떻게든 외부로 방출해야 한다. 증기 기관이 엔진 외부로 열을 방출하는 것은 바로 이런 이유 때문이다.

17 Bertrand Russell, *Why I Am Not a Christian* (New York: Simon & Schuster, 1957), 107.

3장 기원과 엔트로피

1 Georges Lemaître, *"Recontres avec Einstein,"* *Revue des questions scientifiques* 129 (1958): 129-32.

2 아인슈타인이 '팽창하는 우주'를 받아들인 데에는 두 가지 계기가 있었다. 첫째는 영국의 물리학자 아서 에딩턴(Arthur Eddington)이 방정식에서 찾은 정적우주해(static universe solution)* 가 수학적으로 불안정하다는 것이었다. 이런 우주는 약간의 힘이 바깥쪽으로 작용하면 계속 팽창하고, 안으로 작용하면 계속 수축하게 된다. 두 번째 계기는 본문에서 말한 허블의 발견이다. 이 두 가지 사실에 직면한 아인슈타인은 어쩔 수 없이 정적우주의 개념을 포기하고, 우주가 팽창한다는 것을 사실로 받아들였다(그러나 그의 정적우주론은 현대우주론에 지대한 영향을 미쳤다). 더 자세한 내용을 알고 싶은 독자들은 Harry Nussbaumer, "Einstein's conversion from his static to an expanding universe," *European Physics Journal-History* 39 (2014): 37-62를 읽어

---

* 방정식의 해 중 변화가 전혀 없는 우주에 해당하는 해.

보기 바란다.

3 Alan H. Guth, "Inflationary universe: A possible solution to the horizon and flatness problems," *Physical Review D* 23 (1981): 347. 본문에 언급된 '우주 연료(cosmic fuel)'는 스칼라장(scalar field)을 의미한다. 우리에게 친숙한 전기장이나 자기장은 공간의 모든 점에 벡터가 할당되지만(벡터의 길이와 방향이 해당 위치에서 장의 세기와 방향을 나타낸다), 스칼라장은 각 점에 하나의 값만 할당된다(이 값으로부터 장의 에너지와 압력이 결정된다). 거스의 원조 논문과 그 후에 발표된 후속 논문들은 우주론의 심각한 장애물이었던 자기홀극문제(monopole problem)와 지평선문제(horizon problem), 그리고 편평성문제(flatness problem)를 일거에 해결했다. 자세한 내용을 알고 싶으면 Alan Guth, *The Inflationary Universe* (New York: Basic Books, 1998)을 읽어 보기 바란다. 나는 거스의 인플레이션 이론에서 빅뱅의 원인을 설명하는 부분이 가장 마음에 든다.

4 온도가 내려가기 시작한 것은 초기의 급속 팽창이 다소 누그러진 후의 일이었고, 이때부터 우주는 새로운 위상으로 접어들게 된다. 그러나 이 단계에서도 팽창은 꽤 빠른 속도로 계속되었다. 이 책에서는 장황한 설명을 피하기 위해 일부 중간 단계가 생략되어 있는데, 초기 우주의 온도가 내려간 이유는 에너지의 상당 부분을 실은 전자기파가 팽창하는 공간을 따라 길게 늘어났기 때문이다. 흔히 '복사의 적색편이(red shift of the radiation)'라 불리는 이 현상에 의해 에너지가 감소하고 전체적인 온도도 낮아졌다. 그러나 우주가 식어도 부피가 커졌기 때문에 엔트로피는 계속 증가했다.

5 일각에서는 양자 세계에 긴 안개가 자연에 내재된 본질적 한계가 아니라 관측 장비의 한계라는 주장도 있다. 이 관점에 의하면 양자적 입자는 고전물리학으로 계산된 것처럼 명확한 궤적을 그린다(이 가설은 미국의 물리학자 데이비드 봄(David Bohm)의 이름을 따서 '봄-역학 [Bohmian mechanics]'으로 알려져 있으며, 가끔은 노벨상 수상자인 루이 드브로이(Louis de Broglie)의 이름을 추가하여 '드브로이-봄 이론[de Broglie-Bohm theory]'으로 불리기도 한다). 물론 양자적 궤적이 고전물리학적 궤적과 완전히 일치하지는 않지만, 요점은 양자적 궤적도 가느다란 펜으로 그릴 수 있다는 것이다. 전통적 양자역학에 존재하는 불확정성은 입자에 주어진 초기 조건의 불확정성 때문에 나타난 결과다. 전통적 양자역학과 봄-역학은 실체를 바라보는 관점이 완전히 다르지만, 이론적으로 예측된 결과는 동일하다.

6 인플레이션 우주론은 우주 탄생 초기에 아주 짧은 시간 동안 급격한 팽창이 일어났다는 가정에서 출발한 이론이다. 이 시기에 우주의 위상을 비롯한 세부 사항들은 이론이 채용한 수학 체계에 따라 다르다. 가장 단순한 버전은 관측 데이터와 일치하지 않기 때문에, 학계의 관심은 좀 더 복잡한 인플레이션 이론에 집중되는 추세다. 반대론자들은 복잡한 버전이 설득력도 떨어질 뿐만 아니라, 내용이 다소 두루뭉술하여 완전히 반박하기도 어렵다고 주장하는 반면, 지지자들은 모든 과학 이론이 그런 과정을 거쳐 왔다면서 "가장 정확한 관측 데이터와 일치하는 쪽으로 이론을 조금씩 수정해 나가야 한다."고 주장한다. 다수의 우주론학자들은 우주가 '지평선의 크기가 감소하는 시기'를 겪었다고 믿고 있는데, 이 시기에 우주의 위상을 인플레이션 이론

으로 설명할 수 있을지는 아직 분명치 않다(인플레이션 이론에 의하면 이 시기에 우주 공간은 에너지가 균일하게 분포된 스칼라장으로 가득 차 있었다. 3장 후주-3 참조).

지평선 감소 시기를 설명하는 다른 이론으로는 바운싱 우주론(bouncing cosmology)과 브레인 인플레이션(brane inflation), 충돌브레인 인플레이션(colliding brane inflation), 그리고 가변광속이론(variable speed of light theories) 등이 있는데, 이들 중 우주가 진화 과정을 주기적으로 겪는다는 바운싱 우주론은 10장에서 다룰 예정이다.

7 꼼꼼한 독자들을 위해 약간의 설명을 추가한다. 주어진 물리계에 대하여 우리가 알고 있는 것이 "아직 최고 엔트로피 상태에 도달하지 않았다."는 것뿐이라면, 열역학 제2법칙으로부터 내릴 수 있는 결론은 하나가 아니라 두 개다. (1)그 물리계는 미래로 진행하면서 엔트로피가 증가할 확률이 압도적으로 높고, (2)과거로 진행해도 엔트로피가 증가할 확률이 압도적으로 높다. 이것이 바로 시간대칭법칙이 우리에게 떠넘긴 고민거리다. 물리학의 방정식은 시간이 미래로 진행할 때나 과거로 진행할 때나 똑같이 적용된다. 그렇다면 과거로 갈수록 엔트로피가 높아진다는 이야기인데, 이것은 우리의 기억과 기록에 남아 있는 저-엔트로피 과거와 양립할 수 없다(지금 부분적으로 녹아 있는 얼음 조각은 얼마 전까지만 해도 온전한 얼음이었고, 녹은 얼음은 온전한 얼음보다 엔트로피가 높다. 즉, 우리의 기억에 의하면 얼음은 저-엔트로피 상태에서 고-엔트로피 상태로 변했다). 좀 더 정확하게 말해서, 엔트로피가 큰 과거는 물리 법칙에 부합되는 실험과 관측을 포함하지 않기 때문에, 물리 법칙에 대한 우리의 믿음을 약화시킨다. 이런 일이 벌어지지 않으려면 시간대칭성을 무시하고 엔트로피가 작은 과거를 받아들여야 한다. 그렇다고 무작정 받아들일 수는 없으므로 무언가 가이드라인이 있어야 하는데, 미국의 철학자 데이비드 앨버트(David Albert)의 과거가설(past hypothesis)이 바로 그 역할을 한다. 이 가설에 의하면 엔트로피는 빅뱅이 일어나던 무렵에 작은 값으로 고정되어 있다가 그 후 평균적으로 꾸준히 증가해 왔다. 이 장에서 나는 앨버트의 가설을 사실로 받아들이고 이야기를 풀어 나갈 것이다. 과거의 고-엔트로피 배열에서 저-엔트로피 배열이 탄생할 가능성에 대해서는 10장에서 다룰 예정이다. 더 자세한 내용은 나의 전작인 《우주의 구조[The Fabric of the Cosmos]》의 7장을 읽어 보기 바란다.

8 여기에는 엔트로피에 대한 약간의 수학적 설명이 필요하다. 임의의 영역 안에서 장의 값이 불규칙한(이곳은 작고, 저곳은 크고, 저쪽 구석은 더 크고, 등등…) 경우의 수는 균일한(모든 곳에서 장의 값이 획일적인) 경우의 수보다 훨씬 많으므로 후자가 전자보다 엔트로피가 낮다. 그러나 이 논리에는 눈에 보이지 않는 기술적 가정이 깔려 있다. 독자들의 편의를 위해 고전적인 용어를 사용할 텐데, 앞으로 할 이야기는 양자역학에도 똑같이 적용된다. 미시계에서는 입자나 장(場)의 특별한 배열이 존재하지 않고, 모든 배열의 확률이 똑같다. 이것은 철학자들이 말하는 '무차별원리(principle of indifference)'에 기초한 가정이다. 각 배열을 구별하는 뚜렷한 증거가 없는 한, 모든 배열은 동일한 확률을 갖는 것으로 간주한다. 그러니 거시계의 경우, 하나의 거시 상태가 나타날 확률은 그 상태에 속하는 미시 상태의 수에 비례한다. 예를 들어 거시 상태 A에 속하는 미시 상태의 수가 거시 상태 B에 속하는 미시 상태의 수보다 두 배 많으면, A

가 나타날 확률은 B가 나타날 확률보다 두 배 크다.

그러나 무차별원리는 물리학이 아니라 경험에 기초한 원리다. 우리는 일상생활 속에서 자신도 모르는 사이에 무차별원리가 옳다는 것을 수시로 확인하고 있다. 동전 무더기를 예로 들어보자. 동전의 모든 미시 상태(1번 동전은 앞면, 2번 동전은 뒷면, 3번 동전은 뒷면 등등…과 1번 동전은 뒷면, 2번 동전은 앞면, 3번 동전은 뒷면 등등…, 그리고 1번 동전은… 기타 등등)의 확률이 같다고 가정하면, 특정한 거시 상태(각 동전의 개별적 상태와 상관없이 앞면과 뒷면의 비율로 정의되는 상태)가 나타날 확률은 거기 해당하는 미시 상태의 수가 많을수록 크다. 실제로 동전 여러 개를 던졌을 때 확률이 작은 거시적 배열은 거기 해당하는 미시 상태의 수가 작고(모두 앞면이 나온 경우, 여기 대응되는 미시 상태는 단 한 개뿐이다), 흔히 볼 수 있는 거시적 배열은 미시 상태의 수가 많다(100개를 던져서 앞-뒷면이 50개씩 나온 거시 상태는 해당 미시 상태의 수가 무려 1,000억 × 10억 × 10억 개나 된다).

다시 우리의 관심사인 우주로 돌아가 보자. "작은 영역에서 인플라톤장이 균일한 값을 가질 확률은 매우 낮다"는 것은 무차별원리를 염두에 두고 하는 말이다. 우리는 장(場)의 미시 상태들(각 위치에 할당된 장의 값의 배열)이 모두 동일한 확률을 갖고 있으며, 따라서 주어진 거시 상태의 확률은 그 상태에 속하는 미시 상태의 수에 비례한다고 가정하고 있다. 그러나 동전의 경우와 달리, 이 가정을 뒷받침하는 경험적 증거는 존재하지 않는다. 그럼에도 불구하고 이 가정이 그럴듯해 보이는 이유는 거시계에서 우리의 일상적 경험이 무차별원리와 일치하기 때문이다. 동전 던지기는 무한정 실행할 수 있지만, 우주의 전개 과정과 관련하여 우리에게 주어진 것은 단 한 차례의 실험 데이터뿐이다.[*] 경험에 기초한 접근법에 의하면 어떤 배열이 무차별원리의 관점에서 볼 때 아무리 특별하다 해도, 그 배열이 현재의 우주를 낳았다면 '그럴 수도 있는 배열'이 아니라, '그럴 수밖에 없는 배열'로 대접받는다(그렇다. 모든 과학적 설명은 일시적이어서 언제든지 바뀔 수 있다). 이런 변화는 수학적으로 배열 공간에서 계량의 변화로 표현되는데(2장 후주-14 참조), 모든 가능한 배열에 동일한 확률이 할당된 계량을 '편평계량(flat measure)'이라 한다. 따라서 특정 배열에 더 큰 확률을 부여하는 '비편평계량(non-flat measure)'을 도입하면 특별한 배열에서 우주가 탄생한 과정을 설명할 수 있다.

그러나 물리학자들은 이런 식의 접근법을 별로 선호하지 않는다. '지금의 우주를 낳은 배열에 가장 큰 가중치를 부여하는 계량'을 도입하는 것이 별로 자연스럽지 않기 때문이다. 특정 계량을 입력 데이터로 사용하지 않고, 원리로부터 계량을 결과물로 얻어 내는 것이 훨씬 자연스럽다. 이것이 과연 지나친 요구일까? 질문에서 한 걸음 뒤로 물러나 원리에 숨어 있는 암묵적 가정으로 돌아가는 것을 과연 성공이라 할 수 있을까? 괜한 트집을 잡으려는 것이 아니다. 지난 30년간 입자물리학의 최대 과제는 미세조정문제(fine-tuning problem, 표준모형의 힉스장[Higgs field], 표준빅뱅우주론의 지평선문제와 편평성문제 등)를 해결하는 것이었다. 이 연

---

[*] 아쉽게도 빅뱅은 단 한 번밖에 일어나지 않았다.

구가 입자물리학과 우주론에 깊은 영감을 불어넣은 것은 부인할 수 없는 사실이다. 그러나 이런 노력에도 불구하고 우주의 일부 특성을 더 깊은 단계에서 설명하지 않고 처음부터 주어진 것으로 받아들여야 하는 시점이 찾아올 것인가? 나는 그런 날이 절대 오지 않는다고 믿고 싶다. 나뿐만 아니라 내 주변의 연구 동료들도 마찬가지다. 그러나 모든 것이 나의 바람대로 풀린다는 보장은 없다.

9 이 발언은 2019년 7월 15일에 안드레이 린데와 나눈 사적인 대화에서 발췌한 것이다. 린데는 모든 기하학과 장(場)이 허용되는 영역에서 양자터널효과(quantum-tunneling effect)에 의해 인플레이션이 일어났다고 주장한다. 이런 곳에서 시간이나 온도는 더 이상 의미가 없다. 그의 주장에 의하면 인플레이션 팽창에 필요한 양자적 조건이 형성된 것은 초기 우주에서 그다지 희귀한 사건이 아니었다.

10 망원경의 성능이 좋을수록(렌즈와 반사거울의 직경이 클수록) 관측 가능한 거리가 멀어지는 것은 분명한 사실이지만, 여기에는 원리적인 한계가 있다. 예를 들어 어떤 천체가 100억 년 전에 생성되어 빛을 방출하기 시작했는데 지구까지의 거리가 110억 광년이라면, 앞으로 10억 년 후에야 최초로 방출된 빛이 지구의 망원경에 도달할 것이다. 이런 천체는 우주론학자들이 말하는 '우주지평선(cosmic horizon)' 너머에 존재하기 때문에, 망원경의 성능이 아무리 좋아도 관측할 수 없다. 우주지평선은 9장과 10장에서 자세히 다룰 예정이다. 인플레이션 우주론에 의하면 우주 초기에 팽창이 너무 빠르게 진행되는 바람에, 주변 지역들은 우주지평선 너머로 사라졌다.

11 암흑물질(dark matter)이란 다른 물질처럼 중력을 행사하지만 빛을 흡수하지도, 방출하지도 않는 물질을 말한다. 이런 물질은 망원경에 잡히지 않기 때문에 직접 관측은 불가능하고, 주변 천체의 움직임을 통해 그 존재를 간접적으로 추정할 수 있을 뿐이다. 지난 수십 년 동안 천문학자와 우주론학자들은 암흑물질의 직접적인 증거를 찾기 위해 부단히 노력해 왔으나 별 소득을 올리지 못했고, 참다못한 일부 과학자들은 중력 법칙을 수정하여 관측 결과를 설명하려는 과감한 시도를 하고 있다.

12 열이 뜨거운 곳에서 차가운 곳으로 흐르는 것은 열역학 제2법칙의 직접적인 결과다. 평범한 실내 온도에 갓 끓인 커피를 놓아 두면 뜨거운 열기가 공기 분자에 전달되면서 실내 온도가 조금 올라가고, 이에 따라 엔트로피도 증가한다. 물론 커피는 식으면서 엔트로피가 감소하지만, 공기의 엔트로피 증가량이 커피의 엔트로피 감소량보다 많기 때문에 총 엔트로피는 (거의) 항상 증가한다. 수학적으로 계의 엔트로피는 열의 변화량을 온도로 나눈 값이다($\Delta S = \Delta Q/T$, 여기서 S는 엔트로피, Q는 열, T는 온도다). 열이 뜨거운 계에서 차가운 계로 흐를 때, 두 물리계의 열 변화량(ΔQ)은 똑같지만 온도(T)가 다르기 때문에 엔트로피의 변화량도 다르다(온도 T가 분자가 아닌 분모에 있기 때문이다). 그런데 뜨거운 계는 T의 값이 크고 차가운 계는 T의 값이 작으므로, 총 엔트로피는 항상 양수가 되는 것이다.

13 에너지 보존 법칙의 관점에서 볼 때 바깥쪽으로 이동하는 분자는 중력위치에너지가 증가하고 운동에너지는 감소한다.

14 [수학과 물리학에 친숙한 독자들을 위한 첨언] 이 계산은 엔트로피가 위상공간의 부피에 비례한다는 고전통계역학을 이용하여 간단하게 수행할 수 있다. 수축하는 기체 구름이 비리얼정리(virial theorem)를 따른다고 가정하면 $K = -U/2$의 관계를 만족한다. 여기서 K는 입자의 평균 운동에너지이고 U는 평균 위치에너지다. 또한 기체 구름의 반지름을 R이라고 했을 때 중력 위치에너지는 $1/R$에 비례하는데, 운동에너지는 속도의 제곱에 비례하므로 입자의 평균속도는 $1/\sqrt{R}$에 비례한다. 따라서 구름 속 입자들이 점유하는 위상공간의 부피는 $R^3(1/\sqrt{R})^3$에 비례한다. 여기서 R^3은 실제 공간에서 입자가 점유하는 부피이고, $(1/\sqrt{R})^3$은 운동량공간에서 입자가 점유하는 부피다. 기체 구름이 수축된다는 것은 R이 줄어든다는 뜻인데, 보다시피 위상공간의 부피는 $R^{3/2}$에 비례하므로 부피가 줄어들면 엔트로피는 감소한다. 또한 비리얼정리에 의하면 구름이 수축할 때 위치에너지의 감소량이 운동에너지의 증가량보다 많기 때문에(K와 U를 연결하는 식에 들어 있는 상수 1/2 때문이다), 수축하는 부위는 엔트로피뿐만 아니라 에너지도 감소한다. 그런데 이 에너지는 변두리 기체와 관련되어 있으므로, 변두리는 에너지와 엔트로피가 모두 증가하게 된다.

4장 정보와 생명

1 1953년 8월 12일에 프랜시스 크릭(F. H. C. Crick)이 에르빈 슈뢰딩거(Erwin Schrödinger)에게 보낸 편지에서 발췌.

2 J. D. Watson and F. H. C. Crick, "Molecular Structure of Nucleic Acids: A Structure for Deoxyribose Nucleic Acid," *Nature* 171 (1953): 737-38. DNA의 구조를 밝히는 데 결정적 기여를 한 사람 중 로절린드 프랭클린(Rosalind Franklin)이라는 여성 과학자가 있었다. 그녀는 사람의 침샘에서 추출한 샘플에 X-선을 쪼여서 여러 장의 사진을 촬영했는데, 그중 '51번째 사진'에서 DNA가 이중나선구조임을 보여 주는 결정적 증거를 포착했다. 그러나 그녀의 동료였던 모리스 윌킨스는 이 사진을 주인의 허락 없이 왓슨과 크릭에게 보여 주었고, 두 사람은 그동안 생각해 왔던 삼중나선구조를 포기하고 이중나선에 기초하여 그 유명한 논문을 완성했다. 프랭클린은 왓슨과 크릭 그리고 윌킨스가 노벨상을 받기 4년 전인 1958년에 38세의 젊은 나이로 세상을 떠났다(노벨상은 죽은 사람에게 추서되지 않는다). 만일 프랭클린이 살아 있었다면 1962년 노벨 생리의학상 수상자 명단은 크게 달라졌을 것이다. 이와 관련된 자세한 내용을 알고 싶은 독자들은 Brenda Maddox, *Rosalind Franklin: The Dark Lady of DNA* (New York: Harper Perennial, 2003)을 읽어 보기 바란다.

3 Maurice Wilkins, *The Third Man of the Double Helix* (Oxford: Oxford University Press, 2003), 84.

4 Erwin Schrödinger, *What Is Life?* (Cambridge: Cambridge University Press, 2012), 3.

5 *Time* magazine, Vol. 41, Issue 14 (5 April 1943): 42.

6 Erwin Schrödinger, *What Is Life?* (Cambridge: Cambridge University Press, 2012), 87.

7 K. G. Wilson, "Critical phenomena in 3.99 dimensions," *Physica* 73 (1974): 119. 윌슨의 노벨상 수락 연설과 관련 문헌은 https://www.nobelprize.org에서 조회할 수 있다.

8 '하나로 연결된 다양한 수준의 이야기(nested stories)'는 과학자들 사이에서 종종 '이해의 수준', 또는 '설명의 수준'으로 통용되어 왔다. 심리학자들은 생물학적 수준(생리화학적 요인)과 인지적 수준(두뇌의 고차원적 기능), 그리고 문화적 수준(사회적 영향)을 엄밀하게 구별해 왔고, 일부 인지과학자들(신경과학자 데이비드 마아[David Marr]가 대표적 사례다)은 정보 처리 과정을 계산적 수준과 알고리듬 수준, 그리고 물리적 수준으로 나눠서 이해했다. 다수의 철학자와 물리학자들은 '자연주의(naturalism)'적 세계관에 기초하여 자연의 계층 구조를 설명하고 있는데, 자주 쓰이는 용어임에도 불구하고 정확하게 정의하기가 쉽지 않다. 자연주의를 언급하는 사람의 대부분은 자연주의가 자연의 특성에 관심을 가질 뿐, 초자연적인 현상과는 무관하다고 주장한다. 물론 이런 입장을 확고하게 천명하려면 자연을 구성하는 요소의 범위를 이해 가능한 수준에서 정확하게 설정해야 하는데, 말은 쉽지만 결코 만만한 작업이 아니다. 예를 들어 탁자와 나무는 같은 부류에 속할 것 같다. 그렇다면 숫자 5와 페르마의 마지막 정리(Fermat's Last Theorem)도 같은 부류에 속하는가? 기쁠 때 느끼는 감정과 붉은 색을 봤을 때 느끼는 감정은 어떤가? 절대로 빼앗길 수 없는 자유와 인간의 고결함은 같은 부류에 속하는가?

　자연주의는 여러 해 동안 이런 질문과 씨름을 벌이면서 다양한 사조로 분할되었는데, 그중 하나가 "과학적 개념과 분석을 통해서만 올바른 지식을 얻을 수 있다."는 과학만능주의(scientism)이다. 물론 이 경우에도 모든 용어는 정확하게 정의되어야 한다. 과학은 무엇으로 이루어져 있는가? 만일 과학을 '관측과 경험, 그리고 합리적 사고에 기초한 모든 결론'으로 정의한다면, 그 범위는 오늘날 대학교의 과학 관련 학과에서 다루는 내용을 훨씬 초과하게 된다. 이보다 덜 극단적인 관점으로, 다양한 구성 원리(organizing principle)를 통해 자연주의를 구현하는 사람도 있다. 예를 들어 캐나다 출신의 철학자 배리 스트라우드(Barry Stroud)는 설명의 경계가 애초부터 존재하지 않는 '확장적, 또는 개방적 자연주의'를 추구한다. 확장적 자연주의는 자연의 구성 요소에서 시작하여 심리적 요소 및 수학의 추상적 서술(관측, 경험, 분석 결과에 대한 설명)에 이르기까지, 모든 것을 계층적으로 이해하는 사조다(Barry Stroud, "The Charm of Naturalism," *Proceedings and Addresses of the American Philosophical Association* 70, no. 2 [November 1996], 43-55). 과학철학자 존 듀프레(John Dupré)는 "과학이 추구하는 통일의 꿈은 위험한 신화이며, 우리의 설명은 다양하면서 부분적으로 중복되는 연구로부터 주어져야 한다."고 주장하는 '다원적 자연주의(pluralistic naturalism)'를 옹호하는 입장인데, 이 사조는 전통 과학과 역사, 철학, 그리고 예술을 연구 대상으로 삼고 있다(John Dupré, "The Miracle of Monism," in *Naturalism in Question*, ed. Mario de Caro and David Macarthur [Cambridge, MA: Harvard University Press, 2004], 36-58). 한편 스티븐 호킹(Stephen Hawking)과 레너드 믈로디노프(Leonard Mlodinow)는 각기 다른 모형이나 이론에 기초하여 거시계와 미시계의 실험 결과를 설명하는 이야기의 집합으로 현실을 서술하는 '모형 의존형 현실주의(model dependent reality)'를 도입했고(Stephen Hawking and Leonard Mlodinow, *The Grand Design* [New York: Bantam Books, 2010]), 물리학자 숀 캐럴(Sean Carroll)은 과학적 자연주의에 다른 분야의 언어와 개념을 포함시킨 '시적 자연주의(poetic naturalism)'를 추구했다. 1장의 [후주-4]에서 말했듯이, 미국의 생물학자 에드워드 오스본 윌슨은 완전히 다른 지식들을 하나로 묶었을 때 이해가 더욱 깊어지는 현상을 'consilience(부합, 일치)'라는 단어로 표현했다.

　생소한 용어를 길게 늘어 놓을 생각은 없지만, 이 책 전체에 걸쳐 내가 고수하는 관점에 굳이 이름을 붙인다면 '중첩된 자연주의(nested naturalism)'쯤 될 것이다. 4장의 나머지 부분과 5장에서 계속 언급되겠지만 중첩된 자연주의는 환원주의의 가치와 보편적인 적용 가능성에 중점을 두고 있으며, 핵심은 이 세계가 근본적인 단계에서 하나로 통일되어 있어서 환원주의를 끝까지 따라가다 보면 통일된 체계가 발견되리라는 것이다. 이 세계에서 일어나는 모든 사건은 가장 기본적인 구성 요소와 기본 법칙으로 설명될 수 있지만, 여기에는 넘을 수 없는 한계가 있다. 둥지의 바깥 부분이 내부 구조를 에워싸고 있는 것처럼, 환원주의적 설명은 다른 수준의 설명으로 겹겹이 에워싸여 있기 때문이다. 그리고 특정 질문에 대해서는 다른 설명이 환원주의보다 훨씬 깊은 통찰을 제공한다. 모든 설명은 서로 모순이 없어야 하지만, 높은 수준의 설명에는 낮은 수준에 부합되지 않는 새롭고 유용한 개념이 등장할 수도 있다. 예를 들어 물 분자로 이루어진 집단의 거동을 연구할 때에는 물결파의 개념이 매우 유용하지만, 물 분자 1개를 연구할 때에는 아무런 도움도 되지 않는다. 이와 마찬가지로 중첩된 자연주의는 인간의 경험과 관련된 다양한 이야기를 탐구할 때, 어떤 수준의 구조를 채택하건 일관되고 논리적인 설명을 추구한다.

9 앞으로 이 책에 '생명체(life)'라는 단어가 나오면, 무조건 '지구에 존재하는 생명체'로 이해해 주기 바란다. 외계 생명체를 언급할 일이 있으면 반드시 '외계'라는 수식어를 붙일 것이다.

10 무거운 원소의 형성을 방해하는 또 하나의 요인은 핵자(nucleon)*의 수가 5개이거나 8개인 원자핵이 물리적으로 불안정하다는 사실이다. 양성자와 중성자(수소 및 헬륨 원자핵)가 순차적으로 추가되면서 원자핵의 몸집이 커지다 보면 핵자의 수가 5개나 8개인 과정을 통과해야 하는데, 이 시점에 도달하면 공든 탑이 무너지기 십상이다.

11 본문에 제시된 비율은 질량을 기준으로 산출한 비율이다. 헬륨 원자핵의 질량은 수소 원자핵의 약 네 배이므로, 원자 개수를 기준으로 비율을 계산하면 수소:헬륨의 비율은 약 92:8이다.

12 자세한 이야기는 Helge Kragh, "Naming the Big Bang," *Historical Studies in the Natural Sciences* 44, no. 1 (February 2014): 3을 참고하기 바란다. 이 책에 의하면 호일은 자신의 우주론(우주가 똑같은 상태를 영원히 유지한다는 정상상태 우주론)을 선호했지만, '빅뱅'은 조롱이 아니라

---

* 양성자와 중성자의 통칭.

자신이 지지하는 이론과 쉽게 구별하기 위해 생각해 낸 표현일 수도 있다고 한다.

13 S. E. Woosley, A. Heger, and T. A. Weaver, "The evolution and explosion of massive stars," *Reviews of Modern Physics* 74 (2002): 1015.

14 한 연구팀은 수십만 개의 궤적을 분석한 끝에 "태양이 우리가 연구한 궤적을 따라 이동했다면 원시 행성 원반이 떨어져 나가거나 이미 형성된 행성들이 이탈할 정도로 빠르게 이동했어야 한다."고 주장했다(Bárbara Pichardo, Edmundo Moreno, Christine Allen, et al., "The Sun was not born in M67," *The Astronomical Journal* 143, no. 3 [2012]: 73) 또 다른 연구팀은 "메시에 67이 처음부터 다른 곳에서 형성되었다고 가정하면 태양의 이동 속도가 훨씬 느려져서 행성과 동반 탈출이 가능했을 것"이라고 주장했다(Timmi G. Jørgensen and Ross P. Church, "Stellar escapers from M67 can reach solar-like Galactic orbits," arxiv,org,arXiv:1905,09586).

15 A. J. Cavosie, J. W. Valley, S. A. Wilde, "The Oldest Terrestrial Mineral Record: Thirty Years of Research on Hadean Zircon from Jack Hills, Western Australia," in *Earth's Oldest Rocks*, ed. M. J. Van Kranendonk (New York: Elsevier, 2018), 255-78. 가장 최근에 수집된 데이터는 존 밸리(John Valley)의 연구 결과와 일치한다. John W. Valley, William H. Peck, Elizabeth M. King, and Simon A. Wilde, "A Cool Early Earth," *Geology* 30 (2002): 351-54.

16 Werner Heisenberg, *Physics and Philosophy: The Revolution in Modern Science* (London: Penguin Books, 1958), 16.

17 Max Born, "*Zur Quantenmechanik der Stoßvorgänge*," *Zeitschrift für Physik 37*, no. 12 (1926): 863. 본은 이 논문의 첫 번째 버전에서 양자적 파동함수를 곧바로 확률에 결부시켰다가, 나중에 추가한 주석에서 '파동함수의 절댓값의 제곱'이 확률에 비례하는 것으로 수정했다.

18 9장에서 다루게 될 볼프강 파울리(Wolfgang Pauli)의 배타 원리(exclusion principle)도 전자의 궤도를 결정하는 중요한 요소다. 이 원리에 의하면 두 개 이상의 전자(일반적으로는 두 개 이상의 동종의 물질입자)는 동일한 양자 상태를 점유할 수 없다. 그래서 슈뢰딩거의 방정식으로 결정된 전자의 궤도에는 단 1개의 원자만 들어갈 수 있다(스핀이 서로 다르다면 두 개까지 가능하다).

19 중학교 화학 시간에 배웠던 내용을 기억하는 독자들은 내가 상황을 크게 단순화시켰다는 것을 알아차렸을 것이다. 좀 더 정확하게 말하면 전자가 들어갈 각 층들은 전자의 각운동량(angular momentum)에 따라 세분화되어 있으며, 높은 층에서 각운동량이 작은 자리는 낮은 층에서 각운동량이 큰 자리보다 에너지가 작을 수도 있다. 그런데 전자는 무조건 '에너지가 작은 자리'부터 채워 나가기 때문에, 이런 경우에는 낮은 층이 다 차기 전에 위층을 채우기 시작한다.

20 좀 너 정확하세 밀해시, 원지는 기장 바깥에 있는 층이 전자로 꽉 찼을 때 안정한 상태가 된다. 독자들은 고등학교 시절에 "원자는 최외곽 궤도에 전자 8개가 차면 안정한 상태를 유지할 수 있기 때문에, 이 개수를 맞추기 위해 전자를 기증하거나, 발려오거나, 공유한다."고 배웠을 것

이다.

21 Albert Szent-Györgyi, "Biology and Pathology of Water," *Perspectives in Biology and Medicine* 14, no. 2 (1971): 239.

22 이 장에서 우리의 주된 관심사는 진핵세포(eukaryotic cell, 핵이 있는 세포)로 이루어진 동물과 식물이다. 진핵세포로 이루어진 최초의 생명체를 LECA(Last Eukaryotic Common Ancestor) 라 한다. 박테리아와 고세균까지 고려하면 최초의 조상은 LECA보다 훨씬 오래전에 등장한 LUCA(Last Universal Common Ancestor)까지 거슬러 올라간다.

23 A. Auton, L. Brooks, R. Durbin, et al., "A global reference for human genetic variation," *Nature* 526, no. 7571 (October 2015): 68.

24 과학자들은 종(種)들 사이의 DNA 유사성을 측정하는 다양한 방법을 개발했다. 그중 하나가 염기쌍의 배열 순서를 비교하는 것인데, 사람과 침팬지가 99% 일치한다는 것은 이 비교법에 근거한 결과다. 그 외에 게놈 전체를 비교하는 방법도 있다(이 방법으로 사람과 침팬지를 비교 하면 유사성이 더 높아진다).

25 과학자들은 염기 서열에 담긴 암호가 "거의 범우주적으로 통용된다."고 말한다. '거의'라는 수 식어를 붙인 이유는 아주 드물게 예외적인 경우가 발견되었기 때문이다. 그러나 이 점을 고려 해도 본문에서 말한 기본적인 암호 구조는 달라지지 않는다.

26 암호는 세 글자로 이루어져 있고 각 글자는 네 가지 경우가 있으므로(A, T, G, C), 이것으로 만 들 수 있는 세 글자 암호의 수는 총 64개(4×4×4)다. 그러나 아미노산의 종류는 20가지뿐이 므로, 다른 암호가 같은 아미노산을 지칭하는 경우도 있다. 유전자 암호를 밝힌 최초의 논문은 F. H. C. Crick, Leslie Barnett, S. Brenner, and R. J. Watts-Tobin, "General nature of the genetic code for proteins," *Nature* 192 (1961): 1227-32와 J. Heinrich Matthaei, Oliver W. Jones, Robert G. Martin, and Marshall W. Nirenberg, "Characteristics and Composition of Coding Units," *Proceedings of the National Academy of Sciences* 48, no. 4 (1962): 666-77이다. 1960년대 중반에 마셜 니런버그(Marshall Nirenberg)와 로버트 홀리(Robert Holley), 그리고 하르 고빈드 코라 나(Har Gobind Khorana)는 유전자 암호를 완벽하게 해독하여 1968년에 노벨상을 받았다.

27 유전자(gene)의 정확한 정의는 아직도 논란의 대상이 되고 있다. 유전자에는 단백질 합성과 관 련된 정보 외에 (암호 영역 바로 옆에) 세포가 암호를 사용하는 데 필요한 부수적인 정보(특정 단백질의 생산량을 조절하는 정보 등)가 저장되어 있다.

28 영국의 생화학자 피터 미첼(Peter Mitchell)은 ATP(adenosine triphosphate, 아데노신 3인산)이 합성되는 과정을 규명하여 1978년에 노벨상을 받았다(P. Mitchell, "Coupling of phosphorylation to electron and hydrogen transfer by a chemiosmotic type of mechanism," *Nature* 191 [1961]: 144-48). 당시 미첼의 이론은 개선의 여지가 많았지만, 그에게 노벨상이 수여된 이유는 '생물학적 에너지의 이동'에 대한 통찰이 탁월했기 때문이다. 사실 미첼은 평범 한 과학자가 아니었다. 학계의 무의미한 관행을 몹시 싫어했던 그는(나도 동감하는 바다) 독

립적 자선 단체인 글린연구소(Glynn Research)를 설립하여 10여 명의 연구원들과 생화학 연구를 수행했다. 그의 삶을 자세히 알고 싶은 독자들은 John Prebble and Bruce Weber, *Wandering in the Gardens of the Mind: Peter Mitchell and the Making of Glynn* (Oxford: Oxford University Press, 2003)을 읽어 보기 바란다. 세포 내부의 에너지 추출과 분배 과정은 Bruce Alberts et al., *Molecular Biology of the Cell*, 5th ed.(New York: Garland Science, 2007)의 14장에 잘 정리되어 있다. 생화학에 익숙한 독자들은 *발효(fermentation)*를 통해 산소의 도움 없이 에너지를 추출한다는 사실을 잘 알고 있을 것이다.

29 Charles Darwin, *The Origin of Species* (New York: Pocket Books, 2008).

30 본문에서 나는 시행착오를 통해 하나의 제품을 조금씩 수정해 가면서 판매하는 회사를 예로 들었지만, 시행착오의 효율을 높이는 또 다른 방법이 있다. 예를 들어 컴퓨터과학자는 다양한 계산 알고리듬을 개발할 때, 하나의 알고리듬을 골라서 무작위로 수정을 가한 후 계산 속도를 낮추는 수정을 폐기하고 속도를 높여준 알고리듬에 또다시 수정을 가한다. 이 과정을 반복하면 빠른 알고리듬을 얻을 수 있는데, 이것은 자연선택을 통한 적자생존과 비슷한 접근법이다. 게다가 컴퓨터에서 알고리듬 개선법을 연구하는 것은 시장에서 물건을 무작위로 고쳐서 파는 것보다 비용이 훨씬 적게 든다. 무작위 수정을 반복하는 데 들어가는 시간과 비용을 감수할 수 있다면(또는 여러 가지 수정 결과를 동시에 테스트할 수 있다면), 맹목적 시행착오는 꽤 유용한 전략이다.

31 Eric T. Parker, Henderson J. Cleaves, Jason P. Dworkin, et al., "Primordial synthesis of amines and amino acids in a 1958 Miller H_2S-rich spark discharge experiment," *Proceedings of the National Academy of Sciences* 108, no. 14 (April 2011): 5526.

32 세포벽은 지방산(fatty acid)과 같은 흔한 화학 물질로부터 자연스럽게 형성될 수 있다. 지방산의 한쪽 끝은 물을 찾아다니고, 반대쪽 끝은 물을 싫어한다. 이런 특성이 분자에 반영되면 물을 좋아하는 분자와 싫어하는 분자를 격리하는 벽(세포벽)이 만들어진다. RNA 세계 시나리오의 자세한 내용은 G. F. Joyce and J. W. Szostak, "Protocells and RNA Self-Replication," *Cold Spring Harbor Perspectives in Biology* 10, no. 9 (2018)을 참고하기 바란다.

33 스웨덴의 화학자 스반테 아레니우스(Svante Arrhenius)와 영국의 천문학자 프레드 호일(Fred Hoyle), 그리고 영국의 우주생물학자 찬드라 위크라마싱(Chandra Wickramasinghe)과 물리학자 폴 데이비스(Paul Davies)는 자신을 복제하고 화학반응을 촉진하는 분자가 하늘에서 떨어진 돌멩이 중 일부에 실려 왔을 가능성을 제기했다. 만일 이것이 사실이라면 지구뿐만 아니라 다른 행성에도 생명의 씨앗이 골고루 배달되었을 것이다. 그러나 이들의 가설은 생명이 처음 탄생한 장소를 지구가 아닌 외계로 옮겨 놓았을 뿐, 생명의 기원 자체에 대해서는 아무런 실마리도 제공하지 못한다.

34 David Deamer, *Assembling Life: How Can Life Begin on Earth and Other Habitable Planets?* (Oxford: Oxford University Press, 2018).

35 A. G. Cairns-Smith, *Seven Clues to the Origin of Life* (Cambridge: Cambridge University Press, 1990).

36 W. Martin and M. J. Russell, "On the origin of biochemistry at an alkaline hydrothermal vent," *Philosophical Transactions of the Royal Society B 367* (2007): 1187.

37 Erwin Schrödinger, *What Is Life?* (Cambridge: Cambridge University Press, 2012), 67.

38 지구로 유입되는 광자는 에너지가 집중되어 있어서(파장이 짧아서 가시광선에 속하고 개수는 적다) 품질이 좋고, 지구 밖으로 방출되는 광자는 에너지가 희석되어(파장이 길어서 적외선에 속하고 개수는 많다) 품질이 나쁘다. 따라서 태양 광자는 품질 좋고 양도 많은 고급 에너지이며, 지구에서 우주로 방출되는 광자(열)보다 엔트로피가 낮다. 본문에서 말한 대로, 지구는 광자 1개를 받아들일 때마다 20여 개의 광자를 우주로 방출하고 있는데, 이 수치는 다음 계산에 기초한 결과다. 태양광자는 6,000K의 표면 온도에서 방출되는 반면, 지구의 광자는 약 285K(지구의 표면온도, 12°C)의 저온에서 방출된다. 광자의 에너지는 이 온도에 비례하므로(광자를 이상기체의 입자로 간주했을 때), 두 온도의 비율(6,000K/285K)을 계산하면 방출, 유입되는 광자의 비율을 알 수 있다. 이 값이 21.05여서 '약 20개'라고 한 것이다.

39 Erwin Schrödinger, *What Is Life?* (Cambridge: Cambridge University Press, 2012), 1.

40 Albert Einstein, *Autobiographical Notes* (La Salle, IL: Open Court Publishing, 1979), 3. 열역학의 원리를 생명체에 적용한 사례는 Philip Nelson, *Biological Physics: Energy, Information, Life* (New York: W. H. Freeman and Co., 2014)에서 찾아볼 수 있다.

41 J. L. England, "Statistical physics of self-replication," *Journal of Chemical Physics* 139 (2013): 121923.
Nikolay Perunov, Robert A. Marsland, and Jeremy L. England, "Statistical Physics of Adaptation," *Physical Review X* 6 (June 2016): 021036-1.
Tal Kachman, Jeremy A. Owen, and Jeremy L. England, "Self-Organized Resonance During Search of a Diverse Chemical Space," *Physical Review Letters* 119, no. 3 (2017): 038001-1.
G. E. Crooks, "Entropy production fluctuation theorem and the nonequilibrium work relation for free energy differences," *Physical Review E* 60 (1999): 2721.
C. Jarzynski, "Nonequilibrium equality for free energy differences," *Physical Review Letters* 78 (1997): 2690.

42 잉글랜드는 생명체 내부의 질서 정연한 배열이 일시적이지 않고 오래 지속되기 때문에(심지어는 죽은 후에도 계속된다), 생명 활동에서 배출된 저품질 에너지의 상당 부분이 안정한 구조를 구축하는 와중에 생산된 부산물이라고 했다. 그렇다면 생명체의 엔트로피 2단계 과정은 생체 기능의 안정성뿐만 아니라 구조적 형성과도 관련되어 있다. 또한 생명체에게는 고품질 에너지가 반드시 필요하지만, 그 에너지가 내부 구조를 교란시키지 않아야 한다. 예를 들어 와인 잔은 특정 진동수로 진동하도록 만들 수 있지만, 과도한 에너지가 유입되면 깨질 수도 있다. 이

런 재앙을 피하기 위해, 소산계(dissipate system)의 자유도 중 일부는 외부에서 유입된 에너지와의 공명을 피하는 쪽(내부 배열을 한쪽으로 집중시키기 등)으로 사용된다. 생명은 이런 극단적 상황 사이에서 절묘한 균형을 유지하고 있다.

5장 입자와 의식

1 Albert Camus, *The Myth of Sisyphus*, Justin O'Brien 번역 (London: Hamish Hamilton, 1955), 18.

2 Ambrose Bierce, *The Devil's Dictionary* (Mount Vernon, NY: The Peter Pauper Press, 1958), 14.

3 Will Durant, *The Life of Greece*, vol. 2 of *The Story of Civilization* (New York: Simon & Schuster, 2011), 8181–82, Kindle.

4 수학 방정식 이야기가 나온 김에, 물리학에서 가장 유명한 방정식 몇 개를 여기에 소개한다. 식에 등장하는 기호를 다 이해하지 못한다 해도, 수학으로 표현된 물리 법칙의 일반적인 형태를 파악하는 데에는 별 문제가 없을 것이다.

아인슈타인의 일반상대성이론에 등장하는 장방정식은 $R_{\mu\nu} - \frac{1}{2} g_{\mu\nu} R + \Lambda g_{\mu\nu} = \frac{8\pi G}{c^4} T_{\mu\nu}$이다. 이 식의 좌변에는 시공간의 곡률과 우주상수가 들어 있고, 우변은 시공간을 휘어지게 만드는 질량과 에너지(중력의 원천)의 분포 상태를 나타낸다. 또한 이 식의 아래첨자(μ, ν)는 0, 1, 2, 3의 값을 가질 수 있으며, 이들은 4차원 시공간의 각 차원에 대응된다(앞으로 나올 첨자도 마찬가지다).

고전 전자기학의 핵심인 맥스웰방정식(Maxwell's equation)은 $\partial^\alpha F_{\alpha\beta} = \mu_0 J_\beta$와 $\partial_{[\alpha} F_{\rho 0]} = 0$이다. 두 식의 좌변은 전기장과 자기장을 나타내고, 첫 번째 식의 우변은 좌변의 장을 만들어 낸 전기전하다(전기장과 자기장의 원천). 강한 핵력과 약한 핵력을 서술하는 방정식은 맥스웰방정식을 일반화하여 얻을 수 있다. 단, 맥스웰의 이론에서는 '장의 세기(field strength)'가 $F_{\alpha\beta} = \partial_\alpha A_\beta - \partial_\beta A_\alpha$로 표현되는 반면 A_α를 벡터퍼텐셜[vector potential]이라 한다), 핵력의 경우에는 장의 세기 $F^a{}_{\alpha\beta}$와 벡터퍼텐셜 $A^a{}_\alpha$가 여러 개 존재하여 $F^a{}_{\alpha\beta} = \partial_\alpha A^a{}_\beta - \partial_\beta A^a{}_\alpha + g f^{abc} A^b{}_\alpha A^c{}_\beta$의 관계를 만족한다. 여기서 그리스문자로 적힌 첨자(α, β)는 약한 핵력의 경우 리대수(Lie algebras) su(2)의 생성자(generator)를 따라 이동하고, 강한 핵력의 경우에는 su(3)의 생성자를 따라 이동한다. 그리고 f^{abc}는 각 대수의 구조상수(structure constant)다.

양자역학의 운동방정식인 슈뢰딩거의 파동방정식은 $i\hbar \frac{\partial \Psi}{\partial \tau} = H\Psi$로 쓸 수 있다. 여기서 H는 해밀토니안(Hamiltonian)이고 Ψ는 파동함수(wave function)이며, 규격화된 Ψ의 절댓값의 제곱, 즉 $|\Psi|^2$은 Ψ로 서술되는 입자가 해당 시간 및 위치에서 발견될 확률을 나타낸다. 양자역학과 전자기학, 약한 핵력과 강한 핵력, 그리고 지금까지 알려진 모든 물질입자(물질을 구성하는 기본 입자)와 힉스입자(Higgs particle)를 합친 것이 입자물리학의 표준모형(Standard Model)으로, 리처드 파인먼(Richard Feynman)이 창안한 '경로적분(path integral)'을 이용하여 표현할

478

수 있다. 양자역학과 일반상대성이론을 하나로 통일하는 것은 아직 해결되지 않은 첨단연구 과제다.

5 Augustine, *Confessions*, F. J. Sheed 번역 (Indianapolis, IN: Hackett Publishing, 2006), 197.

6 Thomas Aquinas, *Questiones Disputatae de Veritate*, questions 10-20, James V. McGlynn, S. J. 번역 (Chicago: Henry Regnery Company, 1953). https://dhspriory.org/thomas/QDdeVer10.htm#8.

7 William Shakespeare, *Measure for Measure*, ed. J. M. Nosworthy (London: Penguin Books, 1995), 84.

8 라이프니츠가 크리스티안 골드바흐(Christian Goldbach)에게 1712년 4월 17일자로 보낸 편지에서 발췌.

9 Otto Loewi, "An Autobiographical Sketch," *Perspectives in Biology and Medicine* 4, no. 1 (Autumn 1960): 3-25. 뢰비는 이 일을 1920년 부활절에 겪었다고 했지만 정확한 연도는 1921년이었다.

10 자세한 내막을 알고 싶은 독자들은 Henri Ellenberger, *The Discovery of the Unconscious* (New York: Basic Books, 1970)을 읽어 보기 바란다.

11 Peter Halligan and John Marshall, "Blindsight and insight in visuo-spatial neglect," *Nature* 336, no. 6201 (December 22-29, 1988): 766-67.

12 이 이야기를 퍼뜨린 주인공은 미국의 마케팅 전문가인 제임스 비커리(James Vicary)다. 그는 1957년에 "영화 관람객에게 팝콘과 코카콜라를 잠재의식 영상으로 보여 주면 매상을 크게 올릴 수 있다."고 주장했다가, 훗날 자신의 주장이 틀릴 수도 있다며 한 걸음 뒤로 물러났다.

13 본문에는 간단한 숫자 실험을 예로 들었지만, 잠재의식이 의식적 행동에 영향을 주는 사례는 매우 다양하다. 단어의 경우에도 비슷한 실험이 실행되었는데, 자세한 내용은 Anthony J. Marcel, "Conscious and Unconscious Perception: Experiments on Visual Masking and Word Recognition," *Cognitive Psychology* 15 (1983): 197-237에서 확인할 수 있다. 이 논문에는 단어뿐만 아니라 영상과 물건 등 다양한 대상에 대한 실험 결과도 함께 수록되어 있다.

14 L. Naccache and S. Dehaene, "The Priming Method: Imaging Unconscious Repetition Priming Reveals an Abstract Representation of Number in the Parietal Lobes," *Cerebral Cortex* 11, no. 10 (2001): 966-74; L. Naccache and S. Dehaene, "Unconscious Semantic Priming Extends to Novel Unseen Stimuli," *Cognition* 80, no. 3 (2001): 215-29. 이 실험은 숫자 하나를 제시하기 전과 후에 잠재의식 영상을 보여 주는 식으로 진행되었다. 이 분야의 연구는 Stanislas Dehaene and Jean-Pierre Changeux, "Experimental and Theoretical Approaches to Conscious Processing," *Neuron* 70, no. 2 (2011): 200-27과 Stanislas Dehaene, *Consciousness and the Brain* (New York: Penguin Books, 2014)에 잘 정리되어 있다.

15 뉴턴이 1671년 2월 6일자로 헨리 올덴버그에게 보낸 편지에서 발췌. http://www.newtonproject.

ox.ac.uk/view/texts/normalized/NATP00003.

16 철학자와 심리학자, 신비주의자, 그리고 사상가들은 각자 나름대로 의식을 정의해 왔다. 그중에는 우리의 접근법보다 유용한 것도 있고, 실용성이 떨어지는 것도 있다. 그러나 '어려운 문제(hard problem)'를 다룰 때에는 본문에 제시된 서술이 가장 적절하다.

17 두뇌에는 전자, 양성자, 중성자 외에 다른 것이 존재할 수도 있다(장[field], 끈[string] 등). 중요한 것은 두뇌가 자연에서 가장 복잡하고 정교한 창조물이라는 사실이다.

18 Thomas Nagel, "What Is It Like to Be a Bat?" *Philosophical Review* 83, no. 4 (1974): 435-50.

19 태풍과 화산 활동(또는 임의의 거시적 물체)을 기본 입자의 운동만으로 이해할 수 있다는 것은 '원리적인 단계에서' 그렇다는 뜻이다. 혼돈이론(chaos theory)에 의하면 입자 집단의 초기 조건이 조금만 달라도 완전히 다른 결과가 초래될 수 있으며, 입자의 수가 작은 계도 마찬가지다. 그러나 여기에는 미스터리라고 부를 만한 것이 없다. 혼돈이론은 우리에게 더욱 깊은 통찰력을 제공하지만, 물리 법칙의 저변에 깔린 비밀까지 파헤치는 이론은 아니다. 그러나 의식(意識)과 관련하여 본문에서 제기한 문제(마음이 없는 입자가 어떻게 마음을 만들어내는가?)는 환원주의에 입각한 물리 법칙에 한계가 있음을 여실히 보여 주고 있다. 과학자들 중에는 "입자들이 제아무리 질서 정연하게 움직여도, 그로부터 마음이 생성될 수는 없다."고 주장하는 사람도 있다.

20 Frank Jackson, "Epiphenomenal Qualia," *Philosophical Quarterly* 32 (1982): 127-36.

21 Daniel Dennett, *Consciousness Explained* (Boston: Little, Brown and Co., 1991), 399-401.

22 David Lewis, "What Experience Teaches," *Proceedings of the Russellian Society* 13 (1988): 29-57. Reprinted in David Lewis, *Papers in Metaphysics and Epistemology* (Cambridge: Cambridge University Press, 1999): 262-90, Laurence Nemirow, "Review of Nagel's Mortal Questions," *Philosophical Review* 89 (1980): 473-77.

23 Laurence Nemirow, "Physicalism and the cognitive role of acquaintance," in *Mind and Cognition*, ed. W. Lycan (Oxford: Blackwell, 1990), 490-99.

24 Frank Jackson, "Postscript on Qualia," in *Mind, Method, and Conditionals, Selected Essays* (London: Routledge, 1998), 76-79.

25 챌머스는 1995년에 발표한 논문에서 생기론(vitalism)과 전자기(electromagnetism)가 어려운 문제(hard problem)를 해결하는 데 도움이 된다고 주장했다. 어려운 문제는 주관적인 경험과 관련되어 있기 때문에, 두뇌의 객관적인 기능을 아무리 파헤쳐도 별 도움이 되지 않는다. 이 절에서 나는 조금 다른 방식으로 문제를 제기하려 한다. 아직 풀리지 않았지만 적어도 원리적으로는 과학의 범주 안에서 현재의 패러다임(현실적 사건의 발생 영역을 정의하는 패러다임)을 이용하여 해결할 수 있는 문제와, 이 패러다임으로 해결할 수 없는 문제를 대비시키는 식이다. 이런 틀에서 볼 때, 세상을 서술하는 현재의 접근법으로 풀 수 없는 문제는 어려운 문제에 속한다(예를 들어 19세기의 과학자들은 전기와 자기현상을 서술하기 위해 전기장과 자기장, 그

480

리고 전기전하 등 기존의 이론에 없는 새로운 양을 도입했다). 챌머스는 "현실 세계를 서술하는 기초물리학의 물질적 요소만으로는 어려운 문제를 풀 수 없다."고 주장했다. 본문에서 내가 도입한 서술 체계는 챌머스와 조금 다르지만 문제의 핵심은 거의 비슷하다. 챌머스는 생기론이 서서히 자취를 감춘 이유가 객관적인 기능 중 하나에 초점을 맞췄기 때문이라고 했다(물리적 요소들이 어떻게 생명의 객관적 기능을 수행할 수 있는가?) 물리적 성분의 기능(생화학적 분자의 기능 등)에 대한 이해가 깊어지면서 생기론의 수수께끼가 서서히 관심 밖으로 밀려났다는 것이다. 그의 주장에 의하면 이런 식의 진보는 *어려운 문제*에 요약되어 있지 않다. 물리학자들은 이런 직관을 수용하지 않으며, 두뇌의 기능을 이해함으로써 주관적 경험에 대한 통찰력을 얻을 수 있다고 믿고 있다. 더 자세한 내용은 David Chalmers, "Facing Up to the Problem of Consciousness," *Journal of Consciousness Studies* 2, no. 3 (1995): 200-19와 David Chalmers, *The Conscious Mind: In Search of a Fundamental Theory* (Oxford: Oxford University Press, 1997), 125를 참고하기 바란다.

26 뇌의 일부가 손상되면 신체의 특정 기능에 장애가 생긴다. 이것은 수많은 임상 및 치료 사례를 통해 확인된 사실로서, 나도 간접적으로 겪은 적이 있다. 나의 아내 트레이시(Tracy)는 두뇌에서 악성종양을 제거하는 수술을 받은 적이 있는데, 수술이 끝난 후 한동안 평범한 사물의 이름을 기억하지 못했다. 나중에 정상으로 돌아온 후, 아내는 "마치 내 머릿속의 데이터 뱅크에서 사물의 이름이 저장된 부분만 지워진 것 같았다."고 했다. 예를 들어 붉은색 구두의 영상은 머릿속에 생생하게 떠오르는데, 그런 물건을 칭하는 단어가 생각나지 않은 것이다.

27 Giulio Tononi, *Phi: A Voyage from the Brain to the Soul* (New York: Pantheon, 2012); Christof Koch, *Consciousness: Confessions of a Romantic Reductionist* (Cambridge, MA: MIT Press, 2012); Masafumi Oizumi, Larissa Albantakis, and Giulio Tononi, "From the Phenomenology to the Mechanisms of Consciousness: Integrated Information Theory 3.0," *PLoS Computational Biology* 10, no. 5 (May 2014).

28 Scott Aaronson, "Why I Am Not an Integrated Information Theorist (or, The Unconscious Expander)," *Shtetl-Optimized*. https://www.scottaaronson.com/blog/?p=1799.

29 Michael Graziano, *Consciousness and the Social Brain* (New York: Oxford University Press, 2013); Taylor Webb and Michael Graziano, "The attention schema theory: A mechanistic account of subjective awareness," *Frontiers in Psychology* 6 (2015): 500.

30 색을 감지하는 과정은 본문에 제시된 설명보다 훨씬 복잡하다. 사람의 눈에 있는 시각수용체(visual receptor)의 감도는 빛의 진동수에 따라 달라서, 진동수가 높은 가시광선에 민감한 것도 있고 진동수가 낮은 가시광선에 민감한 것도 있으며, 중간 진동수에 민감한 것도 있다. 두뇌는 다양한 수용체의 반응 정도를 종합하여 색상을 인지한다.

31 이 단순화 과정은 시각수용체(후주-30 참조)에 도달한 다양한 진동수 정보를 통합함으로써 이루어진다. 시각은 매우 유용한 감각이지만, 눈에 도달한 전자기파의 물리적 데이터를 대충 표현한 것에 불과하다.

32 David Premack and Guy Woodruff, "Does the chimpanzee have a theory of mind?" *Cognition and Consciousness in Nonhuman Species*, special issue of *Behavioral and Brain Sciences* 1, no. 4 (1978): 515-26.

33 Daniel Dennett, *The Intentional Stance* (Cambridge, MA: MIT Press, 1989).

34 대니얼 데닛(Daniel Dennett)의 '다중 드래프트 모형(multiple draft model)' - Daniel Dennett, *Consciousness Explained* (Boston: Little, Brown & Co., 1991).
버나드 바(Bernard J. Baar)의 '광역 작업공간 이론' - Bernard J. Baars, *In the Theater of Consciousness* (New York: Oxford University Press, 1997).
스튜어트 해머로프(Stuart Hameroff)와 로저 펜로즈(Roger Penrose)의 '조정된 환원이론 (orchestrated reduction theory)' - Stuart Hameroff and Roger Penrose, "Consciousness in the universe: A review of the 'Orch OR' theory." *Physics of Life Reviews* 11 (2014): 39-78.

35 양자역학이 탄생한 후 처음 수십 년 동안은 슈뢰딩거의 방정식이 모든 것을 지배했지만, 그 후로 물리학자들은 양자역학의 수학 체계를 훨씬 높은 단계로 끌어올렸다. 본문에서 언급한 정확도는 맥스웰의 고전 전자기학을 양자역학 버전으로 업그레이드한 양자전기역학(quantum electrodynamics, QED)을 두고 한 말이다.

36 전자가 "여러 곳에 동시에 존재한다."는 설명이 마음에 들지 않는다면, "관측이 실행되지 않는 한, 전자는 '위치'라는 속성을 아예 갖지 않는다."고 해석해도 된다.

37 3장의 후주-5에서 말한 대로 데이비드 봄은 "양자적 입자는 명확한 궤적을 따라간다."는 가정 하에 관측 문제를 해결했다. 흔히 봄 역학(Bohmian mechanics), 또는 드브로이-봄 역학(de Broglie-Bohm mechanics)으로 알려진 이 가설은 지금도 세계 각지의 소규모 연구팀에 의해 꾸준히 연구되고 있지만, 먼 미래까지 살아남을 유력한 이론 같지는 않다. 관측 문제를 해결하는 또 하나의 방법으로 다중세계해석(Many World Interpretation)이라는 것이 있다. 이 가설에 의하면 관측이 실행되는 순간, 양자역학에서 허용된 결과들은 여러 개로 갈라진 세계에서 각자 나름대로 구현된다. 그 외에 기라르디-리미니-웨버 이론(Ghirardi-Rimini-Weber[GRW] theory)은 각 입자의 확률 파동을 드물게, 무작위로 붕괴시키는 물리적 과정을 도입하여 관측 문제를 해결했다. 입자의 수가 작은 계에서는 이 과정이 극히 드물게 일어나서 기존의 실험 결과에 별다른 영향을 주지 않지만, 다수의 입자로 이루어진 거시계의 경우에는 이 과정이 빠르게 진행되면서 일종의 도미노효과를 일으켜, 최종적으로 하나의 상태만 남게 된다. 더 자세한 내용은 나의 전작인 《우주의 구조[The Fabric of the Cosmos]》의 7장을 참고하기 바란다.

38 Fritz London and Edmond Bauer, *La theorie de l'observation en mecanique quantique*, No. 775 of *Actualites scientifiques et industrielles; Exposes de physique generale, publies sous la direction de Paul Langevin* (Paris: Hermann, 1939). 영어로 번역된 내용은 John Archibald Wheeler and Wojciech Zurek, *Quantum Theory and Measurement* (Princeton: Princeton University Press, 1983), 220에 실려 있다.

39 Eugene Wigner, *Symmetries and Reflections* (Cambridge, MA: MIT Press, 1970).

40 아리스토텔레스는 스스로 유발한 동기에 의해 시작된 행위를 '자발적(voluntary)' 행위라고 했다. 이 아이디어는 훗날 여러 차례 수정을 거치면서 후대 철학자들에게 지대한 영향을 미쳤다 (Aristotle, *Nicomachean Ethics*, C. D. C. Reeve 번역 [Indianapolis, IN: Hackett Publishing, 2014], 35-41 참조). 아리스토텔레스는 비자발적 행동을 유발하는 외력(外力)에 결정론적 물리 법칙을 포함시키지 않았지만, 근본적이면서 비인간적인 영향을 중요하게 생각하는 사람들(나도 포함된다)은 아리스토텔레스가 말한 '자발적 행동'이 자유의지와 일치하지 않는 것으로 믿고 있다.

41 이 장의 [후주-17]에서도 말했지만, 거시적 물체가 입자로 이루어져 있다는 것은 하나의 명확한 물리적 상태를 점유하고 있다는 뜻이다. 고전적으로 이 상태는 구성 입자의 위치와 속도에 의해 결정되며, 양자역학적으로는 구성 입자를 서술하는 파동함수에 의해 결정된다. 내가 이런 식으로 입자의 역할을 강조하면, 독자들은 입자가 만들어 낸 장(場, field)의 역할이 궁금해질 것이다. 양자역학에 익숙한 독자들은 잘 알고 있겠지만, 양자장이론에서 장의 영향은 입자를 통해 전달된다(예를 들어 전자기장의 영향은 광자를 통해 전달된다). 또한 양자장이론에 의하면 거시 규모의 장은 입자의 특별한 배열에 대한 수학적 서술로 표현된다(이것을 결맞음 상태[coherent state]라 한다). 그러므로 내가 '입자'를 언급하는 것은 장(場)을 함께 언급하는 것과 같다. 양자역학을 잘 아는 독자들은 양자적 얽힘(quantum entanglement)과 같은 미묘한 개념이 고전물리학과 상충된다는 사실도 알고 있을 것이다. 그러나 우리의 논의에서는 이런 속성을 무시하고 물리계에 적용되는 기본법칙만 따라가면 된다.

42 좀 더 정확하게 말해서, 바위가 자리를 박차고 일어나 나를 구할 통계적 확률은 0이 아니다. 그러나 이 확률은 너무 작기 때문에 우리의 논의에서 무시해도 된다.

43 철학 문헌 중에는 양립가능론(compatibilism)에 대한 내용이 꽤 많이 있는데, 그중에서 나의 접근법에 가장 비슷한 문헌으로는 Daniel Dennett의 *Freedom Evolves* (New York: Penguin Books, 2003)과 *Elbow Room* (Cambridge, MA: MIT Press, 1984)를 들 수 있다. 나는 수십 년 전에 루이스 보스거치언(Luise Vosgerchian)의 강의를 들은 후로 이 아이디어를 끊임없이 생각해 왔다. 하버드대학교의 음악대학 교수로서 과학적 발견과 미적 감각의 상호 관계에 깊은 관심을 갖고 있던 그녀는 나에게 현대물리학의 관점에서 인간의 자유와 창조성에 관한 책을 써보라고 권했다.

44 인공지능(artificial intelligence, AI)과 기계학습(machine learning)을 도입하면 요점이 더욱 분명해진다. 과학자들은 과거의 경험으로부터 스스로 배워 나가는 게임 알고리듬(바둑, 체스 등)을 개발했다. 컴퓨터의 내부는 물리 법칙에 따라 이리저리 움직이는 입자들로 이루어져 있지만, 알고리듬은 스스로 학습하면서 새로운 전략을 배워 나간다. 게다가 학습 능력이 워낙 뛰어나서, 초보자 수준의 정보만 입력해도 몇 시간만 지나면 세계 챔피언 수준의 전략을 구사할 수 있다. David Silver, Thomas Hubert, Julian Schrittwieser, et al., "A general reinforcement learning algorithm that masters chess, shogi, and Go through self-play," *Science* 362 (2018):

1140-44 참조.

45 '나'라는 존재가 입자의 배열에 불과하다면, 배열 상태와 구성 성분이 달라져도 나는 여전히 '나'로 남아 있을까? 이것은 철학의 또 다른 화두로서(시간에 따른 개인의 정체성), 다양한 관점이 제시되어 있는데, 나는 로버트 노직의 접근법을 선호하는 편이다. 그의 주장에 의하면 우리는 공간에 퍼져 있는 거리함수(distance function)를 최소화하고 지금 이 순간까지 존재해 온 나와 '가장 비슷하게 지속되는' 사람을 찾음으로써 미래의 '나'를 식별하고 있다. 물론 이를 위해서는 공간함수를 명확하게 정의해야 하며, 개인의 특성에 따라 각기 다른 사람을 선택할 수 있다. 대부분의 경우에는 '나와 가장 비슷하게 유지되는 사람'이라는 직관적 개념으로 충분하지만, 혼란스러운 경우를 인위적으로 만들 수도 있다. 예를 들어 특정한 미래에 나와 똑같은 2개의 사본이 존재한다고 가정해 보자. 둘 중 어떤 입자 집단이 나인가? 노직은 "나와 가장 가까운 사람이 유일하지 않으면 나는 더 이상 존재할 수 없다."고 했다. 그러나 나는 최소화된 거리함수가 유일하지 않아도 별 문제가 없으며, 두 복사본 모두 내가 될 수 있다고 생각한다. 우리가 직관적으로 '브라이언 그린'이라고 인식해 온 다양한 입자 집단은 나와 가장 가까운 인격체이기 때문에, 이 장에서 도입한 '나'라는 개념은 노직의 개념과 크게 다르지 않다. Robert Nozick, *Philosophical Explanations* (Cambridge, MA: Belknap Press, 1983), 29-70.

46 여기서 한 가지 질문이 제기될 수 있다. "내가 다른 사람들(시민)이나 사회에 용납될 수 없는 행동을 했을 때, 그 책임을 내가 져야 하는가?" 지난 세월 동안 철학자들은 자유의지와 도덕적 책임, 그리고 처벌의 역할에 대하여 수많은 논쟁을 벌여 왔다. 결코 간단한 문제는 아니지만, 내 생각은 다음과 같다. 본문에서 언급한 바로 그 이유 때문에, 당신의 행동은 (선행이건 악행이건) 자유의지와 무관하다 해도 당신이 책임을 져야 한다. 당신을 구성하는 입자들이 곧 당신이기 때문에, 입자가 악행을 저질렀다면 그것은 당신이 악행을 저지른 것과 같다. 그렇다면 악행을 저지른 사람에게 어떤 처분이 내려져야 할까? 자유의지로 악행을 저지른 것도 아닌데, 처벌을 받는 것이 타당한가? 내가 생각할 수 있는 유일한 답은 '용납할 수 없는 행동의 재발방지를 포함하여, 사회의 공동 관심사를 보호하는 방향'으로 처벌이 이루어져야 한다는 것이다. 앞서 말한 대로 자유의지는 학습이 가능하다. 사람도, 로봇청소기 룸바도 항상 새로운 것을 배우고 있으며, 오늘의 경험은 내일의 행동에 영향을 준다. 그러므로 악행을 저지른 사람을 처벌하여 동일한 행동을 방지하거나 억제할 수 있다면, 사회를 더욱 바람직한 방향으로 이끌 수 있을 것이다. 이런 논의를 계속 하다 보면 "뇌종양이나 타인의 강압, 조현병(정신분열) 등에 의해 악행을 저지른 사람은 정상을 참작하여 처벌을 면제해 줘야 하는가?"라는 의문이 제기되곤 하는데, 5장에서 제기된 관점에 의하면 이런 사람도 자신의 행동에 책임을 져야 한다. 그들의 몸을 구성하는 입자들이 용납될 수 없는 행동을 했고, 입자의 집합은 곧 그들 자신이기 때문이다. 그러나 처벌이 범죄 예방에 효과가 없을 수도 있으므로 세부 사항을 고려하여 신중하게 결정해야 한다. 뇌종양 때문에 악행을 저지른 사람을 처벌한다 해도, 동일한 범죄는 언제든지 반복될 수 있기 때문이다. 종양을 제거할 수 있다면 범죄자는 더 이상 위협이 되지 않으므로, 그를 처벌한다 해도 사회의 안정성이 높아지지 않는다. 간단히 말해서, 처벌은 실용적인 목적에 부합

되어야 한다.

6장 언어와 이야기

1 Alice Calaprice, ed., *The New Quotable Einstein* (Princeton: Princeton University Press, 2005), 149.

2 Max Wertheimer, *Productive Thinking*, enlarged ed. (New York: Harper and Brothers, 1959), 228.

3 Ludwig Wittgenstein, *Tractatus Logico-Philosophicus* (New York: Harcourt, Brace & Company, 1922), 149.

4 Toni Morrison, 노벨상 수상연설, 1993년 12월 7일. https://www.nobelprize.org/prizes/literature/1993/morrison/lecture/.

5 다윈의 책에는 다음과 같이 적혀 있다. "원시인들은 아마도 음악을 흥얼거리면서 목소리를 처음 사용했을 것이다. 특히 짝짓기 시즌에 노래로 사랑, 질투와 같은 감정을 표현하거나 자신이 거둔 승리를 이성(理性)에게 과시하면, 경쟁자를 물리치고 후손을 낳을 기회가 많아진다." Charles Darwin, *The Descent of Man* (New York: D. Appleton and Company, 1871), 56.

6 이 글은 〈계간 리뷰[Quarterly Review]〉 1869년 4월호에 실린 월리스의 글 '변화와 번식, 그리고 생존의 법칙'에서 발췌한 것이다. Alfred Russel Wallace, "Sir Charles Lyell on geological climates and the origin of species," *Quarterly Review* 126 (1869): 359-94.

7 Joel S. Schwartz, "Darwin, Wallace, and the *Descent of Man*," *Journal of the History of Biology* 17, no. 2 (1984): 271-89.

8 1869년 3월 27일에 다윈이 알프레드 러셀 월리스에게 보낸 편지에서 발췌. https://www.darwinproject.ac.uk/letter/?docId=letters/DCP-LETT-6684.xml;query=child;brand=default.

9 Dorothy L. Cheney and Robert M. Seyfarth, *How Monkeys See the World: Inside the Mind of Another Species* (Chicago: University of Chicago Press, 1992). 버빗원숭이의 경고신호는 BBC의 웹사이트 https://www.bbc.co.uk/sounds/play/p016dgw1에서 직접 들을 수 있다.

10 Bertrand Russell, *Human Knowledge* (New York: Routledge, 2009), 57-58.

11 R. Berwick and N. Chomsky, *Why Only Us?* (Cambridge, MA: MIT Press, 2015). 일부 학자들은 "인류가 갑자기 일어난 신경생물학적 변화 때문에 언어 능력을 갖게 되었다면 생물학적 변화도 빠르게 진행되었을 것이고, 이는 기존의 진화론에 위배된다"며 반론을 제기했으나, 촘스키는 자신의 이론이 "눈의 빠른 진화를 설명하는 현대식 신다윈주의(neo-Darwinism)에 부합된다."고 주장했다.

12 S. Pinker and P. Bloom, "Natural language and natural selection," *Behavioral and Brain Sciences*

13, no. 4 (1990): 707-84; Steven Pinker, *The Language Instinct* (New York: W. Morrow and Co., 1994); Steven Pinker, "Language as an adaptation to the cognitive niche," in *Language Evolution: States of the Art*, ed. S. Kirby and M. Christiansen (New York: Oxford University Press, 2003), 16-37.

13 언어학자이자 발달심리학자인 마이클 토마셀로(Michael Tomacello)는 다음과 같이 주장했다. "전 세계의 모든 언어들이 비슷한 구조를 공유한다는 것만은 분명한 사실이다… 그러나 언어에 공통점이 존재하는 이유는 문법이 비슷해서가 아니라, 인간의 인지 능력과 사회적 교류, 정보 처리 등이 보편적인 특성을 갖고 있기 때문이다. 인류는 언어를 구사하기 훨씬 전부터 무리를 지어 살면서 이런 능력을 개발해 왔다." Michael Tomasello, "Universal Grammar Is Dead," *Behavioral and Brain Sciences* 32, no. 5 (October 2009): 470-71.

14 Simon E. Fisher, Faraneh Vargha-Khadem, Kate E. Watkins, Anthony P. Monaco, and Marcus E. Pembrey, "Localisation of a gene implicated in a severe speech and language disorder," *Nature Genetics* 18 (1998): 168-70. C. S. L. Lai, et al., "A novel forkhead-domain gene is mutated in a severe speech and language disorder," *Nature* 413 (2001): 519-23.

15 Johannes Krause, Carles Lalueza-Fox, Ludovic Orlando, et al., "The Derived FOXP2 Variant of Modern Humans Was Shared with Neandertals," *Current Biology* 17 (2007): 1908-12.

16 Fernando L. Mendez et al. "The Divergence of Neandertal and Modern Human Y Chromosomes," *American Journal of Human Genetics* 98, no. 4 (2016): 728-34.

17 Guy Deutscher, *The Unfolding of Language: An Evolutionary Tour of Mankind's Greatest Invention* (New York: Henry Holt and Company, 2005), 15.

18 Dean Falk, "Prelinguistic evolution in early hominins: Whence motherese?" *Behavioral and Brain Sciences* 27 (2004): 491-541; Dean Falk, *Finding Our Tongues: Mothers, Infants and the Origins of Language* (New York: Basic Books, 2009).

19 R. I. M. Dunbar, "Gossip in Evolutionary Perspective," *Review of General Psychology* 8, no. 2 (2004): 100-10; Robin Dunbar, *Grooming, Gossip, and the Evolution of Language* (Cambridge, MA: Harvard University Press, 1997).

20 N. Emler, "The Truth About Gossip," *Social Psychology Section Newsletter* 27 (1992): 23-37; R. I. M. Dunbar, N. D. C. Duncan, and A. Marriott, "Human Conversational Behavior," *Human Nature* 8, no. 3 (1997): 231-46.

21 Daniel Dor, *The Instruction of Imagination* (Oxford: Oxford University Press, 2015).

22 모닥불 붙이기와 요리 - Richard Wrangha, *Catching Fire: How Cooking Made Us Human* (New York: Basic Books; 2009). 공동육아 - Sarah Hrdy, *Mothers and Others: The Evolutionary Origins of Mutual Understanding* (Cambridge, MA: Belknap Press, 2009). 교육과 협동 - Kim Sterelny, *The Evolved Apprentice: How Evolution Made Humans Unique* (Cambridge, MA: MIT Press,

2012).

23 R. Berwick and N. Chomsky, *Why Only Us?* (Cambridge, MA: MIT Press, 2015), chapter 2.

24 David Damrosch, *The Buried Book: The Loss and Rediscovery of the Great Epic of Gilgamesh* (New York: Henry Holt and Company, 2007).

25 Andrew George, trans., *The Epic of Gilgamesh: The Babylonian Epic Poem and Other Texts in Akkadian and Sumerian* (London: Penguin Classics, 2003).

26 진화심리학의 개요와 기본 원리는 John Tooby and Leda Cosmides, "The Psychological Foundations of Culture," in *The Adapted Mind: Evolutionary Psychology and the Generation of Culture*, ed. Jerome H. Barkow, Leda Cosmides, and John Tooby (Oxford: Oxford University Press, 1992), 19-136과 David Buss, *Evolutionary Psychology: The New Science of the Mind* (Boston: Allyn & Bacon, 2012)에 잘 정리되어 있다.

27 S. J. Gould and R. C. Lewontin, "The Spandrels of San Marco and the Panglossian Paradigm: A Critique of the Adaptationist Programme," *Proceedings of the Royal Society B 205*, no. 1161 (21 September 1979): 581-98.

28 Steven Pinker, *How the Mind Works* (New York: W. W. Norton, 1997), 530; Brian Boyd, *On the Origin of Stories* (Cambridge, MA: Belknap Press, 2010); Brian Boyd, "The evolution of stories: from mimesis to language, from fact to fiction," *WIREs Cognitive Science 9* (2018): e1444.

29 Patrick Colm Hogan, *The Mind and Its Stories* (Cambridge: Cambridge University Press, 2003); Lisa Zunshine, *Why We Read Fiction: Theory of Mind and the Novel* (Columbus: Ohio State University Press, 2006).

30 Jonathan Gottschall, *The Storytelling Animal* (Boston and New York: Mariner Books, Houghton Mifflin Harcourt, 2013), 63.

31 Keith Oatley, "Why fiction may be twice as true as fact," *Review of General Psychology 3* (1999): 101-17.

32 미셸 주베의 자세한 연구 내용은 Barbara E. Jones, "The mysteries of sleep and waking unveiled by Michel Jouvet," *Sleep Medicine 49* (2018): 14-19와 Isabelle Arnulf, Colette Buda, and Jean-Pierre Sastre, "Michel Jouvet: An explorer of dreams and a great storyteller," *Sleep Medicine 49* (2018): 4-9를 참조하기 바란다.

33 Kenway Louie and Matthew A. Wilson, "Temporally Structured Replay of Awake Hippocampal Ensemble Activity During Rapid Eye Movement Sleep," *Neuron 29* (2001): 145-56.

34 꿈을 꾸다 보면 눈앞에서 펼쳐지는 사건들이 물리 법칙이나 논리를 따르지 않고 자신의 마음과도 일치하지 않을 때가 있다. 아마도 이것은 꿈을 꾸는 행위가 현실 세계의 행위와 아무런 관련도 없기 때문일 것이다. 그러나 세상에는 이상한 꿈보다 훨씬 이상한 기담(奇談)도 많다.

실제로 우리가 꾸는 꿈의 상당수는 현실적인 내용으로 펼쳐지고 있을 것이다. Antti Revonsuo, Jarno Tuominen, and Katja Valli, "The Avatars in the Machine – Dreaming as a Simulation of Social Reality," *Open MIND* (2015): 1-28; Serena Scarpelli, Chiara Bartolacci, Aurora D'Atri, et al., "The Functional Role of Dreaming in Emotional Processes," *Frontiers in Psychology* 10 (March 2019): 459.

35 Alfred North Whitehead, *Science and the Modern World* (New York: Free Press, 1953), 10.

36 Joyce Carol Oates, "Literature as Pleasure, Pleasure as Literature," *Narrative.* https://www. narrativemagazine.com/issues/stories-week-2015-2016/story-week/literature-pleasure-pleasure-literature-joyce-carol-oates.

37 Jerome Bruner, "The Narrative Construction of Reality," *Critical Inquiry* 18, no. 1 (Autumn 1991): 1-21.

38 Jerome Bruner, *Making Stories: Law, Literature, Life* (New York: Farrar, Straus and Giroux, 2002), 16.

39 Brian Boyd, "The evolution of stories: from mimesis to language, from fact to fiction," *WIREs Cognitive Science* 9 (2018): 7-8, e1444.

40 John Tooby and Leda Cosmides, "Does Beauty Build Adapted Minds? Toward an Evolutionary Theory of Aesthetics, Fiction and the Arts," *SubStance* 30, no. 1/2, issue 94/95 (2001): 6-27.

41 Ernest Becker, *The Denial of Death* (New York: Free Press, 1973), 97.

42 Joseph Campbell, *The Hero with a Thousand Faces* (Novato, CA: New World Library, 2008), 23.

43 Michael Witzel, *The Origins of the World's Mythologies* (New York: Oxford University Press, 2012).

44 Karen Armstrong, *A Short History of Myth* (Melbourne: The Text Publishing Company, 2005), 3.

45 Marguerite Yourcenar, *Oriental Tales* (New York: Farrar, Straus and Giroux, 1985).

46 Scott Leonard and Michael McClure, *Myth and Knowing* (New York: McGraw-Hill Higher Education, 2004), 283-301.

47 Michael Witzel, *The Origins of the World's Mythologies* (New York: Oxford University Press, 2012), 79.

48 Dan Sperber, *Rethinking Symbolism* (Cambridge: Cambridge University Press, 1975); Dan Sperber, *Explaining Culture: A Naturalistic Approach* (Oxford: Blackwell Publishers Ltd., 1996).

49 Pascal Boyer, "Functional Origins of Religious Concepts: Ontological and Strategic Selection in Evolved Minds," *Journal of the Royal Anthropological Institute* 6, no. 2 (June 2000): 195-214. M. Zuckerman, "Sensation seeking: A comparative approach to a human trait," *Behavioral and Brain Sciences* 7 (1984): 413-71.

50 버트런드 러셀은 언어의 사고촉진 능력을 강조하면서 "언어는 생각을 표현할 뿐만 아니라, 언어 없이는 떠올릴 수 없는 생각을 떠올리게 한다."고 했다(Bertrand Russell, *Human Knowledge* [New York: Routledge, 2009], 58). 또한 그는 "정교한 사고를 하려면 언어가 반드시 필요하다."면서 "언어가 없으면 원의 둘레가 지름의 3.14159배라는 생각을 떠올리는 것 자체가 불가능하다."고 주장했다. 언어가 없어도 '소리치는 나무'나 '우는 구름', 또는 '행복한 돌멩이'처럼 상식에서 벗어난 구조물을 마음속에 상상할 수는 있다. 그러나 언어의 조합적이고 계층적인 특성을 활용하면 이런 것을 만들어 내기가 훨씬 쉬워진다. 미국의 철학자 대니얼 데닛은 "현실 세계에 개별적으로 존재하는 것을 하나로 엮어서 환상을 만들어 낼 때, 언어가 중추적 역할을 한다."며 언어의 중요성을 강조했다(Daniel Dennett, *Breaking the Spell: Religion as a Natural Phenomenon* [New York: Penguin Publishing Group, 2006], 121). 8장에서 보게 되겠지만, 특정 분야의 예술은 아이디어의 흐름을 다른 방향으로(말로 표현된 생각을 말이 필요 없는 '느낌'으로) 바꾸는데 매우 유용하다.

51 Justin L. Barrett, *Why Would Anyone Believe in God?* (Lanham, MD: AltaMira, 2004); Stewart Guthrie, *Faces in the Clouds: A New Theory of Religion* (New York: Oxford University Press, 1993).

7장 두뇌와 믿음

1 카프제(Qafzeh) 유적지는 1934년에 프랑스의 고고학자 르네 뇌빌(René Neuville)이 처음으로 발견한 후, 베르나르 방데르미르슈(Bernard Vandermeersch)가 이끄는 연구팀에 의해 후속 발굴이 진행되었다. 처음에 고고학자들은 유골이 그곳에서 죽은 사람이라고 생각했으나, 방데르미르슈는 유골과 유물을 면밀히 분석한 끝에 장례 의식을 치른 흔적이라고 결론지었다. Hélène Coqueugniot et al., "Earliest cranio-encephalic trauma from the Levantine Middle Palaeolithic: 3D reappraisal of the Qafzeh 11 skull, consequences of pediatric brain damage on individual life condition and social care," *PloS One* 9 (23 July 2014): 7 e102822.

2 Erik Trinkaus, Alexandra Buzhilova, Maria Mednikova, and Maria Dobrovolskaya, *The People of Sunghir: Burials, Bodies and Behavior in the Earlier Upper Paleolithic* (New York: Oxford University Press, 2014).

3 Edward Burnett Tylor, *Primitive Culture*, vol. 2 (London: John Murray 1873; Dover Reprint Edition, 2016), 24.

4 Mathias Georg Guenther, *Tricksters and Trancers: Bushman Religion and Society* (Bloomington, IN: Indiana University Press, 1999), 180-98.

5 Peter J. Ucko and Andrée Rosenfeld, *Paleolithic Cave Art* (New York: McGraw-Hill, 1967), 117-23, 165-74.

6 David Lewis-Williams, *The Mind in the Cave: Consciousness and the Origins of Art* (New York: Thames & Hudson, 2002), 11. 동굴보다 접근하기 쉬운 곳에서도 꽤 많은 벽화가 발견되었지만, 작품의 난이도로 미루어 볼 때 단순히 "예술을 위한 예술"일 가능성은 거의 없다.

7 Salomon Reinach, *Cults, Myths and Religions*, Elizabeth Frost 번역 (London: David Nutt, 1912), 124-38.

8 이 가설은 많은 학자들의 지지를 받고 있지만, 후대의 동굴 유적지에서 발견된 동물의 뼈와 벽화에 그려진 동물이 일치하지 않기 때문에 아직은 논란의 여지가 남아 있다. 사냥에서 들소가 잡히기를 간절히 원한다면, 동굴 벽에 들소를 그렸을 것이다. 그러나 실제 벽화에 그려진 그림은 사냥감과 거리가 멀다. Jean Clottes, *What Is Paleolithic Art? Cave Paintings and the Dawn of Human Creativity* (Chicago: University of Chicago Press, 2016).

9 2019년 3월 13일에 벤저민 스미스와 사적으로 나눈 대화에서 발췌.

10 Pascal Boyer, *Religion Explained: The Evolutionary Origins of Religious Thought* (New York: Basic Books, 2007), 2.

11 자세한 내용은 *The Adapted Mind: Evolutionary Psychology and the Generation of Culture*, Jerome H. Barkow, Leda Cosmides, and John Tooby, eds. (Oxford: Oxford University Press, 1992)와 David Buss, *Evolutionary Psychology: The New Science of Mind* (Boston: Allyn & Bacon, 2012)를 참고하기 바란다.

12 인지과학의 관점에서 종교를 분석한 책으로는 Justin L. Barrett, *Why Would Anyone Believe in God?* (Lanham, MD: AltaMira Press, 2004); Scott Atran, *In Gods We Trust: The Evolutionary Landscape of Religion* (Oxford: Oxford University Press, 2002); Todd Tremlin, *Minds and Gods: The Cognitive Foundations of Religion* (Oxford: Oxford University Press, 2006) 등이 있다.

13 Pascal Boyer, *Religion Explained: The Evolutionary Origins of Religious Thought* (New York: Basic Books, 2007), 46-47; Daniel Dennett, *Breaking the Spell: Religion as a Natural Phenomenon* (New York: Penguin Books, 2006), 122-23; Richard Dawkins, T*he God Delusion* (New York: Houghton Mifflin Harcourt, 2006), 230-33.

14 다윈의 친족선택(kin selection, 또는 포괄적응도[inclusive fitness])을 발전시킨 사례로는 R. A. Fisher, *The Genetical Theory of Natural Selection* (Oxford: Clarendon Press, 1930); J. B. S. Haldane, *The Causes of Evolution* (London: Longmans, Green & Co., 1932); W. D. Hamilton, "The Genetical Evolution of Social Behaviour," *Journal of Theoretical Biology* 7, no. 1 (1964): 1-16 등이 있다. 최근에 M. A. Nowak와 C. E. Tarnita, 그리고 E. O. Wilson은 "The evolution of eusociality," *Nature* 466 (2010): 1057-62에서 친족선택의 유용성을 반박하여 많은 학자들의 호응을 얻었다. P. Abbot, J. Abe, J. Alcock, et al., "Inclusive fitness theory and eusociality," *Nature* 471 (2010): E1-E4.

15 David Sloan Wilson, *Does Altruism Exist? Culture, Genes and the Welfare of Others* (New Haven:

엔드 오브 타임

Yale University Press, 2015); David Sloan Wilson, *Darwin's Cathedral: Evolution, Religion and the Nature of Society* (Chicago: University of Chicago Press, 2002).

16 Steven Pinker in "The Believing Brain," World Science Festival public program, New York City, Gerald Lynch Theatre, 2 June 2018, https://www.worldsciencefestival.com/videos/believing-brain-evolution-neuroscience-spiritual-instinct/46:50-49:16.

17 Charles Darwin, *The Descent of Man, and Selection in Relation to Sex* (New York: D. Appleton and Company, 1871), 84, Kindle. 다윈의 코멘트는 집단선택(주변 환경에 적절하게 적응한 집단이 끝까지 생존한다는 원리)을 옹호하는 것처럼 들린다. 표준진화론은 각 개체에 적용되는 자연선택 원리에 기초하고 있다. 생존력과 번식력이 강한 개체는 자신의 유전자를 후대에 전달할 기회가 다른 개체보다 많다. 집단선택은 자연선택과 비슷하지만, 하나의 개체가 아닌 집단에 적용되는 원리다. 생존력과 번식력이 강한 집단은 후손집단에 유전자(집단을 유지하는 데 유리하게 작용하는 유전자)를 물려줄 기회가 많고, 이런 집단은 규모가 점점 커지다가 소그룹으로 분할되면서 넓은 지역으로 퍼져 나갔다(다윈의 논리는 집단의 성공에 기여하는 '개인'에 초점이 맞춰져 있다. 개인의 경우와 달리 집단이 성공적으로 운영되면 집단의 수가 많아지는 것이 아니라, 해당 집단의 구성원이 많아진다. 그러나 집단이 성공하려면 개인에게 유리한 행동과 집단에 유리한 행동이 적절하게 균형을 이뤄야 한다). 집단선택의 원리적 가능성에 대해서는 논란의 여지가 없다. 중요한 것은 집단선택이 실제로 일어났는지의 여부다. 일반적으로 한 개인이 태어나서 죽을 때까지 걸리는 시간은 하나의 집단이 탄생했다가 분할되거나 소멸될 때까지 걸리는 시간보다 훨씬 짧다. 반대론자들은 바로 이 '시간'을 문제 삼고 있다. 집단선택은 가시적 효과가 나타날 때까지 시간이 너무 오래 걸린다는 것이다. 그러나 집단선택을 오랫동안 지지해 온 데이비드 슬론 윌슨(그의 이론은 다단계선택[multilevel selection]으로 알려져 있다)은 대부분의 논쟁이 "겉보기에는 다르지만 궁극적으로 동일한 산출법(전체 인구를 기원에 따라 분할하는 방법)으로 귀결된다."고 주장했다. David Sloan Wilson, *Does Altruism Exist? Culture, Genes and the Welfare of Others* (New Haven: Yale University Press, 2015), 31-46 참조.

18 종교적 헌신과 마음의 관계에 대한 연구 논문으로는 R. Sosis, "Religion and intra-group cooperation: Preliminary results of a comparative analysis of utopian communities," *Cross-Cultural Research* 34 (2000): 70-87과 R. Sosis and C. Alcorta, "Signaling, solidarity, and the sacred: The evolution of religious behavior," *Evolutionary Anthropology* 12 (2003): 264-74가 있다.

19 Robert Axelrod and William D. Hamilton, "The Evolution of Cooperation," *Science* 211 (March 1981): 1390-96; Robert Axelrod, *The Evolution of Cooperation*, rev. ed. (New York: Perseus Books Group, 2006).

20 Jesse Bering, *The Belief Instinct* (New York: W. W. Norton, 2011).

21 Sheldon Solomon, Jeff Greenberg, and Tom Pyszczynski, *The Worm at the Core: On the Role of Death in Life* (New York: Random House Publishing Group, 2015), 122.

22 Abram Rosenblatt, Jeff Greenberg, Sheldon Solomon, et al., "Evidence for Terror Management Theory I: The Effects of Mortality Salience on Reactions to Those Who Violate or Uphold Cultural Values," *Journal of Personality and Social Psychology* 57 (1989): 681-90. 리뷰논문으로 는 Sheldon Solomon, Jeff Greenberg, and Tom Pyszczynski, "Tales from the Crypt: On the Role of Death in Life," *Zygon* 33, no. 1 (1998): 9-43이 있다.

23 Tom Pyszczynski, Sheldon Solomon, and Jeff Greenberg, "Thirty Years of Terror Management Theory," *Advances in Experimental Social Psychology* 52 (2015): 1-70.

24 Pascal Boyer, *Religion Explained: The Evolutionary Origins of Religious Thought* (New York: Basic Books, 2007), 20.

25 William James, *The Varieties of Religious Experience: A Study in Human Nature* (New York: Longmans, Green, and Co., 1905), 485.

26 Stephen Jay Gould, *The Richness of Life: The Essential Stephen Jay Gould* (New York: W. W. Norton, 2006), 232-33.

27 Stephen J. Gould, in *Conversations About the End of Time* (New York: Fromm International, 1999). 죽음에 대한 인식과 초자연적 존재의 관계에 대해서는 A. Norenzayan and I. G. Hansen, "Belief in supernatural agents in the face of death," *Personality and Social Psychology Bulletin* 32 (2006): 174-87을 참고하기 바란다.

28 Karl Jaspers, *The Origin and Goal of History* (Abingdon, UK: Routledge, 2010), 2.

29 Wendy Doniger 번역, *The Rig Veda* (New York: Penguin Classics, 2005), 25-26.

30 달라이 라마(Dalai Lama), 2005년 9월 21일 Houston, Texas. 그날의 대화 내용은 기록으로 남아 있지 않지만, 내 질문에 대한 그의 답은 내 기억 속에 또렷하게 남아 있다.

31 주요 종교의 경전이 집필된 시기와 정경(正經)으로 인정된 시기는 아직도 논쟁거리로 남아 있다. 일부 학자들은 이 책에서 제시한 시기에 동의할 수도 있지만, 다른 주장을 펼치는 학자들도 많이 있다.

32 David Buss, *Evolutionary Psychology: The New Science of Mind* (Boston: Allyn & Bacon, 2012), 90-95, 205-206, 405-409.

33 인간의 믿음에 영향을 준 다양한 요인들은 Michael Shermer, *The Believing Brain: From Ghosts and Gods to Politics and Conspiracies* (New York: St. Martin's Griffin, 2011)에 잘 정리되어 있다. 감정이 믿음에 영향을 미친 것은 분명하지만, 최근까지만 해도 학자들은 그 반대로 믿음이 감정에 미치는 영향을 강조해 왔다. 이 분야의 대표적 연구 사례로는 N. Frijda, A. S. R. Manstead, and S. Bem, "The influence of emotions on belief," in *Emotions and Beliefs: How Feelings Influence Thoughts* (Studies in Emotion and Social Interaction), ed. N. Frijda, A. Manstead, and S. Bem (Cambridge: Cambridge University Press, 2000), 1-9가 있다. 믿음이 형성되고 변하는 과정에 감정이 미치는 영향에 대해서는 N. Frijda and B. Mesquita, "Beliefs through emotions," in *Emotions and Beliefs: How Feelings Influence Thoughts* (Studies in Emotion and Social Interaction), ed. N. Frijda, A. Manstead, and S. Bem (Cambridge: Cambridge University Press, 2000), 45-77을 읽어 보기 바란다.

34 Pascal Boyer, *Religion Explained: The Evolutionary Origins of Religious Thought* (New York: Basic Books, 2007), 303.

35 Karen Armstrong, *A Short History of Myth* (Melbourne: The Text Publishing Company, 2005), 57.

36 상동

37 Guy Deutscher, *The Unfolding of Language: An Evolutionary Tour of Mankind's Greatest Invention* (New York: Henry Holt and Company, 2005).

38 William James, *The Varieties of Religious Experience: A Study in Human Nature* (New York: Longmans, Green and Co., 1905), 498.

39 상동, 506-507.

8장 본능과 창조력

1 Howard Chandler Robbins Landon, *Beethoven: A Documentary Study* (New York: Macmillan Publishing Co., Inc., 1970), 181.

2 Friedrich Nietzsche, *Twilight of the Idols*, Duncan Large 번역 (Oxford: Oxford University Press, 1998, 2008년 재출간), 9.

3 George Bernard Shaw, *Back to Methuselah* (Scotts Valley, CA: CreateSpace Independent Publishing Platform, 2012), 277.

4 David Sheff, "Keith Haring, An Intimate Conversation," *Rolling Stone* 589 (August 1989): 47.

5 Josephine C. A. Joordens et al., "*Homo erectus* at Trinil on Java used shells for tool production and engraving," *Nature* 518 (12 February 2015): 228-31.

6 좀 더 정확하게 말해서, 생명체의 가장 중요한 목적은 자신의 유전자를 후대에 남기는 것이다. 이 목적을 달성하려면 직접 후손을 낳거나, 자신과 비슷한 유전자를 보유한 다른 생명체가 안전하게 번식할 수 있도록 도와야 한다.

7 흰수염 무희새의 구애 행동은 Richard Prum, *The Evolution of Beauty: How Darwin's Forgotten Theory on Mate Choice Shapes the Animal World and Us* (New York: Doubleday, 2017), 1544-45에, 반딧불이의 짝짓기 습성은 S. M. Lewis and C. K. Cratsley, "Flash signal evolution, mate choice, and predation in fireflies," *Annual Review of Entomology* 53 (2008): 293-321에 잘 나와

있다. 바우어새가 집을 짓는 과정과 관련 사진은 Peter Rowland, *Bowerbirds* (Collingwood, Australia: CSIRO Publishing, 2008), 40-47을 참고하기 바란다.

8 당시 사람들이 성선택을 달갑게 여기지 않은 이유는 이 원리가 짝짓기 대상의 선택권을 암컷에게 양도한다고 생각했기 때문이다. 게다가 빅토리아시대에 영국의 생물학계는 대부분이 남성이었다. H. Cronin, *The Ant and the Peacock: Altruism and Sexual Selection from Darwin to Today* (Cambridge: Cambridge University Press, 1991). 수컷이 암컷을 선택하거나 암수 모두 선택권을 갖는 종도 있다.

9 Charles Darwin, *The Descent of Man, and Selection in Relation to Sex*, ill. ed. (New York: D. Appleton and Company, 1871), 59.

10 월리스는 "일반적으로 수컷은 암컷보다 '활력'이 강한데 딱히 배출구가 없기 때문에 여분의 활력이 화려한 색상과 긴 꼬리, 긴 울음 등으로 표출된다."고 주장했다. 또한 그는 동물의 화려한 외모가 육체적 강인함과 관련되어 있기 때문에, 수컷 공작의 꼬리가 화려한 이유는 암컷의 눈에 띄어서가 아니라 신체가 강인하여 자연선택에서 살아남을 확률이 높았기 때문이라고 주장했다. Alfred Russel Wallace, *Natural Selection and Tropical Nature* (London: Macmillan and Co., 1891). 조류학자 리처드 프럼(Richard Prum)은 그의 저서인 *The Evolution of Beauty: How Darwin's Forgotten Theory on Mate Choice Shapes the Animal World and Us* (New York: Doubleday, 2017)에서 "생물학자들이 생존능력에 과도하게 집착한 나머지 동물의 미적 감각을 과소평가했다."고 주장하여 해묵은 논쟁에 다시 한번 불을 당겼다.

11 번식과 관련하여 암컷과 수컷의 비대칭적 역할에 대해서는 Robert Trivers의 "Parental Investment and Sexual Selection," in *Sexual Selection and the Descent of Man: The Darwinian Pivot*, ed. Bernard G. Campbell (Chicago: Aldine Publishing Company, 1972), 136-79에 잘 정리되어 있다.

12 Geoffrey Miller, *The Mating Mind: How Sexual Choice Shaped the Evolution of Human Nature* (New York: Anchor, 2000); Denis Dutton, *The Art Instinct* (New York: Bloomsbury Press, 2010). 이 관점은 아모츠 자하비(Amotz Zahavi)가 제안했던 '불이익원리(handicap principle)'와 밀접하게 관련되어 있다. 이 원리에 의하면 일부 동물은 눈에 잘 띄는 외모나 행동으로 자신의 건강함을 과시하는데, 이런 상태를 유지하기 위해 다량의 자원과 에너지 소모를 감수하고 있다. 아름답지만 거추장스러운 꼬리를 달고 사는 수컷 공작은 "나는 이 정도 불편쯤은 감수할 정도로 육체적, 정신적으로 여유가 있다."는 것을 암컷에게 과시함으로써 번식 기회를 확보한다. 이런 관점에서 볼 때 초기 인류의 예술가들도 적응력과 무관한 예술적 재능을 강인함의 상징으로 과시함으로써 번식 기회를 높였고, 그 후손들도 부모에게 물려받은 재능을 짝짓기에 유리한 쪽으로 활용했을 것이다. Amotz Zahavi, "Mate selection-A selection for a handicap," *Journal of Theoretical Biology* 53, no. 1 (1975): 205-14.

13 Brian Boyd, "Evolutionary Theories of Art," in *The Literary Animal: Evolution and the Nature of Narrative*, ed. Jonathan Gottschall and David Sloan Wilson (Evanston, IL: Northwestern

University Press, 2005), 147.

고대인의 예술활동을 성선택으로 설명하려는 시도에 비판을 가한 대표적 사례는 다음과 같다. (1)예술의 기원을 성선택으로 설명한다면 고대의 예술인들은 주로 남성이었을 것이다. 그렇다면 그들은 생식사슬의 정점에서 오직 여성을 위해, 오직 성적인 부분에 초점을 맞춘 예술작품을 만들었다는 말인가?(Brian Boyd, *On the Origin of Stories* [Cambridge: Belknap Press, 2010], 76; Ellen Dissanayake, *Art and Intimacy* [Seattle: University of Washington Press, 2000], 136.) (2)지능과 창의력이 과연 신체적 우월성을 보여 주는 징표인가? 이 주장을 뒷받침할 만한 증거는 아직 발견되지 않았다. 신체적으로 열등하면서 뛰어난 창조력을 발휘한 사례는 우리 주변에서 쉽게 찾을 수 있다.(James R. Roney, "Likeable but Unlikely, a Review of the Mating Mind by Geoffrey Miller," *Psycoloquy* 13, no. 10 (2002), article 5.) (3)남성들은 사회적 지위와 부(富), 또는 운동경기에서 이기는 것으로 남성다움(신체적 우위)을 과시한다. 그런데 남성의 예술적 재능이 어떻게 이보다 더 효율적으로 여성에게 어필할 수 있다는 말인가?(Stephen Davies, *The Artful Species: Aesthetics, Art, and Evolution* [Oxford: Oxford University Press, 2012], 125.)

14 Steven Pinker, *How the Mind Works* (New York: W. W. Norton, 1997), 525.

15 Ellen Dissanayake, *Art and Intimacy: How the Arts Began* (Seattle: University of Washington Press, 2000), 94.

16 Noël Carroll, "The Arts, Emotion, and Evolution," in *Aesthetics and the Sciences of Mind*, ed. Greg Currie, Matthew Kieran, Aaron Meskin, and Jon Robson (Oxford: Oxford University Press, 2014).

17 Glenn Gould in *The Glenn Gould Reader*, ed. Tim Page (New York: Vintage Books, 1984), 240.

18 Brian Boyd, *On the Origin of Stories* (Cambridge, MA: Belknap Press, 2010), 125.

19 Jane Hirshfield, *Nine Gates: Entering the Mind of Poetry* (New York: Harper Perennial, 1998), 18.

20 Saul Bellow, 1976년 12월 12일, 노벨상 수상연설. *Nobel Lectures, Literature 1968-1980*, ed. Sture Allen (Singapore: World Scientific Publishing Co., 1993).

21 Joseph Conrad, *The Nigger of the "Narcissus"* (Mineola, NY: Dover Publications, Inc., 1999), vi.

22 Yip Harburg, "Yip at the 92nd Street YM-YWHA, December 13, 1970," transcript 1-10-3, p. 3, tapes 7-2-10 and 7-2-20.

23 Yip Harburg, "E. Y. Harburg, Lecture at UCLA on Lyric Writing, February 3, 1977," transcript, pp. 5-7, tape 7-3-10.

24 Marcel Proust, *Remembrance of Things Past*, vol. 3: *The Captive, The Fugitive, Time Regained* (New York: Vintage, 1982), 260, 931.

25 상동, 260.

26 George Bernard Shaw, *Back to Methuselah* (Scotts Valley, CA: Create Space Independent Publishing Platform, 2012), 278.

27 Ellen Greene, "Sappho 58: Philosophical Reflections on Death and Aging," in *The New Sappho on Old Age: Textual and Philosophical Issues*, ed. Ellen Greene and Marilyn B. Skinner, Hellenic Studies Series 38 (Washington, DC: Center for Hellenic Studies, 2009); Ellen Greene, ed., *Reading Sappho: Contemporary Approaches* (Berkeley: University of California Press, 1996).

28 Joseph Wood Krutch, "Art, Magic, and Eternity," *Virginia Quarterly Review* 8, no. 4, (Autumn 1932); https://www.vqronline.org/essay/art-magic-and-eternity.

29 어니스트 베커는 죽음을 부정하는 것이 평균수명이 길어지고 종교의 영향력이 약해진 현대에 이르러 두드러지게 나타난 현상이라고 주장했다. Philippe Ariès, *The Hour of Our Death*, Helen Weaver 번역 (New York: Alfred A. Knopf, 1981).

30 W. B. Yeats, *Collected Poems* (New York: Macmillan Collector's Library Books, 2016), 267.

31 Herman Melville, *Moby-Dick* (Hertfordshire, UK: Wordsworth Classics, 1993) 235.

32 J. Gerald Kennedy, *Poe, Death, and the Life of Writing* (New Haven: Yale University Press, 1987), 48.

33 Tennesse Williams, *Cat on a Hot Tin Roof* (New York: New American Library, 1955), 67-68.

34 Fyodor Dostoevsky, *Crime and Punishment*, Michael R. Katz 번역 (New York: Liveright, 2017), 318.

35 Sylvia Plath, *The Collected Poems*, Ted Hughes 편저 (New York: Harper Perennial, 1992), 255.

36 Douglas Adams, *Life, the Universe and Everything* (New York: Del Rey, 2005), 4-5.

37 1950년 프랑스의 프라드(Prades)에세 열린 바흐 축제(Bach Festival)에서 파블로 카살스가 했던 말. Paul Elie, *Reinventing Bach* (New York: Farrar, Straus and Giroux, 2012), 447에서 인용됨.

38 Joseph Conrad, *The Nigger of the "Narcissus"* (Mineola, NY: Dover Publications, Inc., 1999), vi.

39 Helen Keller, Letter to New York Symphony Orchestra, 2 February 1924, digital archives of American Foundation for the Blind, filename HK01-07_B114_F08_015_002.tif.

9장 지속과 무상함

1 저명한 학자 중에는 인간의 진화가 끝났다고 주장하는 사람도 있다. 스티븐 제이 굴드는 그 증거로 현대인의 생물학적 구조가 5만 년 전의 인간과 동일하다는 점을 강조했다(Stephen Jay Gould, "The spice of life," *Leader to Leader* 15 [2000]: 14-19). 반면에 인간게놈(human

496 엔드 오브 타임

genome)을 연구하는 학자들은 인간의 진화가 점점 더 빠르게 진행되고 있다고 주장한다(John Hawks, Eric T. Wang, Gregory M. Cochran, et al., "Recent acceleration of human adaptive evolution," *Proceedings of the National Academy of Sciences* 104, no. 52 [December 2007]: 20753-58; Wenqing Fu, Timothy D. O'Connor, Goo Jun, et al., "Analysis of 6,515 exomes reveals the recent origin of most human protein-coding variants," *Nature* 493 [10 January 2013]: 216-20). 다양한 개체군을 대상으로 한 연구 결과들은 비교적 최근에도 진화가 이루어졌음을 보여 주고 있다. 예를 들어 네덜란드인의 평균 신장이 짧은 기간 동안 급속하게 커진 것은 자연선택과 성선택이 작용한 결과다(Gert Stulp, Louise Barrett, Felix C. Tropf, and Melinda Mill, "Does natural selection favour taller stature among the tallest people on earth?" *Proceedings of the Royal Society B* 282, no. 1806 [7 May 2015]: 20150211). 고고도 지방에 거주하는 사람들의 적응에 대한 연구 사례로는 Abigail Bigham et al., "Identifying signatures of natural selection in Tibetan and Andean populations using dense genome scan data," *PLoS Genetics* 6, no. 9 [9 September 2010]: e1001116)이 있다.

2 Choongwon Jeong and Anna Di Rienzo, "Adaptations to local environments in modern human populations," *Current Opinion in Genetics & Development* 29 (2014), 1-8; Gert Stulp, Louise Barrett, Felix C. Tropf, and Melinda Mill, "Does natural selection favour taller stature among the tallest people on earth?" *Proceedings of the Royal Society B* 282, no. 1806 (7 May 2015): 20150211 (9장 후주-1도 참조할 것).

3 이 가정은 Steven Carlip, "Transient Observers and Variable Constants, or Repelling the Invasion of the Boltzmann's Brains," *Journal of Cosmology and Astroparticle Physics* 06 (2007): 001에서 사실로 입증된 바 있다. 단, 암흑에너지(dark energy)의 값은 변할 수 있으며, 이 가능성은 본문에서도 고려할 것이다. 앞으로 알게 되겠지만 1990년대 말에 물리학자들은 "아인슈타인이 1931년에 우주상수(cosmological constant)를 철회한 것은 섣부른 판단이었다."고 입을 모았다. 그뿐만 아니라 우주상수에 '상수(constant)'라는 이름을 붙인 것도 섣부른 판단이었다. 아인슈타인의 우주상수는 시간에 따라 변할 가능성이 높으며, 이것은 우주의 미래에 지대한 영향을 미친다.

4 지능의 미래에 대한 다른 관점으로는 David Deutsch, *The Beginning of Infinity* (New York: Viking, 2011)을 참고하기 바란다.

5 물리학에 입각한 종말론과 미래의 물리학은 과거의 물리학만큼 많은 관심을 끌지 못했다. 이 분야와 관련된 참고문헌 목록은 Milan M. Ćirković, "Resource Letter: PEs-1, Physical Eschatology," *American Journal of Physics* 71 (2003): 122에 잘 정리되어 있다. Freeman Dyson, "Time without end: Physics and biology in an open universe," *Reviews of Modern Physics* 51 (1979): 447-60과 Fred C. Adams and Gregory Laughlin, "A dying universe: The long-term fate and evolution of astrophysical objects," *Reviews of Modern Physics* 69 (1997): 337-72에는 우리 책에서 다룬 내용을 행성과 은하 규모로 확장하여 일반적인 결론을 도출했으며, 두 번째 논문

의 저자들이 공동 저술한 *The Five Ages of the Universe: Inside the Physics of Eternity* (New York: Free Press, 1999)도 읽어볼 만하다. 이 주제를 처음으로 다룬 논문은 M. J. Rees, "The collapse of the universe: An eschatological study," *Observatory* 89 (1969): 193-98과 Jamal N. Islam, "Possible Ultimate Fate of the Universe," *Quarterly Journal of the Royal Astronomical Society* 18 (March 1977): 3-8이었다.

6 I.-J. Sackmann, A. I. Boothroyd, and K. E. Kraemer, "Our Sun. III. Present and Future," *Astrophysical Journal* 418 (1993): 457; Klaus-Peter Schroder and Robert C. Smith, "Distant future of the Sun and Earth revisited," *Monthly Notices of the Royal Astronomical Society* 386, no. 1 (2008): 155-63.

7 물리학에 관심 있는 독자들은 잘 알고 있겠지만, 파울리의 배타 원리는 태양의 진화 과정에서 이미 작용하고 있었다. 태양의 중심부에서 헬륨이 핵융합 반응을 일으키기 전에도 중심부의 밀도가 충분히 높기 때문에, 배타 원리에 의한 전자의 축퇴압(縮退壓, degeneracy pressure)*이 중요한 요소로 작용한다. 본문에서 말한 대로 '잠시 동안 강력한 에너지를 분출하면서 자신의 에너지원이 수소에서 헬륨으로 바뀌었음을 알리는' 것은 중심부에 있는 전자의 축퇴압 때문에 일어나는 현상이다.

8 Alan Lindsay Mackay, *The Harvest of a Quiet Eye: A Selection of Scientific Quotations* (Bristol, UK: Institute of Physics, 1977): 117.

9 백색왜성(white dwarf)에서 배타 원리의 역할을 처음으로 규명한 논문은 R. H. Fowler, "On Dense Matter," *Monthly Notices of the Royal Astronomical Society* 87, no. 2 (1926): 114-22였고, 여기에 상대론적 효과를 고려한 최초의 논문은 Subrahmanyan Chandrasekhar, "The Maximum Mass of Ideal White Dwarfs," *Astrophysical Journal* 74 (1931): 81-82였다. 흔히 '찬드라세카 한계(Chandrasekhar limit)'로 불리는 이 결과에 의하면 태양 질량의 1.4배 이하인 별들은 파울리의 배타 원리에 의해 수축이 중단된다. 질량이 이보다 큰 별은 계속 수축되고, 이 과정에서 양성자가 전자와 반응을 일으켜 중성자로 변한다. 그 후에도 계속 수축되다가 중성자마저 파울리의 배타 원리 때문에 더 이상 수축될 수 없는 한계에 도달하는데, 이런 별을 중성자별 (neutron star)이라 한다.

10 대부분의 은하들도 시간이 흐를수록 서로 멀어지고 있지만, 거리가 너무 가까워서 중력에 의해 서로 가까워지는 은하도 있다. 우리 태양계가 속해 있는 은하수(Milky Way)와 안드로메다 은하(Andromeda galaxy)가 그 대표적 사례다.

11 S. Perlmutter et al., "Measurements of Ω and Λ from 42 High-Redshift Supernovae," *Astrophysical Journal* 517, no. 2 (1999): 565; B. P. Schmidt et al., "The High-Z Supernova

---

* 에너지준위가 낮은 곳부터 입자가 차례로 채워지면서 발생하는 압력.

Search: Measuring Cosmic Deceleration and Global Curvature of the Universe Using Type IA Supernovae," *Astrophysical Journal* 507 (1998): 46.

12 팽창 속도가 점점 빨라지는 현상(가속 팽창)에 대한 모든 설명은 한결같이 중력을 원인으로 지목하면서 두 가지 가능성을 제시했다. (1)거리에 따른 중력의 변화가 아인슈타인-뉴턴의 설명에 기초한 전통적 법칙을 따르지 않거나, (2)우리가 알고 있는 질량과 에너지 외에 중력을 발휘하는 또 다른 원천이 존재해야 한다. 이론상으로는 두 가지 모두 가능하지만, 과학자들은 두 번째 가능성을 집중적으로 연구해 왔다(가속 팽창뿐만 아니라 마이크로파 우주배경복사 [cosmic microwave background radiation]의 분포를 설명할 때에도 두 번째 가능성을 고려했다). 이 책에서도 다수의 의견을 따라 두 번째 가능성에 집중하기로 한다.

13 암흑에너지의 밀도는 5×10^{-10} J/m³, 또는 5×10^{-10} W·s/m³이다. 100와트(W)짜리 전구를 1초 동안 밝히는 데 필요한 에너지는 1m³의 공간에 들어 있는 암흑에너지의 2×10^{11}배에 달한다. 그러므로 1m³ 안에 들어 있는 암흑에너지로는 100W짜리 전구를 5×10^{-12}초(1조 분의 5초, 또는 2천억 분의 1초)밖에 밝힐 수 없다.

14 암흑에너지의 값(밀도)이 시간이 흘러도 변하지 않는다면 아인슈타인의 우주상수는 처음부터 대성공을 거두었을 것이다. 1917년에 그는 자신이 구축한 일반상대성이론으로는 정적(靜的)인 우주를 구현할 수 없음을 깨닫고 수정 작업에 착수했다. 우주가 정적인 상태를 유지하려면 균형이 맞아야 하는데, 중력은 오직 인력으로만 작용하기 때문에 이것을 막아 줄 다른 힘이 필요했던 것이다. 얼마 후 아인슈타인은 자신이 유도한 장방정식에 새로운 항(우주상수항)을 추가하여, 우주상수의 밀어내는 중력과 기존의 당기는 중력이 균형을 이루도록 만들었다(당시 아인슈타인은 이렇게 억지로 맞춰 놓은 균형이 극도로 불안정하다는 사실을 모르고 있었다. 우주의 크기가 조금만 커지거나 작아지면, 그 즉시 균형이 깨져서 우주는 팽창하거나 축소하게 된다). 그러나 1929년에 허블의 관측 결과가 세상에 알려지면서 우주가 팽창한다는 사실을 더 이상 부정할 수 없게 되었고, 아인슈타인은 자신이 끼워 넣었던 우주상수항을 철회했다. 그는 이 사건을 두고 "내 인생 최대의 실수"라며 한탄했지만, 그가 최초로 제안했던 "밀어내는 중력"은 훗날 가속 팽창을 설명하는 핵심 개념으로 떠올랐다. 그래서 세간에는 "아인슈타인의 머리에서 나온 생각은 틀린 것조차도 유용하다."는 말이 떠돌기도 했다.

15 Robert R. Caldwell, Marc Kamionkowski, and Nevin N. Weinberg, "Phantom Energy and Cosmic Doomsday," *Physical Review Letters* 91 (2003): 071301.

16 Abraham Loeb, "Cosmology with hypervelocity stars," *Journal of Cosmology and Astroparticle Physics* 04 (2011): 023.

17 지구 내부의 에너지 중에는 원시행성 때 먼지와 기체가 중력으로 응축되면서 발생한 열에너지도 포함되어 있다. 또한 지구의 자전운동도 깊은 바위층에 압력을 가하면서 에너지를 생산하고 있다(이 압력이 없으면 바위는 지구를 따라 회전할 수 없다).

18 Fred C. Adams and Gregory Laughlin, "A dying universe: The long-term fate and evolution of astrophysical objects," *Reviews of Modern Physics* 69 (1997): 337-72; Fred C. Adams and Greg Laughlin, *The Five Ages of the Universe: Inside the Physics of Eternity* (New York: Free Press, 1999), 50-52. 모항성으로부터 멀리 떨어진 행성이나 위성의 생명체 존재 가능성을 판단할 때에도 이와 비슷한 논리가 적용된다. 내부 깊은 곳에서 지구와 유사한 지질학적 과정이 진행되고 있다면 생명체가 서식할 수 있다. 토성의 위성 중 하나인 엔셀라두스(Enceladus)가 가장 그럴듯한 후보다. 엔셀라두스는 태양과의 거리가 너무 멀기 때문에 표면에 생명체가 존재할 가능성은 거의 없다. 그러나 모행성인 토성과 80여 개의 다른 위성들로부터 가해지는 중력에 의해 이리저리 압축되고 늘어나면서 내부에 열이 발생한다. 그래서 천문학자들은 엔셀라두스의 지표면 아래에 다량의 물이 존재할 것으로 추정하고 있다. 미래의 어느 날, 지구인을 태운 탐사선이 엔셀라두스의 지각을 뚫고 내려갔다가 그곳에 사는 수중외계인과 마주친다고 해도 전혀 이상할 것이 없다.

19 나는 스티븐 콜버트 쇼(The Late Show with Stephen Colbert)에 출연하여 이 실험을 공개적으로 실행한 적이 있다. 위로 갈수록 작아지는 공 5개를 차례로 쌓은 후 약 1m 높이에서 바닥으로 떨어뜨렸더니, 제일 위에 있는 탁구공이 무려 10m 이상 튀어 올랐다(덕분에 이 분야에서 세계 신기록을 세워 기네스북 인증서도 받았다). https://www.youtube.com/watch?v=75szwX09pg8.

20 영국 출신의 미국 물리학자 프리먼 다이슨(Freeman Dyson)은 태양계의 행성이 외계에서 온 별과 충돌하여 태양계 바깥으로 날아갈 확률과 은하에 속한 별이 은하를 탈출할 확률을 대충 계산했는데, 그 결과는 Freeman Dyson, "Time without end: Physics and biology in an open universe," *Reviews of Modern Physics* 51 (1979): 450에 나와 있다. 그 후 애덤스(F. C. Adams)와 러플린(G. Laughlin)은 이 계산을 정교하게 수행하여 F. C. Adams and G. Laughlin, "A dying universe: The long-term fate and evolution of astrophysical objects," *Reviews of Modern Physics* 69 (1997): 343-47; Fred C. Adams and Greg Laughlin, *The Five Ages of the Universe: Inside the Physics of Eternity* (New York: Free Press, 1999), 50-51에 발표했다.

21 고무판 비유를 스판덱스로 구현한 동영상은 https://www.youtube.com/watch?v=uRijc-AN-F0에서 볼 수 있다(행성의 궤도가 줄어드는 이유와 중력파에 대한 설명도 들을 수 있다).

22 R. A. Hulse and J. H. Taylor, "Discovery of a pulsar in a binary system," *Astrophysical Journal 195* (1975): L51.

23 왜거너(R. V. Wagoner)는 중성자별이 중력복사(gravitational radiation)를 방출하면서 에너지를 잃는다고 주장했다. R. V. Wagoner, "Test for the existence of gravitational radiation," *Astrophysical Journal* 196 (1975): L63.

24 J. H. Taylor, L. A. Fowler, and P. M. McCulloch, "Measurements of general relativistic effects in the binary pulsar PSR 1913+16," *Nature* 277 (1979): 437.

25 Freeman Dyson, "Time without end: Physics and biology in an open universe," *Reviews of Modern Physics* 51 (1979): 451; Fred C. Adams and Gregory Laughlin, "A dying universe: The long-term fate and evolution of astrophysical objects," *Reviews of Modern Physics* 69 (1997): 344-47.

26 Fred C. Adams and Gregory Laughlin, "A dying universe: The long-term fate and evolution of astrophysical objects," *Reviews of Modern Physics* 69 (1997): 347-49.

27 홀로 고립된 중성자(neutron)의 수명은 약 15분밖에 되지 않는다. 그러나 중성자는 양성자보다 무겁기 때문에 붕괴된 후에도 양성자로 남는다(그 외의 부산물로 전자와 반뉴트리노[antineutrino]가 생성된다). 원자 내부에서 중성자가 붕괴되면 부산물로 생긴 양성자를 원자핵이 포용할 수 있어야 하는데, 대부분의 경우 이 조건은 충족되지 않는다. 원자핵 안에는 이미 양성자들이 만원사례를 이루고 있어서, 파울리의 배타 원리에 의해 새로운 양성자가 들어갈 틈이 없다. 원자핵 내부의 중성자가 쉽게 붕괴되지 않고 안정한 상태를 유지하는 것은 바로 이런 이유 때문이다. 그러나 중성자보다 가벼운 양성자가 붕괴되면 중성자가 생성되지 않기 때문에, 위와 같은 논리를 적용할 수 없다.

28 Howard Georgi and Sheldon Glashow, "Unity of All Elementary-Particle Forces," *Physical Review Letters* 32, no. 8 (1974): 438.

29 10^{30}년 동안 50%가 붕괴된다는 것은 10^{30}개의 양성자 중 1개가 1년 안에 붕괴될 확률이 50%라는 뜻이기도 하다.

30 1997년 12월 28일, 하버드대학교에서 하워드 조자이(Howard Georgi)와 사적으로 나눈 대화.

31 양성자 붕괴가 기존의 입자물리학 법칙(표준모형, standard model)을 뛰어넘은 대통일이론이나 끈이론에서 예견한 방식으로 붕괴되지 않는다면, 본문에서 예견한 우주의 미래는 대대적으로 수정되어야 한다. 예를 들어 우리는 철과 같은 고체가 유동성 액체와 달리 모양이 고정되어 있다고 생각하지만, 장구한 시간이 흘러서 철을 구성하는 원자들이 물리-화학적 과정을 통해 형성된 장벽을 통과하면 철도 액체처럼 거동할 수 있다. 앞으로 10^{65}년 후에는 우주 공간을 떠도는 철 덩어리의 원자가 재배열되어 거대한 액체 덩어리로 변하고, 이 시기에 존재하는 다른 물질도 비슷한 변화를 겪을 것이다. 외형뿐만이 아니다. 철보다 가벼운 원자핵은 서서히 융합되고 철보다 무거운 원자핵은 분열되어, 물질의 정체성에도 커다란 변화가 초래된다. 철은 모든 원소들 중 상태가 가장 안정한 원소이므로 시간이 충분히 흐르면 모든 물질이 철로 수렴할 것이다. 이 과정이 완료되는 데 소요되는 시간은 약 $10^{1,500}$년이다. 이보다 더 긴 시간 규모에서 물질은 양자터널현상(quantum tunneling)을 통해 블랙홀로 유입되는데, 이 정도 시간이면 호킹복사(Hawking radiation)에 의해 모두 증발해 버릴 것이다. 게다가 입자물리학의 표준모형(standard model, 기묘한 가설을 배제한 이론)에서 예견된 양성자의 수명도 이 장에서 가정한 10^{38}년보다 훨씬 길다. 예를 들어 표준모형의 약전자기방정식에는 스팔레론해(sphaleron solution)라는 특이한 해가 존재하는데, 이 해에 의하면 양성자는 양자터널현상을 통해 붕괴되며 소요시간은 약 10^{150}년으로 10^{38}년보다 길지만 위에서 말한 $10^{1,500}$년보다는 훨씬 짧다. 그동안 물리학자들은 양성자 붕괴의 다양한 시나리오를 연구해 왔는데, 대부분의 이론에서 양성자의 수명은 10^{200}년 이하로 예측되었다. 그러므로 이 정도 시간이 흘렀을 때에도 남아 있는 물

질은 산산이 분해될 가능성이 높다. 고체가 액체로 변하고 모든 물질이 철로 변하는 데 소요되는 시간은 Freeman Dyson, "Time without end: Physics and biology in an open universe," *Reviews of Modern Physics* 51 (1979): 451-52에 계산되어 있다. 양성자 붕괴를 초래하는 양자 터널현상에 대해서는 G.'t Hooft, "Computation of the quantum effects due to a four-dimensional pseudoparticle," *Physical Review D* 14 (1976): 3432와 F. R. Klinkhamer and N. S. Manton, "A saddle-point solution in the Weinberg-Salam theory," *Physical Review D* 30 (1984): 2212를 참고하기 바란다.

32 Freeman Dyson, "Time without end: Physics and biology in an open universe," *Reviews of Modern Physics* 51 (1979): 447-60.

33 온도 T에서 복잡성(complexity)이 Q인 사고체의 에너지 소비율을 D라고 했을 때(Q는 '사고체가 느끼는 단위시간'당 생성되는 엔트로피다), D는 T^2에 비례한다. 즉, $D \propto QT^2$이다.

34 좀 더 정확하게 말해서 다이슨은 "각기 다른 온도에서 작동하는 사고체의 집합이 주어졌을 때, 각 사고체의 대사율은 (어떤 종류의 대사이건 간에) 온도에 비례한다."고 가정했다. 다이슨이 제안한 생물학적 비례가설(biological scaling hypothesis)은 다음과 같다. 임의의 환경에 대하여 온도 이외의 모든 조건이 양자역학적으로 동일한 또 하나의 환경이 주어졌다고 하자. 원래 환경의 온도는 $T_{original}$, 새로 주어진 환경의 온도는 T_{new}이다. 이제 새로 주어진 환경에 살아 있는 계(living system)를 복제하여 양자역학적 해밀토니안(Hamiltonian)이 $H_{new} = (T_{new} / T_{original}) H_{original}$로 주어진다면, 복제된 계는 살아 있는 계로서 원본과 동일한 경험을 할 수 있다. 단, 복제된 계의 내부 기능은 $T_{new} / T_{original}$만큼 줄어든다.

35 [수학에 관심 있는 독자들을 위한 첨언] 온도 T와 시간 t가 $T(t) \sim t^{-p}$의 관계에 있을 때, 9장 [후주-33]의 QT^2은 $p > 1/2$일 때 수렴하고, 생각의 수($T(t)$의 적분)는 $p < 1$일 때 발산한다. 따라서 $1/2 < p < 1$일 때 사고체는 유한한 에너지로 무한히 많은 생각을 할 수 있다.

36 [수학에 관심 있는 독자들을 위한 첨언] 온도 T에서 사고체가 폐기물을 처리하는 최대속도는 T^3에 비례하지만(전자에 기초한 쌍극복사[dipole radiation]를 통해 방출한다고 가정함), 에너지를 소비하는 속도는 T^2에 비례한다. 이는 곧 온도가 어느 이하로 내려가면 폐열이 내부에 쌓이는 속도가 방출되는 속도보다 빨라진다는 뜻이다.

37 이 분야에 중요한 기여를 한 컴퓨터과학자로는 찰스 베넷(Charles Bennett)과 에드워드 프레드킨(Edward Fredkin), 롤프 란다우어(Rolf Landauer), 토마소 토폴리(Tommaso Toffoli) 등이 있다. 자세한 내용은 Charles H. Bennett and Rolf Landauer, "The Fundamental Physical Limits of Computation," *Scientific American* 253, no. 1 (July 1985): 48-56을 참고하기 바란다.

38 정확하게 말해서, 계산을 취소하는 것은 실질적으로 불가능하다. 컴퓨터의 데이터를 지우는 것은 물리적 과정이므로, 원리적으로는 깨진 유리를 붙이듯이 모든 과정을 역으로 수행하면 원상태로 되돌릴 수 있다(모든 입자의 움직임을 정확하게 거꾸로 재현하면 된다). 그러나 다들 알다시피 이런 조작은 실질적으로 불가능하다.

39 물리학계에는 우주상수(cosmological constant)가 인간의 삶과 마음에 미치는 영향에 대해 연구해 온 학자도 있다. 암흑에너지가 발견되기 훨씬 전에 존 배로(John Barrow)와 프랭크 티플러(Frank Tipler)는 우주상수를 이용하여 다양한 계산을 수행한 끝에 "정보 처리는 영원히 계속될 수 없으며, 이 과정이 끝나면 생명과 마음도 더 이상 존재할 수 없다."고 결론지었다(John D. Barrow and Frank J. Tipler, *The Anthropic Cosmological Principle* [Oxford: Oxford University Press, 1988], 668-69). 로렌스 크라우스(Lawrence M. Kruss)와 글렌 스타크만(Glenn D. Starkman)도 다이슨의 가설에 우주상수를 도입하여 이와 비슷한 결론에 도달했다(Lawrence M. Krauss and Glenn D. Starkman, "Life, the Universe, and Nothing: Life and Death in an Ever-Expanding Universe," *Astrophysical Journal* 531 [2000]: 22-30). 또한 두 사람은 규모가 유한한 양자계의 불연속적 특성 때문에, 팽창하는 우주에서는 우주상수가 존재하지 않는다 해도 영원한 사고가 불가능하다고 주장했다. 그러나 배로와 헤르빅(S. Hervik)은 중력파에 의해 생성된 온도기울기(temperature gradient)를 이용하여 "우주상수가 없는 우주에서는 영원한 사고가 가능하다."고 주장했다(John D. Barrow and Sigbjørn Hervik, "Indefinite information processing in ever-expanding universes," *Physics Letters B* 566, nos. 1-2 [24 July 2003]: 1-7). 프리즈(K. Freese)와 키니(W. Kinney)는 "시간이 흐를수록 지평선의 규모가 커지는 시공간에서는 공간의 위상이 끊임없이 변하면서 물리계가 새로운 자유도를 획득하여 폐기물을 주변 환경으로 옮길 수 있기 때문에, 무한히 먼 미래까지 계산을 수행할 수 있다."고 주장했다(K. Freese and W. Kinney, "The ultimate fate of life in an accelerating universe," *Physics Letters B* 558, nos. 1-2 [10 April 2003]: 1-8).

40 K. Freese and W. Kinney, "The ultimate fate of life in an accelerating universe," *Physics Letters B* 558, nos. 1-2 [10 April 2003]: 1-8.

10장 시간의 황혼

1 "발생 확률이 극히 낮은 사건도 충분히 긴 시간 동안 기다리면 언젠가는 반드시 발생한다."는 것은 3장에서 빅뱅의 원인을 추적할 때 이미 언급했던 이야기다. 인플라톤장이 공간의 작은 영역을 균일한 값으로 채울 확률은 거의 0에 가깝지만, 우주가 끈기 있게 기다리다가 드디어 이런 극적인 순간을 맞이했다면, 밀어내는 중력이 작용하면서 공간 팽창이 시작되었을 수도 있다. 이것이 바로 인플레이션 이론의 핵심이다. 또 다른 예로는 열역학 제2법칙을 들 수 있다. 제2법칙은 무조건 성립할 것을 요구하는 여타의 법칙과 달리 '성립할 확률이 매우 높은' 법칙이다. 엔트로피가 감소할 확률은 엄청나게 낮지만, 충분히 긴 시간 동안 기다리면 실제로 감소할 수도 있다.

2 Freeman Dyson in Jon Else, dir., *The Day After Trinity* (Houston: KETH, 1981).

3 1998년 1월 27일, 프린스턴대학교의 존 휠러(John Wheeler)와 개인적으로 나눴던 대화.

4 W. Israel, "Event Horizons in Static Vacuum Space-Times," *Physical Review* 164 (1967): 1776; W. Israel, "Event Horizons in Static Electrovac Space-Times," *Communications in Mathematical Physics* 8 (1968): 245; B. Carter, "Axisymmetric Black Hole Has Only Two Degrees of Freedom," *Physical Review Letters* 26 (1971): 331.

5 Jacob D. Bekenstein, "Black Holes and Entropy," *Physical Review D* 7 (15 April 1973): 2333. 베켄슈타인의 자세한 계산은 Leonard Susskind, *The Black Hole War: My Battle with Stephen Hawking to Make the World Safe for Quantum Mechanics* (New York: Little, Brown and Co., 2008), 151-54에 잘 정리되어 있다.

6 좀 더 정확하게 말해서, 엔트로피 한 단위가 유입되었을 때 사건지평선의 면적은 1입방단위(square unit)만큼 증가한다. 1입방단위는 플랑크길이(Plank length)를 제곱한 값의 1/4이다.

7 전자의 자기적 특성은 빈 공간의 양자요동에 따라 매우 민감하게 변하는데, 이 값을 양자이론에 입각하여 수학적으로 계산한 결과와 실험실에서 관측한 값은 그야말로 혀를 내두를 정도로 완벽하게 일치한다. 이것은 양자역학이 이룬 가장 위대한 업적 중 하나로 남아 있다. 1940년대 말에 미국의 물리학자 리처드 파인먼(Richard Feynman)은 〈파인먼 다이어그램[Feynman diagram]〉이라는 도식(圖式)을 도입하여 양자역학의 계산을 체계적으로 수행했다. 개개의 다이어그램을 계산한 후 결과를 모두 더하면 특정한 물리량의 구체적인 값이 얻어지는 식이다. 예를 들어 전자의 자기적 특성(쌍극자모멘트, dipole moment)을 계산할 때 2,000개 남짓한 다이어그램을 모두 더하면 실험실에서 관측된 값과 거의 정확하게 일치한다. Tatsumi Aoyama, Masashi Hayakawa, Toichiro Kinoshita, and Makiko Nio, "Tenth-order electron anomalous magnetic moment: Contribution of diagrams without closed lepton loops," *Physical Review D* 91 [2015]: 033006.

8 본문에서는 블랙홀을 숯에 비유했지만, 일반적인 연소과정에서 방출되는 복사와 블랙홀에서 방출되는 복사에는 중요한 차이가 있다. 숯이 탈 때 방출되는 복사는 숯의 구성 성분에서 직접 방출된 것이므로 숯의 구조에 대한 정보가 담겨 있다. 그러나 블랙홀의 구성 성분은 중심부에 있는 특이점(singularity)으로 빨려 들어가 완전히 으깨지기 때문에(블랙홀의 질량이 클수록 특이점과 사건지평선 사이의 거리가 멀어진다) 사건지평선에서 방출된 복사에는 블랙홀의 구성 성분에 대한 정보가 담겨 있지 않다. 여기서 탄생한 수수께끼가 바로 '블랙홀 정보 역설(black hole information paradox)'이다. 블랙홀에서 방출된 복사가 블랙홀의 구성 성분과 무관하다면, 블랙홀이 모두 복사로 변한 후에는 구성 성분에 관한 정보가 모두 사라진다. 그런데 정보의 유실은 우주의 양자역학적 진행에 심각한 장애를 일으키기 때문에, 물리학자들은 수십 년 동안 정보가 유지되는 방법을 찾아 왔다. 현재 대부분의 물리학자들은 정보가 보존된다고 믿고 있지만, 아직은 연구 중이어서 명확한 결론을 내리기 어렵다.

9 호킹의 공식에 의하면 질량이 M인 슈바르츠실트 블랙홀(Schwartzschild black hole, 전하가 없고 자전도 하지 않는 블랙홀)에서 방출되는 흑체복사의 온도는 $T_{\text{Hawking}} = hc^3/16p\pi^2 GMk_b$이다(여기서 h는 플랑크상수이고 c는 빛의 속도, G는 뉴턴의 중력상수, k_b는 볼츠만상수다). S. W.

Hawking, "Particle Creation by Black Holes," *Communications in Mathematical Physics* 43 (1975): 199~220.

10 Don N. Page, "Particle emission rates from a black hole: Massless particles from an uncharged, nonrotating hole," *Physical Review D* 13 no. 2 (1976), 198~206. 최근 들어 뉴트리노의 질량이 0이 아니라는 사실이 밝혀졌다. 본문에 제시된 값(10^{68}년)은 이 사실을 반영하여 돈 페이지의 계산을 업데이트한 것이다.

11 좀 더 정확하게 말해서, 반지름이 '슈바르츠실트 반지름(Schwarzschild radius)'보다 작으면 된다. 질량이 M인 천체의 슈바르츠실트 반지름은 $R_{Schwarzschild} = 2GM/c^2$이다.

12 본문에 언급된 것은 블랙홀의 평균 밀도(총 질량을 사건지평선 내부의 부피로 나눈 값)일 뿐이다. 블랙홀을 이해하는 데 유용한 개념이긴 하지만, 현실과는 다소 차이가 있다. 실제 블랙홀의 중심에서 사건지평선 사이의 시공간은 시간성 시공간(timelike spacetime)이어서, 밀도의 개념이 매우 미묘해진다(사실은 중심에 접근할수록 무한대로 발산한다). 밀도가 균일한 블랙홀은 이론상으로만 존재할 뿐이다. 그러나 평균 밀도를 고려하면 블랙홀의 질량이 클수록 외부환경이 잠잠하고 호킹복사의 온도가 낮은 이유를 이해할 수 있다.

13 9장에서 말한 대로, 공간의 가속 팽창이 계속되면 우주 공간의 온도는 10^{-30}K까지 내려간다. 질량이 태양의 10^{23}배 이상인 블랙홀은 머나먼 미래에 온도가 공간의 온도보다 낮아질 것이다. 그러나 이런 블랙홀은 우주지평선보다 덩치가 크다.

14 수학 계산에 의하면 광자는 힉스장을 통과할 때 아무런 저항도 받지 않기 때문에 질량이 없다. 즉, 광자에게는 힉스장이 보이지 않고, 느껴지지도 않는다.

15 이 말은 나의 전작《우주의 구조[The Fabric of the Cosmos]》와 같은 제목으로 제작된 NOVA 다큐멘터리 제4부 "공간이란 무엇인가?(What Is Space?)" 중 피터 힉스의 증언에서 발췌한 것이다. 힉스와 거의 같은 시기에 로버트 브라우트(Robert Brout)와 프랑수아 앙글레르(Francois Englert), 제럴드 구럴닉(Gerald Guralnik), 리처드 헤이건(C. Richard Hagen), 그리고 톰 키블(Tom Kibble)도 비슷한 논문을 발표했다. 이들 중 힉스와 앙글레르는 힉스입자의 발견에 기여한 공로를 인정받아 2013년에 노벨 물리학상을 수상했다.

16 사실 숫자는 별로 중요하지 않다. 246(정확하게는 246.22 GeV이다. 1 GeV는 10억 전자볼트 [1기가 전자볼트]라는 뜻이다)은 물리학자들이 전통적으로 사용해 온 단위 때문에 나타난 값이다. 다른 단위를 사용하면 다른 값이 얻어지는데, 그래도 물리학적 내용은 달라지지 않는다.

17 Sidney Coleman, "Fate of the False Vacuum," *Physical Review D* 15 (1977): 2929; Erratum, *Physical Review D* 16 (1977): 1248.

18 좀 더 정확하게 말하면 처음에는 서서히 확장되다가 점점 빨라져서 광속에 가까워진다.

19 A. Andreassen, W. Frost, and M. D. Schwartz, "Scale Invariant Instantons and the Complete Lifetime of the Standard Model," *Physical Review D* 97 (2018): 056006.

20 우리의 우주는 엔트로피가 높은 입자들이 이리저리 부딪히면서 공간을 배회하다가 자발적으

로 우연히 저엔트로피 상태로 떨어지면서 탄생한 결과물일 수도 있다. 19세기말에 오스트리아의 물리학자 루트비히 볼츠만은 두 편의 논문을 통해 이 가능성을 제기했다(Ludwig Boltzmann, "On Certain Questions of the Theory of Gases," *Nature* 51 [1895]: 1322, 413-15; Ludwig Boltzmann, "Entgegnung auf die warmetheoretischen Betrachtungen des Hrn. E. Zermelo," *Annalen der Physik* 57 [1896]: 773-84). 그 후 영국의 물리학자 아서 에딩턴은 "엔트로피가 극적으로 감소하는 변화보다 적당히 감소하는 변화가 일어날 확률이 훨씬 높으므로, 입자의 요동이 우주 전체(별, 행성, 인간)를 낳을 확률보다 '수학적인 물리학자(사고실험을 실행하는 관찰자)'를 낳을 확률이 훨씬 높다."고 주장했다(A. Eddington, "The End of the World: From the Standpoint of Mathematical Physics," *Nature* 127, no. 1931 [3203]: 447-53). 그로부터 수십 년 후, '수학적 물리학자'라는 개념은 '관찰자의 생각을 일으키는 요소'로 의미가 더욱 축소되어 '볼츠만두뇌'로 정착되었다(내가 알기로 이 용어를 처음 사용한 논문은 A. Albrecht and L. Sorbo, "Can the Universe Afford Inflation?" *Physical Review D* 70 [2004]: 063528이었다).

21 이 장에서는 생각하는 구조체(사고체)가 자발적으로 생성되는 경우만 고려할 것이다. 그러나 우주 전체가 자발적으로 생성되거나 빅뱅이 일어날 수 있는 환경이 자발적으로 조성되는 경우도 한번쯤은 생각해 볼 만하다. 본문이 너무 길어질 것 같아서, 후자의 경우는 10장의 후주 22와 24에 따로 정리해 놓았다.

22 사실 지금 나는 매우 미묘하면서 논란의 여지가 다분한 이야기를 하는 중이다. 본문에 언급된 다양한 자발적 요동이 실제로 일어날 확률을 계산하는 정식 이론은 없다. '지평선 상보성(horizon complementarity)'의 개념을 처음 도입했던 레너드 서스킨드(Leonard Susskind)와 그의 동료들은 여기에 기초하여 논리를 확장시킨 L. Dyson, M. Kleban, and L. Susskind, "Disturbing Implications of a Cosmological Constant," *Journal of High Energy Physics* 0210 (2002): 011의 접근법을 지지하고 있다. 공간의 팽창 속도는 계속 빨라지고 있으므로(가속 팽창) 우리는 거대한 우주지평선(구면)에 에워싸여 있다. 우주지평선보다 먼 거리에 있는 천체는 빛보다 빠른 속도로 멀어지고 있기 때문에, 우리에게 아무런 영향도 주지 않는다. 서스킨드는 이런 고립 상태에 착안하여(그리고 블랙홀의 사건지평선에 대한 자신의 연구 결과에 기초하여) '인과영역(causal patch, 인과율이 정상적으로 적용되는 영역. 우주지평선의 내부를 의미함)' 안에서 일어나는 물리적 과정만 고려하는 것으로 충분하다고 주장했다. 좀 더 정확하게 말해서, 인과영역 바깥에 적용되는 물리학이 내부에 적용되는 물리학과 중복된다고 생각한 것이다(양자역학에서 파동과 입자가 동일한 물리학을 서술하는 상보적 개념인 것처럼, 우주지평선의 내부와 외부에 적용되는 물리학도 상보적 관계에 있다는 뜻이다). 서스킨드의 수장에 의하면 우리가 살고 있는 현실 세계는 우주상수 Λ가 일정하게 유지되는 공간의 한 부분으로, 온노 T가 우주상수의 제곱근에 비례한다($T \sim \sqrt{\Lambda}$, 기초 통계물리학의 정준사례[canonical case, 예를 들어 상자에 들어 있는 뜨거운 기체]와 비슷하다). 2개의 서로 다른 거시 상태의 확률을 비교하는 것은 이와 관련된 '미시 상태 수'의 비율을 취하는 것과 같다. 즉, 특정 배열이

나타날 확률은 엔트로피에 비례한다. 서스킨드와 그의 동료들은 이런 논리에 기초하여 우리의 인과영역 안에 입자들이 모여서 빅뱅 인플레이션에 필요한 여건이 조성될 확률보다(엔트로피가 낮음), 별과 행성, 그리고 인간이 곧바로 만들어질 확률(엔트로피가 높음)이 더 높다고 주장했다. 한편, 알브레히트(A. Albrecht)와 소르보(L. Sorbo)는 서스킨드와 달리 양자터널효과에 의해 인플레이션이 일어났다는 가정하에 확률을 계산하여 완전히 다른 결과를 얻었다(A. Albrecht and L. Sorbo, "Can the Universe Afford Inflation?" *Physical Review D* 70 (2004): 063528). 이들은 고엔트로피 배경 환경에서 일어나는 저엔트로피 요동(향후 인플레이션이 발생하게 될 영역)을 고려했는데, 이렇게 하면 전체 배열의 엔트로피가 여전히 커서 확률이 높아진다. 서스킨드와 그의 동료들은 요동 자체의 엔트로피만을 고려하여 "이 영역이 팽창하면 그 바깥에 있는 모든 것들은 우주지평선 외부에 존재하게 되므로 무시할 수 있다."고 주장했다. 요동이 일어나는 영역에 저엔트로피를 할당하면 발생 확률이 크게 낮아진다.

23 2장의 후주-9에서 말한 대로, 엔트로피는 '동일한 거시 상태에 대응되는 양자상태의 수'에 자연로그(ln)를 취한 값이다. 즉, 엔트로피가 S인 계의 상태수는 e^S이다. 주어진 계가 (하나의 거시 상태에 대응되는) 개개의 미시 상태에 머무는 시간이 거의 같다고 가정하면, 엔트로피가 S_1인 초기 상태에서 엔트로피가 S_2인 나중 상태로 이동할 확률 P는 미시 상태 수의 비율과 같다. 즉, $P = e^{S_2}/e^{S_1} = e^{(S_2-S_1)}$이다. 여기서 엔트로피의 감소량 $S_1 - S_2$를 D로 표기하면 $S_2 = S_1 - D$이므로 $P = e^{(S_1-D-S_1)} = e^{-D}$가 되어, 계가 이동할 확률은 엔트로피 감소량이 클수록 급격하게 (지수함수적으로) 낮아진다. 그렇다면 볼츠만두뇌가 만들어질 확률은 얼마나 될까? 온도가 T이면 (볼츠만상수 k_B를 1로 취급한 단위계에서) 입자의 에너지도 T이므로 질량이 M인 두뇌가 만들어지려면 (빛의 속도 c = 1로 취급한 단위계에서) M/T개의 입자가 필요하다. 그런데 계의 엔트로피에는 입자의 수가 반영되어 있으므로 D는 원리적으로 M/T와 같다. 따라서 $P \sim e^{-M/T}$이다. 이제 시간대를 아득한 미래로 옮겨서 우주지평선의 온도를 T라 하면 $T \sim 10^{-30}\text{K} \sim 10^{-41}\text{GeV}$이다(1GeV는 1기가전자볼트로, 양성자의 질량에 대응되는 에너지와 거의 같다). 인간의 두뇌에 포함된 양성자는 약 10^{27}개이므로 $M/T \sim 10^{27}/10^{-41} = 10^{68}$이고, 두뇌가 자발적으로 형성될 확률은 $P \sim e^{-M/T} \sim e^{-10^{68}}$이다. 그러므로 이렇게 희귀한 사건이 일어날 때까지 걸리는 시간은 $1/(e^{-10^{68}}) = e^{10^{68}}$에 비례한다. 본문에서는 (수학기호에 알레르기가 있는 독자들을 위해) e를 10으로 대치하여 년으로 표기했다.

24 시간대에 제한이 없다 해도, 자연스러우면서 유한한 '회귀시간(recurrence time)'이 존재할 수 있다. 자세한 설명은 후주-34를 참고하고, 지금은 회귀시간이 충분히 길어서 한계에 도달할 때까지 생성될 수 있는 볼츠만두뇌의 수가 (생성속도가 아무리 느려도) 엄청나게 많다고 가정한다.

25 신중한 독자들은 지금 우리가 3장의 후주-8에서 언급했던 '무차별원리'를 암암리에 가정하고 있음을 눈치챘을 것이다. 즉, 두뇌의 기원을 추적할 때 나는 내 두뇌와 물리적 배열이 동일한 다른 두뇌에 똑같은 확률을 부여한다. 이들 중 대부분이 볼츠만두뇌이기 때문에, 내 두뇌의 기원에 대한 나의 설명은 사실일 가능성이 거의 없다. 그러나 3장의 후주-8에서 말했듯이 경험

적으로 입증된 원리(동전 던지기, 주사위 굴리기 등의 통계)가 적용되지 않는 상황에 무차별 원리를 적용하는 것은 오해의 소지가 다분하기 때문에, 대부분의 우주론학자들은 이런 식의 접근법을 선호하지 않는다.

26 David Albert, *Time and Chance* (Cambridge, MA: Harvard University Press, 2000), 116; Brian Greene, *The Fabric of the Cosmos* (New York: Vintage, 2005), 168.

27 그 외의 해결책 두 가지를 여기 소개한다. 하나는 자연의 상수들이 변하긴 변하되, '볼츠만두 뇌가 형성되는 데 필요한 물리적 과정이 일어지지 않는 쪽'으로 변한다고 가정하는 것이다. 대표적 연구 사례로는 Steven Carlip, "Transient Observers and Variable Constants, or Repelling the Invasion of the Boltzmann's Brains," *Journal of Cosmology and Astroparticle Physics* 06 (2007): 001이 있다. 두 번째 해결책은 숀 캐럴(Sean Carroll)과 그의 동료들이 제시한 이론으로, 이들은 볼츠만두뇌가 형성되는 데 필요한 요동이 양자역학의 가호 아래 일어나지 않는다고 주장했다. K. K. Boddy, S. M. Carroll, and J. Pollack, "De Sitter Space Without Dynamical Quantum Fluctuations," *Foundations of Physics* 46, no. 6 [2016]: 702.

28 A. Ceresole, G. Dall'Agata, A. Giryavets, et al., "Domain walls, near-BPS bubbles, and probabilities in the landscape," *Physical Review D* 74 (2006): 086010. 물리학자 돈 페이지(Don Page)는 우리와 다른 관점에서 볼츠만두뇌를 분석하여 "우리의 우주처럼 팽창 속도가 점점 빨라지는(가속 팽창) 우주에서 시간이 충분히 흐르면 무수히 많은 두뇌가 자발적으로 생성될 수 있다."고 결론지었다. 우리의 두뇌가 팽창하는 우주의 변칙적 산물이라는 별로 달갑지 않은 생각에서 탈피하기 위해, 페이지는 우리의 우주(또는 우주에서 우리가 속한 일부 영역)가 영원히 유지되지 않고 다양한 종류의 파괴를 향해 나아가고 있으며, 우주의 수명은 아무리 길어야 200억 년을 넘지 않는다고 주장했다(Don N. Page, "Is our universe decaying at an astronomical rate?" *Physics Letters B* 669 [2008]: 197-200). 그 외에 일부 물리학자들은 수학적 확률 논리를 이용하여 볼츠만두뇌 문제를 피해 가는 몇 가지 방법을 제안했다(R. Bousso and B. Freivogel, "A Paradox in the Global Description of the Multiverse," *Journal of High Energy Physics* 6 [2007]: 018; A. Linde, "Sinks in the Landscape, Boltzmann Brains, and the Cosmological Constant Problem," *Journal of Cosmology and Astroparticle Physics* 0701 [2007]: 022; A. Vilenkin, "Predictions from Quantum Cosmology," *Physical Review Letters* 74 [1995]: 846). 그러나 이들의 확률계산법은 학자들 사이에 논란이 분분하여, 확실한 결론을 내리려면 앞으로 더 많은 연구가 진행되어야 한다.

29 Kimberly K. Boddy and Sean M. Carroll, "Can the Higgs Boson Save Us from the Menace of the Boltzmann Brains?" 2013, arXiv:1308.468.

30 이것은 아인슈타인의 중력방정식만 고려한 결과다. 우주가 강력한 빅크런치로 끝날지, 또는 마지막 순간에 의외의 과정이 진행되어 구사일생으로 살아날 것인지는 양자중력이론이 완성된 후에야 확인할 수 있다. 지금은 암흑에너지의 값이 음으로 전환되면 우주가 진정한 종말(시간의 끝)을 맞이한다는 것이 물리학자들의 중론이다.

31 Paul J. Steinhardt and Neil Turok, "The cyclic model simplified," *New Astronomy Reviews* 49 (2005): 43-57; Anna Ijjas and Paul Steinhardt, "A New Kind of Cyclic Universe" (2019): arXiv:1904.0822[gr-qc].

32 Alexander Friedmann(Brian Doyle 번역) "On the Curvature of Space," *Zeitschrift fur Physik* 10 (1922): 377-386; Richard C. Tolman, "On the problem of the entropy of the universe as a whole," *Physical Review 37* (1931): 1639-60; Richard C. Tolman, "On the theoretical requirements for a periodic behavior of the universe," *Physical Review* 38 (1931): 1758-71.

33 그러나 속사정을 살펴보면 그리 간단하게 판가름 날 문제가 아니다. 인플레이션 우주론에 의하면 초기 우주에서 발생한 중력파가 팽창과 함께 희석되어 관측되지 않을 가능성도 있기 때문이다. 일부 우주론학자들은 바로 이 문제 때문에 인플레이션보다 순환 우주론을 옹호하고 있지만, 인플레이션이 워낙 많은 데이터를 성공적으로 설명했기 때문에 이 정도의 결함으로 폐기될 가능성은 없다고 봐도 무방하다. 아무튼 지금의 데이터로는 어떤 결론도 내릴 수 없다.

34 표준 우주론에도 순환 우주의 개념이 존재한다. 이 버전은 본문에 언급된 순환 우주와 완전히 다른 역학체계에 기반을 두고 있으며, 주기가 엄청나게 긴 것이 특징이다. 이 모든 것은 18세기 프랑스의 수학자 앙리 푸앵카레(Henri Poincaré)가 제안한 '푸앵카레 재귀정리(Poincaré Recurrence Theorem)'에서 시작된다. 카드 한 벌을 무작위로 섞었을 때 나올 수 있는 배열의 종류를 생각해 보자. 52장이 배열되는 경우의 수는 엄청나게 많지만 무한히 많지는 않기 때문에, 계속 섞다 보면 동일한 배열이 나올 수밖에 없다. 푸앵카레는 용기 속에 갇힌 분자들도 충분히 긴 시간이 지나면 완전히 똑같은 배열이 재현될 수 있음을 깨달았다. 예를 들어 텅 빈 용기의 한쪽 구석에 증기분사기를 설치해 놓고, 어느 순간 밸브를 열면 순식간에 수증기가 용기 안에 가득 찰 것이다. 그 후로 수증기 분자들은 무작위로 부딪히고 되튀면서 엄청나게 긴 시간 동안 균일한 분포를 유지한다. 그러나 충분히 긴 시간 동안 기다리면 분자들이 아주 우연히 질서 정연한 저엔트로피 상태로 배열될 수도 있다. 푸앵카레는 여기서 한 걸음 더 나아가 수증기 분자들이 맨 처음 상태, 즉 '용기의 구석에 고밀도로 집결된 상태'로 되돌아갈 수도 있다고 생각했다. 이것은 카드를 여러 번 섞다 보면 처음의 배열이 재현되는 것과 비슷한 현상이다. 각 입자의 위치와 속도를 기록한 목록은 엄청나게 길지만, 시간이 충분히 지나면 동일한 배열이 반복된다. 독자들은 이 주장에 문제가 있다고 생각할지도 모른다. 카드의 경우와 달리 용기 내부의 수증기 분자들이 배열될 수 있는 경우의 수는 무한히 많기 때문이다.[*] 그러나 푸앵카레는 '완벽하게 동일한 배열' 대신 '원래의 배열과 무한히 가까운 배열'을 고려함으로써 이 문제를 해결했다. 정확한 재현을 요구할수록 기다리는 시간은 길어지겠지만, 어느 정도 오차를 허용하고 기다리다 보면 오차범위 안에서 원래 배열과 동일한 배열이 나타난다. 이것이 바로 푸앵카

---

[*] 고전적으로 생각할 때 용기의 직경이 10cm밖에 안 된다고 해도, 입자 1개가 그 안에서 놓일 수 있는 위치는 무한히 많다.

레의 재귀정리다.

푸앵카레의 고전적 재귀정리는 1950년에 양자역학 버전으로 확장되었다. '각 입자들이 특정 위치에서 발견될 확률이 특정한 값으로 주어진 물리계'를 충분히 긴 시간 동안 방치해 두면 확률이 초기값에 무한히 가까운 배열로 되돌아오고, 이 주기는 무한히 반복된다. 고전적 계이건 양자적 계이건 간에, 푸앵카레식 논리의 핵심은 수증기를 담은 용기의 크기가 유한하다는 것이다. 용기가 무한히 크면 분자들이 계속 퍼지면서 두 번 다시 돌아오지 않기 때문이다. 우주는 유한한 용기가 아니므로 푸앵카레의 논리가 우주에는 적용되지 않을 것 같지만, 10장의 후주-22에서 말한 바와 같이 레너드 서스킨드는 우주지평선이 닫힌 용기의 벽처럼 작용할 수 있다고 주장했다. 그의 주장이 옳다면 우리와 상호 작용이 가능한 우주는 크기가 유한하여 푸앵카레의 정리를 적용할 수 있다. 충분히 긴 시간이 지나면 용기 속의 수증기 분자들이 초기 상태 배열에 무한히 가까워지듯이, 우주지평선 내부에 있는 입자들도 엄청나게 긴 시간이 흐르면 초기의 입자 배열 상태로 되돌아온다. 즉, 입자와 장의 배열이 (주어진 오차 한계 안에서) 주기적으로 반복되는 것이다. 한마디로 '영원한 회귀'의 현실적 버전이다. 우주지평선의 크기를 고려하여 계산된 주기는 약 $10^{10^{120}}$년으로, 지금까지 계산된 어떤 시간보다 길다.

그렇다면 재귀논리를 지구의 생명체에게 적용할 수도 있지 않을까? 지금까지 지구에서 살다 간 1천억 명의 사람들도 결국은 입자의 배열이었다. 이 배열이 다시 구현된다면 죽었던 사람이 다시 살아날 텐데… 그렇다. 과학은 이런 상황을 병적으로 싫어한다. 그러나 성급한 판단을 내리기 전에, 엔트로피의 자발적 감소가 일상적인 논리에 위배된다는 사실을 상기할 필요가 있다. 입자와 장의 무작위배열이 새로운 빅뱅을 유발하여 별과 행성, 그리고 사람이 만들어질 수도 있지만, 번거로운 과정을 거치지 않고 현재와 같은 우주가 단번에 만들어질 가능성이 훨씬 높다면 볼츠만두뇌를 다룰 때 우리를 괴롭혔던 논리의 늪에 또 다시 빠지게 된다. 우리의 우주가 이 책의 앞부분에서 다뤘던 '정상적인 우주론적 과정'을 거쳐 탄생했다 해도, 먼 미래에 존재할 관찰자들(그들 중 일부는 우리와 같은 기억을 갖고 있으면서 우리라고 주장할지도 모른다)은 입자의 우연한 배열을 통해 속성으로 탄생할 가능성이 높다. 그러나 그들은 자신이 정상적인 (우주의) 진화를 거쳐 탄생했다고 생각할 것이다. 볼츠만두뇌에서 마주쳤던 인식론의 수렁에 또다시 빠져드는 것 같다. 당신은 "그래도 내가 느끼는 현실감은 굳건하다."고 주장하고 싶을 것이다. 물론 당신과 나, 그리고 우리에게 친숙한 모든 것들은 진짜배기 진화를 거쳐 탄생했을 수도 있다. 한 가지 마음에 걸리는 것은 미래에 존재하게 될 모든 사람들도 우리와 같은 생각을 할 텐데, 아주 먼 미래라면 그들의 생각이 틀릴 가능성이 압도적으로 높다는 것이다. 우주에 존재하는 (그리고 앞으로 존재하게 될) 관찰자(인간)의 대부분이 표준 진화를 거치지 않고 탄생했으므로, 우리가 그런 식으로 태어나지 않았다고 믿으려면 그럴듯한 논리가 필요하다. 그래서 이 분야를 연구하는 물리학자들이 애써 방어 논리를 만들어 놓았는데, 널리 수용되기에는 아직 부족한 점이 많다. 기장 중요한 원인은 양자역학과 중력을 하나로 통일하는 이론(양자중력이론)이 아직 완성되지 않았기 때문이다. 서스킨드를 비롯한 일부 물리학자들은 이 문제를 해결하기 위해 우주상수(cosmological constant)의 값이 변할 수도 있다는 가설을 제안했다. 우주상수가 점차 작아지다가 머나먼 미래에 0으로 사라지면 가속 팽창이 끝나면서 우주지평선도 사라지고, 푸앵카레의 재귀정리도 더 이상 힘을 쓰지 못할 것이다. 이 문제에 관심이 있는 사람들은 우리가 가품이 아닌 진품이기를 간절히 바라면서, 모든 진상을 밝혀줄 확실한 관측 데이터를 기다리고 있다.

35 인플레이션 팽창은 아주 작은 영역에서 밀어내는 중력에 의해 촉발되었으므로, 독자들은 시간이 아무리 흘러도 우주가 유한하다고 생각할 것이다. 원래 크기가 유한하면 아무리 잡아 늘여도 유한하기 때문이다. 그러나 현실은 이보다 훨씬 복잡하다. 표준 인플레이션 이론에서 시간과 공간이 섞이면, 관측자는 무한히 큰 공간의 일부에서 팽창을 목격하게 된다. 이 내용은 나의 전작인《멀티유니버스[The Hidden Reality]》의 2장에 자세히 서술되어 있는데, 관심 있는 독자들은 한번 읽어 보기 바란다. 인플레이션 이론은 다양한 버전이 있는데, 이들의 공통점은 여러 개의 우주, 즉 다중우주(multiverse)를 허용한다는 것이다. 인플레이션 시나리오에 의하면 인플레이션은 일회성 이벤트가 아니라 여러 번 반복되면서 수많은 (일반적으로 무한개의) 팽창하는 우주를 낳는다. 우리의 우주는 무수히 많은 우주들 중 하나일 뿐이다. 이것을 '인플레이션 다중우주(inflationary multiverse)'라 하는데, 자세한 내용은《멀티유니버스》의 3장을 참고하기 바란다.

36 두 구(球)의 경계면이 접촉하는 것을 피하려면, 모든 구가 충분히 큰 완충장치로 에워싸여 있어서 다른 영역과 접촉할 수 없다고 생각하면 된다.

37 Jaume Garriga and Alexander Vilenkin, "Many Worlds in One," *Physical Review D* 64, no. 4 (2001): 043511; J. Garriga, V. F. Mukhanov, K. D. Olum, and A. Vilenkin, "Eternal Inflation, Black Holes, and the Future of Civilizations," *International Journal of Theoretical Physics* 39, no. 7 (2000): 1887–1900; Alex Vilenkin, *Many Worlds in One* (New York: Hill and Wang, 2006).

11장 존재의 고귀함

1 진화가 도덕과 윤리에 미친 영향은 E. O. Wilson, *Sociobiology: The New Synthesis* (Cambridge, MA: Harvard University Press, 1975)에 잘 정리되어 있다. 또한 이 책에는 인간의 행동과 도덕성을 분석하는 새로운 방법이 제시되어 있다. 도덕 관념의 변천사에 대해서는 P. Kitcher, "Biology and Ethics," in *The Oxford Handbook of Ethical Theory* (Oxford: Oxford University Press, 2006), 163–85와 P. Kitcher, "Between Fragile Altruism and Morality: Evolution and the Emergence of Normative Guidance," *Evolutionary Ethics and Contemporary Biology* (2006): 159–77을 참고하기 바란다.

2 T. Nagel, *Mortal Questions* (Cambridge: Cambridge University Press, 1979), 142–46.

3 J. Haidt, "The Emotional Dog and Its Rational Tail: A Social Intuitionist Approach to Moral Judgment," *Psychological Review* 108, no. 4 (2001): 814–34. Jonathan Haidt, *The Righteous Mind: Why Good People Are Divided by Politics and Religion* (New York: Pantheon Books,

2012).

4   Jorge Luis Borges, "The Immortal," in *Labyrinths: Selected Stories and Other Writings* (New York: New Directions Paperbook, 2017), 115. Jonathan Swift, *Gulliver's Travels* (New York: W. W. Norton, 1997); Karel Čapek, *The Makropulos Case, in Four Plays: R. U. R.; The Insect Play; The Makropulos Case; The White Plague* (London: Bloomsbury, 2014).

5   Bernard Williams, *Problems of the Self* (Cambridge: Cambridge University Press, 1973).

6   Aaron Smuts, "Immortality and Significance," *Philosophy and Literature* 35, no. 1 (2011): 134–49.

7   Samuel Scheffler, *Death and the Afterlife* (New York: Oxford University Press, 2016), 59-60.

8   또한 수전 울프는 "인류가 미래에도 존속한다는 우리의 믿음은 행동과 가치판단에 막대한 영향을 미친다"고 했다. Samuel Scheffler, "The Significance of Doomsday," *Death and the Afterlife* (New York: Oxford University Press, 2016), 113.

9   Harry Frankfurt, "How the Afterlife Matters," in Samuel Scheffler, *Death and the Afterlife* (New York: Oxford University Press, 2016), 136.

10   양자역학의 다중우주를 신봉하는 사람들은 의견이 다를 수도 있다. 모든 가능한 결과가 다중우주를 통해 모두 구현된다면 우리의 우주는 이미 결정된 우주다. 그러나 입자의 배열 중 자기인식이 가능한 배열은 결코 평범한 배열이 아니다.

참고문헌

Aaronson, Scott. "Why I Am Not an Integrated Information Theorist (or, The Unconscious Expander)." *Shtetl-Optimized*. https://www.scottaaronson.com/blog/?p=1799.

Abbot, P., J. Abe, J. Alcock, et al. "Inclusive fitness theory and eusociality." *Nature* 471 (2010): E1–E4.

Adams, Douglas. *Life, the Universe and Everything.* New York: Del Rey, 2005.

Adams, Fred C., and Gregory Laughlin. "A dying universe: The long-term fate and evolution of astrophysical objects." *Reviews of Modern Physics* 69 (1997): 337–72.

———. *The Five Ages of the Universe: Inside the Physics of Eternity.* New York: Free Press, 1999.

Albert, David. *Time and Chance.* Cambridge, MA: Harvard University Press, 2000.

Alberts, Bruce, et al. *Molecular Biology of the Cell,* 5th ed. New York: Garland Science, 2007.

Albrecht, A., and L. Sorbo. "Can the Universe Afford Inflation?" *Physical Review D* 70 (2004): 063528.

Albrecht, A., and P. Steinhardt. "Cosmology for Grand Unified Theories with Radiatively Induced Symmetry Breaking." *Physical Review Letters* 48 (1982): 1220.

Andreassen, A., W. Frost, and M. D. Schwartz. "Scale Invariant Instantons and the Complete Lifetime of the Standard Model." *Physical Review D* 97 (2018): 056006.

Aoyama, Tatsumi, Masashi Hayakawa, Toichiro Kinoshita, and Makiko Nio. "Tenth-order electron anomalous magnetic moment: Contribution of diagrams without closed lepton loops." *Physical Review D* 91 (2015): 033006.

Aquinas, T. *Truth*, volume II. Translated by James V. McGlynn, S.J. Chicago: Henry Regnery

Company, 1953.

Ariès, Philippe. *The Hour of Our Death.* Translated by Helen Weaver. New York: Alfred A. Knopf, 1981.

Aristotle, *Nicomachean Ethics.* Translated by C. D. C. Reeve. Indianapolis, IN: Hackett Publishing, 2014.

Armstrong, Karen. *A Short History of Myth.* Melbourne: The Text Publishing Company, 2005.

Arnulf, Isabelle, Colette Buda, and Jean-Pierre Sastre. "Michel Jouvet: An explorer of dreams and a great storyteller." *Sleep Medicine* 49 (2018): 4–9.

Atran, Scott. *In Gods We Trust: The Evolutionary Landscape of Religion.* Oxford: Oxford University Press, 2002.

Augustine. *Confessions.* Translated by F. J. Sheed. Indianapolis, IN: Hackett Publishing, 2006.

Auton, A., L. Brooks, R. Durbin, et al. "A global reference for human genetic variation." *Nature* 526, no. 7571 (October 2015): 68–74.

Axelrod, Robert. *The Evolution of Cooperation,* rev. ed. New York: Perseus Books Group, 2006.

Axelrod, Robert, and William D. Hamilton. "The Evolution of Cooperation." *Science* 211 (March 1981): 1390–96.

Baars, Bernard J. *In the Theater of Consciousness.* New York: Oxford University Press, 1997.

Barrett, Justin L. *Why Would Anyone Believe in God?* Lanham, MD: AltaMira, 2004.

Barrow, John D., and Sigbjørn Hervik. "Indefinite information processing in ever-expanding universes." *Physics Letters B* 566, nos. 1–2 (24 July 2003): 1–7.

Barrow, John D., and Frank J. Tipler. *The Anthropic Cosmological Principle.* Oxford: Oxford University Press, 1988.

Becker, Ernest. *The Denial of Death.* New York: Free Press, 1973.

Bekenstein, Jacob D. "Black Holes and Entropy." *Physical Review D* 7 (15 April 1973): 2333.

Bellow, Saul. Nobel lecture, December 12, 1976. In *Nobel Lectures, Literature 1968–1980,* ed. Sture Allén. Singapore: World Scientific Publishing Co., 1993.

Bennett, Charles H., and Rolf Landauer. "The Fundamental Physical Limits of Computation." *Scientific American* 253, no. 1 (July 1985).

Bering, Jesse. *The Belief Instinct.* New York: W. W. Norton, 2011.

Berwick, R., and N. Chomsky. *Why Only Us?* Cambridge, MA: MIT Press, 2015.

Bierce, Ambrose. *The Devil's Dictionary.* Mount Vernon, NY: The Peter Pauper Press, 1958.

Bigham, Abigail, et al. "Identifying signatures of natural selection in Tibetan and Andean populations

514

using dense genome scan data." *PLoS Genetics* 6, no. 9 (9 September 2010): e1001116.

Blackmore, Susan. *The Meme Machine*. Oxford: Oxford University Press, 1999.

Boddy, Kimberly K., and Sean M. Carroll. "Can the Higgs Boson Save Us from the Menace of the Boltzmann Brains?" 2013. arXiv:1308.468.

Boddy, K. K., S. M. Carroll, and J. Pollack. "De Sitter Space Without Dynamical Quantum Fluctuations." *Foundations of Physics* 46, no. 6 (2016): 702.

Boltzmann, Ludwig. "On Certain Questions of the Theory of Gases." *Nature* 51, no. 1322 (1895): 413–15.

———. "*Entgegnung auf die wärmetheoretischen Betrachtungen des Hrn. E. Zermelo.*" *Annalen der Physik* 57 (1896): 773–84.

Borges, Jorge Luis. "The Immortal." In *Labyrinths: Selected Stories and Other Writings*. New York: New Directions Paperbook, 2017.

Born, Max. "*Zur Quantenmechanik der Stoßvorgänge.*" *Zeitschrift für Physik* 37, no. 12 (1926): 863–67.

Bousso, R., and B. Freivogel. "A Paradox in the Global Description of the Multiverse." *Journal of High Energy Physics* 6 (2007): 018.

Boyd, Brian. "The evolution of stories: from mimesis to language, from fact to fiction." *WIREs Cognitive Science* 9, no. 1 (2018), e1444–46.

———. "Evolutionary Theories of Art," in *The Literary Animal: Evolution and the Nature of Narrative*. Edited by Jonathan Gottschall and David Sloan Wilson. Evanston, IL: Northwestern University Press, 2005, 147.

———. *On the Origin of Stories*. Cambridge, MA: Belknap Press, 2010.

Boyer, Pascal. "Functional Origins of Religious Concepts: Ontological and Strategic Selection in Evolved Minds." *Journal of the Royal Anthropological Institute* 6, no. 2 (June 2000): 195–214.

———. *Religion Explained: The Evolutionary Origins of Religious Thought*. New York: Basic Books, 2007.

Bruner, Jerome. *Making Stories: Law, Literature, Life*. New York: Farrar, Straus and Giroux, 2002.

———. "The Narrative Construction of Reality." *Critical Inquiry* 18, no. 1 (Autumn 1991): 1–21.

Buss, David. *Evolutionary Psychology: The New Science of the Mind*. Boston: Allyn & Bacon, 2012.

Cairns-Smith, A. G. *Seven Clues to the Origin of Life*. Cambridge: Cambridge University Press, 1990.

Calaprice, Alice, ed. *The New Quotable Einstein*. Princeton, NJ: Princeton University Press, 2005.

Caldwell, Robert R., Marc Kamionkowski, and Nevin N. Weinberg. "Phantom Energy and Cosmic

Doomsday." *Physical Review Letters* 91 (2003): 071301.

Campbell, Joseph. *The Hero with a Thousand Faces.* Novato, CA: New World Library, 2008.

Camus, Albert. *Lyrical and Critical Essays.* Translated by Ellen Conroy Kennedy. New York: Vintage Books, 1970.

_____. *The Myth of Sisyphus.* Translated by Justin O'Brien. London: Hamish Hamilton, 1955.

Capek, Karel. *The Makropulos Case.* In *Four Plays: R. U. R.; The Insect Play; The Makropulos Case; The White Plague.* London: Bloomsbury, 2014.

Carlip, Steven. "Transient Observers and Variable Constants, or Repelling the Invasion of the Boltzmann's Brains." *Journal of Cosmology and Astroparticle Physics* 06 (2007): 001.

Carnot, Sadi. *Reflections on the Motive Power of Fire.* Mineola, NY: Dover Publications, Inc., 1960.

Carroll, Noël. "The Arts, Emotion, and Evolution." In *Aesthetics and the Sciences of Mind,* ed. Greg Currie, Matthew Kieran, Aaron Meskin, and Jon Robson. Oxford: Oxford University Press, 2014.

Carroll, Sean. *The Big Picture: On the Origins of Life, Meaning, and the Universe Itself.* New York: Dutton, 2016.

Carter, B. "Axisymmetric Black Hole Has Only Two Degrees of Freedom." *Physical Review Letters* 26 (1971): 331.

Casals, Pablo. Bach Festival: Prades 1950. As referenced by Paul Elie. *Reinventing Bach.* New York: Farrar, Straus and Giroux, 2012.

Cavosie, A. J., J. W. Valley, and S. A. Wilde. "The Oldest Terrestrial Mineral Record: Thirty Years of Research on Hadean Zircon from Jack Hills, Western Australia," in *Earth's Oldest Rocks,* ed. M. J. Van Kranendonk. New York: Elsevier, 2018, 255–78.

Ceresole, A., G. Dall'Agata, A. Giryavets, et al. "Domain walls, near–BPS bubbles, and probabilities in the landscape." *Physical Review D* 74 (2006): 086010.

Chalmers, David J. "Facing Up to the Problem of Consciousness." *Journal of Consciousness Studies* 2, no. 3 (1995): 200–19.

_____. *The Conscious Mind: In Search of a Fundamental Theory.* Oxford: Oxford University Press, 1997.

Chandrasekhar, Subrahmanyan. "The Maximum Mass of Ideal White Dwarfs." *Astrophysical Journal* 74 (1931): 81–82.

Cheney, Dorothy L., and Robert M. Seyfarth, *How Monkeys See the World: Inside the Mind of Another Species.* Chicago: University of Chicago Press, 1992.

Cirkovic, Milan M. "Resource Letter: PEs-1: Physical Eschatology." *American Journal of Physics* 71

(2003): 122.

Cloak, F. T., Jr. "Cultural Microevolution." *Research Previews* 13 (November 1966): 7 – 10.

Clottes, Jean. *What Is Paleolithic Art? Cave Paintings and the Dawn of Human Creativity.* Chicago: University of Chicago Press, 2016.

Coleman, Sidney. "Fate of the False Vacuum." *Physical Review D* 15 (1977): 2929; erratum, *Physical Review D* 16 (1977): 1248.

Conrad, Joseph. *The Nigger of the "Narcissus."* Mineola, NY: Dover Publications, Inc., 1999.

Coqueugniot, Hélène, et al. "Earliest cranio-encephalic trauma from the Levantine Middle Palaeolithic: 3D reappraisal of the Qafzeh 11 skull, consequences of pediatric brain damage on individual life condition and social care." *PloS One* 9 (23 July 2014): 7 e102822.

Crick, F. H. C., Leslie Barnett, S. Brenner, and R. J. Watts-Tobin. "General nature of the genetic code for proteins." *Nature* 192 (Dec. 1961): 1227 – 32.

Cronin, H. *The Ant and the Peacock: Altruism and Sexual Selection from Darwin to Today.* Cambridge: Cambridge University Press, 1991.

Crooks, G. E. "Entropy production fluctuation theorem and the nonequilibrium work relation for free energy differences." *Physical Review E* 60 (1999): 2721.

Damrosch, David. *The Buried Book: The Loss and Rediscovery of the Great Epic of Gilgamesh.* New York: Henry Holt and Company, 2007.

Darwin, Charles. *The Descent of Man, and Selection in Relation to Sex.* New York: D. Appleton and Company, 1871.

_____. *The Expression of the Emotions in Man and Animals.* Oxford: Oxford University Press, 1998.

_____. Letter to Alfred Russel Wallace, 27 March 1869. https://www.darwinproject.ac.uk/letter/?docId=letters/DCP-LETT-6684.xml;query=child;brand=default.

_____. *The Origin of Species.* New York: Pocket Books, 2008.

Davies, Stephen. *The Artful Species: Aesthetics, Art, and Evolution.* Oxford: Oxford University Press, 2012.

Dawkins, Richard. *The God Delusion.* New York: Houghton Mifflin Harcourt, 2006.

_____. *The Selfish Gene.* Oxford: Oxford University Press, 1976.

De Caro, M., and D. Macarthur. *Naturalism in Question.* Cambridge, MA: Harvard University Press, 2004.

Deamer, David. *Assembling Life: How Can Life Begin on Earth and Other Habitable Planets?* Oxford: Oxford University Press, 2018.

Dehaene, Stanislas. *Consciousness and the Brain*. New York: Penguin Books, 2014.

Dehaene, Stanislas, and Jean-Pierre Changeux. "Experimental and Theoretical Approaches to Conscious Processing." *Neuron* 70, no. 2 (2011): 200–227.

Dennett, Daniel. *Breaking the Spell: Religion as a Natural Phenomenon*. New York: Penguin Books, 2006.

_____. *Consciousness Explained*. Boston: Little, Brown and Co., 1991.

_____. *Elbow Room*. Cambridge, MA: MIT Press, 1984.

_____. *Freedom Evolves*. New York: Penguin Books, 2003.

_____. *The Intentional Stance*. Cambridge, MA: MIT Press, 1989.

Deutsch, David. *The Beginning of Infinity: Explanations That Transform the World*. New York: Viking, 2011.

Deutscher, Guy. *The Unfolding of Language: An Evolutionary Tour of Mankind's Greatest Invention*. New York: Henry Holt and Company, 2005.

Dickinson, Emily. *The Poems of Emily Dickinson*, reading ed., ed. R. W. Franklin. Cambridge, MA: The Belknap Press of Harvard University Press, 1999.

Dissanayake, Ellen. *Art and Intimacy: How the Arts Began*. Seattle: University of Washington Press, 2000.

Distin, Kate. *The Selfish Meme: A Critical Reassessment*. Cambridge: Cambridge University Press, 2005.

Doniger, Wendy, trans. *The Rig Veda*. New York: Penguin Classics, 2005.

Dor, Daniel. *The Instruction of Imagination*. Oxford: Oxford University Press, 2015.

Dostoevsky, Fyodor. *Crime and Punishment*. Translated by Michael R. Katz. New York: Liveright, 2017.

Dunbar, R. I. M. "Gossip in Evolutionary Perspective." *Review of General Psychology* 8, no. 2 (2004): 100–110.

_____. *Grooming, Gossip, and the Evolution of Language*. Cambridge, MA: Harvard University Press, 1997.

Dunbar, R. I. M., N. D. C. Duncan, and A. Marriott. "Human Conversational Behavior." *Human Nature* 8, no. 3 (1997): 231–46.

Dupré, John. "The Miracle of Monism," in *Naturalism in Question*, ed. Mario de Caro and David Macarthur. Cambridge, MA: Harvard University Press, 2004.

Durant, Will. *The Life of Greece*. Vol. 2 of *The Story of Civilization*. New York: Simon & Schuster,

2011. Kindle, 8181 – 82.

Dutton, Denis. *The Art Instinct.* New York: Bloomsbury Press, 2010.

Dyson, Freeman. "Time without end: Physics and biology in an open universe." *Reviews of Modern Physics* 51 (1979): 447 – 60.

Dyson, L., M. Kleban, and L. Susskind. "Disturbing Implications of a Cosmological Constant." *Journal of High Energy Physics* 0210 (2002): 011.

Eddington, A. "The End of the World: From the Standpoint of Mathematical Physics." *Nature* 127, no. 3203 (1931): 447 – 53.

Einstein, Albert. *Autobiographical Notes.* La Salle, IL: Open Court Publishing, 1979.

Elgendi, Mohamed, et al. "Subliminal Priming-State of the Art and Future Perspectives." *Behavioral Sciences* (Basel, Switzerland) 8, no. 6 (30 May 2018): 54.

Ellenberger, Henri. *The Discovery of the Unconscious.* New York: Basic Books, 1970.

Else, Jon, dir. *The Day After Trinity.* Houston: KETH, 1981.

Emerson, Ralph Waldo. *The Conduct of Life.* Boston and New York: Houghton Mifflin Company, 1922.

Emler, N. "The Truth About Gossip." *Social Psychology Section Newsletter* 27 (1992): 23 – 37.

England, J. L. "Statistical physics of self-replication." *Journal of Chemical Physics* 139 (2013): 121923.

Epicurus. *The Essential Epicurus.* Translated by Eugene O'Connor. Amherst, NY: Prometheus Books, 1993.

Falk, Dean. *Finding Our Tongues: Mothers, Infants and the Origins of Language.* New York: Basic Books, 2009.

——. "Prelinguistic evolution in early hominins: Whence motherese?" *Behavioral and Brain Sciences* 27 (2004): 491 – 541.

Fisher, R. A. *The Genetical Theory of Natural Selection.* Oxford: Clarendon Press, 1930.

Fisher, Simon E., Faraneh Vargha-Khadem, Kate E. Watkins, Anthony P. Monaco, and Marcus E. Pembrey. "Localisation of a gene implicated in a severe speech and language disorder." *Nature Genetics* 18 (1998): 168 – 70.

Fowler, R. H. "On Dense Matter." *Monthly Notices of the Royal Astronomical Society* 87, no. 2 (1926): 114 – 22.

Freese, K., and W. Kinney. "The ultimate fate of life in an accelerating universe." *Physics Letters B* 558, nos. 1 – 2 (10 April 2003): 1 – 8.

Friedmann, Alexander. Translated by Brian Doyle. "On the Curvature of Space." *Zeitschrift für Physik* 10 (1922): 377 – 86.

Frijda, N., A. S. R. Manstead, and S. Bem. "The influence of emotions on belief," in *Emotions and Beliefs: How Feelings Influence Thoughts* (Studies in Emotion and Social Interaction), ed. N. Frijda, A. Manstead, and S. Bem. Cambridge: Cambridge University Press, 2000, 1 – 9.

Frijda, N., and B. Mesquita. "Beliefs through emotions," in *Emotions and Beliefs: How Feelings Influence Thoughts* (Studies in Emotion and Social Interaction), ed. N. Frijda, A. Manstead, and S. Bem. Cambridge: Cambridge University Press, 2000, 45 – 77.

Fu, Wenqing, Timothy D. O'Connor, Goo Jun, et al. "Analysis of 6,515 exomes reveals the recent origin of most human protein–coding variants." *Nature* 493 (10 January 2013): 216 – 20.

Garriga, Jaume, and Alexander Vilenkin. "Many Worlds in One." *Physical Review D* 64, no. 4 (2001): 043511.

Garriga, J., V. F. Mukhanov, K. D. Olum, and A. Vilenkin. "Eternal Inflation, Black Holes, and the Future of Civilizations." *International Journal of Theoretical Physics* 39, no. 7 (2000): 1887 – 1900.

George, Andrew, trans. *The Epic of Gilgamesh: The Babylonian Epic Poem and Other Texts in Akkadian and Sumerian.* London: Penguin Classics, 2003.

Georgi, Howard, and Sheldon Glashow. "Unity of All Elementary–Particle Forces." *Physical Review Letters* 32, no. 8 (1974): 438.

Gottschall, Jonathan. *The Storytelling Animal.* Boston and New York: Mariner Books, Houghton Mifflin Harcourt, 2013.

Gould, Stephen J. *Conversations About the End of Time.* New York: Fromm International, 1999.

———. "The spice of life." *Leader to Leader* 15 (2000): 14 – 19.

———. *The Richness of Life: The Essential Stephen Jay Gould.* New York: W. W. Norton, 2006.

Gould, S. J., and R. C. Lewontin. "The Spandrels of San Marco and the Panglossian Paradigm: A Critique of the Adaptationist Programme." *Proceedings of the Royal Society B,* 205, no. 1161 (21 September 1979): 581 – 98.

Graziano, M. *Consciousness and the Social Brain.* New York: Oxford University Press, 2013.

Greene, Brian. *The Elegant Universe.* New York: Vintage, 2000.

———. *The Fabric of the Cosmos.* New York: Alfred A. Knopf, 2005.

———. *The Hidden Reality.* New York: Alfred A. Knopf, 2011.

Greene, Ellen. "Sappho 58: Philosophical Reflections on Death and Aging." In *The New Sappho on Old Age: Textual and Philosophical Issues,* ed. Ellen Greene and Marilyn B. Skinner. Hellenic

Studies Series 38. Washington, DC: Center for Hellenic Studies, 2009. https://chs.harvard.edu/ CHS/article/display/6036.11-ellen-greene-sappho-58-philosophical-reflections-on-death-and-aging #n.1.

Greene, Ellen, ed. *Reading Sappho: Contemporary Approaches.* Berkeley: University of California Press, 1996.

Guenther, Mathias Georg. *Tricksters and Trancers: Bushman Religion and Society.* Bloomington, IN: Indiana University Press, 1999.

Guth, Alan H. "Inflationary universe: A possible solution to the horizon and flatness problems." *Physical Review D* 23 (1981): 347.

_____. *The Inflationary Universe.* New York: Basic Books, 1998.

Guthrie, Stewart. *Faces in the Clouds: A New Theory of Religion.* New York: Oxford University Press, 1993.

Haidt, Jonathan. "The Emotional Dog and Its Rational Tail: A Social Intuitionist Approach to Moral Judgment." *Psychological Review* 108, no. 4 (2001): 814 – 34.

_____. *The Righteous Mind: Why Good People Are Divided by Politics and Religion.* New York: Pantheon Books, 2012.

Haldane, J. B. S. *The Causes of Evolution.* London: Longmans, Green & Co., 1932.

Halligan, Peter, and John Marshall. "Blindsight and insight in visuo-spatial neglect." *Nature* 336, no. 6201 (December 22 – 29, 1988): 766 – 67.

Hameroff, S., and R. Penrose. "Consciousness in the universe: A review of the 'Orch OR' theory." *Physics of Life Reviews* 11 (2014): 39 – 78.

Hamilton, W. D. "The Genetical Evolution of Social Behaviour." *Journal of Theoretical Biology* 7, no. 1 (1964): 1 – 16.

Harburg, Yip. "E. Y. Harburg, Lecture at UCLA on Lyric Writing, February 3, 1977." Transcript, pp. 5 – 7, tape 7-3-10.

_____. "Yip at the 92nd Street YM-YWHA, December 13, 1970." Transcript #1-10-3, p. 3, tapes 7-2-10 and 7-2-20.

Hawking, S. W. "Particle Creation by Black Holes." *Communications in Mathematical Physics* 43 (1975): 199 – 220.

Hawking, Stephen, and Leonard Mlodinow. *The Grand Design.* New York: Bantam Books, 2010.

Hawks, John, Eric T. Wang, Gregory M. Cochran, et al. "Recent acceleration of human adaptive evolution." *Proceedings of the National Academy of Sciences* 104, no. 52 (December 2007): 20753 – 58.

Heisenberg, Werner. *Physics and Philosophy: The Revolution in Modern Science.* London: Penguin Books, 1958.

Hirshfield, Jane. *Nine Gates: Entering the Mind of Poetry.* New York: Harper Perennial, 1998.

Hogan, Patrick Colm. *The Mind and Its Stories.* Cambridge: Cambridge University Press, 2003.

Hrdy, Sarah. *Mothers and Others: The Evolutionary Origins of Mutual Understanding.* Cambridge, MA: Belknap Press, 2009.

Hulse, R. A., and J. H. Taylor. "Discovery of a pulsar in a binary system." *Astrophysical Journal* 195 (1975): L51.

Ijjas, Anna, and Paul Steinhardt. "A New Kind of Cyclic Universe" (2019). arXiv:1904.0822[gr-qc].

Islam, Jamal N. "Possible Ultimate Fate of the Universe." *Quarterly Journal of the Royal Astronomical Society* 18 (March 1977): 3 – 8.

Israel, W. "Event Horizons in Static Electrovac Space-Times." *Communications in Mathematical Physics* 8 (1968): 245.

———. "Event Horizons in Static Vacuum Space-Times." *Physical Review* 164 (1967): 1776.

Jackson, Frank. "Epiphenomenal Qualia." *Philosophical Quarterly* 32 (1982): 127 – 36.

———. "Postscript on Qualia." In *Mind, Method, and Conditionals: Selected Essays.* London: Routledge, 1998, 76 – 79.

James, William. *The Varieties of Religious Experience: A Study in Human Nature.* New York: Longmans, Green, and Co., 1905.

Jarzynski, C. "Nonequilibrium equality for free energy differences." *Physical Review Letters* 78 (1997): 2690 – 93.

Jaspers, Karl. *The Origin and Goal of History.* Abingdon, UK: Routledge, 2010.

Jeong, Choongwon, and Anna Di Rienzo. "Adaptations to local environments in modern human populations." *Current Opinion in Genetics & Development* 29 (2014): 1 – 8.

Jones, Barbara E. "The mysteries of sleep and waking unveiled by Michel Jouvet." *Sleep Medicine* 49 (2018): 14 – 19.

Joordens, Josephine C. A., et al. "*Homo erectus* at Trinil on Java used shells for tool production and engraving." *Nature* 518 (12 February 2015): 228 – 31.

Jørgensen, Timmi G., and Ross P. Church. "Stellar escapers from M67 can reach solar-like Galactic orbits." arxiv.org: arXiv:1905.09586.

Joyce, G. F., and J. W. Szostak. "Protocells and RNA Self-Replication." *Cold Spring Harbor Perspectives in Biology* 10, no. 9 (2018).

Jung, Carl. "The Soul and Death." In *Complete Works of C. G. Jung,* ed.

Gerald Adler and R. F. C. Hull. Princeton: Princeton University Press, 1983.

Kachman, Tal, Jeremy A. Owen, and Jeremy L. England. "Self-Organized Resonance During Search of a Diverse Chemical Space." *Physical Review Letters* 119, no. 3 (2017): 038001-1.

Kafka, Franz. *The Blue Octavo Notebooks.* Translated by Ernst Kaiser and Eithne Wilkens, edited by Max Brod. Cambridge, MA: Exact Change, 1991.

Keller, Helen. Letter to New York Symphony Orchestra, 2 February 1924. Digital archives of American Foundation for the Blind, filename HK01-07_B114_F08_015_002.tif.

Kennedy, J. Gerald. *Poe, Death, and the Life of Writing.* New Haven: Yale University Press, 1987.

Kierkegaard, Søren. *The Concept of Dread.* Translated and with introduction and notes by Walter Lowrie. Princeton: Princeton University Press, 1957.

Kitcher, P. "Between Fragile Altruism and Morality: Evolution and the Emergence of Normative Guidance." *Evolutionary Ethics and Contemporary Biology* (2006): 159-77.

_____. "Biology and Ethics." In *The Oxford Handbook of Ethical Theory.* Oxford: Oxford University Press, 2006.

Klinkhamer, F. R., and N. S. Manton. "A saddle-point solution in the Weinberg-Salam theory." *Physical Review D* 30 (1984): 2212.

Koch, Christof. *Consciousness: Confessions of a Romantic Reductionist.* Cambridge, MA: MIT Press, 2012.

Kragh, Helge. "Naming the Big Bang." *Historical Studies in the Natural Sciences* 44, no. 1 (February 2014): 3-36.

Krause, Johannes, Carles Lalueza-Fox, Ludovic Orlando, et al. "The Derived FOXP2 Variant of Modern Humans Was Shared with Neandertals." *Current Biology* 17 (2007): 1908-12.

Krauss, Lawrence M., and Glenn D. Starkman. "Life, the Universe, and Nothing: Life and Death in an Ever-Expanding Universe." *Astrophysical Journal* 531 (2000): 22-30.

Krutch, Joseph Wood. "Art, Magic, and Eternity." *Virginia Quarterly Review* 8, no. 4 (Autumn 1932).

Lai, C. S. L., et al. "A novel forkhead-domain gene is mutated in a severe speech and language disorder." *Nature* 413 (2001): 519-23.

Landon, H. C. Robbins. *Beethoven: A Documentary Study.* New York: Macmillan Publishing Co., Inc., 1970.

Laurent, John. "A Note on the Origin of 'Memes'/'Mnemes.'" *Journal of Memetics* 3 (1999): 14-

19.

Lemaître, Georges. *"Rencontres avec Einstein." Revue des questions scientifiques* 129 (1958): 129 – 32.

Leonard, Scott, and Michael McClure. *Myth and Knowing.* New York: McGraw-Hill Higher Education, 2004.

Lewis, David. *Papers in Metaphysics and Epistemology,* vol. 2. Cambridge: Cambridge University Press, 1999.

_____. "What Experience Teaches." *Proceedings of the Russellian Society* 13 (1988): 29 – 57.

Lewis, S. M., and C. K. Cratsley. "Flash signal evolution, mate choice, and predation in fireflies." *Annual Review of Entomology* 53 (2008): 293 – 321.

Lewis-Williams, David. *The Mind in the Cave: Consciousness and the Origins of Art.* New York: Thames & Hudson, 2002.

Linde, A. "A new inflationary universe scenario: A possible solution of the horizon, flatness, homogeneity, isotropy and primordial monopole problems." *Physics Letters B* 108 (1982): 389.

_____. "Sinks in the Landscape, Boltzmann Brains, and the Cosmological Constant Problem." *Journal of Cosmology and Astroparticle Physics* 0701 (2007): 022.

Loeb, Abraham. "Cosmology with hypervelocity stars." *Journal of Cosmology and Astroparticle Physics* 04 (2011): 023.

Loewi, Otto. "An Autobiographical Sketch." *Perspectives in Biology and Medicine* 4, no. 1 (Autumn 1960): 3 – 25.

Louie, Kenway, and Matthew A. Wilson. "Temporally Structured Replay of Awake Hippocampal Ensemble Activity during Rapid Eye Movement Sleep." *Neuron* 29 (2001): 145 – 56.

Mackay, Alan Lindsay. *The Harvest of a Quiet Eye: A Selection of Scientific Quotations.* Bristol: Institute of Physics, 1977.

Maddox, Brenda. *Rosalind Franklin: The Dark Lady of DNA.* New York: Harper Perennial, 2003.

Marcel, Anthony J. "Conscious and Unconscious Perception: Experiments on Visual Masking and Word Recognition." *Cognitive Psychology* 15 (1983): 197 – 237.

Martin, W., and M. J. Russell. "On the origin of biochemistry at an alkaline hydrothermal vent." *Philosophical Transactions of the Royal Society B* 367 (2007): 1887 – 925.

Matthaei, J. Heinrich, Oliver W. Jones, Robert G. Martin, and Marshall W. Nirenberg. "Characteristics and Composition of RNA Coding Units." *Proceedings of the National Academy of Sciences* 48, no. 4 (1962): 666 – 77.

Melville, Herman. *Moby-Dick*. Hertfordshire, U.K.: Wordsworth Classics, 1993.

Mendez, Fernando L., et al. "The Divergence of Neandertal and Modern Human Y Chromosomes." *American Journal of Human Genetics* 98, no. 4 (2016): 728 – 34.

Miller, Geoffrey. *The Mating Mind: How Sexual Choice Shaped the Evolution of Human Nature*. New York: Anchor, 2000.

Mitchell, P. "Coupling of phosphorylation to electron and hydrogen transfer by a chemi-osmotic type of mechanism." *Nature* 191 (1961): 144 – 48.

Morrison, Toni. Nobel Prize lecture, 7 December 1993. https://www.nobelprize.org/prizes/literature/1993/morrison/lecture/.

Müller, Max, trans. *The Upanishads*. Oxford: The Clarendon Press, 1879.

Nabokov, Vladimir. *Speak, Memory: An Autobiography Revisited*. New York: Alfred A. Knopf, 1999.

Naccache, L., and S. Dehaene. "The Priming Method: Imaging Unconscious Repetition Priming Reveals an Abstract Representation of Number in the Parietal Lobes." *Cerebral Cortex* 11, no. 10 (2001): 966 – 74.

_____. "Unconscious Semantic Priming Extends to Novel Unseen Stimuli." *Cognition* 80, no. 3 (2001): 215 – 29.

Nagel, Thomas. *Mortal Questions*. Cambridge: Cambridge University Press, 1979.

_____. "What Is It Like to Be a Bat?" *Philosophical Review* 83, no. 4 (1974): 435 – 50.

Nelson, Philip. *Biological Physics: Energy, Information, Life*. New York: W. H. Freeman and Co., 2014.

Nemirow, Laurence. "Physicalism and the cognitive role of acquaintance." In *Mind and Cognition,* ed. W. Lycan. Oxford: Blackwell, 1990, 490 – 99.

_____. "Review of Nagel's Mortal Questions." *Philosophical Review* 89 (1980): 473 – 77.

Newton, Isaac. Letter to Henry Oldenburg, 6 February 1671. http://www.newtonproject.ox.ac.uk/view/texts/normalized/NATP00003.

Nietzsche, Friedrich. *Twilight of the Idols*. Translated by Duncan Large. Oxford: Oxford University Press, 1998.

Norenzayan, A., and I. G. Hansen. "Belief in supernatural agents in the face of death." *Personality and Social Psychology Bulletin* 32 (2006): 174 – 87.

Nowak, M. A., C. E. Tarnita, and E. O. Wilson. "The evolution of eusociality." *Nature* 466, no. 7310 (2010): 1057 – 62.

Nozick, Robert. *Philosophical Explanations*. Cambridge, MA: Belknap Press, 1983.

_____. "Philosophy and the Meaning of Life." In *Life, Death, and Meaning: Key Philosophical Readings on the Big Questions,* ed. David Benatar. Lanham, MD: The Rowman & Littlefield Publishing Group, 2010, 65 –92.

Nussbaumer, Harry. "Einstein's conversion from his static to an expanding universe." *European Physics Journal—History* 39 (2014): 37 –62.

Oates, Joyce Carol. "Literature as Pleasure, Pleasure as Literature." *Narrative.* https://www.narrativemagazine.com/issues/stories-week-2015-2016/story-week/literature -pleasure-pleasure-literature-joyce-carol-oates.

Oatley, K. "Why fiction may be twice as true as fact." *Review of General Psychology* 3 (1999): 101 –17.

Oizumi, Masafumi, Larissa Albantakis, and Giulio Tononi. "From the Phenomenology to the Mechanisms of Consciousness: Integrated Information Theory 3.0." *PLoS Computational Biology* 10, no. 5 (May 2014).

Page, Don N. "Is our universe decaying at an astronomical rate?" *Physics Letters B* 669 (2008): 197 –200.

_____. "The Lifetime of the Universe." *Journal of the Korean Physical Society* 49 (2006): 711 –14.

_____. "Particle emission rates from a black hole: Massless particles from an uncharged, nonrotating hole." *Physical Review D* 13, no. 2 (1976): 198 –206.

Page, Tim, ed. *The Glenn Gould Reader.* New York: Vintage, 1984.

Parker, Eric, Henderson J. Cleaves, Jason P. Dworkin, et al. "Primordial synthesis of amines and amino acids in a 1958 Miller H2S-rich spark discharge experiment." *Proceedings of the National Academy of Sciences* 108, no. 14 (April 2011): 5526 –31.

Perlmutter, Saul, et al. "Measurements of O and Ω from 42 High-Redshift Supernovae." *Astrophysical Journal* 517, no. 2 (1999): 565.

Perunov, Nikolay, Robert A. Marsland, and Jeremy L. England. "Statistical Physics of Adaptation." *Physical Review X* (June 2016): 021036-1.

Pichardo, Bárbara, Edmundo Moreno, Christine Allen, et al. "The Sun was not born in M67." *The Astronomical Journal* 143, no. 3 (2012): 73 –84.

Pinker, Steven. *How the Mind Works.* New York: W. W. Norton, 1997.

_____. "Language as an adaptation to the cognitive niche." In *Language Evolution: States of the Art,* ed. S. Kirby and M. Christiansen. New York: Oxford University Press, 2003.

_____. *The Language Instinct.* New York: W. Morrow and Co., 1994.

Pinker, S., and P. Bloom. "Natural language and natural selection." *Behavioral and Brain Sciences* 13, no. 4 (1990): 707 – 84.

Plath, Sylvia. *The Collected Poems*. Edited by Ted Hughes. New York: Harper Perennial, 1992.

Prebble, John, and Bruce Weber. *Wandering in the Gardens of the Mind: Peter Mitchell and the Making of Glynn*. Oxford: Oxford University Press, 2003.

Premack, David, and Guy Woodruff. "Does the chimpanzee have a theory of mind?" *Cognition and Consciousness in Nonhuman Species*, special issue of *Behavioral and Brain Sciences* 1, no. 4 (1978): 515 – 26.

Proust, Marcel. *Remembrance of Things Past*. Vol. 3: *The Captive, The Fugitive, Time Regained*. New York: Vintage, 1982.

Prum, Richard. *The Evolution of Beauty: How Darwin's Forgotten Theory on Mate Choice Shapes the Animal World and Us*. New York: Doubleday, 2017.

Pyszczynski, Tom, Sheldon Solomon, and Jeff Greenberg. "Thirty Years of Terror Management Theory." *Advances in Experimental Social Psychology* 52 (2015): 1 – 70.

Rank, Otto. *Art and Artist: Creative Urge and Personality Development*. Translated by Charles Francis Atkinson. New York: Alfred A. Knopf, 1932.

———. *Psychology and the Soul*. Translated by William D. Turner. Philadelphia: University of Pennsylvania Press, 1950.

Rees, M. J. "The collapse of the universe: An eschatological study." *Observatory* 89 (1969): 193 – 98.

Reinach, Salomon. *Cults, Myths and Religions*. Translated by Elizabeth Frost. London: David Nutt, 1912.

Revonsuo, Antti, Jarno Tuominen, and Katja Valli. "The Avatars in the Machine—Dreaming as a Simulation of Social Reality." *Open MIND* (2015): 1 – 28.

Rodd, F. Helen, Kimberly A. Hughes, Gregory F. Grether, and Colette T. Baril. "A possible non-sexual origin of mate preference: Are male guppies mimicking fruit?" *Proceedings of the Royal Society B* 269 (2002): 475 – 81.

Roney, James R. "Likeable but Unlikely, a Review of the Mating Mind by Geoffrey Miller." *Psycoloquy* 13, no. 10 (2002): article 5.

Rosenblatt, Abram, Jeff Greenberg, Sheldon Solomon, et al. "Evidence for Terror Management Theory I: The Effects of Mortality Salience on Reactions to Those Who Violate or Uphold Cultural Values." *Journal of Personality and Social Psychology* 57 (1989): 681 – 90.

Rowland, Peter. *Bowerbirds*. Collingwood, Australia: CSIRO Publishing, 2008.

Russell, Bertrand. *Why I Am Not a Christian*. New York: Simon and Schuster, 1957.

_____. *Human Knowledge.* New York: Routledge, 2009.

Ryan, Michael. *A Taste for the Beautiful.* Princeton: Princeton University Press, 2018.

Sackmann I.-J., A. I. Boothroyd, and K. E. Kraemer. "Our Sun. III. Present and Future." *Astrophysical Journal* 418 (1993): 457.

Sartre, Jean-Paul. *The Wall and Other Stories.* Translated by Lloyd Alexander. New York: New Directions Publishing, 1975.

Scarpelli, Serena, Chiara Bartolacci, Aurora D'Atri, et al. "The Functional Role of Dreaming in Emotional Processes." *Frontiers in Psychology* 10 (Mar. 2019): 459.

Scheffler, Samuel. *Death and the Afterlife.* New York: Oxford University Press, 2016.

Schmidt, B. P., et al. "The High-Z Supernova Search: Measuring Cosmic Deceleration and Global Curvature of the Universe Using Type IA Supernovae." *Astrophysical Journal* 507 (1998): 46.

Schrödinger, Erwin. *What Is Life?* Cambridge: Cambridge University Press, 2012.

Schroder, Klaus-Peter, and Robert C. Smith, "Distant future of the Sun and Earth revisited." *Monthly Notices of the Royal Astronomical Society* 386, no. 1 (2008): 155–63.

Schvaneveldt, R. W., D. E. Meyer, and C. A. Becker. "Lexical ambiguity, semantic context, and visual word recognition." *Journal of Experimental Psychology: Human Perception and Performance* 2, no. 2 (1976): 243–56.

Schwartz, Joel S. "Darwin, Wallace, and the *Descent of Man.*" *Journal of the History of Biology* 17, no. 2 (1984): 271–89.

Shakespeare, William. *Measure for Measure.* Edited by J. M. Nosworthy. London: Penguin Books, 1995.

Shaw, George Bernard. *Back to Methuselah.* Scotts Valley, CA: CreateSpace Independent Publishing Platform, 2012.

Sheff, David. "Keith Haring, An Intimate Conversation." *Rolling Stone* 589 (August 1989): 47.

Shermer, Michael. *The Believing Brain: From Ghosts and Gods to Politics and Conspiracies.* New York: St. Martin's Griffin, 2011.

Silver, David, Thomas Hubert, Julian Schrittwieser, et al. "A general reinforcement learning algorithm that masters chess, shogi, and Go through self-play." *Science* 362 (2018): 1140–44.

Smuts, Aaron. "Immortality and Significance." *Philosophy and Literature* 35, no. 1 (2011): 134–49.

Solomon, Sheldon, Jeff Greenberg, and Tom Pyszczynski. "Tales from the Crypt: On the Role of Death in Life." *Zygon* 33, no. 1 (1998): 9–43.

_____. *The Worm at the Core: On the Role of Death in Life.* New York: Random House Publishing

Group, 2015.

Sosis, R. "Religion and intra-group cooperation: Preliminary results of a comparative analysis of utopian communities." *Cross-Cultural Research* 34 (2000): 70 – 87.

Sosis, R., and C. Alcorta. "Signaling, solidarity, and the sacred: The evolution of religious behavior." *Evolutionary Anthropology* 12 (2003): 264 – 74.

Spengler, Oswald. *Decline of the West*. New York: Alfred A. Knopf, 1986.

Sperber, Dan. *Explaining Culture: A Naturalistic Approach*. Oxford: Blackwell Publishers Ltd., 1996.

_____. *Rethinking Symbolism*. Cambridge: Cambridge University Press, 1975.

Stapledon, Olaf. *Star Maker*. Mineola, NY: Dover Publications, 2008.

Steinhardt, Paul J., and Neil Turok. "The cyclic model simplified." *New Astronomy Reviews* 49 (2005): 43 – 57.

Sterelny, Kim. *The Evolved Apprentice: How Evolution Made Humans Unique*. Cambridge, MA: MIT Press, 2012.

Stroud, Barry. "The Charm of Naturalism," *Proceedings and Addresses of the American Philosophical Association* 70, no. 2 (November 1996).

Stulp, G., L. Barrett, F. C. Tropf, and M. Mills. "Does natural selection favour taller stature among the tallest people on earth?" *Proceedings of the Royal Society B* 282: 20150211.

Susskind, Leonard. *The Black Hole War: My Battle with Stephen Hawking to Make the World Safe for Quantum Mechanics*. New York: Little, Brown and Co., 2008.

Swift, Jonathan. *Gulliver's Travels*. New York: W. W. Norton, 1997.

Szent-Györgyi, Albert. "Biology and Pathology of Water." *Perspectives in Biology and Medicine* 14, no. 2 (1971): 239 – 49.

't Hooft, G. "Computation of the quantum effects due to a four-dimensional pseudoparticle." *Physical Review D* 14 (1976): 3432.

Thoreau, Henry David. *The Journal 1837–1861*. New York: New York Review Books Classics, 2009.

Time 41, no. 14 (April 5, 1943): 42.

Tolman, Richard C. "On the problem of the entropy of the universe as a whole." *Physical Review* 37 (1931): 1639 – 60.

_____. "On the theoretical requirements for a periodic behavior of the universe." *Physical Review* 38 (1931): 1758 – 71.

Tomasello, Michael. "Universal Grammar Is Dead." *Behavioral and Brain Sciences* 32, no. 5 (October 2009): 470 – 71.

참고문헌 **529**

Tononi, Giulio. *Phi: A Voyage from the Brain to the Soul*. New York: Pantheon, 2012.

Tooby, John, and Leda Cosmides. "Does Beauty Build Adapted Minds? Toward an Evolutionary Theory of Aesthetics, Fiction and the Arts." *SubStance* 30, no. 1/2, issue 94/95 (2001): 6 – 27.

———. "The Psychological Foundations of Culture." In *The Adapted Mind: Evolutionary Psychology and the Generation of Culture*, ed. Jerome H. Barkow, Leda Cosmides, and John Tooby. Oxford: Oxford University Press, 1992, 19 – 136.

Tremlin, Todd. *Minds and Gods: The Cognitive Foundations of Religion*. Oxford: Oxford University Press, 2006.

Trinkaus, Erik, Alexandra Buzhilova, Maria Mednikova, and Maria Dobrovolskaya. *The People of Sunghir: Burials, Bodies and Behavior in the Earlier Upper Paleolithic*. New York: Oxford University Press, 2014.

Trivers, Robert. "Parental Investment and Sexual Selection." In *Sexual Selection and the Descent of Man: The Darwinian Pivot*, ed. Bernard G. Campbell. Chicago: Aldine Publishing Company, 1972.

Tylor, Edward Burnett. *Primitive Culture,* vol. 2. London: John Murray, 1873; Dover Reprint Edition, 2016, 24.

Ucko, Peter J., and Andrée Rosenfeld. *Paleolithic Cave Art*. New York: McGraw-Hill, 1967, 117 – 23, 165 – 74.

Valley, John W., William H. Peck, Elizabeth M. King, and Simon A. Wilde. "A Cool Early Earth." *Geology* 30 (2002): 351 – 54.

Vilenkin, A. "Predictions from Quantum Cosmology." *Physical Review Letters* 74 (1995): 846.

Vilenkin, Alex. *Many Worlds in One*. New York: Hill and Wang, 2006.

Wagoner, R. V. "Test for the existence of gravitational radiation." *Astrophysical Journal* 196 (1975): L63.

Wallace, Alfred Russel. *Natural Selection and Tropical Nature*. London: Macmillan and Co., 1891.

———. "Sir Charles Lyell on geological climates and the origin of species." *Quarterly Review* 126 (1869): 359 – 94.

Watson, J. D., and F. H. C. Crick. "Molecular Structure of Nucleic Acids: A Structure for Deoxyribose Nucleic Acid." *Nature* 171 (1953): 737 – 38.

Webb, Taylor, and M. Graziano. "The attention schema theory: A mechanistic account of subjective awareness." *Frontiers in Psychology* 6 (2015): 500.

Wertheimer, Max. *Productive Thinking,* enlarged ed. New York: Harper and Brothers, 1959.

엔드오브타임

Wheeler, John Archibald, and Wojciech Zurek. *Quantum Theory and Measurement*. Princeton: Princeton University Press, 1983.

Whitehead, Alfred North. *Science and the Modern World*. New York: The Free Press, 1953.

Wigner, Eugene. *Symmetries and Reflections*. Cambridge, MA: MIT Press, 1970.

Wilkins, Maurice. *The Third Man of the Double Helix*. Oxford: Oxford University Press, 2003.

Williams, Bernard. *Problems of the Self*. Cambridge: Cambridge University Press, 1973.

Williams, Tennessee. *Cat on a Hot Tin Roof*. New York: New American Library, 1955.

Wilson, David Sloan. *Darwin's Cathedral: Evolution, Religion and the Nature of Society*. Chicago: University of Chicago Press, 2002.

_____. *Does Altruism Exist? Culture, Genes and the Welfare of Others*. New Haven: Yale University Press, 2015.

Wilson, E. O. *Sociobiology: The New Synthesis*. Cambridge, MA: Harvard University Press, 1975.

Wilson, K. G. "Critical phenomena in 3.99 dimensions." *Physica* 73 (1974): 119.

Wittgenstein, Ludwig. *Tractatus Logico-Philosophicus*. New York: Harcourt, Brace & Company, 1922.

Witzel, Michael. *The Origins of the World's Mythologies*. New York: Oxford University Press, 2012.

Woosley, S. E., A. Heger, and T. A. Weaver. "The evolution and explosion of massive stars." *Reviews of Modern Physics* 74 (2002): 1015–71.

Wrangha, Richard. *Catching Fire: How Cooking Made Us Human*. New York: Basic Books, 2009.

Yeats, W. B. *Collected Poems*. New York: Macmillan Collector's Library Books, 2016.

Yourcenar, Marguerite. *Oriental Tales*. New York: Farrar, Straus and Giroux, 1985.

Zahavi, Amotz. "Mate selection—a selection for a handicap." *Journal of Theoretical Biology* 53, no. 1 (1975): 205–14.

Zuckerman, M. "Sensation seeking: A comparative approach to a human trait." *Behavioral and Brain Sciences* 7 (1984): 413–71.

Zunshine, Lisa. *Why We Read Fiction: Theory of Mind and the Novel*. Columbus: Ohio State University Press, 2006.

엔드 오브 타임

초판 1쇄 발행 2021년 2월 15일 | 초판 13쇄 발행 2024년 10월 4일

지은이 브라이언 그린 | 옮긴이 박병철

펴낸이 신광수
CS본부장 강윤구 | 출판개발실장 위귀영 | 디자인실장 손현지
단행본팀 김혜연, 조문채, 정혜리
출판디자인팀 최진아, 당승근 | 저작권 김마이, 이아람
출판사업팀 이용복, 민현기, 우광일, 김선영, 신지애, 이강원, 정유, 정슬기, 허성배, 정재욱, 박세화,
        김종민, 정영묵, 전지현
영업관리파트 홍주희, 이은비, 정은정
CS지원팀 강승훈, 봉대중, 이주연, 이형배, 전효정, 이우성, 신재윤, 장현우, 정보

펴낸곳 (주)미래엔 | 등록 1950년 11월 1일(제16-67호)
주소 06532 서울시 서초구 신반포로 321
미래엔 고객센터 1800-8890
팩스 (02)541-8249 | 이메일 bookfolio@mirae-n.com
홈페이지 www.mirae-n.com

ISBN 979-11-6413-741-1 (03420)